J. Waschke (Hrsg.)
Kurzlehrbuch Anatomie

Jens Waschke (Hrsg.)

Kurzlehrbuch Anatomie

Mit Beiträgen von:
PD Dr. Marco Koch, Leipzig
Prof. Dr. Stefanie Kürten, Würzburg
Prof. Dr. Gundula Schulze-Tanzil, Nürnberg
PD Dr. Björn Spittau, Freiburg

ELSEVIER

ELSEVIER

Hackerbrücke 6, 80335 München, Deutschland

© Elsevier GmbH Deutschland, 2017.
ISBN Print   978-3-437-43295-8
ISBN e-Book   978-3-437-29334-4

Alle Rechte vorbehalten
1. Auflage 2017

Wichtiger Hinweis für den Benutzer
Die Erkenntnisse in der Medizin unterliegen laufendem Wandel durch Forschung und klinische Erfahrungen. Herausgeber und Autoren dieses Werkes haben große Sorgfalt darauf verwendet, dass die in diesem Werk gemachten therapeutischen Angaben (insbesondere hinsichtlich Indikation, Dosierung und unerwünschter Wirkungen) dem derzeitigen Wissensstand entsprechen. Das entbindet den Nutzer dieses Werkes aber nicht von der Verpflichtung, anhand weiterer schriftlicher Informationsquellen zu überprüfen, ob die dort gemachten Angaben von denen in diesem Werk abweichen, und seine Verordnung in eigener Verantwortung zu treffen.

Für die Vollständigkeit und Auswahl der aufgeführten Medikamente übernimmt der Verlag keine Gewähr.
Geschützte Warennamen (Warenzeichen) werden in der Regel besonders kenntlich gemacht (®). Aus dem Fehlen eines solchen Hinweises kann jedoch nicht automatisch geschlossen werden, dass es sich um einen freien Warennamen handelt.

Bibliografische Information der Deutschen Nationalbibliothek
Die Deutsche Nationalbibliothek verzeichnet diese Publikation in der Deutschen Nationalbibliografie; detaillierte bibliografische Daten sind im Internet über http://www.d-nb.de/ abrufbar.

17   18   19   20   21   5   4   3   2   1

Für Copyright in Bezug auf das verwendete Bildmaterial siehe Abbildungsnachweis.

Das Werk einschließlich aller seiner Teile ist urheberrechtlich geschützt. Jede Verwertung außerhalb der engen Grenzen des Urheberrechtsgesetzes ist ohne Zustimmung des Verlages unzulässig und strafbar. Das gilt insbesondere für Vervielfältigungen, Übersetzungen, Mikroverfilmungen und die Einspeicherung und Verarbeitung in elektronischen Systemen.

Um den Textfluss nicht zu stören, wurde bei Patienten und Berufsbezeichnungen die grammatikalisch maskuline Form gewählt. Selbstverständlich sind in diesen Fällen immer Frauen und Männer gemeint.

Planung: Dr. Katja Weimann
Projektmanagement: Dr. Andrea Beilmann
Redaktion: Dr. Nikola Schmidt, Berlin
Herstellung: Renate Hausdorf, buchundmehr, Gräfelfing
Satz: abavo GmbH, Buchloe/Deutschland; TnQ, Chennai/Indien
Druck und Bindung: Drukarnia Dimograf Sp. z o. o., Bielsko-Biała/Polen
Umschlaggestaltung: SpieszDesign, Neu-Ulm

Aktuelle Informationen finden Sie im Internet unter www.elsevier.de und www.elsevier.com

Vorwort

Wie der Titel „Kurzlehrbuch Anatomie" bereits preisgibt, handelt es sich um einen neuen Vertreter aus der Reihe der Kurzlehrbücher des Elsevier-Verlags im Bereich Medizin. Genauer gesagt haben wir ein Kurzlehrbuch der makroskopischen Anatomie gestaltet und bewusst auf die mikroskopische Anatomie, Histologie und Zellbiologie verzichtet. So konnte innerhalb des vorgegebenen Umfangs ein übersichtliches Lehrbuch entstehen, das alles „Essenzielle" der Makroskopie erklärt, wobei das Lesen zugleich Spaß macht. Das Essenzielle ist sehr einfach definierbar: das Kurzlehrbuch sollte die wichtigsten Inhalte der Anatomie enthalten, die in den Prüfungen des Studiums der Medizin und Zahnmedizin verlangt werden. Wenn man aber die offiziellen Gegenstandskataloge wie den neuen „Nationalen kompetenzbasierten Lernzielkatalog Medizin" (NKLM) oder den „Gegenstandskatalog des Institutes für Medizinische und Pharmazeutische Prüfungsfragen" (IMPP) genau studiert, fällt schnell auf, dass diese ziemlich umfassend sind und kaum ein Detail ausschließen. Daher sind die meisten Kurzlehrbücher eher eine reine Zusammenstellung der am häufigsten im ersten Staatsexamen geprüften Inhalte. Dies hat oft zur Folge, dass solche Bücher zumeist extrem langweilig zu lesen sind und auch wenig für andere Prüfungen wie z. B. im Präparierkurs geeignet sind und nur dann herangezogen werden, wenn der Zeitdruck vor dem ersten Staatsexamen zu drastischen Maßnahmen zwingt. Auch wir haben darauf geachtet, dass die Inhalte der makroskopischen Anatomie in unserem Kurzlehrbuch abgedeckt sind, die am häufigsten im schriftlichen Teil des ersten Staatsexamens abgefragt werden. Zugleich haben wir versucht, die wesentlichen Inhalte der Präparierkurse abzudecken. Dies war nicht immer einfach, denn die Präparierkurse an den Universitäten im deutschsprachigen Raum sind mit ihren traditionellen, reformierten und Modell-Studiengängen ebenso heterogen wie die Prüfungen in diesen Kursen. Auch unter Lehrbuchautoren stellt man oft fest, wie unterschiedlich das „Wesentliche" von Einzelnen definiert wird und dass sich diese Einschätzung über die Zeit verändert. Aufgrund unserer eigenen Erfahrungen in der anatomischen Lehre konnten wir die wesentlichen Inhalte für das Verständnis der Anatomie und das Bestehen einer Prüfung herausfiltern und von den eher „speziellen" Inhalten trennen.

Wir haben zusätzlich noch einen idealistischeren Ansatz verfolgt und uns gefragt, wie sich die anatomische Lehre in Zukunft verändern wird und welche Auswirkungen dies auf die Lehrbuchliteratur haben könnte. Wenn man sich die Entwicklungen in anderen Ländern, sei es in den USA oder in Europa, die Curricula der Reformstudiengänge oder auch die aktuellen Vorschläge des Wissenschaftsrats zur Weiterentwicklung des Medizinstudiums ansieht, scheint es zunehmend zu einer Reduktion der theoretischen Inhalte auch der vorklinischen Fächer zu kommen. Wir haben daher überlegt, was wir als das „Notwendige" des anatomischen Basiswissens einschätzen, um den Arztberuf auszuüben. Deshalb haben wir auf alle nicht absolut notwendigen Fachbegriffe und systematischen Aufzählungen verzichtet. Umgekehrt haben wir die Kästen zu den klinischen Bezügen umfangreich gestaltet und in der Klinik oft verwendete Eigennamen (Eponyme) aufgenommen, sodass für ein Kurzlehrbuch ein wohl ziemlich „modernes" Verhältnis zwischen den Anteilen Anatomie und Klinik erreicht werden konnte. Dazu musste allerdings ein Kompromiss eingegangen werden: Da die Neuroanatomie mit diesem Anspruch nicht im Rahmen eines Kurzlehrbuchs abgehandelt werden kann und auch an vielen Universitäten nicht und nur zu einem geringen Teil Gegenstand des Präparierkurses ist, haben wir uns hier auf eine Darstellung der am häufigsten geprüften Inhalte einschließlich ihrer klinischen Bezüge beschränkt.

Wir hoffen, Sie haben Freude am Lesen und Lernen. Nicht zuletzt wünschen wir Ihnen Erfolg und Freude im Medizinstudium!

Januar 2017
Marco Koch, Leipzig
Stefanie Kürten, Würzburg
Gundula Schulze-Tanzil, Nürnberg
Björn Spittau, Freiburg
Jens Waschke, München

Danksagung

Wir Autoren möchten uns an dieser Stelle für die höchst professionelle Unterstützung bei der Gestaltung dieses Kurzlehrbuchs vonseiten des Verlags bedanken! Im ELSEVIER-Verlag (München) haben Frau Dr. Katja Weimann und Frau Dr. Andrea Beilmann das Projekt geleitet und standen uns bei allen Fragen hilfreich zur Seite. Die Redaktion der Texte hat Frau Dr. Nikola Schmidt (Berlin) übernommen und damit wesentlich zur Abstimmung der einzelnen Kapitel aufeinander beigetragen. Für die Herstellung danken wir Frau Renate Hausdorf (Gräfelfing). Mit diesem Team hat es uns großen Spaß gemacht, dieses Lehrbuch zu erstellen, was man hoffentlich auch beim Lesen des Buches erkennen kann.

München, Januar 2017
Prof. Dr. med. Jens Waschke im Namen aller Autoren

Lesen, verstehen, bestehen – die Kurzlehrbücher

Auf die Frage, was ein perfektes Kurzlehrbuch ausmacht, nennen Studenten immer wieder die gleichen Stichworte:
- Effektive Vorbereitung auf Semesterprüfungen und Staatsexamen
- Beschränkung auf das Wesentliche, klare Trennung von Wichtigem und Unwichtigem
- Didaktisch klar aufbereitetes Wissen und gut strukturierte Texte von Autoren, die verständlich erklären können.

Die neue Kurzlehrbuchreihe ist genau auf diese Bedürfnisse zugeschnitten. Autoren mit viel Erfahrung in der Lehre setzen sich im Vorfeld intensiv mit den bisherigen Examensfragen des IMPP auseinander und gestalten ihre Texte anschließend so, dass sie den Studierenden optimal semesterbegleitend und prüfungsvorbereitend durch den Stoff leiten. Die Texte setzen sinnvolle Schwerpunkte, Prüfungsrelevantes ist deutlich gekennzeichnet, Lerntipps helfen bei der Prüfungsvorbereitung.

Die didaktischen Elemente im Überblick

Auf einen Blick relevantes Wissen filtern dank farbig hervorgehobener Textpassagen. Die Kennzeichnungen im Einzelnen:

Prüfungsrelevanz auf einen Blick: Für die Prüfung besonders wichtige Absätze sind – wie dieser Abschnitt – mit einem Balken am linken Rand markiert. Ermittelt wurde die Prüfungsrelevanz aufgrund der Häufigkeit der zu dem jeweiligen Thema gestellten Fragen der letzten zehn Examina. Wer diesen Stoff lernt, kann optimal punkten.

IMPP-Hits
Wo liegen die Schwerpunkte und was bringt Punkte im schriftlichen Examen? Diese Kästen zu Beginn jedes Kapitels geben einen Überblick über die bisherigen „Lieblingsthemen" des IMPP.

Merke
In den Merke-Kästen finden Sie für das Verständnis, die Prüfung oder die Klinik besonders wichtige Zusammenhänge, die es sich einzuprägen lohnt.

Klinik
Gibt der Gegenstandskatalog in der Vorklinik Krankheitsbilder vor, dann sind diese in den Klinik-Kästen genannt. So werden früh klinische Bezüge hergestellt und ein besseres praxisrelevantes Verständnis wird gefördert.

Cave
Vorsicht, so können Fehler vermieden werden: Die Cave-Kästen machen auf typische Stolperfallen in der Klinik oder in der Prüfungssituation aufmerksam.

Lerntipp
Insider-Know-how von Experten: Hier finden sich Eselsbrücken, Merkhilfen, Tipps und Tricks. So sind Sie bestens gewappnet für typische IMPP-Formulierungen und mündliche Prüfungen.

Praxistipp
Und wie sieht der klinische Alltag aus? Diese speziellen Kästen enthalten praxisrelevantes Wissen, verraten z. B. Tricks und Kniffe bei der Untersuchung u. v. m.

Adressen

Herausgeber

Prof. Dr. Jens Waschke
Ludwig-Maximilians-Universität
Anatomische Anstalt, Lehrstuhl I
Pettenkoferstr. 11
80336 München

Autoren

Priv.-Doz. Dr. Marco Koch
Universität Leipzig
Institut für Anatomie
Oststr. 25
04317 Leipzig

Prof. Dr. Stefanie Kürten
Julius-Maximilians-Universität Würzburg
Institut für Anatomie und Zellbiologie II
Koellikerstr. 6
97070 Würzburg

Prof. Dr. Gundula Schulze-Tanzil
Paracelsus Medizinische Privatuniversität
Klinikum Nürnberg Nord
Institut für Anatomie
Prof.-Ernst-Nathan-Str. 1
Haus: Heimerichstr. 58
90419 Nürnberg

Priv.-Doz. Dr. Björn Spittau
Albert-Ludwigs-Universität
Institut für Anatomie und Zellbiologie
Albertstr. 17
79104 Freiburg

Abkürzungen

Singular:

A.	=	Arteria
Lig.	=	Ligamentum
M.	=	Musculus
N.	=	Nervus
Proc.	=	Processus
R.	=	Ramus
V.	=	Vena
Var.	=	Variation

Plural:

Aa.	=	Arteriae
Ligg.	=	Ligamenta
Mm.	=	Musculi
Nn.	=	Nervi
Procc.	=	Processus
Rr.	=	Rami
Vv.	=	Venae

Abbildungsnachweis

Der Verweis auf die jeweilige Abbildungsquelle befindet sich bei allen Abbildungen im Werk am Ende des Legendentextes in eckigen Klammern. Alle nicht besonders gekennzeichneten Grafiken und Abbildungen © Elsevier GmbH, München.

[E402] Drake, R. L. et al.: Gray's Anatomy for Students. Elsevier/Churchill Livingstone, 2005.

[E460–002] Drake, R. L. et al.: Gray's Atlas of Anatomy. Elsevier/Churchill Livingstone, 2. Aufl. 2015.

[L106] Henriette Rintelen, Velbert.
[L126] Dr. med. Katja Dalkowski, Erlangen.
[L127] Jörg Mair, München.
[L238] Sonja Klebe, Löhne.
[L240] Horst Ruß, München.
[L266] Stephan Winkler, München.

[J803] Biederbick & Rumpf, Adelsdorf.
[S007-2-16] Putz, R./Pabst, R.: Sobotta. Atlas der Anatomie des Menschen. Elsevier/Urban & Fischer, 21. Aufl. 2004.
[S007-1-23] Paulsen, F./Waschke, J.: Sobotta Atlas der Anatomie des Menschen, Band 1. Elsevier/Urban & Fischer, 23. Aufl. 2010.
[S007-2-23] Paulsen, F./Waschke, J.: Sobotta Atlas der Anatomie des Menschen, Band 2. Elsevier/Urban & Fischer, 23. Aufl. 2010.
[S007-3-23] Paulsen, F./Waschke, J.: Sobotta Atlas der Anatomie des Menschen, Band 3. Elsevier/Urban & Fischer, 23. Aufl. 2010.
[S010-2-16] Benninghoff, A./Drenckhahn, D.: Anatomie, Band 2. Elsevier/Urban & Fischer, 16. A. 2004.

Inhaltsverzeichnis

1	**Allgemeine Anatomie**	1
1.1	Gliederung des menschlichen Körpers	1
1.1.1	Teile und Regionen des Körpers	1
1.1.2	Achsen und Ebenen/Richtungen und Lagebezeichnungen	2
1.1.3	Konstitution, Körpergewicht und -größe	2
1.1.4	Entwicklungsphasen	5
1.2	**Muskuloskelettales System**	6
1.2.1	Knochen	6
1.2.2	Knorpel	8
1.2.3	Gelenke	9
1.2.4	Muskeln	13
1.2.5	Sehnen und Bänder	15
1.3	**Kardiovaskuläres System**	17
1.3.1	Blut und Blutgefäße	17
1.3.2	Großer und kleiner Kreislauf	20
1.3.3	Pfortaderkreislauf	20
1.4	**Lymphatisches System**	20
1.5	**Nervensystem**	22
1.5.1	Somatisches Nervensystem	22
1.5.2	Vegetatives Nervensystem	23
1.6	**Endokrines System**	25
1.7	**Haut und Hautanhangsgebilde**	25
2	**Rumpf**	27
2.1	Übersicht: Rumpf	28
2.1.1	Knöcherner Brustkorb	28
2.1.2	Abschnitte der Wirbelsäule	28
2.2	**Wirbel**	29
2.2.1	Halswirbel	30
2.2.2	Brustwirbel	30
2.2.3	Lendenwirbel	30
2.2.4	Sakralwirbel	31
2.2.5	Kokzygealwirbel	31
2.3	**Brustbein**	32
2.4	**Rippen**	33
2.4.1	Caput, Collum und Corpus	33
2.5	**Rippenbänder**	33
2.5.1	Rippen-Brustbein-Bänder	34
2.6	**Bänder der Wirbelsäule**	34
2.7	**Gelenke des Brustkorbs**	34
2.7.1	Clavicula	34
2.7.2	Sternum/Rippen	34
2.7.3	Rippengelenke	35
2.8	**Bewegungssegment**	35
2.9	**Brustwand**	35
2.9.1	Zwischenrippenräume	36
2.9.2	Muskeln des Interkostalraums	37
2.10	**Blutversorgung der ventralen und dorsalen Rumpfwand**	37
2.10.1	Arterien der Rumpfwände	37
2.10.2	Venen der Rumpfwände	40
2.11	**Sensible Versorgung der Rumpfwand**	40
2.12	**Brust und Brustdrüse**	41
2.12.1	Gliederung und Bau von Brust und Brustdrüse	41
2.12.2	Lymphabfluss aus der Mamma	42
2.12.3	Lymphabfluss der Brust- und Bauchwand	43
2.13	**Tastpunkte und Regionen der ventralen und dorsalen Rumpfwand**	43
2.14	**Schichtung der ventralen und dorsalen Rumpfwand**	44
2.15	**Rückenmuskulatur**	45
2.15.1	Gliederung der Rückenmuskulatur	45
2.15.2	Autochthone Rückenmuskulatur	46
2.16	**Bauchmuskulatur**	46
2.17	**Rektusscheide**	50
2.18	**Relief der inneren Bauchwand**	50
2.19	**Leistenkanal**	55
2.20	**Hernien**	55
2.20.1	Leistenhernien	56
3	**Obere Extremität**	57
3.1	Übersicht: obere Extremität	58
3.2	**Knochen**	59
3.2.1	Schultergürtel	59
3.2.2	Oberarm	59
3.2.3	Unterarm	61
3.2.4	Hand	61
3.3	**Gelenke der oberen Extremität**	62
3.3.1	Schultergürtel	62
3.3.2	Schultergelenk	64

3.3.3	Ellenbogengelenk	65	4.4.4	Muskulatur des Oberschenkels	122
3.3.4	Hand	67	4.4.5	Muskulatur des Unterschenkels	124
3.3.5	Fingergelenke	68	4.4.6	Kurze Fußmuskeln	126
3.4	**Muskulatur der oberen Extremität**	68	4.5	**Nerven der unteren Extremität**	126
			4.5.1	Plexus lumbosacralis	127
3.4.1	Muskulatur von Schultergürtel und Schulter	70	4.5.2	Plexus lumbalis	130
			4.5.3	Plexus sacralis	131
3.4.2	Muskulatur des Oberarms	74	4.6	**Arterien der unteren Extremität**	133
3.4.3	Muskulatur des Unterarms	76	4.6.1	A. iliaca externa	134
3.4.4	Muskulatur der Hand	81	4.6.2	A. femoralis	134
3.5	**Nerven der oberen Extremität**	84	4.6.3	A. poplitea	135
3.5.1	Plexus brachialis	84	4.7	**Venen und Lymphgefäße der unteren Extremität**	135
3.5.2	N. radialis	90			
3.5.3	N. medianus	91	4.7.1	Venen	136
3.5.4	N. ulnaris	92	4.7.2	Lymphgefäße	137
3.6	**Arterien der oberen Extremität**	93			
3.6.1	A. subclavia	94	**5**	**Organe der Brusthöhle**	**139**
3.6.2	A. axillaris	95	5.1	**Übersicht: Brusthöhle und Leitungsbahnen**	140
3.6.3	A. brachialis	96			
3.6.4	A. radialis	96	5.1.1	Gliederung Brusthöhle	140
3.6.5	A. ulnaris	96	5.1.2	Leitungsbahnen der Brusthöhle	142
3.7	**Venen und Lymphgefäße der oberen Extremität**	97	5.2	**Herz**	146
			5.2.1	Lage und Projektion des Herzens	146
3.7.1	Venen	97	5.2.2	Herzbeutel (Pericardium)	148
3.7.2	Lymphgefäße	97	5.2.3	Äußere Form des Herzens	149
			5.2.4	Innere Gliederung des Herzens	149
4	**Untere Extremität**	**101**	5.2.5	Herzwand	151
4.1	**Übersicht: untere Extremität**	101	5.2.6	Herzskelett und Herzklappen	151
4.2	**Knochen der unteren Extremität**	103	5.2.7	Erregungsbildungs- und -leitungssystem	153
4.2.1	Beckengürtel	103			
4.2.2	Bein	104	5.2.8	Leitungsbahnen des Herzens	155
4.3	**Gelenke der unteren Extremität**	107	5.3	**Luftröhre und Lungen**	157
4.3.1	Schambeinfuge und Sakroiliakalgelenk	107	5.3.1	Funktionen	157
			5.3.2	Lage und Bau der Luftröhre	157
4.3.2	Hüftgelenk	110	5.3.3	Lage und Projektion der Lungen	157
4.3.3	Kniegelenk	111	5.3.4	Bau der Lungen	160
4.3.4	Verbindungen zwischen den Unterschenkelknochen	114	5.3.5	Leitungsbahnen der Lungen	161
			5.3.6	Atmung	163
4.3.5	Sprunggelenke und übrige Fußgelenke	115	5.4	**Oesophagus**	163
			5.4.1	Lage des Oesophagus	163
4.4	**Muskulatur der unteren Extremität**	117	5.4.2	Verschlussmechanismen	164
			5.4.3	Leitungsbahnen des Oesophagus	165
4.4.1	Muskulatur des Beckengürtels	118			
4.4.2	Lacuna vasorum und musculorum	119	5.5	**Thymus (Bries)**	167
4.4.3	Schenkeldreieck, Obturatorkanal und Adduktorenkanal	121	5.5.1	Bau des Thymus	167
			5.5.2	Leitungsbahnen des Thymus	167

5.6	**Zwerchfell**	168	6.9	**Harnleiter**	206
5.6.1	Lage, Projektion und Abschnitte	168	6.9.1	Gliederung des Harnleiters	206
5.6.2	Zwerchfellöffnungen	168	6.9.2	Leitungsbahnen des Harnleiters	206
5.6.3	Leitungsbahnen des Zwerchfells	169			
6	**Organe der Bauchhöhle**	**171**	**7**	**Organe der Beckenhöhle**	**209**
6.1	Übersicht: Bauchhöhle und Leitungsbahnen	172	7.1	Übersicht: Beckenhöhle und Leitungsbahnen	210
6.1.1	Überblick	172	7.1.1	Überblick	210
6.1.2	Omentum majus und minus	173	7.1.2	Leitungsbahnen der Beckenhöhle	211
6.1.3	Recessus der Peritonealhöhle	174	7.2	**Harnblase und Harnröhre**	213
6.1.4	Leitungsbahnen der Bauchhöhle	175	7.2.1	Bau der Harnblase	213
6.2	**Magen**	184	7.2.2	Bau der Harnröhre	214
6.2.1	Funktionen des Magens	184	7.2.3	Verschlussmechanismen von Harnblase und Harnröhre	214
6.2.2	Lage und Projektion des Magens	184	7.2.4	Leitungsbahnen von Harnblase und Harnröhre	215
6.2.3	Gliederung und Aufbau des Magens	184	7.3	**Mastdarm und Analkanal**	216
6.2.4	Leitungsbahnen des Magens	186	7.3.1	Gliederung, Projektion und Bau von Mastdarm und Analkanal	216
6.3	**Darm**	187	7.3.2	Kontinenzorgan	217
6.3.1	Funktionen und Gliederung des Darms	187	7.3.3	Leitungsbahnen von Rectum und Analkanal	218
6.3.2	Leitungsbahnen von Dünn- und Dickdarm	191	7.4	**Männliche Geschlechtsorgane**	220
6.4	**Leber**	193	7.4.1	Gliederung und Funktion der männlichen Geschlechtsorgane	220
6.4.1	Projektion und äußere Gliederung ...	194	7.4.2	Penis und Scrotum	221
6.4.2	Innere Gliederung	194	7.4.3	Hoden und Nebenhoden	221
6.4.3	Leitungsbahnen der Leber	196	7.4.4	Samenleiter und Samenstrang	222
6.5	**Gallenblase und Gallenwege**	197	7.4.5	Akzessorische Geschlechtsdrüsen ...	223
6.5.1	Aufbau von Gallenblase und Gallenwegen	197	7.4.6	Leitungsbahnen der äußeren Geschlechtsorgane	223
6.5.2	Leitungsbahnen von Gallenblase und Gallenwegen	199	7.4.7	Leitungsbahnen der inneren Geschlechtsorgane	224
6.6	**Bauchspeicheldrüse**	199	7.5	**Weibliche Geschlechtsorgane**	226
6.6.1	Gliederung des Pancreas	200	7.5.1	Gliederung und Funktion der weiblichen Geschlechtsorgane	226
6.6.2	Leitungsbahnen des Pancreas	201	7.5.2	Vulva	226
6.7	**Milz**	202	7.5.3	Eierstock und Eileiter	227
6.7.1	Funktionen der Milz	202	7.5.4	Gebärmutter	228
6.7.2	Gliederung der Milz	202	7.5.5	Scheide	229
6.7.3	Leitungsbahnen der Milz	202	7.5.6	Leitungsbahnen der äußeren weiblichen Geschlechtsorgane	229
6.8	**Niere und Nebenniere**	203	7.5.7	Leitungsbahnen der inneren weiblichen Geschlechtsorgane	230
6.8.1	Funktionen von Niere und Nebenniere	203			
6.8.2	Gliederung der Niere	203			
6.8.3	Bau der Nebenniere	204			
6.8.4	Leitungsbahnen von Niere und Nebenniere	205			

7.6	Beckenboden und Dammregion	231		8.8.2	Hirnnerven	258
7.6.1	Beckenboden	231		8.9	Arterien des Halses	259
7.6.2	Dammregion	232		8.9.1	A. subclavia	259
				8.9.2	A. carotis communis	261
8	**Hals**	235		8.10	Venen und Lymphknoten des Halses	261
8.1	Übersicht: Gliederung des Halses	236		8.10.1	Halsvenen	261
8.2	Knochen und Gelenke des Halses	236		8.10.2	Halslymphknoten	262
8.2.1	I. und II. Halswirbel	236				
8.2.2	Kopfgelenke	237		9	**Kopf**	265
8.2.3	Zungenbein	238		9.1	Übersicht	266
8.3	Muskeln des Halses	238		9.2	Schädel	266
8.3.1	Oberflächliche Schicht der Halsmuskulatur	238		9.2.1	Neurocranium	267
				9.2.2	Viscerocranium	269
8.3.2	Mittlere Schicht der Halsmuskulatur	240		9.3	Kopfschwarte, Gesicht und mimische Muskulatur	272
8.3.3	Tiefe Schicht der Halsmuskulatur	241		9.3.1	Mimische Muskulatur	272
8.4	Halsfaszien und Bindegewebsräume	243		9.3.2	Leitungsbahnen	272
				9.4	Kiefergelenk und Kaumuskulatur	279
8.4.1	Muskelfaszie	243				
8.4.2	Leitungsbahnenfaszie	244		9.4.1	Kiefergelenk	279
8.4.3	Organfaszien	244		9.4.2	Kaumuskulatur	280
8.4.4	Bindegewebsräume	244		9.4.3	Bewegungen im Kiefergelenk	280
8.5	Rachen	244		9.4.4	Leitungsbahnen des Kiefergelenks	281
8.5.1	Funktion und Gliederung des Pharynx	244		9.5	Mundhöhle	281
				9.5.1	Abschnitte und Inhalt der Mundhöhle	281
8.5.2	Muskulatur des Pharynx	246				
8.5.3	Leitungsbahnen des Pharynx	249		9.5.2	Mundboden	284
8.6	Kehlkopf	249		9.5.3	Zunge	284
8.6.1	Funktion des Kehlkopfs	249		9.5.4	Gaumen	285
8.6.2	Kehlkopfskelett	249		9.5.5	Isthmus faucium	286
8.6.3	Bandapparat des Kehlkopfs	251		9.5.6	Gaumenmandel	286
8.6.4	Plica vestibularis und Plica vocalis	252		9.5.7	Zähne	287
8.6.5	Muskulatur des Kehlkopfs	253		9.5.8	Speicheldrüsen	288
8.6.6	Leitungsbahnen des Kehlkopfs	255		9.6	Nase und Nasennebenhöhlen	290
8.7	Schilddrüse und Nebenschilddrüsen	255		9.6.1	Nase	290
				9.6.2	Nasennebenhöhlen	292
8.7.1	Funktion von Schilddrüse und Nebenschilddrüsen	255		9.7	Orbita	293
				9.7.1	Durchtrittsstellen der Orbita	293
8.7.2	Lage und Bau von Schilddrüse und Nebenschilddrüsen	255		9.7.2	Hilfsapparat des Auges	295
				9.7.3	Leitungsbahnen	295
8.7.3	Leitungsbahnen von Schilddrüse und Nebenschilddrüsen	257		9.8	Außen-, Mittel- und Innenohr	297
8.8	Nerven des Halses	257		9.8.1	Äußeres Ohr	298
8.8.1	Halsspinalnerven	257		9.8.2	Mittelohr	298

9.8.3	Innenohr	300
9.9	**Seitliche Region des Kopfes**	**300**
9.9.1	Fossa temporalis	300
9.9.2	Parotisloge	300
9.9.3	Fossa infratemporalis	302
9.9.4	Fossa pterygopalatina	302
9.10	**Leitungsbahnen**	**302**
9.10.1	Arterien	302
9.10.2	Venen	304
9.10.3	Lymphgefäße und Lymphknoten	305
9.10.4	Hirnnerven	306
10	**ZNS und Sinnesorgane**	**323**
10.1	**Übersicht**	**324**
10.2	**Gliederung des ZNS**	**324**
10.3	**Meningen (Hirnhäute)**	**325**
10.3.1	Dura mater	325
10.3.2	Arachnoidea	326
10.3.3	Pia mater	327
10.4	**Ventrikelsystem und Liquor cerebrospinalis**	**328**
10.4.1	Ventrikelsystem	328
10.4.2	Liquor cerebrospinalis	330
10.5	**Cortex**	**330**
10.5.1	Gliederung des Cortex	330
10.5.2	Arterielle Blutgefäßversorgung des Cortex	331
10.6	**Venen des ZNS**	**335**
10.6.1	Vv. superficiales cerebri	335
10.6.2	Vv. profundae cerebri	335
10.6.3	Sinus cavernosus	336
10.7	**Rückenmark**	**336**
10.7.1	Aufbau und Lage des Rückenmarks	336
10.7.2	Wichtige Nervenfaserbahnen des Rückenmarks	338
10.7.3	Pyramidenbahn	338
10.7.4	Spinothalamische Bahnen	340
10.7.5	Hinterstrangbahn	341
10.7.6	Spinozerebelläre Bahnen	342
10.7.7	Blutgefäßversorgung des Rückenmarks	342
10.8	**Orbita und Sehbahn**	**343**
10.8.1	Orbitainhalt	343
10.8.2	Sehbahn	343
10.8.3	Visuelle Reflexe	344
10.9	**Innenohr, Gleichgewichtssinn und Hörbahn**	**346**
10.9.1	Innenohr	346
10.9.2	Gleichgewichtsbahn	347
10.9.3	Hörbahn	348

Register 351

Gundula Schulze-Tanzil

Allgemeine Anatomie

1.1	Gliederung des menschlichen Körpers	1
1.1.1	Teile und Regionen des Körpers	1
1.1.2	Achsen und Ebenen/Richtungen und Lagebezeichnungen	2
1.1.3	Konstitution, Körpergewicht und -größe	2
1.1.4	Entwicklungsphasen	5
1.2	Muskuloskelettales System	6
1.2.1	Knochen	6
1.2.2	Knorpel	8
1.2.3	Gelenke	9
1.2.4	Muskeln	13
1.2.5	Sehnen und Bänder	15
1.3	Kardiovaskuläres System	17
1.3.1	Blut und Blutgefäße	17
1.3.2	Großer und kleiner Kreislauf	20
1.3.3	Pfortaderkreislauf	20
1.4	Lymphatisches System	20
1.5	Nervensystem	22
1.5.1	Somatisches Nervensystem	22
1.5.2	Vegetatives Nervensystem	23
1.6	Endokrines System	25
1.7	Haut und Hautanhangsgebilde	25

IMPP-Hits

Folgende Themenkomplexe wurden bisher besonders häufig vom IMPP gefragt (Top Ten):
- Transversalebene, Sagittalebene
- Aggrekan = Proteoglykan und Kollagen Typ II im Knorpel
- Elastin
- Schleimbeutel enthalten Hyaluronsäure.
- Entstehung desmal vs. chondral
- Amphiarthrose
- Discus articularis im Kiefergelenk
- Diarthrose (Membrana synovialis = obligat)
- Kallusbildung im Zuge der sekundären Frakturheilung
- Durch den Gehalt an elastischen Fasern sind herznahe Arterien dehnbarer als herzferne.

1.1 Gliederung des menschlichen Körpers

1.1.1 Teile und Regionen des Körpers

Der Körper wird in verschiedene Teile untergliedert (▶ Abb. 1.1):
- Kopf (Caput)
- Hals (Collum)
- Stamm (Truncus): Brust (Thorax), Bauch (Abdomen) und Becken (Pelvis)
- Obere Extremität (Membrum superius): Schultergürtel mit Schulterblatt (Scapula) und Schlüsselbein (Clavicula), Oberarm (Brachium), Unterarm (Antebrachium), Hand (Manus)
- Untere Extremität (Membrum inferius): Beckengürtel mit Hüftbein (Os coxae) und Kreuzbein (Os sacrum), Oberschenkel (Femur), Unterschenkel (Crus) und Fuß (Pes)

Um die Lage der Organe von der Körperoberfläche aus herzuleiten oder die Lokalisation von Veränderungen und Verletzungen darzustellen, wird die gesamte Körperoberfläche zusätzlich in topografische Regionen eingeteilt (▶ Abb. 1.1).

1.1.2 Achsen und Ebenen/Richtungen und Lagebezeichnungen

Die anatomischen **Hauptachsen** dienen als Orientierung zur Richtungs- und Lagebezeichnung. Sie erlauben zusätzlich die exakte Beschreibung von Bewegungen der Gelenke: Es gibt **sagittale** (ventrodorsale), **transversale** (horizontale) und **longitudinale** (vertikale) Achsen (▶ Abb. 1.2).

Zum Verständnis der Schnittanatomie und Bildgebung dienen **Ebenen**. Man unterscheidet **Frontal-, Transversal-, Sagittal-** und die **Medianebene**. Die Frontalebene (Frons: Stirn) verläuft parallel zur Stirnfläche und unterteilt den Körper in Strukturen, die vor und hinter dieser Ebene liegen. Die Transversalebene repräsentiert eine horizontale Ebene und unterteilt den Körper entsprechend in ober- und unterhalb dieser Ebene gelegene Strukturen. Die Sagittalebene teilt entsprechend den Körper in links und rechts von dieser Ebene.

> Eine besondere Sagittalebene stellt die Medianebene in der Mitte des Körpers dar. Mit Ausnahme der Medianebene, welche die zentrale Symmetrieebene bildet, kann man alle Ebenen beliebig parallel im Körper verschieben (▶ Abb. 1.2).

Die **Richtungsbezeichnungen** sind unabhängig von der Position des Körpers. Da manche Körperabschnitte beweglich sind, werden alle Lagebezeichnungen auf die **anatomische Nullstellung** bezogen, in der bei aufrecht stehendem Körper die Handflächen nach vorne gerichtet sind. Die wichtigsten Richtungsbegriffe sind in ▶ Tab. 1.1 aufgelistet.

Darüber hinaus werden weitere, v. a. longitudinale Orientierungslinien am Körper festgelegt, die sich zumeist an prominenten Oberflächenstrukturen orientieren. Diese sind in ▶ Abb. 1.3 dargestellt.

1.1.3 Konstitution, Körpergewicht und -größe

Menschen können, je nach ihrer Erscheinung, in verschiedene „**Konstitutionstypen**" eingeteilt werden: Der **Leptosom** ist mager und fein gebaut, ein **Pykniker** untersetzt mit Neigung zum Fettansatz, der **Athlet** dagegen kräftig und sportlich gebaut (einer sehr alten Einteilung nach Ernst Kretschmer, 1921, folgend).

Body-Mass-Index (BMI) Er beurteilt das Körpergewicht und wird folgendermaßen berechnet (▶ Tab. 1.2):

$$\frac{Körpergewicht}{(Körpergröße)^2} \left[\frac{kg}{m^2}\right]$$

BROCA-Formel Sie beschreibt das **Normalgewicht**:

$$Normalgewicht\ [kg] = Körperlänge\ [cm] - 100$$

Körperfettanteil Anteil und **Verteilung** des Körperfetts sind, z. T. durch Geschlechtshormone beeinflusst, geschlechtsabhängig: Bei der Frau ist der Fettanteil durchschnittlich höher (20–35 %) als beim Mann (10–22 %). Bei der Frau wird das Depotfett stärker im Unterhautfettgewebe der Glutealen- und Femoralregion abgelagert (**gynoider Verteilungstyp**), beim Mann v. a. in der Bauchregion (**androider Verteilungstyp**) (▶ Tab. 1.3).

Körperoberfläche Sie hat Bedeutung für die Berechnung des Grundumsatzes. Die Körperoberfläche wird folgendermaßen berechnet (nach Dubois):

$$Körperoberfläche = (71{,}84 \times Gewicht\ [kg])^{0{,}425} \times (Länge\ [cm])^{0{,}725}$$

Neuner-Regel Sie beschreibt die Verteilung der Körperoberfläche auf die Körperteile:
- Kopf oder ein Arm: 9 %
- Ein Bein: 18 %
- Rumpf hinten oder vorn: jeweils 18 %

Diese Flächeneinschätzung ist wichtig für die Beurteilung von Verbrennungen.

> **Klinik**
>
> **Verbrennungen** von 20 % der Körperoberfläche werden als **schwer** eingestuft, ab **40 %** besteht eine **hohe Mortalität** (je nach Alter 40–100 %).

Körpergröße und Gewicht Die durchschnittliche Körpergröße beträgt in Mitteleuropa **167 cm** bei Frauen und **177 cm** bei Männern. Das durchschnittliche Gewicht liegt bei **60 kg** bei der Frau und **70 kg** beim Mann.

Körperzusammensetzung Im Durchschnitt enthält der gesamte Körper **65 % Wasser** (▶ Tab. 1.3). Der Gehalt kann sich in den Geweben unterscheiden, z. B. wenig in Knochen- und Fettgewebe. Im

▶ 1.1 Gliederung ▶ 1.1.3 Konstitution, Körpergewicht und -größe

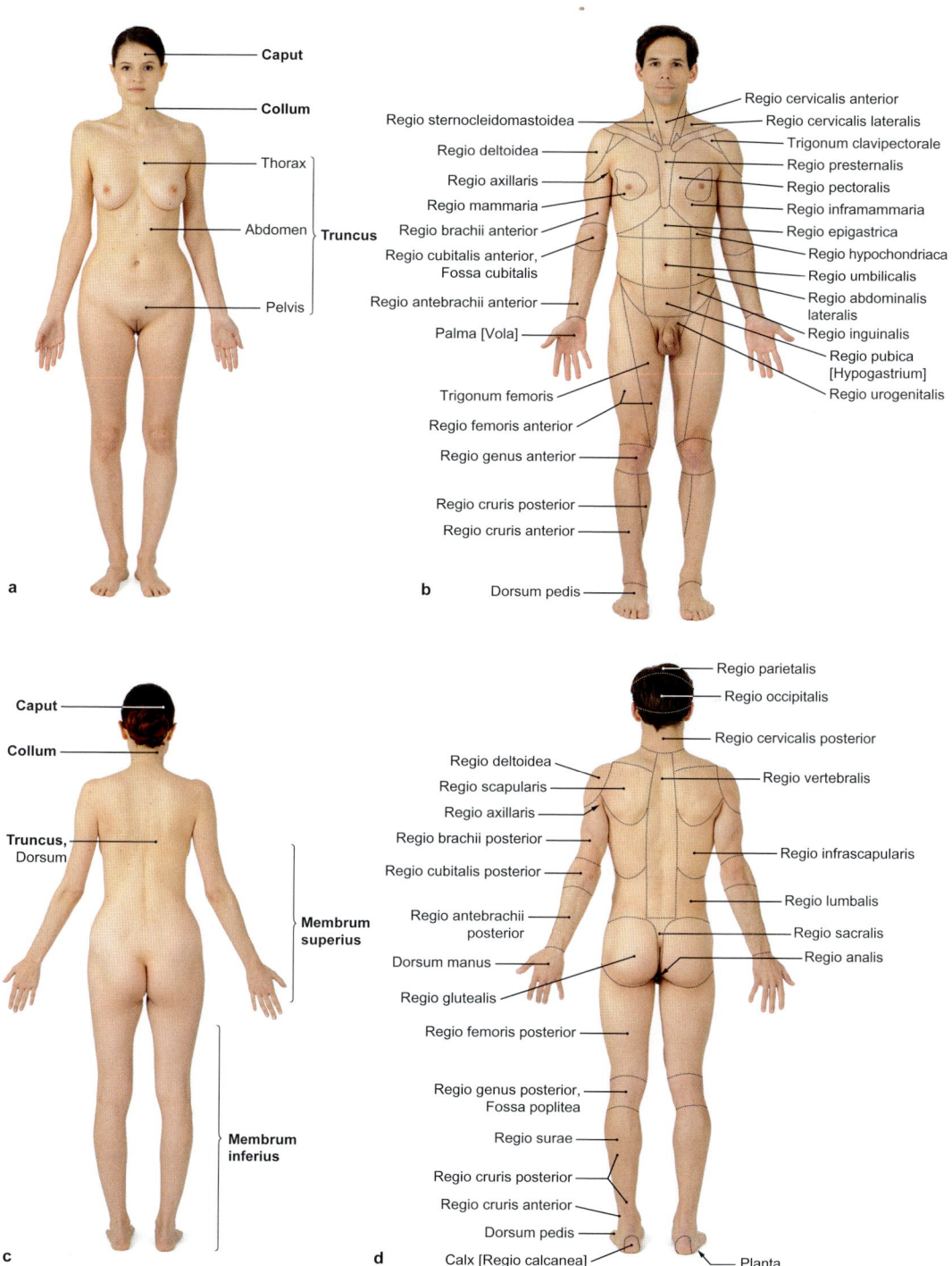

Abb. 1.1 Bauplan des menschlichen Körpers und Körperregionen: Körpergliederung. a), c) Frau: Ansicht von vorn und hinten. b), d) Mann: Ansicht von vorn und hinten. [J803]

Allgemeine Anatomie

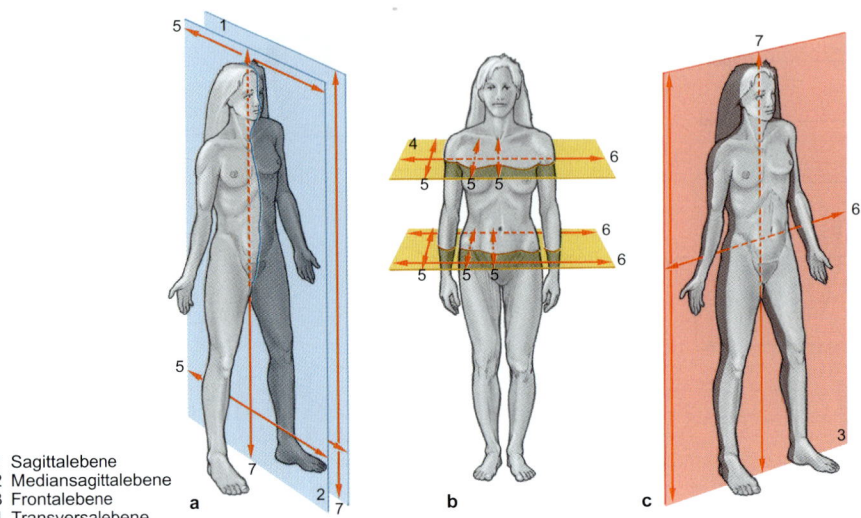

1 Sagittalebene
2 Mediansagittalebene
3 Frontalebene
4 Transversalebene
5 Sagittalachse
6 Transversalachse
7 Longitudinalachse

Abb. 1.2 Ebenen und Achsen: Sagittal-, Transversal-, Frontal- und Medianebene.
a) Sagittalebene: In ihr verlaufen sagittale und longitudinale Achsen.
b) Transversalebene (= Horizontalebene, Planum transversale): In ihr verlaufen transversale und sagittale Achsen.
c) Frontalebene (= Koronarebene, Planum frontale): In ihr verlaufen longitudinale und transversale Achsen. [S007-1-23]

Tab. 1.1 Richtungs- und Lagebezeichnungen

Begriffe	Erklärung	Begriffe	Erklärung
kranial	zum Kopf hin	**kaudal**	zum Steiß hin
superior	oben	**inferior**	unten
anterior/ventral	vorn/Bauch-wärts	**posterior/dorsal**	hinten/Rücken-wärts
lateral	seitlich/zur Seite hin	**medial**	zur Mitte hin
median	in der Mitte	**intermediär**	dazwischen
zentral	im Inneren	**peripher**	zur Oberfläche hin
profund	in der Tiefe	**superfizial**	oberflächlich
extern	außen	**intern**	innen
apikal	an der Spitze	**basal**	basalwärts
dexter	rechts	**sinister**	links
proximal	zum Rumpf hin	**distal**	zum Gliedmaßenende hin
ulnar	zur Elle hin	**radial**	zur Speiche hin
tibial	Schienbein-wärts	**fibular**	zum Wadenbein hin
volar/palmar	Handflächen-wärts	**dorsal**	Hand-/Fußrücken-wärts
plantar	Fußsohlen-wärts		
frontal	Stirn-wärts	**rostral**	zum Mund/Nase hin

▶ 1.1 Gliederung ▶ 1.1.4 Entwicklungsphasen

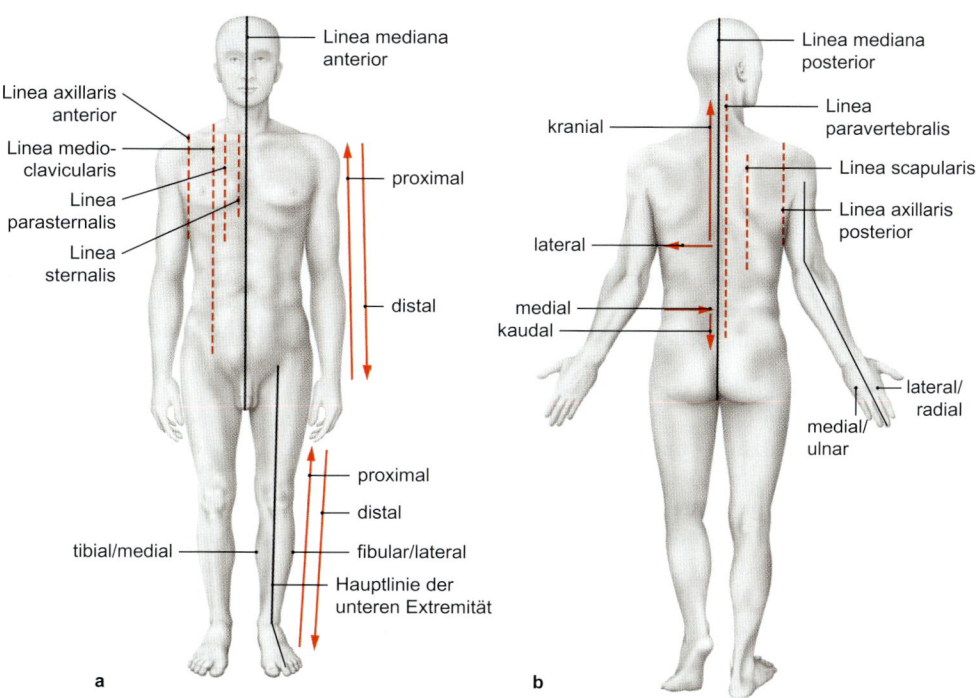

Abb. 1.3 Orientierungslinien sowie Richtungs- und Lagebezeichnungen: a) Ansicht von ventral. b) Ansicht von dorsal. [L127]

Tab. 1.2 BMI in Bezug zu Normal-, Unter- und Übergewichtigkeit

	Starkes Untergewicht	Untergewicht	Normalgewicht	Übergewicht	Adipositas (Obesitas)	Extreme Adipositas
BMI	< 16 kg/m²	16–20 kg/m²	**20–25 kg/m²**	25–30 kg/m²	30–40 kg/m²	> 40 kg/m²

Tab. 1.3 Durchschnittliche Körpermaße und Zusammensetzung

	Körpergröße	Körpergewicht	Fettanteil	Fettverteilung	Wasser	Blut
Frau	167 cm	60 kg	20–35 %	gynoid	55–60 %	3,6 l
Mann	177 cm	70 kg	10–22 %	android	65 %	4,9 l

Säuglingsalter ist der Wassergehalt etwas höher (75 %) und im Greisenalter niedriger (55 %).

1.1.4 Entwicklungsphasen

Man unterscheidet verschiedene Entwicklungsphasen:
- **Embryonalperiode:** 4.–8. Entwicklungswoche
- **Fetalperiode:** 3.–9. Entwicklungsmonat
- **Neugeborenenperiode:** erste 2 postnatale Wochen
- **Säuglingsalter:** bis Ende des 1. Lebensjahrs
- **Kleinkindalter:** bis Ende 4. Lebensjahr
- **Schulalter:** bis Eintritt in die Pubertät, d.h. bei Mädchen bis ca. 10. und Jungen ca. 12. Lebensjahr
- **Pubertät:** Reifungsalter, variabel: Mädchen 10. bis 18. Lebensjahr, Jungen 12.–20. Lebensjahr

Allgemeine Anatomie

- **Adoleszenz:** bis Abschluss des Längenwachstums des Skeletts
- **Adulter:** Erwachsener, nach Abschluss des Knochenlängenwachstums

1.2 Muskuloskelettales System

1.2.1 Knochen

Die Knochen bestehen aus **Knochengewebe,** das sich überwiegend aus anorganischem Kalziumphosphat und Kollagenfasern vom Typ I zusammensetzt, in das die Knochenzellen eingebettet sind.

Knochen vermitteln Funktionen wie Stabilisierung sowie **Schutz** der inneren Organe. Außerdem dienen sie als wichtiges **Kalzium- und Phosphatreservoir.** Das enthaltene rote Knochenmark übernimmt die **Neubildung von Blutzellen.** Der Knochen enthält im Vergleich zu anderen Geweben wenig Wasser (20 %). Direkt unter der Haut tastbare Knochenpunkte dienen als **Landmarken** für die topografische Orientierung.

Die Entstehung von Knochen (**Osteogenese**) erfolgt entweder über **desmale Osteogenese** direkt aus mesenchymalen Vorläuferzellen des embryonalen/fetalen Bindegewebes (Mesenchym) oder (häufiger) über die Umbildung einer hyalinknorpeligen Matrize in Knochen (**peri-/enchondrale Osteogenese**). So entstehen z. B. viele Schädelknochen und der Schlüsselbeinschaft desmal und viele Röhrenknochen peri-/enchondral. Reifer Knochen ist aus kleinsten lamellären Untereinheiten aufgebaut, basierend auf der Organisation kollagener Fasern (Kollagen Typ I) in der extrazellulären Matrix (**Lamellenknochen**).

Neu gebildeter Knochen besitzt diese Organisation noch nicht, sondern eine wenig geordnete Kollagenarchitektur (**Geflechtsknochen**).

Knochentypen

Man unterscheidet mehrere Knochentypen (▶ Tab. 1.4): lange (**Ossa longa**), flache oder platte (**Ossa plana**), kurze (**Ossa brevia**), irreguläre (**Ossa irregularia**), lufthaltige (**Ossa pneumatica**) und akzessorische Knochen (**Ossa accessoria**) sowie Sesambeine (**Ossa sesamoidea**). Der einzelne Knochen besitzt außen eine begrenzende Schicht unterschiedlicher Dicke aus kompakter Knochensubstanz, die **Substantia corticalis.** Im Inneren befindet sich ein Geflecht aus dünnen Knochenbälkchen, die **Substantia spongiosa,** die in der Jugend das rote, aktive Knochenmark und später zunehmend das gelbe Knochenmark

Tab. 1.4 Knochentypen

Bezeichnung	Beispiele	Erklärung
Ossa longa (Röhrenknochen)	Femur, Humerus, Tibia, Fibula, Radius, Ulna	besitzen Markhöhle, enthalten beim Adulten Fettmark
Ossa plana (flache oder platte Knochen)	Scapula, Os frontale, Os parietale, Os occipitale, Os ilium, Costa	zwei dünne Kortikalis-Schichten, dazwischen Spongiosa, diese heißt bei den Knochen der Schädelkalotte Diploë
Ossa brevia (kurze Knochen)	Hand-/Fußwurzelknochen	besitzen keine Markhöhle, sind mit Spongiosa gefüllt
Ossa irregularia (unregelmäßig geformte Knochen)	Wirbel	passen in keine Kategorie
Ossa pneumatica (pneumatisierte, d.h. lufthaltige Knochen)	Os ethmoidale, Os sphenoidale, Maxilla, Os temporale	enthalten Schleimhaut-ausgekleidete luftgefüllte Hohlräume
Ossa sesamoidea (Sesambeine)	Patella, Os pisiforme	in Sehne/Band eingebettet
Ossa accessoria (zusätzliche Knochen)	Fabella, Os trigonum (zusätzlicher Knochen am Sprungbein)	nicht bei jedem Individuum

> 1.2 Muskuloskelettales System   > 1.2.1 Knochen

("Fettmark") enthält (▶ Abb. 1.4). Letzteres kann aber bei Bedarf zu aktivem Knochenmark reaktiviert werden. Die dünnen Spongiosabälkchen erlauben eine materialsparende **Leichtbauweise** bei hoher Stabilität. Sie haben entsprechend der Belastung eine definierte, sog. **trajektorielle Ausrichtung** in **Druck-** und **Zugtrabekel** (Trajektorie ist ein physikalischer Begriff für eine Hauptbelastungslinie).

> **Klinik**
>
> Das **Os trigonum** ist ein **zusätzlicher Knochen** am Sprungbein, der bei wiederholten **Mikrotraumen zu Rückfußproblemen** (d. h. Beschwerden des hinteren Teil des Fußes) bei Sportlern führen kann.

Aufbau eines langen Röhrenknochens

Epiphysen sind die distalen Enden eines Röhrenknochens. Ihre Gelenkflächen sind mit **hyalinem Gelenkknorpel** überzogen (▶ Abb. 1.4). Sie entstehen bei der Entwicklung aus einem eigenen Verknöcherungskern. Der Schaft (**Diaphyse**) ist der mittlere, röhrenförmige Teil eines Röhrenknochens. Die **Metaphyse** ist der Bereich zwischen Dia- und Epiphyse, an dem sich Vorsprünge für die Befestigung von Sehnen und Bändern (**Apophysen**) befinden können. Die knorpelige **Epiphysenfuge** dient dem Längenwachstum und bleibt nach dessen Abschluss als verknöcherte **Epiphysenfugenlinie** erkennbar. Die **Markhöhle** (Cavitas medullaris) enthält das Knochenmark (rot oder gelb). Das **Periost** kleidet die äußeren, das **Endost** die inneren Oberflächen des Knochens aus und hält Reservezellen für Knochenumbau und -heilung bereit. Außerdem enthält es Blutgefäße zur Versorgung des Knochens. Im Gegensatz zum **Längenwachstum,** das mit der Verknöcherung der Epiphysenfuge abgeschlossen ist, ist das **Knochendickenwachstum,** induziert durch mechanische Beanspruchung, zeitlebens möglich.

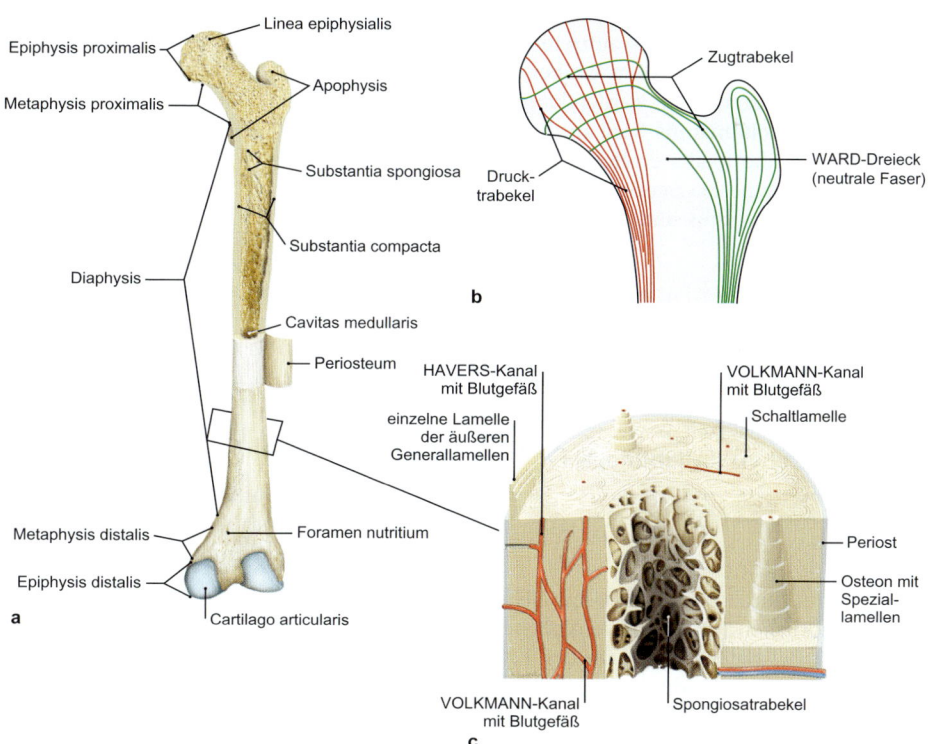

Abb. 1.4 Aufbau eines Röhrenknochens (Os longum) aus Kompakta und Spongiosa und funktionelle Anpassung des Knochens. a) Am Beispiel des Femurs, Ansicht von dorsal. b) Verlauf der Trajektorien am Femurkopf und -hals. c) Detailvergrößerung eines Querschnittsegments des Femurschafts. [a, c: L266; b: L126]

Allgemeine Anatomie

Funktionelle Anpassung des Knochens

Knochen, v. a. die Spongiosa, befinden sich stetig in einem Umbauprozess, der als **Remodelling** bezeichnet wird. Zirka 10–14 % der Knochenmasse (davon zum höheren Anteil Spongiosa [25 %] und zum geringeren Kortikalis [3 %]) werden jährlich umgebaut. Dieser Umbau dient der Anpassung an sich ändernde, d. h. verstärkende oder sinkende, biomechanische Belastungen, zur Erneuerung der Knochenmatrix, zur Reparatur von Mikroverletzungen und zur Regulation des Kalzium- und Phosphathaushalts. Neben Druckkräften wirken auch Zugkräfte am Knochen. Diese Kräfte werden durch den Aufbau sichtbarer Knochenbälkchen, sog. **Druck-** und **Zugbündel**, kompensiert (▶ Abb. 1.4). Im Vergleich zur Einwirkung von Druckbelastungen ist der Knochen gegenüber Zugbelastungen weniger widerstandsfähig. Bei einer Biegespannung am Knochen wirken Druck- und Zugspannungen gleichzeitig am gleichen Knochenquerschnitt. Biegespannungen entstehen aus einem Drehmoment, das über einen Hebelarm als Muskelwirkung am Knochen entsteht. **Biegespannungen**, die z. B. an dem gegenüber der Metaphyse abgewinkelten Femurhals auftreten, erfordern daher eine Kompensation, die z. B. über sog. Zuggurtungsmechanismen erreicht werden kann.

Ein **Zuggurtungsmechanismus** wird am Femur durch den Tractus iliotibialis erreicht. Hierbei handelt es sich um eine Faszienverstärkung, in die der M. gluteus maximus und der M. tensor fasciae latae einstrahlen.

> **Klinik**
>
> **Mechanische Stimuli** sind **essenziell** für die Stabilität der Knochen. Bei **Inaktivität** der am Knochen angreifenden Muskulatur oder fehlenden Gravitationskräften (Astronauten in der **Schwerelosigkeit**) kommt es zum Knochenmasseverlust als sog. **Inaktivitätsatrophie**.

Blutversorgung des Knochens

Knochen ist ein gut durchblutetes Gewebe. Daher sind bei Knochenbrüchen (große Röhrenknochen) hohe Blutverluste möglich. Blutgefäße für den Knochen, sog. **Vasa nutritia**, treten durch die **Foramina nutritia** in der Kortikalis in den Knochen ein. **Periostale Gefäße** kommunizieren über das Gefäßsystem im Knochen, das auf histologischer Ebene in den HAVERS- und VOLKMANN-Kanälen verläuft, mit den Gefäßen und weiten Kapillaren (**Sinusoiden**) im Knochenmark. Die Markhöhle ist sehr gut durchblutet und beinhaltet die Hauptblutversorgung für die langen Röhrenknochen (▶ Abb. 1.4).

Die reichliche Durchblutung ist wahrscheinlich eine Ursache für die hohe Regenerationskapazität des Knochens bei **Knochenbrüchen (Frakturen)**. Bei Frakturen bildet sich in dem durch Blutung zwischen den Bruchenden entstandenen Blutkoagulum ein **Kallus**. Eingewanderte Stammzellen aus End-/Periost und Blut bilden ein zunächst bindegewebiges, dann hyalinknorpeliges und später verknöcherndes Kallusersatzgewebe.

> **Klinik**
>
> Die gute Blutversorgung lässt sich in der Notfallmedizin nutzen, indem man durch **intraossäre Zugänge** in Schienbein, Oberarmknochen oder auch Brustbein große Mengen Flüssigkeit applizieren kann, wenn großvolumige venöse Zugänge nicht angelegt werden können. Bei einer Fraktur erfolgt in den meisten Fällen eine **sekundäre Frakturheilung**, bei der die Frakturenden über ein zunächst weiches, bindegewebiges und später knorpeliges Ersatzgewebe („Kallus") verbunden werden. Der **Kallus** verknöchert später zu **Geflechtknochen**, der dann mit der Zeit in **Lamellenknochen** umgewandelt wird. Die **primäre** oder **direkte Frakturheilung** (auch Kontaktheilung) ist selten möglich, nämlich nur dann, wenn der Frakturspalt außerordentlich dünn ist und die Frakturenden sich nicht gegeneinander verschieben können. Hier bleibt die Kallusbildung aus und der Knochen wächst direkt zusammen, indem sich die Gefäßkanälchen des Knochens wieder verbinden.
> Bei einer Osteosynthese mit Platten ist zu beachten, dass die nach einer Fraktur sehr wichtige Periostdurchblutung erhalten bleibt (keine Kompression).

1.2.2 Knorpel

Knorpel zählt ebenfalls zu den Stützgeweben. Er verfügt über eine besondere Druckelastizität, je nach Lokalisation und lokalen biomechanischen Bedingungen gibt es spezifische Knorpelformen.

Knorpelzusammensetzung

Knorpel ist äußerst zellarm (nur ca. 4–8 % Zellvolumen am Gewebevolumen), blutgefäß- und nervenfrei und daher kaum regenerationsfähig. Der größte Anteil des Knorpelgewebevolumens ist extrazelluläre Knorpelmatrix (v. a. knorpelspezifisches Kollagen Typ II und das große, wasserbindende Proteoglykan Aggrekan). Knorpel wird über die Gelenkflüssigkeit, das durchblutete Perichondrium oder benachbartes durchblutetes Gewebe ernährt.

Knorpeltypen

Man unterscheidet 3 Arten von Knorpel, deren histologischer Aufbau und Verteilung im Körper unterschiedlich sind.

Hyaliner Knorpel

Die häufigste Knorpelart im Körper ist der hyaline Knorpel. Er zeichnet sich aus durch seine sehr **hohe Druckelastizität,** die eine **Druckverteilung im Gelenk** ermöglicht, und seine fast **reibungsfreie** sehr glatte **Oberfläche.** Zu ihm gehören der Gelenkknorpel, Rippen- und Trachealknorpel, die meisten Kehlkopfknorpel, der Nasenseptumknorpel, die transienten Knorpelmatrizen bei enchondraler Ossifikation und der hyalinknorpelige Kallus (Reparaturgewebe) bei der Knochenbruchheilung sowie die Epiphysenfugenknorpel.

Die Ernährung des hyalinen Gelenkknorpels erfolgt daher von der Oberfläche aus durch die Gelenkflüssigkeit, die in der innersten Schicht der Gelenkkapsel gebildet wird. Diese wird durch die intermittierende Druckbelastung im Gelenk aus dem Knorpel ausgepresst und wieder aufgenommen. Von subchondral wird die Ernährung durch die Diffusion von Nährstoffen aus dem subchondralen Knochen ergänzt (Ernährungsgrenze auf der Höhe der sog. **Tidemark),** die eine histologisch sichtbare Grenzlinie zwischen nicht kalzifizierten Gelenkknorpelschichten [Zonen I–III] und kalzifizierter Zone [Zone IV] darstellt. Weitere hyaline und andere Knorpelarten verfügen über ein gut durchblutetes Perichondrium, das die ausreichende Ernährung, Schutz, eine immunologische Barriere und ein Stammzellreservoir bietet.

> **Klinik**
>
> Die Ablösung eines Knorpelfragments vom subchondralen Knochen (z. B. bei **Osteochondrosis dissecans**) führt daher zu einer **mangelhaften Ernährung** des sich ablösenden Knorpels. **Knorpelverletzungen heilen im reifen Knorpel nicht** mehr, da sich die Knorpelzellen nicht mehr teilen.

Elastischer Knorpel

In Bereichen, wo eine hohe Biegeelastizität erforderlich ist, befindet sich elastischer Knorpel, z. B. in der Ohrmuschel, in Teilen des äußeren Gehörgangs, der Tuba auditiva des Mittelohrs, als Kehldeckelknorpel. Er enthält elastische Fasern und besitzt zumeist ein Perichondrium.

Faserknorpel

Der Faserknorpel findet sich in Bereichen des Körpers, wo neben einer Druckbelastung auch Zug- und stärkere Scherbelastungen entstehen. Er bildet die Bandscheiben (Disci intervertebrales), Menisken (z. B. Kniegelenk), Disci articulares (z. B. Kiefergelenk, Sternoklavikulargelenk) und Gelenklippen (Labrum glenoidale und Labrum acetabuli).

Als Besonderheit ist im **Kiefer- und Sternoklavikulargelenk** aufgrund von ausgeprägteren Scherbelastungen auch der Gelenkknorpel faserknorpelig. Er enthält zusätzlich zu den knorpelspezifischen Kollagen-Typ-II-Fasern dicke Kollagen-Typ-I-Fasern, die zugstabil sind.

1.2.3 Gelenke

Die Gelenke sind unterschiedlich bewegliche Verbindungen zwischen zwei oder mehr Knochen oder Knorpeln. Sie vermitteln die Bewegung der Skelettelemente gegeneinander. Um das natürliche Bewegungsausmaß von pathologisch eingeschränkter oder unnatürlich erhöhter Beweglichkeit abzugrenzen, werden die Bewegungsmöglichkeiten in den verschiedenen Gelenken des Körpers genau beschrieben. In einem Gelenk sind prinzipiell **Translations-** und **Rotationsbewegungen** möglich. Bei der Translation gleitet der Kopf auf der Gelenkpfanne (z. B. Facettengelenke der Wirbel oder Kniegelenk). Bei der Rotation bleiben Kopf und Pfanne in gleichem Kontakt, der bewegte Knochen dreht sich jedoch im Verhältnis zu einer der 3 Raumachsen (x, y, z). Insgesamt kann man also **3 Freiheitsgrade der Translation** und **weitere 3** für die **Rotation** unterscheiden. Das führt, da Kombinationen möglich sind, zu **6** denkbaren **Freiheitsgraden.**

Körperbewegungen

Die Grundlage bilden definierte anatomische Bewegungsbezeichnungen, die wichtigsten sind in ▶ Tab. 1.5 zusammengefasst.

Allgemeine Anatomie

Tab. 1.5 Wichtigste anatomische Richtungsbezeichnungen (Extremitäten)

Bezeichnung		Erklärung
Extension	Flexion	Streckung und Beugung (um transversale Achse)
Abduktion	Adduktion	Weg- und Heranführen an den Körper (um sagittale Achse)
Innenrotation	Außenrotation	Einwärts- und Auswärtsdrehung (um longitudinale Achse des Knochens)
Elevation	Depression	Hebung des Arms/Schultergürtels über oder unter die Horizontale
Pronation	Supination	lateralen Fußrand anheben (Pronation), medialen Fußrand anheben (Supination), Umwendbewegung des Handrückens, sodass die Handfläche nach unten weist (Pronation) bzw. nach oben (Supination)
Radialabduktion	Ulnarabduktion	Abspreizung der Finger in Richtung Radius oder Ulna
Opposition	Reposition	Gegenüberstellung des Daumens zum Kleinfinger und Rückführung
Eversion	Inversion	Hebung der Außen- und Innenseite des Rückfußes

An bestimmten Gelenken, z. B. dem **Kiefergelenk**, finden sich besondere Bezeichnungen zur Beschreibung der Bewegungsmöglichkeiten:
- Abduktion und Adduktion [Okklusion] = Kieferöffnung und -schluss
- Medio- und Laterotrusion = Mahlbewegung nach medial und lateral
- Pro- und Retrusion = Vor- und Rückwärtsbewegung

Bewegungsausmaß
Der Bewegungsumfang in Gelenken wird durch die **Neutral-Null-Methode** als standardisiertes Bewertungssystem beurteilt. ▶ Abb. 1.5a, b gibt die **Neutral-Null-Stellung** als Ausgangsposition wieder, von der aus jede Bewegung um eine definierte Bewegungsachse in jedem Gelenk als Winkelgradanzahl beschrieben wird. Jede Bewegung ist um eine Achse in 2 Richtungen möglich (▶ Tab. 1.5). Zu beachten ist, dass die Bewegungen in Bezug auf die **Neutral-Null-Stellung** angegeben sind. Sie unterscheidet sich von der anatomischen Nullstellung dadurch, dass bei aufrecht stehendem Körper die Daumen nach vorne gerichtet sind und nicht die Handflächen. Eine Bewegung im Gelenk um eine definierte Achse wird dann mit 3 separaten Gradzahlen dokumentiert. Die erste Zahl gibt die Bewegungsmöglichkeit um die entsprechende Achse vom Körper weg an (z. B. Extension). Dann folgt als mittlere Zahl die Null für die in Neutral-Null-Stellung beschriebene Ruheposition des entsprechenden Körperteils und die letzte Zahl gibt die erreichbare Endposition bei Bewegung zum Körper hin an, also z. B. in der Flexion (▶ Abb. 1.5c).

> **Klinik**
>
> Wenn das **Kniegelenk** z. B. in einer **20°-Beugeposition versteift** ist, wird diese Versteifung dadurch angegeben, dass die gemessene Winkelstellung 2-mal nebeneinander hinter der Null aufgeführt wird: **0°–20°–20°**.

Gelenktypen
Man unterscheidet **unechte Gelenke** (**Synarthrosen**, ▶ Abb. 1.6) und **echte** Gelenke (**Diarthrosen**, ▶ Abb. 1.7). Es gibt verschiedene Formen **unechter Gelenke**:
- Bei einer Verbindung der aneinandergrenzenden Knochen durch Bindegewebe entsteht eine **Syndesmose**.
- Eine Verbindung beider Knochen durch meistens hyalinen Knorpel resultiert in einer **Synchondrose**.
- Bei einer **Symphyse** findet sich Faserknorpel zwischen den Knochen.
- Wenn zwei ursprünglich einzeln angelegte Knochen eine knöcherne Verbindung miteinander

▶ 1.2 Muskuloskelettales System ▶ 1.2.3 Gelenke

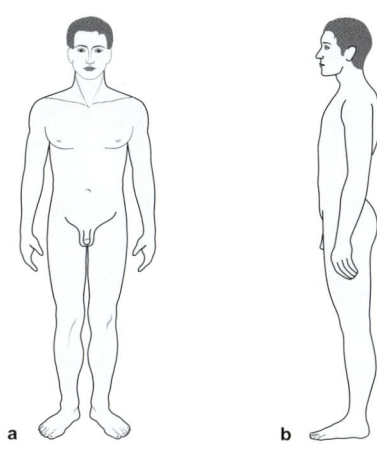
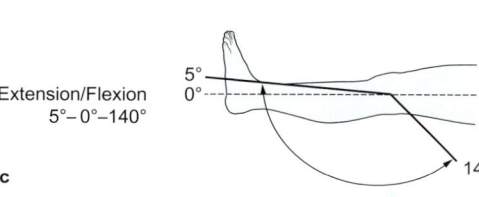

Abb. 1.5 Neutral-Null-Stellung und Beispiel für die Dokumentation des Bewegungsumfangs.
a) Ansicht von vorn. b) Ansicht von der Seite. c) Normales Bewegungsausmaß des Kniegelenks für die Extension und Flexion. [L126]

eingehen, entsteht eine **Synostose**, bei der es sich nicht mehr um ein Gelenk handelt.

Klinik

Eine **vorzeitige** synostotische Verknöcherung von **Schädelnähten (Kraniosynostose)** kann zu **Schädelverformungen wie dem Turm- oder Kahnschädel** und durch Einengung des wachsenden Gehirns zu Entwicklungsstörungen führen.

Echte Gelenke

Sie verfügen im Gegensatz zu unechten Gelenken über hyalinen **Gelenkknorpel** (Ausnahme: Kiefer- und Sternoklavikulargelenk mit Faserknorpel) sowie über Gelenk**spalt**, **-kapsel** und **-bänder** (▶ Abb. 1.7). Daher werden sie auch als **Juncturae synoviales** bezeichnet (▶ Abb. 1.8), denn der Gelenkspalt enthält die für die Knorpelernährung essenzielle Gelenkflüssigkeit **(Synovia)**. Diese wird von der innersten Schicht der Gelenkkapsel, der **Membrana synovialis,** die somit obligater Bestandteil eines **echten Gelenks** ist, produziert.
Eine Sonderform echter Gelenke sind straffe Gelenke, sog. **Amphiarthrosen**, wie z. B. das Kreuzbein-Darmbein-Gelenk. Diese lassen nur einen sehr geringen Bewegungsspielraum zu, erfüllen aber trotz eingeschränkter Beweglichkeit alle genannten Kriterien des echten Gelenks.
Diarthrosen werden entsprechend der Form von **Gelenkkopf** und -**pfanne** und daher ihres Funktionsmechanismus in verschiedene Typen eingeteilt:

- Scharniergelenk **(Ginglymus)**
- Zapfengelenk **(Articulatio conoidea)**
- Radgelenk **(Articulatio trochoidea)**
- Eigelenk **(Articulatio ellipsoidea)**
- Sattelgelenk **(Articulatio sellaris)**
- Kugelgelenk **(Articulatio spheroidea)**
- Planes Gelenk **(Articulatio plana)**

Beispiele sind in ▶ Abb. 1.8 aufgeführt.

Gelenkkapsel

Die Gelenkkapsel setzt sich aus dem Periost des Knochens fort und umgibt die Gelenkhöhle echter Gelenke: Sie besteht aus zwei Schichten:
- Äußere stabilisierende **Membrana fibrosa** aus straffem Bindegewebe
- Innere **Membrana synovialis** als typischer Bestandteil echter Gelenke. Die Membrana fibrosa ist oft durch integrierte Bandzüge verstärkt.

Die Membrana synovialis kleidet die Gelenkhöhle aus. Sie enthält im Wesentlichen zwei Zellpopulationen:
- **Synovialmakrophagen (Typ-A-Synoviozyten):** Sie räumen Abbauprodukte im Gelenk ab.
- **Synovialfibroblasten (Typ-B-Synoviozyten).** Sie produzieren die wichtigsten Komponenten der **Synovialflüssigkeit (Synovia, „Gelenkschmiere")** (▶ Abb. 1.7).

Die Synovia ist eine hyaluronsäurereiche, thixotrophe Flüssigkeit (auch in den großen Gelenken nur wenige Milliliter). Diese hält die Gelenkoberflächen gleitfähig, kann Stöße abpuffern und ernährt v. a. den Gelenkknorpel. **Thixotroph** bedeutet, dass

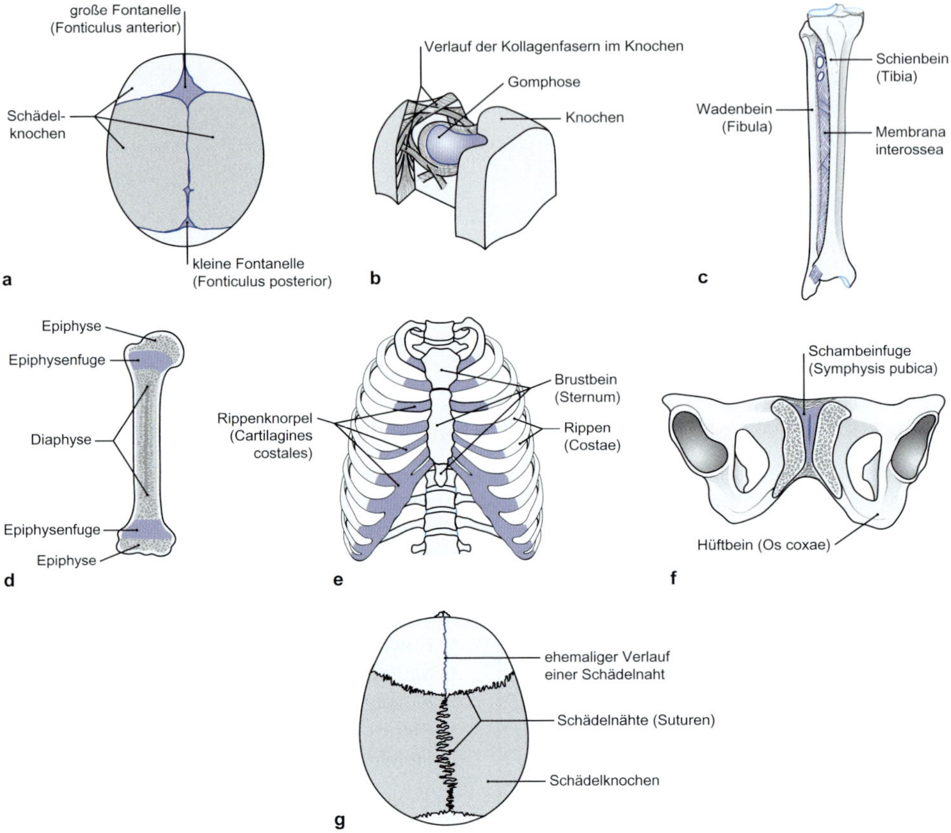

Allgemeine Anatomie

Abb. 1.6 Synarthrosen.
Bandhaft (Syndesmose): a) Am Beispiel der Schädelnähte (Suturen). b) Als Gomphosis (Zähne-Kiefer-Verbindung) und (c) Membrana interossea. Knorpelhaft (Synchondrose): d) Am Beispiel der Epiphysenfugen, e) Rippenknochen-Knorpel- und einiger Rippenknorpel-Brustbein-Verbindungen und f) Symphysis pubica. g) Knochenhaft (Synostose) am Beispiel verknöcherter Schädelfugen. [L126]

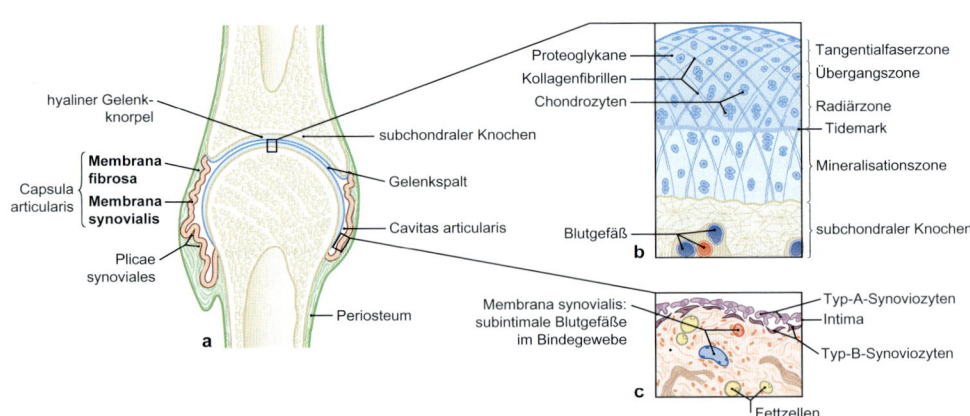

Abb. 1.7 Allgemeiner Aufbau des (echten) Gelenks. a) Überblick Gelenk. b) Gelenkknorpel. c) Synovialmembran als innerste Gelenkkapselschicht. [L126]

▶ 1.2 Muskuloskelettales System   ▶ 1.2.4 Muskeln

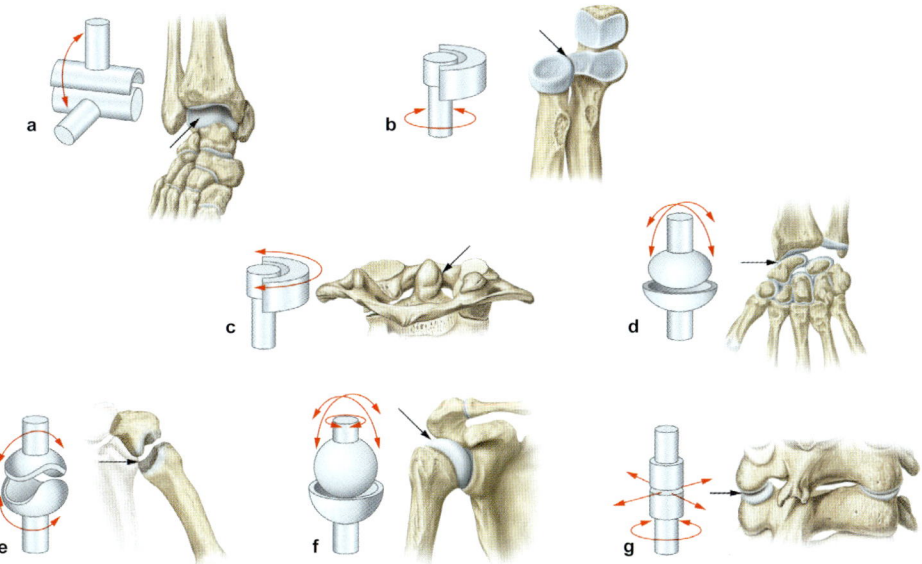

Abb. 1.8 Gelenktypen, Juncturae synoviales (Articulationes, Diarthroses).
a) Scharniergelenk (oberes Sprunggelenk). b) Zapfengelenk (Articulatio radioulnaris proximalis). c) Radgelenk (Articulatio atlantoaxialis mediana). d) Eigelenk (Articulatio radiocarpalis). e) Sattelgelenk (Articulatio carpometacarpalis prima). f) Kugelgelenk (Articulatio humeri). g) Planes Gelenk (Articulatio plana, Facettengelenke). [L127]

bei mechanischer Beanspruchung die Viskosität der Synovia geringer wird.

> **Klinik**
>
> **Rheumatoide Arthritis, Arthrose**
> Gelenkerkrankungen wie rheumatoide Arthritis, aber auch Arthrose führen nicht nur zu einer **Schädigung des Gelenkknorpels** durch Zelluntergang und Abbau seiner extrazellulären Matrix, sondern gleichzeitig durch **entzündliche Veränderungen der Synovialmembran** zur **vermehrten** Produktion einer dünnflüssigen, qualitativ **minderwertigen Synovialflüssigkeit.** Diese verstärkt den Knorpelverlust und bewirkt eine Schwellung der Gelenkkapsel.

1.2.4 Muskeln

Die Muskeln repräsentieren den aktiven Bewegungsapparat, da sie aus kontraktilen Zellen zusammengesetzt sind, die sich aktiv verkürzen können. Der Begriff „Muskel" leitet sich vom lateinischen Wort *musculus* ab, das mit „Mäuschen" übersetzt wird. Man unterscheidet 3 Typen an Muskelgeweben:

- Die Muskeln des Bewegungsapparats und einiger weniger Organe wie des Kopfdarms (Mundhöhle bis Rachen) und des Kehlkopfs zählen zum Typ der **quergestreiften Skelettmuskulatur.** Diese Muskeln sind willkürlich beweglich.
- Die **glatte Muskulatur** des Rumpfdarms (Speiseröhre bis Anus) und aller übrigen Organe und Blutgefäße bewegt sich unwillkürlich und ist damit nicht dem Willen unterworfen. Sie ermüdet im Vergleich zur Skelettmuskulatur nicht.
- Die **Herzmuskulatur** nimmt eine Zwischenstellung ein, da sie quergesteift, aber unwillkürlich ist.

Die gesamte Skelettmuskulatur des Bewegungsapparats mit Ausnahme der mimischen Muskulatur an Gesicht und Hals wird durch einen oberflächlichen Faszienschlauch umhüllt. **Faszien** bestehen aus straffem, kollagenreichem Bindegewebe, in dem die Fasern scherengitterartig angeordnet sind und sich daher den Verformungen kontrahierender Muskeln anpassen können. Muskelfaszien umhüllen und stabilisieren einzelne Muskeln. Gruppenfaszien umgrenzen gleichsinnig arbeitende Muskeln und gliedern Muskelgruppen in sog. Muskellogen ab. Muskelgewebe ist gut durchblutet und innerviert. Es besitzt eine gewisse Regenerati-

Allgemeine Anatomie

onsfähigkeit durch Satellitenzellen und andere Stammzellen.

Muskelaufbau und -typen

Muskelaufbau Jeder Muskel beginnt mit einen **Ursprung (Origo),** der sich über eine Sehne zumeist am Knochen verankert. Dann folgt ein **Kopf (Caput),** der in den **Bauch (Venter)** übergeht, und dann befestigt sich der Muskel mit einer Endsehne am (vom Rumpf aus betrachtet) distalen Knochenpunkt. Diese Befestigung wird als **Ansatz (Insertio)** bezeichnet. Dieser stellt sehr oft, aber nicht immer das **Punctum mobile** dar. **Punctum fixum** ist der Befestigungspunkt des Muskels, der sich bei seiner Kontraktion am wenigsten verlagert, und entspricht dann dem Ursprung des Muskels. Man kann entsprechend der Verlaufsrichtung eine mechanische Wirkungslinie und in Beziehung zur Drehachse im Gelenk den **virtuellen Hebelarm** definieren (▶ Abb. 1.9h). Dieser stellt den senkrechten Abstand der Muskelsehne von der Drehachse dar.

Muskeltypen Es gibt verschiedene Typen von Muskeln, die nach ihrer Form in M. planus (flach), M. fusiformis (spindelförmig), M. sphincter (ringförmig) oder M. orbicularis (kreisförmig) eingeteilt werden können (▶ Abb. 1.9). Des Weiteren gibt es **einköpfige, zwei-/dreiköpfige, ein-** oder **zweibäuchige** Muskeln.

Fiederung Von einer Fiederung spricht man, wenn der Faserverlauf schräg zur Muskelsehne läuft. Es gibt **einfach** und **mehrfach gefiederte** Muskeln. Muskeln, die keine Fiederung aufweisen, sind **parallelfaserig.** Einige Muskeln haben Zwischensehnen. Andere befestigen sich mit ihren Fasern an einer Raphe („Sehnennaht"), d.h. einem Sehnenstreifen, in den von beiden Seiten Muskelfasern einstrahlen.

Muskelarbeit

Muskeln werden über Nervenimpulse aktiviert. Jeder Muskel hat einen Grundtonus (Ruhetonus). Muskeln sind befähigt zur **isometrischen** (nur Spannungserhöhung, keine Faserverkürzung) und

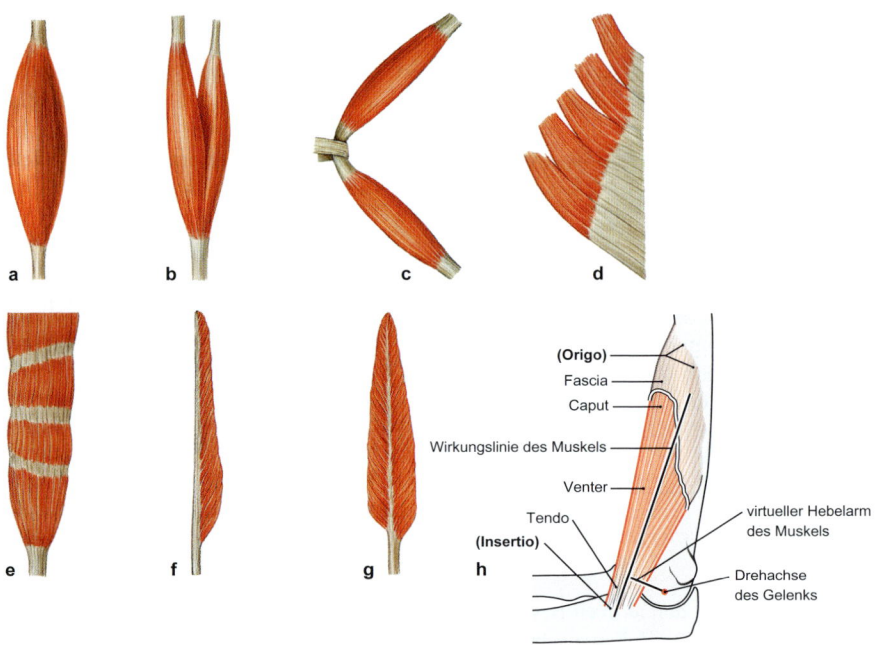

Abb. 1.9 Muskeltypen und Gliederungsprinzip des Skelettmuskels.
a) Einköpfig und parallelfaserig. b) Zweiköpfig und parallelfaserig. c) Zweibäuchig und parallelfaserig. d) Mehrköpfig und flach. e) Durch Zwischensehnen unterteilt und mehrbäuchig. f) Einfach gefiedert. g) Mehrfach gefiedert. h) Gliederungsprinzip eines einköpfigen Muskels (M. brachialis). [S007-1-23]

isotonischen Kontraktion (bei gleicher Spannung entsteht eine Verkürzung der Muskelfaser).
Sowohl der **Fiederungswinkel** als auch der **physiologische Querschnitt** bestimmen die **Kraftentfaltung (Hubkraft)** eines Muskels. Der Fiederungswinkel ist der Winkel, mit dem die Fasern eines Muskels an seiner Sehne inserieren.

> Der **anatomische Querschnitt** ist der im dicksten Teil des Muskels senkrecht zur Hauptachse gebildete Querschnitt.
> Der **physiologische Querschnitt** ist der Querschnitt aller Muskelfasern rechtwinklig zu ihrem jeweiligen Verlauf. Er kann damit bei gefiederten Muskeln größer als der anatomische Querschnitt sein. **Anatomischer** und physiologischer **Querschnitt** stimmen also nur selten überein (z. B. in parallelfaserigen, spindelförmigen Muskeln).

Das Ausmaß der Muskelverkürzung wird als **Hubhöhe** bezeichnet. Sie ist abhängig von der Länge der Muskelfasern und ihrem Fiederungswinkel.
Muskelarbeit Sie errechnet sich aus der Formel Arbeit = Kraft × Weg, bezogen auf die Bedingungen im Muskel ergibt das die Beziehung:

$$\text{Muskelarbeit} = \text{Hubkraft} \times \text{Hubhöhe}$$

Nur wenn die Sehne parallel zur Zugrichtung ihres Muskels verläuft, wird die komplette erzeugte Kraft des Muskels auf die Sehne übertragen. Hubhöhe × Hubkraft ergibt die **mechanische Arbeit eines Muskels** und wird in **Joule** gemessen, bezieht man sie als **geleistete Muskelarbeit** auf eine Zeiteinheit, definiert man sie in Watt.
Hebelgesetze Am Muskel gelten die Hebelgesetze. Der **Lastarm** ist hierbei der zu bewegende Skelettabschnitt, **Kraftarm** sind die Muskeln mit ihren Sehnen. Der **Drehpunkt** liegt im Gelenk. Der Hebelarm ist je nach Gelenkstellung unterschiedlich lang und wird als virtueller Hebelarm bezeichnet. Das **Drehmoment** eines Muskels kann man einfach berechnen: **Drehmoment = Kraft (F) × virtueller Hebelarm.** Die Länge des anatomischen Hebelarms ist die Distanz zwischen Muskelansatz und Drehachse des Gelenks (▶ Abb. 1.9h).
Synergisten/Antagonisten Man kann Muskeln hinsichtlich ihrer Funktion in Synergisten und Antagonisten einteilen, je nachdem, ob sie eine Bewegung gemeinsam unterstützen oder diese hemmen.

- **Aktive Insuffizienz:** Trotz maximaler Verkürzung der Synergisten ist die Gelenkfunktion noch nicht ausgeschöpft.
- **Passive Insuffizienz:** Aufgrund der begrenzten Dehnbarkeit der Antagonisten kann die Gelenkfunktion nicht komplett ausgeschöpft werden.

> **Klinik**
>
> **Muskelkater**
> Er entsteht durch **kleine Mikrorisse** und nachfolgende **Entzündungsreaktion** nach einer Überanstrengung von Muskelgruppen.

1.2.5 Sehnen und Bänder

Zusammen mit dem knöchernen Skelett repräsentieren die Sehnen und Bänder wichtige Anteile des passiven Bewegungsapparats. Ein Band (**Ligamentum**) spannt sich zwischen 2 Knochenpunkten aus, eine Sehne (**Tendo**) verbindet Muskeln mit Knochen und setzt sich meist in das Innere des Muskels fort.
Es handelt sich um straffes parallelfaseriges kollagenes Bindegewebe (Fasern aus v. a. Kollagen Typ I). Sehnen und Bänder enthalten unterschiedliche Mengen **elastischer Fasern** (bestehend aus Elastin und Mikrofibrillen). Je nachdem, ob Sehnen in einer **Sehnenscheide (Vagina tendinis)** verlaufen oder nicht (▶ Abb. 1.10a), unterscheidet man **intra-** und **extrasynoviale** Sehnen. **Aponeurosen** sind breitflächige Sehnen (z. B. an der Bauch- und oberflächlichen Rückenmuskulatur), die zur Stabilisierung auch im 90°-Winkel kreuzende Fasern enthalten.
Am Ursprung und Ansatz bilden Sehnen eine **Enthesis** zur festen und reibungsarmen Verankerung im Knochen: Diese kann eine faserknorpelige (**fibrokartilaginäre**) oder **ligamentäre (fibröse)** Struktur haben (▶ Abb. 1.10b–c). Bei der ligamentären Enthesis verankern sich kollagene Fasern der Sehne als sog. SHARPEY-Fasern im Knochen.

> **Klinik**
>
> **Enthesitiden**
> **Entzündungen der Sehnenansätze** können durch Überlastung und dadurch entstehende Mikroverletzungen als sog. **Enthesitiden („Insertionstendinopathien")** entstehen, wie z. B. der „Tennisarm".

Allgemeine Anatomie

Hilfseinrichtungen der Muskeln

Retinacula Die sog. Rückhaltebänder sind gürtelförmige straffe Bindegewebsstrukturen, die Sehnen knochennah in einer definierten Richtung leiten. Unter ihnen entstehen durch vertikale Verbindungsfasern vom Retinaculum zum unterlagernden Knochen **Sehnenfächer**. In diesen laufen die Sehnen wie in einem Führungstunnel, ohne sich bei der Muskelkontraktion zu verlagern.

Sehnenscheiden Die **Vaginae tendinum** sind schlauchförmige Gebilde, die Sehnen in ihrem Verlauf schützen, indem sie sie umhüllen. Sie weisen einen ähnlichen Aufbau wie die Gelenkkapsel auf. Sie sind innen von einem äußeren Synovialblatt (**Stratum synoviale**) ausgekleidet, das die Sehne selbst überzieht. Die äußere, stabilisierende Schicht der Sehnenscheide ist das **Stratum fibrosum**. Der Übergang in das innere Blatt wird als **Mesotendineum** bezeichnet. In ihm treten versorgende Nerven und Gefäße in die Sehne ein. Der kapilläre Spaltraum zwischen beiden Blättern enthält **Synovialflüssigkeit** (▶ Abb. 1.10a) und erlaubt daher ein reibungsarmes Gleiten der Sehne in der Sehnenscheide.

Schleimbeutel Es gibt zur Reibungsminimierung und Druckpolsterung zwischen Sehnen und Knochenpunkten zahlreiche Schleimbeutel (**Bursae**). Schleimbeutel sind wie die Gelenkkapseln innen von einer Membrana synovialis ausgekleidet und außen durch eine Membrana fibrosa abgegrenzt. Entsprechend enthalten sie ebenfalls Synovialflüssigkeit, die reich an Hyaluronan (ältere Bezeichnung: Hyaluronsäure) ist. Ein **Hypomochlion** ist ein Knochenvorsprung oder eine Bindegewebsverankerung, die die Zugrichtung einer Sehne umlenken (z. B. Trochlea peronealis oder Patella) und dadurch den Hebelarm vergrößern kann. An einem Hypomochlion kann eine **Gleitsehne** entstehen (z. B. Sehne des M. peroneus [fibularis] longus und brevis), die am Kontaktareal zum Hypomochlion durch die Druckbelastung Faserknorpel enthält.

Klinik

Sehnenscheiden und Schleimbeutel können sich bei Überlastung entzünden (**Tenosynovitis** und Bursitis). Beim Heilen verletzter Sehnen oder bei chronischen

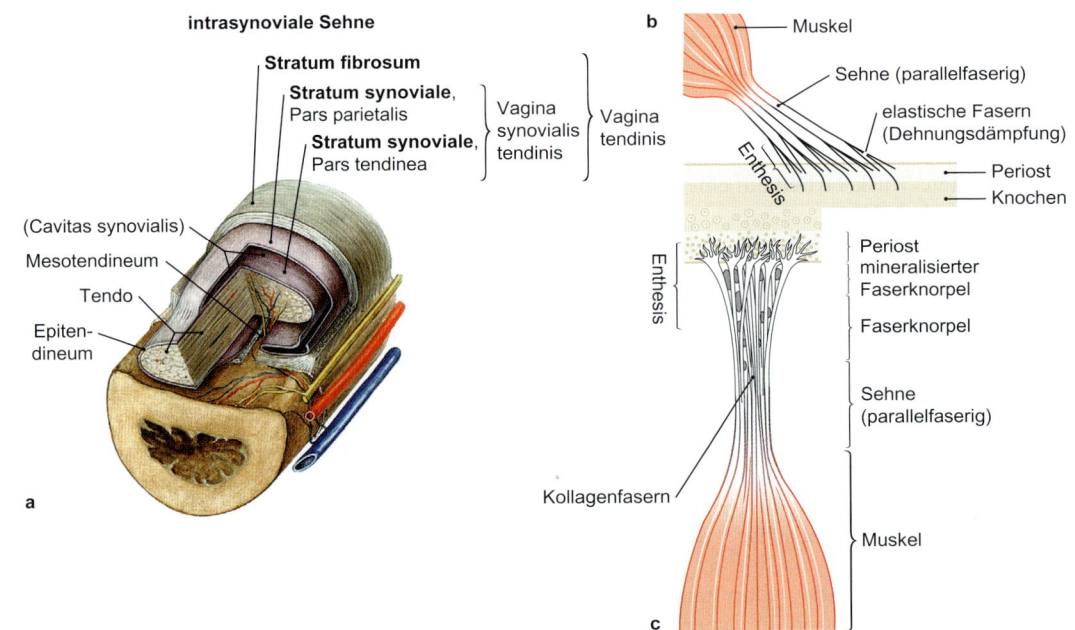

Abb. 1.10 Aufbau von Sehnenansatzzonen und einer Sehnenscheide.
a) Sehnenscheide einer intrasynovialen Sehne. b) Periostal-diaphysäre Ansatzzone. c) Chondral-apophysäre Ansatzzone. [a: S007-1-23; b, c: L126]

Sehnenscheidenentzündungen kann es zu **Verklebungen und Verwachsungen** der Sehne mit der Sehnenscheide kommen, sodass auch bei der Heilung stets eine **frühe Mobilisierung zur Lösung beginnender Adhäsionen** erforderlich ist.

1.3 Kardiovaskuläres System
1.3.1 Blut und Blutgefäße

Blut

Blut ist das Transportmedium für Gase (O_2, CO_2), Nährstoffe, Elektrolyte, Wärme, Zellen und Mediatoren der Immunabwehr sowie Botenstoffe (Hormone). Es besteht zu 90 % aus Flüssigkeit und zu 10 % aus Blutzellen. Die roten Blutkörperchen (Erythrozyten) mit einer Größe von 7,5 µm machen 99 % der Blutzellen aus. Sie vermitteln über das enthaltene Hämoglobin den Gastransport und sind verantwortlich für die rote Farbe des Blutes. Das Erythrozytenvolumen am Gesamtvolumen des Blutes beschreibt der sog. Hämatokrit (normal: zwischen 37 und 50 %).

Blutgefäße

Das Blut wird, angetrieben vom Herzen, in den Blutgefäßen der **Makrozirkulation** in Organe und Gewebe geführt und zurück zum Herzen geleitet: **Arterien** bringen das Blut vom Herzen zur Peripherie. **Venen** führen das Blut zum Herzen zurück. Nicht alle, aber die überwiegende Zahl der Venen führen sauerstoffarmes Blut (Ausnahme: Pulmonalvenen und im fetalen Kreislauf Nabelvenen) und fast alle Arterien sauerstoffreiches Blut (Ausnahme: Pulmonalarterien und Nabelarterien im fetalen Kreislauf) (▶ Abb. 1.11).

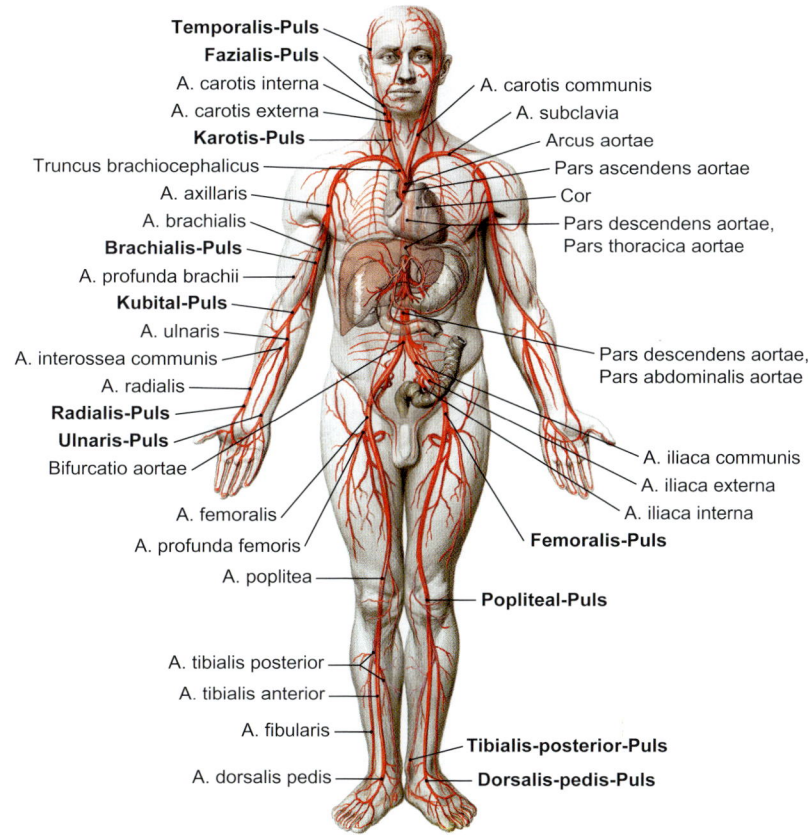

Abb. 1.11a Arterien des Körperkreislaufs. [S007-1-23]

Allgemeine Anatomie

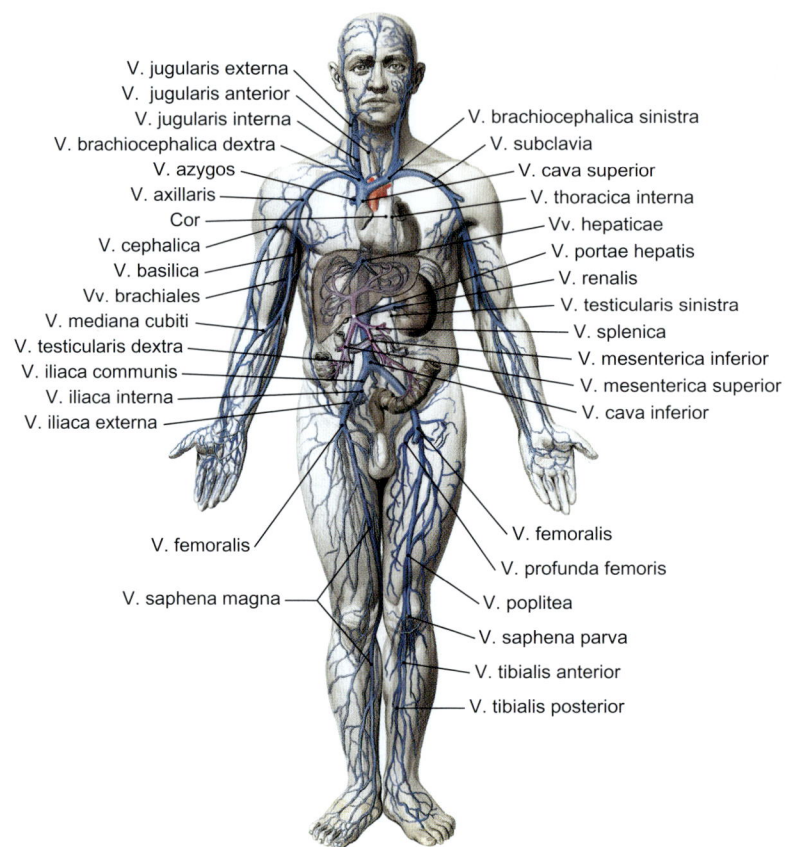

Abb. 1.11b Venen des Körperkreislaufs. [S007-1-23]

In der Peripherie schließen sich die Gefäße der Mikrozirkulation an: Auf kleinere **Arterien** folgen die **Arteriolen,** die als Widerstandsgefäße den Blutdruck reduzieren. In den nachfolgenden **Kapillaren** findet der Stoff- und Gasaustausch statt. In manchen Bereichen des Körpers (z. B. Haut) kann das Kapillarbett durch direkte Verbindungen zwischen Arterien und Venen umgangen werden **(arteriovenöse Anastomosen).** Nach der Sauerstoffabgabe sammelt sich das Blut in **Venulen,** die wiederum an Venen angeschlossen sind.

Arterien Sie haben einen dreischichtigen Wandbau aus Tunica intima mit Endothel, Tunica media aus glatter Muskulatur und Tunica adventitia aus Bindegewebe. Die meisten Arterien des Körpers gehören zum **muskulären Typ.** Die herznahen Gefäße wie die Aorta und die Lungenarterien zählen dagegen zum **elastischen Typ,** der in der Tunica media vermehrt elastische Fasern aufweist. Sie wandeln durch ihre sog. Windkesselfunktion den nach jeder Kontraktion des Herzens pulsierenden Blutstrom in einen gleichmäßigen und kontinuierlichen Blutfluss um.

Venen Sie haben muskelschwache, flexiblere und dünnere Wände als Arterien. Venen besitzen oft Klappen, die einen Rückfluss des Blutes verhindern. Sie sind häufig doppelt angelegt und flankieren dann als **Begleitvenen** die entsprechende Arterie, da sie den **Arterienpuls** zum Bluttransport nutzen. Venen verlaufen zusammen mit den Arterien und oft auch Nerven in sog. **Gefäß-Nerven-Straßen.** Die Extremitäten haben ein **oberflächliches** und ein **tiefes Venensystem,** die durch Verbindungsgefäße **(Perforansgefäße)** miteinander in Verbindung stehen. Der **Bluttransport in den Venen** zum Herzen ist durch die Ausrichtung der Venenklappen nur in Richtung des Herzens möglich und erfolgt zu 75 % durch das tiefe Venensystem.

▶ 1.3 Kardiovaskuläres System ▶ 1.3.1 Blut und Blutgefäße

Tab. 1.6 Klappenfunktionen

	Name	Anzahl Segel/Taschen	Lage
Segelklappe	Mitralklappe (Bikuspidalklappe)	2	zwischen linkem Vorhof und linkem Ventrikel
	Trikuspidalklappe	3	zwischen rechtem Vorhof und rechtem Ventrikel
Taschenklappe	Aortenklappe	3	zwischen linkem Ventrikel und Aorta
	Pulmonalklappe	3	zwischen rechtem Ventrikel und Truncus pulmonalis

Tab. 1.7 Herzaktionen

Herzaktion	Phase	Segelklappen	Taschenklappen
Systole	Anspannungsphase des Ventrikelmyokards	geschlossen	geschlossen
	Austreibungsphase des Ventrikelmyokards	geschlossen	offen
Diastole	Entspannungsphase des Ventrikelmyokards	geschlossen	geschlossen
	Füllungsphase (Ventrikelmyokard entspannt)	offen	geschlossen

Er wird durch den Puls benachbarter Arterien, Kontraktion der umgebenden Muskulatur („Muskelpumpe") und herznah auch durch die Sogwirkung des Herzens gefördert. Im Brustraum wird er des Weiteren durch Druckunterschiede, ausgelöst durch die Atmung, angetrieben.

Herz
Das Herz besitzt 2 durch eine Scheidewand (Vorhof- und Kammerseptum) getrennte Hälften und **4 Kammern** (jeweils rechts und links einen Vorhof und eine Kammer) (▶ Kap. 5.2). Es verfügt, insbesondere in den Kammerwänden, über eine kräftige, spezialisierte quergestreifte Muskulatur, das **Myokard.** Durch Kontraktion der Herzmuskulatur (**Systole,** bestehend aus einer Anspannungs- und einer Austreibungsphase) passiert das Blut das Herz. Auf die Kontraktion folgt eine Entspannungsphase und Auffüllungsphase (**Diastole**). Der gerichtete Blutstrom durch die Räume des Herzens wird durch die Klappen gewährleistet. Die **Trikuspidalklappe** mit 3 Segeln trennt den rechten Vorhof von der rechten Kammer: Die **Bikuspidalklappe** (syn.: **Mitralklappe**) kontrolliert in gleicher Weise den Blutstrom zwischen linkem Vorhof und linker Kammer. Sie besitzt nur 2 Segel. Truncus pulmonalis (**Pulmonalklappe**) und Aorta (**Aortenklappe**) bestehen jeweils aus 3 Taschenklappen, um den Rückstrom des Blutes in rechte oder linke Herzkammer zu verhindern (▶ Tab. 1.6 ▶ Tab. 1.7).

> **Klinik**
>
> **Tiefe Beinvenenthrombose, Lungenembolie, Varizen**
>
> Da das Blut überwiegend über das tiefe Venensystem der Extremitäten zum Herzen fließt, sind **Blutgerinnsel (Thromben)** in den tiefen Beinvenen (**tiefe Beinvenenthrombose**) potenziell lebensgefährlich, besonders wenn die Venen der Beckenhöhle beteiligt sind. Die Thromben können sich lösen und mit dem Blutstrom als **freie Gerinnsel (Emboli)** weitergeschleppt werden. Von den Beinvenen gelangen sie über das rechte Herz in die Lunge und können dort die Lungenarterien verlegen (**Lungenembolie**). Da das Herz bei Verlegung großer Äste den entsprechenden Druck nicht mehr aufbauen kann, kann es sofort zum Tod kommen, Insuffizienzen der Venenklappen entstehen durch erhöhten Venendruck v. a. in den Beinvenen und in den Verbindungsvenen zwischen oberflächlichen und tiefen Venen (z. B. nach Schwangerschaft). Sie führen zur Entstehung von **Varizen ("Krampfadern").**

Allgemeine Anatomie

Die Arterien weisen analog zum Herzschlag einen **Puls** auf. Dieser ist an verschiedenen Stellen des Körpers, wo Arterien über eine harte Gewebestruktur ziehen, z. B. Knochen, gut tastbar (▶ Abb. 1.11).

1.3.2 Großer und kleiner Kreislauf

Man unterscheidet den Körper- und den Lungenkreislauf („**großer** und **kleiner Kreislauf**"), die aus Arterien, Venen und dem Herzen gebildet wurden. Jeder Herzschlag pumpt 70 ml Blut in die herznahen Arterien. Der **Lungenkreislauf** umfasst die rechte und linke Pulmonalarterie, die sauerstoffarmes Blut in die rechte und linke Lunge führen. Nach erfolgter Sauerstoffaufnahme in den Kapillarnetzen, welche die Alveolen der Lunge umgeben, fließt das sauerstoffreiche Blut über die 4 Pulmonalvenen in den linken Vorhof des Herzens (▶ Abb. 1.11). Hier beginnt der **Körperkreislauf** mit dem Austreiben des Blutes aus der folgenden linken Herzkammer über die Aorta in die Körperperipherie und Rückführung über die Vv. cavae in den rechten Herzvorhof. Die Gefäße des Lungen- und Körperkreislaufs werden als **Vasa publica** bezeichnet, weil sie dem ganzen Körper dienen. Die kleinen Gefäße, die für die Eigenversorgung des Herzens und der Lungen notwendig sind (Koronararterien/-venen und Bronchialarterien/-venen), nennt man **Vasa privata**. Man unterscheidet ein Hoch- und ein Niederdrucksystem. Das Niederdrucksystem enthält etwa 85 % des Blutvolumens. Kapillaren, Venulen und Venen, rechtes Herz, Lungenkreislauf und linker Vorhof repräsentieren das sog. **Niederdrucksystem** des Kreislaufs mit einem Blutdruck von 4–20 mmHg. Im Hochdrucksystem beträgt der Druck dagegen 60 bis 130 mmHg. Dieses besteht aus linker Herzkammer, Aorta und Arterien. Durch den Gehalt an elastischen Fasern sind herznahe Arterien dehnbarer als herzferne Arterien.

> **Klinik**
>
> Die **V. femoralis** dient als Zugang **zur Katheterisierung** des **rechten Herzens**, die **A. femoralis zur Katheterisierung** des **linken Herzens**.

1.3.3 Pfortaderkreislauf

Die Pfortader (V. portae) verbindet **2 Kapillarbetten** miteinander. Im Pfortaderkreislauf der Leber (V. portae hepatis) liegt das **erste Kapillargebiet im Verdauungstrakt** sowie in weiteren unpaaren Bauchorganen (z. B. Milz). Aus diesen Organen gelangt sauerstoffarmes und z. T. nährstoffreiches Blut (Darm) über die Pfortader zur Leberpforte und dann in die Leber. In der Leber schließt sich das **zweite Kapillargebiet** an.

> **Klinik**
>
> Eine **Stauung im Pfortaderkreislauf (portale Hypertonie)** führt zu **Umgebungskreisläufen,** die verschiedene Anastomosen zwischen der V. portae hepatis und der V. cava superior und inferior nutzen (portokavale Anastomosen) (▶ Kap. 6.4.3).

1.4 Lymphatisches System

Das lymphatische System besteht aus dem **Lymphgefäßsystem** und den **lymphatischen Organen.** Es dient dem **Zurückführen von Gewebeflüssigkeit,** der **Immunabwehr** und dem **Transport von Fetten** aus der Nahrung.

> Während die **primären lymphatischen Organe** (Thymus und Knochenmark) der Reifung und Vermehrung spezifischer Immunabwehrzellen dienen, findet in den **sekundären lymphatischen Organen** (Milz, Lymphknoten, Tonsillen) die Immunabwehr statt.

Durch den geringeren Druck im Niederdrucksystem des Kreislaufs tritt Flüssigkeit (2–3 l) in das Gewebe über. Diese wird über das **Lymphgefäßsystem** wieder dem Venensystem zugeführt. Lymphgefäße beginnen blind und nehmen aus den interzellulären Spalten die Gewebeflüssigkeit auf, die den größten Teil der Lymphflüssigkeit repräsentiert. Sie kommen im gesamten Körper mit Ausnahme von Knochenmark, Knorpel und Thymus vor. Auf die Lymphkapillaren nachfolgende größere Lymphgefäße werden als Lymphsammelgefäße (**Präkollektoren** und **Kollektoren**) bezeichnet. Die Lymphe passiert als Filterstationen zahlreiche oberflächlich und tief gelegene **regionale** und **Sammellymphknoten.** Diese dienen durch die ansässigen Immunzellen der **Immunabwehr.** Sie erhalten mehrere zuführende Gefäße (**Vasa afferentia**) und wenige abfließende Gefäße (**Vasa efferentia**). Während die Vasa afferentia durch die Kapsel in den Lymphknoten hineintreten, verlassen die Vasa efferentia den Lymphknoten durch

1.4 Lymphatisches System

seinen Hilus. Lymphgefäße folgen oft dem Verlauf der oberflächlichen und tiefen Venen. Wie die meisten Venen verfügen die größeren Lymphgefäße über Klappen, die dem Lymphfluss eine Richtung geben. Die größten Lymphgefäße werden als **Lymphstämme** bezeichnet.

Über den **Ductus thoracicus** als Hauptlymphstamm des Körpers wird die Lymphflüssigkeit aus der linken oberen Körperhälfte und den unteren Körperhälften abgeführt und dem Blutgefäßsystem über den linken Venenwinkel wieder zugeführt (▶ Abb. 1.12). Der Ductus thoracicus bildet sich unterhalb des Zwerchfells durch Zusammenfluss der Lymphstämme aus dem Verdauungstrakt **(Trunci intestinales)** mit den Lymphstämmen der unteren Extremitäten **(Trunci lumbalis dexter und sinister),** die auch die Lymphe aus der Beckenhöhle, der Niere und dem linksseitigen Dickdarmabschnitt aufnehmen. Der Zusammenfluss ist sehr variabel zur **Cisterna chyli** erweitert.

Die Lymphe ist nach der Nahrungsaufnahme fettreich (Chylus), da sie die Blutfette aus dem Darm enthält. Der Ductus thoracicus tritt auf der rechten Seite der Aorta mit dieser durch das Zwerchfell und steigt dann ventral auf der Wirbelsäule und damit dorsal der Speiseröhre im hinteren Mediastinum auf. Er überkreuzt die linke Lungenspitze und mündet von dorsal in den linken Venenwinkel.

Der **linke Venenwinkel** entsteht aus dem Zusammenfluss von V. jugularis interna mit der V. subclavia der linken Körperseite. In den linken Venenwinkel wird aber neben der Lymphe aus dem Ductus thoracicus auch die Lymphe aus linker Hals- und linker Kopfseite über den **Truncus jugularis sinister** und aus dem linken Arm durch den **Truncus subclavius sinister** abgeleitet. Der **Truncus bronchomediastinalis sinister** drainiert die Lymphe aus dem Mediastinum und der linken Pleurahöhle in den linken Venenwinkel. In den rechten Venenwinkel fließt die Lymphe aus der rechten oberen Extremität, rechten Hals- und Kopfseite so-

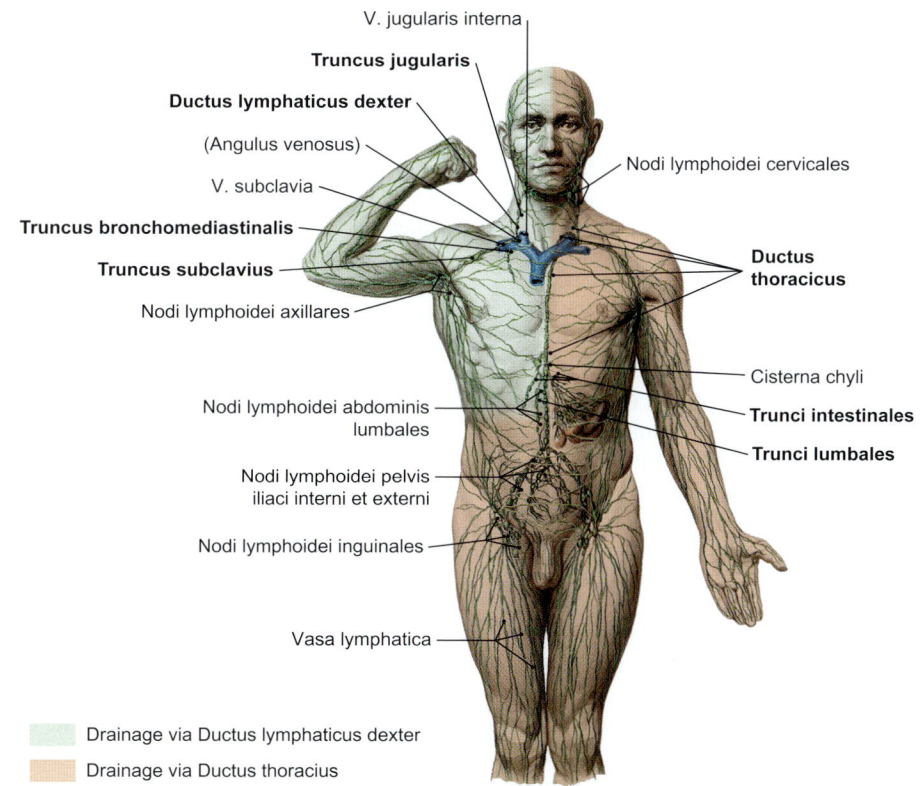

Abb. 1.12 Übersicht über das Lymphgefäßsystem. V. cava superior und Venenwinkel dargestellt (blau). [S007-1-23]

Allgemeine Anatomie

wie aus Mediastinum und rechter Pleurahöhle, zugeleitet über Truncus jugularis dexter, Truncus subclavius dexter und Truncus bronchomediastinalis dexter, die meist vor ihrer Mündung einen 1 cm langen, unscheinbaren Stamm bilden (**Ductus lymphaticus dexter**).

Klinik

Eine **Störung des Lymphabflusses** kann nach Operationen, Bestrahlungen (Tumortherapie) oder Verletzung (Trauma) entstehen. Dies führt zu einem Lymphödem.
Das Verständnis der Systematik der Lymphstämme ist für die **Tumordiagnostik** von immenser Bedeutung. Bösartige Tumoren (Karzinome) bilden oft **Absiedelungen (Metastasen)** zunächst in den regionären Lymphknoten und später auch den Sammellymphknoten, sodass man am Ausbreitungsmuster das Fortschreiten der Erkrankung abschätzen kann. Man kann auch auf die Lokalisation des Primärtumors zurückschließen und die entsprechenden diagnostischen Maßnahmen einleiten. Da die meisten Karzinome von Organen der Brust-, Bauch- und Beckenhöhle ausgehen, die über den Ductus thoracicus drainiert werden, ist zu beachten, dass im Bereich des linken Venenwinkels der Eintritt der Lymphe und damit der Tumorzellen in das Blutgefäßsystem stattfindet. Da es hier zum Reflux von Lymphe in die supraklavikulären Halslymphknoten kommen kann, ist eine Schwellung in der linken Supraklavikulargrube (**VIRCHOW-Drüse**) immer als Hinweis für eine Lymphknotenmetastase eines Tumors aus den Körperhöhlen zu werten.

1.5 Nervensystem

Das Nervensystem gliedert sich in:
- **Zentrales Nervensystem (ZNS): Gehirn** (Encephalon) und **Rückenmark** (Medulla spinalis)
- **Peripheres Nervensystem (PNS):** 31 Spinalnervenpaare, 12 Hirnnervenpaare, periphere Ganglien und **Plexus**

Das Rückenmark endet beim Erwachsenen bereits auf den Lendenwirbeln L1/L2 mit der **Cauda equina.** Sie enthält die Spinalnervenwurzeln für die tieferen Rückenmarkssegmente, die auf entsprechender Höhe den Rückenmarkskanal durch die Zwischenwirbellöcher verlassen.
Das Nervensystem macht die Kommunikation mit Umwelt und Körperinneren möglich. Es ermöglicht komplexe Prozesse wie Sinneswahrnehmungen, Gefühle, Gedächtnis und Denken (Gehirn), aber auch rasche unwillkürliche Schutzreflexe. Es steuert die Muskulatur als Initiator von Willkürbewegungen und zugleich die unbewussten Tätigkeiten der glatten Muskulatur sowie die Eingeweidefunktionen. Funktionell unterscheidet man das **somatische Nervensystem** und das **autonome (vegetative) Nervensystem**.

1.5.1 Somatisches Nervensystem

Das somatische Nervensystem umfasst die aus den 31 Rückenmarkssegmenten entstehenden Spinalnervenpaare und die 12 Hirnnervenpaare. Die Spinalnerven bestimmter Segmente führen zu einer **Plexusbildung,** ausgelöst durch die Torsionsbewegungen der nach ventral auswachsenden Extremitätenknospen bei der Extremitätenentwicklung. Dabei verflechten sich die Rr. anteriores bestimmter Segmente:
- **C1–C4: Plexus cervicalis**
- **C5–T1: Plexus brachialis**
- **[T12], L1–L3, [L4]: Plexus lumbalis**
- **[L4], L5–S3 [S4], Co1: Plexus sacralis**

Nur im Brustbereich bilden die Rr. anteriores kein Geflecht, sondern setzen sich als **Interkostalnerven** zwischen den Rippen fort.

Die sensiblen segmentalen Innervationsgebiete der Haut, die über bestimmte Spinalnerven versorgt werden, sind die **Dermatome:** Dabei handelt es sich also um Hautareale, die von einem definierten Rückenmarkssegment versorgt werden. Ein **Spinalnerv** entsteht aus der motorischen **Radix anterior** und der sensorischen **Radix posterior** eines Rückenmarkssegments einschließlich seines Spinalganglions (**Ganglion spinale**). Dieses enthält die Nervenzellkörper der sensiblen Neurone der Hinterwurzel. Der Spinalnerv verlässt das Zwischenwirbelloch (**Foramen intervertebrale**) und ist nur wenige Millimeter lang, denn er verzweigt sich rasch in seine Äste. Er hat 5 Äste:
- **R. anterior:** Innervation der vorderen Rumpfwand und der Extremitäten
- **R. posterior:** Innervation der hinteren Rumpfwand
- **R. meningeus:** Versorgung der Rückenmarkshäute
- **R. communicans albus und R. communicans griseus:** Verbindung zum **Grenzstrang (Truncus sympathicus)** des vegetativen Nervensystems (▶ Abb. 1.13)

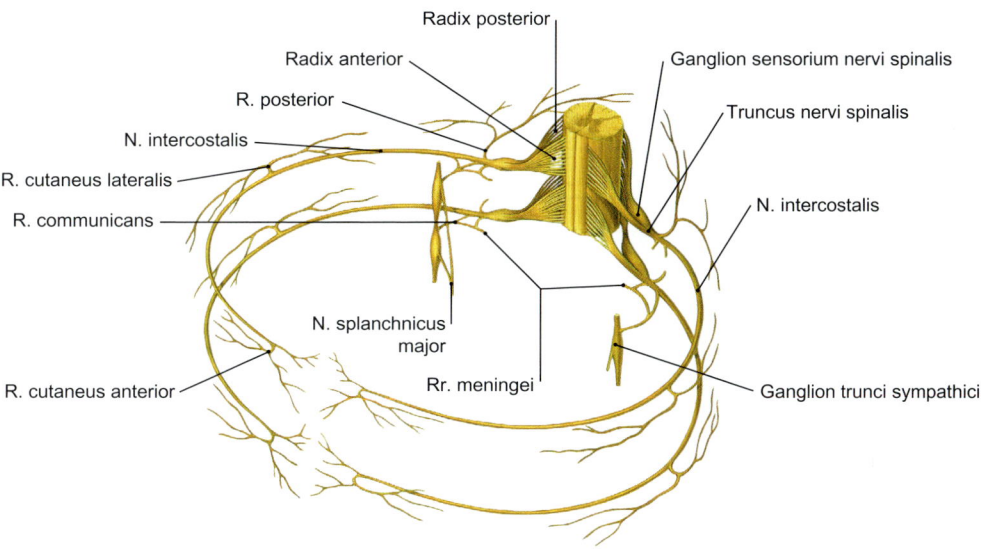

Abb. 1.13 Schema des Spinalnervs (N. spinalis) und Rückenmarkssegments am Beispiel zweier Thorakalnerven (Ansicht von schräg vorn). [S007-1-23]

Klinik

Herpes zoster

Bei einer Herpesvirusinfektion, bei der Herpesviren in Spinalganglien überdauern **(Herpes zoster)**, kommt es zur Bläschenbildung der Haut im entsprechenden Dermatom.

Bandscheibenvorfall

Die Einengung einer Spinalnervenwurzel infolge eines Bandscheibenvorfalls führt zu Ausfallserscheinungen im Versorgungsgebiet des entsprechenden Rückenmarkssegments, aus dem der Spinalnerv seine Anteile bezieht.

1.5.2 Vegetatives Nervensystem

Das vegetative Nervensystem steuert die Funktionen der inneren Organe und passt sie an die äußeren Bedingungen an. Glatte Muskulatur, Drüsen und Blutgefäße sind vegetativ innerviert. Die Wirkungen des vegetativen Nervensystems entziehen sich weitgehend der bewussten Steuerung.

Sympathisches und parasympathisches Nervensystem

Der efferente Teil des vegetativen Nervensystems wird in **Sympathikus** und **Parasympathikus** untergliedert. Der efferente Weg bis zum Erfolgsorgan besteht aus **2 hintereinandergeschalteten Neuronen.** Der Nervenzellkörper des 1. Neurons befindet sich im ZNS. Die sympathischen Kerne befinden sich im **Seitenhorn der grauen Substanz des Rückenmarks** in den **Segmenten C8–L3.** Die Umschaltung auf das 2. Neuron erfolgt in **sympathischen** Ganglien, d. h. in den **Grenzstrangganglien** oder in der Gruppe der **prävertebralen Ganglien,** die auf der Aorta abdominalis liegen. Letztere werden durch die **Nn. splanchnici majores** und **minores** angesteuert (▶ Abb. 1.13 und ▶ Abb. 1.14), die vom Grenzstrang ihren Ausgang nehmen und noch nicht umgeschaltete, präganglionäre Fasern führen. Die umgeschalteten Fasern ziehen dann zu den Zielorganen. Die **parasympathischen Kerne** befinden sich im Hirnstamm in 4 **parasympathischen Hirnnervenkernen** und im **Sakralmark** (Segmente **S2–4**). Die Umschaltung auf das 2. (postganglionäre) Neuron erfolgt in **4 parasympathischen Kopfganglien** und zielorgannah in **intramuralen** (d. h. in der Wand der Zielorgane) gelegenen **Ganglien.** Die parasympathischen Fasern verlaufen **mit 4 Hirnnerven** (III, VII, IX, X) zu ihren Zielorganen und treten im Becken als **Nn. splanchnici pelvici** aus dem Rückenmark aus und versorgen Becken- und z. T. Bauchorgane.

Allgemeine Anatomie

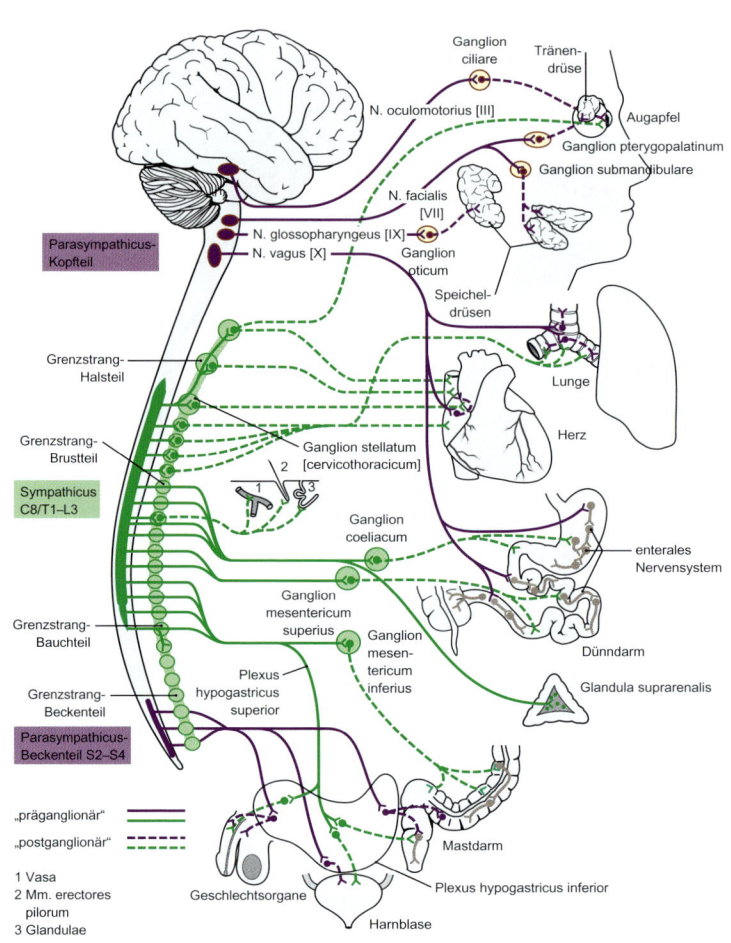

Abb. 1.14 Vegetatives (autonomes) Nervensystem. [L106]

Afferente vegetative Fasern können **Schmerz** aus den inneren Organen vermitteln, der im Gegensatz zum somatischen Schmerz als **dumpf und schwer lokalisierbar** beschrieben wird. Diese **viszeralen Afferenzen** können aber auch von **anderen Rezeptoren (u. a. Dehnungs- und Chemorezeptoren)** ihren Ausgang nehmen und so Informationen über die Dehnung von Hohlorganen oder die Glukosekonzentration im Darm vermitteln. Sympathikus und Parasympathikus lassen sich an vielen Organen als **Antagonisten** verstehen, aber nicht alle Organe sind sowohl sympathisch als auch parasympathisch innerviert. Die englischen Begriffe *fight, flight, fright* charakterisieren grob die Wirkungen des Sympathikus an verschiedenen Organen, der Parasympathikus wird mit dem Begriff *rest and digest* verknüpft. In der Ruhe dominiert die Parasympathikusaktivierung. Auch das **Nebennierenmark** kann als Teil des Sympathikus verstanden werden und wird daher auch als **„Paraganglion"** bezeichnet. Es reagiert auf eine Sympathikusaktivierung mit einer **Adrenalinausschüttung** in die Blutbahn.

> **Klinik**
>
> Beim Test durch den **Lügendetektor** werden **sympathikusvermittelte unwillkürliche Stressreaktionen**, z. B. das **Schwitzen der Haut, Herzschlag-, Blutdruckveränderungen** etc., des Probanden angezeigt, wenn er die Unwahrheit äußert.

Darmnervensystem (enterales Nervensystem)

Es besteht aus einer Vielzahl von Neuronen (vergleichbar der Zahl im Rückenmark), die sich auf den gesamten Verdauungstrakt verteilen (unterer Ösophagus bis Analkanal). Zwei große Plexus befinden sich sowohl unter der Schleimhaut (**Plexus submucosus** [MEISSNER-Plexus]) als auch zwischen Ring- und Längsmuskelschicht des Darms (**Plexus myentericus** [AUERBACH-Plexus]). Das Darmnervensystem steuert die Tätigkeit des Verdauungstrakts und damit nicht nur die **Kontraktion der Muskulatur** als Peristaltik, **Drüsentätigkeit, Durchblutung,** sondern auch das **Darmimmunsystem.** Es verfügt durch eigene **Schrittmacherneurone (interstitielle CAJAL-Zellen** im Plexus myentericus) über ein hohes Maß an Autonomie. Trotzdem wirken Sympathikus und Parasympathikus direkt regulierend auf die Darmtätigkeit und passen diese den Erfordernissen des Gesamtorganismus an.

> **Klinik**
>
> **Morbus HIRSCHSPRUNG**
>
> Morbus HIRSCHSPRUNG hat seine Ursache im Fehlen bzw. in der Zerstörung von Ganglienzellen des Darmnervensystems (**„Aganglionose"**), oft im Rektum oder Colon sigmoideum. Daraus entsteht eine Überaktivität der parasympathischen zuleitenden Neurone mit Transmitterfreisetzung und Kontraktion der Ringmuskulatur. Dies führt zu einem Passagehindernis und Kotstauung. Der vorgeschaltete Kolonabschnitt erweitert sich (Megakolon).

1.6 Endokrines System

Neben der nervalen Steuerung der Organe können die Funktionen vieler Organe, Wachstum, Entwicklung und Stoffwechselvorgänge auch durch Botenstoffe (**Hormone**) beeinflusst werden. Hormone werden über das Blut verteilt und binden in den **Zielorganen** an **spezifische Rezeptoren.** Es gibt verschiedene endokrine Drüsen im Körper: **Hypophyse, Epiphyse, Schilddrüse, Nebenschilddrüse und Nebenniere.** In anderen Organen gibt es endokrine Zellgruppen, z. B. Kerne in **Hypothalamus, LANGERHANS-Inseln der Bauchspeicheldrüse, Hoden, Eierstock** und **Mutterkuchen.** Einzelne endokrin aktive Zellen oder Zellen mit endokriner Funktion kommen im gesamten Magen-Darm-Trakt, in den Atemwegen und den Herzvorhöfen sowie in Niere und Leber vor. Endokrine Drüsen haben im Gegensatz zu exokrinen Drüsen keinen Ausführungsgang. Die von ihnen gebildeten Botenstoffe werden direkt in die Blutbahn abgegeben. Entsprechend besitzen diese Drüsen meist zahlreiche Kapillaren.

Der **Hypothalamus** ist vielen endokrinen Drüsen regulatorisch als wichtiges Steuerzentrum vorgeschaltet. Er bildet **Freisetzungs-** (Releasing-Hormone, RH) und **Hemmungshormone** (Inhibiting-Hormone, Statine, IH), die über ein eigenes Blutgefäßsystem an die Hypophyse weitergeleitet werden. Die **Effektorhormone** Oxytocin und antidiuretisches Hormon (ADH, syn.: Vasopressin, Adiuretin) dagegen werden über axonalen Transport in den Nervenfasern vom Hypothalamus in die Hypophyse gebracht und dort in den Nervenendigungen gespeichert.

Die nachgeordnete Hypophyse setzt sich zusammen aus einem größeren **Hypophysenvorderlappen (HVL),** der aus Drüsengewebe besteht, und einem kleineren **Hypophysenhinterlappen (HHL),** in dem Axone des Hypothalamus enden.

Der **Hypophysenvorderlappen** wird in seiner Hormonsekretion durch die Steuerhormone des Hypothalamus beeinflusst und bildet **glandotrope** und **nicht-glandotrope Hormone.** Der **Hypophysenhinterlappen** setzt bei Bedarf die im Hypothalamus gebildeten Hormone frei.

1.7 Haut und Hautanhangsgebilde

Die Haut ist mit ca. **6 kg** Gewicht das **größte** und zugleich überlebenswichtige **Organ.** Sie bildet eine effektive Barriere zur Außenwelt. Bereits makroskopisch lässt sie sich in drei Schichten untergliedern:
- **Epidermis** (= epitheliale Deckschicht)
- **Dermis** (= Lederhaut)
- **Subcutis** (= Unterhaut)

Letztere setzt sich aus Binde- und Fettgewebe zusammen, das die Verbindung zur Körperfaszie herstellt. Durch eine Fett-/Talgschicht wird ihre Oberfläche der Epidermis wasserabweisend. Eine Hornschicht aus toten Zellen bildet eine Schutzbarriere. Die Haut enthält zahlreiche Schweiß-, Talg-, Duftdrüsen und Haare. Sie ist durch verschiedene Rezeptoren ein Sinnesorgan für die Tastempfindung und hat mannigfaltige weitere Funktionen (im Wesentlichen: **Schutz vor Infektionen, Barriere gegen Temperatur, chemische Reize, UV-Licht/Strahlung, Regulation des Salzhaushalts durch Schweißproduktion, Wärmeregulation durch Ka-**

pillarnetze und Schweiß). Durch Stammzellen ist die Haut zu einer stetigen Erneuerung befähigt. 28 Tage benötigt eine Hautzelle, um zu einer Hornschuppe zu werden. Die Haut besitzt eine lokal und interindividuell unterschiedliche Pigmentierung. Ihre Dicke variiert regionenabhängig und wird durch die Beanspruchung beeinflusst.

> Der größte Teil des Körpers wird von **Felderhaut** bedeckt. Die **Leistenhaut** überdeckt die Hand- und Fußflächen, Finger und Zehen.

Ihr Muster ist individuell unverwechselbar ausgebildet und forensisch wichtig (Daktyloskopie), da die durch die Leisten hervorgerufenen **Fingerabdrücke** je nur einem Menschen zuzuordnen sind. Wichtige **Hautanhangsgebilde** sind die Fingernägel (**Unguis**), Haare (**Pili**) und auch die Milchdrüse (**Mamma**). Die Milchdrüse wird in ▶ Kap. 2.12 beschrieben (▶ Abb. 2.12 und ▶ Abb. 2.13). Nägel bilden sich an der Nagelwurzel aus Hornplatten. Die Nagelwurzel liegt in der Tiefe der Nageltasche. Das Epithel, das sich aus der **Nageltasche** heraus dorsal auf die **Nagelplatte** ausbreitet, heißt **Eponychium;** das **Hyponychium** unterlagert den Nagel von palmar her. Haare bestehen hauptsächlich aus Keratin. Es gibt verschiedene Typen von Haaren (**Pili**): Kopf-, Körperbehaarung und die Lanugobehaarung des Fetus, die mit dem Ende der Schwangerschaft verloren geht. Die Haare dienen der Tastempfindung und der Wärmeregulation. Die Haarwurzel liegt in der Lederhaut. Haare weisen ein lebenslanges Wachstum auf, das von der Wurzel ausgeht. Das Kopfhaar wächst 1,2 cm im Monat.

Rumpf

2.1	Übersicht: Rumpf	28
2.1.1	Knöcherner Brustkorb	28
2.1.2	Abschnitte der Wirbelsäule	28
2.2	**Wirbel**	29
2.2.1	Halswirbel	30
2.2.2	Brustwirbel	30
2.2.3	Lendenwirbel	30
2.2.4	Sakralwirbel	31
2.2.5	Kokzygealwirbel	31
2.3	**Brustbein**	32
2.4	**Rippen**	33
2.4.1	Caput, Collum und Corpus	33
2.5	**Rippenbänder**	33
2.5.1	Rippen-Brustbein-Bänder	34
2.6	**Bänder der Wirbelsäule**	34
2.7	**Gelenke des Brustkorbs**	34
2.7.1	Clavicula	34
2.7.2	Sternum/Rippen	34
2.7.3	Rippengelenke	35
2.8	**Bewegungssegment**	35
2.9	**Brustwand**	35
2.9.1	Zwischenrippenräume	36
2.9.2	Muskeln des Interkostalraums	37
2.10	**Blutversorgung der ventralen und dorsalen Rumpfwand**	37
2.10.1	Arterien der Rumpfwände	37
2.10.2	Venen der Rumpfwände	40
2.11	**Sensible Versorgung der Rumpfwand**	40
2.12	**Brust und Brustdrüse**	41
2.12.1	Gliederung und Bau von Brust und Brustdrüse	41
2.12.2	Lymphabfluss aus der Mamma	42
2.12.3	Lymphabfluss der Brust- und Bauchwand	43
2.13	**Tastpunkte und Regionen der ventralen und dorsalen Rumpfwand**	43
2.14	**Schichtung der ventralen und dorsalen Rumpfwand**	44
2.15	**Rückenmuskulatur**	45
2.15.1	Gliederung der Rückenmuskulatur	45
2.15.2	Autochthone Rückenmuskulatur	46
2.16	**Bauchmuskulatur**	46
2.17	**Rektusscheide**	50
2.18	**Relief der inneren Bauchwand**	50
2.19	**Leistenkanal**	55
2.20	**Hernien**	55
2.20.1	Leistenhernien	56

Rumpf

> **IMPP-Hits**
>
> Folgende Themenkomplexe wurden bisher besonders häufig vom IMPP gefragt (Top Ten):
> - Leistenhernien
> - Inhalt Leistenkanal
> - Plicae umbilicales/Fossa inguinales
> - Aufbau der Rektusscheide (ober-/unterhalb des Nabels)
> - Dermatome der Bauchwand
> - Topografie Angulus sterni
> - Exspiratorische Atemmuskulatur
> - Sensible Innervation der Thoraxwand
> - Wirbelfortsätze
> - Bewegungsmöglichkeiten Wirbelsäule: Ausrichtung Procc. articulares

2.1 Übersicht: Rumpf
Gundula Schulze-Tanzil

Der **Rumpf (Truncus)** gliedert sich ventral in einen **Brustabschnitt (Thorax), Bauchabschnitt (Abdomen)** und **Beckenabschnitt (Pelvis).** Man spricht daher bei der vorderen Rumpfwand von einer Brust- oder Bauchwand. Der Thorax wird vom **Brustkorb (Cavea thoracis)** eingenommen. Dorsal dagegen besteht der ganze Rumpf aus dem **Rücken (Dorsum).** Der Rumpf erstreckt sich ventral vom Schlüsselbein (Clavicula) und Oberrand des Manubrium sterni bis zum Leistenband (Lig. inguinale) und Oberrand der Symphyse. Dorsal reicht er von der Schulterblattgräte (Spina scapula) nach kaudal über den Darmbeinkamm (Crista iliaca) bis zur Steißbeinspitze. Die seitliche Begrenzung von vorderer und hinterer Rumpfwand folgt in etwa der mittleren Axillarlinie.

2.1.1 Knöcherner Brustkorb

Der knöcherne Brustkorb (Cavea thoracis) besteht aus den **12 Rippenpaaren,** die beweglich durch Gelenke mit den **12 Brustwirbeln** und dem Brustbein **(Sternum)** verbunden sind. Er umgibt und schützt die Brustorgane (▶ Kap. 5). Über seine obere Öffnung **(Apertura thoracis superior),** die nierenförmig ist, besteht eine kontinuierliche Verbindung für die Leitungsbahnen des Halses in den Thoraxraum. Umgrenzt ist diese Öffnung durch den I. Brustwirbel, die I. Rippe und die Incisura jugularis sterni des Brustbeins. Die größere querovale untere **Thoraxöffnung (Apertura thoracis inferior),** gebildet durch XII. Brustwirbel, XII. Rippe, Rippenbogen **(Arcus costalis)** und den kaudal gelegenen Schwertfortsatz **(Proc. xiphoideus)** des Brustbeins, ist durch das Zwerchfell verschlossen. Durch die obere Öffnung ziehen die Leitungsbahnen und die Speiseröhre (Oesophagus) sowie die Luftröhre (Trachea) vom Hals in die Brusthöhle. Der Oesophagus setzt sich durch die untere Öffnung in das Abdomen fort. Insgesamt hat der Brustkorb eine kegelähnliche Form und die **Brusthöhle (Cavitas thoracis)** ist queroval (▶ Abb. 2.1).

2.1.2 Abschnitte der Wirbelsäule

Die Wirbelsäule (Columna vertebralis) besteht aus **33 Wirbeln** (Vertebra) sowie 23 Zwischenwirbelscheiben (Discus intervertebralis) und ist durch Bänder passiv gesichert.
Die **Halswirbelsäule** besteht aus den **7 Halswirbeln** und formt eine Lordose (eine nach dorsal konkave Krümmung). Die **Brustwirbelsäule** besteht aus den **12 Brustwirbeln** und ist leicht kyphotisch (d. h. nach dorsal konvex) gekrümmt.
Die **Lendenwirbelsäule** besitzt **5 Lendenwirbel** und bildet eine Lordose. Die **Sakralwirbelsäule** und die sich anschließenden Kokzidealwirbel (Steißwirbel) formen eine leichte Kyphose. Die **5 Sakralwirbel** fusionieren (bis zum 20.–25. Lebensjahr) zum **Kreuzbein (Os sacrum).** Es schließen sich **3–6 Kokzygealwirbel** an, die das **Steißbein (Os coccygis)** bilden. Die Krümmungen der Wirbelsäule, die insgesamt in einer Sagittalebene eine **Doppel-S-Form** beschreiben, werden durch die Eigenform der Wirbel, der Bandscheiben und die vorderen und hinteren Längsbänder der Wirbelsäule erzeugt und gesichert. Die Krümmungen vermitteln zusammen mit den Bandscheiben eine Abfederung und Dämpfung der Schritte beim Gehen.

> **Klinik**
>
> **Skoliosen, Buckel, Steißbeinfraktur**
>
> **Skoliosen** sind krankhafte seitliche Verkrümmungen der WS, die zu Fehlbelastungen und Abnutzung der Bandscheiben führen können.
> Der **Buckel** (Gibbus) beschreibt eine krankhafte Kyphose der Brustwirbelsäule, die durch osteoporotische Frakturen von Wirbelkörpern entstehen kann.

► 2.2 Wirbel

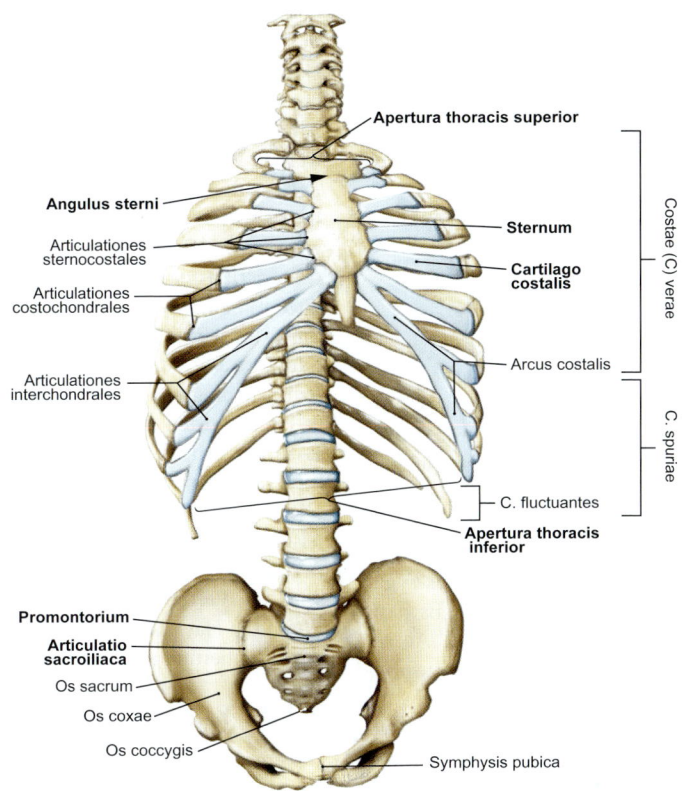

Abb. 2.1 Rumpfskelett mit knöchernem Thorax und Knorpel. Ansicht von ventral. C = Costae [L266]

Beim Sturz auf das Gesäß kann eine **Steißbeinfraktur** oder **Luxation** entstehen.

2.2 Wirbel
Gundula Schulze-Tanzil

Die Wirbel weisen typische Bauelemente auf, die in den einzelnen Abschnitten der Wirbelsäule in Form und Größe etwas variieren (► Abb. 2.2): Typisch sind ein Körper (**Corpus vertebrae**) und ein Wirbelbogen (**Arcus vertebrae**) mit beidseits einem Füßchen (**Pediculus arcus vertebrae**) und beidseits einer Platte (**Lamina arcus vertebrae**). Der Korpus ist kranial und kaudal an seiner Facies intervertebralis von einer Bandscheibe (**Discus intervertebralis**) bedeckt. Der Wirbelbogen umschließt zusammen mit der Wirbelkörperrückseite das **Foramen vertebrale**. Diese Foramina formen, auf die gesamte Wirbelsäule bezogen, den **Canalis vertebralis**. Durch diesen verläuft, nachdem das verlängerte Mark (Medulla oblongata) kurz unterhalb des Foramen magnum endet, das Rückenmark (Medulla spinalis). Es reicht gewöhnlich nach kaudal bis zur Höhe von ca. L1/L2. Die Pediculi haben eine obere und eine untere Einkerbung (**Incisura vertebralis superior** und **inferior**). Sie formen die in der Lateralansicht sichtbaren herzförmigen Zwischenwirbellöcher (**Foramen intervertebrale**). Durch diese treten die Spinalnerven aus (► Kap. 1.5 und ► Abb. 1.14). Außerdem besitzt jeder Wirbel Fortsätze (Processus):
- 1 Dornfortsatz (**Proc. spinosus**): sagittal nach dorsal ausgerichtet
- 2 Querfortsätze (**Procc. transversi**): fast frontal bzw. leicht nach dorsal gerichtet
- 4 Gelenkfortsätze (**Procc. articulares**): 2 davon nach kranial und 2 nach kaudal gerichtet (► Abb. 2.2)

Proc. transversus und **Proc. spinosus** dienen als Hebelarme für die ortsständige, segmentale Rü

29

Rumpf

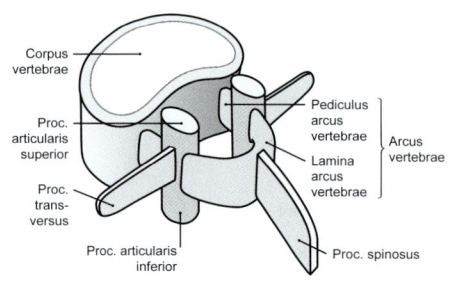

Abb. 2.2 Bauelemente eines Wirbels. Schematisch, Ansicht von schräg hinten. [L126]

ckenmuskulatur, welche die Bewegungen der Wirbelsäule ermöglicht (▶ Abb. 2.2). Der Proc. transversus bildet an der Brustwirbelsäule eine Gelenkfläche für die Rippen. Obere und untere Gelenkfortsätze (**Procc. articularis superior** und **inferior**) bilden mit denen benachbarter Wirbel die Zwischenwirbelgelenke (**Articulationes zygapophysiales**, klinisch: **Facettengelenke**). Es handelt sich um plane Gelenke (▶ Abb. 1.8). Aussackungen der Gelenkkapsel können meniskusähnliche Strukturen im Gelenk bilden.

Die unterschiedliche Ausrichtung der Gelenkfortsätze bestimmt die Bewegungsmöglichkeiten der einzelnen Wirbelsäulenabschnitte: Die **Halswirbelsäule** mit nach **dorsal leicht schrägen** Gelenkflächen (im 45°-Winkel zur Horizontalen) ist der beweglichste Teil der Wirbelsäule und lässt Drehung, Beugung und Streckung zu. Die **Brustwirbelsäule** hat fast **frontal** ausgerichtete Gelenkflächen und nur einen geringen Bewegungsumfang. Die mögliche Rotation des Rumpfes in der Brustwirbelsäule erfolgt v. a. durch Drehung der unteren Brustwirbel. Die **Lendenwirbelsäule** zeigt fast **sagittal** gerichtete Gelenkflächen, die die Rotation einschränken. Hier sind v. a. Ventral-, Lateral- und Dorsalflexion möglich.

> **Klinik**
>
> **Spinalstenose**
>
> Durch die **Höhenabnahme** degenerierender **Bandscheiben**, die Verknöcherung von Bändern der Wirbelsäule, knöcherne Ausziehungen der Wirbelkörper oder durch bei Osteoporose kollabierte Wirbelkörper kann eine Einengung des Spinalkanals oder der Zwischenwirbellöcher entstehen. Diese führt zur Irritation austretender Spinalnerven oder sogar des Rückenmarks mit entsprechenden Schmerz- oder Ausfallssymptomen (**Claudicatio spinalis**).

2.2.1 Halswirbel

Die ersten beiden Halswirbel (Vertebrae cervicales) haben eine besondere Form und tragen eigene Namen: **Atlas (I. Halswirbel)** und **Axis (II. Halswirbel)**. Diese werden wie auch die Articulatio atlantooccipitalis und Articulatio atlantoaxialis mediana in ▶ Kap. 8.2 abgehandelt. Alle anderen dem Axis nachfolgenden Halswirbel (II.–VII. Halswirbel) weisen die **typischen Charakteristika der Halswirbel** (▶ Abb. 2.3a) auf: Querfortsätze mit einem Tuberculum anterius (als Rippenrudiment) und einem Tuberculum posterius (als eigentlicher Querfortsatz), dazwischen verläuft der Sulcus nervi spinalis; sowie **gespaltene Dornenfortsätze**. Zudem gibt es ein **Foramen transversarium** im Querfortsatz des I.–VI. Halswirbel. In ihm läuft die A. vertebralis. Das Foramen vertebrale der Halswirbel ist dreieckig und groß. Die Halswirbel besitzen ovale Wirbelkörper mit Randleisten (**Uncus vertebrae**). Der VII. Halswirbel weist einen längeren und nicht gespaltenen Dornfortsatz auf. Er wird als **Vertebra prominens** bezeichnet, da er gut durch die Haut tastbar ist. Er dient als Landmarke für die Orientierung auf der Körperoberfläche.

2.2.2 Brustwirbel

Neben den beschriebenen generellen Baumerkmalen der Wirbel haben die Brustwirbel (Vertebrae thoracis) eine ovale Wirbelkörperoberfläche und ihre Bogen bilden runde Foramina intervertebralia. Die Dornfortsätze der Brustwirbel überlappen einander dachziegelartig.

Seitlich gibt es am Korpus eine zumeist halbe **Fovea costalis superior** und **Fovea costalis inferior** für die Rippenköpfchen und am 1.–10. Proc. transversus eine **Fovea costalis processus transversi** für das Rippenhöckerchen (Tuberculum costae). Der XI. und XII. Brustwirbel haben eine vollständige Fovea costalis (▶ Abb. 2.3b).

2.2.3 Lendenwirbel

Die Wirbelkörper der Lendenwirbel (Vertebrae lumbales) sind im Vergleich zu den anderen Wirbeln am größten und nierenförmig. Die Querfortsätze sind hier Rippenrudimente und heißen deshalb **Procc. costales**. Die eigentlichen Procc. transversi sind als **Procc. accessorii** auf diese Querfortsätze aufgerückt. Der obere Gelenkfortsatz wird durch einen **Proc. mamillaris** verstärkt. Das Foramen vertebrale ist groß und dreieckig. Der Proc. spinosus ist breit, kurz und fast horizontal ausgerichtet (▶ Abb. 2.3c).

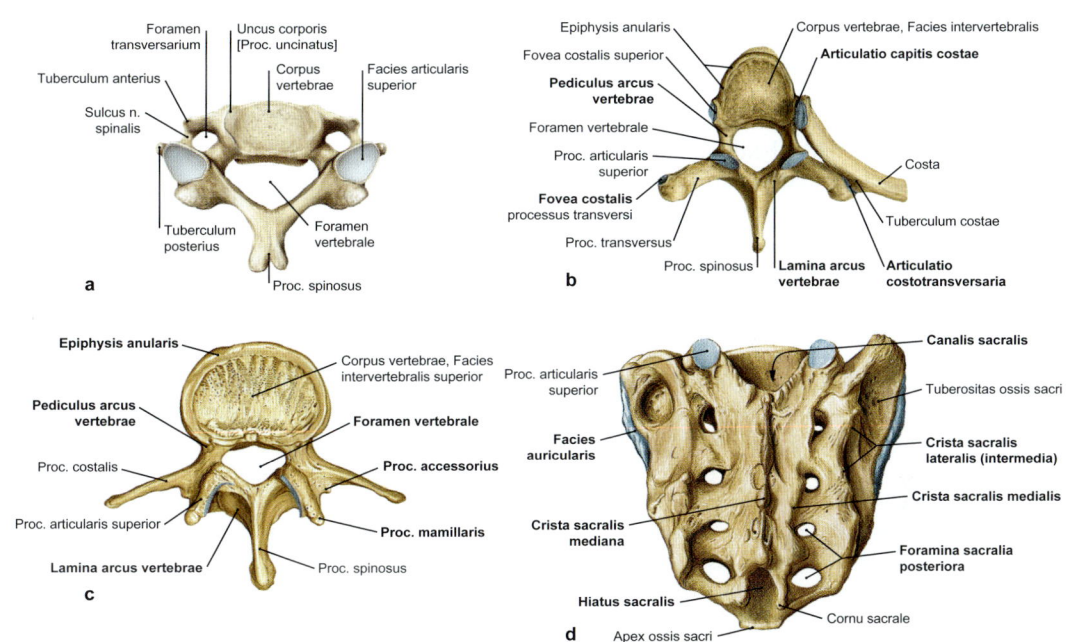

Abb. 2.3 a) Halswirbel, b) Brustwirbel, c) Lendenwirbel und d) Kreuzbein (Os sacrum). Ansicht jeweils von dorsal. [S007-1-23]

2.2.4 Sakralwirbel

Die kranial befindliche **Basis ossis sacri** ist mit einer Bandscheibe und den **Procc. articulares superiores** mit dem V. Lendenwirbel verbunden. Der **Apex ossis sacri** artikuliert entweder über eine Bandscheibe mit dem Os coccygis oder bildet mit ihm eine Synostose.
Ventral Die auf der Ventralseite des Kreuzbeins zu erkennenden **Lineae transversae** zeigen die ursprüngliche Position der Bandscheiben an, bevor sie im synostotischen Fusionsprozess mit den 5 Sakralwirbeln (Vertebrae sacrales) verknöchert sind. Die **Foramina sacralia anteriora** entlassen die Ventraläste der Spinalnerven (▶ Abb. 2.3d). Das Promontorium ist der nach ventral vorragende I. Sakralwirbelkörper. Dieser ist wichtig als Orientierungspunkt z. B. für die Geburtshilfe.
Dorsal Die **Crista sacralis mediana** entstand aus den **Proc. spinosi,** die **Crista sacralis medialis** aus den fusionierten **Procc. articulares** und die **Crista sacralis lateralis** resultieren aus den verschmolzenen Querfortsätzen. Dorsolateral schließt sich die **Tuberositas ossis sacri** an als wichtige Befestigungsfläche für Bänder (▶ Abb. 2.3d).
Die **Foramina sacralia posteriora** entlassen die Dorsaläste der Spinalnerven. Die **Facies auricularis** des Os sacrum bildet die Gelenkfläche für die Ossa ilii im Kreuzdarmbeingelenk (**Articulatio sacroiliaca**). Letztere ist ein straffes Gelenk (Amphiarthrosis). Die Foramina intervertebralia sind im Inneren des Kreuzbeins verborgen und nur auf Sagittalschnitten zu sehen. Der **Canalis sacralis** enthält die verbleibenden Äste der Cauda equina. In Höhe des III./IV. Sakralwirbels öffnet sich dieser dorsal im **Hiatus sacralis,** der durch zwei schmale Fortsätze (**Cornua sacralia,** Rudimente der unteren Gelenkfortsätze) flankiert ist.

2.2.5 Kokzygealwirbel

Die Kokzygealwirbel (Vertebrae coccygeae) sind rudimentär. Sie stehen über Synchondrosen oder -ostosen in Verbindung.

> **Klinik**
>
> Die Anzahl der Wirbel kann variieren. Sogenannte **Übergangswirbel** können in den vorangegangenen oder nachfolgenden Wirbelsäulenabschnitt eingebunden werden. So kann es zu einer Synostose zwischen Hinterhauptsbein des Schädels und Atlas kommen (**Atlasassimilation**). Lendenwirbel können in die Synostose des Os sacrum einfließen als sog. **Sakralisation** oder aber der oberste Sakralwirbel wird nicht in die Synostose integriert als sog. **Lumbalisation**.

Rumpf

2.3 Brustbein
Gundula Schulze-Tanzil

Das Brustbein (Sternum) besteht aus:
- **Manubrium sterni:** bildet beidseits die Gelenkfläche **(Incisura clavicularis)** für das Schlüsselbein (Clavicula) im Sternoklavikulargelenk.
- **Corpus sterni**
- Schwertfortsatz **(Proc. xiphoideus)**

Zwischen Manubrium und Corpus sterni entsteht ein Winkel **(Angulus sterni [LUDOVICI]).** Dieser liegt auf der Höhe des Ansatzes der II. Rippe am Sternum, sodass die Gelenkfläche für die II. Rippe von Manubrium und Corpus sterni gemeinsam gebildet wird. Das kraniale Ende des Manubriums formt die gut tast- und erkennbare Drosselgrube **(Incisura jugularis).** Es folgen beidseits die **Incisurae claviculares** und **Incisurae costales** für die Synchondrose mit der I. Rippe. Das Corpus sterni stellt die Gelenkflächen für die II.–VII. Rippe. Die II.–V. Rippe formen meist echte Gelenke (▶ Abb. 2.4a). Die VI. und VII. Rippe können auch durch Synchondrosen am Sternum befestigt sein.

> **Klinik**
>
> **Verknöcherung des Sternums** und der **Rippenknorpel** können im hohen Alter die Flexibilität des Brustkorbs einschränken.
> Die **Sternalpunktion** dient der Entnahme von Knochenmark zu diagnostischen Zwecken und für Transplantationen. Sie erfolgt aus dem Sternum in Höhe des **2.** oder **3. Interkostalraums.** Zugunsten der **Beckenkammpunktion** (Entnahmeort ist die **Crista iliaca**) ist sie weitgehend verlassen worden, da das Sternum keine Entnahme einer histologischen Knochenstanze erlaubt und daher die Punktion von geringerer Aussagekraft ist. Fehlbildungen des kostosternalen Übergangs durch eine abweichende Anbindung von Rippenknorpel am Brustbein können als **Trichterbrust** (Einziehung des Brustkorbs) auftreten.

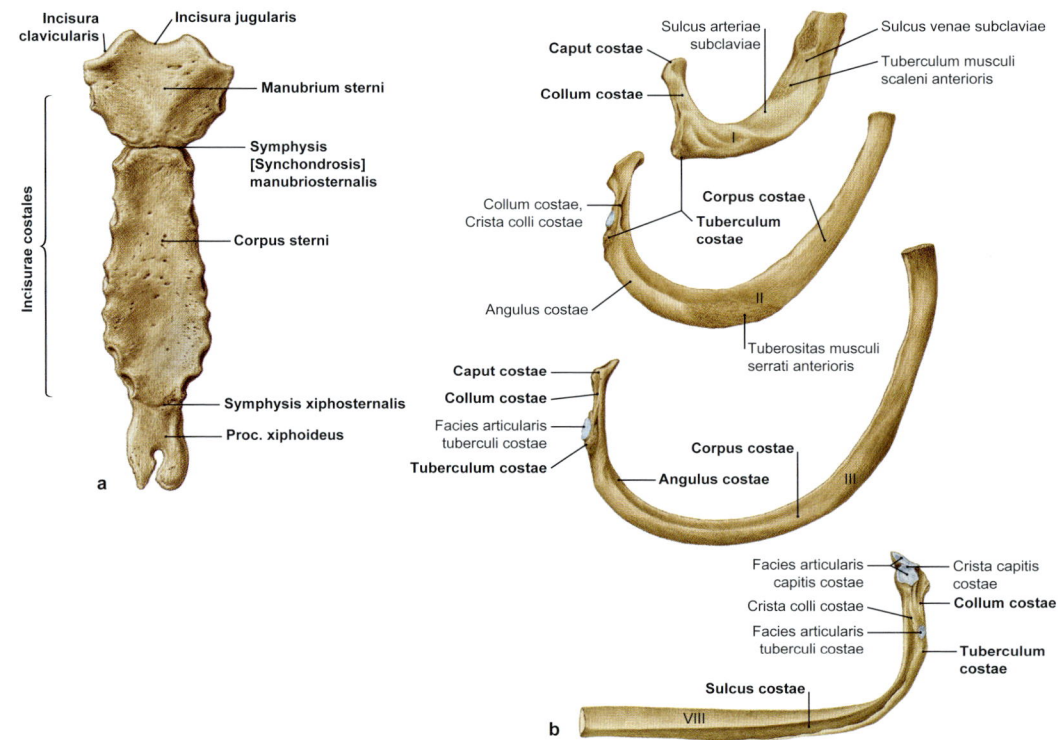

Abb. 2.4 Brustbein und Rippen, Costae.
a) Brustbein. Ansicht von ventral.
b) Rippen I, II, III und VIII. Rippe I–III: Ansicht von kranial, daher ist der kaudal gelegene Sulcus costae nicht zu sehen. Rippe VIII: Ansicht von kaudal, mit sichtbarem Sulcus costae. [S007-1-23]

2.4 Rippen
Gundula Schulze-Tanzil

Es gibt **12 Rippenpaare**. Die Rippen (Costae) besitzen einen knöchernen (**Os costale**) und einen knorpeligen Anteil (**Cartilago costalis**). Die 7 echten Rippenpaare (**Costae verae**) haben eine direkte Verbindung zum Sternum. Den **5** sich anschließenden Rippenpaaren fehlt diese direkte Anbindung. Sie werden als unechte Rippen (**Costae spuriae**) bezeichnet. Die knorpeligen Anteile der **VIII.–X. Rippenpaare** nehmen Kontakt zu dem der vorherigen Rippe auf und formen so den Rippenbogen (**Arcus costae**). Sie heißen daher auch **Costae affixae**. Die letzten **2** Rippenpaare enden als sog. freie/fliehende Rippen (**Costae fluctuantes**) ohne Anbindung an den Rippenbogen. Die Rippenknorpel sind unterschiedlich lang, gebogen oder gewinkelt (▶ Abb. 2.1).

2.4.1 Caput, Collum und Corpus

Die **Facies articularis capitis costae** ist durch eine **Crista capitis costae** in zwei Facetten getrennt, von der aus das **Lig. capitis costae intraarticulare** die Gelenkhöhle des Rippenkopfgelenks in zwei Kammern unterteilt (▶ Abb. 2.4b: Rippe VIII, ▶ Abb. 2.5). Die Hauptbewegungsachse der Rippe folgt ihrem Hals (**Collum**). Das **Corpus costae** biegt sich im **Angulus costae** (▶ Abb. 2.4b). Jede Rippe weist eine Krümmung ihrer Fläche und Kante sowie eine Torsion um ihre Longitudinalachse auf. Auf der Unterseite befindet sich an der I.–X. Rippe der **Sulcus costae**, der die Zwischenrippengefäße enthält (▶ Abb. 2.4b, Rippe VIII). An der I. Rippe finden sich zudem auf der kranialen Außenfläche ein **Sulcus arteriae subclaviae** (dorsal), ein **Sulcus venae subclaviae** (ventral). Das Rippenhöckerchen (**Tuberculum costae**) stellt die Verbindung zum Querfortsatz der Brustwirbel her und bildet die Gelenkfläche für die **Articulatio costotransversaria**. Die **Ligg. costotransversaria** befestigen sich an ihm (▶ Abb. 2.5 und ▶ Abb. 2.6).

Bei der Einatmung (Inspiration) kommt es zu einer Anhebung/Schwenkung der Rippenringe (Bewegungsachse läuft parallel zum Rippenhals) und damit zur Erweiterung der unteren Thoraxapertur, Parallelverschiebung des Sternums nach ventral sowie zu einer Torsion der Rippenknorpel. Durch deren natürliche Rückstellkraft wird die anschließende Ausatmung (Exspiration) rein passiv unterstützt.

2.5 Rippenbänder
Gundula Schulze-Tanzil

Folgende Bänder stabilisieren die Rippenwirbelgelenke (▶ Abb. 2.5, ▶ Abb. 2.6):
- **Lig. capitis costae radiatum:** vom Rippenkopf strahlenförmig zur Bandscheibe und zu den benachbarten Wirbelkörpern
- **Lig. capitis costae intraarticulare:** zwischen Crista capitis costae und Bandscheibe
- **Lig. costotransversarium:** zwischen Rippenhals und Querfortsatz (gleiches Segment)

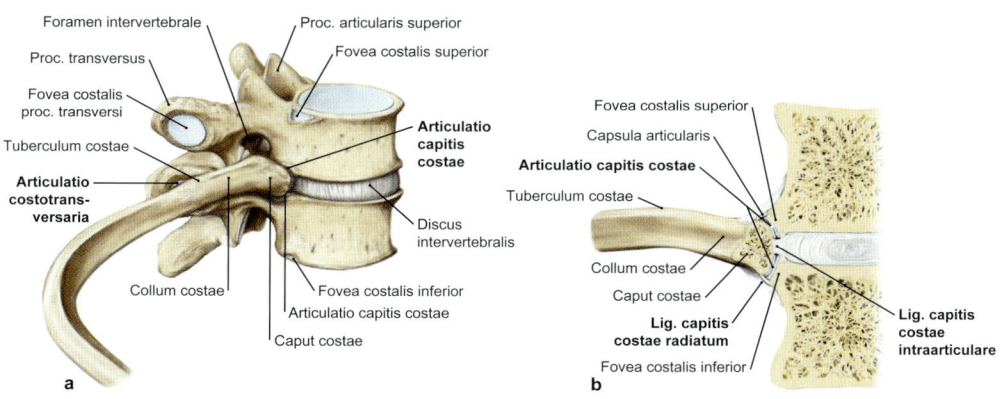

Abb. 2.5 Rippen-Wirbel-Gelenke (Articulatio costovertebralis). Rippen-Wirbel-Gelenke in Höhe des VII. und VIII. Brustwirbels. a) Ansicht von rechts lateral. b) Querschnitt. [L266]

Rumpf

- **Lig. costotransversarium laterale:** vom Ende des Querfortsatzes zum Tuberculum costae (gleiches Segment)
- **Lig. costotransversarium superius:** vom Collum der Rippe zum Querfortsatz des nächsthöheren Wirbels
- **Lig. lumbocostale:** verbindet die XII. Rippe mit Procc. costales des I. und II. Lendenwirbels, bildet streifenförmigen Ansatz der Fascia thoracolumbalis (▶ Kap. 2.15) an der 12. Rippe.

2.5.1 Rippen-Brustbein-Bänder

Die **Ligg. sternocostalia radiata** verlaufen fächerförmig von den Rippenknorpeln auf das Brustbein. Sie verstärken die Kapseln der Sternokostalgelenke und bilden auf der Vorderfläche des Sternums die Membrana sterni. Im Gelenkinneren verlaufen die **Ligg. sternocostalia intraarticularia.** Die Ligg. costoxiphoidea ziehen von der VI. und VII. Rippe zum Schwertfortsatz.

> **Klinik**
>
> Eine **Variation der Rippenanzahl** kann auftreten (ca. 6 % in der Bevölkerung). Die XII. Rippe kann fehlen. Es können zusätzlich **Halsrippen** (an unteren Halswirbeln) oder eine **Lendenrippe** ausgebildet sein (z. B. durch Verlängerung des Kostalfortsatzes des I. Lendenwirbels). Halsrippen können zur Einengung des zwischen den Mm. scaleni hindurchtretenden Plexus brachialis oder der A. subclavia führen, da sie meist bandhaft mit der I. Rippe oder dem Sternum verbunden sind.

> **Praxistipp**
>
> **Rippen als Landmarken** am Thorax: Die **I. Rippe** kann man nicht tasten, da sie unter der Clavicula verborgen ist. Die **II. Rippe** setzt jedoch am oft **tastbaren Angulus sterni** an und lässt sich daher zur Orientierung bei Untersuchungen wie beim Abhören (Auskultation) des Herzens gut lokalisieren.

2.6 Bänder der Wirbelsäule
Gundula Schulze-Tanzil

Zur passiven Stabilisierung der Wirbelsäule gibt es zahlreiche Bänder, die zwischen den Wirbelkörpern, -bogen und zwischen Quer- und Dornfortsätzen verlaufen. Als sog. Bänder der Mittellinie werden aufgrund ihrer Lage die folgenden bezeichnet (▶ Abb. 2.6, ▶ Abb. 2.7):

- Starkes vorderes Längsband (**Lig. longitudinale anterius**)
- Schwächeres hinteres Längsband (**Lig. longitudinale posterius**)
- **Lig. flavum:** verbindet die Wirbelbogen
- **Lig. interspinale, Lig. supraspinale:** laufen zwischen und auf den Dornfortsätzen.

Folgende dorsale Bänder hemmen die Beugung nach ventral: das Lig. longitudinale posterius, das die Wirbelkörper dorsal verbindet, sowie die Ligg. supra- und interspinale. Das Lig. longitudinale anterius überdeckt vorn die Wirbelkörper und behindert die Wirbelsäulenstreckung. Die **Ligg. flavae** wirken der nach vorn gerichteten Schwerkraft entgegen und vermitteln durch viele elastische Fasern (daher gelbliche Färbung) eine starke passive Rückstellkraft nach der Ventralbeugung der Wirbelsäule.

Zu den „seitlichen Bändern" gehören die **Ligg. intertransversaria,** welche die Seitenneigung und Drehung der Wirbelsäule hemmen. Die Bänder des I. und II Halswirbels werden in ▶ Kap. 8.2.2 abgehandelt.

2.7 Gelenke des Brustkorbs
Gundula Schulze-Tanzil

2.7.1 Clavicula

- **Articulatio sternoclavicularis** (▶ Kap. 3.3): ist der Form der artikulierenden Gelenkkörper nach ein Sattelgelenk (aber funktionell eher ein Kugelgelenk mit 3 Freiheitsgraden [Protraktion/Retraktion, Elevation/Depression, Innen-/Außenrotation]). Es enthält einen Faserknorpelüberzug der Gelenkflächen und einen Discus.

2.7.2 Sternum/Rippen

- **Synchondrosis** [Symphysis] **manubriosternalis, Synchondrosis xiphosternalis:** Die 3 Abschnitte des Sternums sind über 2 Synchondrosen verbunden. In selteneren Fällen kann es sich um Synostosen handeln. Auch die I. Rippe bildet mit dem Sternum eine Synchondrose.
- **Articulatio sternocostalis:** Die II.–V. Rippe sind durch echte Gelenke mit dem Sternum verbun-

▶ 2.9 Brustwand

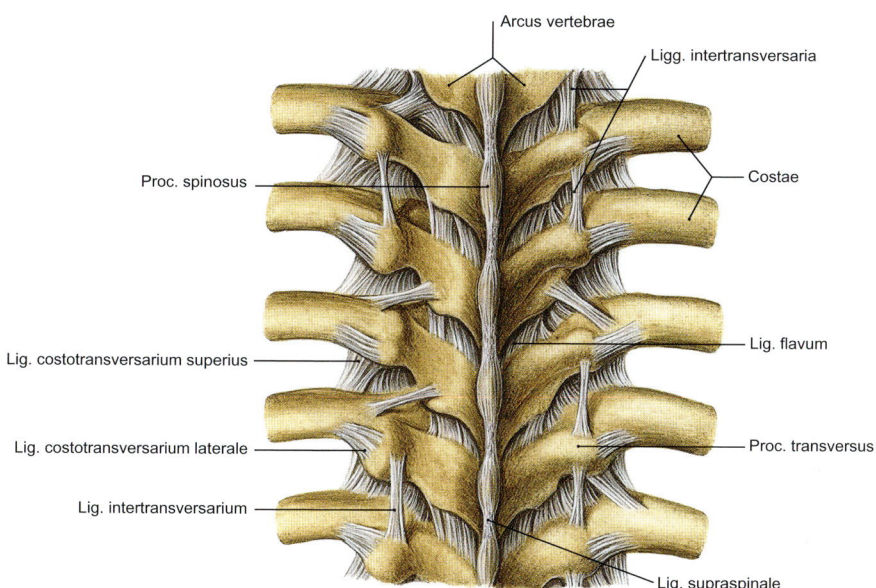

Abb. 2.6 Bänder der Wirbelbogen und Rippen-Wirbel-Verbindungen, Articulationes costovertebrales. Ansicht von dorsal. [S007-1-23]

den (von der Form her Kugelgelenke, die Drehachse beinahe sagittal), die jedoch durch z. T. intraartikuläre Bänder zu straffen Gelenken werden (Amphiarthrosen).
- **Articulatio interchondralis:** Zwischen den Rippenknorpeln der VI. und VII. Rippe, gelegentlich auch zwischen denen der VII. und VIII. Rippe kann es oft zur Ausbildung eines schmalen Gelenkspalts mit dünner Kapsel kommen (▶ Abb. 2.2).

2.7.3 Rippengelenke

- **Articulatio capitis costae:** Funktionell sind es Scharniergelenke (anatomisch Kugelgelenke), die eine Zapfendrehung um die Rippenhalsachse ermöglichen.
- **Articulatio costotransversaria:** liegt zwischen dem Tuberculum costae der I.–X. Rippe und dem Querfortsatz des entsprechenden Wirbels. Es handelt sich um plane Gelenke, die eine dorsokraniale Verschiebung ermöglichen. Beide Gelenke stellen eine Einheit dar, die insgesamt über eine Drehbewegung um die Rippenhalsachse zu einer Hebung und Senkung des ventralen Abschnitts des Rippenringes führt.

2.8 Bewegungssegment
Gundula Schulze-Tanzil

Zu einem **Bewegungssegment** werden die gegenüberliegenden Hälften zweier benachbarter Wirbel, die dazwischen liegende Bandscheibe, Facettengelenke, Bänder, bisweilen auch die Muskeln und der Inhalt des Zwischenwirbelloches gerechnet. Es bildet die **kleinste bewegliche Einheit** der Wirbelsäule. Es gibt 25 Bewegungssegmente. Die obersten beiden besitzen keine Bandscheibe (▶ Abb. 2.7).

2.9 Brustwand
Gundula Schulze-Tanzil

Die Brustwand besteht aus **4 Schichten:**
1. Das parietale Blatt des Rippenfells (**Pleura parietalis**) bildet die innerste Schicht der Brustwand, gefolgt von der **Fascia endothoracica,** mit der die Pleura parietalis fest verbunden ist.
2. Es schließen sich die Rippen mit den äußeren und inneren Interkostalmuskeln an: **Mm. intercostales intimi, interni** sowie **externi** mit eigenen Muskelfaszien (**Fascia thoracica interna und externa**).

Rumpf

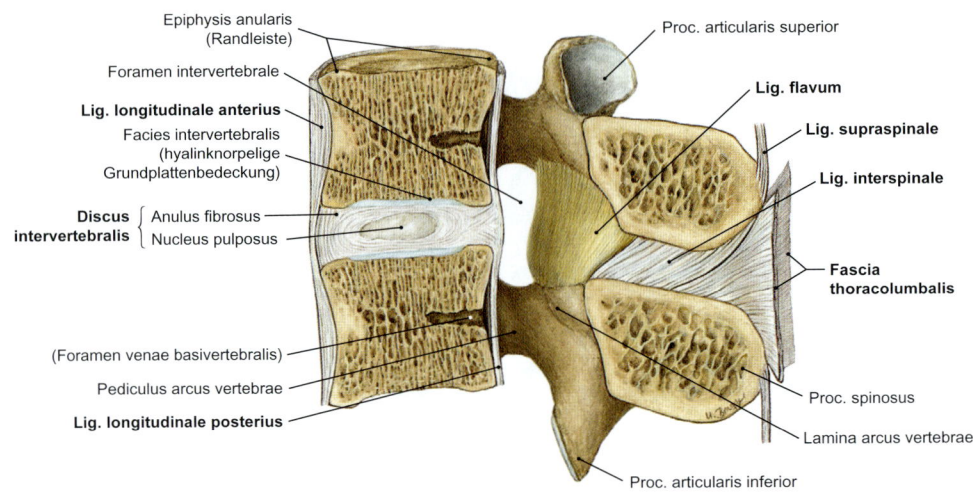

Abb. 2.7 Lumbales Bewegungssegment mit Bändern der Wirbelsäule. Medianschnitt. Ansicht von links. [S007-1-23]

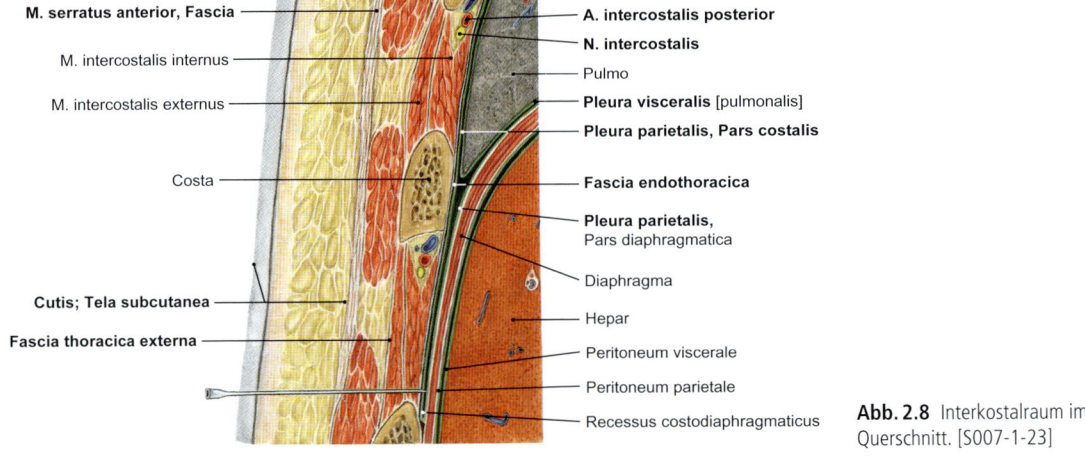

Abb. 2.8 Interkostalraum im Querschnitt. [S007-1-23]

3. Dann lagern sich **äußere Thoraxmuskeln** (Mm. subclavius, pectorales major und minor, serratus anterior) und die **äußere Rumpffaszie** auf.
4. Zuletzt folgen die Unterhaut (**Tela subcutanea**) und Haut (**Cutis**) (▶ Abb. 2.8).

2.9.1 Zwischenrippenräume

Zwischen den Rippen befinden sich die Interkostalräume (**Spatium intercostale, ICR**) (▶ Abb. 2.8). Sie enthalten die **Interkostalmuskulatur** (s. u.), Bindegewebe und die versorgenden Gefäße (**V./A./N. intercostalis**).

> **Lerntipp**
>
> RoVAN (**R**ippe-**o**ben-**V**ene-**A**rterie-**N**erv)
> Das Merkwort beschreibt die Lage der Interkostalgefäße in den Zwischenrippenräumen: Der **Sulcus costae** der Rippe ist, bezogen auf die Gefäße, oben, dann verlaufen Interkostalvene, -arterie und -nerv zwischen **M. intercostalis internus** und **M. intercostalis intimus**.

▶ 2.10 Ventrale und dorsale Rumpfwand ▶ 2.10.1 Arterien

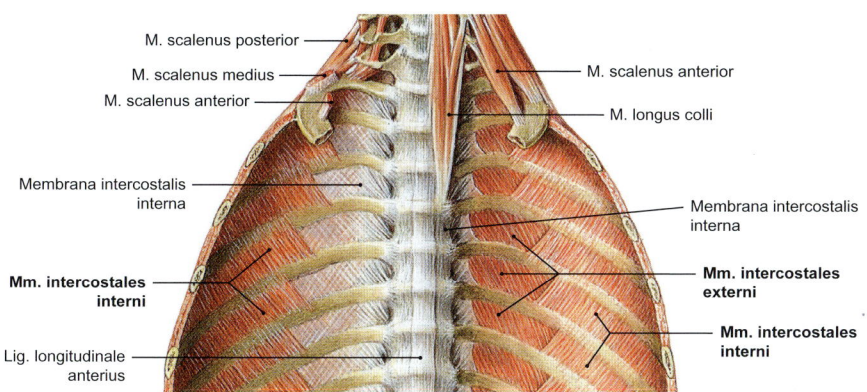

Abb. 2.9 Hinterwand des Brustkorbs, Cavea thoracis. Ansicht von ventral. [S007-1-23]

Das Gefäßnervenbündel gibt Rr. anteriores für die vordere äußere Brustwand und Rr. laterales für die seitliche Brustwand ab. Von der **A. intercostalis posterior** wird ein **Kollateralast** abgegeben, der auf dem Oberrand der nächsttieferen Rippe nach ventral verläuft und mit dem **R. intercostalis anterior** anastomosiert.

> **Klinik**
>
> Um Flüssigkeitsansammlungen oder Luft zwischen den Pleurablättern abzusaugen, wird eine sog. **BÜLAU-Drainage** am Oberrand der V. Rippe im **4.–5. ICR** in der **mittleren Axillarlinie** eingebracht. In dieser Lokalisation (zwischen lateralem Rand des M. pectoralis major, Vorderrand des M. latissimus dorsi und T4–T5, d. h. beim Mann in Höhe der Mamillen) ist es am **unwahrscheinlichsten**, die **Interkostalgefäße zu verletzen**.

2.9.2 Muskeln des Interkostalraums

- **Mm. intercostales externi** (▶ Tab. 2.1): beginnen an den Tubercula costarum bis zum Knorpelübergang. Von dort bis zum Sternum werden die Muskelfasern durch die **Membrana intercostalis externa** ersetzt.
- **Mm. intercostales interni** und **intimi** (▶ Tab. 2.1): beginnen am Angulus costae bis zum Sternum. Die Muskelanteile, die zwischen den Rippenknorpeln liegen (Pars intercartilaginea), entfalten im Gegensatz zu den Hauptanteilen (diese sind exspiratorisch) eine inspiratorische Wirkung. Zwischen Wirbelsäule und Rippenwinkel sind die Muskelfasern durch die **Membrana intercostalis interna** ersetzt (▶ Abb. 2.9).

Der Faserverlauf von Mm. intercostales externi zu interni verhält sich senkrecht zueinander. Dabei haben die Mm. intercostales externi den gleichen Faserverlauf wie der äußere schräge Bauchmuskel (M. obliquus externus abdominis; ▶ Tab. 2.5) und die inneren Interkostalmuskeln die gleiche Faserrichtung wie der innere schräge Bauchmuskel (M. obliquus internus abdominis; ▶ Tab. 2.5).

- Der **M. subcostalis** entspricht funktionell und im Faserverlauf den Mm. intercostales interni. Allerdings verkehrt er nicht zwischen benachbarten Rippen, sondern überspringt auf der Innenfläche der hinteren Brustwand ein oder mehrere Segmente.

2.10 Blutversorgung der ventralen und dorsalen Rumpfwand
Gundula Schulze-Tanzil

2.10.1 Arterien der Rumpfwände

Aus der **A. subclavia** entspringt nach ventral und kaudal die **A. thoracica interna** (klinisch auch als **A. mammaria interna** bezeichnet). Sie gibt nach vorn Äste, welche die Rumpfwand perforieren (**Rr. perforantes**), für die äußeren Bereiche der Brustwand und Haut ab. Sie speist außerdem die vorderen Interkostalarterien (**Rr. intercostales anteriores**) für die Versorgung der Zwischenrippenräume.

Rumpf

Tab. 2.1 Brustwandmuskeln

Innervation	Ursprung	Ansatz	Funktion
Mm. intercostales externi			
Nn. intercostales	Crista costae	nächsttiefere Rippe	• Rippenheber • Inspiration
Mm. intercostales interni			
Nn. intercostales	Innenfläche des Rippenoberrands	Sulcus costae	• Rippensenker • Exspiration
Mm. intercostales intimi			
Nn. intercostales	Innenfläche des Rippenoberrands	Sulcus costae (innen)	• Rippensenker • Exspiration
Mm. subcostales			
Nn. intercostales	Innenfläche des Rippenoberrands	Sulcus costae (innen, dorsal)	• Rippensenker • Exspiration
M. transversus thoracis			
Nn. intercostales (T2–T6)	Sternum	Rippenknorpel (II–VI)	• Rippensenker • Exspiration

Sie setzt sich, nachdem sie im Bindegewebe vor dem Trigonum sternocostale des Zwerchfells nach kaudal zieht, in die **A. epigastrica superior** fort. Diese anastomosiert weiter kaudal mit der **A. epigastrica inferior**. Letztere entspringt aus der A. iliaca externa. Die A. thoracica interna gibt auf Höhe des Rippenbogens die **A. musculophrenica** nach lateral für das Zwerchfell ab. Letztere gibt die unteren vorderen Interkostalarterien ab. In den oberen Interkostalräumen werden beidseitig je 2 vordere Interkostalarterien von der A. thoracica interna entlassen. Diese verlaufen am Ober- und Unterrand der Rippen, bevor sie mit dem **R. collateralis** der hinteren Interkostalarterien anastomosieren. Für die Versorgung der seitlichen Rumpfwand entspringen aus der A. axillaris die **A. thoracica lateralis** und **A. thoracodorsalis** (▶ Abb. 2.10).

Die Versorgung der dorsalen Rumpfwand übernehmen die 11 hinteren Interkostalarterienpaare (**Aa. intercostales posteriores**). Diese entstehen mit Ausnahme der ersten beiden dorsal aus der **Aorta thoracica**. Auch die beiden **A. subcostales**, die unter dem Rippenbogen verlaufen, kommen aus der Aorta. Die ersten beiden Interkostalarterien werden von der **A. intercostalis suprema** abgegeben, die ein Ast des **Truncus costocervicalis** (aus A. subclavia) ist (▶ Abb. 2.10 und ▶ Abb. 2.11). Die Interkostalarterien teilen sich in einen **R. posterior**, der zwischen Hals der Rippe, Lig. costotransversarium superior und Wirbelkörper nach dorsal zieht, und einen **R. anterior**. Dieser zieht nach schräg oben zum Angulus costae der nächsthöheren Rippe. Die Dorsaläste versorgen u. a. Wirbelkörper, Rückenmark und -hüllen, Teile der Rückenmuskulatur und die Rückenhaut. Die vorderen Äste versorgen Interkostalmuskulatur und Haut der seitlichen und vorderen Rumpfwand, denn sie geben Rr. cutanei laterales für die Haut der seitlichen Rumpfwand ab. Die Blutversorgung der kaudalen dorsalen Rumpfwand wird von den 4 **Aa. lumbales** übernommen (aus der Aorta abdominalis).

Die Blutversorgung der kaudalen ventralen Rumpfwand wird durch die **A. epigastrica superficialis, A. circumflexa ilium superficialis, A. circumflexa ilium profunda** sowie die **Aa. pudendae externae** (▶ Abb. 2.10 und ▶ Abb. 2.11) ergänzt.

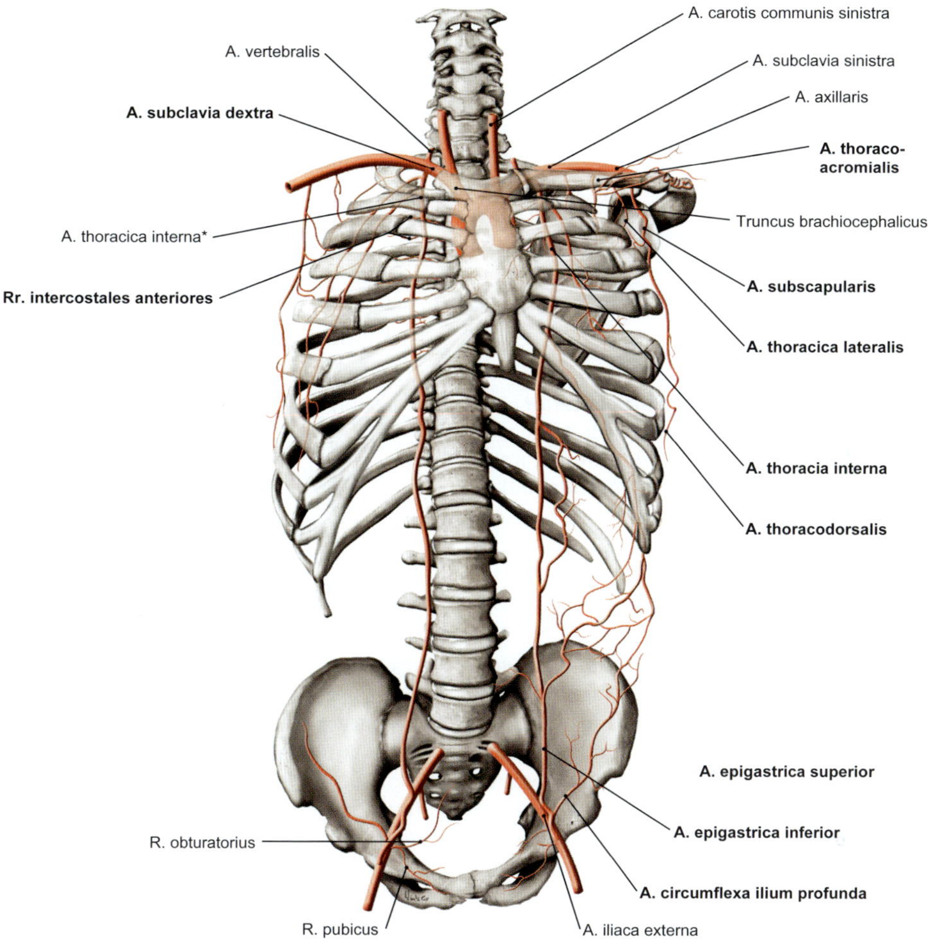

▶ 2.10 Ventrale und dorsale Rumpfwand   ▶ 2.10.1 Arterien

Abb. 2.10 Arterien der vorderen Rumpfwand. *Klinisch auch A. mammaria interna. [L266]

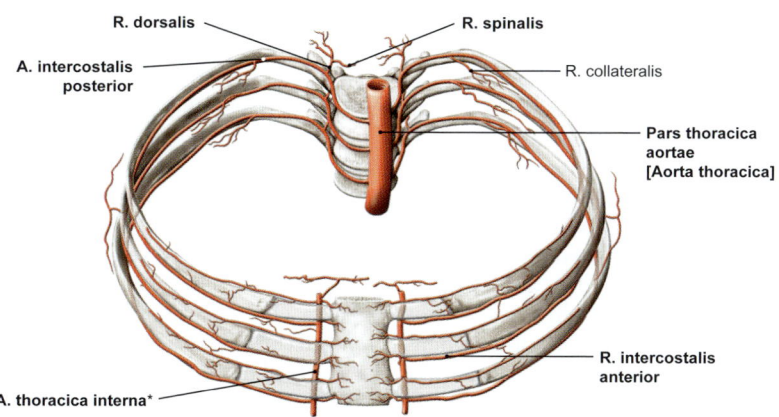

Abb. 2.11 Verlauf und Abgänge der Interkostalarterien im Zwischenrippenraum. *Klinisch auch A. mammaria interna. [L266]

> **Klinik**
>
> **A. thoracica interna**
> Sie wird oft als Bypass verwendet, um die Blutversorgung des Herzens bei Verengungen (Stenosen) der Herzkranzgefäße aufrechtzuerhalten.
>
> **Aortenisthmusstenose**
> Bei dieser Verengung des Aortenbogens, oft unmittelbar vor dem Abgang des Ductus arteriosus (▶ Abb. 1.11a), entstehen **vertikale** und **horizontale arterielle Umgehungskreisläufe**:
> - Vertikal: durch die Rektusscheide via A. thoracica interna und Aa. epigastricae superior und inferior
> - Horizontal: durch die **Aa. intercostales anterior** et **posterior**. Dabei können die erweiterten ICR-Arterien sogar zu einer **Druckatrophie der Rippen im Sulcus costae (Rippenusuren im Röntgenbild)** führen.

2.10.2 Venen der Rumpfwände

Der Blutabfluss aus der ventralen Rumpfwand erfolgt über **tiefe** und **oberflächliche (epifasziale) Venen**. V. thoracoepigastrica (epifaszial) und V. thoracica lateralis (tief) münden in die V. axillaris (tief) und nehmen das Blut aus der lateralen Rumpfwand auf. Die V. thoracica interna (tief) drainiert das Blut aus der ventralen Rumpfwand. Die **V. thoracoepigastrica** anastomosiert mit der **V. epigastrica superficialis** sowie den **Vv. paraumbilicales** (Letztgenannte verlaufen beide ebenfalls epifaszial).

Letztere können durch die Bauchwand hindurch über Reste der Umbilikalvene im **Lig. teres hepatis** Verbindung zur Pfortader (**V. porta hepatis**) haben und als Umgehungskreislauf fungieren.

Die **Venen** auf der **Innenseite der hinteren Brustwand** haben einen von den Arterien etwas abweichenden Verlauf. Parallel zur Wirbelsäule verläuft das **Azygossystem,** bestehend aus der **V. azygos,** die an der rechten Seite der Wirbelsäule nach kranial läuft und in Höhe von Brustwirbel IV–V in die **V. cava superior** mündet. Auf der linken Seite zieht parallel die **V. hemiazygos** nach kranial und überkreuzt in Höhe des VII.–X. Brustwirbels die Wirbelsäule, um in die V. azygos zu münden. Von kranial kommt ihr auf der ebenfalls linken Seite die **V. hemiazygos accessoria** entgegen und mündet in sie ein oder überquert auch die Wirbelsäule, um direkt in die V. azygos zu münden. Das Blut aus den hinteren ICR, Mediastinum, Venen der Wirbelsäule und des Spinalkanals gelangt in dieses Venensystem. In die V. azygos, V. hemiazygos und V. hemiazygos accessoria fließen daher beidseitig die **Vv. intercostales posteriores**. Unterhalb des Zwerchfells fließt das Blut aus der rechten und linken **V. lumbalis ascendens** in die V. azygos und hemiazygos. Die 4 **Vv. lumbales (I–IV)** nehmen das Blut aus der hinteren Bauchwand auf und leiten es den Vv. lumbales ascendentes zu.

> **Klinik**
>
> **Portokavale und kavokavale Anastomosen**
> Diese **epifaszialen** und **tiefen Venen der Brustwand** können als Umgehungskreisläufe **(portokavale** und **kavokavale Anastomosen)** Bedeutung bekommen und sich entsprechend vergrößern.
> Das sog. **Medusenhaupt** (Caput medusae) entsteht als subkutane portokavale Anastomose bei Pfortaderstauung **(portale Hypertonie),** z. B. bei Leberzirrhose, indem die subkutanen **Paraumbilikalvenen** durch vermehrte Blutfüllung sichtbar hervortreten und mit subkutanen Venen anastomosieren, die das Blut letztendlich in die V. cava superior führen. In die Paraumbilikalvenen gelangt das Pfortaderblut über die **rekanalisierte V. umbilicalis** im **Lig. teres hepatis** (▶ Abb. 1.11b).
> **Kavokavale Anastomosen** entstehen meist bei Thrombosen der V. femoralis oder nachgeschalteter Venenabschnitte wie V. iliaca externa oder sogar V. cava inferior. Die **Vv. lumbales ascendentes** erlauben eine Drainage des venösen Bluts aus der **V. iliaca communis** in das **V.-azygos-/hemiazygos-System unter Umgehung der V. cava inferior.**

2.11 Sensible Versorgung der Rumpfwand
Gundula Schulze-Tanzil

Die ventrale Rumpfwand erhält eine segmentale Innervation über die **Rr. anteriores** der Spinalnerven, die als **Interkostalnerven** den Rippen folgen (▶ Abb. 1.13). Auch die Pleura parietalis, die im Gegensatz zur Pleura visceralis sehr schmerzempfindlich ist, wird entsprechend durch Interkostalnerven versorgt. Am Zwerchfell und Mediastinum wird sie aber durch den **N. phrenicus** innerviert. Rückenmuskulatur und -haut werden über die **Rr. posteriores** der Spinalnerven versorgt. Diese geben Rr. cutanei mediales und laterales ab. Die **Dermatome C4–L1** sind auf der ventralen Rumpfwand, die **Dermatome C4–S5** auf der dorsalen Rumpfwand repräsentiert.

Dabei liegen beim Mann die **Mamillen** in Höhe **T5** und der **Bauchnabel** in Höhe **T10**.

Der obere Bereich der Regio pectoralis wird ventral noch über die **Nn. supraclaviculares** (aus dem Plexus brachialis) versorgt. Die untere ventrale Rumpfwand wird über den **N. iliohypogastricus** und den **N. ilioinguinalis** aus dem Plexus lumbalis innerviert. Die **Nn. clunium superiores** (L1–L3, Bereich über Crista iliaca) und **medii** (S1–S3, Regio sacralis) versorgen die kaudale Rückenregion. Die **Nn. clunium inferiores** (aus dem N. cutaneus femoris posterior aus dem Plexus sacralis) versorgen die untere Gesäßregion (▶ Tab. 2.2).

> **Klinik**
>
> Die Nn. intercostales innervieren auch sensibel die Thoraxwand.

2.12 Brust und Brustdrüse
Gundula Schulze-Tanzil

2.12.1 Gliederung und Bau von Brust und Brustdrüse

Die Mamma wird in 4 Quadranten untergliedert (▶ Abb. 2.12a). Der äußere obere Quadrant ist am häufigsten (60 %) von Brustkrebs betroffen.

Die Brustdrüse (Glandula mammaria) ist eine der Fascia pectoralis verschieblich aufgelagerte Drüse, die zumeist die II. bis ca. VI. Rippe und den M. pectoralis major bedeckt sowie über einen Proc. axillaris verfügt. Sie ist in 15–24 Lappen (Lobi glandulae mammariae) gegliedert und von Bindegewebe durchzogen. Die Lappen sind weiter aufgeteilt in Läppchen (Lobuli) und haben eigene Ausführungsgänge (Ductus lactiferi), die auf der Brustwarze (**Papilla mammaria**) münden. Durch **Ligg. suspensoria mammaria** (klinisch: **COOPER-Bänder**) ist die Mamma an der **Fascia pectoralis** aufgehängt. In der nicht laktierenden Drüse ist das Drüsengewebe wenig

Tab. 2.2 Innervation der ventralen und dorsalen Rumpfwand

	Ventral	Dorsal
Kranial	**Nn. supraclaviculares** (C3, C4, Plexus cervicalis) z. T. auch dorsal Regio suprascapularis	(Nackenregion!) **N. occipitalis major** (C2, R. dorsalis) **N. occipitalis minor** (C2, R. anterior = Plexus cervicalis) **N. occipitalis tertius** (C3, R. dorsalis)
Mitte	**Rr. anteriores = N. intercostalis (Interkostalnerven)** (thorakale Spinalnerven, T1–T11) mit • Rr. cutanei laterales • Rr. cutanei mediales **N. subcostalis** = T12	**Rr. posteriores** (thorakale Spinalnerven, T1–T12) mit • Rr. mediales (Rr. cutanei mediales) • Rr. laterales (Rr. cutanei laterales)
Kaudal	**N. iliohypogastricus** **N. ilioinguinalis** (beide: T12–L1, Plexus lumbalis)	**N. cutaneus femoris lateralis** (L2–L3, Plexus lumbalis) **Nn. clunium superiores** (L1–L3, Rr. posteriores) **Nn. clunium medii** (S1–S3, Rr. posteriores) **Nn. clunium inferiores** (aus N. cutaneus femoris posterior [Plexus sacralis, S1–S3], untere Gesäßregion)
Dermatome	**C4–L1**	**C4–S5**

Rumpf

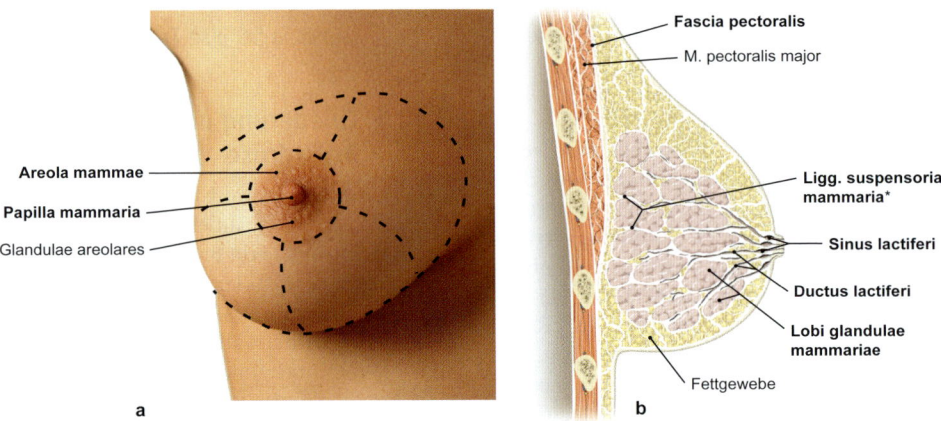

Abb. 2.12 Brust (Mamma). a) Ansicht von ventral. b) Sagittalschnitt. *Klinisch auch COOPER-Bänder. [a: S007-1-23, b: L127]

entfaltet. Beim Mann liegt die Brustwarze im 4. ICR, bei der Frau ist die Lokalisation variabel. Im dunklen, pigmentierten Warzenvorhof (**Areola mammae**) gibt es kleine Erhebungen, die von Talgdrüsen, den **Glandulae areolares,** unterlagert sind. Ihr Sekret erlaubt eine luftdichte Adhäsion der Mundhöhle des Säuglings an der Mamma. Glatte Muskulatur kontrahiert bei Berührung und bewirkt so das Aufrichten der Brustwarze beim Stillen, bei Kälte oder Erregung. Die Blutversorgung erfolgt über **Aa. mammariae laterales** (aus Aa. intercostales posteriores, A. thoracica lateralis und A. thoracodorsalis) und **Aa. mammariae mediales** aus der A. thoracica interna. Die Venen entsprechen den Arterien. Die Innervation erfolgt über sensible Äste aus T2–T5 (▶ Abb. 2.12).

> **Klinik**
>
> Das **Drüseninnere** der **Mamma** hat über das verzweigte Drüsen-Ausführungsgangsystem **Verbindung zur Außenwelt.** Dadurch entsteht die Gefahr von Infektionen bei rekonstruktiven Brustoperationen, die sich in einer Kapselfibrose äußern können.
> Die **Nn. intercostobrachiales** sind die **Rr. laterales** des 2. und 3. **Interkostalnervs** (T2 und T3). Sie ziehen durch die Achselhöhle und verbinden sich mit sensiblen Armnerven (meistens **N. cutaneus brachii medialis**). Sie können **durch metastasierte Lymphknoten gereizt** werden.

2.12.2 Lymphabfluss aus der Mamma

Neben einem **oberflächlichen und subkutanen Abfluss** der Lymphe aus der Mamma gibt es das besonders wichtige **tiefe Lymphabflusssystem** (▶ Abb. 2.13). Dieses beginnt an den Drüsenendstücken und wird bei Tumorerkrankungen der Mamma zum Hauptausbreitungsweg von Metastasen. Der dominierende Anteil dieser tiefen Lymphstraße (fast 75 % der Lymphe der Mamma, v. a. aus **lateralem Drüsengewebe**) folgt einem **axillären Abfluss** in axilläre Lymphknoten. Diese Abflussroute kann weiter in ein **oberes, mittleres und unteres Stockwerk (Level)** untergliedert werden:

- **Axillärer Abfluss aus der Mamma** (75 % der Lymphe):
  - **Unteres Stockwerk** (**Level I,** lateral des M. pectoralis minor): Nodi lymphoidei paramammarii, Nodi lymphoidei axillares pectorales (sog. SORGIUS-Gruppe), Nodi lymphoidei axillares subscapulares, Nodi lymphoidei axillares laterales
  - **Mittleres Stockwerk** (**Level II,** auf Höhe des M. pectoralis minor): Nodi lymphoidei interpectorales, Nodi lymphoidei axillares centrales
  - **Oberes Stockwerk** (**Level III,** medial des M. pectoralis minor): Nodi lymphoidei axillares apicales
- **Parasternaler Abfluss aus der Mamma** (25 % der Lymphe): Die Lymphe aus dem **medialen Bereich der Mamma** folgt einem **parasternalen**

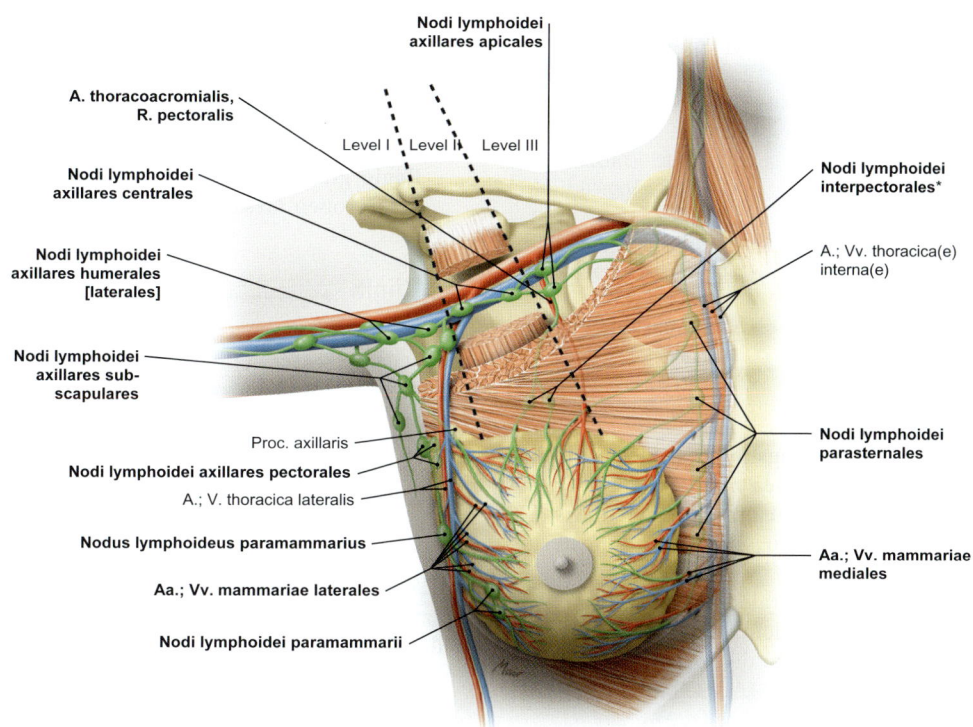

Abb. 2.13 Blutversorgung und Lymphabfluss der Brustdrüse (Mamma). *Klinisch auch ROTTER-Knoten. [L127]

Abfluss. Dabei werden die Nodi lymphoidei parasternales passiert, die im Verlauf der Vv. thoracicae internae liegen (▶ Abb. 2.13).

2.12.3 Lymphabfluss der Brust- und Bauchwand

- Aus den Interkostalräumen: **Nodi lymphoidei intercostales** (Angulus costae), in Ductus thoracicus
- Aus der ventralen Brustwand: **Nodi lymphoidei parasternales** (entlang der Vv. thoracicae internae), von dort aus zu **Nodi lymphoidei cervicales profundi** (▶ Abb. 1.12)

Der Nabel ist die Grenze zwischen zwei Lymphscheiden in der Bauchwand, oberhalb dieser erfolgt die Drainage in **Nodi lymphoidei axillares, intercostales und parasternales,** unterhalb des Nabels in die **Nodi lymphoidei inguinales superficiales.** Entlang der Mittelinien erfolgt die Trennung in rechte und linke Abflusswege, sodass sich für die Rumpfwand insgesamt **4 Quadranten** der Lymphdrainage ergeben.

> **Klinik**
>
> **Mammakarzinom**
>
> Das Mammakarzinom ist bei der Frau das häufigste bösartige Tumorleiden im Alter von 35–55 Jahren. Die Prognose für das Überleben hängt von der Metastasierung in die beschriebenen Lymphknotengruppen ab und wird von **Level I bis III** immer ungünstiger. Sogenannte **Wächter-** oder **Sentinel-Lymphknoten** sind die ersten im entsprechenden Abflussgebiet, bei denen man während einer Metastasierung einen Befall erwarten muss.

2.13 Tastpunkte und Regionen der ventralen und dorsalen Rumpfwand
Gundula Schulze-Tanzil

Knöcherne Tastpunkte dienen der Orientierung bei Auskultation und Lokalisation von Veränderungen (▶ Tab. 2.3, ▶ Kap. 1.1.3)

Rumpf

Tab. 2.3 Wichtige knöcherne Tastpunkte der ventralen und dorsalen Rumpfwand

Ventral	Dorsal
• Costae, Arcus costae • Angulus sterni • Spina iliaca anterior superior • Crista iliaca (Beckenkammbiopsie) • Tuberculum pubicum	• Scapula (Spina, Acromion, Proc. coracoideus, Margines, Anguli) • Costae • Procc. spinosi • Spina iliaca posterior superior • Os sacrum (Crista sacralis mediana) • Os coccygis

- **Regiones supra-** und **infrascapularis:** unter- und oberhalb der Scapula
- **Regio vertebralis:** auf der Wirbelsäule
- **Regio lumbalis:** seitlich zwischen Rippenbogen und Crista iliaca
- **Regio sacralis:** auf dem Os sacrum
- **Regio glutealis:** schließt sich kaudal an (auf dem großen Gesäßmuskel, M. gluteus maximus).

Klinik

Der Nabel (**Umbilicus**) ist ein wichtiger Orientierungspunkt und außerdem Locus minoris resistentiae bei der Entstehung von **Nabelhernien** (▶ Kap. 2.21).

- Wichtige **Orientierungslinien an der ventralen Rumpfwand** sind: Linea mediana anterior, Linea parasternalis, Linea medioclavicularis, Lineae axillaris anterior, media und posterior (▶ Abb. 1.3).
- Die Regionen der ventralen Brustwand sind: **Regio presternalis** (auf dem Sternum), **Regio pectoralis** (vom M. pectoralis major unterlagertes Areal), **Regio axillaris** (Achselhöhle, zwischen vorderer und hinterer Achselfalte).
- Die Bauchwand gliedert sich durch die Medioklavikularlinien (**MCL**) und zwei horizontale Linien am tiefsten Punkt des Rippenbogens und höchsten Punkt der beiden Cristae iliacae in 9 Regionen:
    - **Regio epigastrica:** unter dem epigastrischen Winkel (Angulus infrasternalis, gebildet von beiden Arcus costales)
    - **Regio hypochondriaca:** paarig, unter dem Rippenbogen
    - **Regio umbilicalis:** um den Nabel
    - **Regio abdominalis lateralis:** paarig, neben der Regio umbilicalis (d.h. lateral der Medioklavikularlinien)
    - **Regio inguinalis:** paarig, lateral unter dem Regiones abdominales laterales
    - **Regio pubica:** median oberhalb der Symphysis (▶ Abb. 1.1)
- **Orientierungslinien für die dorsale Rumpfwand** sind: Linea mediana posterior, Linea paravertebralis, Linea scapularis (▶ Abb. 1.3).
- Die wichtigsten Regionen am Rücken sind:
    - **Regio scapularis:** unterlagert vom Schulterblatt, Scapula

Die **Linea interspinalis** verläuft zwischen rechter und linker Spina iliaca anterior superior mit dem **LANZ-Punkt** auf dem rechten Drittelpunkt als Projektionspunkt der Spitze des Wurmfortsatzes am Dickdarm (**Appendix vermiformis**). Eine Linie zwischen rechter Spina iliaca anterior superior und dem Nabel beschreibt zwischen lateralem und mittlerem Drittel den **MCBURNEY-Punkt** (Projektionspunkt des Abgangs der Appendix vom Dickdarm).

2.14 Schichtung der ventralen und dorsalen Rumpfwand
Gundula Schulze-Tanzil

Die Unterseite des Zwerchfells ist von einer Faszie (**Fascia diaphragmatica inferior**) und dem **Peritoneum** überzogen. Letztere bilden auch die innerste Schicht der Rumpfwand (**1.**), wobei die Faszie an der dorsolateralen und ventralen Rumpfwand nun als **Fascia transversalis** bezeichnet wird. Die mittlere Schicht (**2.**) wird durch die inneren Hüftmuskeln (Mm. psoas major und minor), autochthone und eingewanderte Rücken- und die Bauchmuskulatur gebildet. Die Bauchmuskulatur ist in 3 Schichten angeordnet, die im Bereich der **Linea alba** in breite Aponeurosen übergehen (▶ Abb. 2.21). Die die Rumpfmuskulatur außen bedeckende Schicht (**3.**) wird dorsal von der Fascia thoracolumbalis und ventrolateral von der **Fascia abdominis superficialis** (tiefes Blatt: **SCARPA-Faszie**), **Subcutis** und **Cutis** gebildet. In der Cutis haben die Kollagenfibrillen der Haut eine bestimmte Ausrichtung (**LANGER-Spaltlinien**). Die Subcutis enthält un-

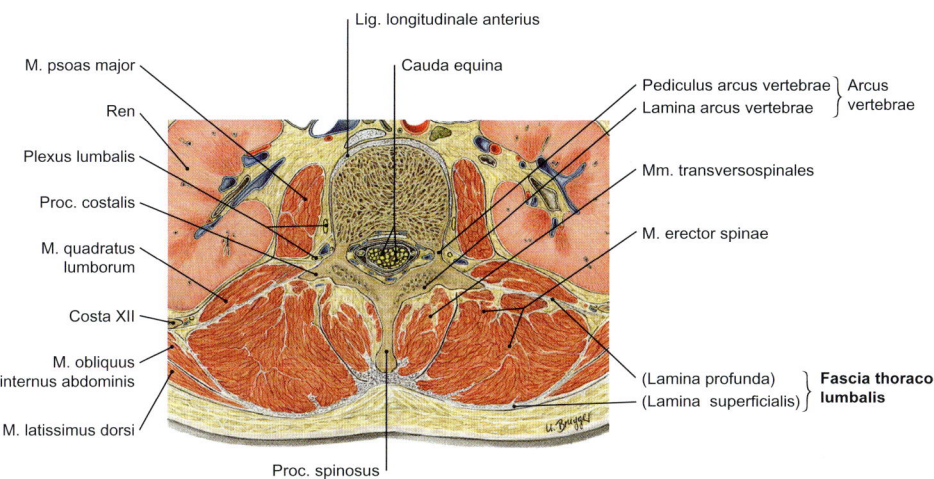

Abb. 2.14 Autochthone Rückenmuskeln und Fascia thoracolumbalis; Transversalschnitt auf Höhe des II. Lendenwirbels. Ansicht von kaudal. [S007-1-23]

terhalb des Nabels eine Schicht Bindegewebsmembranen, die von Fettgewebe durchsetzt ist, bezeichnet als **„Stratum membranosum"** (**CAMPER-Faszie:** sog. oberflächliches Blatt der Fascia abdominalis superficialis). Diese ist zum Teil mit dem äußeren Blatt der später beschriebenen Rektusscheide verknüpft. Fasern der Faszie fließen auch in das Lig. fundiforme penis (beim Mann) oder das Lig. fundiforme clitoridis (bei der Frau) ein. Die SCARPA-Faszie geht kranial in die **Fascia pectoralis** und **Fascia axillaris** über und ist fest mit dem äußeren Bauchmuskel und seiner Aponeurose verbunden. Tiefere Fasern dieser Faszie fließen in das Lig. suspensorium penis bzw. clitoridis ein.

2.15 Rückenmuskulatur
Jens Waschke

2.15.1 Gliederung der Rückenmuskulatur

Alle Muskeln auf der Dorsalseite des Rumpfes werden als Rückenmuskeln bezeichnet. Zu diesen zählen auch die Muskeln des Nackens, da sie aufgrund ihres Verlaufs und ihrer Funktion den Rückenmuskeln entsprechen.
Die Rückenmuskeln bilden 2 Schichten, die entwicklungsgeschichtlich und funktionell unterschiedlich sind:

- Die **primäre (= autochthone)** Rückenmuskulatur liegt in der **Tiefe**:
  - Wird vom **R. posterior** der Spinalnerven innerviert.
  - Funktion: Aufrichtung und Streckung des Rumpfes („**M. erector spinae**").
- Die **sekundäre (eingewanderte)** Rückenmuskulatur liegt **oberflächlich**:
  - Wird nach ihrem Ursprungsgebiet innerviert (**R. anterior** der Spinalnerven, **Plexus brachialis, XI. Hirnnerv**).
  - Funktion: Bewegung der oberen Extremität und der Rippen.

Fascia thoracolumbalis Hülle aus straffem Bindegewebe, welche die beiden Muskelschichten trennt. Sie besteht aus einem **oberflächlichen** Blatt (verbindet Dorsalseite des Kreuzbeins mit den Dornfortsätzen der Wirbelsäule) und einem **tiefen Blatt** (vom Darmbeinkamm über die Processus der Lendenwirbel zur XII. Rippe) und bildet mit der Wirbelsäule einen **osteofibrösen Kanal,** in dem die autochthone Rückenmuskulatur liegt (▶ Abb. 2.14).
Funktion: Da an ihr auch Bauchmuskeln (M. obliquus internus, M. transversus abdominis), sekundäre Rückenmuskeln (M. latissimus dorsi) und Hüftmuskeln (M. gluteus maximus) entspringen, ermöglicht die Fascia thoracolumbalis das Zusammenwirken dieser Muskelgruppen bei der Bewegung von Rumpf und Extremitäten.

Rumpf

2.15.2 Autochthone Rückenmuskulatur

Die **autochthone Rückenmuskulatur** lässt sich in **Trakte** und **Systeme** gliedern (▶ Tab. 2.4), was für das Verständnis der einzelnen **Muskelgruppen** sinnvoll ist (▶ Abb. 2.14). Der genaue Verlauf der einzelnen Muskeln ist nur bei Muskeln mit Ansatz am Schädel relevant (→ Klinik). Primäre Rückenmuskeln mit Ansatz am Schädel sind (▶ Abb. 2.15):

- Mm. suboccipitales
- M. spinalis und M. semispinalis capitis
- M. longissimus capitis
- M. splenius capitis

Der **mediale Trakt** liegt zwischen den Dorn- und Querfortsätzen der Wirbelsäule:

- **Spinales System:** M. spinalis und Mm. interspinales
- **Transversospinales System:** M. semispinalis, Mm. multifidi, Mm. rotatores

Der **laterale Trakt** überlagert den medialen Trakt teilweise und setzt an den oder lateral der Querfortsätze der Wirbel an:

1. Sakrospinales System: M. longissimus, M. iliocostalis
2. Spinotransversales System: M. splenius
3. Intertransversales System: Mm. intertransversarii
4. Mm. levatores costarum

Hinzu kommen noch die kurzen Nackenmuskeln, welche die Halswirbelsäule mit dem Hinterhaupt verbinden: **Mm. suboccipitales** (Mm. rectus capitis posterior major und minor, Mm. obliquus capitis superior und inferior) (▶ Abb. 2.15).

Funktion der autochthonen Rückenmuskeln Haltung und Bewegung des Rumpfes:

- Aufrichtung des Rumpfes („M. erector spinae")
- Streckung (beidseitig) und Seitwärtsneigung (einseitig) des Rumpfes
- Drehung des Rumpfes
- Propriozeption: Ortung der Körperposition im Raum (besonders Mm. suboccipitales)

Klinik

Bei krankhaft gesteigertem Muskeltonus (Spastik) in den Muskeln, die zum Kopf führen, kann es zu einem **muskulären Schiefhals** (Torticollis spasmodicus) mit Drehung des Kopfes kommen. Dieser wird u. a. therapiert, indem durch Injektion von Botulinustoxin die synaptische Übertragung an der muskulären Endplatte unterbrochen wird.

Die **oberflächlichen Rückenmuskeln** sind überwiegend Schulter- und Schultergürtelmuskeln (M. latissimus dorsi, M. trapezius, Mm. rhomboidei, M. levator scapulae) und werden daher bei der oberen Extremität näher erläutert (▶ Kap. 3.4.1). Ausnahmen sind die **Mm. serratus posterior superior** und **inferior,** die von der Wirbelsäule zu den Rippen ziehen. Diese schwachen Muskeln sollen durch Fixierung der Rippen als Atemhilfsmuskeln die Inspiration unterstützen.

2.16 Bauchmuskulatur
Gundula Schulze-Tanzil

Die Bauchmuskeln (Mm. abdominis) bilden die mittlere Schicht der Bauchwand zwischen Brustwand und Beckenring, ihre Innervation, Ansatz, Ursprung und Funktionen sind in ▶ Tab. 2.5 zusammengefasst. Sie gehen in breite Aponeurosen über, die die sog. **Rektusscheide** bilden. Diese umfasst den M. rectus abdominis und sichert so seinen geraden Verlauf bei Kontraktion. Ihre Fasern verflechten sich intensiv in der Medianlinie, sodass die **Linea alba** entsteht. Diese stellt eine 1 cm breite derbe Struktur dar, die den Proc. xiphoideus mit der Symphysis verbindet.

Der äußere schräge Bauchmuskel, **M. obliquus externus abdominis** (▶ Tab. 2.5), ist der oberflächlichste und größte Muskel der Gruppe. Seine kostalen Ursprungszacken alternieren mit denen der **M. serratus anterior** und **M. latissimus dorsi** (Linea serrata = GERDY-Linie) (▶ Abb. 2.16, ▶ Abb. 2.17). Die Externusaponeurose spaltet sich kaudal in die **Crura laterale** und **mediale** (▶ Abb. 2.16). Der un-

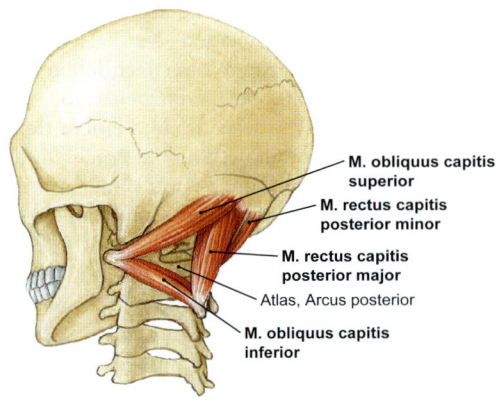

Abb. 2.15 Kurze Nackenmuskeln, Mm. suboccipitales. Ansicht von schräg dorsal. [S007-1-23]

▶ 2.16 Bauchmuskulatur

Tab. 2.4 Autochthone Muskeln des Rückens

Ursprung	Ansatz	Funktion
I Medialer Trakt		
a) Spinales System		
Mm. interspinales, M. spinalis *Rr. posteriores* der Spinalnerven		
Dornfortsätze	• Dornfortsätze • Schädel (Linea nuchalis superior)	geringe Extension
b) Transversospinales System		
M. semispinalis (Fasern überspringen 4–7 Segmente) **Mm. multifidi** (Fasern überspringen 2–3 Segmente) **Mm. rotatores** (Fasern ziehen zum nächsten oder übernächsten Segment)		
• Dorsalseite des Kreuzbeins • Darmbeinkamm Procc. mamillares • Querfortsätze	• Dornfortsätze • Schädel (Linea nuchalis superior)	• Einseitig: Lateralflexion und Rotation zur Gegenseite • Beidseitig: Extension
II Lateraler Trakt		
a) Sakrospinales System		
M. iliocostalis, M. longissimus		
• Dorsalseite des Kreuzbeins • Darmbeinkamm • Dorn- und Querfortsätze • Rippenwinkel	• Rippenwinkel • Querfortsätze • Schädel (Proc. mastoideus)	• Einseitig: Lateralflexion • Beidseitig: Extension, Exspiration (durch Senkung der Rippen)
b) Intertransversales System		
Mm. intertransversarii		
• Procc. mamillares, Procc. costales • Querfortsätze	• Procc. mamillares, Procc. costales • Querfortsätze	• Einseitig: geringe Lateralflexion • Beidseitig: geringe Extension
c) Spinotransversales System		
M. splenius		
Dornfortsätze der unteren HWS und oberen BWS	• Querfortsätze der oberen HWS • Schädel (Linea nuchalis superior)	• Einseitig: Lateralflexion, Rotation zur gleichen Seite • Beidseitig: Extension
d) Mm. levatores costarum		
Mm. levatores costarum		
Querfortsätze der BWS	Rippen	• Einseitig: Lateralflexion • Beidseitig: Extension

Rumpf

Tab. 2.4 Autochthone Muskeln des Rückens *(Forts.)*

Ursprung	Ansatz	Funktion
III Tiefe Nackenmuskeln (Mm. suboccipitales)		
R. posterior des 1. Spinalnervs (N. suboccipitalis)		
Mm. rectus capitis posterior major und minor, Mm. obliquus capitis superior und inferior		
• Proc. spinosus des Axis (M. rectus capitis posterior major, M. obliquus capitis inferior) • Tuberculum posterius des Atlas (M. rectus capitis posterior minor) • Proc. transversus des Atlas (M. obliquus capitis superior)	• Schädel (Linea nuchalis inferior) • Proc. transversus des Atlas (M. obliquus capitis inferior)	• Einseitig: Lateralflexion, Rotation zur gleichen Seite • Beidseitig: Extension der Kopfgelenke

Tab. 2.5 Bauchmuskeln

Innervation	Ursprung	Ansatz	Funktion
Vordere Muskeln der Bauchwand			
M. rectus abdominis			
Nn. intercostales, N. subcostalis, N. iliohypogastricus	• Außen an der V. bis VII. Rippe • Proc. xiphoideus	• Os pubis • Symphysis pubica	• Ziehen des Thorax gegen das Becken • Bauchpresse • Bauchatmung (Exspiration)
Seitliche Muskeln der Bauchwand			
M. obliquus externus abdominis			
Nn. intercostales, N. subcostalis	Außen an V.–XII. Rippe	• Crista iliaca • Lig. inguinale • Os pubis	• Einseitige Kontraktion: Thoraxrotation zur Gegenseite, Seitwärtsneigung • Beidseitige Kontraktion: Bauchpresse, Exspiration
M. obliquus internus abdominis			
Nn. intercostales, N. subcostalis, N. iliohypogastricus, N. ilioinguinalis	• Fascia thoracolumbalis • Crista iliaca • Lig. inguinale	• Unten an IX. bis XII. Rippe	• Einseitige Kontraktion: Thoraxrotation zur gleichen Seite Seitwärtsneigung • Beidseitige Kontraktion: Bauchpresse, Exspiration *M. cremaster:* Anheben der Hoden
M. transversus abdominis			
Nn. intercostales, N. subcostalis, N. iliohypogastricus, N. ilioinguinalis, N. genitofemoralis	• Innen an VII. bis XII. Rippe, Fascia thoracolumbalis • Crista iliaca • Lig. inguinale	• Linea alba • Os pubis	• Bauchpresse • Exspiration *M. cremaster:* Anheben der Hoden
Hintere (tiefe) Muskeln der Bauchwand			
M. quadratus lumborum			
N. subcostalis, Rr. musculares des Plexus lumborum	• Crista iliaca • Lig. iliolumbale	• XII. Rippe • Procc. costales der LWK	• Seitwärtsneigung des Rumpfes • Senken der Rippen (Exspiration)

2.16 Bauchmuskulatur

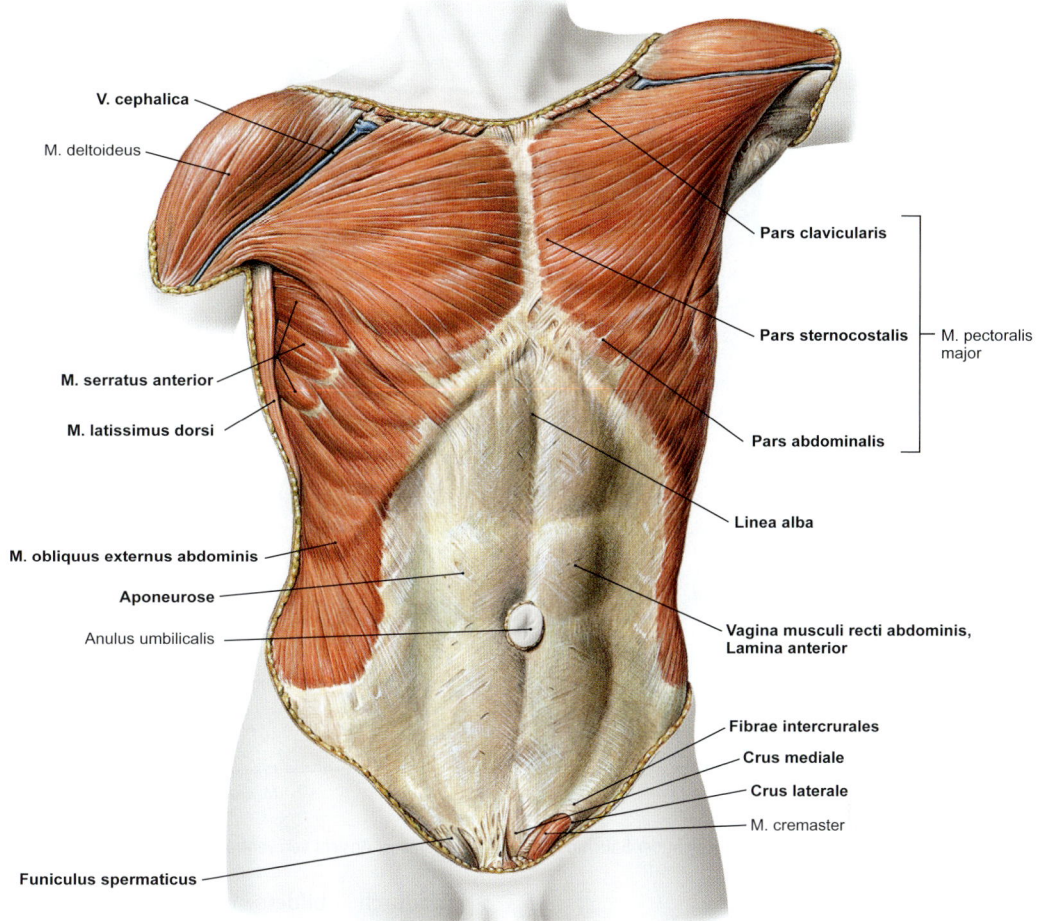

Abb. 2.16 Oberflächliche Schicht der Muskeln der Brust- und Bauchwand, Mm. thoracis, Mm. abdominis. Ansicht von ventral. [S007-1-23]

tere Rand der Aponeurose beteiligt sich am Aufbau des Leistenbands (**Lig. inguinale,** welches das Tuberculum pubicum mit der Spina iliaca anterior superior verbindet). **Fibrae intercrurales** verbinden beide Crura der Externusaponeurose und begrenzen so den äußeren Leistenring mit. Unter dem M. obliquus externus abdominis findet sich der **M. obliquus internus abdominis** (▶ Tab. 2.5), sein Faserverlauf steht im 90°-Winkel zu dem des äußeren schrägen Bauchmuskels (▶ Abb. 2.17). Im unteren Bereich sind die Muskelfasern schwer von denen des M. transversus abdominis zu trennen. Der **M. transversus abdominis** (▶ Tab. 2.5) bildet die tiefste Muskelschicht und hat einen horizonta-

len Faserverlauf. In einer bogenförmigen Linie (**Linea semilunaris = SPIEGHEL-Linie**) gehen seine Muskelfasern in die Aponeurose über (▶ Abb. 2.19). Die Fortsetzung dieses Muskels in die Thoraxhöhle wird als **M. transversus thoracis** (▶ Tab. 2.1) bezeichnet.

Der **M. rectus abdominis** hat einen geraden Faserverlauf und besitzt 3–5 sehnige Unterbrechungen (**Intersectiones tendineae**) als Reste der ursprünglichen embryologischen metameren Gliederung (▶ Abb. 2.18, ▶ Abb. 2.19, ▶ Abb. 2.20, ▶ Abb. 2.21). Kaudal über der Symphyse liegt dem M. rectus abdominis gelegentlich ein M. pyramidalis auf, der unbedeutend ist.

Rumpf

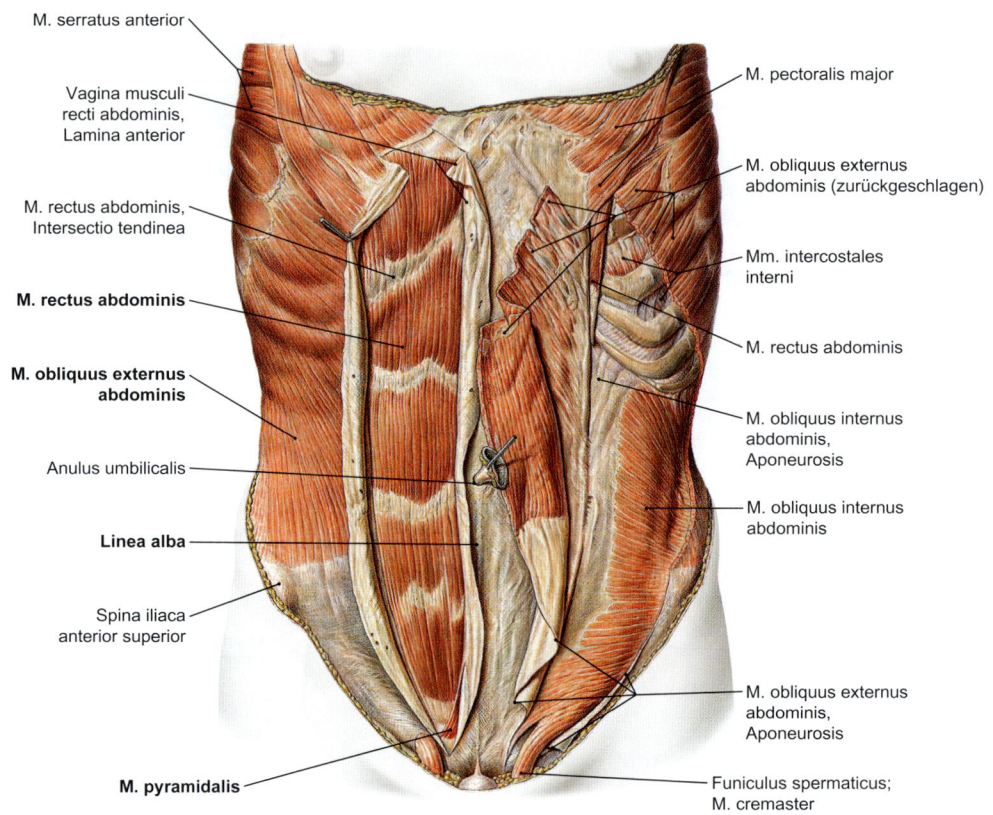

Abb. 2.17 Oberflächliche und mittlere Schicht der Bauchmuskeln, Mm. abdominis. Ansicht von ventral. [S007-1-23]

2.17 Rektusscheide
Gundula Schulze-Tanzil

Die Rektusscheide (Vagina musculi recti abdomini) wird von den Aponeurosen der drei flachen Bauchmuskeln und innen von der Fascia transversalis gebildet (▶ Abb. 2.20, ▶ Abb. 2.21, ▶ Tab. 2.6). Sie besteht aus einem vorderen und einem hinteren Blatt (**Laminae anterior** und **posterior**), zwischen denen der **M. rectus abdominis** (▶ Tab. 2.5) liegt.
- Die **Externusaponeurose** liegt in ganzer Ausdehnung als oberflächliche Schicht im vorderen Blatt.
- Die **Internusaponeurose** spaltet sich, ihr vorderer Anteil läuft auf ganzer Länge im vorderen Blatt. Der hintere Anteil ist zunächst hinter dem M. rectus abdominis, später endet er dort bogenförmig, weil er vom hinteren in das vordere Blatt übergeht.

Dadurch bildet er die **Linea arcuata** (▶ Abb. 2.19). Die Verhältnisse ändern sich also kaudal der Linea arcuata (diese liegt ungefähr 3 Fingerbreit unterhalb des Nabels, d. h. fast in der Mitte zwischen Nabel und Symphysis pubica).
- Die **Transversusaponeurose** verläuft bis zur Linea arcuata im hinteren Blatt, dann wechselt sie in das vordere Blatt, sodass unterhalb dieser Linie nur noch **Fascia transversalis** und **Peritoneum** hinter dem M. rectus abdominis zurückbleiben (▶ Abb. 2.20).

2.18 Relief der inneren Bauchwand
Gundula Schulze-Tanzil

Das Innenrelief der Bauchwand weist 5 Bauchwandfalten auf (▶ Abb. 2.22). Die **Plica umbilicalis mediana** enthält den obliterierten Urachus (= Allantoisgang). Sie verläuft von der Spitze

▶ 2.18 Relief der inneren Bauchwand

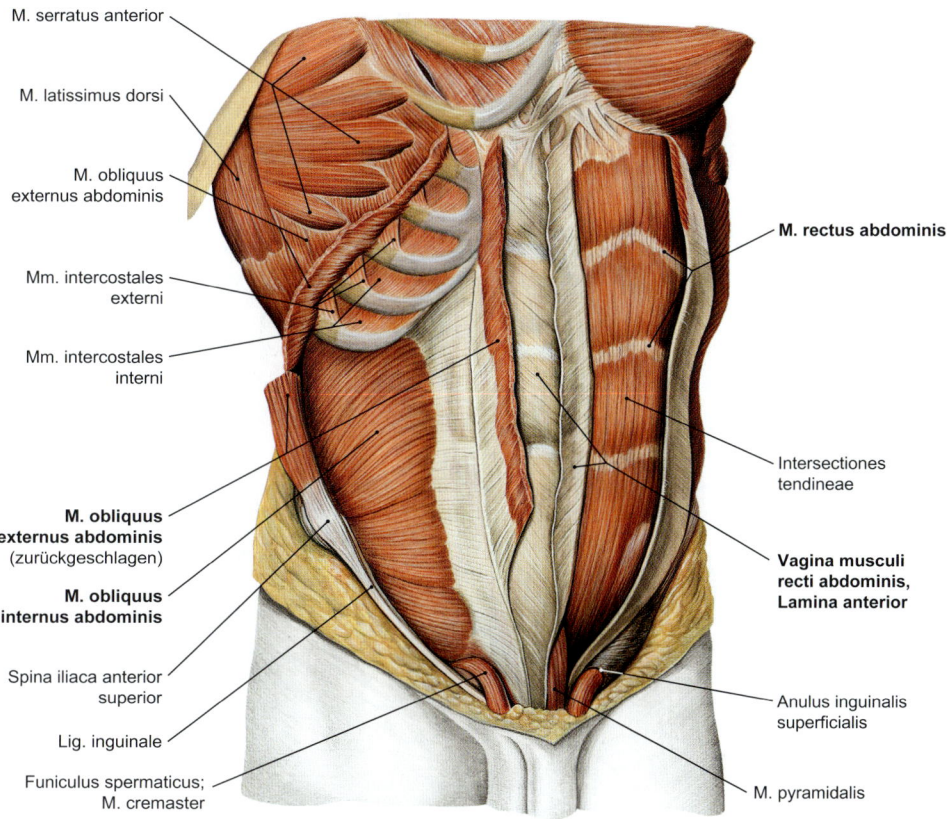

Abb. 2.18 Mittlere Schicht der Bauchmuskeln, Mm. abdominis. Ansicht von ventral. [S007-1-23]

Tab. 2.6 Aufbau der Rektusscheide	
Vorderes Blatt	**Hinteres Blatt**
Oberhalb der Linea arcuata	
Aponeurose des M. obliquus externus abdominis Vorderer Anteil der Aponeurose des M. obliquus internus abdominis	Hinterer Anteil der Aponeurose des M. obliquus internus abdominis Aponeurose des M. transversus abdominis Fascia transversalis Peritoneum
Unterhalb der Linea arcuata	
Aponeurose des M. obliquus externus abdominis (Gesamte) Aponeurose des M. obliquus internus abdominis Aponeurose des M. transversus abdominis	Fascia transversalis Peritoneum

Rumpf

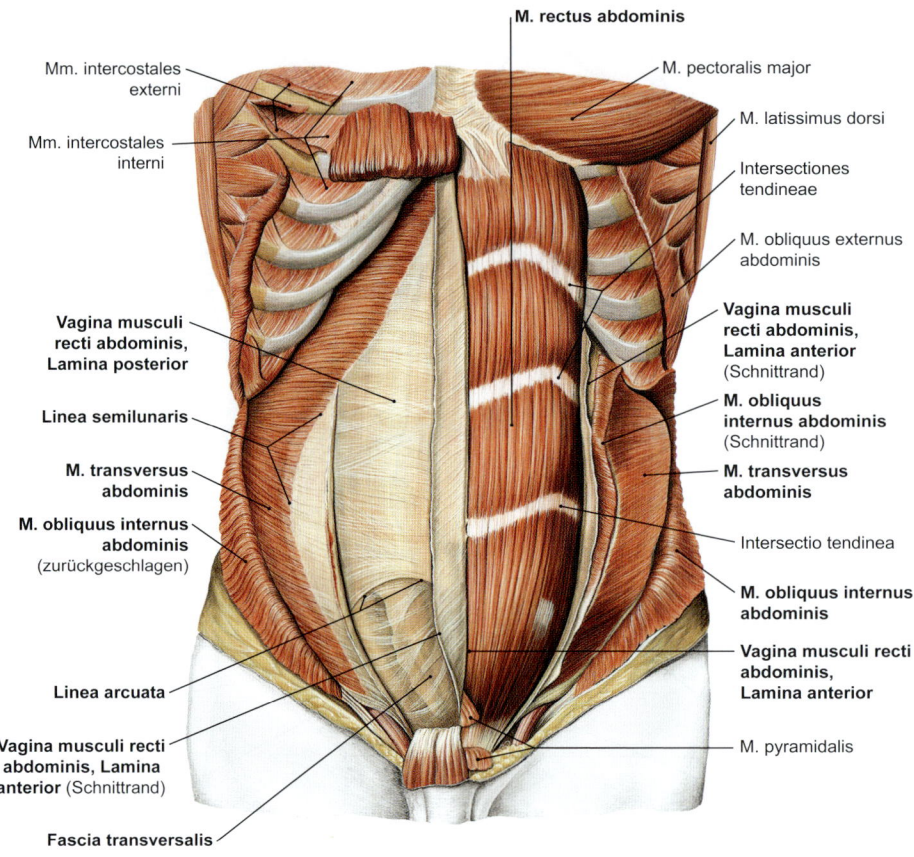

Abb. 2.19 Tiefe Schicht der Bauchmuskeln, Mm. abdominis. Ansicht von ventral. [S007-1-23]

(Apex) der Harnblase zum Nabel. Rechts und links neben ihr laufen die **Plicae umbilicales mediales,** welche die Relikte der Umbilikalarterien enthalten, auf den Nabel zu. Die **Plicae umbilicales laterales** enthalten die Aa./Vv. epigastricae inferiores.

Diese gelangen dann in die Rektusscheide und versorgen den M. rectus abdominis. Kranial anastomisieren sie mit den Aa. epigastricae superiores, welche die Endäste der Aa. thoracicae internae darstellen. Medial und lateral der lateralen Falten befinden sich als leichte Aussackungen der inneren Bauchwand auf beiden Seiten die Fossae inguinales mediales und laterales. In der **Fossa inguinalis lateralis** befindet sich der tiefe Leistenring (**Anulus inguinalis profundus**), der innen durch das Peritoneum bedeckt wird und

den Samenstrang (Funiculus spermaticus) enthält (▶ Abb. 2.22, ▶ Tab. 2.7). Der Anulus inguinalis profundus ist medial verstärkt durch die **Falx inguinalis.** Es handelt sich dabei um eine Faserplatte neben dem M. rectus abdominis, gebildet von der Fascia transversalis sowie von Sehnenzügen des M. transversus abdominis und des M. rectus abdominis. Die **Fossa inguinalis medialis** ist die Projektionsstelle des äußeren Leistenrings (**Anulus inguinalis superficialis**). Über dem kranialen Zipfel (Apex) der Harnblase befindet sich beiderseits zwischen Plica umbilicalis mediana und medialis die **Fossa supravesicalis** (▶ Abb. 2.22). Das **Lig. interfoveolare** (= HESSELBACH-Band) ist eher eine Faserplatte, die von der Transversusaponeurose abzweigt und nach kaudal zieht, um an den Ligg. inguinale und lacunare (Verbindung zwischen Lig. ingui-

▶ 2.18 Relief der inneren Bauchwand

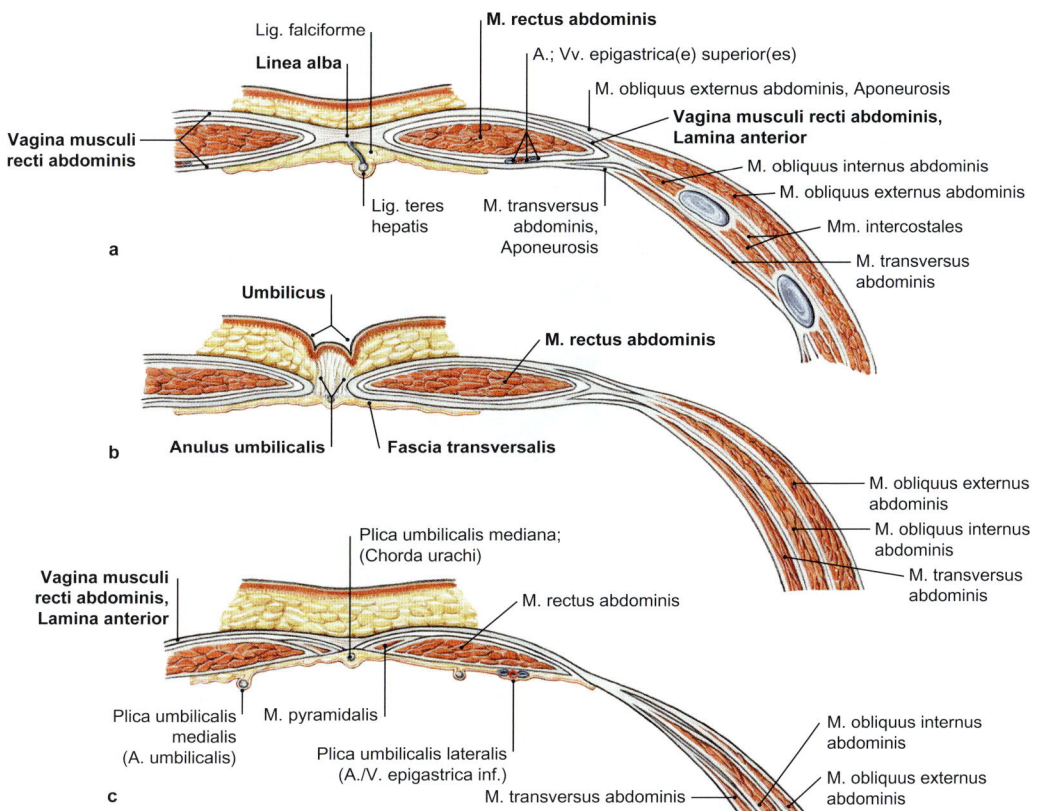

Abb. 2.20 Aufbau der Rektusscheide, Vagina musculi recti abdomini. Horizontalschnitt. Ansicht von kaudal. a) Oberhalb der Linea arcuata. b) Auf Nabelhöhe. c) Oberhalb der Linea arcuata. [S007-1-23]

Tab. 2.7 Begrenzungen des Leistenkanals und der Leistenringe sowie Inhalt (▶ Abb. 2.22)

Wände und Inhalt des Leistenkanals	
Dach	freier Rand vom M. obliquus internus und M. transversus abdominis
Boden	• Lig. inguinale • Medial: Lig. reflexum (= COLLES-Band): aus dem Lig. inguinale zum vorderen Blatt der Rektusscheide ausscherende Fasern
Vorderwand	Externusaponeurose
Hinterwand	Fascia transversalis mit Peritoneum, verstärkt durch Lig. interfoveolare (= HESSELBACH-Band)
Anulus inguinalis profundus	Fossa inguinalis lateralis
Anulus inguinalis superficialis	Crus laterale und Crus mediale der Externusaponeurose
Inhalt des Leistenkanals	• N. ilioinguinalis, A./V. cremasterical (aufgelagert) • Funiculus spermaticus mit: Ductus deferens, A. ductus deferentis, Plexus pampiniformis, A. testicularis, R. genitalis des N. genitofemoralis, vegetative Nerven und Lymphbahnen

Rumpf

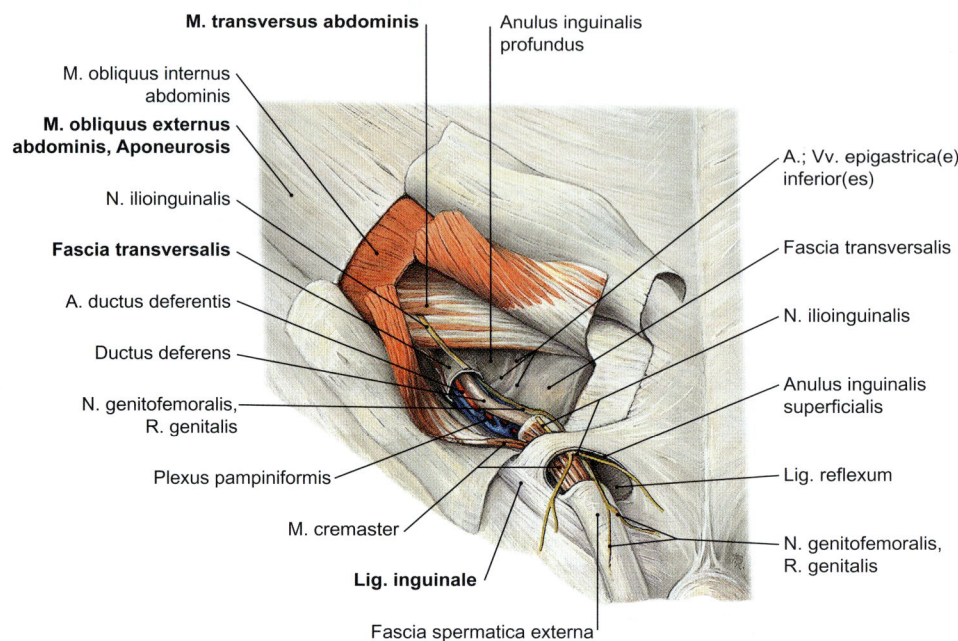

Abb. 2.21 Wände und Inhalt des Leistenkanals (Canalis inguinalis). Rechts. Ansicht von ventral. [L240]

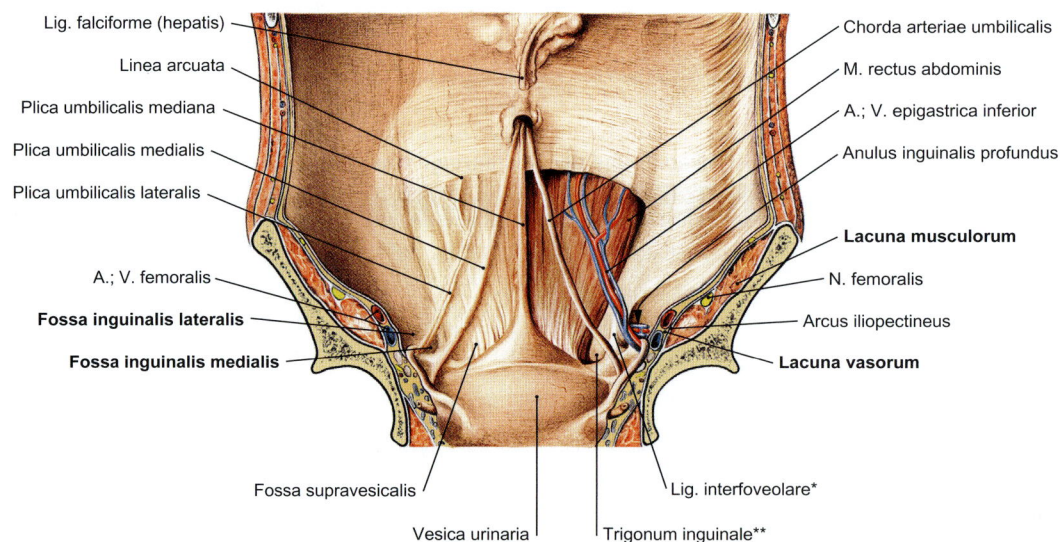

Abb. 2.22 Vordere Bauchwand: Ansicht von innen. Auf der rechten Körperseite sind das Peritoneum parietale und die Fascia transversalis entfernt. *Lig. interfoveolare = HESSELBACH-Band, **Trigonum inguinale als Teil des muskelfreien HESSELBACH-Dreiecks, das sich zwischen Leistenband, lateralem Rand des M. rectus abdominis und den Vasa epigastrica inferiora befindet. [S007-1-23]

nale und Pecten ossis pubis) zu inserieren. Es trennt den tiefen Leistenring von der Fossa inguinalis medialis.

2.19 Leistenkanal
Gundula Schulze-Tanzil

Der Leistenkanal (**Canalis inguinalis**) verläuft zwischen Anulus inguinalis profundus und Anulus inguinalis superficialis und hat einen schrägen Verlauf bei 4–6 cm Länge (▶ Abb. 2.22).
Inhalt des Leistenkanals ist beim Mann der **Funiculus spermaticus.** Er wird vom M. cremaster umhüllt (Fasern aus dem M. obliquus abdominis internus und M. transversus abdominis). Der Funiculus spermaticus enthält folgende Leitungsbahnen:
- Samenleiter (**Ductus deferens**) und die ihn versorgende **A. ductus deferentis**
- **A. testicularis:** für die Blutversorgung des Hodens
- Venöser **Plexus pampiniformis:** zum Blutabfluss aus den Hoden, mündet weiter proximal in die V. testicularis

- **R. genitalis** des **N. genitofemoralis:** zieht zum M. cremaster

Außerdem führt er vegetative Nerven und Lymphbahnen (v. a. zu den paraaortalen Lymphknoten) für den Hoden (▶ Abb. 2.22). Der **N. ilioinguinalis** (sensible Versorgung des Scrotums) und die A./V. cremasterica liegen auf dem Samenstrang und passieren auch den Leistenkanal.

Bei der Frau ist der Leistenkanal kürzer und enthält das **Lig. teres uteri,** das von dem Winkel zwischen Mündung des Eileiters in den Gebärmutterkörper (sog. „Tubenwinkel des Uterus") zu den großen Schamlippen (**Labia majora**) zieht. Außerdem laufen Lymphgefäße für den Lymphabfluss vom Uterus zu den paraaortalen und inguinalen Lymphknoten durch den Leistenkanal.

2.20 Hernien
Gundula Schulze-Tanzil

An anatomischen Schwachstellen zumeist der Rumpfwand, aber auch anderer Körperregionen können Hernien entstehen. Sie verfügen über eine (innere und äußere) **Bruchpforte,** durch die sich ein

Tab. 2.8 Hernien der ventralen und dorsalen Rumpfwand

Hernie	Innere Pforte	Äußere Pforte
Ventrale Rumpfwand		
epigastrische Hernie	zwischen beiden Mm. recti abdomini, Linea alba	
Nabelhernie (erworben)	Nabel	
Omphalozele (angeboren)		
SPIEGHEL-Hernie	zwischen Linea semilunaris und lateraler Rektusscheide, meist an Kreuzung mit Linea arcuata	
laterale/indirekte Leistenhernie	Fossa inguinalis lateralis	Anulus inguinalis superficialis
mediale/direkte Leistenhernie	Fossa inguinalis medialis (HESSELBACH-Dreieck)	
supravesikale Hernie	Fossa supravesicalis	
Schenkelhernie	Canalis femoralis in der Lacuna vasorum	Hiatus saphenus
Dorsale Rumpfwand		
Lumbalhernie	im Trigonum lumbale superius, zwischen XII. Rippe und M. iliocostalis (GRYNFELT-Hernie)	
	im Trigonum lumbale inferius, zwischen M. obliquus externus abdominis und M. latissimus dorsi (PETIT-Hernie)	

Rumpf

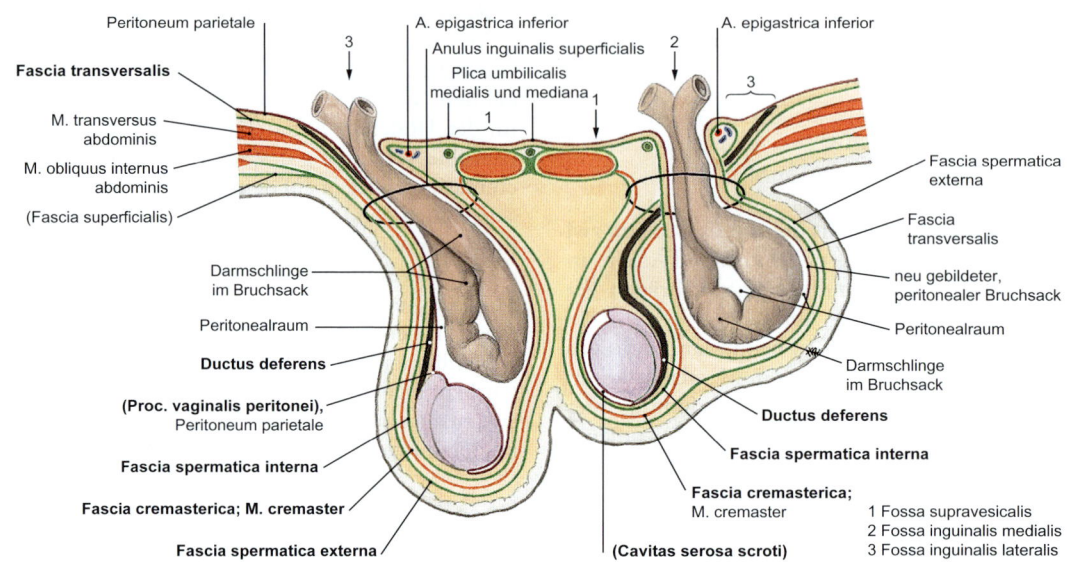

Abb. 2.23 Leistenbrüche. Schematische Darstellung. Linke Bildseite: laterale, indirekte Hernie. Rechte Bildseite: mediale, direkte Hernie. [L240]

Bruchsack mit ggf. **Bruchinhalt** ausstülpt (▶ Abb. 2.23, ▶ Tab. 2.8). Der Bruchsack hat mehrere **Bruchhüllen**, z. B. Haut, Faszie und Peritoneum. Der Bruchinhalt kann nur aus Fettgewebe oder Leitungsstrukturen und Organen bestehen, z. B. Darm. Hier besteht die Gefahr einer Einklemmung (Inkarzeration). Man unterscheidet **äußere Hernien,** die an der Körperoberfläche sichtbar sind, von **inneren Hernien,** die im Inneren des Körpers z. B. durch eine Bruchpforte im Zwerchfell führen. Äußere Hernien können oberhalb oder unterhalb des Lig. inguinale an der ventralen oder dorsalen Rumpfwand entstehen.

> **Klinik**
>
> **Narbenhernien** entstehen, wenn nach einer Operation oder Verletzung der Rumpfwand ein weniger stabiles **Ersatz-/Reparaturgewebe** die ursprüngliche Wunde als **Narbe** verschließt und bei intraabdominaler Druckerhöhung nachgibt.

2.20.1 Leistenhernien

Leistenhernien treten häufig auf. Bei Männern sind sie häufiger als bei Frauen. Man unterscheidet **angeborene** und **erworbene Leistenhernien.** Außerdem werden in Bezug auf die innere Bruchpforte **mediale** von **lateralen** Hernien abgegrenzt. Mediale sind stets erworben und können gleichzeitig als **direkt** bezeichnet werden, da der Bruchsack direkt die Bauchwand durchsetzt. Laterale können erworben oder angeboren sein und werden auch als **indirekt** oder **schräg** bezeichnet, da sie dem Leistenkanal folgen. Es bilden sich angeborene Hernien, wenn der Peritonealfortsatz persistiert, dem der Hoden bei seinem Abstieg in das Scrotum folgt. Durch diese Verbindung kann sehr leicht bei Druckerhöhung im Bauchraum eine Hernie entstehen.

Jens Waschke

Obere Extremität

3.1	Übersicht: obere Extremität	58
3.2	**Knochen**	59
3.2.1	Schultergürtel	59
3.2.2	Oberarm	59
3.2.3	Unterarm	61
3.2.4	Hand	61
3.3	**Gelenke der oberen Extremität**	62
3.3.1	Schultergürtel	62
3.3.2	Schultergelenk	64
3.3.3	Ellenbogengelenk	65
3.3.4	Hand	67
3.3.5	Fingergelenke	68
3.4	**Muskulatur der oberen Extremität**	68
3.4.1	Muskulatur von Schultergürtel und Schulter	70
3.4.2	Muskulatur des Oberarms	74
3.4.3	Muskulatur des Unterarms	76
3.4.4	Muskulatur der Hand	81
3.5	**Nerven der oberen Extremität**	84
3.5.1	Plexus brachialis	84
3.5.2	N. radialis	90
3.5.3	N. medianus	91
3.5.4	N. ulnaris	92
3.6	**Arterien der oberen Extremität**	93
3.6.1	A. subclavia	94
3.6.2	A. axillaris	95
3.6.3	A. brachialis	96
3.6.4	A. radialis	96
3.6.5	A. ulnaris	96
3.7	**Venen und Lymphgefäße der oberen Extremität**	97
3.7.1	Venen	97
3.7.2	Lymphgefäße	97

IMPP-Hits

Folgende Themenkomplexe wurden bisher besonders häufig vom IMPP gefragt (Top Ten):
- Knochen: Apophysen und Ursprünge für Muskeln
- Gelenke mit Bändern (v. a. Schulter und Ellenbogen)
- Ursprünge und Ansätze von Schultergürtel- bis Unterarmmuskeln, Funktion und Innervation einschließlich der Handmuskeln, Rotatorenmanschette
- Plexus brachialis sowie dessen Nerven mit Versorgungsgebiet und Verlauf
- Läsionen der Nerven mit Klinik
- Arterien mit Ästen, Verlauf und Pulsen
- Oberflächliche Venen
- Lymphdrainage besonders mit Lymphknoten der Axilla
- Topografie: Axilla und Hand
- Karpaltunnel und GUYON-Loge

Obere Extremität

3.1 Übersicht: obere Extremität

Die **obere Extremität** ist durch ihre ausgeprägten Bewegungsmöglichkeiten an ihre Funktion als **Greiforgan** angepasst. Gliederung:
- Schultergürtel
- Arm: Oberarm (Brachium), Unterarm (Antebrachium), Hand (Manus) (▶ Abb. 3.1)

Die Längsachsen von Ober- und Unterarmknochen bilden nach lateral den **Armaußenwinkel** von 170°. Die Verbindungslinie von Humeruskopf und Ellenbogengelenk stellt die **Rotationsachse** im Schultergelenk dar. Die **Diagonalachse** des Unterarms vom proximalen zum distalen Radioulnargelenk ist die Achse der Wende-/Rotationsbewegung (Pronation/Supination). In allen Gelenken des Arms zusammen ist eine Rotation der Handfläche um nahezu 360° möglich, was für das **Greifen** nützlich ist.

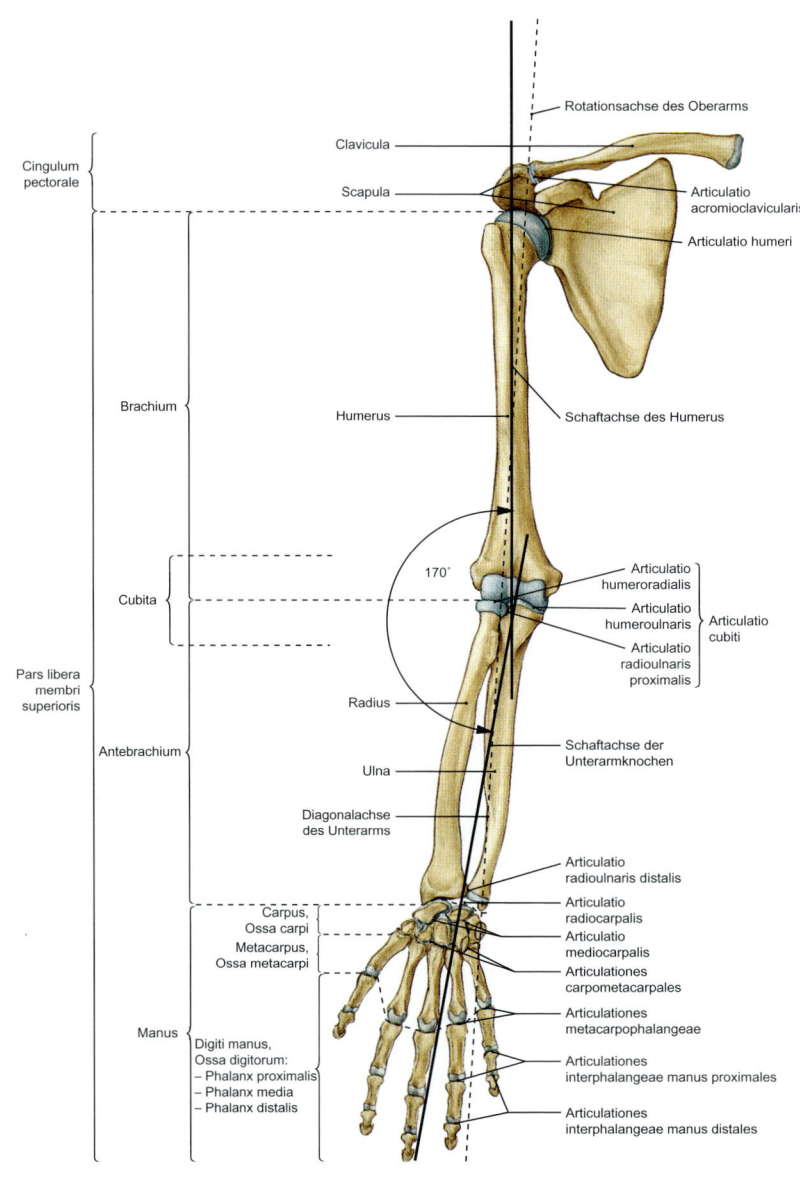

Abb. 3.1 Knochen und Gelenke der oberen Extremität, rechts. Ansicht von ventral. [S007-1-23]

3.2 Knochen

> **Lerntipp**
>
> Die Knochen dienen als **Stützskelett** und zur **Befestigung** der Bänder und Muskeln. Daher sind neben den Abschnitten der Knochen auch die Fortsätze **(Apophysen) funktionell relevant,** an denen Bänder und Muskeln entspringen und inserieren *(Informationen zu Bändern und Muskeln werden durch kursive Schrift hervorgehoben).* Die großen Apophysen sind auch für **Röntgendiagnostik** wichtig, da bei Verletzungen beurteilt werden muss, ob Knochenbrüche (Frakturen) Knochen vorliegen.

Die Knochen der oberen Extremität sind insgesamt graziler als das Beinskelett.

3.2.1 Schultergürtel

Knochen des Schultergürtels (▶ Abb. 3.2):
- **Schlüsselbein (Clavicula)**
- **Schulterblatt (Scapula)**

Schlüsselbein

Die Clavicula verbindet das Brustbein mit dem Schulterblatt und hat ein verdicktes sternales (= mediales) und ein abgeflachtes akromiales (= laterales Ende). An der lateralen Krümmung befindet sich dorsal auf der Unterseite das **Tuberculum conoideum** und lateral davon die **Linea trapezoidea**. *An diesen beiden Strukturen setzen die beiden Bänder an, die als Lig. coracoclaviculare zusammengefasst werden und das laterale Schlüsselbeingelenk stabilisieren.*

Schulterblatt

Die Scapula ist ein dreieckiger flacher Knochen mit 3 Seiten **(Margo lateralis, medialis** und **superior)** und 3 Winkeln **(Angulus lateralis, inferior** und **superior),** an denen jeweils Muskeln entspringen. *Die Vorder- und Rückfläche werden komplett von gleichnamigen Muskeln eingenommen, die zusammen als Rotatorenmanschette für die Stabilität des Schultergelenks entscheidend sind:* Die den Rippen zugewandte Vorderfläche ist zur **Fossa subscapularis** eingesenkt, die Rückfläche durch die Schultergräte **(Spina scapulae)** in eine **Fossa supra- und infraspinata** unterteilt. Der laterale Ausläufer der Spina scapulae ist zur Schulterhöhe **(Acromion)** ausgezogen. *An der gesamten Spina scapulae inserieren und entspringen Abschnitte des M. trapezius und des M. deltoideus und am Acromion zusätzlich das Lig. acromioclaviculare, welches das laterale Schlüsselbeingelenk stabilisiert.*

Lateral sitzt an einem kurzen Halsstück, **Collum scapulae,** die **Cavitas glenoidalis** als Gelenkfläche des Schultergelenks. *Ventral entspringen am Hals breitflächig die Ligg. glenohumeralia des Schultergelenks.* An den zwei Höckerchen ober- und unterhalb der Gelenkfläche **(Tubercula supraglenoidale** und **infraglenoidale)** *entspringt der jeweils lange Kopf von M. biceps brachii (oben) und M. triceps brachii (unten).* Am oberen Rand der Scapula weist der Rabenschnabelfortsatz **(Proc. coracoideus)** nach lateral. *Diese kräftige Apophyse ist zugleich Ansatz für den M. pectoralis minor als auch Ursprung für den M. coracobrachialis, den kurzen Kopf des M. biceps brachii sowie das Lig. coracohumerale des Schultergelenks.*

Medial des Proc. coracoideus befindet sich die **Incisura scapulae,** die von einem Band (Lig. transversum scapulae superius) überbrückt wird. Diesem stellt man eine Bandverbindung von der Basis der Spina scapulae zum Collum scapulae gegenüber (Lig. transversum scapulae inferius). *Diese Bänder sind von Bedeutung, weil unter ihnen die verschiedenen Leitungsbahnen auf die dorsale Seite der Schulter hindurchtreten und an diesen Stellen komprimiert werden können.*

3.2.2 Oberarm

Der **Oberarmknochen (Humerus)** gliedert sich in:
- Kopf **(Caput humeri)**
- Schaft **(Corpus humeri)**
- Gelenkfortsatz **(Condylus humeri)** (▶ Abb. 3.2): distal

Kopf

Er verschmälert sich zu einem anatomischen und einem klinischen Halsabschnitt, **Collum anatomicum** und **Collum chirurgicum. Tuberculum majus** (lateral) und **Tuberculum minus** (ventral) stellen zwei starke Apophysen dar, die durch den **Sulcus intertubercularis** getrennt sind, in dem die Sehne des langen Bizepskopfs gleitet. *Die Apophysen dienen als Ansatz für die Rotatorenmanschette (Tuberculum majus: Mm. supra- und infraspinatus, M. teres minor; Tuberculum minus: M. subscapularis)* und laufen nach distal aus **(Cristae tuberculi majoris** und **minoris).** *Hier setzen kräftige Schultermuskeln an (Crista tuberculi majoris: M. pectoralis major; Crista tuberculi minoris: Mm. latissimus und teres major).*

Obere Extremität

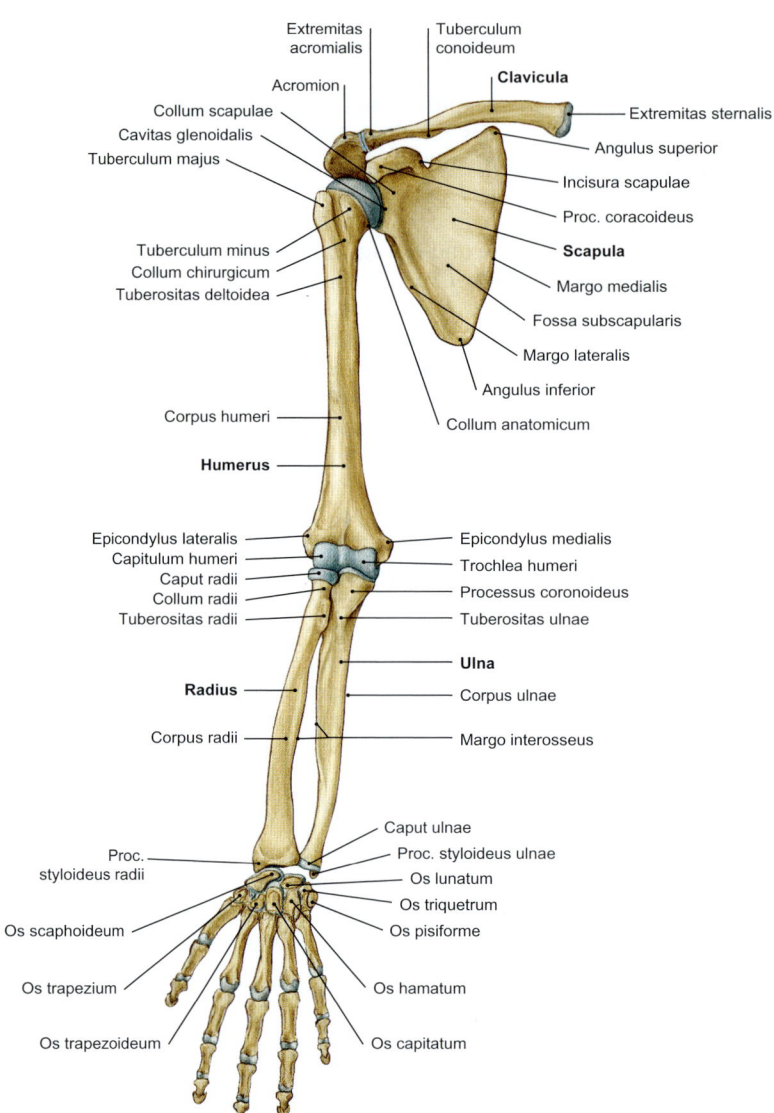

Abb. 3.2 Skelett der oberen Extremität, rechts. Ansicht von ventral. [S007-1-23]

Schaft, Gelenkfortsatz

Am Schaft findet sich die **Tuberositas deltoidea** für den Ansatz des M. deltoideus. Der **Sulcus nervi radialis** dient dorsal dem N. radialis als Führungsrinne. Das distale Ende bildet den **Condylus humeri,** der medial/ulnar die **Trochlea humeri** und lateral/radial das **Capitulum humeri** als Gelenkflächen aufweist. Proximal des Condylus sind der mediale und laterale Rand des Humerus als **Epicondylus medialis** und **lateralis** aufgeworfen. Diese Apophysen sind die Sammelursprünge für die oberflächlichen Unterarmmuskeln und die Bänder des Ellenbogengelenks (Epicondylus medialis: Beuger und Lig. collaterale ulnare; Epicondylus lateralis: Strecker und Lig. collaterale radiale. Die radiale Muskelgruppe des Unterarms entspringt am lateralen Rand des Humerus proximal des Epicondylus lateralis, sodass diese Muskeln zweigelenkig sind und auch auf das Ellenbogengelenk wirken können).

Dorsal am Epicondylus medialis liegt der Sulcus nervi ulnaris, in dem der N. ulnaris tastbar unter der Haut gelegen ist und komprimiert werden kann (**„Musikantenknochen"**).

> **Merke**
>
> Die Muskeln der **Rotatorenmanschette** entspringen an gleichnamigen Einsenkungen der Scapula und setzen am **Tuberculum majus und minus** des Humerus an. Da sie zusätzlich in die Gelenkkapsel einstrahlen, stabilisieren sie das Schultergelenk. **Epicondylus medialis und lateralis** sind **Sammelursprünge** für die oberflächlichen Beuger und Strecker des Unterarms. Im **Sulcus nervi radialis und ulnaris** können die gleichnamigen Nerven komprimiert werden, was zum Ausfall der von ihnen innervierten Muskeln führen kann.

> **Klinik**
>
> **Frakturen von Clavicula, Humerus, Humerusschaft**
>
> Bei **Frakturen** der **Clavicula** wird durch das Gewicht des Arms der laterale Anteil nach unten gezogen, der mediale Anteil durch Zug des M. sternocleidomastoideus dagegen nach oben (**„Klaviertastenphänomen"**). Proximale **Humerusfrakturen** treten häufig am Collum chirurgicum auf und können zu Läsionen von N. axillaris oder Nn. subscapulares führen.
> Die häufigen **Humerusschaftfrakturen** sind oft Ursache für Schädigung des N. radialis, distale Brüche im Bereich des Epicondylus medialis können den N. ulnaris in Mitleidenschaft ziehen.

3.2.3 Unterarm

Knochen des Unterarms (▶ Abb. 3.2):
- Speiche (**Radius**)
- Elle (**Ulna**)

Die beiden Knochen haben verschiedene gemeinsame Baumerkmale. Beim Radius ist der Kopf (Caput radii) nach proximal gerichtet, bei der Ulna (Caput ulnae) nach distal.

Speiche

Der **Radiuskopf (Caput radii)** verfügt über zwei Gelenkflächen für das Ellenbogengelenk. Am Halsabschnitt **(Collum radii)** ist ventral die **Tuberositas radii** *als Ansatz des M. biceps brachii* aufgeworfen. Die distale Radiusepiphyse trägt jeweils eine Gelenkfläche für das distale Radioulnargelenk und für das proximale Handgelenk.

Elle

Die **Ulna** besitzt proximal 3 Apophysen: Ventral liegen der **Proc. coronoideus** *(zusätzlicher Ursprung von M. pronator teres und M. flexor digitorum superficialis)* und die **Tuberositas ulnae** *(Ansatz des M. brachialis)* sowie auf der Dorsalseite das **Olecranon** (Ellenbogen), *an dem der M. triceps brachii ansetzt*. Zwischen Proc. coronoideus und Olecranon liegt die Gelenkfläche für den Humerus und medial die für das proximale Radioulnargelenk. Das **Caput ulnae** trägt wie der Radius die Gelenkfläche für das distale Radioulnargelenk. Eine Gelenkfläche für das proximale Handgelenk gibt es dagegen an der Ulna nicht, da sie durch einen Discus articularis von den Handwurzelknochen getrennt wird.

Radius und Ulna haben einen scharfen Rand, **Margo interosseus,** an dem die Membrana interossea antebrachii die beiden Knochen miteinander verbindet, sowie distal je einen Griffelfortsatz **(Proc. styloideus radii/ulnae),** *der als Ursprung für Bänder der Handgelenke dient.*

3.2.4 Hand

Die Hand (**Manus**) wird in 3 Abschnitte unterteilt (▶ Abb. 3.2):
- Handwurzel (**Carpus**)
- Mittelhand (**Metacarpus**)
- Finger (**Digiti manus**)

Handwurzel

Die 8 Handwurzelknochen sind in 2 Reihen aus je 4 Knochen angeordnet:
- **Proximale Reihe** (von radial nach ulnar): Kahnbein (**Os scaphoideum**), Mondbein (**Os lunatum**), Dreiecksbein (**Os triqetrum**), Erbsenbein (**Os pisiforme**)
- **Distale Reihe** (von radial nach ulnar): großes Vieleckbein (**Os trapezium**), kleines Vieleckbein (**Os trapezoideum**), Kopfbein (**Os capitatum**), Hakenbein (**Os hamatum**)

Das **Erbsenbein** ist in die Sehne des M. flexor carpi ulnaris eingebettet und daher eigentlich ein Sesambein und kein Teil der Handwurzel.

> Die Handwurzelknochen bilden den Boden des **Karpaltunnels (Canalis carpi)**. Das Retinaculum musculorum flexorum schließt als Dach die Rinne zum Karpaltunnel, durch den die Sehnen der langen Fingerbeuger und auch der N. medianus durchtreten.

Obere Extremität

> **Lerntipp**
>
> **Merkspruch**
> Es fuhr ein **Kahn** im **Mondenschein** im **Dreieck** um das **Erbsenbein**.
> **Vieleck groß** und **Vieleck klein**, ein **Kopf**, der muss beim **Haken** sein.

Mittelhand und Finger

Die 5 Ossa metacarpalia bestehen jeweils aus Basis, Corpus und Caput.
Der erste Finger ist der Daumen (Pollex), der zweite Finger der Zeigefinger (Index), der dritte Finger der Mittelfinger (Digitus medius), der vierte Finger der Ringfinger (Digitus anularis) und der fünfte Finger der Kleinfinger (Digitus minimus). Die Finger werden von radial nach ulnar von I–V durchnummeriert und bestehen aus mehreren Segmenten (**Phalanx proximalis, media** und **distalis**), die ihrerseits wieder in Basis, Corpus und Caput untergliedert werden. Der Daumen hat nur zwei Abschnitte.

3.3 Gelenke der oberen Extremität

> **Merke**
>
> Bei den Gelenken sind neben den stabilisierenden **Bändern** besonders auch die **Bewegungsachsen** und der **Bewegungsumfang** funktionell von Bedeutung. Aus dem Verlauf der Muskeln zu den Achsen ergeben sich deren Funktion sowie auch das Drehmoment (▶ Kap. 1.2.4).

Im Unterschied zur unteren Extremität sind die Gelenke von Schultergürtel und Arm so ausgebildet, dass sie den größtmöglichen Bewegungsumfang erlauben (▶ Tab. 3.1). Da dies nur durch eine Reduktion der Stabilität zu erreichen ist, sind **traumatische Schädigungen** an den Gelenken der oberen Extremität **häufig**.
Schultergürtel und Schultergelenk sind eine funktionelle Einheit: Bei allen umfangreicheren Bewegungen im Schultergelenk beteiligen sich auch die Schlüsselbeingelenke, um zu verhindern, dass der Humeruskopf durch das „Schulterdach" in seiner Bewegung gehemmt wird.

3.3.1 Schultergürtel

Man unterscheidet 2 Gelenke am Schultergürtel:
- Mediales Schlüsselbeingelenk (**Articulatio sternoclavicularis**)

Tab. 3.1 Gelenke der oberen Extremität

Gelenk	Gelenkform
mediales Schlüsselbeingelenk (Articulatio sternoclavicularis)	Kugelgelenk
laterales Schlüsselbeingelenk (Articulatio acromioclavicularis)	planes Gelenk (funktioniert mit medialem Gelenk als Kugelgelenk)
Schultergelenk (**Articulatio humeri**)	Kugelgelenk
Ellenbogengelenk (**Articulatio cubiti**), besteht aus:	zusammengesetztes Gelenk (= funktionelles Drehscharniergelenk)
• Humeroulnargelenk (**Articulatio humeroulnaris**)	Scharniergelenk
• Humeroradialgelenk (**Articulatio humeroradialis**)	Kugelgelenk
• Proximales Radioulnargelenk (**Articulatio radioulnaris proximalis**)	Zapfengelenk
distales Radioulnargelenk (**Articulatio radioulnaris distalis**)	Radgelenk
proximales Handgelenk (**Articulatio radiocarpalis**)	Eigelenk
distales Handgelenk (**Articulatio mediocarpalis**)	verzahntes Scharniergelenk (funktioniert mit proximalem Gelenk als Eigelenk)
Gelenke von Handwurzel und Mittelhand (**Articulationes intercarpales, Articulationes carpometacarpales, Articulationes intermetacarpales**)	Amphiarthrosen Ausnahme: Daumensattelgelenk (**Articulatio carpometacarpalis pollicis**): Sattelgelenk
Fingergrundgelenke (**Articulationes metacarpophalangeae**)	Kugelgelenke; Ausnahme: Daumengrundgelenk (Scharniergelenk)
Fingermittelgelenke und Fingerendgelenke (**Articulationes interphalangeae manus**)	Scharniergelenke

▶ 3.3 Gelenke der oberen Extremität ▶ 3.3.1 Schultergürtel

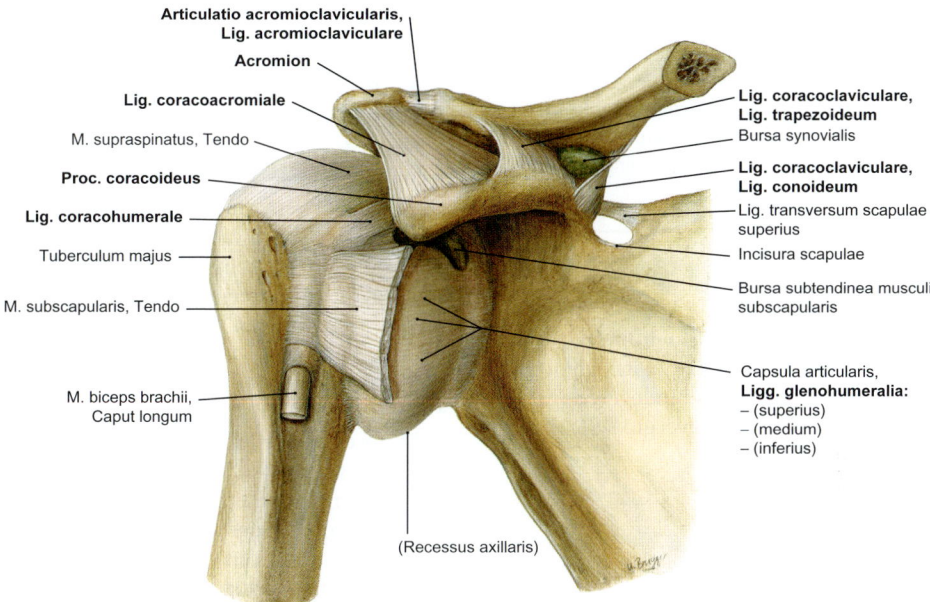

Abb. 3.3 Laterales Schlüsselbeingelenk und Schultergelenk, rechts. Ansicht von ventral. [S007-1-23]

- Laterales Schlüsselbeingelenk (**Articulatio acromioclavicularis**)

Articulatio sternoclavicularis Das mediale Schlüsselbeingelenk ist das einzige Gelenk zwischen oberer Extremität und Rumpf. Funktionell handelt es sich um ein **Kugelgelenk** mit einem **Discus articularis**, in dem das mediale Ende des Schlüsselbeins mit dem Manubrium sterni artikuliert.

Bänder der Articulatio sternoclavicularis
- **Ligg. sternoclavicularia anterius und posterius:** auf der Vorder- und Rückseite
- **Lig. interclaviculare:** oben zwischen beiden Schlüsselbeinen
- **Lig. costoclaviculare:** entspringt unten am ersten Rippenknorpel.

Articulatio acromioclavicularis Das **laterale Schlüsselbeingelenk** ist ein planes Gelenk zwischen dem lateralen Ende der Clavicula und dem Acromion der Scapula (▶ Abb. 3.3).

Bänder der Articulatio acromioclavicularis
- **Lig. acromioclaviculare:** als Verstärkung der Gelenkkapsel
- **Lig. trapezoideum** (lateral): von der Linea trapezoidea der Clavicula zum Proc. coracoideus

Tab. 3.2 Bewegungsumfang im Schultergürtel

Bewegung	Bewegungsumfang
Elevation/Depression	40°–0°–10°
Protraktion/Retraktion	25°–0°–25°

- **Lig. conoideum** (medial): vom Tuberculum conoideum der Clavicula zum Proc. coracoideus

Die Ligg. trapezoideum und conoideum werden historisch zum **Lig. coracoclaviculare** zusammengefasst, obwohl es sich um zwei eigenständige Bänder handelt. Das **Lig. coracoacromiale** zwischen Proc. coracoideus und Acromion hat Bezug weder zum lateralen Schlüsselbeingelenk noch zum Schultergelenk, sondern bildet zusammen mit den beiden Knochenvorsprüngen das „**Schulterdach**".

Mechanik
Funktionell verhalten sich die Schlüsselbeingelenke zusammen wie **Kugelgelenke** und ermöglichen, dass das laterale Ende der Clavicula um das fixierte mediale Ende nach vorne/hinten (Protraktion/Retraktion) oder oben/unten (Elevation/Depression) oder kombiniert („Kreisen der Schulter") bewegt werden kann (▶ Tab. 3.2, ▶ Abb. 3.4).

Obere Extremität

Klinik

Im Gegensatz zu Verletzungen des medialen Schlüsselbeingelenks sind Traumata an der Articulatio acromioclavicularis (klinisch: **Schultereckgelenkssprengung**) häufig. Die Schweregrade werden meist nach Verletzungsausmaß der drei Bänder eingeteilt (z.B. nach TOSSY oder ROCKWOOD).

3.3.2 Schultergelenk

Im **Schultergelenk (Articulatio humeri)** artikuliert der Humeruskopf mit der Cavitas glenoidalis der Scapula, die durch eine bindegewebige Gelenklippe (Labrum glenoidale) vergrößert wird.

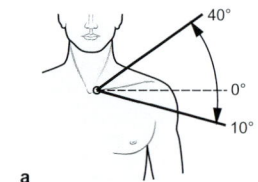

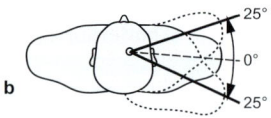

Abb. 3.4 Bewegungsumfang im Schultergürtel. a) Elevation/Depression. b) Protraktion/Retraktion. [L126]

Bänder
Bänder verstärken die Gelenkkapsel (▶ Abb. 3.3):
- **Lig. coracohumerale** (kranial): von der Basis des Proc. coracoideus zur Gelenkkapsel
- **Ligg. glenohumeralia superius, medius und inferius** (ventral): vom Collum scapulae zur Gelenkkapsel

Da die Knochen- und Bänderführung des Schultergelenks sehr schwach ist, ist die Muskelführung durch die 4 Muskeln der **Rotatorenmanschette** wichtig, die mit ihren Ansatzsehnen in die Gelenkkapsel einstrahlen und damit verstärken (▶ Abb. 3.5):
- **M. supraspinatus** (kranial)
- **M. infraspinatus** (dorsal oben)
- **M. teres minor** (dorsal unten)
- **M. subscapularis** (ventral)

Unter dem Schulterdach befinden sich größere **Schleimbeutel (Bursae):**
- Die **Bursa subacromialis** auf der Ansatzsehne des M. supraspinatus kommuniziert meist nach lateral mit der **Bursa subdeltoidea.** Dieses „subakromiale Nebengelenk" ermöglicht ein reibungsarmes Gleiten des Humeruskopfes unter dem Schulterdach.
- Die **Bursa subcoracoidea** kommuniziert häufig mit der **Bursa subtendinea m. subscapularis** und mit der Gelenkhöhle.

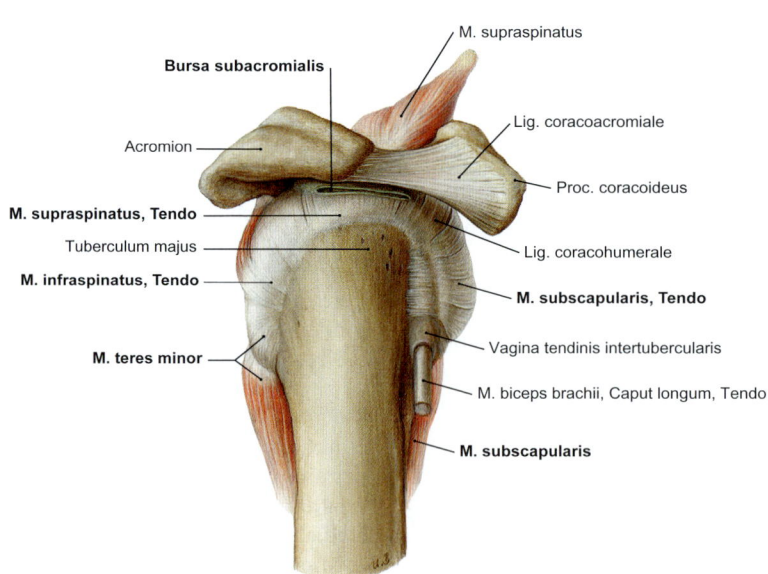

Abb. 3.5 Rotatorenmanschette, rechts. Ansicht von lateral. [S007-1-23]

Mechanik

Das Schultergelenk ist ein **Kugelgelenk** mit drei Freiheitsgraden und das Gelenk mit dem größten Bewegungsausmaß des menschlichen Körpers (▶ Tab. 3.3, ▶ Tab. 3.4, ▶ Abb. 3.6).

> Die Abduktion über 90° hinaus wird als **Elevation** bezeichnet. Da das Schulterdach eine weitere Abduktion im Schultergelenk verhindert, muss gleichzeitig eine Rotation der Scapula erfolgen, bei der der untere Winkel nach lateral bewegt und damit die Cavitas glenoidalis gehoben wird.

Klinik

Bedingt durch die schwache Bandsicherung und Knochenführung sind **Luxationen des Schultergelenks** sehr häufig. Die häufigste Luxation ist die nach ventral und kaudal unter den Proc. coracoideus.

Merke

Das Schultergelenk ist das Gelenk mit dem größten Bewegungsumfang des menschlichen Körpers. Da bei der Elevation des Arms das Schulterblatt rotiert werden muss, bilden Schultergelenk und Schlüsselbeingelenke eine funktionelle Einheit.

3.3.3 Ellenbogengelenk

Das **Ellenbogengelenk (Articulatio cubiti)** zwischen den Unterarmknochen ist ein zusammengesetztes Gelenk (▶ Abb. 3.1):
- Humeroulnargelenk **(Articulatio humeroulnaris)**
- Humeroradialgelenk **(Articulatio humeroradialis)**
- Proximales Radioulnargelenk **(Articulatio radioulnaris proximalis)**

Das distale Radioulnargelenk **(Articulatio radioulnaris distalis)**, das den Kopf der Ulna mit dem Radiusschaft verbindet, ist proximal der Handgelenke gelegen und daher nicht Teil des Ellenbogengelenks. Es bildet aber mit dem proximalen Radioulnargelenk eine funktionelle Einheit.

Bänder

▶ Abb. 3.7.

Tab. 3.3 Bewegungsmöglichkeiten des Schultergelenks

Bewegung	Achse	Armbewegung
Anteversion und Retroversion	transversale Achse	Führung des Arms nach vorne/hinten
Abduktion und Adduktion	sagittale Achse	Wegführung/Hinführung des Arms zum Rumpf
Außen- und Innenrotation	longitudinale Achse	Drehung des Arms nach außen/innen

Tab. 3.4 Bewegungsumfang im Schultergelenk mit und ohne Beteiligung des Schultergürtels

Bewegung	Schultergelenk	Schultergelenk und Schultergürtel
Abduktion/Adduktion	90°–0°–40°	180°–0°–40°
Anteversion/Retroversion	90°–0°–40°	170°–0°–40°
Außenrotation/Innenrotation	60°–0°–70°	90°–0°–100°

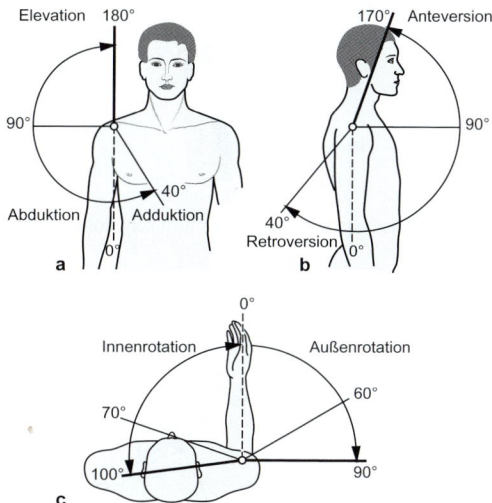

Abb. 3.6 Bewegungsumfang im Schultergelenk mit Beteiligung des Schultergürtels (dicke Linien) sowie im Schultergelenk allein (dünne Linien). [L126]

Obere Extremität

- **Lig. collaterale ulnare:** zieht vom Epicondylus medialis des Humerus zu Proc. coronoideus und Olecranon.
- **Lig. collaterale radiale:** erstreckt sich vom Epicondylus lateralis zum Lig. anulare radii.
- **Ringband (Lig. anulare radii):** geht von der Ulna aus und umgibt ringförmig den Radius und verhindert so Ab- und Adduktionsbewegungen.

Mechanik

Die 3 Teilgelenke des Ellenbogengelenks verhalten sich zusammen wie ein **Drehscharniergelenk** (▶ Tab. 3.5, ▶ Abb. 3.8), in dem **Flexionsbewegungen** um eine Transversalachse ausgeführt werden können. In **Extensionsstellung** ermöglicht es dagegen aufgrund der guten Knochenführung der Ulna eine Stützfunktion. Das Zusammenspiel mit dem distalen Radioulnargelenk erlaubt **Rotationsbewegungen** des Unterarms, die für „Schraubbewegungen" notwendig sind.

Die **Articulatio humeroulnaris** ist ein reines **Scharniergelenk** mit starker Knochenführung, die besonders die Extension limitiert, da die Trochlea humeri von der Ulna umfasst wird. Dagegen handelt es sich bei der **Articulatio humeroradialis** um ein **Kugelgelenk** zwischen Capitulum humeri und Oberseite des Radiuskopfes, dem durch das Ringband ein Freiheitsgrad verloren geht, sodass Ab- und Adduktionsbewegungen nicht möglich sind. Die **Articulatio radioulnaris proximalis** ist ein **Zapfengelenk,** in dem der Radiuskopf in einer Rinne der Ulna rotiert. Zusammen mit dem **distalen Radioulnargelenk** (Articulatio radioulnaris distalis) ermöglicht es die Wende-/Rotationsbewegungen des Unterarms (**Pronation und Supination**). Bei diesem Gelenk handelt es sich um ein **Radgelenk,** da sich der Radius wie ein Rad um die fest stehende Ulna dreht.

Bei **Supination** (Daumen zeigen nach lateral, die Handfläche weist nach oben) stehen Radius und Ulna parallel, bei **Pronation** (Daumen zeigen nach medial, die Handfläche weist nach unten) überkreuzen sich dagegen die beiden Knochen. Die Achse ist dabei die Diagonalachse des Unterarms, welche die beiden Radioulnargelenke miteinander verbindet (▶ Abb. 3.1). Zur Stabilisierung sind Radius und Ulna durch die **Membrana interossea antebrachii** in Form einer **Syndesmose** miteinander verbunden.

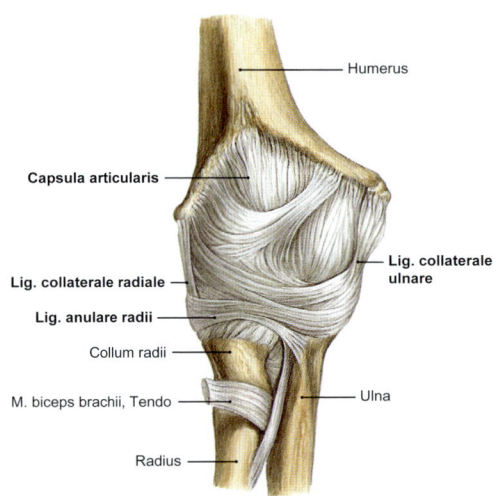

Abb. 3.7 Ellenbogengelenk, rechts; Ansicht von ventral. [S007-1-23]

Tab. 3.5 Bewegungsumfang des Ellenbogengelenks

Bewegung	Bewegungsumfang
Extension/Flexion	10°–0°–150°
Supination/Pronation	90°–0°–90°

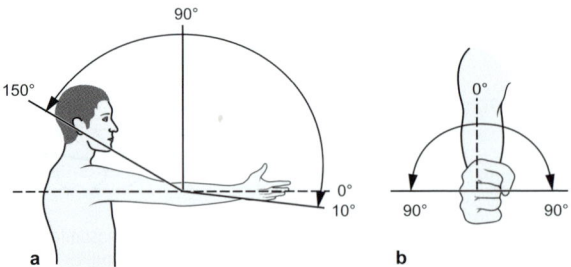

Abb. 3.8 Bewegungsumfang des Ellenbogengelenks. a) Ansicht von lateral. b) Ansicht von ventral. [L126]

> **3.3 Gelenke der oberen Extremität** ▶ **3.3.4 Hand**

> **Merke**
> Im Ellenbogengelenk sind praktisch keine Streckbewegungen möglich, da die Ulna den Humerus durch eine ausgeprägte Knochenführung in seiner Beweglichkeit limitiert.

3.3.4 Hand

Die Handgelenke (▶ Abb. 3.9) erhöhen den Bewegungsumfang der oberen Extremität erheblich, sodass die Handfläche um nahezu 360° rotiert werden kann. Die Handgelenke im engeren Sinn sind:
- **Proximales Handgelenk (Articulatio radiocarpalis):** zwischen Radius und proximaler Handwurzelknochenreihe
- **Distales Handgelenk (Articulatio mediocarpalis):** zwischen proximaler und distaler Handwurzelknochenreihe

Im **proximalen Handgelenk** artikuliert der Radius mit dem Os scaphoideum und lunatum der Handwurzel.

> Die Ulna ist dagegen nicht direkt beteiligt, da ein Discus articularis zwischengeschaltet ist, der mit dem Os triquetrum Kontakt hat.

Das Os pisiforme ist kein Teil der beiden Handgelenke, da es als Sesambein in die Sehne des M. flexor carpi ulnaris eingebettet ist und keine Gelenkflächen zu den anderen Knochen ausbildet.

Im distalen Handgelenk artikulieren die 3 proximalen Knochen mit der distalen Handwurzelknochenreihe.

Damit gibt es auf jeder Seite 2 Handgelenke. Daneben gibt es zwischen den jeweiligen Knochen noch weitere Gelenkgruppen an der Mittelhand, die allerdings als Amphiarthrosen relativ unbeweglich sind: **Articulationes intercarpales, Articulationes carpometacarpales, Articulationes intermetacarpales.** Eine Ausnahme bildet das Daumensattelgelenk (Articulatio carpometacarpalis pollicis), das durch Kombinationsbewegungen die Gegenüberstellung des Daumens bei der Greifbewegung ermöglicht. Der Faustschluss wird durch die Beugung der Fingergelenke erreicht.

Bänder

Die Knochen des Handgelenks sind durch einen straffen Bandapparat verbunden (▶ Abb. 3.10, ▶ Tab. 3.6). An der Handwurzel bilden die radialen und ulnaren Bandzüge besonders palmar, aber auch dorsal zusammen die sog. „V-Bänder", da sie konvergieren.

Mechanik

Das proximale Handgelenk (**Articulatio radiocarpalis**) ist ein **Eigelenk**. Dagegen ist nach seinem Bau das distale Handgelenk ein **verzahntes Scharniergelenk** (▶ Abb. 3.9, ▶ Tab. 3.7). Es wirkt funktionell allerdings mit dem proximalen Handgelenk im Sinne eines **Eigelenks zusammen** (▶ Abb. 3.11), sodass für beide Bewegungen kombinierte Bewegungsachsen angegeben werden können, die dorsopalmar/transversal durch das Os capitatum verlaufen. Dabei finden **Ulnar- und Radialabduktion** sowie der größere Teil der **Palmarflexion** im pro-

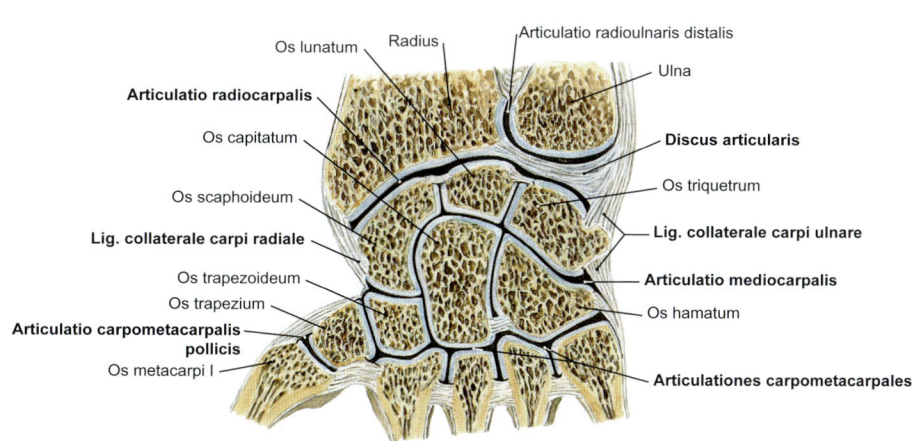

Abb. 3.9 Gelenke der Handwurzel und Mittelhand, rechts. Ansicht von palmar. [S007-1-23]

Obere Extremität

Tab. 3.6 Wichtigste Bänder des Handskeletts	
Band/Bänder	Verlauf
Ligg. collaterale carpi radiale und carpi ulnare	kräftige Bänder zwischen den Griffelfortsätzen und den Handwurzelknochen
Ligg. radiocarpale palmare und dorsale	vom Radius zu den Handwurzelknochen
Lig. ulnocarpale palmare	von der Ulna zu den Handwurzelknochen
Ligg. intercarpalia dorsalia, palmaria, interossea	zwischen den Handwurzelknochen
Lig. carpi radiatum	strahlt auf der Palmarseite sternförmig vom Os capitatum in alle Richtungen aus
Ligg. carpometacarpalia palmaria und dorsalia	zwischen Handwurzel und Mittelhand
Ligg. metacarpalia palmaria, interossea und dorsalia	verklammern die Metakarpalknochen miteinander
Ligg. collateralia	jeweils ulnar und radial an den Fingergelenken
Ligg. palmaria	ventral an den Fingergelenken
Lig. metacarpale transversum profundum	verbindet die Gelenkkapseln der Grundgelenke

ximalen Handgelenk statt, während der größere Teil der **Dorsalextension** im **distalen Handgelenk** durchgeführt wird.

> **Merke**
> **P**almarflexion sowie Radial- und Ulnarabduktion: überwiegend im **p**roximalen Handgelenk.
> **D**orsalextension: überwiegend im **d**istalen Handgelenk.

Das **Daumensattelgelenk (Articulatio carpometacarpalis pollicis)** ist ein **Sattelgelenk** zwischen Os trapezium und dem Os metacarpi I, in dem folgende Bewegungen möglich sind:

- **Abduktion** (Abspreizen des Daumens) und **Adduktion** (Anlegen des Daumens an den Ringfinger) um eine leicht schräge dorsopalmare Achse

- **Flexion** (Daumen nach palmar) und **Extension** (Daumen nach dorsal) um eine leicht schräge transversale Achse

Die **Oppositionsbewegung**, bei der die Daumenspitze an die Fingerspitzen der anderen Finger angelegt wird, ist die Kombination von Adduktion und Flexion.

> **Klinik**
> Aufgrund der lockeren Bandsicherung des Daumensattelgelenks kommt es recht häufig zu **Luxationen** („Skistockverletzung"). Durch die ausgiebige Beweglichkeit kommt es häufig zu einer Arthrose **(Rhizarthrose)**.

3.3.5 Fingergelenke

- **Articulationes metacarpophalangeae** zwischen den Ossa metacarpalia und den Phalanges proximales; **MCP** = Metakarpophalangealgelenk (Fingergrundgelenk)
- **Articulationes interphalangeae manus** zwischen den Knochen der Finger; **PIP** = proximales Interphalangealgelenk (Fingermittelgelenk); **DIP** = distales Interphalangealgelenk (Fingerendgelenk)

Mechanik
Die **Fingergrundgelenke** sind **Kugelgelenke**, nur das Grundgelenk des Daumens ist ein Scharniergelenk. **Mittel- und Endgelenke** der Finger sind **Scharniergelenke** und erlauben nur Flexion und Extension um eine transversale Achse (▶ Abb. 3.12, ▶ Tab. 3.8).

3.4 Muskulatur der oberen Extremität

> **Lerntipp**
> Beim Erlernen der Muskeln ist es hilfreich, sich zunächst die **Lage** und den **Verlauf** der Muskeln am **Präparat** und in einem **Atlas** anzusehen. Aus der Lage zu den Bewegungsachsen der Gelenke ergibt sich die **Funktion**. Für das Lernen von **Innervation, Ursprung und Ansatz** sind dann Muskeltabellen sehr effektiv. Diese Details kann man sich am besten einprägen, indem man sie laut aufsagt, weil man dann eine gute Kontrolle hat, ob man sie aktiv wiedergeben kann.

▶ 3.4 Muskulatur der oberen Extremität

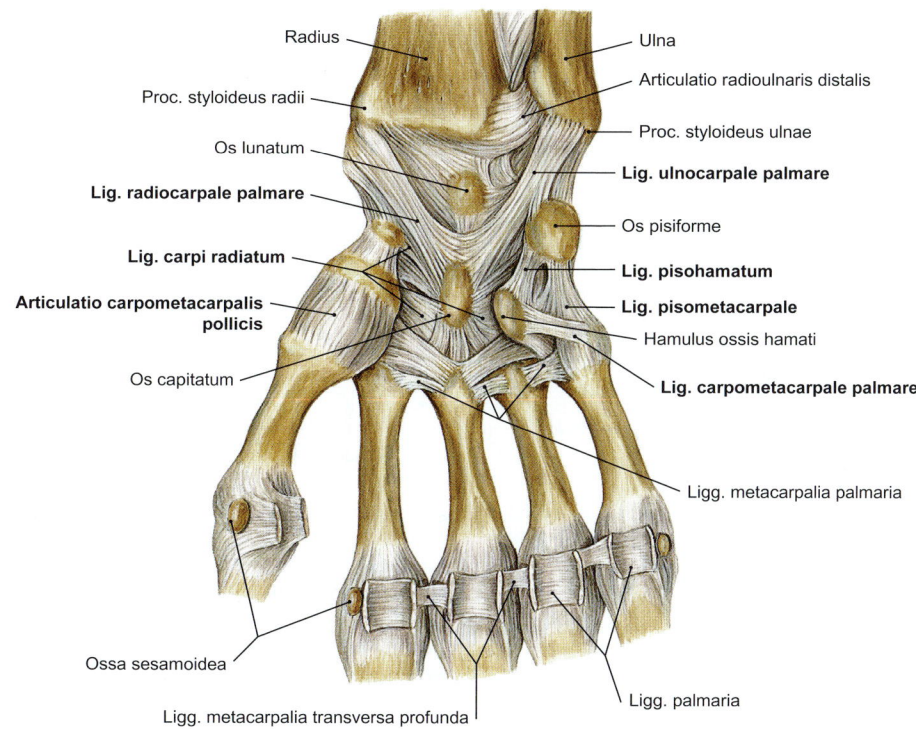

Abb. 3.10 Bandsystem der Hand, rechts. Ansicht von palmar. [S007-1-23]

Tab. 3.7 Bewegungsumfang von proximalem und distalem Handgelenk

Bewegung	Bewegungsumfang
Dorsalextension/ Palmarflexion	60°–0°–60°
Ulnarabduktion/ Radialabduktion	30°–0°–30°

Die proximalen Muskelgruppen von Schultergürtel, Schulter und Oberarm haben große Durchmesser und können kraftvolle Bewegungen ausführen. Dagegen sind die Muskeln an Unterarm und Hand in schlanke einzelne Muskeln oder Muskelbäuche untergliedert und dienen der Feinsteuerung der Fingerbewegungen.
Schulter- und Schultergürtelmuskeln nehmen ihren Ursprung z. T. als oberflächliche Rückenmuskeln von der Wirbelsäule oder entspringen vom Brustkorb (▶ Abb. 3.13, ▶ Abb. 3.14). Als **Schultergürtelmuskeln** bezeichnet man Muskeln, die ihren Ansatz an Scapula oder Clavicula haben und den Schultergürtel bewegen (▶ Tab. 3.9, ▶ Tab. 3.12). Diese Muskeln wirken als **Muskelschlingen** zusammen. Für die Rotation der Scapula ist der M. serratus anterior entscheidend (▶ Tab. 3.12), der mit dem M. trapezius dadurch die Hebung des Arms über die Horizontale (Elevation) ermöglicht. **Schultermuskeln** setzen dagegen am Humerus an und wirken direkt auf den Arm (▶ Tab. 3.10, ▶ Tab. 3.12). Die **dorsalen** Muskeln liegen z. T. großflächig am Rücken (▶ Abb. 3.13, ▶ Tab. 3.10) und stellen daher die oberflächlichen (sekundären) **Rückenmuskeln** dar (▶ Kap. 2.15). Der M. latissimus dorsi kann bei der forcierten Exspiration („Husten") eingesetzt werden. Dagegen unterstützen die ventralen Muskeln z. T. durch Hebung der Rippen als **Atemhilfsmuskeln** die Inspiration (▶ Abb. 3.14). Die Muskeln der **Rotatorenmanschette** entspringen breitflächig von der ventralen und dorsalen Fläche der Scapula (▶ Abb. 3.5, ▶ Tab. 3.11). Sie stabilisieren das Schultergelenk, indem sie in

Obere Extremität

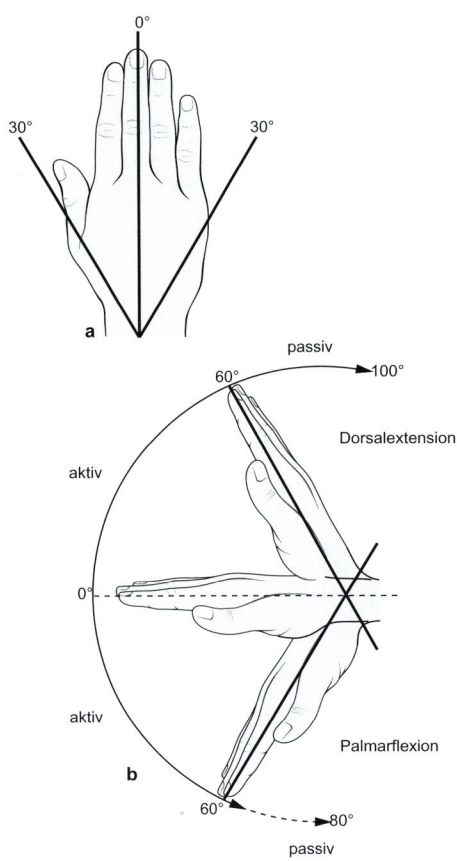

Abb. 3.11 Bewegungsumfang der Handgelenke. [L126]

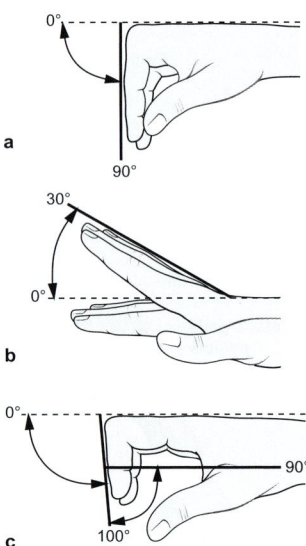

Abb. 3.12 Bewegungsumfang der Fingergelenke, rechts. [L126]

Tab. 3.8 Bewegungsumfang in den Fingergelenken			
Bewegung	Grundgelenke	Mittelgelenke	Endgelenke
Dorsalextension/ Palmarflexion	30°–0°–90°	0°–0°–100°	0°–0°–90
Ulnarabduktion/ Radialabduktion	30°–0°–30°	–	–

die Gelenkkapsel einstrahlen. Bei der Angabe der wichtigsten Muskeln für einzelne Bewegungen ist zu beachten, dass diese sich auf die **anatomische Nullstellung** und damit den aufrecht stehenden Menschen beziehen. Viele Bewegungen besonders beim Sport werden aus ganz anderen Positionen ausgeführt, bei denen oft auch Ursprung und Ansatz als weniger und stärker fixiertes Skelettelement funktionell vertauscht sein können, wie z. B. beim Hängen an einer Reckstange. So wird verständlich, warum Muskeln wie der M. latissimus dorsi und der M. teres major, die eine funktionelle Einheit bilden, durch Training sehr stark hypertrophieren können, obwohl sie in der anatomischen Nullstellung für keine Bewegung essenziell sind.

3.4.1 Muskulatur von Schultergürtel und Schulter

Alle Schultergürtel- und Schultermuskeln (▶ Abb. 3.13, ▶ Abb. 3.14, ▶ Tab. 3.9, ▶ Tab. 3.10, ▶ Tab. 3.11, ▶ Tab. 3.12) werden von den **Schulternerven** aus dem Plexus brachialis innerviert.

> **Merke**
>
> Für die Elevation des Arms ist der M. serratus anterior essenziell, der die Scapula zusammen mit dem M. trapezius rotiert. Schulter- und Schultergürtelmuskeln können wie auch Halsmuskeln durch Hebung der Rippen die Inspiration unterstützen oder durch Senkung der Rippen die Exspiration fördern.

▶ 3.4 Muskulatur ▶ 3.4.1 Schultergürtel und Schulter

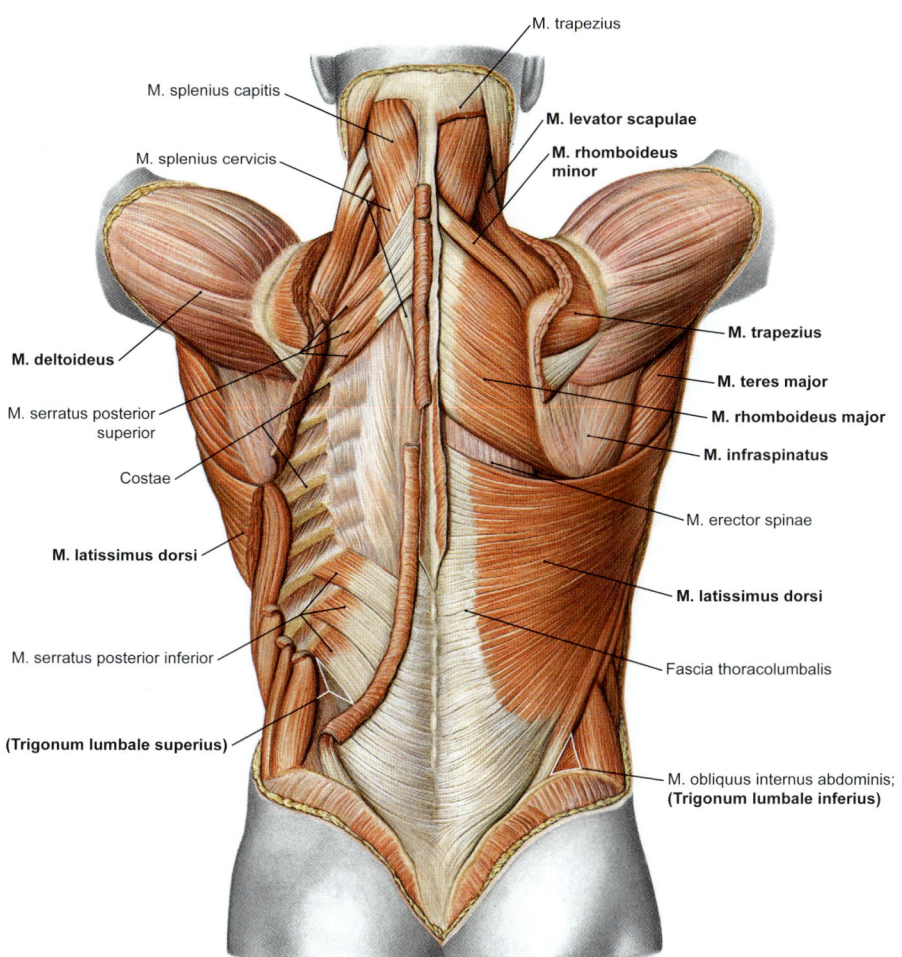

Abb. 3.13 Rückenmuskeln und dorsale Schultergürtel- und Schultermuskeln; Ansicht von dorsal. [S007-1-23]

Tab. 3.9 Dorsale Schultergürtelmuskeln

Innervation	Ursprung	Ansatz	Funktion
M. trapezius			
N. accessorius [XI] und Äste des Plexus cervicalis	• Schädel (zwischen Linea nuchalis suprema und superior) • Dornfortsätze der HWS und BWS	• Pars descendens: laterale Clavicula • Pars transversa: Acromion • Pars ascendens: Spina scapulae	• Zieht die Scapula nach medial, oben oder unten und fixiert sie • Dreht die Scapula bei der Elevation • Dreht den Kopf zur Gegenseite • Streckt die HWS
M. levator scapulae			
N. dorsalis scapulae	Querfortsätze obere HWS	Angulus superior der Scapula	hebt die Scapula

Obere Extremität

Tab. 3.9 Dorsale Schultergürtelmuskeln *(Forts.)*

Innervation	Ursprung	Ansatz	Funktion
M. rhomboideus minor, M. rhomboideus major			
N. dorsalis scapulae	Dornfortsätze der beiden unteren HW (minor) und der vier oberen BW (major)	Margo medialis der Scapula	zieht die Scapula nach medial und fixiert sie am Rumpf

Tab. 3.10 Dorsale Schultermuskeln

Innervation	Ursprung	Ansatz	Funktion
M. deltoideus			
N. axillaris	• Pars clavicularis: laterales Drittel der Clavicula • Pars acromialis: Acromion • Pars spinalis: Spina scapulae	Tuberositas deltoidea	*Schultergelenk: Abduktion (wichtigster Muskel)* • Pars clavicularis: Adduktion (ab 60° Abduktion), Innenrotation, Anteversion • Pars acromialis: Abduktion • Pars spinalis: Adduktion (ab 60° Abduktion), Außenrotation, Retroversion
M. latissimus dorsi, M. teres major			
N. thoracodorsalis	*M. latissimus dorsi:* • Über Fascia thoracolumbalis an der Facies dorsalis des Kreuzbeins und Darmbeinkamm • Untere Rippen *M. teres major:* • Angulus inferior der Scapula	Crista tuberculi minoris	*Schultergelenk:* • Adduktion • Innenrotation • Retroversion *(wichtigster Muskel)*

Tab. 3.11 Muskeln der Rotatorenmanschette

Innervation	Ursprung	Ansatz	Funktion
M. supraspinatus			
N. suprascapularis	Fossa supraspinata	• Tuberculum majus • Gelenkkapsel	*Schultergelenk:* • Abduktion (Starterfunktion) • Geringe Außenrotation • Verstärkung der Gelenkkapsel
M. infraspinatus			
N. suprascapularis	Fossa infraspinata	• Tuberculum majus • Gelenkkapsel	*Schultergelenk:* • Außenrotation *(wichtigster Muskel)* • Verstärkung der Gelenkkapsel

▶ 3.4 Muskulatur ▶ 3.4.1 Schultergürtel und Schulter

Tab. 3.11 Muskeln der Rotatorenmanschette *(Forts.)*

Innervation	Ursprung	Ansatz	Funktion
M. teres minor			
N. axillaris	Margo lateralis der Scapula	• Tuberculum majus • Gelenkkapsel	*Schultergelenk:* • Außenrotation • Adduktion • Verstärkung der Gelenkkapsel
M. subscapularis			
Nn. subscapulares	Fossa subscapularis	• Tuberculum minus • Gelenkkapsel	*Schultergelenk:* • Innenrotation *(wichtigster Muskel)* • Verstärkung der Gelenkkapsel

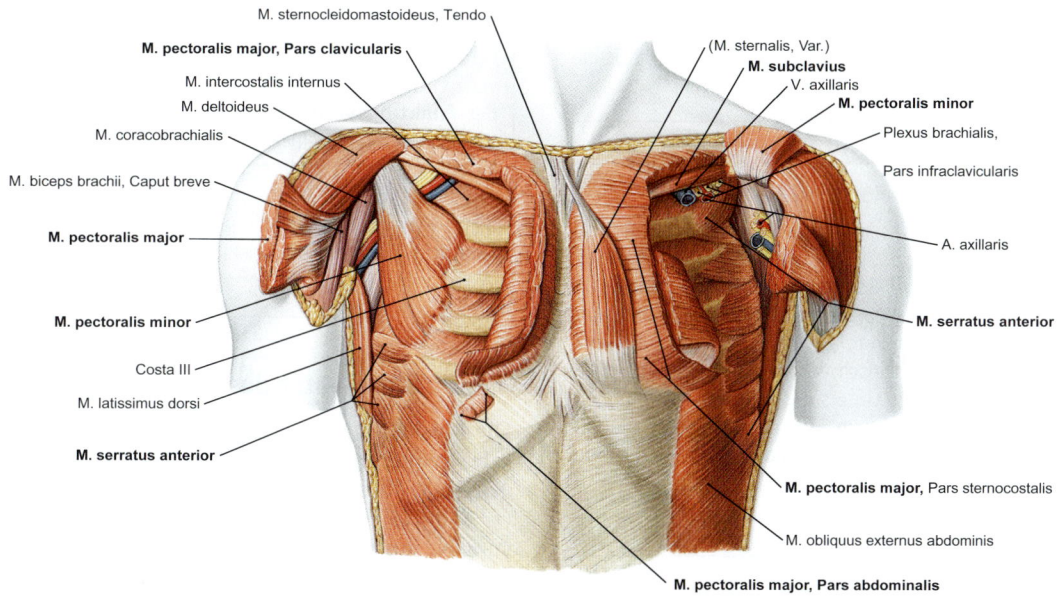

Abb. 3.14 Ventrale Schultergürtel- und Schultermuskeln; Ansicht von ventral. [S007-1-23]

Tab. 3.12 Ventrale Schulter- und Schultergürtelmuskeln

Innervation	Ursprung	Ansatz	Funktion
M. pectoralis major			
Nn. pectorales medialis und lateralis	• Pars clavicularis: sternale Hälfte der Clavicula • Pars sternocostalis: Sternum, Knorpel der II.–VII. Rippe	Crista tuberculi majoris des Humerus	*Schultergelenk:* • Adduktion *(wichtigster Muskel)*, Innenrotation • Anteversion *(wichtigster Muskel)* • Retroversion aus Anteversionsstellung • Atemhilfsmuskel (Inspiration) bei fest gestelltem Schultergürtel

Obere Extremität

Tab. 3.12 Ventrale Schulter- und Schultergürtelmuskeln *(Forts.)*

Innervation	Ursprung	Ansatz	Funktion
M. serratus anterior			
N. thoracicus longus	I.–IX. Rippe	Margo medialis der Scapula	• Dreht die Scapula bei der Elevation und fixiert sie am Rumpf • Atemhilfsmuskel (Inspiration) bei fest gestelltem Schultergürtel

> **Klinik**
>
> **Ausfall von M. trapezius, Mm. rhomboidei, M. levator scapulae**
>
> Bei **Ausfall des M. trapezius** ist die Elevation beeinträchtigt und auch wie bei Funktionsverlust der **Mm. rhomboidei** steht der mediale Rand der Scapula ab, bei **Läsion des M. levator scapulae** ist die Schulter leicht abgesenkt.

> **Klinik**
>
> **Ausfall von M. deltoideus, M. latissimus dorsi**
>
> Bei **Ausfall des M. deltoideus** kann der Arm praktisch nicht mehr abduziert werden. Trotz seiner Größe ist der **Ausfall des M. latissimus dorsi** für die Bewegungen aus der anatomischen Normalstellung funktionell dagegen relativ unbedeutend. Bei Sportlern können die Einschränkungen allerdings erheblich sein. Bei der Untersuchung fällt auf, dass die Arme nicht hinter dem Rücken überkreuzt werden können („Schürzengriff") und die hintere Achselfalte verstrichen ist.

> **Klinik**
>
> Die Ansatzsehne des **M. supraspinatus** kann unter dem Schulterdach bei chronischen Entzündungen der Schleimbeutel infolge von Überlastung geschädigt werden und rupturieren **(Supraspinatussehnen- oder Impingementsyndrom)**. Bei **Läsion des M. supraspinatus** ist die Abduktion eingeschränkt, da die „Starterfunktion" fehlt.

Der **M. pectoralis minor** zieht von den Rippen zum Proc. coracoideus und stabilisiert die Schulter damit durch Zug nach unten. Der **M. subclavius** hält das Sternoklavikulargelenk.

> **Klinik**
>
> **Ausfall von M. pectoralis major, M. serratus anterior**
>
> Bei **Ausfall des M. pectoralis major** sind Anteversion und Adduktion stark beeinträchtigt, die Arme können daher nicht vor dem Körper überkreuzt werden! Die vordere Achselfalte kann durch Atrophie des Muskels verstreichen.
>
> Bei **Funktionsverlust des M. serratus anterior**, meist bedingt durch eine Kompression des N. thoracicus longus unter dem Schlüsselbein, ist die Elevation des Arms nicht möglich. Diagnostisch ist auffällig, dass der mediale Rand der Scapula flügelförmig absteht **(Scapula alata).** Dies wird besonders beim Abstützen von der Wand oder bei Liegestützen sichtbar.

3.4.2 Muskulatur des Oberarms

Die **Muskeln des Oberarms** werden in eine **ventrale Beugergruppe** und eine **dorsale Streckergruppe** des Ellenbogengelenks eingeteilt (▶ Abb. 3.15, ▶ Abb. 3.16). Die **Beuger** werden alle vom **N. musculocutaneus** (▶ Tab. 3.14), die **Strecker** vom **N. radialis** innerviert (▶ Tab. 3.15). Neben ihnen bewegen das Ellenbogengelenk allerdings auch verschiedene Muskeln des Unterarms.

Zur Dorsalseite von Schulter und Oberarm gibt es Durchtrittsstellen für Leitungsbahnen. Man unterscheidet 2 Achsellücken (▶ Tab. 3.13):
- **Mediale Achsellücke** (dreieckig)
- **Laterale Achsellücke** (viereckig)

Kaudal der lateralen Achsellücke befindet sich der **Trizepsschlitz,** durch den der N. radialis zieht, um sich im Sulcus nervi radialis dem Humerus anzulagern.

Das **Trigonum clavipectorale (MOHRENHEIM-Grube)** ist eine dreieckige Einsenkung der vorderen Rumpfwand, die lateral vom M. deltoideus,

▶ 3.4 Muskulatur ▶ 3.4.2 Oberarms

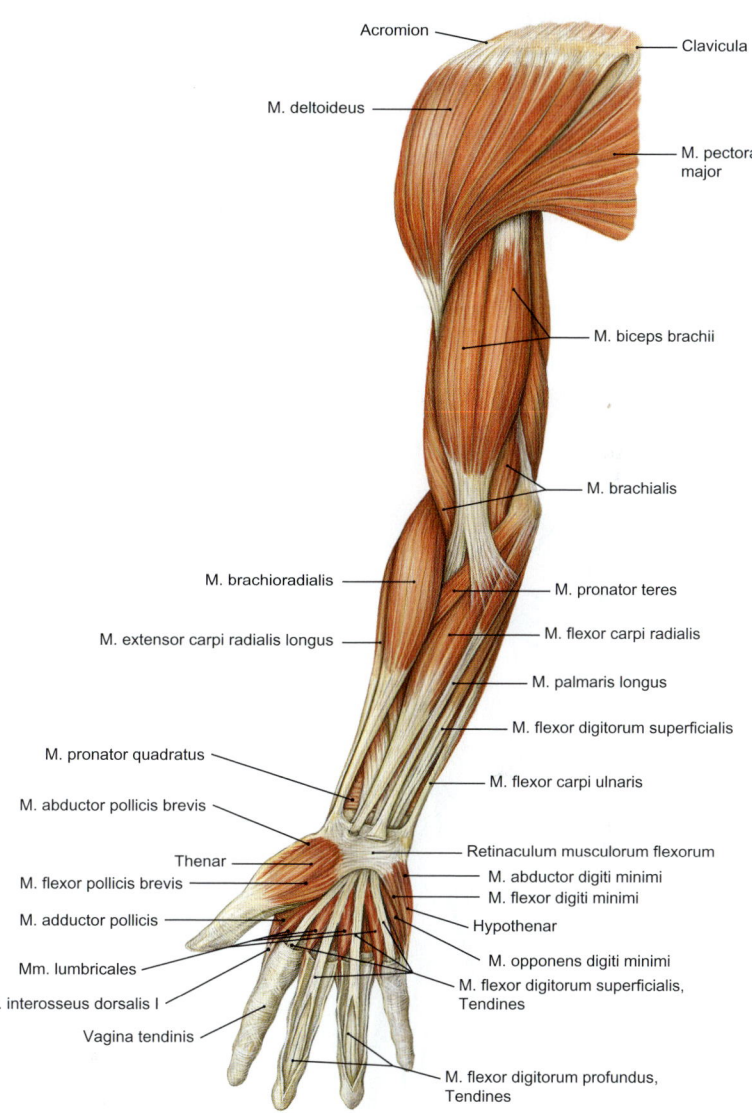

Abb. 3.15 Ventrale Muskeln von Schulter und Arm, rechts. [S007-1-23]

medial vom M. pectoralis major und kranial von der Clavicula begrenzt wird und als Durchtrittsort von Leitungsbahnen zur Achselhöhle dient:
- Nn. pectorales mediales und laterales: zu den Mm. pectorales
- A. thoracoacromialis: entspringt hier aus der A. axillaris.
- V. cephalica: tritt hier in die V. axillaris ein.
- Lnn. axillares apicales (Level III)

Der **M. anconeus** ist funktionell unbedeutend und eher als distale Abspaltung des M. triceps brachii anzusehen.

Klinik

Ausfall Muskulatur des Oberarms

Bei einem **Ausfall des M. biceps brachii** und **M. brachialis,** meist bedingt durch eine Läsion des N. musculocutaneus, ist die Beugung im Ellenbogen stark beeinträchtigt. Eine geringe Beugung durch die oberflächlichen Beuger des Unterarms (Innervation durch N. medianus) und auch die radiale Muskelgruppe des Unterarms (Innervation durch N. radialis) noch möglich. Zusätzlich ist auch die Supination bei gebeugtem Ellenbogen eingeschränkt und der Bizepssehnenreflex erloschen.

Obere Extremität

Bei **Läsion des M. triceps brachii** ist die Streckung im Ellenbogen unmöglich und der Trizepssehnenreflex nicht auslösbar.
Der **M. biceps brachii** ist der **Kennmuskel** für das Rückenmarkssegment **C6**, der **M. triceps brachii** für das **Segment C7**, weil beide Muskeln überwiegend aus dem jeweiligen Segment versorgt werden. Dies spielt bei der Diagnostik von Bandscheibenvorfällen im Bereich der Halswirbelsäule eine große Rolle.

Merke
Der M. biceps brachii ist nicht nur der wichtigste Beuger im Ellenbogengelenk, sondern auch der stärkste Supinator bei gebeugtem Ellenbogen.

3.4.3 Muskulatur des Unterarms

Die **Muskeln des Unterarms** sind kompliziert. Wie am Oberarm unterscheidet man eine **ventrale Beugergruppe** (▶ Tab. 3.16, ▶ Tab. 3.17) mit In-

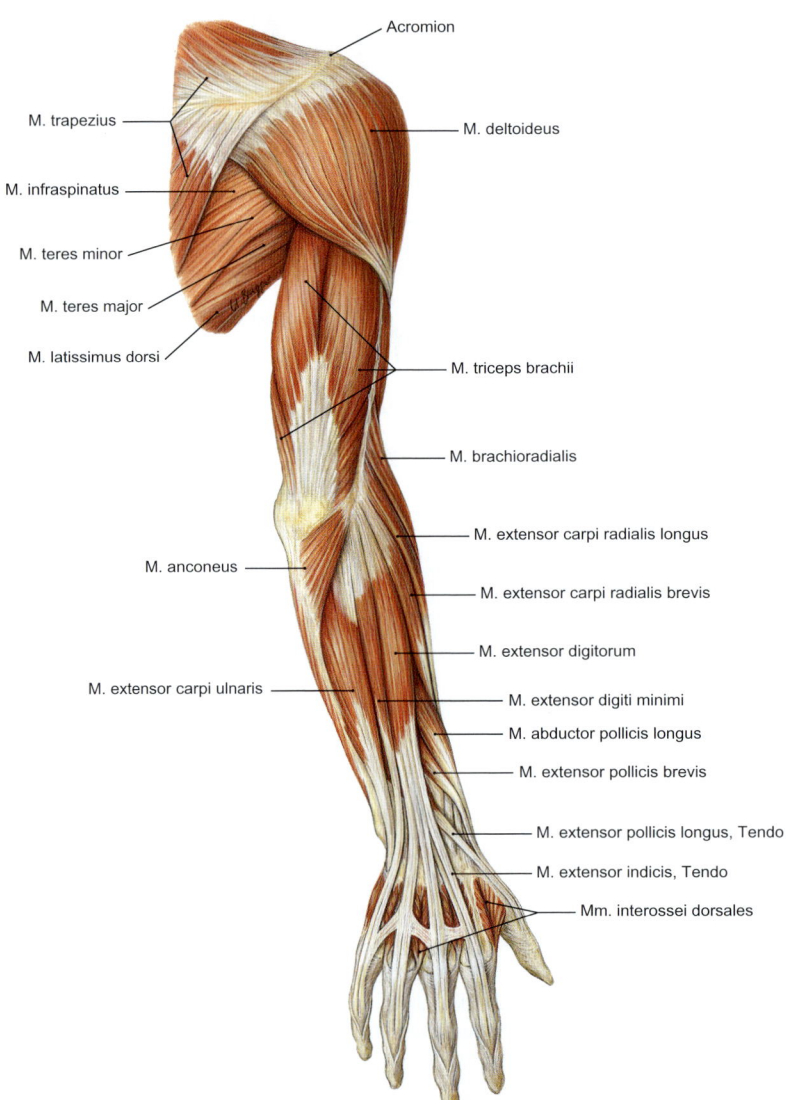

Abb. 3.16 Dorsale Muskeln von Schulter und Arm, rechts. [S007-1-23]

nervation durch den **N. medianus** und **N. ulnaris** sowie eine **dorsale Streckergruppe** (▶ Tab. 3.19, ▶ Tab. 3.20), innerviert durch den **N. radialis,** deren Muskeln jeweils in verschiedenen Lagen angeordnet sind (▶ Abb. 3.15, ▶ Abb. 3.16). Daneben gibt es eine **radiale Muskelgruppe,** die sich ihre Innervation durch den N. radialis mit der Streckergruppe teilt (▶ Tab. 3.18). Da diese Muskeln aber ebenso wie die oberflächlichen Beuger die Beugung des Ellenbogengelenks unterstützen, sind sie als eigenständige Muskelgruppe anzusehen, deren primäre Bedeutung in der Stabilisierung der Handgelenke besteht. Die Hauptfunktion der ventralen und dorsalen Muskeln beruht in der Feinsteuerung der Finger.

Für das Verständnis der Funktion der einzelnen Muskeln am Unterarm sind die einzelnen Ansätze am Handskelett notwendig. Die Ursprünge lassen

Tab. 3.13 Begrenzungen und durchtretende Strukturen von Achsellücken und Trizepsschlitz

Mediale Achsellücke	Laterale Achsellücke	Trizepsschlitz
Begrenzungen		
• M. teres minor • M. teres major • Caput longum des M. triceps brachii	• M. teres minor • M. teres major • Caput longum des M. triceps brachii • Humerus	• Caput longum des M. triceps brachii • Caput laterale des M. triceps brachii
Durchtretende Leitungsbahnen		
• A. circumflexa scapulae • V. circumflexa scapulae	• A. circumfleca humeri posterior • V. circumfleca humeri posterior • N. axillaris	• A. profunda brachii • N. radialis

Tab. 3.14 Ventrale Oberarmmuskeln

Innervation	Ursprung	Ansatz	Funktion
M. biceps brachii			
N. musculocutaneus	• Caput longum: Tuberculum supraglenoidale • Caput breve: Proc. coracoideus	• Tuberositas radii • Fascia antebrachii	*Schultergelenk:* • Anteversion, Innenrotation • Caput longum: Abduktion • Caput breve: Adduktion *Ellenbogengelenk:* • Flexion *(wichtigster Muskel)* • Supination *(wichtigster Muskel bei gebeugtem Ellenbogen)*
M. brachialis			
N. musculocutaneus	distale Hälfte der Vorderfläche des Humerus	Tuberositas ulnae	*Ellenbogengelenk:* • Flexion • Spannt Gelenkkapsel
M. coracobrachialis			
N. musculocutaneus	Proc. coracoideus	medial an der Mitte des Humerus	*Schultergelenk:* • Innenrotation • Adduktion • Anteversion • (Funktion s. Caput breve des Biceps!)

Obere Extremität

Tab. 3.15 Dorsale Oberarmmuskeln

Innervation	Ursprung	Ansatz	Funktion
M. triceps brachii			
N. radialis	• Caput longum: Tuberculum infraglenoidale • Caput mediale und Caput laterale: dorsal am Humerus, getrennt durch den Sulcus nervi radialis	Olecranon	*Schultergelenk:* • Caput longum: Adduktion, Retroversion *Ellenbogengelenk:* • Extension *(wichtigster Muskel)*

Tab. 3.16 Ventrale oberflächliche Unterarmmuskeln

Innervation	Ursprung	Ansatz	Funktion
M. pronator teres			
N. medianus	• Epicondylus medialis des Humerus • Proc. coronoideus	lateral in der Mitte des Radius	*Ellenbogengelenk:* • Pronation *(wichtigster Muskel)* • Flexion
M. flexor carpi radialis			
N. medianus	Epicondylus medialis des Humerus	palmar am Os metacarpi II	*Ellenbogengelenk:* • Flexion *Handgelenke:* • Radialabduktion • Palmarflexion
M. palmaris longus (inkonstanter Muskel)			
N. medianus	Epicondylus medialis des Humerus	Palmaraponeurose	*Ellenbogengelenk:* • Flexion *Handgelenke:* • Palmarflexion • Spannung der Palmaraponeurose
M. flexor digitorum superficialis			
N. medianus	• Epicondylus medialis des Humerus • Proc. coronoideus • Vorderfläche des Radius	Mittelphalanx des zweiten bis fünften Fingers	*Ellenbogengelenk:* • Flexion *Handgelenke:* • Palmarflexion *Fingergelenke (II–V):* • Flexion *(wichtigster Beuger der Mittelgelenke)*
Die Sehnen dieses Muskels werden kurz vor ihrem Ansatz von den Sehnen des M. flexor digitorum profundus durchbohrt.			
M. flexor carpi ulnaris			
N. ulnaris	• Epicondylus medialis des Humerus • Olecranon	• Os pisiforme • Os hamatum • Os metacarpi V	*Ellenbogengelenk:* • Flexion *Handgelenke:* • Ulnarabduktion • Palmarflexion

Tab. 3.17 Ventrale tiefe Unterarmmuskeln

Innervation	Ursprung	Ansatz	Funktion
M. flexor digitorum profundus			
N. ulnaris (ulnarer Teil), N. medianus (radialer Teil)	Vorderfläche der Ulna	Endphalanx des zweiten bis fünften Fingers	*Handgelenke:* • Palmarflexion *Fingergelenke (II–V):* • Flexion *(wichtigster Beuger der Fingerendgelenke)*
M. flexor pollicis longus			
N. medianus	Vorderfläche des Radius	Endphalanx des Daumens	*Handgelenke:* Palmarflexion *Daumensattelgelenk:* Flexion, Opposition *Daumengelenke:* Flexion
M. pronator quadratus			
N. medianus	distal an Vorderfläche der Ulna	distal an Vorderfläche Radius	*Radioulnare Gelenke:* • Pronation

Tab. 3.18 Radiale Unterarmmuskeln

Innervation	Ursprung	Ansatz	Funktion
M. brachioradialis, M. extensor carpi radialis longus, M. extensor carpi radialis brevis			
N. radialis	lateraler Rand des Humerus bis Epicondylus lateralis	*M. brachioradialis:* proximal des Proc. styloideus des Radius *M. extensor carpi radialis longus und brevis:* dorsal am Os metacarpi II und III	*Ellenbogengelenk:* • Flexion • Pronation oder Supination (aus entgegengesetzter Stellung) *Handgelenke: M. extensor carpi radialis longus und brevis:* • Stabilisierung • Dorsalextension • Radialabduktion

Tab. 3.19 Oberflächliche dorsale Unterarmmuskeln

Innervation	Ursprung	Ansatz	Funktion
M. extensor digitorum, M. extensor digiti minimi			
N. radialis (R. profundus)	• Epicondylus lateralis des Humerus • Fascia antebrachii	Dorsalaponeurosen des zweiten bis fünften Fingers	*Ellenbogengelenk:* • Extension *Handgelenke:* • Dorsalextension *Fingergelenke (II–V):* • Extension *(wichtigste Strecker der Grund- und Mittelgelenke)*

Obere Extremität

Tab. 3.19 Oberflächliche dorsale Unterarmmuskeln (Forts.)

Innervation	Ursprung	Ansatz	Funktion
M. extensor carpi ulnaris			
N. radialis (R. profundus)	• Epicondylus lateralis des Humerus • Olecranon	dorsal am Os metacarpi V	*Ellenbogengelenk:* • Extension *Handgelenke:* • Dorsalextension • Ulnarabduktion

Tab. 3.20 Dorsale tiefe Unterarmmuskeln

Innervation	Ursprung	Ansatz	Funktion
M. supinator			
N. radialis (R. profundus)	• Epicondylus lateralis des Humerus • Laterale Ulna • Bänder des Ellenbogengelenks	proximale Vorderfläche des Radius	*Radioulnare Gelenke:* • Supination *(wichtigster Muskel bei gestrecktem Ellenbogen)*
M. abductor pollicis longus, M. extensor pollicis brevis			
N. radialis (R. profundus)	Rückseite von Ulna und Radius	• Os metacarpi I • Grundphalanx des Daumens	*Handgelenke:* • Dorsalextension *Daumensattelgelenk:* • Abduktion *Daumengrundgelenk:* • Extension
M. extensor pollicis longus, M. extensor indicis			
N. radialis (R. profundus)	Rückseite der Ulna	M. extensor pollicis longus: Endphalanx des Daumens M. extensor indicis: Dorsalaponeurose des Zeigefingers	*Handgelenke:* • Dorsalextension *M. extensor pollicis longus: Daumengelenke:* • Extension *M. extensor indicis: Fingergelenke (II):* • Extension • Adduktion

sich dagegen vereinfachen und z. T. zu Sammelursprüngen zusammenfassen:
Die **oberflächlichen Beuger** haben alle zumindest einen Ursprung am **Epicondylus medialis,** die **oberflächlichen Strecker** am **Epicondylus lateralis.** Die tiefen Muskeln entspringen dagegen an den ventralen/dorsalen Seiten der Unterarmknochen sowie der Membrana interossea antebrachii und können daher nicht auf das Ellenbogengelenk wirken.

> **Merke**
>
> - **Epicondylus medialis:** Sammelursprung der oberflächlichen Unterarmbeuger
> - **Epicondylus lateralis:** Sammelursprung der oberflächlichen Unterarmstrecker

> 3.4 Muskulatur > 3.4.4 Hand

Klinik

Ausfall Muskulatur des Unterarms

Bei **Läsion des M. pronator teres** ist die Pronation des Unterarms stark beeinträchtigt. Bei **Ausfall des M. flexor digitorum superficialis** ist die Beugung in den Fingermittelgelenken eingeschränkt, aber durch den **M. flexor digitorum profundus** noch möglich. Wenn dieser z. B. bei einer tiefen Schnittverletzung auch betroffen ist, ist die Beugung im Mittelgelenk und auch im Endgelenk unmöglich.
Bei **Ausfall des M. flexor pollicis longus** ist die Beugung im Daumenendgelenk nicht mehr möglich.
Bei **Ausfall der Mm. extensor carpi radialis longus und brevis** kommt es zum klinischen Bild der **Fallhand**, da beide Muskeln besonders der Stabilisierung der Handgelenke dienen. Wenn dagegen die oberflächlichen und tiefen **Extensoren** von Finger und Daumen ausfallen, ist eine Streckung der Fingergelenke stark beeinträchtigt, aber aufgrund der Funktion der Mm. lumbricales und Mm. interossei an den Mittel- und Endgelenken an den Fingern noch möglich. Am Daumen dagegen ist keine Streckung mehr möglich und auch die Abduktion ist herabgesetzt. Da die Streckung der Handgelenke auch zur Vordehnung der Fingerbeuger notwendig ist, um deren aktive Insuffizienz aufzuheben, ist bei Ausfall der Fingerstrecker auch der Faustschluss geschwächt. Bei Ausfall des **M. supinator** ist die Supination bei gestrecktem Arm nicht mehr möglich, bei gebeugtem Ellenbogen dagegen schon, da hier der M. biceps brachii der wichtigste Muskel ist (▶ Tab. 3.21).

Merke

Muskeln werden im Allgemeinen von mindestens 2 Rückenmarkssegmenten innerviert (plurisegmentale Innervation). Bei einzelnen Muskeln ist ein Segment allerdings so dominant, dass der Muskel ein **Kennmuskel** für dieses Segment darstellt. Die Kenntnis dieser Muskeln ist zur Diagnose von Bandscheibenvorfällen oder Stenosen der Austrittsöffnungen der Spinalnerven von großer Bedeutung. Bandscheibenvorfälle sind zwar im Halsbereich seltener als in der Lendenwirbelsäule, können aber die Rückenmarkssegmente C6–8 betreffen.
Der **M. biceps brachii** ist ein **Kennmuskel** für das Segment **C6**, der **M. triceps brachii** für das Rückenmarkssegment **C7**.

Merke

Für alle Pronatoren und Supinatoren gilt:
- Alle Muskeln überqueren die Diagonalachse des Unterarms (▶ Abb. 3.2)
- Der Ansatz ist am Radius.

Tab. 3.21 Wichtigste Pronatoren und Supinatoren des Unterarms

Wichtigste Pronatoren
• M. pronator teres (stärkster Pronator!)
• M. pronator quadratus
• M. brachioradialis (nur aus Supinationsstellung)

Wichtigste Supinatoren
• M. biceps brachii (bei gebeugtem Ellenbogen)
• M. supinator (bei gestrecktem Ellenbogen)
• M. brachioradialis (nur aus Pronationsstellung)

Tab. 3.22 Sehnenfächer des Handrückens

Sehnenfach	Muskeln
1. Sehnenfach	M. abductor pollicis longus, M. extensor pollicis brevis
2. Sehnenfach	M. extensor carpi radialis longus, M. extensor carpi radialis brevis
3. Sehnenfach	M. extensor pollicis longus
4. Sehnenfach	M. extensor digitorum, M. extensor indicis
5. Sehnenfach	M. extensor digiti minimi
6. Sehnenfach	M. extensor carpi ulnaris

3.4.4 Muskulatur der Hand

Retinacula und Sehnenscheiden

Im Bereich der Handgelenke gibt es als Hilfseinrichtungen die **Retinacula** und die **Sehnenscheiden** (Vaginae tendinum), die die Führung und Bewegung der Ansatzsehnen der Unterarmmuskeln unterstützen.
Das **Retinaculum musculorum extensorum** sichert den Verlauf der Streckmuskeln der Hand. Es ist hierzu in 6 Fächer unterteilt (▶ Tab. 3.22). In den Sehnenfächern gleiten die Sehnen in jeweils eigenen Sehnenscheiden.

Praxistipp

Die sorgfältige Präparation der Sehnenfächer erleichtert die Zuordnung der einzelnen Muskeln erheblich!

Obere Extremität

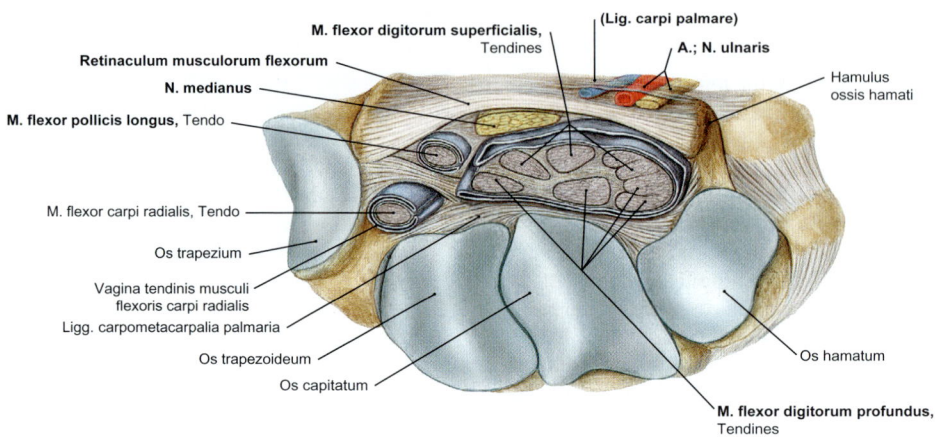

Abb. 3.17 Karpaltunnel und GUYON-Loge, rechts. Ansicht von distal. [S007-1-23]

Das **Retinaculum musculorum flexorum** bildet das Dach des **Karpaltunnels (Canalis carpi)** und begrenzt die **GUYON-Loge** (▶ Abb. 3.17). Der Boden des Karpaltunnels wird von den Handwurzelknochen gebildet.

Durch den Karpaltunnel ziehen die Sehnen der langen Fingerbeuger in ihren Sehnenscheiden. Die Sehnenscheide des M. pollicis longus setzt sich bis zum Ansatz fort **(radiale Sehnenscheide)**. Die gemeinsame Sehnenscheide von M. flexor digitorum superficialis und profundus endet an den Metakarpalknochen und umhüllt nur die Sehnen zum kleinen Finger bis zu deren Ansatz **(ulnare Sehnenscheide)**. Auf Höhe der Phalangen II–IV existieren eigene Sehnenscheiden.

Die fibröse äußere Schicht der Sehnenscheiden ist mit ring- und kreuzförmigen Faserzügen, die **klinisch** als „**Ring- und Kreuzbänder**" bezeichnet werden, an den Phalangen bzw. den Gelenkkapseln der Fingergelenke fixiert.

> **Klinik**
>
> **V-Phlegmone**
> Innerhalb der Sehnenscheiden können sich bakterielle Infektionen ausbreiten und sich aufgrund der Nähe zwischen der ulnaren und der radialen Sehnenscheide vom Kleinfinger bis zum Daumen fortsetzen. Dieses Bild der V-Phlegmone kann bei ungenügender Behandlung zur Versteifung der ganzen Hand führen.

> **Ring-/Kreuzbandruptur**
> Rupturen der Ring- und Kreuzbänder der Sehnenscheiden sind im Klettersport besonders häufig, weil diese Strukturen dabei stark beansprucht werden.

Muskeln der Hand

Die Muskeln der Hand liegen alle in der Handfläche (Palma) und sind in 3 Gruppen angeordnet, deren Muskeln in verschiedenen Schichten liegen (▶ Tab. 3.23):
- Muskeln des Daumens
- Muskeln des Kleinfingers
- Muskeln des Handtellers

Die Muskeln am Daumen werfen den Daumenballen **(Thenar)** auf, die Muskeln des Kleinfingers den Kleinfingerballen **(Hypothenar)**. Dazwischen liegen die Muskeln des Handtellers. Die Handmuskeln unterstützen die Unterarmmuskeln bei der differenzierten Fingerbewegung. Neben der Beugung unterstützen sie Abduktion und Adduktion der Finger.

Die Funktion der einzelnen Muskeln ergibt sich an Daumen und Kleinfinger im Wesentlichen aus ihrer Bezeichnung. Die **Innervation** der einzelnen Muskeln ist dagegen für das Verständnis des **klinischen Bildes der Nervenläsionen** am Arm im Detail zu wissen!

Tab. 3.23 Muskeln der Hand mit Innervation
Thenarmuskeln (Innervation: N. medianus)
• M. abductor pollicis brevis • M. flexor pollicis brevis (Innervation: **N. medianus und N. ulnaris**) • M. opponens pollicis • M. adductor pollicis (Innervation: **N. ulnaris**)
Mittelhandmuskeln
• Mm. lumbricales I–IV (Innervation: **N. medianus und N. ulnaris**) • Mm. interossei palmares (I–III), Mm. interossei dorsales (I–IV): (Innervation: **N. ulnaris**)
Hypothenarmuskeln (Innervation: N. ulnaris)
• M. abductor digiti minimi • M. flexor digiti minimi brevis • M. opponens digiti minimi • M. palmaris brevis

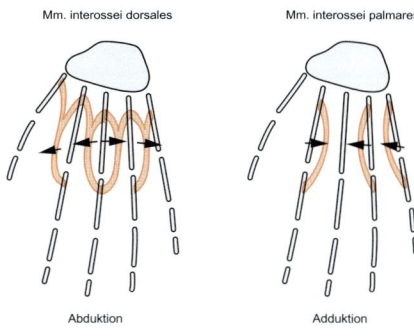

Abb. 3.18 Schema der Wirkung der Mm. interossei auf Abduktion und Adduktion der Finger. [L126]

> **Merke**
>
> Der **N. ulnaris** innerviert alleine alle Kleinfingermuskeln, die Mm. interossei und am Daumen den M. adductor pollicis.
> Der **N. medianus** innerviert alleine die meisten Daumenmuskeln. Die Mm. lumbricales und der M. flexor pollicis brevis werden von N. medianus und N. ulnaris versorgt.

Die Muskeln des Handtellers sind in ihrer Funktion komplexer. Die **Mm. interossei palmares** dienen der **Ad**duktion, die **Mm. interossei dorsales** der **Ab**duktion (▶ Abb. 3.18, ▶ Tab. 3.24).
Aufgrund ihres besonderen Verlaufs an den Fingergelenken können die **Mm. interossei und lumbricales** in den **Grundgelenken beugen** und an den **Mittel- und Endgelenken strecken** (▶ Abb. 3.19).
An der palmaren und dorsalen Seite der Hand unterscheidet man die Palmaraponeurose und die Dorsalaponeurose, die allerdings völlig unterschiedlich gebaut sind und auch verschiedene Funktionen erfüllen:
Die **Palmaraponeurose** ist eine bindegewebige Platte, die oberflächlich direkt unter der Haut des Handtellers liegt. Sie ist proximal am Retinaculum musculorum flexorum befestigt und wird vom M. palmaris longus gespannt. Die Palmaraponeurose dient dem Schutz der Leitungsbahnen in der Handfläche bei der Greifbewegung.

Die **Dorsalaponeurose** ist eine Sehnenplatte auf der Dorsalseite der Finger:
• Der **mediale Trakt** wird v. a. durch die langen Fingerstrecker gebildet und inseriert an Grund- und Mittelphalanx.
• Der **laterale Trakt** besteht aus den Endsehnen der Mm. lumbricales und Mm. interossei und inseriert an der Endphalanx.
Durch diese Anordnung können die Mm. lumbricales und Mm. interossei im Endgelenk der Finger strecken, während die langen Fingerstrecker nur im Grund- und Mittelgelenk strecken können. Die Funktion der Dorsalaponeurose besteht damit in der Vermittlung der Fingerstreckung.

> **Klinik**
>
> **Morbus DUPUYTREN**
> Gutartige **Verhärtungen** und Knotenbildung innerhalb der **Palmaraponeurose** können zu Bewegungseinschränkung und Beugekontrakturen der Fingergelenke, v. a. von Klein- und Ringfinger, führen (Morbus DUPUYTREN).
>
> **„Knopflochdeformität, Hammerfinger"**
> **Verletzungen der Dorsalaponeurose** sind durch die exponierte Lage häufig: Bei einer Durchtrennung des medialen Trakts über dem Mittelgelenk rutscht der laterale Trakt nach palmar ab, es entstehen eine Beugung im Mittelgelenk und eine Streckung im Endgelenk (**„Knopflochdeformität"**). Bei der Durchtrennung des lateralen Trakts im Bereich des Endgelenks gerät das Endglied in Beugestellung (**„Hammerfinger"**).

Obere Extremität

Tab. 3.24 Muskeln des Handtellers			
Innervation	Ursprung	Ansatz	Funktion
Mm. lumbricales I–IV			
N. medianus (I, II); N. ulnaris (R. profundus) (III, IV)	Sehnen des M. flexor digitorum profundus	von radial in die Dorsalaponeurose der Finger II–V	*Grundgelenke (II–V):* • Flexion *Mittel- und Endgelenke (II–V):* • Extension *(wichtigste Strecker der Fingerendgelenke)*
Mm. interossei palmares I–III			
N. ulnaris (R. profundus)	• Ulnar am Os metacarpi II • Radial an Ossa metacarpi IV und V	Grundphalanx und Dorsalaponeurose der Finger II, IV und V	*Grundgelenke (II, IV, V):* • Flexion *(wichtigste Beuger!)* • Adduktion (zum Mittelfinger) *Mittel- und Endgelenke (II, IV, V):* • Extension
Mm. interossei dorsales I–IV (zweiköpfig)			
N. ulnaris (R. profundus)	zugewandte Seiten der Ossa metacarpi I–V	Grundphalanx und Dorsalaponeurose der Finger II–IV	*Grundgelenke (II–IV):* • Flexion *(wichtigste Beuger!)* • Abduktion (zum Mittelfinger) *Mittel- und Endgelenke (II–IV):* • Extension

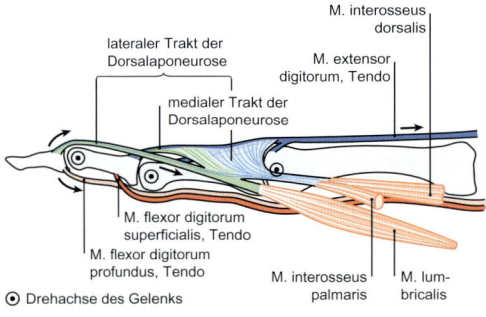

Abb. 3.19 Dorsalaponeurose der Finger und Wirkung der Fingerbeuger und -strecker. [L126]

> **Merke**
>
> **Wichtigste Muskeln für Beugung und Streckung der Fingergelenke**
> - Beugung der Fingergelenke:
>   – Grundgelenke: Mm. interossei palmares und dorsales
>   – Mittelgelenke: M. flexor digitorum superficialis
>   – Endgelenke: M. flexor digitorum profundus
> - Streckung der Fingergelenke:
>   – Grund- und Mittelgelenke: M. extensor digitorum, M. extensor indicis
>   – Endgelenke: Mm. lumbricales

3.5 Nerven der oberen Extremität

> **Praxistipp**
>
> Die Nerven sind an den Extremitäten die Leitungsbahnen, zu denen für die Klinik die meisten anatomischen Details zu **Versorgungsgebiet und Verlauf** für die Diagnostik und Therapie notwendig sind. Meist kommen die Patienten mit einer Bewegungseinschränkung zum Arzt. Nach Identifikation der betroffenen Muskeln, die für die Bewegung essenziell sind, gelingt dann die Festlegung des Nervs bzw. der innervierenden Nerven, dessen oder deren Läsion in den meisten Fällen die Ursache für die Bewegungseinschränkung ist. Aus dem klinischen Bild lässt sich dann häufig auch auf den Ort und damit den Schädigungsmechanismus rückschließen.

3.5.1 Plexus brachialis

Die obere Extremität wird vom **Plexus brachialis** innerviert (▶ Abb. 3.20). Dieser wird von den Rr. anteriores der Spinalnerven der unteren zervikalen und oberen thorakalen Rückenmarkssegmente (**C5–T1**) mit einzelnen Fasern auch aus C3 und C4 gebildet. Die Rr. anteriores vereinigen sich zunächst zu 3 in Etagen angeordneten

▶ 3.5 Nerven der oberen Extremität   ▶ 3.5.1 brachialis

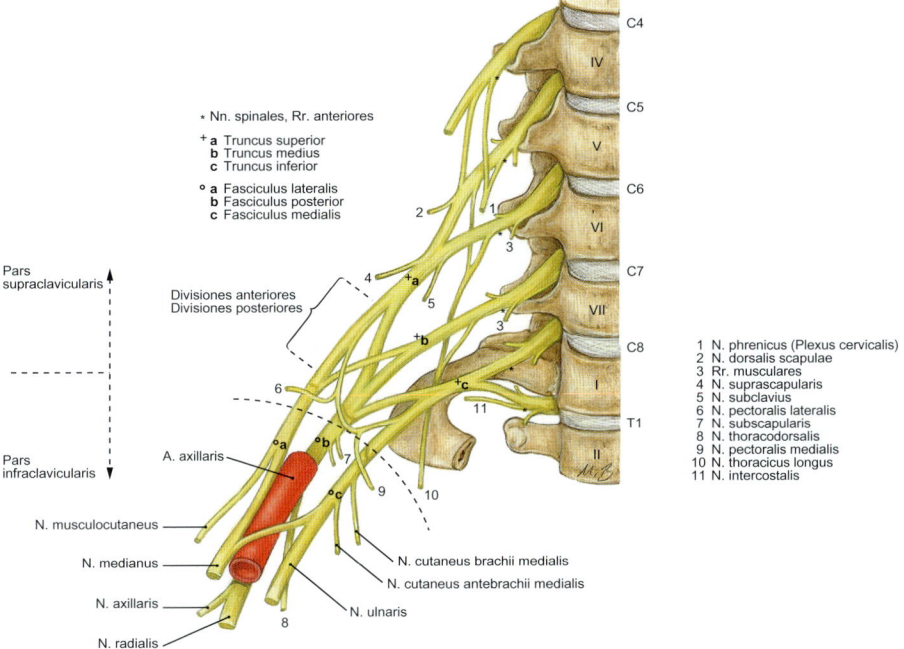

Abb. 3.20 Armgeflecht, Plexus brachialis, rechts. Ansicht von ventral. [S007-1-23]

Stämmen (Trunci) und gruppieren sich auf Höhe des Schlüsselbeins zu **Faszikeln** (Fasciculi) um, die nach ihrer Lage in Bezug auf die A. axillaris benannt werden:
- Truncus superior (C5–C6)
- Truncus medius (C7)
- Truncus inferior (C8–T1)

Die dorsalen Anteile aller drei Trunci bilden den **Fasciculus posterior.** Die ventralen Anteile von Truncus superior und medius speisen den **Fasciculus lateralis,** der vordere Teil des Truncus inferior geht in den **Fasciculus medialis** über.
- **Fasciculus posterior:** dorsal der A. axillaris, Fasern aus **C5–T1**
- **Fasciculus lateralis:** lateral der A. axillaris, Fasern aus **C5–C7**
- **Fasciculus medialis:** medial der A. axillaris, Fasern aus **C8–T1**

Topografisch lässt sich der Plexus brachialis in 2 Teile untergliedern:
- **Supraklavikulärer Teil:** mit Trunci und den aus ihnen oder aus den Rr. anteriores der Spinalnerven hervorgehenden Nerven
- **Infraklavikulärer Teil:** besteht aus den Faszikeln.

Aus dem infraklavikulären Teil gehen die Nerven des Arms hervor, während der supraklavikuläre Teil für die Innervation der Schulter zuständig ist. Wenn man sich diesen Aufbau des Plexus brachialis vor Augen führt, ist die Zusammensetzung der einzelnen Nerven bis auf wenige Ausnahmen verständlich (▶ Tab. 3.25, ▶ Abb. 3.21, ▶ Abb. 3.23).

Praxistipp

Bei der **Präparation** und der Identifikation der Nerven des Plexus brachialis kann man sich gut ausgehend vom **N. musculocutaneus** orientieren, da dieser meist den M. coracobrachialis durchbohrt. Nach proximal gelangt man in den lateralen Faszikel und weiter in den Truncus superior und medius. Von dort aus nach distal setzt sich der (laterale Anteil) des N. medianus fort. Von diesem nach proximal gelangt man (über den medialen Anteil) in den medialen Faszikel und weiter in den Truncus inferior. Aus diesen gehen distal der N. ulnaris und auch die Nn. cutanei brachii und antebrachii medialis ab. Ausgehend vom N. musculocutaneus ergeben die Faszikel mit den aus ihnen entspringenden Nerven die Form eines „M" **(„M des Plexus brachialis").** Dorsal setzen sich Fasern aus allen Trunci über den hinteren Faszikel in den N. radialis fort.

Obere Extremität

Tab. 3.25 Nerven des Plexus brachialis
Supraklavikulärer Teil
• N. dorsalis scapulae (C3–C5) • N. thoracicus longus (C5–C7) • N. suprascapularis (C4–C6) • N. subclavius (C5–C6)
Infraklavikulärer Teil
Fasciculus posterior (C5–T1)
• N. axillaris (C5–C6) • N. radialis (C5–T1) • Nn. subscapulares (C5–C7) • N. thoracodorsalis (C6–C8)
Fasciculus lateralis (C5–C7)
• N. musculocutaneus (C5–C7) • N. medianus, Radix lateralis (C6–C7) • N. pectoralis lateralis (C5–C7)
Fasciculus medialis (C8–T1)
• N. medianus, Radix medialis (C8–T1) • N. ulnaris (C8–T1) • N. cutaneus brachii medialis (C8–T1) • N. cutaneus antebrachii medialis (C8–T1) • N. pectoralis medialis (C8–T1)

> **Klinik**
>
> Schwere Verletzungen von Schulter und Arm (Motorradunfälle, Lageanomalien bei Geburt, falsche Lagerung bei Operationen) können zur Läsion des Plexus brachialis führen. Je nach betroffenem Truncus unterscheidet man:
>
> **Obere Plexuslähmung (ERB-Lähmung, Wurzeln C5–C6 für den Truncus superior)**
> **Pathomechanismus:** Vergrößerung des Abstands zwischen Hals und Schulter
> Typisch sind Parese (Lähmung) der Abduktoren und der Außenrotatoren der Schulter und der Oberarmbeuger sowie des M. supinator. Als Folge kommt es zu:
> - **Adduktion** und **Innenrotation** der Schulter
> - **Beugebeeinträchtigung** im Ellenbogengelenk
>
> Die Beweglichkeit von Hand und Fingern ist unbeeinträchtigt, da die entsprechenden Muskeln von den kaudalen Rückenmarkssegmenten innerviert werden, die den Plexus brachialis speisen.
>
> **Untere Plexuslähmung (KLUMPKE-Lähmung, Wurzeln C8–T1 für den Truncus inferior)**
> **Pathomechanismus:** Vergrößerung des Abstands zwischen Rumpf und Schulter. Hier kommt es zu:
> - **Parese** der langen **Fingerbeuger** und der **kurzen Handmuskeln**
> - Häufig tritt zusätzlich ein **HORNER-Syndrom** (Miosis, Ptosis, Enophthalmus) auf, da auch die präganglionären sympathischen Neurone für den Halsabschnitt des Grenzstrangs über die Vorderwurzeln der Segmente C8–T1 austreten.
>
> Im Unterschied zur oberen Plexusläsion sind Schulter- und Ellenbogenfunktion unverändert.
> Sowohl bei der oberen als auch bei der unteren Läsion kann der Truncus medius (C7) beteiligt sein, was sich durch Lähmung des M. triceps brachii und der Fingerstrecker äußert. Bei dieser **kompletten Läsion** ist die Bewegung des gesamten Arms einschließlich der Hand beeinträchtigt.

Die Nerven des Plexus brachialis versorgen nicht nur die Muskulatur, sondern innervieren sensorisch die Haut (▶ Abb. 3.22a, b) und führen auch vegetative sympathische Nervenfasern mit sich **(gemischte Nerven)**. Die motorische Innervation erfolgt von proximal nach distal entsprechend der kraniokaudalen Abfolge der Rückenmarkssegmente. Schultermuskeln werden daher von kranialen Rückenmarkssegmenten des Plexus brachialis innerviert, Handmuskeln dagegen von distalen Rückenmarkssegmenten. Obwohl immer mindestens zwei Segmente einen Muskel versorgen (plurisegmentale Innervation), ist bei manchen Muskeln ein Segment so dominant, dass der Muskel bei der Diagnostik als **Kennmuskel** für dieses Segment herangezogen werden kann. Ähnlich ordnen sich auch die Nervenfasern aus den einzelnen Hautnerven entsprechend der Herkunft aus den einzelnen Rückenmarkssegmenten in der Haut segmental an. Das Areal, das spezifisch vom Spinalnerv eines Rückenmarkssegments versorgt wird, nennt man **Hautwurzelfeld** oder **Dermatom** (▶ Abb. 3.22c, d). Während die Dermatome am Rumpf überwiegend horizontal angeordnet sind, verlaufen sie am Arm entlang dessen Längsachse.

> **Merke**
>
> Die wichtigsten Dermatome am Arm:
> - Haut über dem M. deltoideus: C5
> - Radialseite des Arms und radiale Finger (Daumen!): C6
> - Dorsalseite des Arms und mittlere Finger: C7
> - Dorsalseite des Arms und ulnare Finger (Kleinfinger!): C8

▶ 3.5 Nerven der oberen Extremität ▶ 3.5.1 brachialis

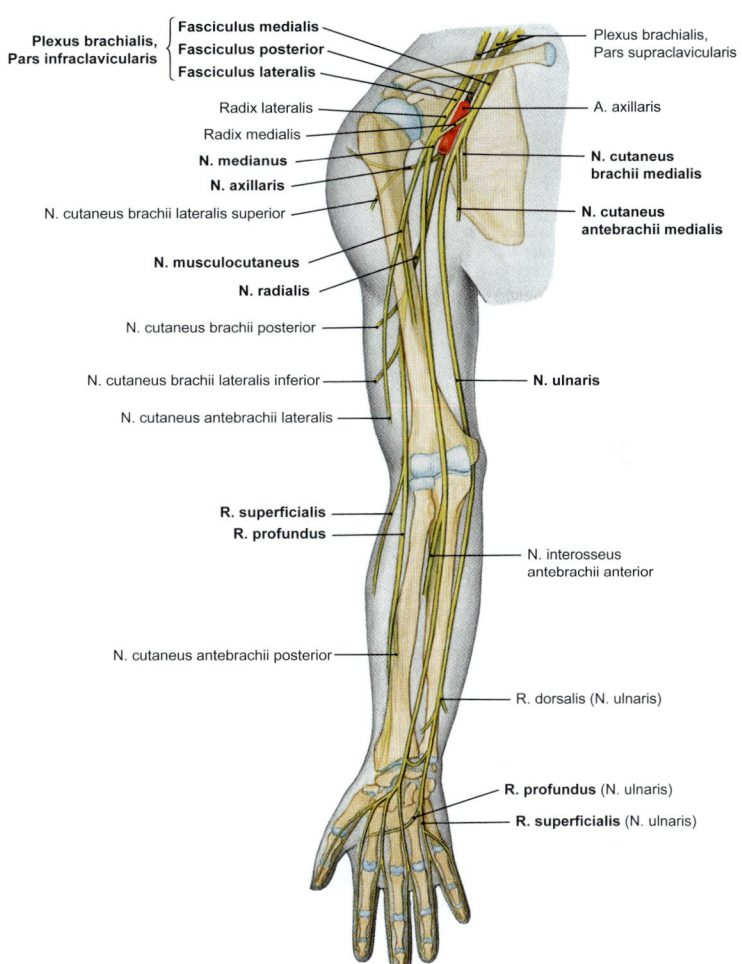

Abb. 3.21 Armgeflecht, Plexus brachialis, mit Nerven des Arms rechts. Ansicht von ventral. [S007-1-23]

Klinik

Kenntnisse der **Dermatome** sind unverzichtbar zur Diagnostik von Bandscheibenvorfällen, die zur Kompression der Spinalnervenwurzel führen. Anhand der sensorischen Ausfälle in den entsprechenden Dermatomen kann man die Lokalisation des Vorfalls meist sehr gut eingrenzen. Die Dermatome C6–8 sind für die Diagnostik von Bandscheibenvorfällen im Bereich der Halswirbelsäule von besonderer Bedeutung. Ergänzend untersucht man die **Kennmuskeln** für die jeweiligen Rückenmarkssegmente.

Supraklavikulärer Teil

Die Nerven des **supraklavikulären Teils** des Plexus brachialis gehen aus den Trunci oder z. T. den Rr. anteriores der Spinalnerven hervor (▶ Abb. 3.23):

- **N. dorsalis scapulae:** durchbohrt kranial den M. scalenus medius, begleitet den M. levator scapulae (Leitmuskel!) nach dorsal, innerviert diesen und die Mm. rhomboidei.
- **N. thoracicus longus:** durchsetzt kaudal den M. scalenus medius, unterquert Clavicula und Plexus brachialis zur Brustwand, wo er auf dem M. serratus anterior absteigt, den er innerviert.

Obere Extremität

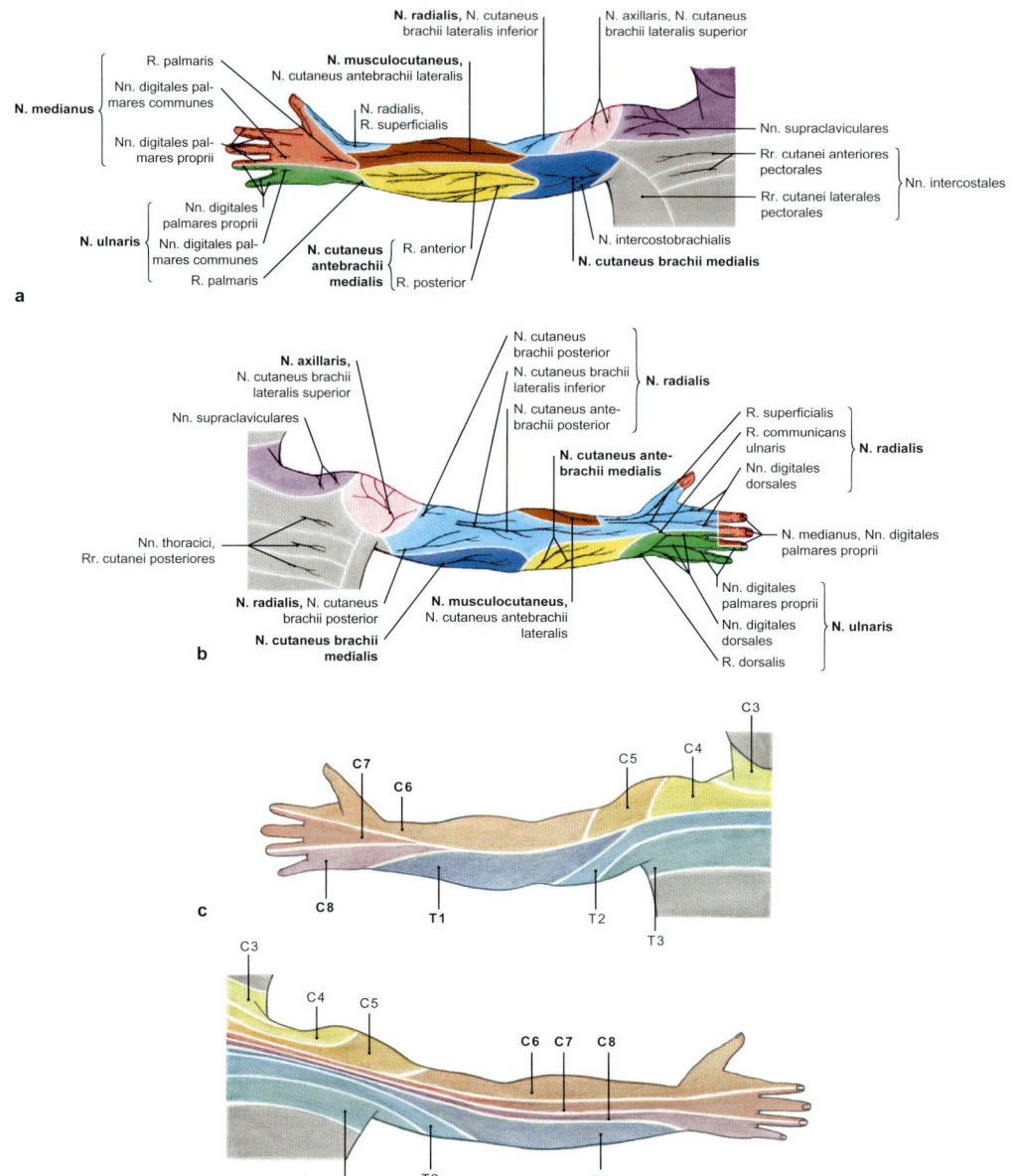

Abb. 3.22 Hautnerven und segmentale Innervation (Dermatome) der oberen Extremität. a) Hautnerven, rechts, von ventral. b) Hautnerven, rechts, Ansicht von dorsal. c) Dermatome, rechts, von ventral. d) Dermatome, rechts, Ansicht von dorsal. Segmentale der oberen Extremität, rechts. [S007-1-23]

▶ 3.5 Nerven der oberen Extremität ▶ 3.5.1 brachialis

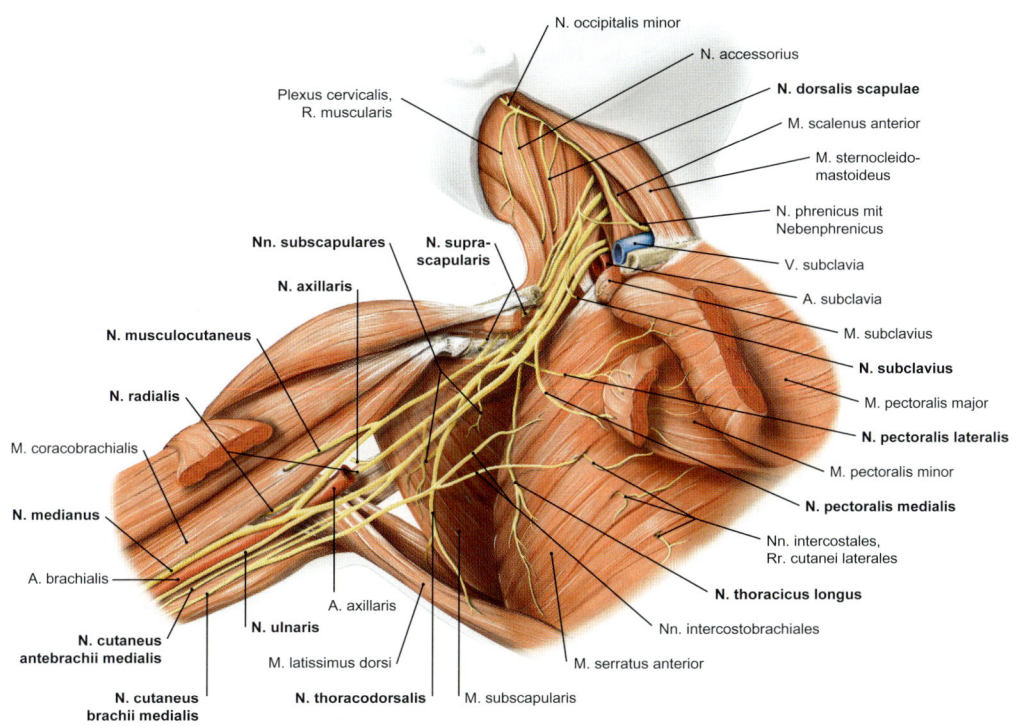

Abb. 3.23 Plexus brachialis mit Nerven der Schulterregion, rechts. Ansicht von ventral. [L266]

- **N. suprascapularis:** geht aus dem Truncus superior hervor, zieht unter dem Lig. transversum scapulae superius hindurch durch die Incisura scapulae auf die Dorsalseite der Scapula, innerviert Mm. supraspinatus und infraspinatus.
- **N. subclavius:** innerviert den M. subclavius, gibt manchmal einen Ast zum N. phrenicus ab (Nebenphrenicus).

Klinik

Läsionen der Schulternerven des supraklavikulären Teils des Plexus brachialis

Sie führen zu folgenden Ausfällen:
- **N. dorsalis scapulae:** Scapula nach lateral verschoben und leicht vom Thorax abstehend. Eine isolierte Schädigung ist wegen der geschützten Lage selten.
- **N. thoracicus longus:** Elevation unmöglich! Der mediale Rand der Scapula steht flügelartig vom Rumpf ab (**Scapula alata**). Diese Läsion ist bei Tragen von schweren Lasten auf dem Rücken ("Rucksackläsion") relativ häufig, da dabei der Nerv unter der Clavicula ein-

geklemmt werden kann. Auch Schnittverletzungen an der Brustwand können zu einer Läsion des Nervs führen.
- **N. suprascapularis:** Beeinträchtigung der Außenrotation (M. infraspinatus ist wichtigster Muskel) und – schwächer – auch der Abduktion (M. supraspinatus). Neben Verletzungen im Bereich der seitlichen Halsregion sind auch Einklemmungen in der Incisura scapulae möglich.
- Eine isolierte Läsion des N. subclavius kommt nahezu nicht vor und hat keine eindeutigen klinischen Symptome.

Infraklavikulärer Teil

Die Nerven des **infraklavikulären Teils** entspringen direkt aus den Faszikeln (▶ Abb. 3.23).

Fasciculus posterior
- **Nn. subscapulares:** meist zwei, innervieren Mm. subscapulares.
- **N. thoracodorsalis:** steigt am Vorderrand des M. latissimus dorsi ab, den er zusammen mit dem M. teres major versorgt.

Obere Extremität

- **N. axillaris:** tritt durch die laterale Achsellücke, innerviert M. deltoideus und M. teres minor sowie mit einem sensorischen Endast die Haut über der Schulter.
- **N. radialis:** setzt den Verlauf des hinteren Faszikels fort, tritt durch den Trizepsschlitz auf die Rückseite des Oberarms (s. u.).

Fasciculus lateralis
- **N. pectoralis lateralis:** zu den Brustmuskeln
- **N. musculocutaneus:** durchbohrt meist den M. coracobrachialis (Leitmuskel!), innerviert die ventralen Muskeln des Oberarms (M. coracobrachialis, M. biceps brachii, M. brachialis). Der sensorische Endast (N. cutaneus antebrachii lateralis) tritt zwischen Biceps und Brachialis lateral oberhalb der Ellenbeuge aus und lagert sich an die V. cephalica an, innerviert lateralen Unterarm.
- Lateraler Anteil des **N. medianus** (s. u.).

Fasciculus medialis
- **N. pectoralis medialis:** zu den Brustmuskeln
- **N. cutaneus brachii medialis:** vereinigt sich gelegentlich mit den Nn. intercostobrachiales (laterale Hautäste der Interkostalnerven T2 und T3) und innerviert proximalen Oberarm.
- **N. cutaneus antebrachii medialis:** verläuft am Oberarm medial und oberflächlich, lagert sich bei seinem Durchtritt durch die Faszie an die V. basilica an, innerviert medialen Unterarm.
- **N. ulnaris:** s. u.
- Medialer Anteil des **N. medianus** (s. u.).

> **Klinik**
>
> **Läsionen der Schulternerven des infraklavikulären Teils des Plexus brachialis**
> Allgemein gilt, dass isolierte Verletzungen einzelner infraklavikulärer Schulternerven aufgrund ihrer geschützten Lage selten sind.
> - **Nn. subscapulares:** Innenrotationsschwäche, eine Schädigung kann durch eine proximale Humerusfraktur verursacht werden.
> - **N. thoracodorsalis:** Gestörte Adduktion des retrovertierten Arms. Die Arme können nicht **hinter** dem Rücken überkreuzt werden, da hierfür eine Retroversion, Adduktion und Innenrotation nötig ist („Schürzengriff"). Die hintere Achselfalte ist eingefallen. Die Symptome sind in Anbetracht der Größe des M. latissimus dorsi bei Bewegung aus der Neutralstellung heraus meist gering, da er und der M. teres major für keine Bewegung im Schultergelenk essenziell sind! Beim Turnen oder bei anderen Sportarten können die Beeinträchtigungen aber deutlich sein.

> - **Läsion des N. axillaris:** Der N. axillaris kann bei proximalen Humerusfrakturen und Schulterluxationen verletzt werden. Die Abduktion des Arms ist stark beeinträchtigt und die Sensorik an der Außenseite der Schulter aufgehoben. Bei länger andauernder Schädigung atrophiert der Muskel, sodass die Rundung der Schulter aufgehoben ist.
> - **Nn. pectorales:** Beeinträchtigung der Adduktion und Anteversion. Diagnostisch kann genutzt werden, dass die Arme nicht **vor** dem Rumpf überkreuzt werden können. Die vordere Achselfalte ist eingefallen.
> - **Läsion des N. musculocutaneus:** Der N. musculocutaneus ist bei Schulterluxationen gefährdet. Bei seiner Schädigung ist die Beugung im Ellenbogen deutlich eingeschränkt, bleibt aber schwach erhalten, weil auch die radiale Gruppe der Unterarmstrecker (innerviert durch N. radialis) und die oberflächlichen Beuger des Unterarms (innerviert durch N. medianus) beugende Funktion im Ellenbogengelenk haben. Die Supination bei gebeugtem Arm und der Bizepsreflex sind aufgrund der Lähmung des M. biceps brachii abgeschwächt. Das sensorische Defizit am radialen Unterarm kann gering ausgeprägt sein, da Überschneidungen mit dem Innervationsgebiet der medialen und der dorsalen sensorischen Nerven vorkommen.
> - **Läsion der Nn. cutanei brachii und antebrachii medialis:** Isolierte Läsionen sind selten und kommen höchstens am Unterarm vor. Wegen überlappender Versorgungsgebiete ist die Symptomatik oft gering.

3.5.2 N. radialis

Verlauf und wichtigste Äste
▶ Abb. 3.21, ▶ Abb. 3.23
- Entspringt aus dem Fasciculus posterior.
- Gelangt durch den **Trizepsschlitz** zwischen Caput longum und Caput laterale des M. triceps brachii auf die Dorsalseite des Oberarms.
- Windet sich im **Sulcus nervi radialis** um den Humerus. **Vor** dem Sulcus gibt er die motorischen Äste für den **M. triceps brachii** und den sensorischen Ast für die Rückseite des Oberarms ab. Der sensorische Ast für die Rückseite des Unterarms (N. cutaneus antebrachii posterior) geht dagegen im Sulcus nervi radialis ab.
- Tritt von lateral im **Radialistunnel** (zwischen M. brachioradialis und M. brachialis) in die Ellenbeuge ein, wo er sich in die Rr. superficialis und profundus teilt. Vor der Teilung entsendet er Muskeläste zum **M. brachioradialis** und zu den

Mm. extensores carpi radialis longus und brevis.
- Der **R. superficialis** läuft zunächst zusammen mit der A. radialis, unterquert dann distal den M. brachioradialis auf den Handrücken.
- Der **R. profundus** durchbohrt unterhalb der Ellenbeuge den **M. supinator (Supinatorkanal)** zur Dorsalseite des Unterarms und läuft als N. interosseus antebrachii posterior zu den Handgelenken. Am Eintritt in den Supinatorkanal bildet die Muskelfaszie eine sichelförmige Faszienverstärkung (**FROHSE-FRÄNKEL-Arkade**).

Innervationsgebiet
- Motorisch: alle Strecker des Ober- und Unterarms
- Sensorisch: dorsolaterale Seite von Ober- und Unterarm, Rückseite der radialen 2½ Finger

Sensorisches Autonomiegebiet
- Erster Zwischenfingerraum

> **Klinik**
>
> **Läsionen des N. radialis**
>
> Man unterscheidet 3 Läsionen:
> - **Proximale Läsion** im Bereich der **Achselhöhle**: früher häufig durch Krücken entstanden, heute eher durch falsche Lagerung im OP. Nur bei proximaler Läsion finden sich (zusätzlich zu den Symptomen bei Schädigung im Bereich des Humerusschafts) ein Ausfall des M. triceps mit Abschwächung der Ellenbogenstreckung und des Trizepsreflexes sowie ein Ausfall der Sensorik an der Rückseite des Oberarms, da diese Nervenfasern bereits vor Eintritt in den Sulcus nervi radialis abgehen.
> - **Mittlere Läsion** im Bereich von **Humerusschaft oder Ellenbeuge:** Ursachen sind eine Humerusschaftfraktur oder eine Quetschung („Parkbankläsion") gegen den Humerus. Im Bereich der Ellenbeuge können Radiusluxationen oder hohe Frakturen ebenso ursächlich sein wie Druck durch die FROHSE-FRÄNKEL-Arkade. Bei Läsion im Bereich des **Humerusschafts** kommt es durch Ausfall aller Unterarmstrecker einschließlich der radialen Gruppe zur **„Fallhand"** und zum Ausfall der Finger- und Daumenstreckung sowie der Supination bei gestrecktem Arm. Zusätzlich tritt ein sensorisches Defizit an der Rückseite des Unterarms, im ersten Zwischenfingerraum (Autonomiegebiet) und an der Rückseite der radialen 2½ Finger auf. Wird nur der **R. profundus** beim Durchtritt durch den M. supinator eingeklemmt, kommt es nicht zu sensorischen Ausfällen, die fehlende Innervation der Handgelenke ist vernachlässigbar. Eine „Fallhand" tritt nicht auf, da nur die Fingerstrecker ausfallen, während die Mm. extensores carpi radiales als Anteile der weiterhin intakten radialen Muskelgruppe für eine Stabilisierung des Handgelenks ausreichen. Aufgrund der aktiven Insuffizienz der Beuger, die nicht durch Streckung der Handgelenke ausgeglichen werden kann, ist kein kräftiger Faustschluss möglich.
> - **Distale Läsion** des R. superficialis im Bereich der **Handgelenke** durch eine distale Radiusfraktur (häufigste Fraktur des Menschen): Hier besteht nur ein sensorisches Defizit im ersten Zwischenfingerraum und an der Rückseite der radialen 2½ Finger. Motorische Ausfälle fehlen.

3.5.3 N. medianus

Verlauf und wichtigste Äste
▶ Abb. 3.21, ▶ Abb. 3.23
- Setzt sich aus einer lateralen und einer medialen Wurzel aus den jeweiligen Faszikeln zusammen.
- Verläuft am medialen Oberarm, gibt hier keine Äste ab.
- Tritt von medial in die Ellenbeuge ein.
- Zieht **zwischen den beiden Köpfen des M. pronator teres** hindurch in die Schicht zwischen oberflächlichen und tiefen Beugern des Unterarms, die er innerviert. Der tiefe N. interosseus antebrachii anterior versorgt die tiefen Beuger und sensorisch die Handgelenke.
- **Durchquert den Karpaltunnel** (Canalis carpi) in die Hohlhand (▶ Abb. 3.17).

Innervationsgebiet
- Motorisch: alle Beuger des Unterarms außer M. flexor carpi ulnaris und ulnarer Teil des M. flexor digitorum profundus, **Daumenmuskulatur** (abgesehen vom M. adductor pollicis und vom Caput profundum des M. flexor policis brevis), die beiden radialen **Mm. lumbricales**
- Sensorisch: Palmarseite der radialen 3½ Finger, die Endglieder auch dorsal

Sensorisches Autonomiegebiet
- Endglieder von Zeige- und Mittelfinger

Obere Extremität

Klinik

Läsionen des N. medianus

Man unterscheidet proximale und distale Läsionen:
- **Proximale Läsion** im Bereich des medialen Oberarms (z. B. bei Schnittverletzungen) oder im Bereich der Ellenbeuge: Im Bereich der Ellenbeuge kann der N. medianus durch distale Humerusfrakturen, bei falscher Blutentnahme bzw. intravenöser Injektion oder bei seinem Durchtritt zwischen den Köpfen des M. pronator teres (Pronator-teres-Syndrom) eingeklemmt werden. Nur bei der proximalen Läsion kommt es zur **„Schwurhand"**-Stellung, bei der Daumen, Zeige- und Mittelfinger nicht mehr in den Mittel- und Endgelenken gebeugt werden können. Ursache ist die fehlende Innervation des oberflächlichen Fingerbeugers sowie des radialen Anteils des tiefen Fingerbeugers. Die übrigen Symptome gleichen denen bei der distalen Läsion.
- **Distale Läsion** im Bereich der **Handgelenke** (z. B. bei „Aufschneiden der Pulsadern" in suizidaler Absicht) oder durch Kompression des N. medianus im Karpaltunnel **(Karpaltunnel-Syndrom, häufigste Nervenverletzung der oberen Extremität):** Hier kommt es nicht zu einer Schwurhand, weil die motorischen Äste für die Fingerbeuger bereits am Unterarm abgehen! Dagegen besteht eine **Affenhand,** da der Daumenballen atrophiert und der Daumen durch überwiegende Wirkung des M. adductor pollicis (vom N. ulnaris innerviert) in Adduktionsstellung steht. Die **Daumen-Kleinfinger-Probe** ist **negativ,** weil der Daumen durch Ausfall des M. opponens pollicis nicht opponiert werden kann und sich die Endglieder von Daumen und kleinem Finger daher nicht berühren können. Das **Flaschenzeichen** wird hervorgerufen, weil aufgrund mangelnder Abduktionsfähigkeit des Daumens (M. abductor pollicis brevis) ein Gegenstand nicht völlig umschlossen werden kann. **Sensorische Ausfälle** kommen auf der Palmarseite der 3½ Finger vor. Typischerweise treten nächtliche Schmerzen auf, die nach proximal ausstrahlen.

3.5.4 N. ulnaris

Verlauf und wichtigste Äste

▶ Abb. 3.21, ▶ Abb. 3.23
- Entspringt dem Fasciculus medialis und verläuft am medialen Oberarm, wo er keine Äste abgibt.
- Gelangt auf die Dorsalseite des Epicondylus medialis, wo er im **Sulcus nervi ulnaris („Musikantenknochen")** unmittelbar dem Knochen aufliegt.
- Zieht mit der A. ulnaris unter dem M. flexor carpi ulnaris zum Handgelenk, wo er durch die **GUYON-Loge** in die Hohlhand eintritt (▶ Abb. 3.17). Der **R. profundus** versorgt die Muskeln, der **R. superficialis** überwiegend die Haut.
- Der **R. dorsalis** geht an der Mitte des Unterarms zum Handrücken ab.

Innervationsgebiet
- Motorisch: **M. flexor carpi ulnaris** und der ulnare Teil des **M. flexor digitorum profundus, Kleinfingermuskulatur, M. adductor pollicis** und der tiefe Kopf des **M. flexor pollicis brevis,** alle **Mm. interossei** und die beiden ulnaren **Mm. lumbricales**
- Sensorisch: Rückseite der Hand und ulnare 2½ Finger, Palmarseite der ulnaren 1½ Finger

Sensorisches Autonomiegebiet
- Endglieder des Kleinfingers

Klinik

Läsionen des N. ulnaris

Man unterscheidet proximale und distale Läsionen, die allerdings klinisch nicht eindeutig voneinander abgegrenzt werden können:
- **Proximale Läsion** im Bereich des Sulcus nervi ulnaris **(Kubitaltunnelsyndrom),** meist durch chronische Druckbelastung bei aufgestütztem Arm: Dabei handelt es sich um die zweithäufigste Nervenläsion der oberen Extremität.
- **Distale Läsion** im Bereich der **GUYON-Loge,** meist durch chronische Druckbelastung. In beiden Fällen kommt es zur **„Krallenhand",** da die Finger durch Atrophie der Mm. interossei (sichtbar) und der beiden ulnaren Mm. lumbricales besonders in den Grundgelenken nicht gebeugt und in den Endgelenken nicht gestreckt werden können. Die **Daumen-Kleinfinger-Probe** ist **negativ,** weil der Kleinfinger durch Ausfall des M. opponens digiti minimi nicht opponiert werden kann und sich die Endglieder von Daumen und Zeigefinger daher nicht berühren können. Das **FROMENT-Zeichen** beim Halten eines Blatts zwischen Daumen und Zeigefinger zeigt, dass die mangelnde Adduktion des Daumens durch Beugung seines Endglieds kompensiert wird (der M. flexor pollicis longus wird vom N. medianus innerviert). **Sensorische Ausfälle** treten in den palmaren ulnaren 1½ Fingern auf. Wenn die Druckschädigung in der Hohlhand auftritt (Presslufthammer) und nur den R. profundus betrifft, können sensorische Symptome fehlen.

Cave

Das **klinische Bild** einer Nervenläsion hängt stark vom **Läsionsort** ab. Daher führt eine Läsion des **N. radialis** oder seiner Endäste **nicht immer** zu einer **Fallhand,** sondern nur, wenn die Schädigung vor dem Durchtritt des R. profundus durch den M. supinator auftritt. Der M. triceps ist sogar nur bei einer hohen Läsion vor dem Sulcus nervi radialis betroffen. Ebenso führt **nicht jede** Schädigung des **N. medianus** zu einer **Schwurhand,** sondern nur die proximale Läsion bis zum Durchtritt durch den M. pronator teres. Bei einer distalen Läsion wie dem **Karpaltunnelsyndrom** dagegen tritt die **Affenhand** auf. Nur beim N. ulnaris kommt es unabhängig vom Läsionsort in der Regel zur Ausbildung der **Krallenhand,** da hier der Ausfall der Mm. interossei und lumbricales in der Hohlhand verantwortlich ist, die vom R. profundus innerviert werden, der sich erst in der Handfläche abspaltet.

Merke

Merkspruch zu den Läsionen der Armnerven: Ich schwöre beim heiligen Medianus: Wenn ich noch einmal vom Rad falle, kratze ich dir mit der Ulna die Augen aus!

Cave

Der Merkspruch suggeriert, dass es immer bei einer Schädigung des N. medianus zu einer Schwurhand komme. Dies ist falsch und trifft nur bei der proximalen Läsion zu! Ebenso ist nicht immer bei einer Schädigung des N. radialis eine Fallhand vorhanden: Bei Läsion des R. profundus bei seinem Durchtritt durch den M. supinator oder einer isolierten Schädigung des R. superficialis trifft dies nicht zu!
Daher gilt: Merksprüche sind nicht nur meistens dumm, sondern dummerweise auch meistens nur z. T. richtig. Und ist der Merkspruch richtig dumm, drückt er sich oft auch um die Wahrheit rum!

3.6 Arterien der oberen Extremität

Lerntipp

Bei den Arterien sind **Versorgungsgebiet** und **Verlauf** wichtig, um bei Gefäßverschlüssen und -verletzungen das Ausmaß der Gefährdung der betroffenen Regionen des Arms zu erkennen. Die Systematik einzelner Äste ist oft nur für die Präparation relevant.

Die obere Extremität wird von der **A. subclavia** und den ihr nachgeschalteten Arterien versorgt (▶ Tab. 3.26, ▶ Abb. 3.24). Am Übergang zur ersten

Tab. 3.26 Arterien der oberen Extremität

Äste der A. subclavia

• A. vertebralis (▶ Kap. 8.9)
• A. thoracica interna (▶ Kap. 2.10)
• Truncus thyrocervicalis
  – A. thyroidea inferior
  – A. cervicalis ascendens
  – A. transversa cervicis/colli
  – A. suprascapularis
• Truncus costocervicalis
  – A. intercostalis suprema
  – A. profunda cervicis

Äste der A. axillaris

• A. thoracica superior (inkonstant)
• A. thoracoacromialis
• A. thoracica lateralis
• A. subscapularis
  – A. circumflexa scapulae
  – A. thoracodorsalis
• A. circumflexa humeri anterior
• A. circumflexa humeri posterior

Äste der A. brachialis

• A. profunda brachii
  – A. collateralis media
  – A. collateralis radialis
• A. collateralis ulnaris superior
• A. collateralis ulnaris inferior

Äste der A. radialis
• A. recurrens radialis • R. carpalis palmaris • R. carpalis dorsalis → Rete carpale dorsale → Aa. metacarpales dorsales → Aa. digitales dorsales • R. palmaris superficialis → Arcus palmaris superficialis • A. princeps pollicis • A. radialis indicis • Arcus palmaris profundus → Aa. metacarpales palmares

Äste der A. ulnaris

• A. recurrens ulnaris
• A. interossea communis
  – A. interossea anterior
  – A. interossea posterior mit A. interossea recurrens
• R. carpalis dorsalis
• R. carpalis palmaris
• R. palmaris profundus → Arcus palmaris profundus
• Arcus palmaris superficialis → Aa. digitales palmares

Obere Extremität

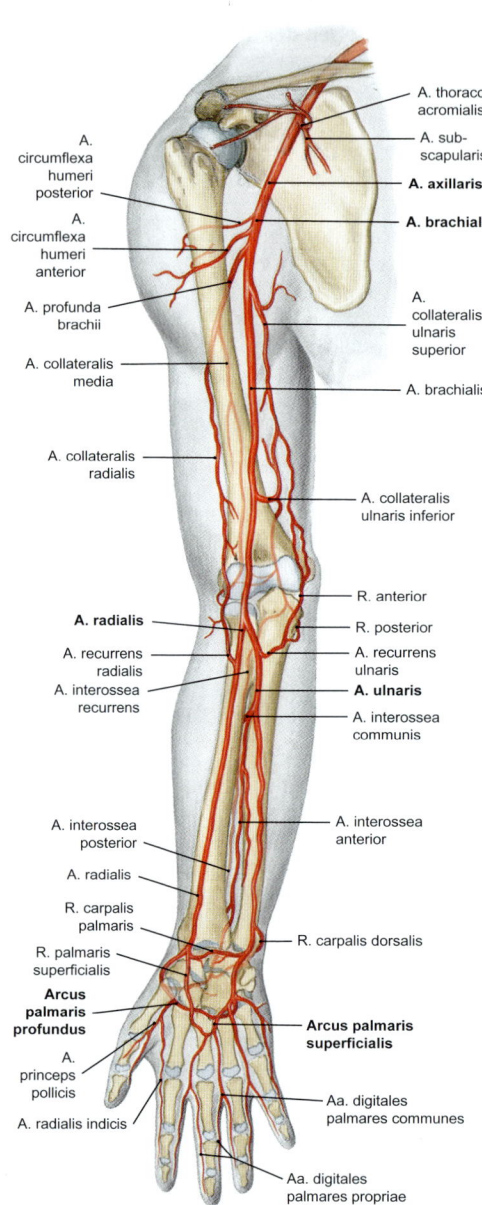

Abb. 3.24 Arterien des Arms. [S007-1-23]

3.6.1 A. subclavia

Die A. subclavia entspringt rechts dem Truncus brachiocephalicus, links direkt dem Aortenbogen. Das Gefäß zieht mit dem Plexus brachialis durch die **Skalenuslücke** (zwischen M. scalenus anterior und M. scalenus medius).

Versorgungsgebiet
- Arm
- Halsregion mit den dort befindlichen Organen
- Teile der vorderen Brustwand
- Innenohr
- Teile des Gehirns

Äste
▶ Abb. 3.25
- **A. vertebralis:** Sie geht medial des M. scalenus anterior nach kranial ab und versorgt Halsmuskulatur und -wirbelsäule, Rückenmark, Hirnstamm, Innenohr, Kleinhirn und hintere Anteile des Großhirns (▶ Kap. 8.9).
- **A. thoracica interna:** Sie geht nach kaudal ab und steigt etwa 1 cm lateral vom Rand des Sternums ab und versorgt neben vorderer Rumpfwand auch Mediastinum und Zwerchfell (▶ Kap. 5.6).

Tab. 3.27 Schulterblatt- und Oberarmanastomosen

Schulterblattanastomosen	Die **A. circumflexa scapulae** aus der A. subscapularis (aus der A. axillaris) gelangt durch die mediale Achsellücke nach dorsal, wo sie in der Fossa infraspinata mit der **A. suprascapularis** (aus dem Stromgebiet der A. subclavia) anastomosiert.
	Die **A. circumflexa scapulae** kann in der Fossa infraspinata mit einem Ast am medialen Rand der Scapula mit der **A. dorsalis scapulae** (aus der A. transversa cervicis/colli der A. subclavia) anastomosieren.
	Der **R. acromialis der A. thoracoacromialis** (aus der A. axillaris) kann mit der **A. suprascapularis** anastomosieren.
Oberarmanastomosen	**A. circumflexa humeri anterior** anastomosiert mit der **A. circumflexa humeri posterior,** die durch die laterale Achsellücke tritt.

Rippe setzt sie sich in die **A. axillaris** fort, die ab dem Unterrand des M. pectoralis major als **A. brachialis** bezeichnet wird. Sie zweigt sich in der Ellenbeuge in ihre beiden Endäste auf: die **A. radialis** und die **A. ulnaris** versorgen den Unterarm und die Hand, wo sie auf der Palmarseite die beiden Hohlhandbogen bilden.

- **Truncus thyrocervicalis:** Dieser meist starke, in seiner Ausbildung und Astabfolge aber sehr variable Gefäßstamm zweigt nach kranial ab und verzweigt sich dort im Regelfall in 4 Äste:
  - **A. thyroidea inferior:** Der stärkste Ast des Truncus thyrocervicalis versorgt Schilddrüse, Pharynx, Oesophagus, Larynx und Trachea.
  - **A. cervicalis ascendens:** dünnes Gefäß auf dem M. scalenus anterior.
  - **A. transversa cervicis** (= A. transversa colli). Sie verläuft nach lateral und zweigt sich in einen oberflächlichen Ast zur Unterseite des M. trapezius und einen tiefen Ast, der am medialen Rand der Scapula absteigt (**A. dorsalis scapulae**), die sich an den **Schulterblattanastomosen** beteiligt (▶ Tab. 3.27).
  - **A. suprascapularis:** verläuft hinter der Clavicula und zieht über das Lig. transversum scapulae superius auf die Rückseite der Scapula, anastomosiert meist mit der A. circumflexa scapulae und über feine Äste mit der A. dorsalis scapulae (**Schulterblattanastomosen**).
- **Truncus costocervicalis:** Dieser kurze Stamm geht hinter dem M. scalenus nach kaudal ab und versorgt die beiden obersten Interkostalräume und die tiefe Nackenmuskulatur.

> **Praxistipp**
>
> Die **A. subclavia**, hier v. a. der Truncus thyrocervicalis, und die **A. axillaris** sind mit ihren Abgängen **sehr variabel**. Hier sollte man die Äste am jeweiligen Präparat nach ihrem Verlauf und Versorgungsgebiet benennen.

3.6.2 A. axillaris

Versorgungsgebiet und Äste

Die Abgänge der A. axillaris versorgen die Schulter und Teile der vorderen Rumpfwand. die Äste bilden verschiedene Gruppen (▶ Abb. 3.25).

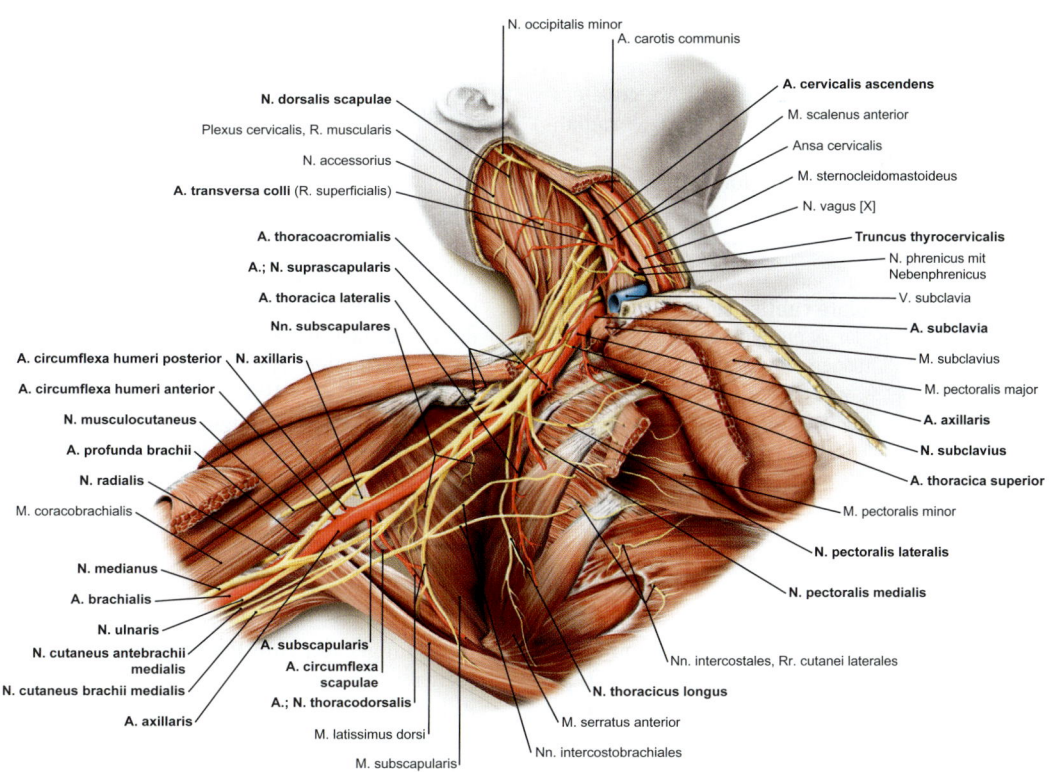

Abb. 3.25 Arterien der Schulterregion, rechts; Ansicht von ventral. [L266]

Obere Extremität

- **Äste** zur Versorgung der **oberen Brustwand** mit Muskeln und Brust (A. thoracica superior, A. thoracoacromialis, A. thoracica lateralis)
- **A. subscapularis:** Das kurze, starke Gefäß geht nach kaudal ab und teilt sich in:
  - **A. circumflexa scapulae:** zieht durch die **mediale Achsellücke** auf die Rückseite des Schulterblatts und anastomosiert dort mit Ästen der A. suprascapularis und oft über dünne Äste mit der A. dorsalis scapulae (**Schulterblattanastomosen**).
  - **A. thoracodorsalis** setzt den Verlauf der A. subscapularis fort und begleitet den N. thoracodorsalis zum M. latissimus dorsi.
- **Äste** für die **Oberarmanastomosen** (A. circumflexa humeri anterior und posterior).

3.6.3 A. brachialis

Die **A. brachialis** zieht auf der Arminnenseite in die Ellenbeuge, wo sie sich in die **A. radialis** und die **A. ulnaris** aufzweigt. Die A. brachialis versorgt den Humerus, das Ellenbogengelenk und die Oberarmmuskulatur. Ihre Äste bilden die **Kollateralarterien** für das Gefäßnetz des Ellenbogens (Rete articulare cubiti):

- A. profunda brachii (mit Endästen Aa. collateralis media und radialis): begleitet den N. radialis durch den **Trizepsschlitz**
- Aa. collateralis ulnaris superior und inferior.

> **Klinik**
>
> Durch die meist gut ausgeprägten Anastomosen im Bereich des **Rete articulare cubiti** kann die A. brachialis distal des Abgangs der A. profunda brachii gefahrlos, z. B. bei starken Blutungen, unterbunden werden. Zwischen Abgang der A. subscapularis der A. axillaris und der A. profunda brachii darf die A. brachialis allerdings niemals unterbunden werden, da hier keine Kollateralen bestehen!

3.6.4 A. radialis

Versorgungsgebiet

Die **A. radialis** setzt den Verlauf unter dem M. brachioradialis zum proximalen Handgelenk fort, gelangt durch die **„Tabatière"** (zwischen Mm. extensor pollicis longus und brevis) nach dorsal und dann zwischen den Köpfen des M. interosseus dorsalis I wieder in die Hohlhand. Dort bildet sie den Hauptzufluss des tiefen Hohlhandbogens (**Arcus palmaris profundus**).

Äste
▶ Abb. 3.24

- Rückläufiger **Ast** zum **Rete articulare cubiti** (A. recurrens radialis)
- **Äste** für die palmare und dorsale Seite der **Handwurzel**. Dorsal gehen aus einem Gefäßnetz die Arterien für Handrücken und Finger ab (Aa. metacarpales dorsales, Aa. digitales dorsales).
- **Verbindungsast** zum **oberflächlichen Hohlhandbogen**
- **Arterien** für **Daumen** und radiale Seite des **Zeigefingers** (A. princeps pollicis, A. radialis indicis)
- **Tiefer Hohlhandbogen (Arcus palmaris profundus):** Er liegt unter dem M. adductor pollicis auf den Metakarpalknochen und bildet die palmaren Äste für die Handfläche (Aa. metacarpales palmares).

> **Klinik**
>
> Durch ihre oberflächliche Lage sind die distalen Abschnitte der **A. radialis recht verletzungsanfällig.** Allerdings ist hier auch eine **arterielle Punktion** (z. B. zur Blutgasanalyse) einfach möglich. Durch ihre gute Erreichbarkeit ist die A. radialis zunehmend auch der Zugangsweg der ersten Wahl für eine angiografische Untersuchung der Koronararterien („Herzkatheter").

Die **A. ulnaris** geht dorsal des M. pronator teres aus der A. brachialis ab, entsendet die A. interossea communis und verläuft dann zusammen mit dem N. ulnaris unter dem M. flexor carpi ulnaris zum proximalen Handgelenk. Sie gelangt mit diesem durch die **GUYON-Loge** und bildet in der Handfläche den Hauptzufluss des oberflächlichen Hohlhandbogens (**Arcus palmaris superficialis**).

3.6.5 A. ulnaris

Äste
▶ Abb. 3.24

- Rückläufiger **Ast** zum **Rete articulare cubiti** (A. recurrens ulnaris)
- **Ast** für die dorsale Seite der **Handwurzel**
- **A. interossea communis:** kurzes starkes Gefäß mit ventralem und dorsalem Endast (Aa. interossea antebrachii anterior und posterior)

- **Verbindungsast** zum **tiefen Hohlhandbogen**
- **Oberflächlicher Hohlhandbogen (Arcus palmaris superficialis):** Er liegt unter der Palmaraponeurose auf den Sehnen der langen Fingerbeuger und bildet die palmaren Fingerarterien (Aa. digitales palmares) für die ulnaren 3,5 Finger. Im Bereich von Ellenbeuge und Ellenbogen bildet sich durch die Anastomosen der **4 Kollateralarterien** (Aa. collateralis media und radialis aus der A. profunda brachii, Aa. collateralis ulnaris superior und inferior aus der A. brachialis) mit den **3 Rekurrensarterien** (Aa. recurrens radialis und ulnaris sowie A. interossea recurrens aus den gleichnamigen Gefäßen) ein Umgehungskreislauf für den Hauptstamm der A. brachialis.

> **Klinik**
>
> Bei der klinischen Untersuchung können am Arm folgende **Pulse** getastet werden: der Puls der A. radialis auf der Radialseite des Handgelenks (ulnar der Sehne des M. brachioradialis) und der Puls der A. ulnaris auf der Ulnarseite der Handgelenke (radial der Sehne des M. flexor carpi ulnaris). Daneben kann auch der Puls der A. axillaris in der distalen Achselhöhle und der A. brachialis am medialen Oberarm getastet werden, was allerdings weniger gebräuchlich ist.

> **Merke**
>
> Die **A. ulnaris** bildet den Arcus palmaris superficialis und versorgt über diesen die Palmarseite der 3,5 ulnaren Finger.
> Die **A. radialis** versorgt überwiegend die Dorsalseite der gesamten Hand sowie Daumen und die radiale Seite des Zeigefingers und geht in den Arcus palmaris profundus über, der die palmare Handfläche ernährt.

3.7 Venen und Lymphgefäße der oberen Extremität

3.7.1 Venen

> **Lerntipp**
>
> Die oberflächlichen Venen sind als **Zugangswege** für Blutentnahme und Applikation von Medikamenten wichtig. Bei den Lymphbahnen sind besonders die Lymphknoten in der Achselhöhle für die **Diagnostik** von Tumoren wie dem Brustkrebs relevant.

Bei Venen und Lymphbahnen unterscheidet man ein **oberflächliches** und ein **tiefes System** (▶ Abb. 3.26). Die tiefen Systeme verlaufen mit den gleichnamigen Arterien. Die tiefen Venen setzen sich in die V. axillaris fort, die tiefen Lymphbahnen drainieren in die Lymphknoten der Achselhöhle.
Das **oberflächliche Venensystem** des Arms besteht aus **zwei Hauptstämmen,** die das Blut der Hand aufnehmen:

- **V. cephalica antebrachii:** beginnt auf dem radialen Handrücken und nimmt hier das Blut aus dem Venennetz des Handrückens auf. Sie zieht auf der radialen Beugeseite des Unterarms in die Ellenbeuge, wo sie sich über die **V. mediana cubiti** mit der V. basilica antebrachii verbindet. Die V. cephalica verläuft am lateralen Oberarm und mündet im Trigonum clavipectorale (MOHRENHEIM-Grube) in die V. axillaris.
- **V. basilica antebrachii:** beginnt am ulnaren Handrücken, wechselt dann auf die ulnare Beugeseite und an der unteren Hälfte des Oberarms durchbohrt sie die Faszie und mündet in die Vv. brachiales.

> **Klinik**
>
> Die oberflächlichen Venen des Arms sind sehr variabel. So können z. B. die V. cephalica oder die V. mediana cubiti fehlen bzw. auch zusätzliche Hautvenen vorhanden sein. Aufgrund der oberflächlichen Lage eignen sich die Gefäße sehr gut zur **Blutentnahme** bzw. zur **intravenösen Gabe von Medikamenten.** Vor Injektion in die V. mediana cubiti muss in der Ellenbeuge eine oberflächlich verlaufende A. brachialis ausgeschlossen werden (Puls! Varietät bei etwa 8 % der Menschen).
> Über die V. cephalica werden häufig dauerhafte Zugänge wie bei einem **Herzschrittmacher** oder einem **Portsystem** zur Ernährung oder Applikation von Chemotherapeutika bei Tumorerkrankungen eingebracht.
> Die V. subclavia wird oft zur Anlage eines **zentralen Venenkatheters (ZVK)** genutzt. Da hinter dem Gefäß die Pleurakuppeln liegen, muss nach der Punktion eine Verletzung der Pleurahöhle mit Kollaps der Lunge (Pneumothorax) durch ein Röntgenbild des Brustkorbs ausgeschlossen werden.

3.7.2 Lymphgefäße

Die **oberflächlichen, epifaszialen Lymphkollektoren** bilden am Unterarm ein **radiales,** ein **ulnares** und ein **mediales** Bündel. Am Oberarm folgt das

Obere Extremität

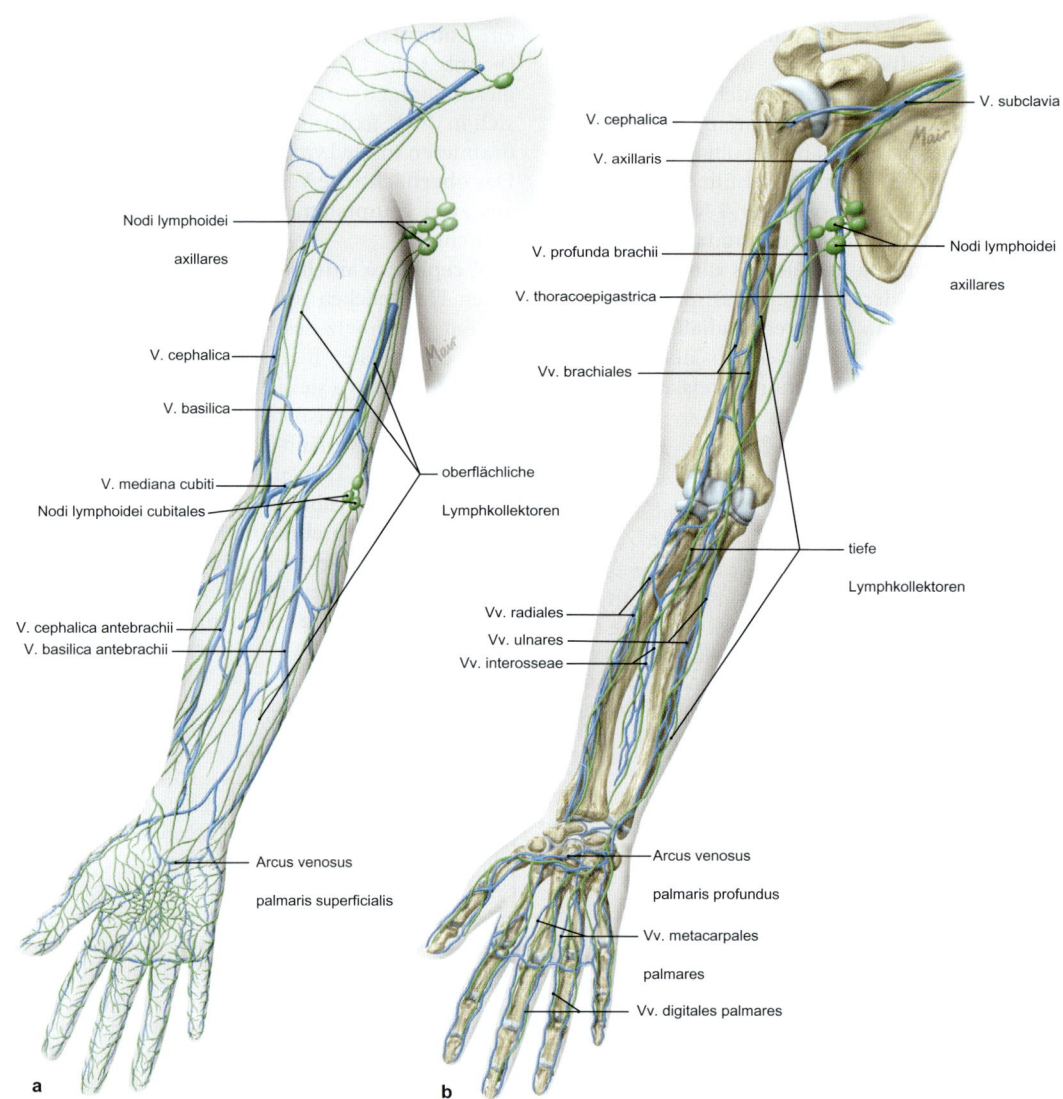

Abb. 3.26 Venen und Lymphbahnen des Arms, rechts. Ansicht von ventral. a) Oberflächliches System. b) Tiefes System. [L127]

mediale Oberarmbündel der V. basilica und drainiert in die axillären Lymphknoten, während das **dorsolaterale Oberarmbündel** entlang der V. cephalica zusätzlich an die supraklavikulären Lymphknoten Anschluss hat.

Für beide Lymphsysteme liegen die ersten regionären Lymphknotenstationen überwiegend in der Achselhöhle **(Nodi lymphoidei axillares)**, einzelne Lymphknoten sind jedoch auch in der Ellenbeuge **(Nodi lymphoidei cubitales)** vorhanden.

Im Fettgewebe der Achselhöhle liegen bis zu **50 Lymphknoten** (Nodi lymphoidei axillares).
Einzugsgebiet:
- Arm
- Obere Brustwand einschließlich der Brustdrüse
- Oberer Rücken

Die Lymphknoten werden in **3 Stockwerke (Levels)** eingeteilt, die für die Klinik des Brustdrüsenkrebses wichtig sind (▶ Abb. 3.27). Diese Einteilung

▶ 3.7 Venen und Lymphgefäße ▶ 3.7.2 Lymphgefäße

Tab. 3.28 Lymphknoten der Achselhöhle

Level	Lymphknoten
Level I untere Gruppe lateral des M. pectoralis minor	• Nodi lymphoidei paramammarii (lateral der Brustdrüse) • Nodi lymphoidei axillares pectorales (entlang der A./V. thoracica lateralis) • Nodi lymphoidei axillares subscapulares (entlang der A./V. subscapularis und thoracodorsalis) • Nodi lymphoidei axillares laterales (entlang der A./V. axillaris)
Level II mittlere Gruppe **auf und unter** dem M. pectoralis minor	• Nodi lymphoidei interpectorales (zwischen M. pectoralis minor und M. pectoralis major) • Nodi lymphoidei axillares centrales (unter dem M. pectoralis minor)
Level III obere Gruppe **medial** des M. pectoralis minor	• Nodi lymphoidei axillares apicales (im Trigonum clavipectorale = MOHRENHEIM-Grube)

erfolgt in Bezug auf die Lage des **M. pectoralis minor** (▶ Tab. 3.28).
Die apikalen Lymphknoten von Level III erhalten Lymphe aus allen anderen Lymphknotengruppen und stellen die letzte Lymphknotenstation vor dem Truncus subclavius dar, der die Lymphe dem Ductus thoracicus (linke Körperseite) oder dem Ductus lymphaticus dexter (rechte Körperseite) zuführt.

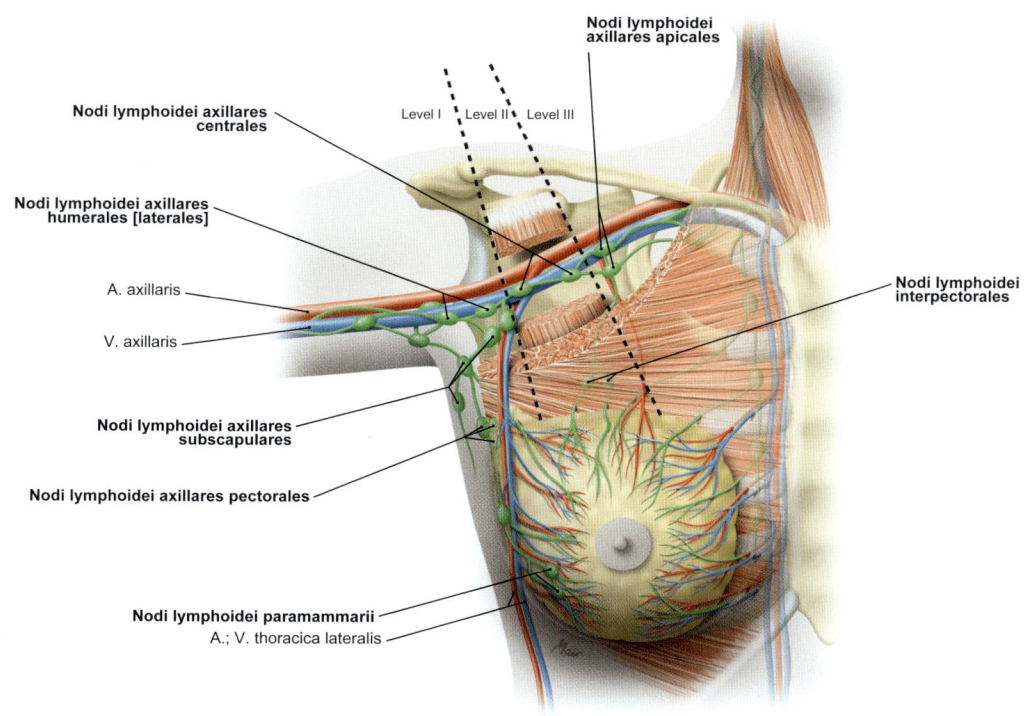

Abb. 3.27 Lymphknoten der Axilla. [L127]

Obere Extremität

> **Klinik**
>
> Das **Abtasten der Lymphknoten** gehört zu einer vollständigen klinischen Untersuchung. Aufgrund der Häufigkeit des Brustdrüsenkrebses (ca. jede 10. Frau erkrankt im Laufe ihres Lebens, aber auch Männer können betroffen sein) gilt daher jede tastbare Vergrößerung eines axillären Lymphknotens bei der Frau als Hinweis auf einen möglichen Brustdrüsenkrebs.

Jens Waschke

04 Untere Extremität

4.1	Übersicht: untere Extremität	101
4.2	Knochen der unteren Extremität	103
4.2.1	Beckengürtel	103
4.2.2	Bein	104
4.3	Gelenke der unteren Extremität	107
4.3.1	Schambeinfuge und Sakroiliakalgelenk	107
4.3.2	Hüftgelenk	110
4.3.3	Kniegelenk	111
4.3.4	Verbindungen zwischen den Unterschenkelknochen	114
4.3.5	Sprunggelenke und übrige Fußgelenke	115
4.4	Muskulatur der unteren Extremität	117
4.4.1	Muskulatur des Beckengürtels	118
4.4.2	Lacuna vasorum und musculorum	119
4.4.3	Schenkeldreieck, Obturatorkanal und Adduktorenkanal	121
4.4.4	Muskulatur des Oberschenkels	122
4.4.5	Muskulatur des Unterschenkels	124
4.4.6	Kurze Fußmuskeln	126
4.5	Nerven der unteren Extremität	126
4.5.1	Plexus lumbosacralis	127
4.5.2	Plexus lumbalis	130
4.5.3	Plexus sacralis	131
4.6	Arterien der unteren Extremität	133
4.6.1	A. iliaca externa	134
4.6.2	A. femoralis	134
4.6.3	A. poplitea	135
4.7	Venen und Lymphgefäße der unteren Extremität	135
4.7.1	Venen	136
4.7.2	Lymphgefäße	137

IMPP-Hits

Folgende Themenkomplexe wurden bisher besonders häufig vom IMPP gefragt (Top Ten):
- Gelenke mit Bändern (v. a. Sakroiliakalgelenk, Hüftgelenk, Knie- und Sprunggelenke) und Läsionen
- Ursprünge und Ansätze von Hüft- bis Unterschenkelmuskeln, Funktion und Innervation einschließlich der Fußmuskeln
- Fußgewölbe mit Stabilisierung
- Plexus lumbosacralis sowie dessen Nerven mit Versorgungsgebiet und Verlauf
- Läsionen der Nerven mit Klinik
- Arterien mit Ästen, Verlauf und Pulsen
- Epifasziale Venen
- Lymphdrainage, besonders Lymphknoten der Leiste mit Drainagegebieten
- Topografie: Lacuna vasorum und musculorum, Regio glutealis, Schenkeldreieck und Adduktorenkanal
- Kompartimente des Unterschenkels

4.1 Übersicht: untere Extremität

Die **untere Extremität** ist mit ihren relativ gut stabilisierten Gelenken an ihre Funktion als **Lauf- und Stützorgan** angepasst. Gliederung:

- Beckengürtel
- Bein: Oberschenkel (Femur), Unterschenkel (Crus), Fuß (Pes) (▶ Abb. 4.1).

Die Längsachsen von Ober- und Unterschenkelknochen bilden nach lateral den **Knieaußenwinkel**

Untere Extremität

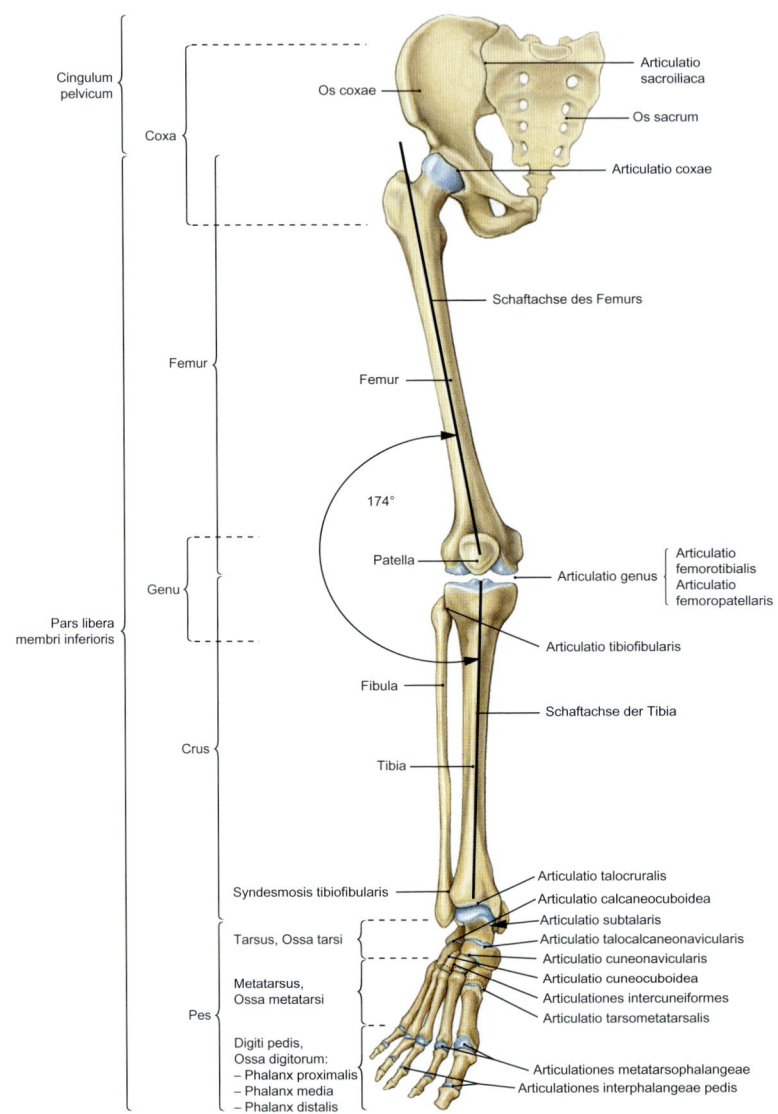

Abb. 4.1 Knochen und Gelenke der unteren Extremität, rechts. Ansicht von ventral. [S007-1-23]

von 174°. Im Unterschied dazu liegen im Normalfall die großen Gelenke des Beins auf einer Traglinie (MIKULICZ-Linie), die das Zentrum des Hüftgelenks mit dem Knie und dem oberen Sprunggelenk verbindet und das Körpergewicht trägt.
Bei Abweichungen des Knieaußenwinkels kommt es zu:
- **X-Bein (Genu valgum):** Der Knieaußenwinkel ist kleiner, sodass das Kniegelenk nach medial von der Traglinie abweicht. Dabei wird das laterale Kompartiment des Kniegelenks stärker belastet.
- **O-Bein (Genu varum):** Der Knieaußenwinkel ist größer und das Kniegelenk gerät nach lateral aus der Traglinie. Hier ist das mediale Kompartiment des Knies stärker beansprucht.

Die Traglinie zeigt, dass an der unteren Extremität besonders die **Stützfunktion** der Gelenke wichtig ist, während am Arm die Rotationsachsen der Gelenke für den Bewegungsumfang von großer Bedeu-

▶ 4.2 Knochen der unteren Extremität   ▶ 4.2.1 Beckengürtel

tung sind. Durch die stärkere Knochen- und Bänderführung der Gelenke der unteren Extremität sind die Rotationsbewegungen viel geringer ausgeprägt als am Arm und ermöglichen nur die Ausrichtung der Zehen nach medial oder lateral und nicht die vollständige Rotation der gesamten Extremität. Eine Wendebewegung der Fußfläche findet nur im unteren Sprunggelenk zusammen mit den Fußgelenken statt und ist relativ gering ausgeprägt. Dies ist sinnvoll, da die Fußsohle bei Stand und Gang eine sichere Auflagefläche bieten muss.

> **Klinik**
>
> Abweichungen des Kniegelenks von der Traglinie (MIKULICZ-Linie) resultieren in einer ungleichmäßigen Belastung der beiden Kompartimente, die durch Verschleiß des Meniskus und des Gelenkknorpels zur Arthrose im Kniegelenk (**Gonarthrose**) führen kann. Bei einem **X-Bein** kommt es zur **lateralen Arthrose**, beim **O-Bein** zur **Arthrose im medialen Kompartiment**. Bei starker Abweichung kann evtl. eine operative Korrektur durch Entfernung eines Knochenkeils (Umstellungsosteotomie) erfolgen.

4.2 Knochen der unteren Extremität

> **Lerntipp**
>
> Die Knochen dienen als **Stützskelett** und zur **Befestigung** der Bänder und Muskeln. Daher sind neben den Abschnitten der Knochen auch die Fortsätze (**Apophysen**) **funktionell relevant,** an denen Bänder und Muskeln entspringen und inserieren *(Informationen zu Bändern und Muskeln sowie Durchtrittsstellen für Leitungsbahnen werden durch kursive Schrift hervorgehoben)*. Die großen Apophysen sind auch für **Röntgendiagnostik** wichtig, da bei Verletzungen beurteilt werden muss, ob Knochenbrüche (Frakturen) vorliegen.

Die Knochen der unteren Extremität sind massiver ausgebildet als das Armskelett (▶ Abb. 4.2).

4.2.1 Beckengürtel

Durch seine Becken- oder Schüsselform kann es die Gewichtskraft des Rumpfes auf die unteren Extremitäten übertragen und umgibt zusätzlich schützend die Organe der Bauch- und Beckenhöhle.
Die **Form des Beckens** ist bei beiden Geschlechtern verschieden (▶ Tab. 4.1).

Tab. 4.1 Geschlechtsspezifische Unterschiede des Beckens

Frau	Mann
größter Durchmesser des Beckeneingangs horizontal	größter Durchmesser des Beckeneingangs sagittal
obere Beckenöffnung queroval	obere Beckenöffnung herzförmig
Winkel der unteren Schambeinäste flach (Arcus pubicus)	Winkel der unteren Schambeinäste spitz (Angulus subpubicus)
Beckenschaufeln breiter	

Das Becken besteht insgesamt aus 3 Knochen:
- **2 Hüftbeine (Ossa coxae),** die jeweils aus 3 Knochen zusammengesetzt sind, welche zwischen dem 13. und 18. Lebensjahr miteinander verknöchern:
  – Darmbein (**Os ilium**): kranial
  – Sitzbein (**Os ischii**): kaudal dorsal
  – Schambein (**Os pubis**): kaudal ventral
- **Kreuzbein (Os sacrum):** ist ein Teil der Wirbelsäule (▶ Kap. 2.1.2).

Alle 3 Knochen bilden im Zentrum des Darmbeins das **Acetabulum,** das die Gelenkpfanne des Hüftgelenks darstellt. Die Einsenkung der Pfanne (*Ursprung des Lig. capitis femoris*) ist kaudal offen (Incisura acetabuli, *wird durch das Lig. transversum acetabuli verschlossen*). Oben ist sie halbmondförmig und innen mit Gelenkknorpel bedeckt und außen durch einen Knochenwall verstärkt (*Ursprung des M. rectus femoris*).

Os ilium

Das Os ilium hat seinen Namen, weil es mit der Darmbeinschaufel (**Ala ossis ilii**) die Beckeneingeweide und die Darmschlingen umgibt. Medial ist diese vorne und oberhalb der Linea arcuata zur **Fossa iliaca** eingesenkt (*Ursprung für den M. iliacus als Teil des wichtigsten Hüftbeugers M. iliopsoas*), während der hintere Abschnitt die Gelenkfläche für das Sakroiliakalgelenk bildet. Apophysen für dessen starken Bandapparat (*Ligg. sacroiliaca, posteriora und interossea*) sind zur Tuberositas iliaca aufgeworfen. Die Außenseite der Darmbeinschaufel bietet mit der **Facies glutea** eine breite Ursprungsfläche für die dorsolaterale Gruppe der Hüftmuskeln (*M. gluteus maximus, M. gluteus me-*

Untere Extremität

dius und M. gluteus minimus). Der obere freie Rand der Darmbeinschaufel ist der Darmbeinkamm (**Crista iliaca**), der sich vorne von der **Spina iliaca anterior superior** (*Ursprung des Leistenbands, Lig. inguinale, sowie für den M. sartorius und den M. tensor fasciae latae*) nach hinten zur **Spina iliaca posterior superior** erstreckt. Die jeweils darunter liegende **Spina iliaca anterior inferior** (*Ursprung für das Lig. iliofemorale und den M. rectus femoris*) und **Spina iliaca posterior inferior** zählt man nicht mehr dazu. Durch die Ursprünge und Ansätze der platten Bauchmuskeln sind am Darmbeinkamm ein Labium externum (*Ansatz für M. obliquus externus abdominis*) und Labium internum (*Ursprung für M. transversus abdominis*) und dazwischen eine meist undeutliche Linea intermedia (*Ursprung für M. obliquus internus abdominis*) aufgeworfen.

Os ischii

Am **Sitzbein** unterscheidet man einen massiven Körper (**Corpus ossis ischii**, *Ursprung des Lig. ischiofemorale*) vom kaudalen Sitzbeinast (**R. ossis ischii**) als Verbindung zum Os pubis, der dorsal zum Sitzbeinhöcker, **Tuber ischiadicum,** aufgeworfen ist und beim Sitzen das Körpergewicht trägt (*Ansatz für das Lig. sacrotuberale, die kräftige Apophyse dient als Ursprung für die ischiokrurale Muskelgruppe des Oberschenkels und des M. adductor magnus*). Die **Spina ischiadica** (*Ansatz für das Lig. sacrospinale, Ursprung der Beckenbodenmuskulatur*) grenzt die **Incisura ischiadica major** und **minor** voneinander ab. Diese werden *durch das Lig. sacrospinale und Lig. sacrotuberale zum Foramen ischiadicum majus und Foramen ischiadicum minus vervollständigt, die wichtige Durchtrittsöffnungen für Leitungsbahnen zwischen Beckenhöhle und Bein darstellen*.

Os pubis

Das Schambein gliedert sich in einen schmächtigen Körper (**Corpus**) sowie einen oberen und unteren Schambeinast (**Ramus superior und inferior**). Der Ramus superior (*Ursprung des Lig. pubofemorale*) hat kranial einen scharfen Rand, Pecten ossis pubis (*Ursprung für den M. pectineus der Adduktorengruppe*), und trägt medial die Gelenkfläche für die Schambeinfuge. Nahe dieser Gelenkfläche liegt das Tuberculum pubicum (*Ansatz des Leistenbands, Lig. inguinale, über dem der Leistenkanal und unter dem die La-* *cuna musculorum und Lacuna vasorum wichtige Durchtrittsstellen von der Beckenhöhle zum Bein darstellen*).

Die beiden Schambeinäste vervollständigen mit dem Sitzbeinast den Knochenring um das **Foramen obturatum,** das durch eine Bindegewebsplatte (Membrana obturatoria) ausgefüllt ist *und nur eine schmale Öffnung als Austritt für Leitungsbahnen aus dem Becken offen lässt (Canalis obturatorius). Am Knochenring entspringen lateral die Muskeln der Adduktorengruppe und medial die des Beckenbodens und der Dammmuskulatur. Zusätzlich zu diesem Ring dient auch die mediale und laterale Fläche der Membrana obturatoria als Ursprung für die gleichnamigen Hüftmuskeln (M. obturatorius internus und M. obturatorius externus).*

> **Praxistipp**
>
> Die Spina iliaca posterior superior ist meist gut zu tasten und dient bei Verdacht auf Störungen der Blutbildung oder eine bösartige Entartung (Leukämie) im Knochenmark als Ort für eine Stanzbiopsie aus dem Beckenkamm (**Knochenmarkpunktion**).

> **Klinik**
>
> Die Leitungsbahnen (A./V. obturatoria, N. obturatorius) im Canalis obturatorius können durch Eingeweide eingequetscht werden, die sich bei einer Erweiterung des Kanals in diesen verlagert haben (**Obturatumhernie**). Dadurch kann der N. obturatorius geschädigt werden, was zu einem Ausfall der Muskeln der Adduktorengruppe und zu in das Knie ausstrahlenden Schmerzen (ROMBERG-Kniephänomen) führen kann.

4.2.2 Bein

Oberschenkel

Der Oberschenkelknochen (**Femur**) gliedert sich in einen Kopf (**Caput**), einen Hals (**Collum**) und einen Schaft (**Corpus**) (▶ Abb. 4.2). Der Kopf ist der Gelenkkopf des Hüftgelenks (*und Ansatz des Lig. capitis femoris*). Der proximale Schaft trägt mit den beiden Rollhügeln mächtige Apophysen als Ansatz für die Bänder und Muskeln der Hüfte: Der große Rollhügel (**Trochanter major**) zeigt nach dorsolateral (*Ansatz für die kleinen Gluteusmuskeln*), der kleine Rollhügel (**Trochanter minor**) weist nach dorsomedial (*Ansatz für den M. iliopsoas*) und ist nach unten zur Linea pectinea (*An-*

▶ 4.2 Knochen der unteren Extremität   ▶ 4.2.2 Bein

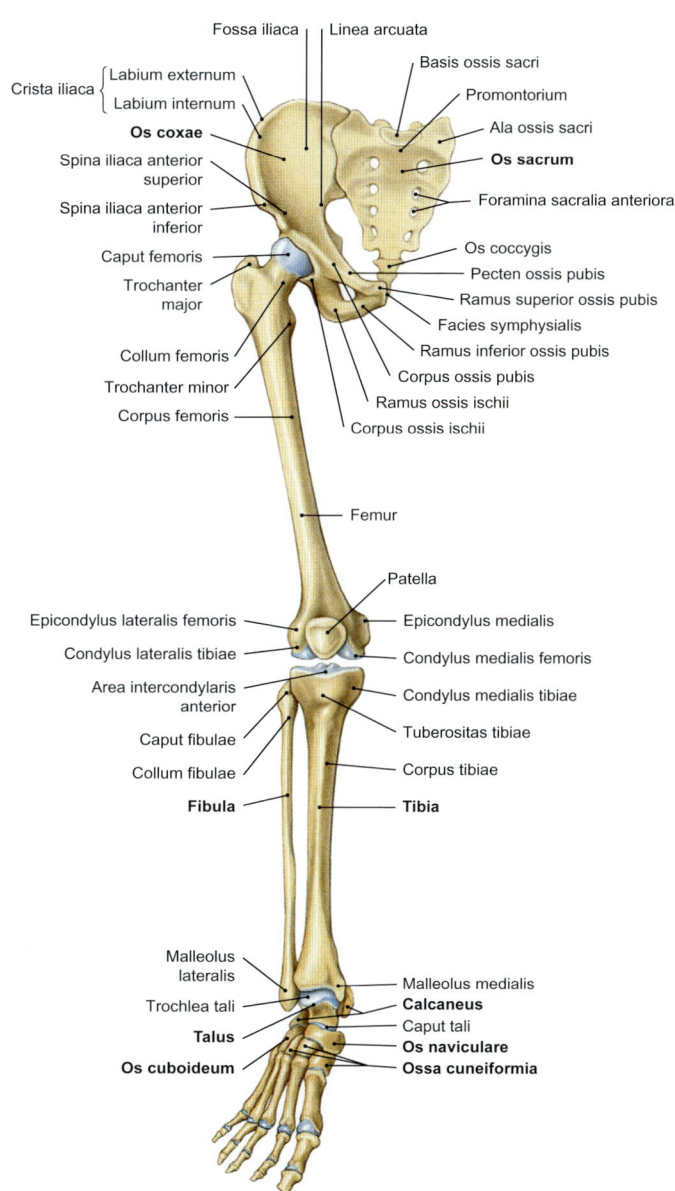

Abb. 4.2 Skelett der unteren Extremität, rechts. Ansicht von ventral. [S007-1-23]

satz für den M. pectineus) ausgezogen. Beide Rollhügel sind ventral und dorsal durch Knochenleisten verbunden, *an denen die Bänder des Hüftgelenks (Ligg. ilio-, ischio-, pubofemorale) inserieren und z. T. auch die kleinen pelvitrochantären Hüftmuskeln ihren Ansatz haben.*
Etwas unterhalb ist die **Tuberositas glutea** *(Ansatz des M. gluteus maximus)* aufgeworfen, die nach kaudal in die raue Erhabenheit der **Linea aspera** ausläuft. *An deren beiden Lippen (Labium mediale und Labium laterale) haben der M. vastus medialis und der M. vastus lateralis des M. quadriceps ihren Ursprung und die Adduktoren des Hüftgelenks den Ansatz.*
Distal verbreitert sich der Schaft zum **Epicondylus medialis** *(Ansatz des M. adductor magnus)* **und Epi-**

Untere Extremität

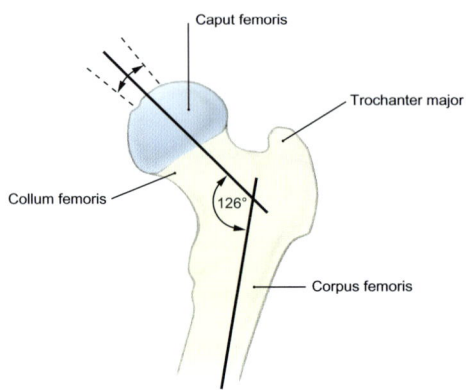

Abb. 4.3 Proximales Ende des Oberschenkelknochens mit Darstellung des Schenkelhalswinkels, Femur, rechts. Ansicht von dorsal. [S007-1-23]

condylus lateralis, die oberhalb der Gelenkfortsätze für das Kniegelenk (**Condylus medialis und lateralis**) gelegen sind. *An den Kondylen entspringen Wadenmuskeln: der M. gastrocnemius, am lateralen Condylus zusätzlich der M. plantaris und der M. popliteus. An den Kondylen entspringen die Kreuzbänder.* Die Vorderfläche der Femurkondylen hat als Gelenkfläche zur Kniescheibe einen Knorpelüberzug.

Am Femur werden **2 Winkel** unterschieden:
- **Schenkelhalswinkel** (**Centrum-Collum-Diaphysen-Winkel,** CCD-Winkel) **von 126°:** zwischen Femurhals und Femurschaft (▶ Abb. 4.3). **Coxa valga:** Winkel > 130°, **Coxa vara:** Winkel < 120°
- **Antetorsionswinkel von 14°:** zwischen der Verbindungslinie der beiden Kondylen und der Längsachse des Femurhalses

> **Klinik**
>
> Die veränderte Belastung der Gelenkflächen kann sowohl bei **Coxa vara** als auch bei **Coxa valga** zu einem erhöhten Verschleiß mit Ausbildung einer Arthrose in Hüftgelenk (**Coxarthrose**) und Kniegelenk (**Gonarthrose**) führen. Darüber hinaus prädisponiert die **Coxa vara** durch die erhöhte Biegebeanspruchung zu **Schenkelhalsbrüchen**.

Kniescheibe

Die **Patella** ist als Sesambein in die Sehne des M. quadriceps femoris eingelassen und artikuliert dorsal mit dem Femur.

Unterschenkel

Wie am Unterarm wird das Skelett am Unterschenkel durch 2 Knochen gebildet (▶ Abb. 4.2):
- Schienbein (**Tibia**)
- Wadenbein (**Fibula**)

Die Schäfte von **Tibia** und **Fibula** (**Corpus**) sind im Querschnitt dreieckig. Der laterale (Tibia) und mediale (Fibula) scharfe Rand (Margo interosseus) der Knochen sind durch die Membrana interossea cruris verbunden.

Tibia

Das proximale „Tibiaplateau" der Kliniker wird durch die beiden Tibiakondylen (**Condylus medialis und lateralis**) gebildet, welche die Gelenkflächen für das Kniegelenk darstellen. *Am medialen Kondylus setzen die Ansatzsehnen verschiedener Muskeln an (M. sartorius, M. gracilis, M. semitendinosus und M. semimembranosus). Zwischen diesen befinden sich vorne die* **Area intercondylaris anterior** *und hinten die* **Area intercondylaris posterior** *(Ansätze des vorderen und hinteren Kreuzbands).* Vorne zwischen den Kondylen ragt die **Tuberositas tibiae** auf (*Ansatz des M. quadriceps femoris über das Lig. patellae*). Unten ist der laterale Condylus als Gelenkfläche mit der Fibula mit Knorpel überzogen. Distal verbreitert sich der Schaft zur Gelenkfläche für das obere Sprunggelenk und medial zum **Innenknöchel** (**Malleolus medialis,** *Ursprung für die Teile des Lig. deltoideum, das medial die Sprunggelenke verstärkt*). Ihm gegenüber ist die Kontaktfläche zur Fibula eingesenkt.

Fibula

Die Fibula ist proximal zum Fibulaköpfchen (**Caput fibulae**) verdickt (*Ansatz des Lig. collaterale fibulare und des M. biceps femoris, Ursprung für den M. fibularis longus*), an den sich der Hals (**Collum fibulae**) anschließt. Der Kopf trägt die Gelenkfläche für die das proximale Tibiofibulargelenk. Das distale Ende ist zum **Außenknöchel** verbreitert (**Malleolus lateralis,** *Ansatz für die lateralen Bänder der Sprunggelenke*), der die Gelenkfläche für das obere Sprunggelenk trägt.

> **Klinik**
>
> Aufgrund ihrer oberflächlichen Lage wird die Tibia in der Notfallmedizin genutzt, um über einen **intraossären Zugang** medial und distal der Tuberositas tibiae Flüssigkeit zu verabreichen. Die Fibula wird als **Knochenersatzmaterial** in der Mund-Kiefer-Gesichtschirurgie verwendet.

Fuß

Der Fuß (**Pes**) wird wie die Hand in 3 Abschnitte unterteilt (▶ Abb. 4.2):
- Fußwurzel (**Tarsus**) mit Fußwurzelknochen (**Ossa tarsi**)
- Mittelfuß (**Metatarsus**) mit Mittelfußknochen (**Ossa metatarsi**)
- Zehen (**Digiti pedis**) mit Zehenknochen (**Ossa digitorum, Phalanges**)

Fußwurzel

An der Fußwurzel werden eine proximale und eine distale Reihe unterschieden:
- Proximale Reihe:
  - Sprungbein (**Talus**)
  - Fersenbein (**Calcaneus**)
- Distale Reihe:
  - Kahnbein (**Os naviculare**)
  - 3 Keilbeine (**Ossa cuneiforme mediale, intermedium, laterale**)
  - Würfelbein (**Os cuboideum**)

Der **Talus** bildet oben mit der Talusrolle (**Trochlea tali**) den Gelenkkopf für das obere Sprunggelenk. Die Talusrolle ist vorne breit und hinten schmal. Mit den Gelenkflächen vorne an seinem Kopf (**Caput**) und unten an seinem Körper (**Corpus**), der durch einen kurzen Hals (**Collum**) abgesetzt ist, ist das Sprungbein auch Gelenkkörper für das untere Sprunggelenk. Unten befindet sich der **Sulcus tali** als Grenze zwischen der vorderen und hinteren Kammer des unteren Sprunggelenks.

Der **Calcaneus** liegt unter dem Talus und hat Gelenkflächen zu diesem und zum Würfelbein. Der Fortsatz hinten wird **Tuber calcanei** bezeichnet. *Hier setzen über die ACHILLES-Sehne (Tendo calcaneus) die oberflächlichen Wadenmuskeln des M. triceps surae an.*

Das **Os naviculare** liegt medial und artikuliert nach distal hin mit den **3 Keilbeinen** und nach lateral mit dem **Würfelbein**.

Mittelfuß

Wie an der Hand unterscheidet man bei den Mittelfußknochen und den Phalangen jeweils Basis, Corpus und Caput. Während die **Großzehe** (**Hallux**) wie der Daumen nur aus 2 Gliedern besteht, sind die **Zehen II–V** wie die Finger an der Hand aus 3 Knochen zusammengesetzt.

Klinik

Am Tuber calcanei kann sich an der Befestigung der Plantaraponeurose nach ventral hin ein Knochenfortsatz ausbilden, was als **Fersensporn** bezeichnet wird, der bei Belastung sehr schmerzhaft sein kann.

Lerntipp

Merkspruch

Beine setzen an zum **Sprung** von der **Ferse** zum **Kahn** mit seinen drei **keil**förmigen Segeln und seiner **würfel**förmigen Kajüte.

4.3 Gelenke der unteren Extremität

Lerntipp

Bei den Gelenken sind neben den stabilisierenden **Bändern** besonders auch die **Bewegungsachsen** und der **Bewegungsumfang** funktionell von Bedeutung. Aus dem Verlauf der Muskeln zu den Achsen ergeben sich deren Funktion sowie das Drehmoment (Allgemeine Anatomie, ▶ Kap. 1.2.4).

An der unteren Extremität sind die Gelenke (▶ Tab. 4.2, ▶ Abb. 4.1) meist durch einen straffen Bandapparat stabilisiert, sodass sie ohne großen Kraftaufwand das Gewicht des Körpers tragen können. Zu diesen Gunsten wurde der Bewegungsumfang reduziert. Dadurch sind die Gelenke häufig durch **degenerative Erkrankungen** in Mitleidenschaft gezogen.

4.3.1 Schambeinfuge und Sakroiliakalgelenk

Schambeinfuge

Die Schambeinfuge (**Symphysis pubica**) ist ein unechtes Gelenk (**Synarthrose**) in der Medianebene zwischen den oberen Schambeinästen und besitzt einen **Discus interpubicus** aus Faserknorpel.

Bänder

Die Schambeinfuge wird von zwei **Bändern** stabilisiert (▶ Abb. 4.4):
- **Lig. pubicum superius** auf der Oberseite
- **Lig. pubicum inferius** auf der Unterseite

Untere Extremität

Tab. 4.2 Gelenke der unteren Extremität	
Gelenk	**Gelenkart**
Schambeinfuge (**Symphysis pubica**)	unechtes Gelenk (= Synarthrose)
Sakroiliakalgelenk (**Articulatio sacroiliaca**)	Amphiarthrose
Hüftgelenk (**Articulatio coxae**)	Nussgelenk (= Sonderform eines Kugelgelenks)
Kniegelenk (**Articulatio genus**), besteht aus:	zusammengesetztes Gelenk (= funktionelles Drehscharniergelenk)
• Femorotibialgelenk (**Articulatio femorotibialis**)	Bikondylargelenk
• Femoropatellargelenk (**Articulatio femoropatellaris**)	planes Gelenk
proximales Tibiofibulargelenk (**Articulatio tibiofibularis**)	Amphiarthrose
distale Tibiofibularsyndesmose (**Syndesmosis tibiofibularis**)	unechtes Gelenk (= Synarthrose)
oberes Sprunggelenk (**Articulatio talocruralis**)	Scharniergelenk
unteres Sprunggelenk, besteht aus:	zusammengesetztes Gelenk (= funktionell atypisches Radgelenk)
• Subtalargelenk (**Articulatio subtalaris**)	
• Talokalkaneonavikulargelenk (**Articulatio talocalcaneonavicularis**)	
Gelenke von Fußwurzel und Mittelfuß (**Articulatio tarsi transversa, Articulationes tarsometacarpales, Articulationes intermetatarsales**)	Amphiarthrosen
Zehengrundgelenke (**Articulationes metatarsophalangeae**)	Kugelgelenke
Zehenmittelgelenke und Zehenendgelenke (**Articulationes interphalangeae pedis**)	Scharniergelenke

Sakroiliakalgelenk

Das Sakroiliakalgelenk (**Articulatio sacroiliaca**) ist eine Amphiarthrose zwischen den Gelenkflächen von Kreuz- und Darmbein (▶ Abb. 4.1).

Bänder

Es besitzt einen massiven **Bandapparat** (▶ Abb. 4.4):
- **Ligg. sacroiliaca anteriora** (ventral): zwischen Kreuzbein und Fossa iliaca
- **Ligg. sacroiliaca interossea und posteriora** (dorsal): zwischen Kreuzbein und Tuberositas iliaca
- **Lig. iliolumbale** (kranial): zwischen beiden unteren Procc. costales und Darmbeinkamm
- **Lig. sacrotuberale** (dorsal): verläuft oberflächlich und annähernd senkrecht vom Kreuzbein zum Tuber ischiadicum
- **Lig. sacrospinale** (dorsal): verläuft tief unter dem Lig. sacrotuberale und waagrecht vom Kreuzbein zur Spina ischiadica.

Die Lig. sacrotuberale und Lig. sacrospinale begrenzen zusammen mit dem Os ischii das Foramen ischiadicum majus und das Foramen ischiadicum minus als wichtige Durchtrittsstellen zwischen Beckenhöhle und Gesäßregion.

Mechanik

Die **Schambeinfuge** ist sehr stabil, kann aber in der Schwangerschaft hormonell etwas gelockert werden, um die Geburt zu erleichtern. Im **Sakroiliakalgelenk** ist das Kreuzbein zwischen den beiden Hüftbeinen aufgehängt, sodass die Last des Rumpfes gleichmäßig auf beide Extremitäten übertragen werden kann. Dabei sind leichte Kippbewegungen (max. 10°) möglich.

Das Becken wird durch die **Linea terminalis** in das kranial gelegene **große** und das kaudale **kleine Becken** untergliedert. Diese Linie zieht von der Symphyse über den Pecten ossis pubis und die Linea arcuata zum Promontorium (am weitesten nach ventral vorspringende Kante des Kreuzbeins am Übergang zur Lendenwirbelsäule).

Die **inneren Beckenmaße** erlauben bei der Frau eine Einschätzung der Weite des Geburtskanals. Die am häufigsten verwendeten Durchmesser geben sagittale Abstände zwischen der Symphyse und dem **Promotorium** oder transversal zwischen den Lineae terminales beider Seiten an (▶ Tab. 4.3).

▶ 4.3 Gelenke ▶ 4.3.1 Schambeinfuge und Sakroiliakalgelenk

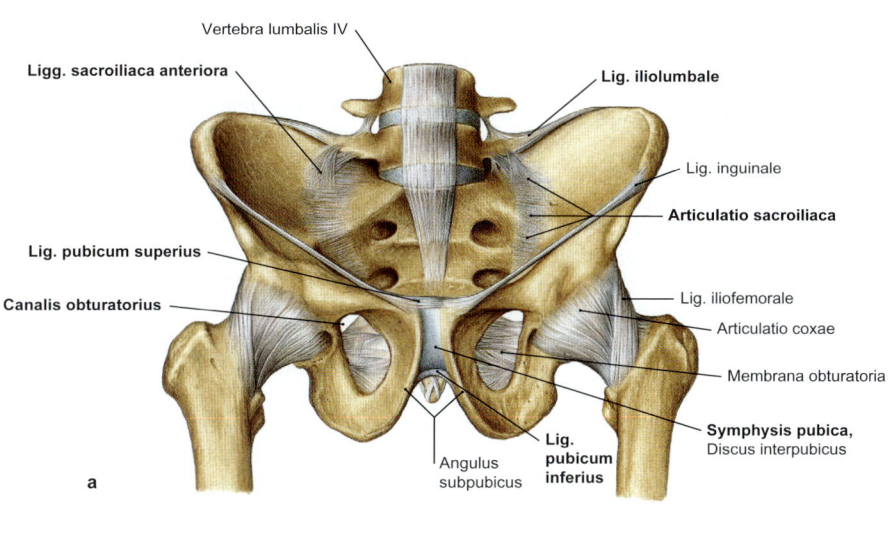

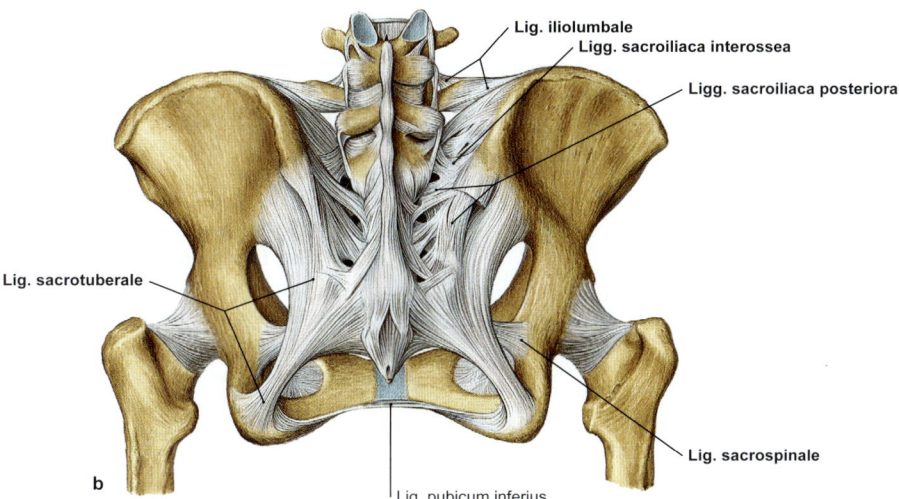

Abb. 4.4 Gelenke und Bänder des Beckens. a) Beim Mann, Ansicht von ventral. b) Bei der Frau, Ansicht von dorsal. [S007-1-23]

Tab. 4.3 Innere weibliche Beckenmaße

Name	Verlauf	Größe
Diameter vera	Rückseite der Symphyse bis Promontorium	11 cm
Diameter anatomica	Oberrand der Symphyse bis Promontorium	11,5 cm
Diameter diagonalis	Unterrand der Symphyse bis Promontorium	12,5 cm
Diameter transversa	größter querer Durchmesser zwischen den beiden Lineae terminales	13,5 cm

Untere Extremität

> **Klinik**
>
> Das Sakroiliakalgelenk ist bei verschiedenen rheumatischen Erkrankungen wie z. B. dem **Morbus BECHTEREW** besonders häufig betroffen. Da die Nerven des Plexus lumbosacralis ventral über das Gelenk ziehen, können die Schmerzen in das Bein ausstrahlen.
> Bei der **normalen vaginalen Geburt** durchquert das Kind den Geburtskanal. Ein Missverhältnis zwischen Kopfdurchmesser und Beckenmaßen kann eine normale Geburt unmöglich machen und eine Indikation für einen **Kaiserschnitt** sein. Dabei wird v. a. der **Diameter vera** (klinisch Conjugata vera) verwendet.

4.3.2 Hüftgelenk

Das Hüftgelenk (**Articulatio coxae**) ist ein **Kugelgelenk** zwischen der Innenfläche des Acetabulums und dem Femurkopf (▶ Abb. 4.1). Das Labrum acetabuli vergrößert die Pfanne, sodass der Hüftkopf zu zwei Dritteln umhüllt wird. Daher bezeichnet man das Kugelgelenk als **Nussgelenk**. Die **Gelenkkapsel** entspringt vom Außenrand des Acetabulums und bedeckt den größten Teil des Femurhalses.

Bänder

Die drei wichtigsten Bänder verlaufen von den Knochen des Os coxae zu Trochanter major und minor (▶ Abb. 4.5):
- **Lig. iliofemorale:** entspringt von der Spina iliaca anterior inferior (stärkstes Band des menschlichen Körpers!).
- **Lig. pubofemorale:** entspringt am R. superior des Os pubis.
- **Lig. ischiofemorale:** entspringt am Körper des Os ischii.

Die wichtigste Funktion dieser Bänder ist die **Hemmung der Extension**. Sie verhindern damit das Abkippen des Beckens nach dorsal und ermöglichen ein Stehen ohne großen Kraftaufwand der Hüftstrecker. Bei Beugung des Hüftgelenks werden die Bänder dagegen entspannt. Weitere Funktionen:
- **Lig. pubofemorale:** hemmt zusätzlich Abduktion und Außenrotation.
- **Lig. ischiofemorale:** limitiert Adduktion und Innenrotation.

Weitere Bänder:
- **Zona orbicularis:** Zirkuläre Fasern der 3 Hauptbänder umgeben den Schenkelhals auf der Innenseite der Gelenkkapsel.
- **Lig. transversum acetabuli:** ergänzt die Gelenkpfanne unten.
  - Das **Lig. capitis femoris** hat dagegen keine Haltefunktion. Es zieht innen vom Acetabulum zum Femurkopf und enthält ein feines Blutgefäß (s. u.).

Mechanik

Das Hüftgelenk ist ein sehr stabiles **Kugelgelenk** mit drei Freiheitsgraden (▶ Abb. 4.6, ▶ Tab. 4.4):
- **Flexion und Extension:** um die Transversalachse, Beugung nach ventral bzw. Streckung des Oberschenkels nach dorsal
- **Abduktion und Adduktion:** um die Sagittalachse, Abspreizen bzw. Heranführen des Beins
- **Innen- und Außenrotation:** um die Longitudinalachse, Ein- bzw. Auswärtsdrehen des Oberschenkels

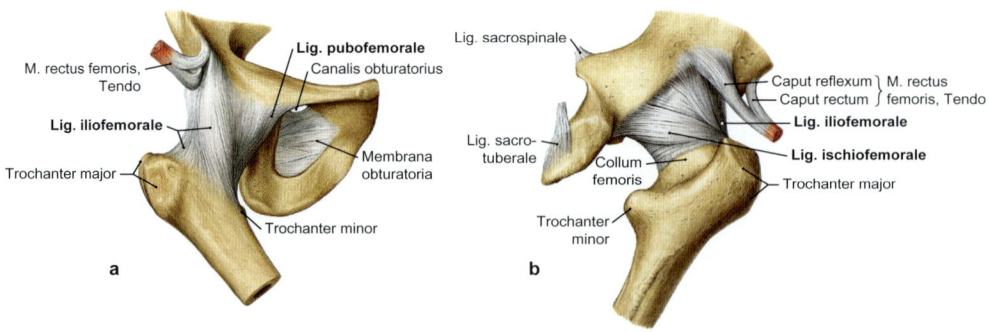

Abb. 4.5 Hüftgelenk, Articulatio coxae, mit Bändern, rechts. a) Ansicht von ventral. b) Ansicht von dorsal. [S007-1-23]

Blutversorgung

Hüftkopf Beim Kleinkind hauptsächlich über das Lig. capitis femoris, das den R. acetabularis der **A. obturatoria** zum **Hüftkopf** leitet. Beim Erwachsenen dagegen überwiegend über die **Aa. circumflexa medialis** und **lateralis** aus der A. profunda femoris.

Hüftpfanne A. obturatoria und A. glutea superior aus der A. iliaca interna.

Klinik

Hüftdysplasie

Wenn im Säuglingsalter der Hüftkopf nicht zentriert in der Gelenkpfanne liegt, kann sich eine Hüftdysplasie ausbilden, die zu Arthrose im Hüftgelenk und aktiver Insuffizienz der kleinen Gluteusmuskeln mit watschelndem Gangbild führen kann. Wenn dies beim Säugling durch Sonografie festgestellt wird, kann meist durch einfache, aber für die Kinder unangenehme Maßnahmen wie eine Spreizhose eine Korrektur erfolgen.

Femurkopfnekrose

Die Blutversorgung des Femurkopfes ist von großer klinischer Bedeutung. **Durchblutungsmängel** können zum Absterben des Knochengewebes (Femurkopfnekrose) führen. Diese können besonders bei Jungen im Kindesalter spontan auftreten (Morbus PERTHES) oder traumatisch durch Luxationen und im höheren Alter durch Schenkelhalsfrakturen durch Stürze hervorgerufen werden. Wenn nicht der ganze Hals- und Kopfabschnitt durch eine Endoprothese ersetzt wird, darf bei der Hüft-OP nicht die A. circumflexa femoris medialis auf der Rückseite des Schenkelhalses verletzt werden.

Merke

Beim Kleinkind erfolgt die Versorgung des Hüftkopfes v. a. über das Lig. capitis femoris, bei Erwachsenen hauptsächlich über die A. circumflexa femoris medialis.

4.3.3 Kniegelenk

Das Kniegelenk ist ein zusammengesetztes Gelenk zwischen Femur, Patella und Tibia mit einer gemeinsamen Gelenkkapsel (▶ Abb. 4.1, ▶ Abb. 4.7):
- **Articulatio femorotibialis:** Bikondylargelenk zwischen Femurkondylen und Tibiakondylen
- **Articulatio femoropatellaris:** zwischen der Vorderseite des distalen Femurs und der Rückseite der Kniescheibe

Gelenkkapsel

Die Gelenkkapsel besteht aus **Membrana fibrosa und Membrana synovialis,** zwischen die ventral der HOFFA-Fettkörper (Corpus adiposum infrapatellare) eingebettet ist (▶ Abb. 4.8). Sie dehnt sich ventral nach oben hin unter die Sehne des M. quadriceps femoris aus **(Recessus suprapatellaris),** indem sie mit einem Schleimbeutel (Bursa suprapatellaris) kommuniziert. Eine entsprechende dorsale Verbindung besteht mit der **Bursa subpoplitea** unter dem M. popliteus. Weitere Bursae vor der Patella oder der Tuberositas tibiae sowie unter Ansatzsehnen und Ursprungssehnen (Bursa musculi semimembranosi, Bursa subtendinea musculi gastrocnemii medialis und lateralis) dienen als Gleitlager bei Belastung.

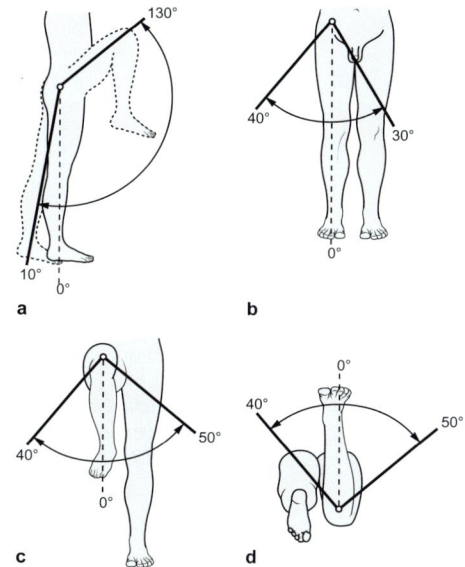

Abb. 4.6 Bewegungsumfang im Hüftgelenk. a) Extension/Flexion. b) Abduktion/Adduktion. c), d) Außenrotation/Innenrotation. [L126]

Tab. 4.4 Bewegungsumfang im Hüftgelenk

Bewegung	Bewegungsumfang
Extension/Flexion	10° –0° –130°
Abduktion/Adduktion	40° –0° –30°
Außenrotation/Innenrotation	50° –0° –40°

Untere Extremität

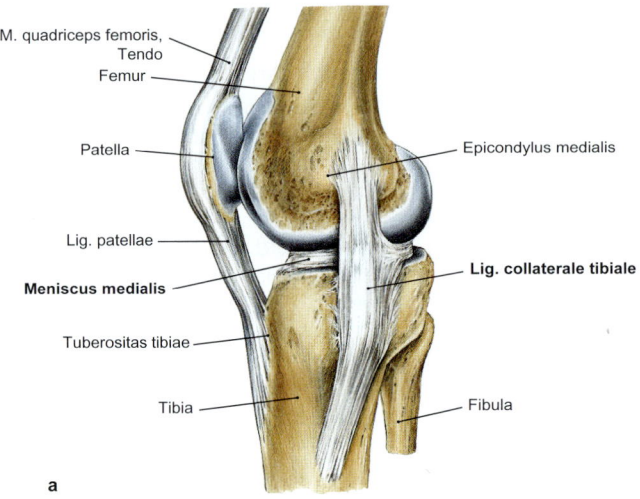

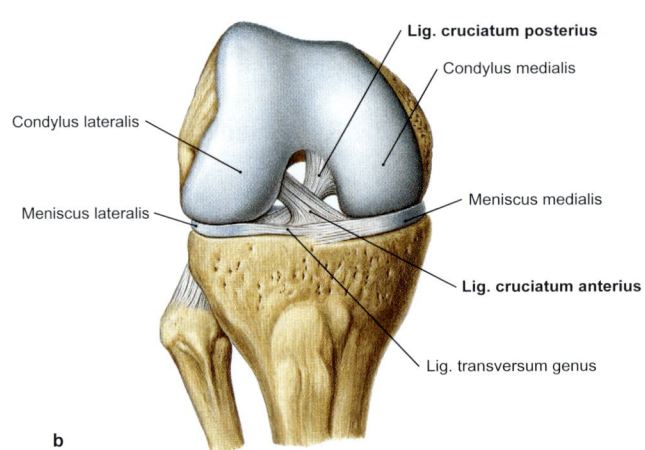

Abb. 4.7 Kniegelenk, Articulatio genus, rechts. a) In Streckstellung, Ansicht von medial. b) In Beugestellung nach Entfernung der Kollateralbänder, Ansicht von ventral. [S007-1-23]

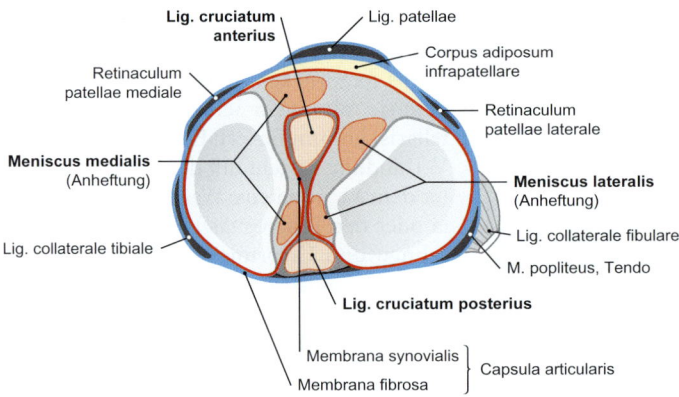

Abb. 4.8 Schematische Darstellung der Gelenkkapsel des Kniegelenks. Ansicht von proximal. [L126]

Menisken

Zwischen Femur- und Tibiakondylen sind die Menisken aus Faserknorpel eingelagert, um die Form der Gelenkflächen einander anzupassen. Menisken sind in der Aufsicht C-förmig und im Querschnitt keilförmig. Die freien Enden (**Vorder- und Hinterhorn**) des **medialen Meniskus (Innenmeniskus)** sind an der Tibia befestigt, die des **lateralen Meniskus (Außenmeniskus)** an den Kreuzbändern. Vorne werden sie durch das **Lig. transversum genus** überbrückt. Entscheidend ist, dass der mediale Meniskus mit dem medialen Kollateralband der Gelenkkapsel verwachsen und daher weniger beweglich ist (▶ Abb. 4.7), während der laterale Meniskus diese Verbindung **nicht** aufweist (▶ Abb. 4.8).

Versorgung der Menisken:
- Verdickte **Randzone:** Blutgefäße aus der **A. poplitea** und Nervenfasern treten über die Gelenkkapsel ein.
- Dünne **Innenzone:** Die Versorgung erfolgt nur über Diffusion aus der **Synovialflüssigkeit.**

Bänder

Die Bänder des Kniegelenks werden in **Außenbänder** auf der Außenseite der Gelenkkapsel und in **Binnenbänder** in der Gelenkhöhle unterteilt. Die wichtigsten Außenbänder sind die **Kollateralbänder,** die das Kniegelenk in Streckstellung stabilisieren und eine Rotation sowie die Ab- und Adduktion des Kniegelenks verhindern:

- **Lig. collaterale tibiale** (mediales Kollateralband, Innenband): verbindet breitflächig den Epicondylus medialis des Femurs mit der Medialfläche des Schienbeinkopfs (▶ Abb. 4.7). Es ist mit der Gelenkkapsel **und** mit dem Innenmeniskus verwachsen.
- **Lig. collaterale fibulare** (laterales Kollateralband, Außenband): zieht vom lateralen Epicondylus des Femurs zum Kopf der Fibula. Es ist **nicht** mit der Gelenkkapsel und dem Außenmeniskus verwachsen.

Daneben verstärken weitere Bänder die Membrana fibrosa der Gelenkkapsel:
- **Lig. patellae:** Fortsetzung der Sehne des M. quadriceps femoris von der Patella zur Tuberositas tibae
- **Retinacula patellae** (mediale und laterale): Abspaltungen der Sehne des M. quadriceps femoris beidseits der Patella (▶ Abb. 4.8)
- **Lig. popliteum obliquum, Lig. popliteum arcuatum:** Bandzüge auf der Rückseite der Kapsel

Die wichtigsten Binnenbänder sind die **Kreuzbänder** (▶ Abb. 4.7), die mit verschiedenen Anteilen bei Flexion und Extension gespannt sind und besonders die Innenrotation verhindern, indem sie sich umeinander wickeln:

- **Vorderes Kreuzband (Lig. cruciatum anterius):** zieht von der Innenfläche des lateralen Femurkondylus zur Area intercondylaris anterior der Tibia.
- **Hinteres Kreuzband (Lig. cruciatum posterius):** verbindet die Innenfläche des medialen Femurkondylus mit der Area intercondylaris posterior der Tibia.

Besonders ist, dass die Kreuzbänder nicht frei innerhalb der Gelenkhöhle liegen, sondern von der Membrana synovialis der Gelenkkapsel umgeben sind (intrakapsulär, aber **extrasynovial**) (▶ Abb. 4.8).

Daneben zählen auch die Bandverbindungen der Menisken zu den Binnenbändern.

> **Lerntipp**
>
> Das vordere Kreuzband verläuft wie die Hand, die man in die Hosentasche steckt, d. h. von lateral oben nach vorne unten.

Mechanik

Funktionell ist das Kniegelenk ein **Drehscharniergelenk,** in dem Bewegungen um 2 Achsen möglich sind (▶ Abb. 4.9a und b, ▶ Tab. 4.5):

- **Transversalachse:** Flexion (Beugung nach hinten)/Extension (Streckung nach vorne). Die **transversale Achse** verläuft durch die Kondylen und verlagert sich bei der Beugung auf einer bogenförmigen Linie nach hinten, da der Krümmungsradius der Kondylen vorne größer ist als hinten. Dadurch entsteht eine kombinierte **Roll-Gleit-Bewegung,** bei der die Kondylen bis 20° Beugung nach hinten abrollen und dann auf der Stelle drehen. Durch die Beugung werden so die Kollateralbänder entspannt, sodass in Beugestellung auch eine Rotationsbewegung möglich ist.

Tab. 4.5 Bewegungsumfang im Kniegelenk

Bewegung	Bewegungsumfang
Extension/Flexion	5° –0° –140°
Außenrotation/Innenrotation	30° –0° –10°

Untere Extremität

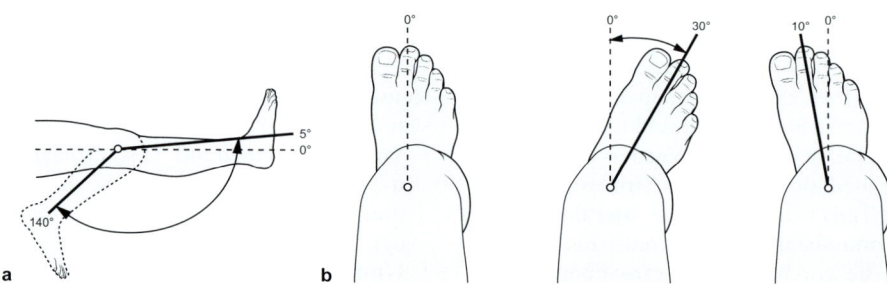

Abb. 4.9 Bewegungsumfang im Kniegelenk. a) Extension/Flexion. b) Außenrotation/Innenrotation. [L126]

In Streckstellung sind sie dagegen angespannt und verhindern eine weitere Überstreckung.
- **Longitudinalachse:** Außen- und Innenrotation erfolgen um eine Rotationsachse, die leicht exzentrisch nach medial versetzt verläuft.

> **Klinik**
>
> **Kniegelenkerguss**
>
> Ein Kniegelenkerguss entsteht durch Flüssigkeitsansammlung in der Gelenkkapsel. Ursachen können Verletzungen der Menisken oder Bänder, Entzündungen (Infektionen oder rheumatische Erkrankungen, rheumatoide Arthritis) oder degenerative Veränderungen (Arthrose) sein. Bei der Untersuchung kommt es zum Phänomen der „**tanzenden Patella**".
>
> **Bursitis**
>
> Belastungen der Knie, z. B. bei knienden Tätigkeiten, können zur Entzündung von Schleimbeuteln (**Bursitis**) führen. Auch chronische Gelenkentzündungen, z. B. bei rheumatischen Erkrankungen, können zur Aussackung oder Fusion von Bursae führen, die dann als Raumforderungen in der Kniekehle auffallen (**BAKER-Zyste**).
>
> **Meniskusverletzungen**
>
> Aufgrund seiner stärkeren Fixierung ist der Innenmeniskus verletzungsanfälliger. Typischerweise kommt es zu Meniskusverletzungen durch eine plötzliche Rotation in Beugestellung. Wenn die schlechter versorgte Innenzone betroffen ist, ist eine Heilung unwahrscheinlich, sodass mittels Kniegelenkspiegelung (Arthroskopie) eine Entfernung der Fragmente nötig ist. Ansonsten kann es zur Arthrose des Kniegelenks kommen (**Gonarthrose**).
>
> **Bandverletzungen**
>
> Bandverletzungen im Kniegelenk sind besonders bei Sportarten wie Skifahren und Fußball sehr häufig. Die **Untersuchung der Kollateralbänder** muss in Streckstellung durchgeführt werden, da hierzu die Kollateralbänder angespannt sein müssen. Eine passive **Adduzierbarkeit** („laterale Aufklappbarkeit") durch den Untersucher deutet auf eine Läsion des Außenbands hin. Umgekehrt lässt eine verstärkte **Abduzierbarkeit** („mediale Aufklappbarkeit") auf eine Läsion des Innenbands schließen.
> Eine einfache Methode zur **Funktionsprüfung der Kreuzbänder** ist das **Schubladenzeichen**. Bei leicht gebeugtem Knie und fixiertem Fuß zieht der Untersucher den proximalen Unterschenkel gegenüber dem Femur nach vorne oder nach hinten. Eine gesteigerte Verschiebbarkeit nach vorne („vordere Schublade") deutet auf eine Verletzung des vorderen Kreuzbands hin, eine „hintere Schublade" auf eine Ruptur des hinteren Kreuzbands.

> **Merke**
>
> Die Kollateralbänder verhindern bei gestrecktem Knie Rotation und Überstreckung und werden anhand der Ab- und Adduzierbarkeit des Kniegelenks geprüft. Die Kreuzbänder sichern Beugung und Streckung und limitieren die Innenrotation. Man untersucht sie mit dem Schubladentest.

4.3.4 Verbindungen zwischen den Unterschenkelknochen

Tibia und Fibula sind auf der ganzen Länge durch einen straffen Bandapparat verbunden, der im Unterschied zum Unterarm keine Rotationsbewegungen der Gelenke zulässt:
- **Articulatio tibiofibularis** (▶ Abb. 4.1): Die proximale **Amphiarthrose** zwischen Fibulakopf und lateralem Tibiakondylus wird durch die **Ligg. capitis femoris anterius und posterius** stabilisiert.
- **Membrana interossea cruris:** erstreckt sich zwischen den Schaftabschnitten beider Knochen.

▶ 4.3 Gelenke   ▶ 4.3.5 Sprunggelenke und übrige Fußgelenke

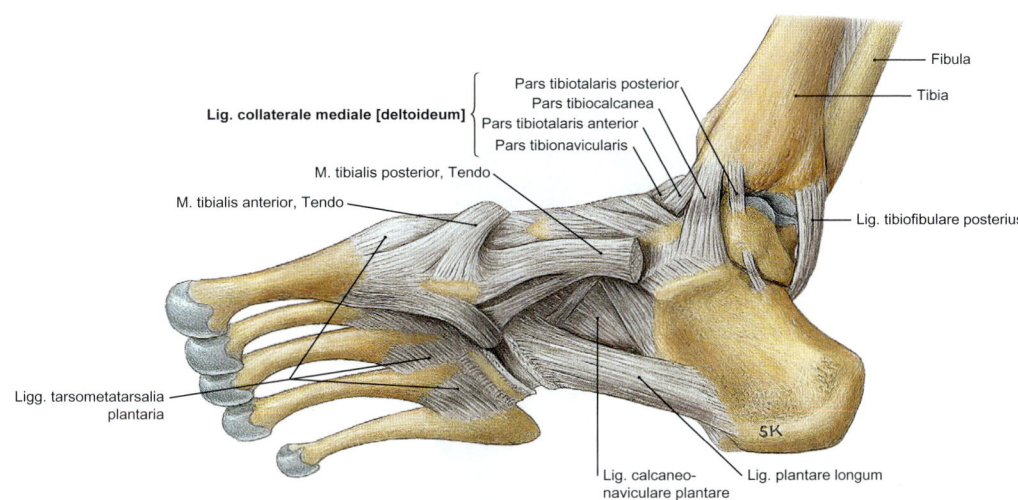

Abb. 4.10 Oberes Sprunggelenk mit Bändern, rechts. Ansicht von medial. [S007-1-23]

- **Syndesmosis tibiofibularis:** Durch die **Ligg. tibiofibulare anterius und posterius** werden die Unterschenkelknochen zur „Malleolengabel" verklammert.

4.3.5 Sprunggelenke und übrige Fußgelenke

Sprunggelenke
Die beiden großen Gelenke des Fußes sind (▶ Abb. 4.1):
- **Oberes Sprunggelenk,** klin. OSG
- **Unteres Sprunggelenk,** klin. USG

Die übrigen Gelenke der Fußwurzel und des Mittelfußes stellen **Amphiarthrosen** dar und werden nach den artikulierenden Knochen benannt. Etwas stärker beweglich sind:
- **Articulatio tarsi transversa („CHOPART-Gelenklinie"):** zwischen der proximalen und distalen Reihe der Fußwurzelknochen
- **Articulationes tarsometatarsales („LISFRANC-Gelenklinie"):** zwischen Fußwurzel und Mittelfuß

Zwischen allen Gelenken werden dorsale, plantare und interossäre Bänder unterschieden. Das CHOPART-Gelenk wird vom gegabelten **Lig. bifurcatum** stabilisiert.

Oberes Sprunggelenk
Im oberen Sprunggelenk (**Articulatio talocruralis**) bildet die „Malleolengabel" die Gelenkpfanne und die Talusrolle den Gelenkkopf.

- **Lig. collaterale mediale:** Die vier Abschnitte (Pars tibionavicularis, tibiocalcanea, tibiotalaris anterior und posterior) werden auch als „Delta-Band" (**Lig. deltoideum**) zusammengefasst (▶ Abb. 4.10).
- **Lig. collaterale laterale:** Die 3 schwächeren Einzelbänder (**Ligg. talofibulare anterius und posterius, Lig. calcaneofibulare**) bilden keine Einheit.

Unteres Sprunggelenk
Im unteren Sprunggelenk sind Talus, Calcaneus und Os naviculare miteinander verbunden. Das Gelenk besteht aus zwei Gelenkhöhlen, die durch das **Lig. talocalcaneum interosseum** getrennt werden, das den Sinus tarsi ausfüllt (▶ Abb. 4.11):
- **Articulatio subtalaris** (dorsal): zwischen den hinteren Gelenkflächen von Talus und Calcaneus
- **Articulatio talocalcaneonavicularis** (ventral): zwischen den vorderen und mittleren Gelenkflächen von Talus und Calcaneus sowie zwischen Caput tali, Os naviculare und dem **Pfannenband (Lig. calcaneonaviculare plantare),** das einen Teil der unteren Gelenkfläche bildet. Dieses vervollständigt die Gelenkpfanne des unteren Sprunggelenks (▶ Abb. 4.11).

Mechanik
Oberes Sprunggelenk Es handelt sich um ein **Scharniergelenk** (▶ Abb. 4.12a, ▶ Tab. 4.6), dessen

Untere Extremität

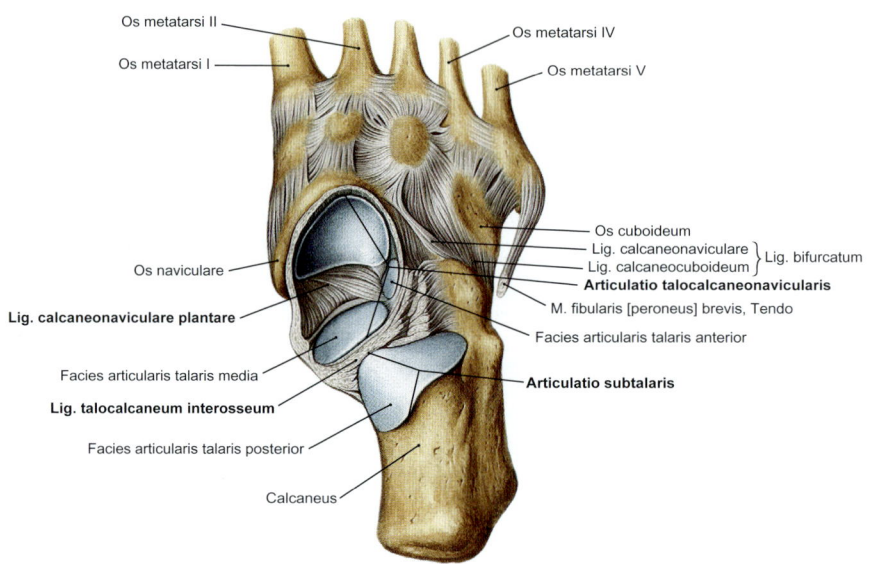

Abb. 4.11 Unteres Sprunggelenk, distale Gelenkfläche, rechts. Ansicht von proximal. [S007-1-23]

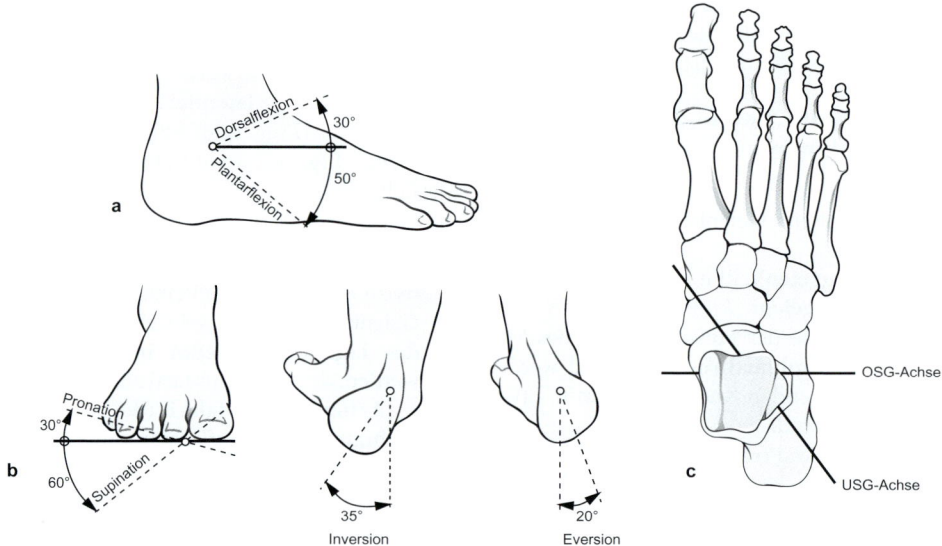

Abb. 4.12 Achsen und Bewegungsumfänge von oberem und unterem Sprunggelenk. a) Dorsalextension/Plantarflexion. b) Pronation/Supination und Eversion/Inversion. c) Achsen von OSG und USG. [L126]

Tab. 4.6 Bewegungsumfang der Fußgelenke

Gelenk	Bewegung	Bewegungsumfang
Oberes Sprunggelenk	Dorsalextension/Plantarflexion	30° –0° –50°
Unteres Sprunggelenk	Eversion/Inversion	20° –0° –35°
Unteres Sprunggelenk und übrige Gelenke der Fußwurzel und des Mittelfußes	Pronation/Supination	30° –0° –60°

transversale **Achse** durch die **Spitze der „Mallenolengabel"** verläuft. Bewegungen:
- **Dorsalextension** (Hebung der Zehenspitzen). In dieser Stellung ist das Gelenk durch die vorne breitere Talusrolle stabil.
- **Plantarflexion** (Senkung der Zehenspitzen)

Unteres Sprunggelenk Die beiden Kompartimente des unteren Sprunggelenks **wirken als atypisches Radgelenk** zusammen, dessen gemeinsame **Achse** von **vorne medial oben** durch Os naviculare und Talus nach **hinten lateral unten** durch den Tuber calcanei zieht (▶ Abb. 4.12b und c, ▶ Tab. 4.6). Bewegungen:
- **Inversion:** Bewegung des Rückfußes nach medial
- **Eversion:** Bewegung des Rückfußes nach lateral

Durch Kombination mit einer Vorfußverwringung in den übrigen Gelenken, besonders im CHOPART- und LISFRANC-Gelenk, kommt es zu:
- **Supination:** Hebung des medialen Fußrands
- **Pronation:** Hebung des lateralen Fußrands

Die gemeinsame **Achse** von CHOPART- und LISFRANC-Gelenk zieht **sagittal** entlang der Längsachse des zweiten Zehenstrahls durch Os naviculare und Talus.

Klinik

Verletzungen des oberen Sprunggelenks sind sehr häufig (**„Supinationstrauma"**) mit „Umknicken" nach lateral. Dabei werden meist die lateralen „Außenbänder" verletzt (besonders Lig. talofibulare anterius). Frakturen im Bereich der Gelenkflächen des oberen Sprunggelenks betreffen meist das distale Ende der Fibula. Die gebräuchliche Einteilung nach WEBER teilt die Brüche nach der Lage der Wadenbeinfraktur zur Syndesmose ein.

Zehengelenke

Zu unterscheiden sind:
- **Zehengrundgelenke** (Articulationes metatarsophalangeae): Kugelgelenke, die Beugung/Streckung sowie Ab-/Adduktion zulassen
- **Zehenmittel- und -endgelenke** (Articulationes interphalangeae pedis): Scharniergelenke mit geringem Beugungsumfang

Die Gelenke werden durch plantare Bänder und seitlich verlaufende Kollateralbänder stabilisiert.

Fußgewölbe

Die Knochen von Mittelfuß und Fußwurzel sind plantar konkav und bilden dadurch das Fußgewölbe (▶ Tab. 4.7):

Tab. 4.7 Stabilisierung der Fußgewölbe

Passive Stabilisierung	Aktive Stabilisierung
Längsgewölbe (Scheitel: Talus)	
• Obere Etage: Pfannenband • Mittlere Etage: Lig. plantare longum • Untere Etage: Plantaraponeurose	• M. flexor hallucis longus • M. flexor digitorum longus • M. tibialis posterior • Kurze Fußmuskeln
Quergewölbe (Scheitel: Os cuneiforme intermedium)	
kurze plantare Bänder zwischen den Knochen der Fußwurzel und des Mittelfußes	• M. fibularis longus • M. tibialis posterior • M. adductor hallucis

- **Längsgewölbe:** Scheitel ist der Talus.
- **Quergewölbe:** mit Os cuneiforme intermedium als Scheitel

Aufgrund dieser sind nur 3 Knochenpunkte in Kontakt mit dem Boden:
- Tuber calcanei
- Köpfe des Os metatarsi I und V

Klinik

Die häufigste angeborene **Fußdeformität** ist der **Klumpfuß** (Pes equinovarus). Hierbei steht der unbelastete Fuß in Plantarflexionsstellung und ist supiniert. Erworbene Abflachungen des Fußgewölbes durch Versagen der Verspannungsmechanismen sind häufig. Bei einer **Abflachung des Längsgewölbes** kommt es zum Platt- oder Senkfuß (Pes planus). Wenn der Talus zusätzlich nach medial knickt, bildet sich ein Knickfuß (Pes valgus).
Eine **Abflachung des Quergewölbes** führt zu einer Verbreiterung des Vorfußes (Spreizfuß, Pes transversoplanus). Die genannten Veränderungen können schmerzhaft sein.

4.4 Muskulatur der unteren Extremität

Lerntipp

Beim Erlernen der Muskeln ist es hilfreich, sich zunächst die **Lage** und den **Verlauf** der Muskeln am **Präparat** und in einem **Atlas** anzusehen. Aus der Lage zu den Bewegungsachsen der Gelenke ergibt sich die **Funktion**.

Untere Extremität

> Für das Lernen von **Innervation, Ursprung und Ansatz** sind dann Muskeltabellen sehr effektiv. Diese Details kann man sich am besten einprägen, indem man sie laut aufsagt, weil man dann eine gute Kontrolle hat, ob man sie aktiv wiedergeben kann.

Im Unterschied zur oberen Extremität wirken besonders die **proximalen Muskeln** der Hüfte als **Muskelgruppen** zusammen, die eine kraftvolle Bewegung des Hüftgelenks ermöglichen, sodass ihre Unterteilung in einzelne anatomisch abgrenzbare Muskeln funktionell bei einzelnen Gruppen weniger relevant ist. Die **distalen Muskeln**, die auf die Sprunggelenke wirken, sind im Unterschied zur oberen Extremität verstärkt als **Haltemuskeln** ausgelegt. Ihre vorwiegende Funktion ist, andauernd der Schwerkraft entgegenzuwirken, während die differenzierte Bewegung einzelner Zehen von untergeordneter Bedeutung ist.

4.4.1 Muskulatur des Beckengürtels

Die Muskeln der Hüfte bilden eine **ventrale Gruppe,** die Muskeln, die zum M. iliopsoas vereinigt sind, eine **mediale Adduktorengruppe** und eine **dorsale Gruppe,** die in eine dorsolaterale Gruppe und eine mediale pelvitrochantäre Gruppe unterteilt wird (▶ Abb. 4.13 und ▶ Abb. 4.14, ▶ Tab. 4.8). Der **M. iliopsoas** ist der wichtigste **Beuger im Hüftgelenk** und dient bei festgestelltem Oberschenkel auch der **Beugung und Lateralflexion des Rumpfes.** Der M. psoas major wird durch direkte Äste des Plexus lumbalis innerviert, der in den Muskel eingebettet ist, der M. iliacus dagegen auch zusätzlich durch den N. femoralis. Der M. psoas minor ist inkonstant und funktionell unbedeutend.

Die **Adduktorengruppe** hat ihren Sammelursprung am Knochenring um das Foramen obturatum und den gemeinsamen Ansatz am dorsomedialen Femur und wird vom N. obturatorius innerviert. Aufgrund ihres Verlaufs ventral des Hüftgelenks und des Ansatzes am medialen Femur dient diese Muskelgruppe neben der **Adduktion** der Hüfte v.a. auch der Funktion der **Beugung und Außenrotation.** Nur der M. gracilis ist zweigelenkig und wirkt auf das Kniegelenk.

Die **dorsolateralen Muskeln** der Hüfte umfassen die stärksten **Strecker, Abduktoren und Rotatoren** der Hüfte. Der M. gluteus maximus und M. tensor fasciae latae setzen am Tractus iliotibialis

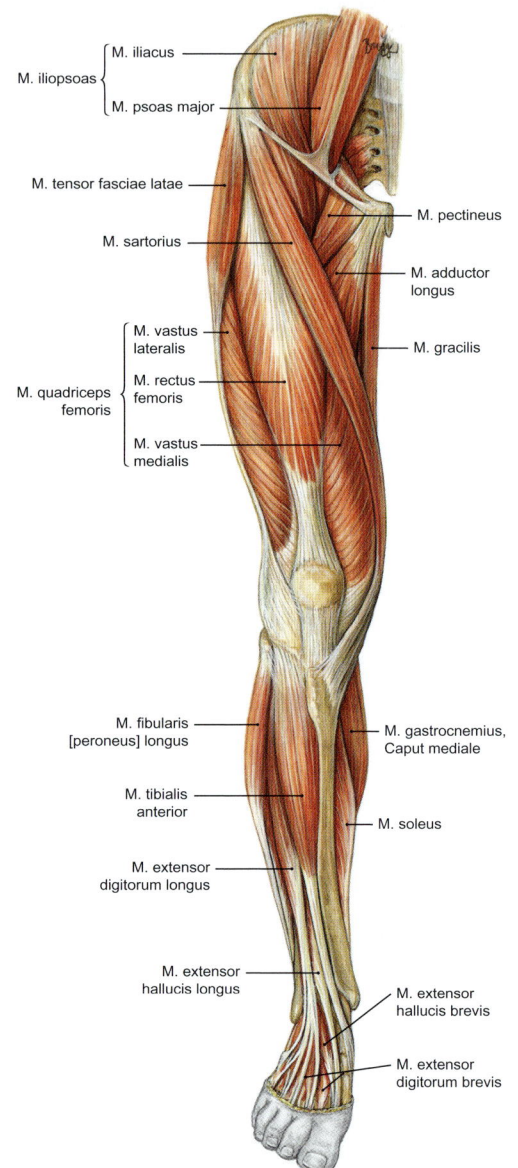

Abb. 4.13 Ventrale Muskeln von Hüfte und Bein; Ansicht von ventral. [S007-1-23]

(Faszienverstärkung vom Os ilium bis zu lateralen Kondylen der Tibia) an und stabilisieren dadurch zusätzlich das Femur durch **Zuggurtung** gegen Biegebeanspruchung und reduzieren so das Frakturrisiko.

4.4 Muskulatur   ### 4.4.2 Lacuna vasorum und musculorum

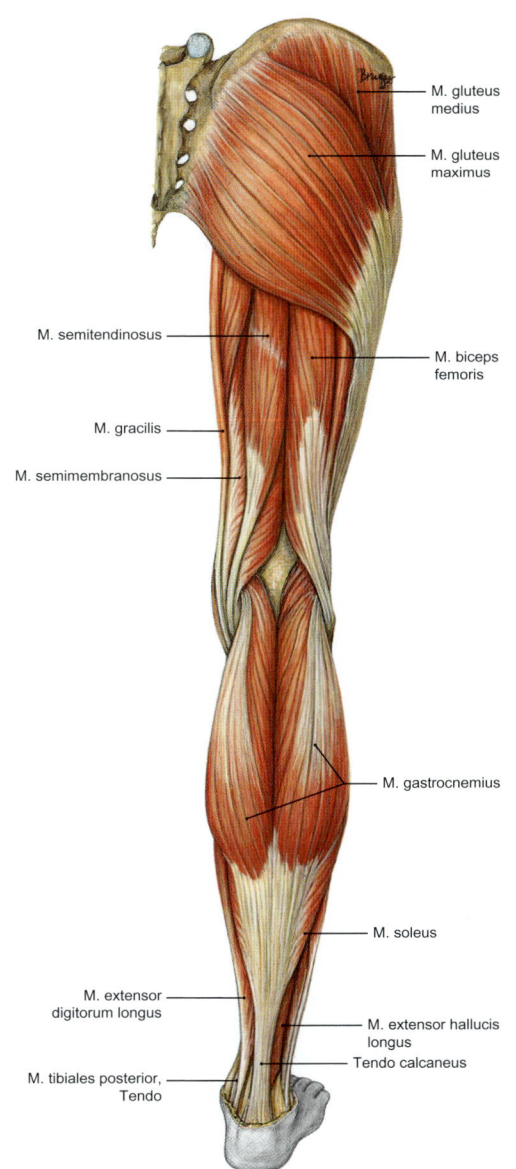

Abb. 4.14 Dorsale Muskeln von Hüfte und Bein; Ansicht von dorsal. [S007-1-23]

Die **pelvitrochantären Muskeln** bilden eine Gruppe aus kleinen Muskeln, die alle vom Hüftbein entspringen und ihren Ansatz im Bereich des Trochanter major haben. Sie dienen alle v. a. der **Außenrotation** im Hüftgelenk und sind überwiegend durch kurze Muskeläste des Plexus sacralis innerviert.

Klinik

Ausfall Muskulatur des Hüftgelenks

Bei **Ausfall des M. iliopsoas** ist die Flexion im Hüftgelenk stark beeinträchtigt. Bei einer beidseitigen Lähmung ist im Liegen das Aufrichten des Rumpfes nicht mehr möglich. Umgekehrt führt eine gesteigerte Kontraktion des Muskels bei einer Spastik zu einer fixierten Beugestellung im Hüftgelenk, sodass das Stehen unmöglich wird. Dann kann die Muskelerregung durch Injektion von Botulinustoxin unterbrochen werden.
Bei Läsion der **Adduktoren** können die Beine nicht übereinandergeschlagen werden und das Stehen auf dem betroffenen Bein wird unsicher, da das Bein nach lateral abrutscht. Bei einer Spastik sind Stehen und Gehen nicht mehr möglich. Neben der Injektion von Botulinustoxin in die betroffenen Nerven wird bei fehlender Aussicht auf Heilung gelegentlich der N. obturatorius durch Umspritzung mit Phenol irreversibel zerstört.
Bei einer **Lähmung des M. gluteus maximus** ist die Extension im Hüftgelenk stark eingeschränkt und dadurch sind das Aufstehen aus der Hocke und das Treppensteigen unmöglich.
Ein **Ausfall von M. gluteus medius und M. gluteus minimus** kann durch **Läsion des N. gluteus superior** nach fehlerhafter intramuskulärer Injektion in die Glutealregion oder aktive Insuffizienz nach einer Hüftdysplasie erfolgen. Die Patienten können nicht auf dem betroffenen Bein stehen, die Hüfte sinkt in Richtung der eigentlich gesunden kontralateralen (!) Seite ab **(TRENDELENBURG-Zeichen)**. Isolierte Ausfälle des M. tensor fasciae latae sind selten. Die pelvitrochantären Muskeln können bei einer Hüftoperation geschädigt werden, was zu einer Beeinträchtigung der Außenrotation führt.

4.4.2 Lacuna vasorum und musculorum

Das **Leistenband (Lig. inguinale)** stellt eine Verbindung verschiedener Faszien von Rumpfwand und Oberschenkel dar und zieht von der Spina iliaca anterior superior zum Tuberculum pubicum direkt neben der Symphyse. Unter dem Leistenband treten die Leitungsbahnen aus dem Becken zur Vorderseite des Oberschenkels durch. Der Arcus iliopectineus (Faszienverstärkung des M. iliopsoas) trennt die **lateral** unter dem Leistenband gelegene **Lacuna musculorum** von der **medial** befindlichen **Lacuna vasorum** ab (▶ Tab. 4.9). Medial wird die Lacuna vasorum durch das **Lig. lacunare** begrenzt, bei dem es sich um eine Abspaltung des Leistenbands handelt.

Untere Extremität

Tab. 4.8 Muskeln des Hüftgelenks

Innervation	Ursprung	Ansatz	Funktion
M. iliopsoas (besteht aus M. iliacus und M. psoas major)			
Muskeläste des Plexus lumbalis, N. femoralis	*M. iliacus:* Fossa iliaca *M. psoas major:* XII. Brust- bis IV. Lendenwirbelkörper mit Procc. costales	Trochanter minor	*Hüftgelenk:* • Flexion *(wichtigster Muskel)* • Außenrotation *Lendenwirbelsäule:* • Einseitig: Lateralflexion • Beidseitig: Flexion
Adduktorengruppe (M. pectineus, Mm. adductor longus, brevis und magnus, M. gracilis)			
Hauptnerv: N. obturatorius *Doppelinnervation:* • M. pectineus: + N. femoralis • Dorsaler Teil des M. adductor longus: + N. tibialis	• Pecten ossis pubis (M. pectineus) • Corpus und Ramus inferior des Os pubis • Tuber ischiadicum (dorsaler Teil des M. adductor longus)	• Linea aspera (Labium mediale) • Trochanter minor und Linea pectinea (M. pectineus) • Epicondylus medialis des Femurs • Condylus medialis („Pes anserinus superficialis") der Tibia (M. gracilis)	*Hüftgelenk:* • Adduktion • Flexion • Außenrotation • Extension (dorsaler Teil des M. adductor longus) *Kniegelenk: nur M. gracilis!* • Flexion • Innenrotation
Dorsolaterale Muskelgruppe			
M. gluteus maximus			
N. gluteus inferior	• Facies glutea des Os ilium • Rückseite des Os sacrum • Fascia thoracolumbalis • Lig. sacrotuberale	• Tractus iliotibialis • Tuberositas glutea	*Hüftgelenk:* • Extension *(wichtigster Muskel)* • Außenrotation *(wichtigster Muskel)* • Kranialer Teil: Abduktion • Kaudaler Teil: Adduktion • Zuggurtung des Femurs
M. gluteus medius, M. gluteus minimus			
N. gluteus superior	Facies glutea des Os ilium: *M. gluteus medius:* kranial *M. gluteus minimus:* kaudal	Trochanter major	*Hüftgelenk:* • Abduktion *(wichtigster Muskel)* • Ventraler Anteil: Innenrotation *(wichtigster Muskel)*, Flexion • Dorsaler Anteil: Extension, Außenrotation
M. tensor fasciae latae			
N. gluteus superior	Spina iliaca anterior superior	Tractus iliotibialis	*Hüftgelenk:* • Flexion • Abduktion • Innenrotation • Zuggurtung des Femurs

Tab. 4.8 Muskeln des Hüftgelenks (Forts.)

Innervation	Ursprung	Ansatz	Funktion
Pelvitrochantäre Muskelgruppe (M. piriformis, M. obturatorius internus, Mm. gemellus superior und inferior, M. quadratus femoris, M. obturatorius externus)			
Muskeläste des Plexus sacralis M. obturatorius externus (Ausnahme): N. obturatorius	*M. piriformis:* Facies pelvica des Os sacrum *Mm. obturatorii:* Membrana obturatoria mit umgebendem Knochenring *Mm. gemelli und M. quadratus femoris:* Spina ischiadica und Tuber ischiadicum	Trochanter major und Umgebung	*Hüftgelenk:* • Außenrotation • Abduktion (M. piriformis) • Adduktion (M. quadratus femoris und M. obturatorius externus)

Tab. 4.9 Lacunae vasorum und musculorum

Lacuna vasorum (von medial nach lateral): iVAN	Lacuna musculorum (von medial nach lateral)
• Tiefe Leistenlymphknoten und Lymphbahnen • **V.** femoralis • **A.** femoralis • R. femoralis des **N.** genitofemoralis	• **N.** femoralis • M. iliopsoas • N. cutaneus femoris lateralis

> **Merke**
>
> Abfolge der Leitungsbahnen in Lacuna vasorum und Lacuna musculorum von medial nach lateral: **iVAN**, **i**nnen-**V.** femoralis, **A.** femoralis, **N.** genitofemoralis, **N.** femoralis.

> **Klinik**
>
> Die Lacuna vasorum ist die Bruchpforte für **Schenkelhernien,** die damit **unter** dem Leistenband und **lateral** des Lig. lacunare durchtreten. Schenkelhernien sind die häufigsten Hernien bei Frauen.
> Die Abfolge der Leitungsbahnen in Lacuna vasorum und Lacuna musculorum ist bei der **Herzkatheterisierung** von Bedeutung: Bei einer Linksherz-Katheterisierung sticht man in die A. femoralis, deren Puls man unterhalb der Mitte des Leistenbands gut tasten kann; bei einer Rechtsherz-Katheterisierung muss man den Zugang medial des arteriellen Pulses in die V. femoralis suchen. Bei versehentlicher Punktion lateral des Pulses kann der N. femoralis geschädigt werden!

4.4.3 Schenkeldreieck, Obturatorkanal und Adduktorenkanal

Das **Schenkeldreieck (Trigonum femoris)** ist ein dreieckiges Gebiet auf der Vorderseite des Oberschenkels (▶ Tab. 4.10). Dorsal des Schenkeldreiecks liegt unter dem M. pectineus der **Obturatorkanal (Canalis obturatorius),** der durch eine Lücke in der Membrana obturatoria gebildet wird, durch die der N. obturatorius und die A./V. obturatoria das Becken verlassen. Distal des Schenkeldreiecks schließt sich der **Adduktorenkanal** (Canalis adductorius), der einen Tunnel unter der Ansatzaponeurose des M. adductor magnus (Septum intermusculare vastoadductorium) zur Kniekehle darstellt, dessen distale Öffnung als **Hiatus adductorius** bezeichnet wird (▶ Tab. 4.10).
Auf der Dorsalseite der Hüfte befindet sich die **Regio glutealis,** die von den Gluteusmuskeln ausgefüllt wird. Unter dem M. gluteus maximus unterteilt der **M. piriformis** das **Foramen ischiadicum majus** in ein **Foramen suprapiriforme** und **Foramen infrapiriforme.** Kaudal davon begrenzen Lig. sacrospinale und Lig. sacrotuberale das **Foramen ischiadicum minus** (▶ Tab. 4.11).

> **Klinik**
>
> Bei **intramuskulären Injektionen** darf nie im Bereich des M. gluteus maximus injiziert werden, dabei alle Leitungsbahnen geschädigt werden können, die durch das Foramen supra- und infrapiriforme ziehen. Dabei sind die Leitungsbahnen, die ganz medial liegen und durch das Foramen ischiadicum minus treten, durch das Lig. sacrotuberale noch am besten geschützt. Um eine Schädigung der für die Innervation

Untere Extremität

der Hüft- und Beinmuskulatur sowie der Schließmuskeln und des äußeren Genitales wichtigen Nerven zuverlässig zu vermeiden, sollte entweder nur in den M. deltoideus oder in den M. gluteus medius injiziert werden. Dabei wird nach VON HOCHSTETTER der Zeigefinger der linken Hand auf die rechte Spina iliaca anterior superior gelegt und der Mittelfinger abgespreizt. Die Injektion wird dann zwischen Zeige- und Mittelfinger vorgenommen.

4.4.4 Muskulatur des Oberschenkels

Am Oberschenkel unterscheidet man eine **ventrale Muskelgruppe** und eine **dorsale Beugergruppe**, die auch rotierende Funktion haben (▶ Abb. 4.13, ▶ Abb. 4.14, ▶ Tab. 4.12). Einzelne Muskeln wirken auch auf das Hüftgelenk.

> Die ventrale Muskelgruppe wird vom N. femoralis innerviert und umfasst neben dem M. quadriceps femoris als Hauptstrecker des Kniegelenks auch den M. sartorius, der sowohl in der Hüfte als auch im Knie beugt.

Die dorsale Gruppe sind die ischiokruralen Muskeln, die alle vom Tibialisanteil des N. ischiadicus innerviert werden.

Klinik

Ausfall Muskulatur des Kniegelenks

Bei **Ausfall des M. quadriceps femoris** ist die Streckung im Kniegelenk und damit das Treppensteigen nicht mehr möglich. Ein zusätzlicher Ausfall des M. sartorius ist funktionell unbedeutend.
Beim **Funktionsausfall der ischiokruralen Muskeln** sind besonders die Beugung und die Außenrotation im Knie gestört.

Die **Kniekehle** (Fossa poplitea) ist ein rautenförmiger Bereich hinter dem Kniegelenk (▶ Tab. 4.13).

Merke

Abfolge der Leitungsbahnen in der Kniekehle von oberflächlich nach tief: **NiVeA, N.** fibularis communis, **N.** tibialis, **V.** poplitea, **A.** poplitea

Tab. 4.10 Schenkeldreieck und Adduktorenkanal

Schenkeldreieck	
Begrenzung	Inhalt
• Kranial: Leistenband • Kaudal: M. sartorius • Medial: M. gracilis • Dorsal: M. iliopsoas und M. pectineus	• Lacuna vasorum und musculorum • N. femoralis • A./V. femoralis mit Venenstern • Leistenlymphknoten
Adduktorenkanal	
Begrenzung	Inhalt
• Ventral: Septum intermusculare vastoadductorium (bedeckt vom M. sartorius) • Dorsal: M. adductor longus • Lateral: M. vastus medialis • Medial: M. adductor magnus	• A./V. femoralis • N. saphenus • A. descendens genus

Tab. 4.11 Foramen supra- und infrapiriforme und Foramen ischiadicum minus

Foramen	Lage	Leitungsbahnen
Foramen suprapiriforme	zwischen M. gluteus medius, M. gluteus minimus und M. piriformis	• N. gluteus superior • A./V. glutea superior
Foramen infrapiriforme	zwischen M. piriformis und M. gemellus superior	• N. ischiadicus • N. gluteus inferior • N. pudendus • N. cutaneus femoris posterior • Muskeläste für pelvitrochantäre Muskeln • A./V. glutea inferior • A./V. pudenda interna
Foramen ischiadicum minus	zwischen Lig. sacrospinale und Lig. sacrotuberale	• N. pudendus • A./V. pudenda interna

▶ 4.4 Muskulatur   ▶ 4.4.4 Kniegelenk

Tab. 4.12 Muskeln des Kniegelenks

Innervation	Ursprung	Ansatz	Funktion
M. quadriceps femoris			
N. femoralis	*M. rectus femoris:* • Spina iliaca anterior inferior • Acetabulum *Mm. vastus medialis und lateralis:* Labium mediale/laterale der Linea aspera *M. vastus intermedius:* Vorderseite des Femur	• Über Patella und Lig. patellae an der Tuberositas tibiae • Über Retinacula patellae seitlich der Tuberositas tibiae	Kniegelenk: Extension *(einziger Strecker!)* Hüftgelenk (nur M. rectus femoris): Flexion
M. sartorius			
N. femoralis	Spina iliaca anterior superior	Condylus medialis der Tibia („Pes anserinus superficialis")	Hüftgelenk: • Flexion • Außenrotation • Abduktion Kniegelenk: • Flexion • Innenrotation
Ischiokrurale Muskeln			
M. biceps femoris			
• Caput longum: Tibialisanteil des N. ischiadicus • Caput breve: Fibularisanteil des N. ischiadicus	• Caput longum: Tuber ischiadicum • Caput breve: Labium laterale der Linea aspera	Caput fibulae	Kniegelenk: • Flexion • Außenrotation *(wichtigster Muskel)* Hüftgelenk: • Extension • Außenrotation • Adduktion
M. semitendinosus und M. semimembranosus			
Tibialisanteil des N. ischiadicus	Tuber ischiadicum	Condylus medialis der Tibia M. semitendinosus: „Pes anserinus superficialis" M. semimembranosus: „Pes anserinus profundus"	Kniegelenk: • Flexion (M. semimembranosus = *wichtigster Muskel*) • Innenrotation (M. semimembranosus = *wichtigster Muskel*) Hüftgelenk: • Extension • Innenrotation

Tab. 4.13 Begrenzung und Inhalt der Kniekehle

Begrenzung	Inhalt (von oberflächlich nach tief)
• Kranial lateral: M. biceps femoris • Kranial medial: M. semitendinosus und M. semimembranosus • Kaudal: M. gastrocnemius	• **N.** fibularis communis (lateral) • **N.** tibialis (mittig) • **V.** poplitea • **A.** poplitea

4.4.5 Muskulatur des Unterschenkels

Am Unterschenkel unterscheidet man drei Muskelgruppen, die jeweils auf das obere und untere Sprunggelenk (OSG/USG) wirken (▶ Abb. 4.13, ▶ Abb. 4.14, ▶ Tab. 4.14). Die **ventrale Extensorengruppe** ist vom N. fibularis profundus innerviert und bewirkt **Dorsalextension** und (Ausnahme: M. tibialis anterior) **Pronation**.

Die **dorsale Beugergruppe** sind die Wadenmuskeln, die vom N. tibialis innerviert werden und für **Plantarflexion und Supination** verantwortlich sind. Die oberflächlichen Muskeln (M. triceps surae, M. plantaris) setzen über die ACHILLES-Sehne am Fersenbein an. Der M. plantaris ist reich an Muskelspindeln und ist wohl weniger für die Beugung des Knies als vielmehr für die Orientierung des Körpers im Raum (Propriozeption) von Bedeutung. Die tiefen Wadenmuskeln ziehen, abgesehen von dem nur auf das Kniegelenk wirkenden M. popliteus, weiter zur Fußsohle und stabilisieren somit auch die Fußgewölbe und beugen die Zehen. Die **laterale Pronatorengruppe** umfasst die beiden Fibularis-/Peroneusmuskeln, die, gesteuert durch den N. fibularis superficialis, neben der **Pronation** auch die **Plantarflexion** unterstützen.

Eine Besonderheit am Unterschenkel stellen die **Muskellogen oder Kompartimente** dar. Die straffen Bindegewebszüge von der oberflächlichen Unterschenkelfaszie zu den Knochen bilden dabei für jede einzelne Muskelgruppe einen osteofibrösen Kanal.

Tab. 4.14 Muskeln des Unterschenkels

Innervation	Ursprung	Ansatz	Funktion
Ventrale Streckergruppe **M. tibialis anterior**			
N. fibularis profundus	• lateral an der Tibia • Membrana interossea	• Os metatarsi I • Os cuneiforme mediale	OSG: Dorsalextension *(wichtigster Muskel)* USG: Supination *(schwach)*
M. extensor hallucis longus und M. extensor digitorum longus			
N. fibularis profundus	• Tibia und Fibula • Membrana interossea	Dorsal an Endphalanx der Großzehe bzw. Dorsalaponeurosen der 2.–5. Zehe	OSG: Dorsalextension USG: • Pronation • Zehengelenke: Extension
Dorsale Beugergruppe (Wadenmuskeln) **M. triceps surae (M. gastrocnemius, M. soleus) und M. plantaris**			
N. tibialis	*M. gastrocnemius:* Condylus medialis und lateralis des Femurs *M. soleus:* Tibia und Fibula *M. plantaris:* Condylus lateralis des Femurs	Tuber calcanei	Kniegelenk (nur *M. gastrocnemius* und *M. plantaris*): Flexion OSG: Plantarflexion *(wichtigster Muskel)* USG: Supination *(wichtigster Muskel)*

Tab. 4.14 Muskeln des Unterschenkels *(Forts.)*

Innervation	Ursprung	Ansatz	Funktion
M. tibialis posterior			
N. tibialis	• Tibia und Fibula • Membrana interossea	• Os naviculare • Ossa cuneiformia	*OSG:* Plantarflexion *USG:* Supination
M. flexor hallucis longus und M. flexor digitorum longus			
N. tibialis	• Tibia und Fibula • Membrana interossea	Plantar an Endphalanx der Großzehe bzw. Endphalanx der 2.–5. Zehe	*OSG:* Plantarflexion *USG:* Supination *Zehengelenke:* Flexion
M. popliteus			
N. tibialis	• Condylus lateralis des Femurs • Hinterhorn des Außenmeniskus	dorsal an proximaler Tibia	*Kniegelenk:* • Innenrotation • Verhindert Einklemmung des Meniskus
Laterale Pronatorengruppe **Mm. fibularis [peroneus] longus und brevis**			
N. fibularis superficialis	Fibula M. fibularis longus: proximal M. fibularis brevis: distal	M. fibularis longus: • Os metatarsi I • Os cuneiforme mediale M. fibularis brevis: Os metatarsi V	*OSG:* Plantarflexion *Unteres USG:* Pronation (M. fibularis longus = *wichtigster Muskel*)

Klinik

Ausfall Muskulatur des Unterschenkels

Bei **Ausfall** der Muskeln der **ventralen Gruppe** ist eine Dorsalextension nicht mehr möglich und der Fuß hängt schlaff herab (**Spitzfußstellung**). Die Patienten müssen beim Gehen die Knie stärker anheben, um ein Schleifen der Fußspitze am Boden zu vermeiden (**Steppergang**). Ein Ausfall der Fibularisgruppe führt zur **Supinationsstellung** des Fußes. Bei **Ausfall der Flexoren** (tiefe und oberflächliche) kommt es zu einer Anhebung der Fußspitze durch Überwiegen der Dorsalextensoren (**Hackenfußstellung**). Ein allgemeiner Ausfall des M. triceps surae entsteht durch **Ruptur der ACHILLES-Sehne** z. B. bei Sportlern (Volley- und Basketball). In diesem Fall ist das Gehen erschwert und der **Zehenstand** unmöglich. Zusätzlich verstärkt sich die Fußwölbung durch Überwiegen der an der Fußsohle gelegenen Muskeln (**Hohlfuß**). Ein **Ausfall des M. tibialis posterior** resultiert in einer Pronationsstellung des Fußes.

Kompartment-Syndrom

Eine Druckerhöhung in einer der Muskellogen wird als **Kompartment-Syndrom** bezeichnet. Meist ist bei Trauma (Tritt gegen Schienbein, Fraktur) oder Überlastung die Extensorenloge betroffen (Tibialis-anterior-Syndrom), seltener die Fibularisloge. Da der gesteigerte Druck zur Schädigung der in den Logen verlaufenden Arterien und Nerven (Extensorenloge: A. tibialis anterior, N. fibularis profundus; Fibularisloge: N. fibularis superficialis) und zur Muskelnekrose kommt, ist meist eine Spaltung der Faszie nötig.

Merke

Muskeln werden in Allgemeinen von mindestens 2 Rückenmarkssegmenten innerviert (plurisegmentale Innervation). Bei einzelnen Muskeln ist ein Segment allerdings so dominant, dass der Muskel einen **Kennmuskel** für dieses Segment darstellt. Die Kenntnis dieser Muskeln ist zur Diagnose von Bandscheibenvorfällen

Untere Extremität

von großer Bedeutung, die meist die Rückenmarkssegmente L1 und S1 betreffen.
Der **M. quadriceps femoris** ist ein Kennmuskel für **L3**, der **M. tibialis anterior** für das Segment **L4**, der **M. extensor hallucis longus** für das Rückenmarkssegment **L5** und der M. triceps surae für das Segment **S1**.

Wie an der Hand werden auch im Bereich des oberen Sprunggelenks die langen Muskeln des Fußes durch Verstärkungszüge (**Retinacula**) der Muskelfaszie geführt:
- **Retinaculum musculorum extensorum:** überbrückt ventral die Ansatzsehnen der Extensoren.
- **Retinaculum musculorum fibularium:** bedeckt lateral zwischen Außenknöchel und Calcaneus die Fibularismuskeln.
- **Retinaculum musculorum flexorum:** spannt sich zwischen Innenknöchel und Calcaneus über die Sehnen der Beugemuskeln und bildet dadurch den **Malleolenkanal oder Tarsaltunnel:** darin verlaufen die Leitungsbahnen der Fußsohle (A./V. tibialis posterior, N. tibialis).

Am distalen Unterschenkel überkreuzt (von dorsal aus betrachtet) der M. flexor digitorum longus den M. tibialis posterior (**Chiasma cruris**) und an der Fußsohle den M. hallucis longus (**Chiasma plantare**).

4.4.6 Kurze Fußmuskeln

Bei den Fußmuskeln ist die unterschiedliche Entwicklung zur oberen Extremität am deutlichsten ausgeprägt. Obwohl die Muskeln aufgrund ihres Verlaufs zu den Bewegungsachsen der Gelenke weitgehend ähnliche Bewegungen ausführen können, dienen sie v. a. dazu, die **Fußgewölbe aufrechtzuerhalten** und das **Fußskelett** einschließlich der Zehen zu einer **federnden Platte zu verbinden.** Dadurch kann beim Stehen und Gehen eine sichere Kontaktfläche zum Untergrund geschaffen werden.
Am Fuß unterscheidet man **4 Gruppen** von kurzen Fußmuskeln (▶ Abb. 4.13, ▶ Tab. 4.15):

Merke

Der **N. plantaris medialis** entspricht dem N. medianus am Arm, der **N. plantaris lateralis** dagegen dem N. ulnaris. Wenn man dann bedenkt, dass der M. flexor digitorum brevis eine Abwandlung des M. flexor digitorum superficialis darstellt, kann man sich ausgehend

Tab. 4.15 Kurze Fußmuskeln mit Innervation

Muskeln des Fußrückens (Innervation: N. fibularis profundus)
- M. extensor hallucis brevis
- M. extensor digitorum brevis

Muskeln der Großzehe
- M. abductor hallucis brevis (Innervation: **N. plantaris medialis**)
- M. flexor hallucis brevis (Innervation: **Nn. plantaris medialis und lateralis**)
- M. adductor hallucis (Innervation: **N. plantaris lateralis**)

Muskeln der Fußsohlenmitte
- M. flexor digitorum brevis (Innervation: **N. plantaris medialis**)
- M. quadratus plantae (Innervation: **N. plantaris lateralis**)
- Mm. lumbricales I–IV (Innervation: **Nn. plantaris medialis und lateralis**)
- Mm. interossei palmares (I–III) und dorsales (I–IV): (Innervation: **N. plantaris lateralis**)

Muskeln der Kleinzehe (Innervation: N. plantaris lateralis)
- M. abductor digiti minimi
- M. flexor digiti minimi brevis
- M. opponens digiti minimi (inkonstant)

von den Handmuskeln die Innervation der meisten kurzen Fußmuskeln erschließen (nur der M. quadratus plantae hat keine Entsprechung). Die Muskeln des Fußrückens sind ebenso vom N. fibularis profundus innerviert wie die langen Zehenstrecker.

4.5 Nerven der unteren Extremität

Lerntipp

Die Nerven sind an den Extremitäten die Leitungsbahnen, zu denen für die Klinik die meisten anatomischen Details zu **Versorgungsgebiet und Verlauf** für die Diagnostik und Therapie notwendig sind. Meist kommen die Patienten mit einer Bewegungseinschränkung zum Arzt. Nach Identifikation der betroffenen Muskeln, die für die Bewegung essenziell sind, gelingt dann die Festlegung des innervierenden Nervs bzw. der innervierenden Nerven,

▶ 4.5 Nerven der unteren Extremität ▶ 4.5.1 Plexus lumbosacralis

Tab. 4.16 Nerven des Plexus lumbosacralis

Plexus lumbalis (T12–L4)	Plexus sacralis (L4–S5, C1)
• Muskeläste für M. iliopsoas und M. quadratus lumborum (T12–L4) • N. iliohypogastricus (T12, L1) • N. ilioinguinalis (T12, L1) • N. genitofemoralis (L1, L2) • N. cutaneus femoris lateralis (L2, L3) • N. femoralis (L2–L4) • N. obturatorius (L2–L4)	• Muskeläste für pelvitrochantäre Hüftmuskeln (L4–S2) • N. gluteus superior (L4–S1) • N. gluteus inferior (L5–S2) • N. ischiadicus (L4–S3) • N. cutaneus femoris posterior (S1–S3) • N. pudendus (S2–S4) • Nn. splanchnici pelvici (präganglionäre parasympathische Fasern; S2–S4) • Muskeläste für den Beckenboden (M. levator ani und M. ischiococcygeus, S3, S4)

dessen oder deren Läsion in den meisten Fällen die Ursache für die Bewegungseinschränkung ist. Aus dem klinischen Bild lässt sich dann häufig auch auf den Ort und damit den Schädigungsmechanismus rückschließen.

4.5.1 Plexus lumbosacralis

Die untere Extremität wird vom **Plexus lumbosacralis** innerviert (▶ Tab. 4.16). Dieser wird von den Rr. anteriores der Spinalnerven gebildet, die den lumbalen, sakralen und kokzygealen Abschnitten des Rückenmarks entspringen und sich zum **Plexus lumbalis** (T12–L4) und zum **Plexus sacralis** (L4–S5, C1) vereinigen. Die beiden Plexus werden durch den **Truncus lumbosacralis** (L4, L5) miteinander verbunden. Die Nerven des **Plexus lumbalis** (T12–L4) verlaufen **ventral** des Hüftgelenks und versorgen den unteren Teil der seitlichen und vorderen Bauchwand sowie die Vorderseite des Oberschenkels (▶ Abb. 4.15a). Die Äste des **Plexus sacralis** liegen **dorsal** des Hüftgelenks (▶ Abb. 4.15b). Sie innervieren die Rückseite des Oberschenkels sowie überwiegend den Unterschenkel und den gesamten Fuß.

Nerven

Praxistipp

Bei der **Präparation** ist zu bedenken, dass der Plexus lumbalis im Retroperitonealraum, der Plexus sacralis dagegen im kleinen Becken gelegen ist. Daher werden bei der meist schichtweise erfolgenden Präparation zunächst nur die Nerven dargestellt, während die Nervengeflechte selbst erst nach Eröffnung der Bauchhöhle und der Präparation der Beckenhöhle sichtbar werden. Die meisten Nerven des **Plexus lumbalis** lassen sich von **ventral** in der **Leistenregion** oberhalb und unterhalb des Leistenbands an ihren Durchtrittsstellen durch die Faszie freilegen. Die Nerven des **Plexus sacralis** werden **dorsal** in der **Glutealregion** bei ihrem Austritt aus dem Becken dargestellt, indem der M. gluteus maximus abgelöst wird und so das Foramen ischiadicum majus erkennen lässt.

Klinik

Wenn der **Plexus lumbalis** durch eine Einblutung (Hämatom) oder einen Tumor komprimiert wird, strahlen die Schmerzen typischerweise auf die **Vorderseite** des Oberschenkels aus. Bei Kompression des **Plexus sacralis** strahlen die Schmerzen auf die **Rückseite** des Beins **(Ischialgie)** und oft bis in den Unterschenkel aus.

Innervationsgebiet

Die Nerven des Plexus lumbosacralis versorgen nicht nur die Muskulatur, sondern innervieren sensorisch die Haut (▶ Abb. 4.16a, b) und führen auch vegetative sympathische Nervenfasern mit sich **(gemischte Nerven)**. An der sensorischen Innervation beteiligen sich alle Nerven des Plexus lumbosacralis. Die obere Gesäßregion wird dagegen direkt von den Rr. posteriores der Segmente L1–L3 als **Nn. clunium superiores** und der Segmente S1–S3 als **Nn. clunium medii** erreicht.

Die motorische Innervation erfolgt von proximal nach distal entsprechend der kraniokaudalen Abfolge der Rückenmarkssegmente. Hüftmuskeln werden daher von den kranialen Rückenmarkssegmenten des Plexus lumbalis bzw. des Plexus sacralis innerviert, Unterschenkel- und Fußmuskeln dagegen von distalen Rückenmarkssegmenten. Obwohl immer mindestens zwei Segmente einen Muskeln versorgen (plurisegmentale Innervation), ist bei manchen Muskeln ein Segment so dominant, dass der Muskel bei der Diagnostik als **Kennmuskel** für dieses Segment herangezogen werden kann. Ähnlich ordnen

Untere Extremität

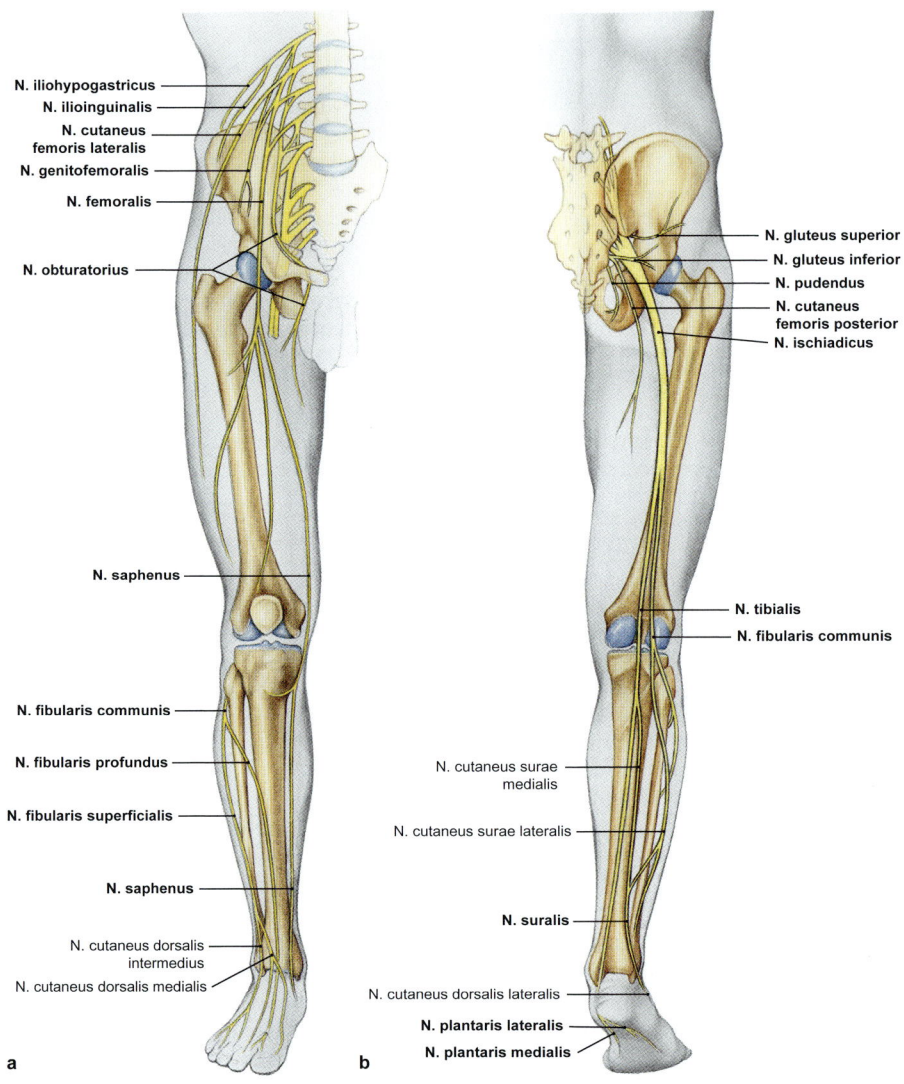

Abb. 4.15 Nerven des Plexus lumbosacralis und Symptomatik bei Läsionen. a) Plexus lumbalis, Ansicht von ventral. b) Plexus sacralis, Ansicht von dorsal. [S007-1-23]

sich auch die Nervenfasern aus den einzelnen Hautnerven entsprechend der Herkunft aus den einzelnen Rückenmarkssegmenten in der Haut segmental an. Das Areal, das spezifisch vom Spinalnerv eines Rückenmarkssegments versorgt wird, nennt man **Hautwurzelfeld** oder **Dermatom** (▶ Abb. 4.16c, d). Während die Dermatome am Rumpf überwiegend horizontal angeordnet sind, verlaufen sie am Bein entlang dessen Längsachse.

> **Merke**
>
> Die wichtigsten **Dermatome** am Bein:
> - Ventralseite des Beins: L1–L5 (schräg angeordnet)
> - L3: distaler Oberschenkel
> - Medialer Fußrand: L4
> - Großzehe: L5
> - Kleinzehe und lateraler Fußrand: S1
> - Dorsalseite des Beins: S1–S5

▶ 4.5 Nerven der unteren Extremität ▶ 4.5.1 Plexus lumbosacralis

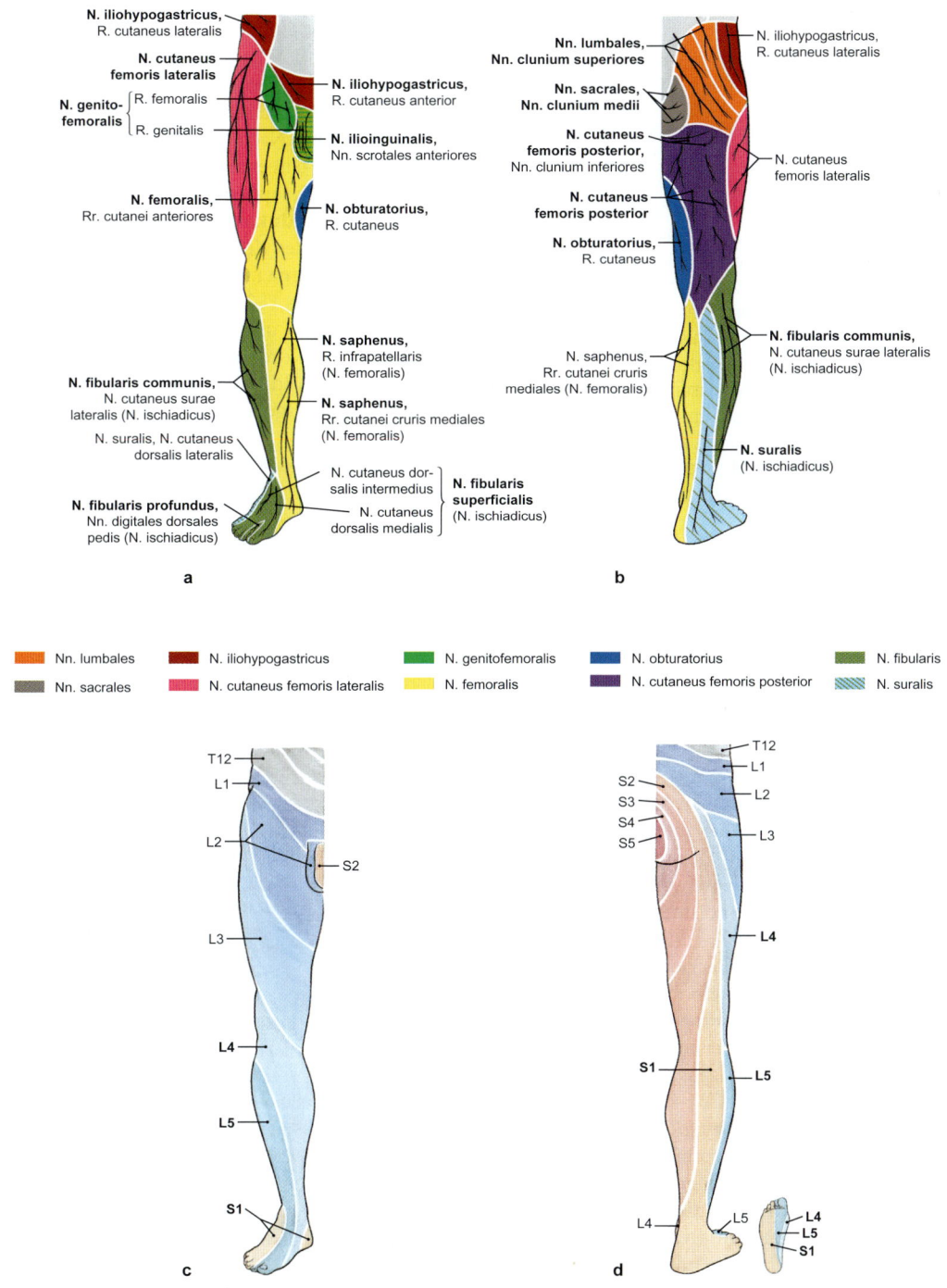

Abb. 4.16 Hautnerven und segmentale Innervation der unteren Extremität. a) Hautnerven, rechts, von ventral. b) Hautnerven, rechts, Ansicht von dorsal. c) Dermatome, rechts, von ventral. d) Dermatome, rechts, Ansicht von dorsal. [S007-1-23]

Untere Extremität

> **Klinik**
>
> **Bandscheibenvorfall**
>
> Bandscheibenvorfälle betreffen v. a. die Bandscheiben zwischen IV. und V. Lendenwirbelkörper (Kompression der Wurzel L5) sowie zwischen V. Lendenwirbelkörper und Kreuzbein (Kompression von S1). Der Nucleus pulposus verlagert sich in den Spinalkanal und komprimiert dort Nervenwurzeln. Zusätzlich zu Schmerzen im jeweiligen Dermatom kommt es zu Ausfällen des Kennmuskels der entsprechenden Nervenwurzel. Bei einer Kompression von L5 ist also eine Symptomatik typisch, bei der es zu Schmerzen mit Ausstrahlung in das Bein bis zum Fuß kommt. Dies geht einher mit einem Sensibilitätsverlust der Haut und einer Schwäche bei der Extension der Großzehe **(Kennmuskel L5: M. extensor hallucis longus)**. Bei Läsion von S1 ist die Sensorik an der Kleinzehe betroffen. Der Patient kann nicht auf den Zehenspitzen stehen **(Kennmuskel S1: M. triceps surae)**.

4.5.2 Plexus lumbalis

Nerven und Innervationsgebiet

Der **Plexus lumbalis (T12–L4)** liegt in den M. psoas major eingebettet im Retroperitonealraum auf Höhe der Lendenregion (▶ Abb. 4.15). Nerven:

- **Muskeläste** (T12–L4): für M. iliopsoas und M. quadratus lumborum
- **N. iliohypogastricus** (T12, L1): Er verläuft hinter der Niere und dann zwischen M. transversus abdominis und M. obliquus internus abdominis, die er innerviert, entlang des Leistenbands nach vorne. Er versorgt sensorisch die Haut über dem Beckenkamm und dem Leistenband.
- **N. ilioinguinalis** (T12, L1): verläuft parallel knapp kaudal des N. iliohypogastricus und innerviert die gleichen Bauchmuskeln. Sein Endast lagert sich außen dem Samenstrang an und durchquert den Leistenkanal. Er innerviert das vordere Drittel des äußeren Genitales sensorisch.
- **N. genitofemoralis** (L1–L2): Er durchbohrt ventral den M. psoas major und unterkreuzt den Ureter. Er zieht im Samenstrang durch den Leistenkanal und innerviert den M. cremaster (R. genitalis). Ein kleiner Ast zieht unter dem Leistenband durch die Lacuna vasorum und innerviert ein zu vernachlässigendes Areal am proximalen Oberschenkel (R. femoralis).
- **N. cutaneus femoris lateralis** (L2–L3): Er zieht direkt medial der Spina iliaca anterior superior durch die **Lacuna musculorum** und innerviert sensorisch die Haut des lateralen Oberschenkels.
- **N. femoralis** (L2–L4): Er innerviert die vordere Muskelgruppe und zusätzlich den M. pectineus des Oberschenkels und sensorisch die Vorderseite des gesamten Beins. Nach Durchtritt durch die **Lacuna musculorum** teilt er sich in seine Endäste, von denen nur der **N. saphenus** seinen Verlauf fortsetzt. Durch den **Adduktorenkanal** gelangt er an die mediale Seite des Knies und zieht dann epifaszial mit der V. saphena magna zum medialen Fußrand.
- **N. obturatorius** (L2–L4): Er tritt medial des M. psoas major aus und gelangt durch den **Obturatorkanal** zur Vorderseite des Oberschenkels. Er versorgt die Adduktorengruppe und sensorisch ein kleines Hautgebiet medial oberhalb des Knies.

> **Klinik**
>
> **Läsionen der Nerven des Plexus lumbalis**
>
> **N. iliohypogastricus, N. ilioinguinalis und N. genitofemoralis**
>
> Läsionen sind aufgrund der geschützten Lage selten. Wegen ihrer engen Beziehung zu Niere und Ureter können jedoch Erkrankungen der Niere (Nierenbeckenentzündung, Pyelonephritis oder abgehende Nierensteine) zur **Ausstrahlung von Schmerzen** in die Leistenregion und bis in das äußere Genitale führen.
>
> **N. cutaneus femoris lateralis**
>
> Er kann bei Operationen mit vorderem Zugang zum Hüftgelenk oder durch Einklemmung unter dem Leistenband durch zu enge Hosen geschädigt werden. Dies kann zum Verlust der Sensorik und zu Schmerzen an der Außenseite des Oberschenkels führen **(Meralgia paraesthetica)**.
>
> **N. femoralis**
>
> Er wird am häufigsten in der Leistenbeuge, und zwar bei Operationen oder diagnostischen Eingriffen (Herzkatheter), verletzt. Neben einer Störung der Hüftbeugung fällt die Streckung des Knies komplett aus, wodurch das Treppensteigen unmöglich gemacht wird. Der Patellarsehnenreflex erlischt und die Sensorik am vorderen Ober- und medialen Unterschenkel ist aufgehoben.
>
> **N. obturatorius**
>
> Er ist bei seinem Durchtritt durch den Canalis obturatorius gefährdet. Neben Beckenbrüchen können hier auch Verlagerungen von Baucheingeweiden (Hernien) oder ausgedehnte Ovarialkarzinome die Ursache von Läsionen sein. Durch den Ausfall der Adduktoren wird das Stehen

unsicher und werden der Schenkelschluss und das Übereinanderschlagen der Beine unmöglich. Die Sensorik am medialen Oberschenkel kann reduziert sein. Auch können Reizerscheinungen auftreten, die Kniegelenkerkrankungen vortäuschen (**ROMBERG-Kniephänomen**).

4.5.3 Plexus sacralis

Der **Plexus sacralis (L4–S5, Co1)** liegt dem M. pirifomis im kleinen Becken auf.

Nerven und Innervationsgebiet

Seine Nerven treten entweder über das Foramen ischiadicum majus in die Regio glutealis über oder verbleiben in der Beckenhöhle (▶ Abb. 4.15):
- **Muskeläste** (L4–S2): zu pelvitrochantären Muskeln treten durch das **Foramen infrapiriforme**
- **N. gluteus superior** (L4–S1): verläuft durch das **Foramen suprapiriforme** und innerviert Mm. gluteus medius und minimus sowie den M. tensor fasciae latae.
- **N. gluteus inferior** (L5–S2): zieht durch das **Foramen infrapiriforme** und innerviert den M. gluteus maximus.
- **N. ischiadicus** (L4–S3): Der stärkste Nerv des menschlichen Körpers versorgt motorisch alle dorsalen Muskeln des Ober- und Unterschenkels und alle Fußmuskeln sowie sensorisch die Wade und den gesamten Fuß (s. u.). Bereits bei seinem Austritt aus dem **Foramen infrapiriforme** ist er in zwei Teile gegliedert, die nur durch eine Bindegewebshülle verbunden sind und die dorsalen Oberschenkelmuskeln innervieren:
  – **Fibularisanteil:** innerviert das Caput breve des M. biceps femoris.
  – **Tibialisanteil:** versorgt die ischiokruralen Muskeln und den dorsalen Teil des M. adductor magnus.
- **N. cutaneus femoris posterior** (S1–S3): tritt durch das **Foramen infrapiriforme** und innerviert sensorisch die untere Gesäßregion und den hinteren Oberschenkel.
  - **N. pudendus** (S2–S4): zieht durch das **Foramen infrapiriforme** in die Regio glutealis und dann sofort durch das **Foramen ischiadicum minus** in einer Faszienduplikatur des M. obturatorius internus (= **ALCOCK-Kanal**) in die **Fossa ischioanalis**.

Er innerviert dort motorisch den M. sphincter ani externus (N. rectalis inferior; willkürlicher Verschluss des Analkanals) sowie alle Dammmuskeln. Zu den Dammmuskeln zählen auch die Muskeln des Penisschafts (M. bulbospongiosus und M. ischiocavernosus), die durch Stabilisierung der Schwellkörper die Erektion und auch die Ejakulation unterstützen, sowie der M. sphincter urethrae externus (willkürlicher Verschluss der Harnröhre). Der N. pudendus ist damit entscheidend für die Stuhl- und Harnkontinenz! Sensorisch innerviert er die hinteren zwei Drittel des äußeren Genitales (Scrotum/Labien) sowie mit seinem Endast Penis und Clitoris (N. dorsalis penis/N. dorsalis clitoridis).
- **Nn. splanchnici pelvici** (S2–S4): präganglionäre parasympathische Nervenfasern zur Versorgung der Beckeneingeweide und des Colon descendens und sigmoideum (sakraler Teil des parasympathischen Nervensystems).
- **Muskeläste** (S3–S4): versorgen die Beckenbodenmuskulatur (wird nicht vom N. pudendus innerviert!).

N. ischiadicus

Bedeckt vom M. gluteus maximus überquert er die pelvitrochantären Muskeln und tritt unter den M. biceps femoris, wo er sich meist am Übergang zum distalen Oberschenkel in seine Hauptstämme aufteilt:
- **N. fibularis (peroneus) communis** (L4–S2)
- **N. tibialis** (L4–S3)

N. fibularis communis

Der **N. fibularis communis** gibt einen sensorischen Ast zur **lateralen Wade** (N. cutaneus surae lateralis) ab, zieht in der Kniekehle nach lateral und schlingt sich um den Kopf der Fibula. In der Fibularisloge teilt er sich in seine Endäste:
- **N. fibularis superficialis:** innerviert die Fibularisgruppe. Am distalen Unterschenkel durchbohrt er die Faszie und teilt sich in zwei Äste zur sensorischen Innervation der **Haut des Fußrückens und der Zehen.**

  - **N. fibularis profundus:** tritt in die Extensorenloge über und versorgt die Streckmuskeln von Unterschenkel und Fußrücken. Sein Endast gelangt unter dem Retinaculum musculorum extensorum auf den Fußrücken und innerviert die **Haut zwischen Großzehe und II. Zehe.**

Untere Extremität

N. tibialis

Der N. tibialis tritt durch die Kniekehle und **zwischen** den Köpfen des M. gastrocnemius und **unter** dem M. soleus nach distal. Er innerviert alle Wadenmuskeln.

Der sensorische Ast für die mediale Wade (N. cutaneus surae medialis) verbindet sich mit dem lateralen Hautnerv aus dem N. fibularis communis oder setzt sich eigenständig in Begleitung der V. saphena parva als **N. suralis** fort, der den **lateralen Fußrand bis zur lateralen Seite der Kleinzehe** sensorisch innerviert.

Im **Tarsaltunnel/Malleolenkanal** hinter dem Innenknöchel teilt sich der N. tibialis in seine Endäste, welche die Fußsohle versorgen:

- **N. plantaris medialis (~ N. medianus):** innerviert sensorisch die Plantarseite der **medialen 3½ Zehen** und motorisch die meisten Muskeln der Großzehe (außer M. adductor hallucis), den M. flexor digitorum brevis und den M. lumbricalis I.
- **N. plantaris lateralis (~ N. ulnaris):** innerviert die **lateralen 1½ Zehen** sowie motorisch den M. adductor hallucis und M. flexor hallucis brevis, den M. quadratus plantae, die Mm. lumbricales und Mm. interossei sowie alle Kleinzehenmuskeln.

— Klinik

Läsionen der Nerven des Plexus sacralis

Eine Schädigung einzelner **Muskeläste für die pelvitrochantären Muskeln** ist funktionell unbedeutend.

Nn. gluteus superior und inferior

Diese Nerven können bei **falscher intramuskulärer Injektion** in die Glutealregion verletzt werden. Bei Läsion des **N. gluteus superior** fallen die kleinen Glutausmuskeln (wichtigste Abduktoren und Innenrotatoren der Hüfte) sowie der M. tensor fasciae latae aus. Bei Funktionsverlust der kleinen Gluteusmuskeln wird das Stehen auf dem Bein der kranken Seite unmöglich, weil das Becken zur gesunden Seite absinkt **(TRENDELENBURG-Zeichen).** Bei Schädigung des **N. gluteus inferior** fällt mit dem M. gluteus maximus der kräftigste Strecker des Hüftgelenks aus. Treppensteigen, Springen und schnelles Laufen sind jedoch kaum mehr möglich.

N. ischiadicus

Bei der **hohen Teilung** des N. ischiadicus kann der **N. fibularis communis** beim Durchtritt durch den M. piriformis komprimiert werden. Die entstehenden Schmerzen können einen Bandscheibenvorfall vortäuschen. Der **N. ischiadicus** kann außer bei der intraglutealen Injektion auch durch Kompression bei langem Sitzen, bei Beckenfrakturen sowie bei Hüftluxationen und -operationen geschädigt werden.

Durch Ausfall der ischiokruralen Muskeln sind dann Streckung der Hüfte, besonders aber Beugung und Rotation im Knie beeinträchtigt. Wenn sowohl der Tibialisanteil als auch der Fibularisanteil komplett geschädigt sind, fallen alle Muskeln des Unterschenkels und des Fußes aus, sodass der Fuß **nicht mehr als Stand- und Stützbein** beim Gehen genutzt werden kann. Bei Hebung des Beins kommt es zu einem Schleifen des Fußes beim Gehen **(Steppergang).**

N. fibularis communis

Häufigste Nervenläsion der unteren Extremität. Sie kann durch proximale Fibulafrakturen, zu enge Skischuhe oder durch Übereinanderschlagen der Beine verursacht werden. Durch Ausfall der Streckmuskeln kommt es zum Herabhängen der Zehenspitzen **(Spitzfußstellung).** Zum Ausgleich wird der Unterschenkel durch Beugung im Knie stärker angehoben **(Steppergang).** Durch Ausfall der fibularen Muskeln gelangt der Fuß in **Supinationsstellung.** Die Sensorik ist an der lateralen Wade und auf dem Fußrücken aufgehoben.

N. fibularis profundus

Er kann beim Kompartment-Syndrom, bei dem nach einem Trauma die Streckmuskeln anschwellen **(Tibialis-anterior-Syndrom)** und den Nerv sowie die begleitenden Blutgefäße komprimieren, geschädigt werden. In diesem Fall muss die Faszie des Unterschenkels gespalten werden. Der Ausfall des N. fibularis profundus geht ebenfalls mit **Spitzfußstellung und Steppergang** einher. Allerdings ist die Sensorik nur im ersten Zwischenzehenraum aufgehoben! Beim **vorderen Tarsaltunnel-Syndrom** werden die sensorischen Endäste unter dem Retinaculum musculorum extensorum komprimiert, sodass es zu Gefühlsstörungen im ersten Zwischenzehenraum kommt.

N. fibularis superficialis

Seltener sind isolierte Läsionen des N. fibularis superficialis (z. B. bei Trauma der Fibularismuskeln), bei denen durch Ausfall der Fibularismuskeln der Fuß in **Supinationsstellung** gerät. Hier ist die Sensorik des Fußrückens aufgehoben und nur noch im ersten Zwischenzehenraum intakt.

Läsionen des N. tibialis

Auch sie sind selten, können aber bei Verletzungen des Kniegelenks oder durch Kompression im **Malleolenkanal/Tarsaltunnel** bei Tibiafraktur oder Sprunggelenkverletzungen **(hinteres Tarsaltunnel-Syndrom)** auftreten. Beim Tarsaltunnel-Syndrom kommt es zu brennenden Schmerzen an der Fußsohle und zu einem Ausfall der Fußsohlenmuskeln. Beugen, Adduzieren und Spreizen der Zehen sind nicht möglich. Durch Ausfall der Mm. interossei und Mm. lumbricales kommt es zum **Krallenfuß.** Bei Läsion im Kniebereich fällt zusätzlich die gesamte Beugemuskulatur des Unterschenkels aus (ACHILLES-Sehnenreflex negativ). Die Plantarflexion ist stark eingeschränkt und wird nur noch geringfügig durch die Fibularisgruppe ermöglicht.

Daraus resultieren eine **Pronationsstellung** des Fußes sowie ein **Hackenfuß**, bei dem der Fuß in Dorsalflexionsstellung gerät. Das Stehen auf den Zehenspitzen ist nicht möglich.

N. cutaneus femoris posterior

Bei Läsion des N. cutaneus femoris posterior ist die Sensorik auf der Rückseite des Oberschenkels beeinträchtigt.

N. pudendus

Aufgrund seines geschützten Verlaufs sind Läsionen des **N. pudendus** selten, die durch Ausfall der Dammmuskulatur und der Schließmuskeln von Harnblase und Rectum zu **Inkontinenz** und aufgrund des Verlusts der Sensorik des äußeren Genitales zu **Störungen der Sexualfunktion** führen können.

Muskeläste für den Beckenboden

Die Muskeläste für den Beckenboden und besonders die parasympathischen Nn. splanchnici pelvici dagegen können bei Operationen im kleinen Becken, wie der Entfernung des Rectums oder der Prostata, geschädigt werden. Es kann dann durch Beckenbodeninsuffizienz zu **Stuhl-** und **Harninkontinenz** und bei Schädigung der parasympathischen Nerven zu **Störung der Peniserektion** und bei der Frau zu beeinträchtigter **Schwellkörperfüllung der Klitoris** kommen.

Merke

Wichtigste Symptome am Fuß zur Differenzialdiagnose der Nervenläsionen am Unterschenkel:
- **N. fibularis communis:** Spitzfuß, Supinationsstellung, Empfindungsstörung: gesamter Fußrücken
- **N. fibularis profundus:** Spitzfuß, Empfindungsstörung: erster Zehenzwischenraum
- **N. fibularis superficialis:** Supinationsstellung, Empfindungsstörung: Fußrücken außer erster Zehenzwischenraum
- **N. tibialis:** Hackenfuß, Krallenfuß, Pronationsstellung, Empfindungsstörung: lateraler Fußrand

4.6 Arterien der unteren Extremität

Lerntipp

Bei den Arterien sind **Versorgungsgebiet** und **Verlauf** wichtig, um bei Gefäßverschlüssen und -verletzungen das Ausmaß der Gefährdung der betroffenen Regionen des Beins zu erkennen. Die Systematik einzelner Äste ist oft nur für die Präparation relevant.

Tab. 4.17 Arterien der unteren Extremität

Äste der A. iliaca externa
- A. epigastrica inferior
  - A. cremasterica/A. ligamenti teretis uteri
  - R. pubicus (Anastomose mit A. obturatoria)
- A. circumflexa ilium profunda

Äste der A. femoralis
- A. epigastrica superficialis
- A. circumflexa ilium superficialis
- Aa. pudendae externae
- A. profunda femoris
  - A. circumflexa femoris medialis
  - A. circumflexa femoris lateralis
  - Aa. perforantes (meist drei)
- A. descendens genus

Äste der A. poplitea
- A. superior medialis genus
- A. superior lateralis genus
- A. media genus
- Aa. surales
- A. inferior medialis genus
- A. inferior lateralis genus

Äste der A. tibialis anterior
- A. recurrens tibialis posterior
- A. recurrens tibialis anterior
- A. malleolaris anterior medialis
- A. malleolaris anterior lateralis
- A. dorsalis pedis
  - A. tarsalis lateralis
  - Aa. tarsales mediales
  - A. arcuata (Aa. metatarsales dorsales → Aa. digitales dorsales; A. plantaris profunda → Arcus plantaris profundus)

Äste der A. tibialis posterior
- A. fibularis
  - R. perforans
  - R. communicans
  - Rr. malleolares laterales
  - Rr. calcanei
  - A. nutricia fibulae und A. nutricia tibiae
- Rr. malleolares mediales
- Rr. calcanei
- A. plantaris medialis
  - R. superficialis
  - R. profundus (→ Arcus plantaris profundus)
- A. plantaris lateralis (→ Arcus plantaris profundus mit Aa. metatarsales plantares → Aa. digitales plantares)

Untere Extremität

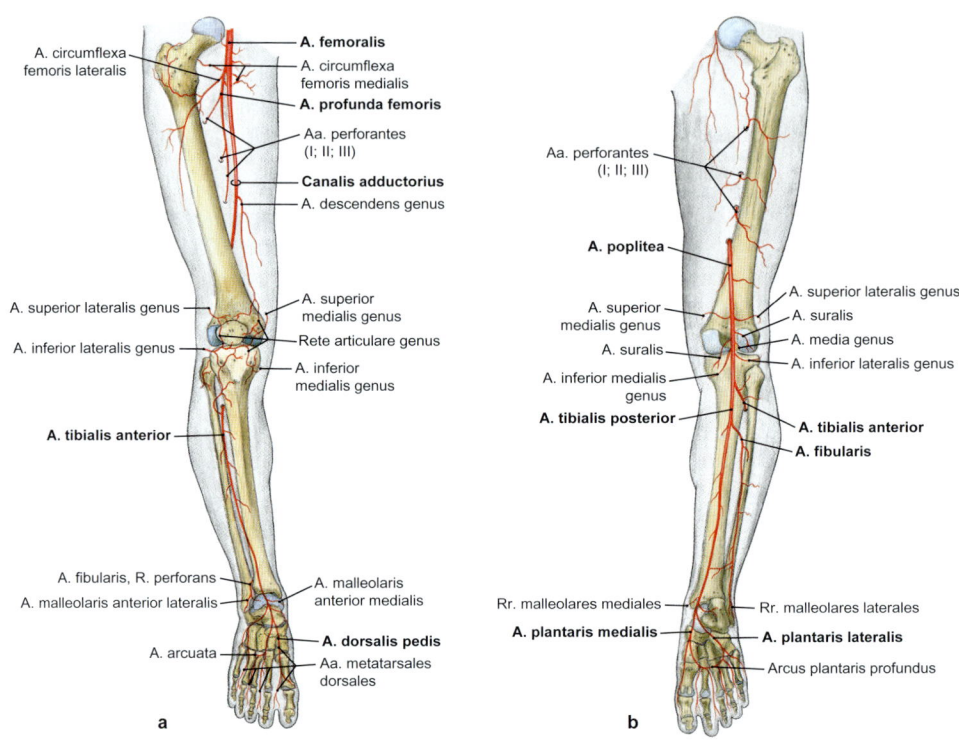

Abb. 4.17 Übersicht über die Arterien des Beins, rechts. a) Ansicht von ventral. b) Ansicht von dorsal. [S007-1-23]

Die A. iliaca communis ist ein Endast der Bauchaorta. Sie teilt sich vor dem Iliosakralgelenk in (▶ Tab. 4.17):
- **A. iliaca externa:** setzt sich unter dem Leistenband in die A. femoralis fort und versorgt das Bein.
- **A. iliaca interna:** zur Versorgung des Beckens mit seinen Eingeweiden (▶ Kap. 7.1.2).

4.6.1 A. iliaca externa

Die A. iliaca externa versorgt die vordere Rumpfwand mit zwei Ästen:
- **A. epigastrica inferior:** Sie wirft die Plica umbilicalis lateralis auf, steigt dann ventral auf dem hinteren Blatt der Rektusscheide nach oben und anastomosiert dort mit der A. epigastrica superior. Neben einem kleinen Gefäß zum M. cremaster (A. cremasterica) gibt sie einen Verbindungsast (R. pubicus) zur A. obturatoria ab. Dieser ist meist sehr dünn. Er kann aber sehr stark sein und wurde früher aufgrund seiner Verletzungsanfälligkeit bei Leistenoperation als **Corona mortis** bezeichnet.

- **A. circumflexa ilium profunda:** verläuft innen am Leistenband.

Die A. iliaca externa tritt dann durch die Lacuna vasorum auf das Bein über und setzt sich als **A. femoralis** am Oberschenkel fort (▶ Abb. 4.17). Diese wird nach dem Austritt aus dem Adduktorenkanal in der Kniekehle als **A. poplitea** bezeichnet. Sie teilt sich am proximalen Unterschenkel in die **A. tibialis anterior,** die als **A. dorsalis pedis** am Fußrücken ausläuft, und die **A. tibialis posterior,** die auch die Fußsohle versorgt. Ihr stärkster Ast ist die **A. fibularis,** die zum Außenknöchel zieht.

4.6.2 A. femoralis

Die **A. femoralis** verläuft zwischen N. femoralis (lateral) und V. femoralis (medial) und hat 5 Äste (▶ Abb. 4.17):
- Die **A. epigastrica superficialis** versorgt als dünnes Gefäß epifaszial die untere Bauchwand.
- Die **A. circumflexa ilium superficialis** verläuft epifaszial entlang des Leistenbands.

- Die **Aa. pudendae externae** versorgen die äußeren Geschlechtsorgane (Hodensack und Schamlippen).
- Die **A. profunda femoris** ist der stärkste Ast und geht nach medial ab. Sie ist das Hauptgefäß des Hüftgelenks und des Oberschenkels. Astgruppen:
  - **Aa. circumflexa femoris medialis und lateralis:** versorgen Oberschenkelhals und -kopf sowie die vordere Oberschenkelmuskulatur.
  - **Aa. perforantes I–III:** ernähren die dorsalen Muskelgruppen von Hüfte und Oberschenkel.
- Die **A. descendens genus** entspringt im Adduktorenkanal und versorgt Kniegelenk und die Haut der Knieregion.

4.6.3 A. poplitea

Nach dem Austritt aus dem Adduktorenkanal setzt sich die A. femoralis in der Kniekehle als A. poplitea fort (▶ Abb. 4.17). Sie gibt Äste zum Kniegelenk ab, die ein Gefäßnetz um das Kniegelenk (Rete articulare genus) bilden, sowie zur Wadenmuskulatur und teilt sich dann in ihre Endäste:
- **Äste zum Kniegelenk** (Aa. superior medialis und lateralis genus, A. media genus, Aa. inferior medialis und lateralis genus): Der Gefäßring versorgt das Kniegelenk einschließlich der Menisken und auch die distalen Abschnitte der Oberschenkelmuskulatur.
- **A. tibialis anterior:** Sie tritt durch die Membrana interossea cruris und steigt in der Extensorenloge ab zum Fußrücken, wo sie sich als A. dorsalis pedis fortsetzt. Die A. tibialis anterior bildet kleine rückläufige Arterien zum Rete articulare genus und gibt dann die **A. malleolaris anterior medialis und die A. malleolaris anterior lateralis** ab, die mit entsprechenden Ästen der A. tibialis posterior und A. fibularis das Gefäßnetz auf dem Innen- und Außenknöchel bilden. Die **A. dorsalis pedis** versorgt den Fußrücken und bildet einen Gefäßbogen (A. arcuata), aus dem die dorsalen Zehenarterien hervorgehen.
- **A. tibialis posterior:** Sie setzt den Verlauf der A. poplitea fort und gibt Äste ab, bevor sie durch den **Malleolenkanal/Tarsaltunnel** zur Fußsohle gelangt. Diese versorgt sie über die **Aa. plantaris medialis und lateralis,** die einen tiefen Gefäßbogen bilden (Arcus plantaris profundus). Äste:
  - **A. fibularis:** Der stärkste Ast steigt entlang der Dorsalseite der Fibula ab und versorgt mit **Rr. malleolares laterales** den Außenknöchel.
  - **Rr. malleolares mediales** ernähren den Innenknöchel und verbinden sich mit den lateralen Gefäßen aus der A. fibularis.

Klinik

Bei einer vollständigen körperlichen Untersuchung werden die **Pulse** der A. femoralis (in der Leistenbeuge), der A. poplitea (in der Kniekehle), der A. dorsalis pedis (auf Höhe der Sprunggelenke lateral der Sehne des M. extensor hallucis longus) und der A. tibialis posterior (hinter dem Innenknöchel) getastet, um Verschlüsse der Gefäße durch **Arteriosklerose** oder verschleppte Blutgerinnsel (**Emboli**) ausschließen zu können. Bei Gefäßverschlüssen müssen die Abschnitte häufig durch Gefäßprothesen (Shunts) überbrückt werden.

Die A. femoralis wird zu **Linkskatheteruntersuchungen** punktiert, bei der der Katheter bis in die linke Herzkammer vorgeschoben wird, um das Auswurfvolumen des Ventrikels und den Zustand der Herzkranzgefäße zu beurteilen.

Im Unterschied zur oberen Extremität sind die **Kollateralkreisläufe** am Bein insgesamt schwächer ausgebildet. Im Bereich der **Hüfte** sind die Verbindungen der A. profunda femoris zu Ästen der A. iliaca interna sehr variabel, ermöglichen aber in Notfallsituationen ein Abbinden der A. femoralis proximal der A. profunda femoris. Dagegen reichen die Verbindungen des **Rete articulare genus** am Knie, das von den Rekurrensarterien des Unterschenkels und der dritten Perforansarterie der A. profunda femoris gespeist wird, bei einer Unterbrechung der A. poplitea **nicht** aus, um den Unterschenkel zu versorgen. Der Arterienring um die **Knöchel** ist dagegen wiederum i. d. R. so gut ausgebildet, dass bei Verschluss einer der beiden Aa. tibiales oder der A. fibularis die Versorgung des Fußes nicht akut gefährdet ist.

4.7 Venen und Lymphgefäße der unteren Extremität

Lerntipp

Die oberflächlichen Venen des Beins können als Bypässe für die Herzkranzgefäße entnommen werden. Bei den Lymphbahnen sind besonders die Lymphknoten in der Leiste mit ihren Einzugsgebieten für die **Diagnostik** von Tumoren relevant.

Untere Extremität

Bei Venen und Lymphbahnen unterscheidet man ein **oberflächliches** und ein **tiefes System** (▶ Abb. 4.18). Die **tiefen Systeme** verlaufen paarig mit den gleichnamigen Arterien und setzen sich in die V. iliaca externa fort, die tiefen Lymphbahnen drainieren in die tiefen Lymphknoten der Leiste.

4.7.1 Venen

Das **oberflächliche Venensystem** des Beins besteht aus **zwei Hauptstämmen,** die das Blut vom Fußrücken und von der Fußsohle an den Fußrändern sammeln:

- **V. saphena magna:** Sie entspringt am medialen Fußrand **vor** dem Innenknöchel und zieht an der Innenseite von Unter- und Oberschenkel zum Schenkeldreieck (▶ Abb. 4.18). Dort nimmt sie im sog. **Venenstern** verschiedene Venen der Leistenregion auf und mündet in der Tiefe in die V. femoralis (▶ Tab. 4.18).
- **V. saphena parva:** Auf der Rückseite bildet sie sich am lateralen Fußrand **hinter** dem Außenknöchel und zieht über die Mitte der Wade in die Kniekehle, wo sie in die V. poplitea mündet. V. saphena magna und V. saphena parva sind durch variable Äste miteinander verbunden.

Das **oberflächliche** und das **tiefe Venensystem** sind durch Verbindungsgefäße (**Vv. perforantes**) miteinander verbunden. Durch **Venenklappen** wird der Blutfluss von den oberflächlichen in die tiefen Beinvenen gelenkt, sodass der überwiegende Teil des Bluts (85 %) durch die tiefen Beinvenen in Richtung zum Herzen zurückfließt. Von den zahlreichen Perforansvenen sind drei Gruppen von besonderer klinischer Bedeutung:

- DODD-Venen: Innenseite des Oberschenkels im mittleren Drittel
- BOYD-Venen: Innenseite des proximalen Unterschenkels (unterhalb des Knies)
- COCKETT-Venen: Innenseite des distalen Unterschenkels

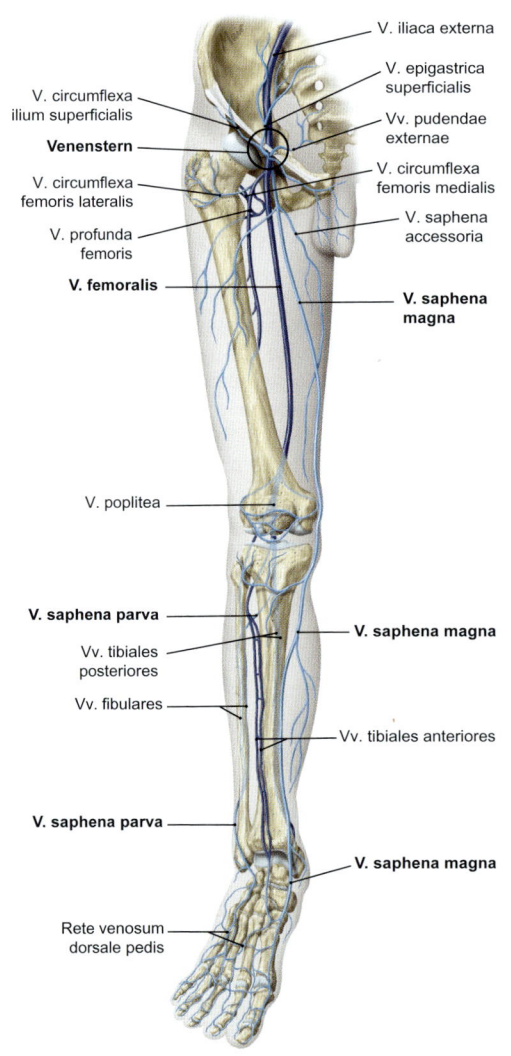

Abb. 4.18 Venen des Beins, rechts. Ansicht von ventral. [L127]

Tab. 4.18 Zuflüsse der V. saphena magna im Bereich des Venensterns

- V. epigastrica superficialis
- V. circumflexa ilium superficialis
- V. saphena accessoria (inkonstant und variabel)
- Vv. pudendae externae

Klinik

Varikose, Thrombose

Die Erweiterung der oberflächlichen Venen (**Varikose**) mit Ausbildung von Krampfadern (**Varizen**) ist häufig. Diese entstehen meist auf dem Boden einer an sich harmlosen Bindegewebeschwäche mit Insuffizienz der Venenklappen, können aber auch Folge einer Verlegung der tiefen Beinvenen nach einer Thrombose sein. Diese Unterscheidung ist wichtig, weil nur bei offenen tiefen Beinvenen eine operative Entfernung der Varizen (**Varizen-Stripping**) erfolgen darf. Da das Blut überwiegend über die tiefen Beinvenen in Richtung zum Herzen fließt, besteht bei einer **Thrombose der tiefen Beinvenen** die Gefahr, dass abgelöste Blutgerinnsel in die Lunge verschleppt werden und zu einer potenziell tödlichen **Lungenembolie** führen. Eine Entzündung der oberflächlichen Venen **(Thrombophlebitis)** z. B. bei längerer Bettlägerigkeit, ist dagegen meist harmlos.

Rechtsherzkatheteruntersuchung, Bypass-Operationen

Die V. femoralis wird in der Klinik als Zugang für eine **Rechtsherzkatheteruntersuchung** genutzt, bei welcher der Katheter bis in die rechte Herzkammer vorgeschoben werden kann. Die oberflächlichen Venen können dagegen bei **Bypass-Operationen** genutzt werden, um verschlossene Abschnitte der Herzkranzgefäße zu überbrücken.

4.7.2 Lymphgefäße

Während der Blutabfluss aus dem Bein hauptsächlich über das tiefe Venensystem erfolgt, wird der Hauptteil der Lymphe durch die **oberflächlichen Kollektoren** drainiert (▶ Abb. 4.19):

- Das **ventromediale Bündel** entlang der V. saphena magna bildet den Hauptabfluss der unteren Extremität und drainiert in die oberflächlichen Leistenlymphknoten **(Nodi lymphoidei inguinales superficiales).**
- Das schwächere **dorsolaterale Bündel** drainiert nur den lateralen Fußrand. Es verläuft entlang der V. saphena parva und mündet in die Lymph-

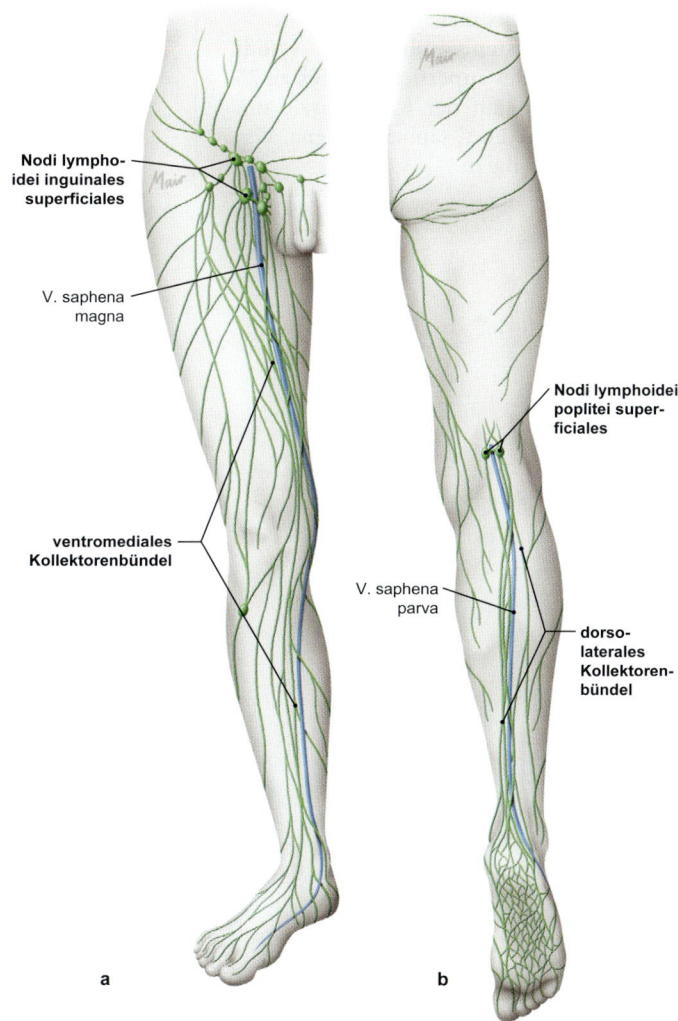

Abb. 4.19 Oberflächliche Lymphbahnen des Beins, rechts. a) Ansicht von ventral. b) Ansicht von dorsal. [L127]

Untere Extremität

Tab. 4.19 Einzugsgebiete der Leistenlymphknoten
- Bein
- Unterer Quadrant von **Bauchwand** und **Rücken**
- **Dammregion** mit **äußerem Genitale**
- **Unterer Abschnitt des Analkanals** und der **Vagina**
- Über einzelne Lymphbahnen (entlang des Lig. teres uteri) aus dem **Uterus** und den angrenzenden **Tuben**

knoten der Kniekehle (**Nodi lymphoidei poplitei superficiales** und **profundi**) und zieht von dort weiter in die tiefen Leistenlymphknoten (**Nodi lymphoidei inguinales profundi**). Die tiefen Kollektoren drainieren direkt in die tiefen Lymphknoten der Kniekehle und der Leiste.
In der Leiste unterscheidet man:
- **Oberflächliche Leistenlymphknoten (Nodi lymphoidei inguinales superficiales):** Bis zu 25 Lymphknoten liegen auf der Körperfaszie um das Leistenband und die V. saphena magna. Von ihnen fließt die Lymphe in

- **Tiefe Leistenlymphknoten (Nodi lymphoidei inguinales profundi):** Bis zu 3 Lymphknoten liegen medial der V. femoralis in der Lacuna vasorum und drainieren die Lymphe weiter in die Nodi lymphoidei iliaci externi im Becken. Zum Einzugsgebiet ▶ Tab. 4.19.

Klinik

Das **Abtasten der Lymphknoten** gehört zu einer vollständigen klinischen Untersuchung. Die Leistenlymphknoten stellen für den Großteil des Beins die regionären Lymphknoten dar. Nur für den lateralen Fußrand und die Wade bilden die meist nicht tastbaren Lymphknoten in der Kniekehle die erste Lymphknotenstation. Auch aus allen oben genannten übrigen Einzugsgebieten und damit auch aus Analkanal und inneren weiblichen Geschlechtsorganen können daher Metastasen in die Leistenregion verschleppt werden. Beim Mann dagegen fließt nur die Lymphe des äußeren Genitales (Penis und Scrotum) in die Leistenlymphknoten, während die Lymphe aus dem im Scrotum gelegenen Hoden über den Samenstrang in die lumbalen Lymphknoten drainiert wird.

Jens Waschke

Organe der Brusthöhle

05

5.1	Übersicht: Brusthöhle und Leitungsbahnen	140
5.1.1	Gliederung Brusthöhle	140
5.1.2	Leitungsbahnen der Brusthöhle	142
5.2	**Herz**	146
5.2.1	Lage und Projektion des Herzens	146
5.2.2	Herzbeutel (Pericardium)	148
5.2.3	Äußere Form des Herzens	149
5.2.4	Innere Gliederung des Herzens	149
5.2.5	Herzwand	151
5.2.6	Herzskelett und Herzklappen	151
5.2.7	Erregungsbildungs- und -leitungssystem	153
5.2.8	Leitungsbahnen des Herzens	155
5.3	**Luftröhre und Lungen**	157
5.3.1	Funktionen	157
5.3.2	Lage und Bau der Luftröhre	157
5.3.3	Lage und Projektion der Lungen	157
5.3.4	Bau der Lungen	160
5.3.5	Leitungsbahnen der Lungen	161
5.3.6	Atmung	163
5.4	**Oesophagus**	163
5.4.1	Lage des Oesophagus	163
5.4.2	Verschlussmechanismen	164
5.4.3	Leitungsbahnen des Oesophagus	165
5.5	**Thymus (Bries)**	167
5.5.1	Bau des Thymus	167
5.5.2	Leitungsbahnen des Thymus	167
5.6	**Zwerchfell**	168
5.6.1	Lage, Projektion und Abschnitte	168
5.6.2	Zwerchfellöffnungen	168
5.6.3	Leitungsbahnen des Zwerchfells	169

IMPP-Hits

Folgende Themenkomplexe wurden bisher besonders häufig vom IMPP gefragt (Top Ten):
- Topografie des Mediastinums
- Herz: Konturen im Röntgenbild
- Herzklappen mit Projektion und Auskultation
- Reizleitungssystem und Innervation des Herzens
- Herzkranzgefäße
- Herzbeutel
- Lunge: Projektion der Lungenlappen, Segmente und Leitungsbahnen
- Recessus der Pleura
- Oesophagus: Abschnitte, Engstellen und Leitungsbahnen
- Zwerchfell: Durchtrittsstellen und Leitungsbahnen

Lerntipp

Die Organe der Brusthöhle sind für den Arzt von zentraler Bedeutung und für viele medizinische Fächer relevant. Da die Lage der einzelnen Organe in den Kompartimenten der Brusthöhle aufgrund ihrer guten Fixierung relativ konstant ist, ist es für das Verständnis der Topografie wichtig, die Projektion auf die Körperoberfläche nachvollziehen zu können.

Bei den Leitungsbahnen soll verstanden werden, ob diese der Versorgung des Organs selbst oder der des Gesamtorganismus dienen. Es ist zu bedenken, ob die Leitungsbahnen nur ein Organ versorgen oder im Gegenteil ein Organ nur aus den Leitungsbahnen der Umgebung mit versorgt wird.

Organe der Brusthöhle

5.1 Übersicht: Brusthöhle und Leitungsbahnen

Die Brusteingeweide liegen in der Brusthöhle. Daher werden einleitend die Gliederung der Brusthöhle und die in ihr verlaufenden Leitungsbahnen in der Übersicht abgehandelt.

5.1.1 Gliederung Brusthöhle

Mediastinum

Die **Brusthöhle (Cavitas thoracis)** wird vom knöchernen Brustkorb (Cavea thoracis) umgeben (▶ Abb. 5.1). Sie gliedert sich in 2 **Pleurahöhlen** (Cavitates pleurales), die jeweils eine Lunge enthalten. Zwischen ihnen liegt das **Mediastinum,** das einen Bindegewebsraum zwischen Brustbein und Brustwirbelsäule darstellt. Das Mediastinum wird in verschiedene Abschnitte gegliedert, die sich auf die Lage des Herzens beziehen (▶ Abb. 5.2):

- **Mediastinum superius:** oberhalb des Herzens
- **Mediastinum inferius:** In ihm liegt das Herz. Das untere Mediastinum wird unterteilt in:
  - **Mediastinum anterius:** vor dem Herzen
  - **Mediastinum medium:** mit dem Herzbeutel
  - **Mediastinum posterius:** zwischen Herzbeutel und Wirbelsäule

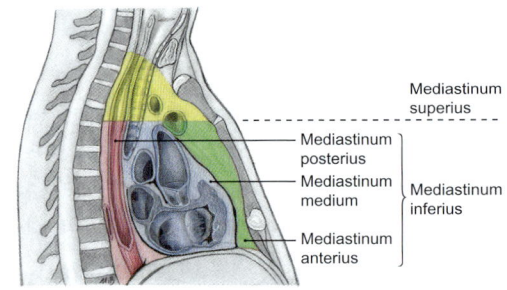

Abb. 5.2 Gliederung des Mediastinums. [S007-2-23]

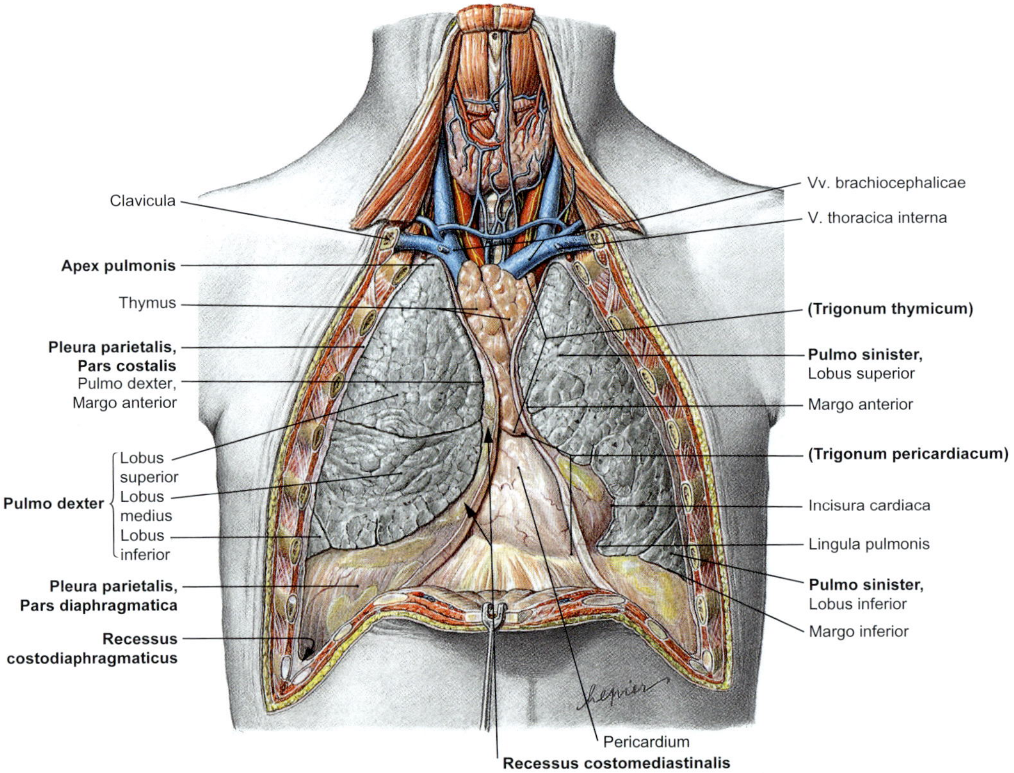

Abb. 5.1 Pleurahöhlen und Mediastinum eines Jugendlichen. Ansicht von ventral nach Entfernung der Brustwand und des Fettgewebes des Mediastinums.

▶ 5.1 Übersicht   ▶ 5.1.1 Gliederung Brusthöhle

Außer dem Herzen enthält das Mediastinum die Trachea sowie Oesophagus, Thymus und die Leitungsbahnen der Brusthöhle (▶ Tab. 5.1).

Pleurahöhle

Die Pleurahöhle (**Cavitas pleuralis**) wird vom Rippenfell (**Pleura parietalis**) ausgekleidet, das sich entsprechend seinen 3 Flächen gliedert (▶ Abb. 5.2):
- **Pars costalis**: innen auf den Rippen
- **Pars mediastinalis**: auf dem Mediastinum
- **Pars diaphragmatica**: auf dem Zwerchfell

Medial schieben sich die Umschlagsfalten zwischen Pleura costalis und Pleura mediastinalis so weit zwischen Mediastinum und Brustbein, dass nur in 2 kleinen Bereichen das Mediastinum direkt mit dem Brustbein in Kontakt kommt (▶ Abb. 5.1):
- **Trigonum thymicum** (kranial): enthält den Thymus.
- **Trigonum pericardiacum** (kaudal): Darin liegt der Herzbeutel dem Brustbein an (Feld der „absoluten Herzdämpfung").

Oben überragen die Pleurahöhlen auf beiden Seiten mit der Pleurakuppel (**Cupula pleurae**) die obere Thoraxapertur um bis zu 5 cm (!).

Am **Hilum** der Lunge setzt sich die Pleura parietalis in das Lungenfell (**Pleura visceralis**) fort, die die äußere Oberfläche der Lungen bedeckt.

Beide Pleurablätter bilden einen kapillären Spaltraum, der insgesamt 5 ml seröse Flüssigkeit enthält, die bei der Atmung die Haftung der Lunge an der Rumpfwand vermittelt.

Klinik

Die Ausdehnung der Pleurakuppel muss beim Legen eines **zentralen Venenkatheters** (ZVK) in die **V. subclavia** bedacht werden, da die Gefahr besteht, die Pleurahöhle zu verletzen, was zum Kollaps der Lunge (**Pneumothorax**) führen kann.

Die Pleurahöhlen weisen 4 paarige Reserveräume (**Recessus pleurales**) auf, in die sich die Lunge bei tiefer Inspiration ausdehnt (▶ Abb. 5.1):
- **Recessus costodiaphragmaticus**: lateral, in der mittleren Axillarlinie bis 5 cm tief
- **Recessus costomediastinalis**: beidseits ventral zwischen Mediastinum und Brustwand
- **Recessus phrenicomediastinalis**: kaudal zwischen Zwerchfell und Mediastinum
- **Recessus vertebromediastinalis**: dorsal neben der Wirbelsäule

Die Leitungsbahnen der Pleura entsprechen den Kontaktflächen ihrer Abschnitte:
- **Pars costalis**:
  – Interkostalgefäße und -nerven
  – Interkostale und parasternale Lymphknoten
- **Pars mediastinalis und Pars diaphragmatica**:
  – Gefäße der Zwerchfelloberseite (A./V. pericardiacophrenica, A./V. musculophrenica, A./V. phrenica superior)
  – Mediastinale Lymphknoten und Lymphknoten auf der Zwerchfelloberseite
  – N. phrenicus

Klinik

Eine Vermehrung der Flüssigkeit im Pleuraspalt (**Pleuraerguss**) kann bei Lungenentzündungen (Pleuritis), durch Rückstau bei Herzinsuffizienz, bei Tumoren der Lunge und der Pleura sowie durch iatrogen oder durch Tumoren verursachte Läsionen des Ductus thoracicus auftreten. Pleuraergüsse verursachen einen dumpfen Klopfschall über dem Recessus costodiaphragmaticus, in dem sie punktiert werden können.
Bei der **Thoraxdrainage** wird die Pleurahöhle punktiert, um entweder bei einem Pneumothorax die Lunge

Tab. 5.1 Inhalt des Mediastinums

Mediastinum superius	Mediastinum inferius
• Thymus • Trachea • Oesophagus • Aortenbogen • Vv. brachiocephalicae und V. cava superior • Lymphbahnen: Lymphstämme (Ductus thoracicus, Trunci bronchomediastinales) und mediastinale Lymphknoten • Vegetatives Nervensystem (Truncus sympathicus, N. vagus [X] mit N. laryngeus recurrens) • N. phrenicus	• **Mediastinum anterius**: retrosternale Lymphabflüsse der Brustdrüse • **Mediastinum medium**: Herzbeutel mit herznahen Gefäßen (Aorta ascendens, Truncus pulmonalis), N. phrenicus mit Vasa pericardiacophrenica • **Mediastinum posterius**: Aorta, Oesophagus mit Plexus oesophageus des N. vagus [X], Ductus thoracicus, Truncus sympathicus mit Nn. splanchnici, V. azygos und V. hemiazygos sowie interkostale Leitungsbahnen

> durch Entfernung der eingedrungenen Luft wieder zu entfalten oder bei einem Hämatothorax Blut abzusaugen. Die hierbei gewählten Zugänge sind:
> - Bei der MONALDI-Drainage der 2. ICR in der Medioklavikularlinie oder
> - bei der BÜLAU-Drainage der 5. ICR in der mittleren Axillarlinie.
>
> Da nur die Pleura parietalis schmerzempfindlich ist, fallen **Bronchialkarzinome** erst bei einem fortgeschrittenen Tumorleiden mit Invasion des Rippenfells durch Schmerzen auf.

5.1.2 Leitungsbahnen der Brusthöhle

Die Leitungsbahnen verlaufen im **oberen** und **hinteren unteren Mediastinum der Brusthöhle** und treten kranial durch die obere Thoraxapertur und kaudal durch das Zwerchfell in den Retroperitonealraum der Bauchhöhle über.

Arterien

Die **Aorta** gliedert sich in (▶ Abb. 5.3):
- Aorta ascendens
- Aortenbogen (Arcus aortae)
- Brustabschnitt der **Aorta descendens** (Pars thoracica aortae), die jeweils verschiedene Äste abgeben

Aus der **Aorta ascendens** gehen noch im Herzbeutel die **Herzkranzgefäße (A. coronaria dextra und A. coronaria sinistra)** hervor.

> Der **Aortenbogen** überquert die Bifurcatio tracheae und gelangt auf die linke Seite von Trachea, Oesophagus und Wirbelsäule. Er gibt folgende Äste ab (▶ Abb. 5.3):
> - **Truncus brachiocephalicus:** zweigt sich in die A. subclavia dextra und A. carotis communis dextra auf
> - **A. carotis communis sinistra**
> - **A. subclavia sinistra**

Die **Aorta descendens** steigt links ventral der Wirbelsäule im hinteren Mediastinum ab und gibt verschiedene parietale Äste zur Rumpfwand und zum Zwerchfell sowie viszerale Äste für Lunge, Oesophagus und Mediastinum ab (▶ Abb. 5.3, ▶ Tab. 5.2).

Venen

Die **obere Hohlvene (V. cava superior)** führt das Blut der oberen Körperhälfte zum Herzen. Sie nimmt die Venen des **Azygos-Venensystems** auf, das in seinen Zuflüssen dem Versorgungsgebiet der Aorta entspricht. Die **obere Hohlvene (V. cava superior)** ist 5–6 cm lang und bildet sich rechts der Wirbelsäule hinter dem 1. Sternokostalgelenk durch Vereinigung der V. brachiocephalica dextra und sinistra (▶ Abb. 5.4).

> Die **Vv. brachiocephalicae** entstehen aus Vereinigung der V. jugularis interna und der V. subclavia im **Venenwinkel**. Am Eintritt der V. cava superior in den Herzbeutel mündet auf der rechten Seite auf Höhe des IV.–V. Brustwirbels die V. azygos ein.

Das **Azygos-Venensystem** liegt beidseits der Wirbelsäule und entspricht in seinen Zuflüssen den Ästen der Brustaorta. Auf der **rechten Seite** der Wirbelsäule steigt die **V. azygos** auf, **links** entspricht ihr die **V. hemiazygos,** die ihrerseits zwischen dem X. und VII. Brustwirbel in die V. azygos mündet. Aus den oberen linken Interkostalvenen nimmt eine **V. hemiazygos accessoria** das Blut auf und hat neben der V. hemiazygos auch nach kranial Anschluss an die V. brachiocephalica sinistra. Die Azygosvenen haben folgende Zuflüsse:
- **Viszerale Zuflüsse:** von den Organen des Mediastinums (Oesophagus, Bronchien, Perikard)
- **Parietale Zuflüsse:** von der hinteren Rumpfwand (Vv. intercostales posteriores) und vom Zwerchfell (Vv. phrenicae superiores)

Unterhalb des Zwerchfells setzen rechts und links eine V. lumbalis ascendens den Verlauf der Azygosvenen fort und haben Anschluss an die V. cava inferior. Damit bildet das Azygossystem einen Teil der Umgehungskreisläufe, welche die obere und die untere Hohlvene indirekt miteinander verbinden **(kavokavale Anastomosen)** und bei Verschluss oder Kompression eines der beiden Gefäße das Blut umleiten können.

Die **kavokavalen Anastomosen:**
- **V. epigastrica superior** mit **V. epigastrica inferior** (an der vorderen Rumpfwand dorsal des M. rectus abdominis)
- **V. epigastrica superficialis** mit **V. thoracoepigastrica** (an der vorderen Rumpfwand im subkutanen Fett)
- **Vv. lumbales** mit **V. azygos/hemiazygos** (an der Innenseite der hinteren Rumpfwand in Retroperitoneum und hinterem Mediastinum)
- **Plexus venosus vertebralis** mit **Azygosvenen** und **V. iliaca interna** (außen auf den Wirbeln und im Wirbelkanal vom Becken bis zum Schädel)

▶ 5.1 Übersicht ▶ 5.1.2 Leitungsbahnen der Brusthöhle

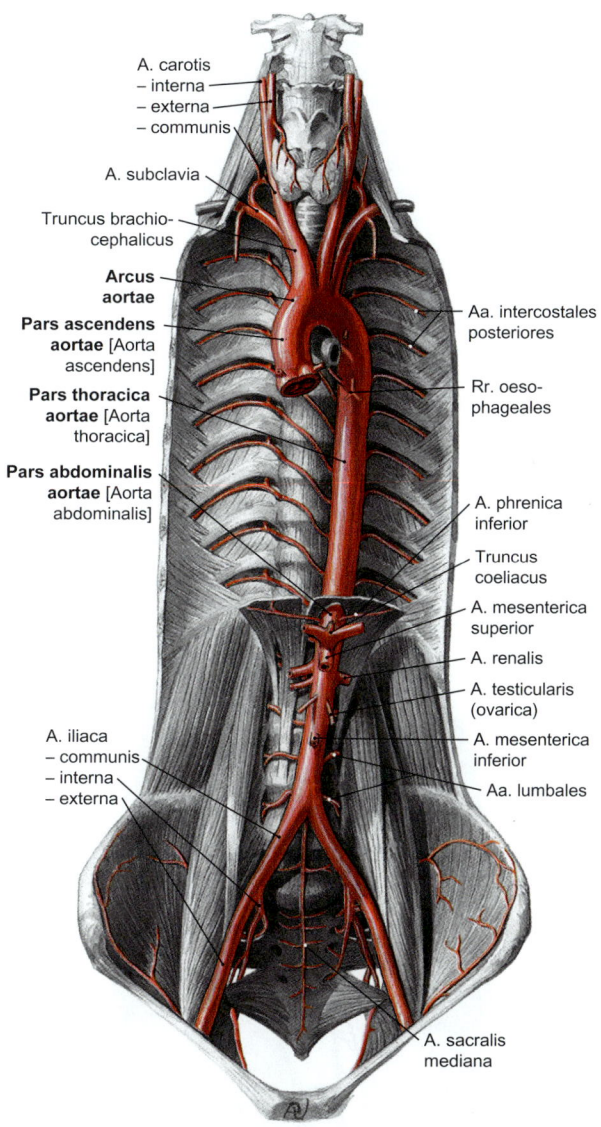

Abb. 5.3 Abschnitte der Aorta mit Abgängen der großen Arterien vom Aortenbogen. [S010-2-16]

> **Merke**
>
> Die Zwerchfellvenen von der Oberseite des Zwerchfells münden in die Azygosvenen, die der Unterseite dagegen in die untere Hohlvene. Das Azygos-Venensystem ist an wichtigen Umgehungskreisläufen zwischen der oberen und unteren Hohlvene **(kavokavale Anastomosen)** sowie zwischen der Pfortader und der oberen Hohlvene **(portokavale Anastomosen)** beteiligt.

Lymphgefäße

Der Hauptlymphstamm des Körpers, der **Milchbrustgang (Ductus thoracicus)**, ist insgesamt 38 bis 45 cm lang und ca. 5 mm stark. Er bildet sich unterhalb des Zwerchfells durch Vereinigung der beiden **Trunci lumbales** mit den **Trunci intestinales** und führt daher ab dort die Lymphe der gesamten unteren Körperhälfte (▶ Kap. 1.4).

Organe der Brusthöhle

Tab. 5.2 Äste der Pars thoracica aortae	
Parietale Äste zur Rumpfwand	**Viszerale Äste zu den Brusteingeweiden**
• Aa. intercostales posteriores: 9 Paare (die ersten beiden sind Äste des Truncus costocervicalis der A. subclavia) • A. subcostalis: das letzte Paar unter der XII. Rippe • A. phrenica superior: zur Oberseite des Zwerchfells	• Rr. bronchiales: Vasa privata der Lunge (rechts meist aus der A. intercostalis posterior dextra III) • Rr. oesophageales: 3–6 Äste zur Speiseröhre • Rr. mediastinales: kleine Äste zu Mediastinum und Perikard

Der Ductus thoracicus tritt mit der Aorta durch das Zwerchfell, steigt vor der Wirbelsäule auf, überquert die linke Pleurakuppel und mündet in den **linken Venenwinkel**.

Vor seiner Einmündung nimmt er folgende Lymphstämme auf:
- **Truncus bronchomediastinalis sinister:** von den Lungen und den Organen des Mediastinums
- **Truncus subclavius sinister:** vom linken Arm
- **Truncus jugularis sinister:** aus der linken Kopf- und Halshälfte

Auf der rechten Körperseite vereinigt meist ein kurzer **Ductus lymphaticus dexter** die entsprechenden Lymphstämme und mündet in **den rechten Venenwinkel**.

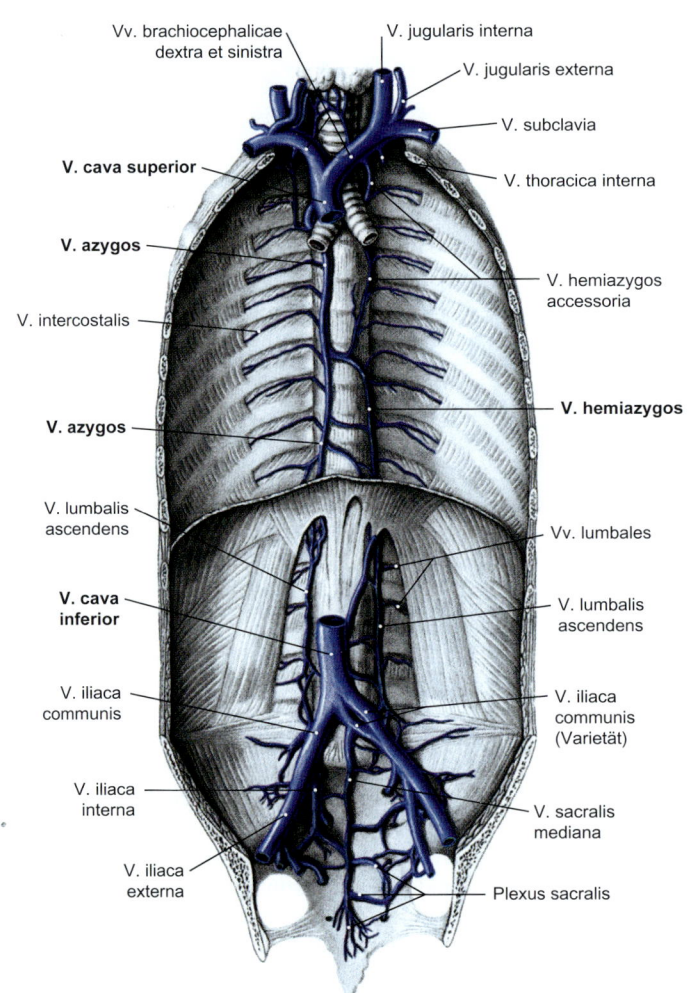

Abb. 5.4 V. cava superior und inferior mit Zuflüssen und Azygos-System. [S010-2-16]

Darüber hinaus enthält das Mediastinum eine Vielzahl von Lymphknoten, die man in **parietale** Lymphknoten (parasternale und interkostale Lymphknoten zur Drainage der Rumpfwände) und **viszerale** Lymphknoten (Drainage der Brusteingeweide) einteilen kann.

> **Klinik**
>
> Die Systematik der großen Lymphstämme erklärt, warum bösartige Tumoren von Bauchorganen (z. B. Magenkarzinom) oder Beckeneingeweiden (z. B. Ovarialkarzinom) auch zu Lymphknotenmetastasen in der Umgebung des linken Venenwinkels führen können. Diese Lymphknotenschwellungen in der **linken** Supraklavikulargrube werden als **VIRCHOW-Drüse** bezeichnet.

Nerven

Die Brusthöhle wird von Teilen des somatischen und des vegetativen Nervensystems innerviert.

Somatisches Nervensystem

Als Anteile des somatischen Nervensystems befinden sich die **Interkostalnerven,** welche die Rumpfwand innervieren, und der **N. phrenicus** im Mediastinum. Der N. phrenicus ist ein Nerv des Plexus cervicalis, der aufgrund der entwicklungsgeschichtlichen Anlage des Zwerchfells im Halsbereich mit dem Zwerchfell in die Brusthöhle verlagert wurde. Er zieht **über** die Pleurakuppel und **vor** dem Lungenstiel hinweg auf den Herzbeutel im unteren mittleren Mediastinum, wo er die A./V. pericardiacophrenica begleitet. Seine Endäste treten rechts durch das Foramen venae cavae, links meist eigenständig durch eine Öffnung nahe der Herzspitze.

Der N. phrenicus innerviert:
- Motorisch das **Zwerchfell**
- Sensorisch **Perikard, Pleura** (costalis und diaphragmatica) und **Peritoneum** auf Leber und Gallenblase

Vegetatives Nervensystem

Das vegetative Nervensystem besteht aus dem Brustabschnitt des **Grenzstrangs** (Truncus sympathicus) und dem **N. vagus** [X] (▶ Abb. 1.14). Der **Grenzstrang** besteht im hinteren Mediastinum aus **12 thorakalen Ganglien,** die auf beiden Seiten der Wirbelsäule **(paravertebral)** in den jeweiligen Interkostalräumen miteinander verbunden werden. Er setzt sich direkt durch die obere Thoraxapertur in den Hals und durch das Zwerchfell in den Retroperitonealraum fort. Das erste Ganglion ist meist mit dem unteren Halsganglion zum **Ganglion cervicothoracicum (stellatum)** verschmolzen, durch das die Nervenfasern der Segmente C8–T3 über den Halsgrenzstrang zum Kopf und über den Plexus brachialis zum Arm gelangen. Die präganglionären Neurone des Sympathikus sitzen in den **Seitenhörnern (C8–L3)** des Rückenmarks, treten mit den Spinalnerven aus dem Wirbelkanal aus und erreichen über deren Rr. communicantes albi die **Ganglien des Truncus sympathicus.** Dort befinden sich die Perikarya der postganglionären Neurone, mit denen sie durch Synapsen verschaltet werden (▶ Abb. 1.14). Deren Axone gelangen über Rr. communicantes grisei zu den Spinalnerven und ihren Ästen zurück und erreichen so im Brustbereich die Rumpfwände oder ziehen vom 2.–5. thorakalen Ganglion zu Herz und Lungen, um diese sympathisch zu innervieren.

An der Rumpfwand und am Arm (über das Ganglion stellatum) bewirkt der Sympathikus:
- Engstellung der Blutgefäße **(Vasomotorik)**
- Aktivierung der Schweißdrüsen **(Sudomotorik)**
- Aufstellung der Haare, „Gänsehaut" **(Pilomotorik)**

Die Nervenfasern von T2–7 steigen z. B. bis zum Ganglion stellatum auf und führen sudomotorische Neurone zu den Schweißdrüsen von Kopf, Hals und Arm.

Einige präganglionäre Neurone werden nicht im Grenzstrang umgeschaltet, sondern ziehen mit den **Nn. splanchnici** durch das Zwerchfell zu den Ganglien in den Nervengeflechten auf der Aorta abdominalis **(prävertebral),** wo die Umschaltung erfolgt (▶ Abb. 1.14). Diese Neurone dienen der Innervation der Bauchorgane:
- **N. splanchnicus major** (T5–9)
- **N. splanchnicus minor** (T10–11)

Der **N. vagus** [X] zieht rechts über die A. subclavia und links über den Aortenbogen. Er gibt jeweils einen N. laryngeus recurrens ab, der sich rechts um die A. subclavia und links um den Aortenbogen nach dorsal schlingt und dann zwischen Oesophagus und Trachea aufsteigt. Die präganglionären parasympathischen Neurone treten zu Herz und Lunge sowie mit den **Nn. vagi** hinter der Lungenwurzel an die Speiseröhre heran und bilden hier den **Plexus oesophageus.** Aus diesem formieren sich 2 Stämme **(Trunci vagales anterior und posterior),** die mit der Speiseröhre

Organe der Brusthöhle

durch das Zwerchfell zu den vegetativen Nervengeflechten der Bauchaorta verlaufen.

> **Klinik**
>
> Der komplizierte Verlauf der sympathischen Neurone im Mediastinum auf ihrem Weg zum Kopf und Arm ist klinisch relevant, da Raumforderungen im Mediastinum zu Ausfällen der sympathischen Innervation am Kopf führen können. Umgekehrt ermöglicht er aber auch therapeutische Eingriffe:
> - Sympathische Nervenfasern für den Kopf ziehen aus den Rückenmarkssegmenten C8–T3 über das Ganglion stellatum, das direkt hinter der Pleurakuppel gelegen ist, zum Hals. Bronchialkarzinome aus den oberen Abschnitten der Lunge (sog. PANCOAST-Tumoren) können diese Nervenfasern schädigen und zum **HORNER-Syndrom** führen, das mit Symptomen am Auge wie Pupillenverengung (Miosis), hängendem Augenlid (Ptosis) und Zurücksinken des Augapfels (Enophthalmus) einhergeht.
> - Bei einer Neigung zu gesteigertem **Schwitzen** an Gesicht und Händen besteht die Möglichkeit, den Grenzstrang unterhalb des 1. ICR zu durchtrennen **(endoskopische thorakale Sympathektomie)**.

5.2 Herz

Das Herz (Cor) ist ein kegelförmiges, vierkammeriges, muskuläres Hohlorgan.
- Größe: Faust der jeweiligen Person
- Gewicht: durchschnittlich 250–300 g

Durch die Herzscheidewand wird es in eine **linke und rechte Hälfte** geteilt. Die beiden Herzhälften sind jeweils durch die Atrioventrikularklappen in einen rechten und linken **Vorhof** sowie eine rechte bzw. linke **Kammer** unterteilt (▶ Abb. 5.5). Daher unterscheidet man auch zwei Anteile der Herzscheidewand:
- **Septum interatriale:** zwischen den Vorhöfen
- **Septum interventriculare:** zwischen den Kammern. Es besteht aus einem kleinen kranialen membranären Abschnitt (Pars membranacea), während der größte Anteil aus Herzmuskulatur besteht (Pars muscularis).

Das Herz ist als übergeordnetes Organ des Herz-Kreislauf-Systems absolut lebensnotwendig. Der **linke Ventrikel** pumpt das Blut durch den **Körperkreislauf,** der **rechte Ventrikel** treibt den **Lungenkreislauf** an. Hierbei gelangt **sauerstoffarmes** Blut aus dem großen Körperkreislauf über die **Lungenarterien** in den Lungenkreislauf und wird dort mit Sauerstoff angereichert. **Sauerstoffreiches** Blut fließt über die **Lungenvenen** zurück in den linken Vorhof, von dort über die linke Kammer und Aorta zurück in den großen Körperkreislauf.

> **Klinik**
>
> Ab einem **Herzgewicht von 500 g (kritisches Herzgewicht)** reicht die Durchblutung des Herzmuskels nicht mehr aus, sodass es zum Durchblutungsmangel (Ischämie) und Absterben von Herzgewebe kommen kann (Herzinfarkt). Vergrößerungen bis 1.100 g werden als **Cor bovinum** (Rinderherz) bezeichnet.

Die **wichtigsten Funktionen** des Herz-Kreislauf-Systems sind:
- Sauerstoff- und Nährstoffversorgung des Organismus (Transport von Atemgasen und Nährstoffen)
- Thermoregulation (Wärmetransport im Blut)
- Abwehrfunktion (Transport von Abwehrzellen und Antikörpern)
- Hormonelle Steuerung (Transport von Hormonen)
- Blutstillung (Transport von Blutplättchen und Gerinnungsfaktoren)

5.2.1 Lage und Projektion des Herzens

Das Herz liegt im **Herzbeutel** im **unteren mittleren Mediastinum** (▶ Kap. 5.1.1). Es ist nach links verschoben und um seine Längsachse gedreht, sodass es überwiegend links der Medianebene gelegen und das rechte Herz mehr der vorderen Brustwand zugewandt ist (▶ Abb. 5.6).

Das Herz projiziert von der III. Rippe bis zum 5. Interkostalraum (ICR):
- **Rechter Herzrand:** 2 cm neben dem rechten Sternalrand
- **Linker Herzrand:** in der linken Medioklavikularlinie (MCL)

Die Kenntnis der **randbildenden Strukturen** ist für die Interpretation von Röntgenbildern von großer klinischer Bedeutung:
- Rechter Herzrand (von oben nach unten):
  – Obere Hohlvene (V. cava superior)
  – Rechter Vorhof (Atrium dextrum)
- Linker Herzrand (von oben nach unten):
  – Aortenbogen (Arcus aortae)

5.2 Herz 5.2.1 Lage und Projektion des Herzens

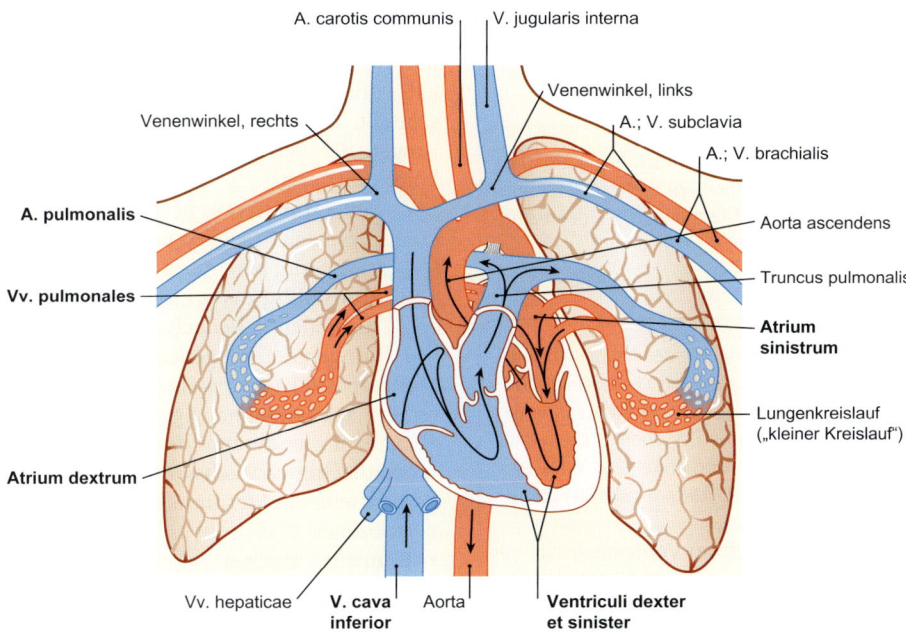

Abb. 5.5 Blutfluss durch Herz und Lungen als Teil des Herz-Kreislauf-Systems; blau = sauerstoffarmes, rot = sauerstoffreiches Blut. [L126]

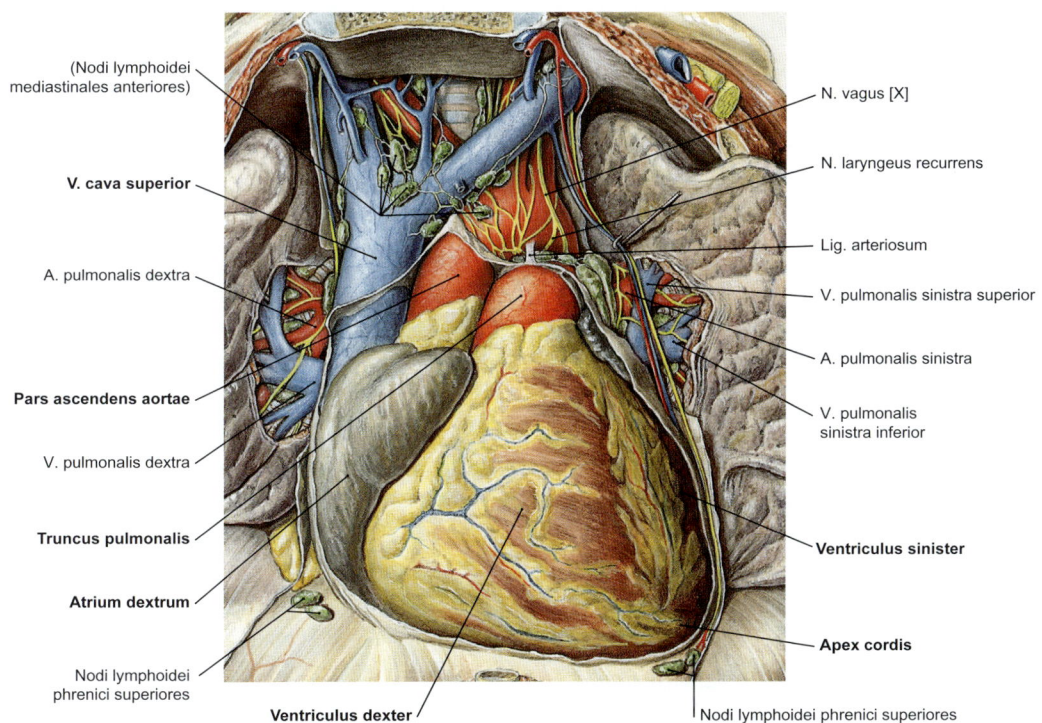

Abb. 5.6 Situs cordis; Lage des Herzens im Thorax. Ansicht von ventral, nach Eröffnung des Herzbeutels. [S007-2-23]

- Truncus pulmonalis
- Linkes Herzohr (Auricula sinistra)
- Linker Ventrikel (Ventriculus sinister)

> **Merke**
>
> In einem Röntgenbild mit sagittalem Strahlengang (posterior-anterior) ist der rechte Ventrikel nicht randbildend. In einem seitlichen Röntgenbild ist der rechte Vorhof nicht randbildend.

> **Klinik**
>
> Eine Röntgen-Übersichtsaufnahme des Thorax gibt Auskunft über die **Größe des Herzens**. Eine **Vergrößerung zur linken Seite** weist auf eine Schädigung des linken Ventrikels hin. Mögliche Ursachen sind ein Bluthochdruck (Hypertonie) im Körperkreislauf oder eine Stenose bzw. Insuffizienz der Aorten- oder der Mitralklappe.
> **Vergrößerungen des rechten Ventrikels**, z.B. bei pulmonaler Hypertonie durch chronisch obstruktive Lungenerkrankungen (Asthma) oder durch Verschluss der Lungenarterien (Lungenembolie), sind dagegen auf einer Röntgenaufnahme im sagittalen Strahlengang nicht sichtbar, da der rechte Ventrikel nicht randbildend ist.

5.2.2 Herzbeutel (Pericardium)

Der Herzbeutel umgibt das Herz und dient der reibungsarmen Kontraktion des Herzens.

In der **Perikardhöhle (Cavitas pericardiaca)** befinden sich 10–20 ml seröse Flüssigkeit. Der Herzbeutel besteht aus:
- **Pericardium fibrosum** (außen): straffes Bindegewebe
- **Pericardium serosum** (innen): eine seröse Haut (Tunica serosa)
  - Parietales Blatt: liegt innen dem Pericardium fibrosum an.
  - Viszerales Blatt: entspricht dem Epikard der Herzwand. Es schlägt **ventral** auf den großen Blutgefäßen (Aorta, Truncus pulmonalis, V. cava superior) auf das parietale Blatt über.

> **Merke**
>
> Das Epikard bildet das viszerale Blatt (Pericardium serosum) der Perikardhöhle, sein parietales Blatt liegt dem Pericardium fibrosum des Herzbeutels (Perikard) an.

Dorsal bilden die Umschlagfalten von Epi- und Perikard eine T-förmige Anordnung, welche die Einmündung der Vv. cava superior und inferior (vertikal) und die 4 Lungenvenen (horizontal) einschließt. Dadurch ergeben sich dorsal 2 Erweiterungen der Perikardhöhle, die nicht miteinander kommunizieren:
- **Sinus transversus pericardii:** oberhalb des horizontalen Schenkels und damit zwischen V. cava superior bzw. Aorta und Truncus pulmonalis
- **Sinus obliquus pericardii:** unterhalb des horizontalen Schenkels zwischen den Einmündungen der Lungenvenen

Das Perikard ist an 3 Stellen fixiert und dadurch in seiner Lage atemabhängig:
- Centrum tendineum des Zwerchfells: Hier ist es breitflächig verwachsen.
- Rückseite des Sternums über die Ligg. sternopericardiaca
- Bifurcatio tracheae über die Membrana bronchopericardiaca

> **Klinik**
>
> **Perikarderguss**
>
> Bei Herzinsuffizienz oder bei einer Entzündung des Herzbeutels (Perikarditis) kann sich Flüssigkeit im Herzbeutel ansammeln (Perikarderguss) und die Herzaktion beeinträchtigen.
>
> **Herzbeuteltamponade**
>
> Bei Ruptur der Herzwand, z.B. nach einem Herzinfarkt oder durch eine Verletzung (Messerstich), kann sich der Herzbeutel mit Blut füllen (Herzbeuteltamponade). Die Herzaktion wird durch das Blut gehemmt. Der Verlauf ist meist tödlich.
>
> **Herzdämpfung**
>
> Die Herzdämpfung beschreibt einen bei der Perkussion (Abklopfen) des Brustkorbs abgeschwächten Klopfschall über dem Herzen:
> - **Absolute Herzdämpfung:** über dem pleurafreien Dreieck
> - **Relative Herzdämpfung:** Hier wird der Klopfschall aufgrund der Überlagerung des Herzens von der Lunge (Recessus costomediastinalis) weniger gedämpft. Die relative Herzdämpfung kann zur Bestimmung der Herzgröße herangezogen werden: Bei einer Ausdehnung des Felds der relativen Herzdämpfung über die linke MCL hinaus spricht dies für eine Linksherzvergrößerung. In diesem Fall kann beim Abtasten (Palpation) auch der **Herzspitzenstoß**, den man normal im 5. ICR in der MCL tasten kann, nach links verlagert sein.

5.2.3 Äußere Form des Herzens

Nach den Lagebeziehungen lassen sich verschiedene **Flächen am Herzen** unterscheiden (▶ Abb. 5.6):
- **Facies sternocostalis:** ventral, größtenteils vom rechten Ventrikel gebildet.
- **Facies diaphragmatica:** dem Zwerchfell aufliegende (Unter-)Seite, vom rechten und linken Ventrikel gebildet; entspricht der klinischen „Hinterwand".
- **Facies pulmonalis dextra und Facies pulmonalis sinistra:** an die Pleurahöhlen angrenzend; rechts vom rechten Vorhof gebildet, links vom linken Vorhof und Ventrikel.

Die eigentliche Rückseite des Herzens, die vom linken Vorhof gebildet wird, hat keinen anatomischen Namen.
Das Herz hat die **Form** eines umgekehrten Kegels (▶ Abb. 5.6):
- **Basis cordis** (Herzbasis): kranial gelegen, entspricht der Klappenebene. Hier treten die großen Gefäße (Aorta, Truncus pulmonalis) aus.
- **Apex cordis** (Herzspitze): wird hauptsächlich vom linken Ventrikel gebildet und ist nach links unten gerichtet.

Basis und Spitze werden durch die **anatomische Herzachse** verbunden. Diese verläuft im Normalfall im **45°-Winkel** zu allen Raumebenen, ist aber z. B. vom Konstitutionstyp abhängig. Die „Ventilebene", in der die Herzklappen liegen, steht auf der Herzachse senkrecht.
An der ventralen Facies sternocostalis ist die Lage der Kammerscheidewand (Septum interventriculare) am **Sulcus interventricularis anterior** zu erkennen, in dem der R. interventricularis anterior der A. coronaria sinistra verläuft. Auf der Unterseite (Facies diaphragmatica) entspricht dieser Grenze der **Sulcus interventricularis posterior** mit dem R. interventricularis posterior. Die Abgrenzung zwischen Vorhöfen und Kammern bildet der **Sulcus coronarius**, in dem u. a. die Hauptstämme der Herzkranzgefäße und der Sinus coronarius verlaufen. Auf den Sulcus coronarius projiziert auch die „Ventilebene", in der die Herzklappen liegen.

> **Klinik**
>
> Die **„Herzhinterwand"** der Kliniker, z. B. bei einem „Hinterwandinfarkt", ist die Facies diaphragmatica. Diese Fläche ist relevant, weil sie von den beiden Ventrikeln gebildet wird. Die eigentliche Rückseite wird nur vom linken Vorhof gebildet und ist klinisch eher unbedeutend. Dass die Rückseite keinen Namen hat, mag damit zusammenhängen, dass die Anatomen lange die Vorhöfe zu den Venen gezählt haben.

5.2.4 Innere Gliederung des Herzens

Das Herz ist ein Hohlmuskel mit 4 separaten Räumen, die sich in ein rechtes Herz mit **rechtem Vorhof** (Atrium dextrum) und **rechter Kammer** (Venticulus dexter) sowie ein linkes Herz mit **linkem Vorhof** (Atrium sinistrum) und **linker Kammer** (Ventriculus sinister) aufteilen (▶ Abb. 5.5).

Rechter Vorhof

Der **rechte Vorhof (Atrium dextrum)** gliedert sich in einen Abschnitt mit glatter Oberfläche, der die beiden Hohlvenen verbindet und während der Entwicklung aus den angrenzenden Venen in das Herz aufgenommen wurde, und einen mit Muskelbalken (Mm. pectinati) besetzten Anteil (▶ Abb. 5.7). Beide Abschnitte werden durch die **Crista terminalis** getrennt, der auf der Außenseite der **Sulcus terminalis** entspricht. Im glatten Teil liegt die **Fossa ovalis** als Relikt des Foramen ovale, das im Embryonalkreislauf beide Vorhöfe verbindet. An dem rauen Anteil hängt als Ausstülpung das **Herzohr (Auricula dextra)**. Die Abgrenzung zum rechten Ventrikel geschieht durch die aus 3 Segeln bestehende **Trikuspidalklappe (Valva atrioventricularis dextra)**.
Im **rechten Vorhof** befinden sich einige **Einmündungen von Venen:**
- **V. cava superior**
- **V. cava inferior:** mit einer sichelförmigen Klappe, die aber keine Verschlussfunktion hat. Im Embryo leitet die Klappe das Blut zum Foramen ovale zwischen den beiden Vorhöfen. Die Verlängerung der Klappe ist die **TODARO-Sehne**.
- **Sinus coronarius** (= große Herzvene): weist auch eine sichelförmige Klappe auf.
- Einmündungen der kleinen Herzvenen

Im Bereich des rechten Vorhofs befinden sich auch der **Sinusknoten** und der **AV-Knoten** des Reizleitungssystems:

Organe der Brusthöhle

- **Lage des Sinusknotens:** im Schnittpunkt (**Sinus-Punkt**) zwischen
  - Sulcus terminalis,
  - Einmündung der V. cava superior,
  - Ursprung des rechten Herzohrs.
- **Lage des AV-Knotens:** im Dreieck (**AV-Dreieck, KOCH-Dreieck**) zwischen
  - TODARO-Sehne,
  - Einmündung des Sinus coronarius,
  - septalem Segel der Trikuspidalklappe.

Rechter Ventrikel

Im **rechten Ventrikel (Ventriculus dexter)** befinden sich **3 Papillarmuskeln** (M. papillaris anterior, M. papillaris posterior, M. papillaris septalis), an denen die Sehnenfäden (**Chordae tendineae**) der Trikuspidalklappe befestigt sind (▶ Abb. 5.7). Der Ventrikel lässt sich in Ein- und Ausstrombahn unterteilen, die von einem Myokardbalken, der **Crista supraventricularis,** getrennt werden. Die Ausstrombahn geht über den Conus arteriosus in den Truncus pulmonalis über.

Der von der Herzscheidewand zum vorderen Papillarmuskel ziehende Muskelbalken wird als **Trabecula septomarginalis** bezeichnet und enthält Fasern des Reizleitungssystems (Moderatorband von Leonardo da Vinci).

Linker Vorhof und linker Ventrikel

In den **linken Vorhof (Atrium sinistrum)** münden die 4 (2 rechte und 2 linke) Lungenvenen, **Vv. pulmonales.** Im Septum ist die **Valvula foraminis ovalis** als Relikt des Foramen ovale aufgeworfen. Außen ist der Vorhof zum **linken Herzohr (Auricula sinistra)** ausgestülpt. In der Öffnung zum linken Ventrikel befindet sich die zweisegelige **Mitralklappe (Valva atrioventricularis sinistra).**

Die Wand des **linken Ventrikels (Ventriculus sinister)** ist **8–12 mm** dick. Da die Mitralklappe nur 2 Segel aufweist, gibt es auch nur **2 Papillarmuskeln** (M. papillaris anterior, M. papillaris posterior), die über Sehnenfäden (**Chordae tendineae**) die Klappe fixieren. Das **Septum interventriculare** gehört funktionell zum linken Ventrikel. Dieser leitet über seine Ausstrombahn das Blut in die Aorta.

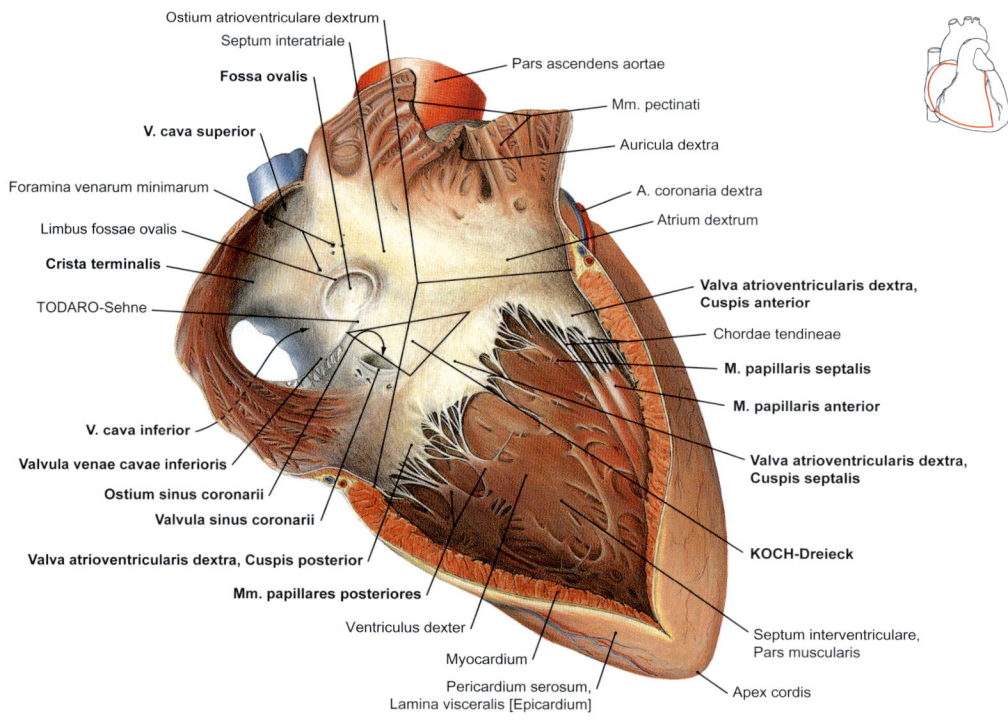

Abb. 5.7 Rechter Vorhof und rechte Kammer. [S007-2-23]

5.2.5 Herzwand

Die Herzwand besteht von innen nach außen aus 3 Schichten:
- **Endokard (Endocardium):** aus Endothelzellen und Bindegewebe
- **Myokard (Myocardium):** Herzmuskulatur
- **Epikard (Epicardium = viszerales Blatt des Pericardium serosum):** einschichtiges Epithel mit Binde- und Fettgewebe

Die **Wandstärke** des rechten Ventrikels beträgt **3–5 mm.** Die Wand des **linken Ventrikels** ist wegen der höheren Druckentwicklung 3-mal so stark und beträgt somit **8–12 mm.**

> **Merke**
> Die **Muskulatur des linken Ventrikels** ist 3-mal so stark wie die der rechten Kammer.

> **Klinik**
> Bis zu 20 % aller Menschen haben sondierbare **Öffnungen** im Bereich der **Fossa ovalis,** durch die Thromben aus den Beinvenen in den Körperkreislauf gelangen und dort Schlaganfälle oder Organinfarkte verursachen können. Diese Öffnungen sind aber hämodynamisch nicht relevant und stellen daher keine Vorhofseptumdefekte dar.
> Die Wandstärke des rechten Ventrikels sollte nicht mehr als 5 mm betragen, die des linken Ventrikels nicht mehr als 15 mm. Liegt eine Vergrößerung des Myokards vor, spricht man von einer **Herzhypertrophie.** Eine Rechtsherzhypertrophie kann z. B. durch eine Stenose der Pulmonalklappe oder chronisch obstruktive Lungenerkrankungen (pulmonale Hypertonie) hervorgerufen werden.

> Einer Linksherzhypertrophie kann eine arterielle Hypertonie oder eine Aortenklappenstenose zugrunde liegen. Hier muss das linke Herz in der Austreibungsphase höhere Drücke aufbauen und hypertrophiert.

5.2.6 Herzskelett und Herzklappen

Herzskelett

Die Vorhöfe und Kammern sind durch **bindegewebige Faserringe** getrennt, welche die 4 Herzklappen umgeben. Diese liegen in einer Ebene, der auf der Außenseite der Sulcus coronarius entspricht („Ventilebene") (▶ Abb. 5.8). Im dreieckigen Feld zwischen Mitral-, Trikuspidal- und Aortenring ist das Herzskelett verbreitert (Trigonum fibrosum dextrum).

Funktionen
- **Stabilisierung** der Klappen
- **Elektrische Isolierung** der Vorhof- von Kammermuskulatur: Die Erregungsüberleitung von den Vorhöfen auf die Kammern geschieht somit nur über einen Anteil des Reizleitungssystems, das HIS-Bündel, das im Trigonum fibrosum dextrum durchtritt. Dadurch ist eine isolierte Kontraktion von Vorhöfen und Kammern sichergestellt, damit die Vorhöfe zum Abschluss der Ventrikelfüllung beitragen können.

> **Merke**
> Das Herzskelett dient der Isolierung von Vorhof- und Kammermuskulatur sowie der Stabilisierung der Herzklappen.

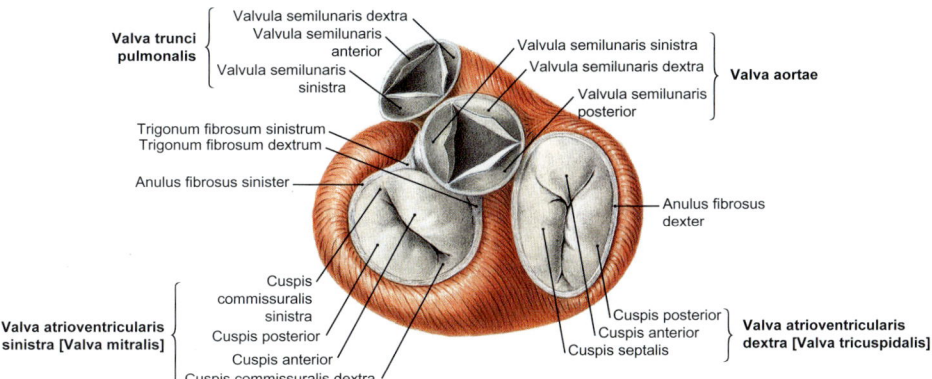

Abb. 5.8 Herzklappen und Herzskelett. [S007-2-23]

Organe der Brusthöhle

Herzklappen

Die Herzklappen sind für den gerichteten Blutfluss unerlässlich. Im Herzen unterscheidet man 2 Arten von Klappen (▶ Abb. 5.8):

- **Segelklappen** (Valvae atrioventriculares) zwischen Vorhöfen und Kammern:
  - Rechts: dreisegelige **Trikuspidalklappe** (Valva tricuspidalis, Valva atrioventricularis dextra)
  - Links: zweisegelige **Mitralklappe** (Valva mitralis, Valva atrioventricularis sinistra)
- **Taschenklappen** (Valvae semilunares) zwischen Kammern und großen Gefäßen
  - Pulmonalklappe (Valva trunci pulmonalis)
  - Aortenklappe (Valva aortae)

Die **Segelklappen** sind während der **Systole** (Kontraktions- und Austreibungsphase), in der sich das Ventrikelmyokard kontrahiert und das Blut in die Aorta bzw. den Truncus pulmonalis gepumpt wird, geschlossen und verhindern so einen Rückfluss des Blutes in den Vorhof. Dabei sind die Segel durch Sehnenfäden (Chordae tendineae) mit den Papillarmuskeln verbunden, die durch ihre Kontraktion ein Zurückschlagen der Segel in den Vorhof verhindern. In der **Diastole** (Erschlaffungs- und Füllungsphase) öffnen sich die Segelklappen, während die **Taschenklappen** schließen. Diese setzen sich jeweils aus 3 Taschenklappen (Valvae semilunares) zusammen, öffnen sich durch die Pumpleistung der Ventrikel und schließen sich wieder durch den Rückstrom des Blutes, wenn der Druck im Kreislauf den Druck im Ventrikel übersteigt. In den Aussackungen (Sinus) hinter den Taschenklappen entspringen in der Aorta die Herzkranzgefäße.

> **Klinik**
>
> Nach einem **Herzinfarkt,** der auch die Papillarmuskeln einschließt, können die Chordae tendinae abreißen. Die Segel schlagen dann während der Systole in den Vorhof **(aktive Klappeninsuffizienz)** und es kommt zum Rückfluss des Blutes in den Vorhof.

> **Merke**
>
> In der **Austreibungsphase** der **Systole** öffnen sich die Taschenklappen, in der **Füllungsphase** der **Diastole** die Segelklappen.

Auskultation des Herzens

Bei der Auskultation des Herzens ist zwischen Herztönen (physiologisch) und Herzgeräuschen (pathologisch) zu unterscheiden:

- Der **erste Herzton** entsteht zu Beginn der Systole durch Ventrikelkontraktion und Zurückschlagen der Segelklappen.
- Der **zweite Herzton** wird zu Beginn der Diastole durch den Schluss der Taschenklappen hervorgerufen.
- **Herzgeräusche** entstehen nur, wenn die Klappen geschädigt sind (Klappenstenose oder -insuffizienz).

Die Herztöne und Herzgeräusche werden mit dem Blutstrom mitgetragen. Daher entsprechen die Auskultationsstellen der Herzklappen nicht den

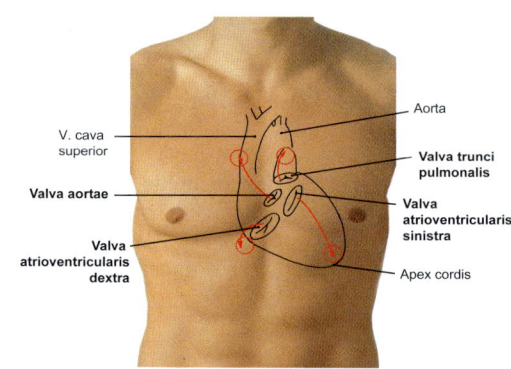

Abb. 5.9 Projektion der Herzkontur und der Herzklappen mit Auskultationsstellen auf die vordere Brustwand. [S007-2-23]

Tab. 5.3 Anatomische Projektion und Auskultation der Herzklappen

Herzklappe	Anatomische Projektion	Auskultationsstelle
Pulmonalklappe	3. ICR linker Sternalrand	2. ICR links parasternal
Aortenklappe	3. ICR linker Sternalrand	2. ICR rechts parasternal
Trikuspidalklappe	5. Rippenknorpel dorsal des Sternums	5. ICR rechts parasternal
Mitralklappe	4.–5. Rippenknorpel links	5. ICR medioklavikular

anatomischen Lageverhältnissen (▶ Abb. 5.9, ▶ Tab. 5.3).

Klinik

Klappenstenosen, Klappeninsuffizienzen

Angeborene oder erworbene Erkrankungen (wie bakterielle Besiedelungen der Herzklappen bei Endokarditis oder rheumatischen Erkrankungen) können die Klappen schädigen. Mögliche Folge sind **Klappenstenosen oder Klappeninsuffizienzen**. Insuffizienzen sind meist erworben und können auch durch Herzinfarkte bedingt sein, wenn die Papillarmuskeln geschädigt werden, die die Segelklappen verankern.
Bei der Auskultation sind diese Schädigungen als **Herzgeräusche** hörbar. Diese sind an den jeweiligen Auskultationsstellen der Klappen am lautesten. Wenn über einer **Segelklappe**
- während der **Systole** (zwischen dem 1. und 2. Herzton) ein Geräusch auftritt, spricht dies für eine Insuffizienz, da die Klappe in dieser Phase geschlossen sein sollte.
- während der **Diastole** ein Geräusch auftritt, deutet dies eine Stenose an, da die Klappe in der Füllungsphase offen sein sollte.

Bei den **Taschenklappen** verhält es sich genau umgekehrt.

5.2.7 Erregungsbildungs- und -leitungssystem

Das Herz besitzt ein autonomes Erregungsbildungs- und -leitungssystem (▶ Abb. 5.10). Gebildet wird es von spezialisierten Herzmuskelzellen (nicht Nervenzellen!). Hierbei nimmt die Erregung folgenden Weg:
- **Sinusknoten** (Nodus sinuatrialis) als Herzschrittmacher
- **AV-Knoten** (Nodus atrioventricularis) als Verzögerungsstation
- **Atrioventrikularbündel** (HIS-Bündel) als Überleitungsstruktur zwischen Vorhof und Kammern
- **Kammerschenkel** (Crus dextrum und Crus sinistrum). Der linke Schenkel teilt sich noch einmal in 2–3 Faszikel.

Merke

Lage des Sinusknotens: subepikardial im Schnittpunkt **(Sinus-Punkt)** zwischen
- Sulcus terminalis,
- Einmündung der V. cava superior,
- Ursprung des rechten Herzohrs.

Lage des AV-Knotens: im Dreieck (**KOCH-Dreieck**) zwischen
- TODARO-Sehne,
- Einmündung des Sinus coronarius,
- septalem Segel der Trikuspidalklappe.

Lage des HIS-Bündels: Durchtritt durch das Trigonum fibrosum dextrum

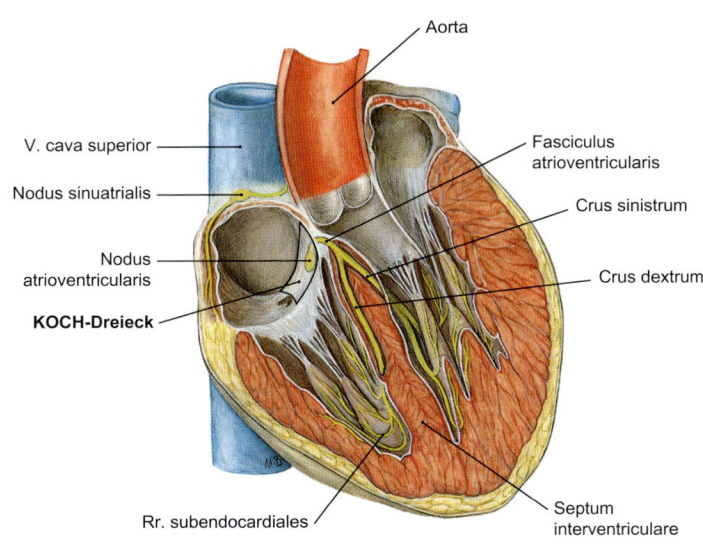

Abb. 5.10 Erregungsbildungs- und -leitungssystem. [S007-2-23]

Organe der Brusthöhle

Tab. 5.4 Äste der Herzkranzarterien

Äste der rechten Herzkranzarterie (A. coronaria dextra)	Äste der linken Herzkranzarterie (A. coronaria sinistra)

• R. nodi sinuatrialis (in zwei Drittel der Fälle): ca. 1 mm starke Arterie, die zum **Sinusknoten** zieht (in einigen Fällen auch 2 Arterien)
• Rr. atriales, Rr. atrioventriculares, Rr. coni arteriosi: kleine Äste für rechten Vorhof und Kammer
• R. marginalis dexter: vor Übergang auf die Facies diaphragmatica
• R. nodi atrioventricularis: zum **AV-Knoten** (im Regelfall)
• R. interventricularis posterior (im Regelfall) mit Rr. interventriculares septales (versorgen das **HIS-Bündel**)
	• R. interventricularis anterior:
	  – R. coni arteriosi zum Conus arteriosus des rechten Ventrikels
	  – R. lateralis zur Vorder- und Seitenwand des linken Ventrikels
	  – Rr. interventriculares septales für die vorderen zwei Drittel des Kammerseptums
	• R. circumflexus
	  – R. nodi sinuatrialis (ein Drittel der Fälle): zum Sinusknoten
	  – R. marginalis sinister: vor oder nach Übergang auf die Facies diaphragmatica
	  – R. posterior ventriculi sinistri zur Facies diaphragmatica des linken Ventrikels

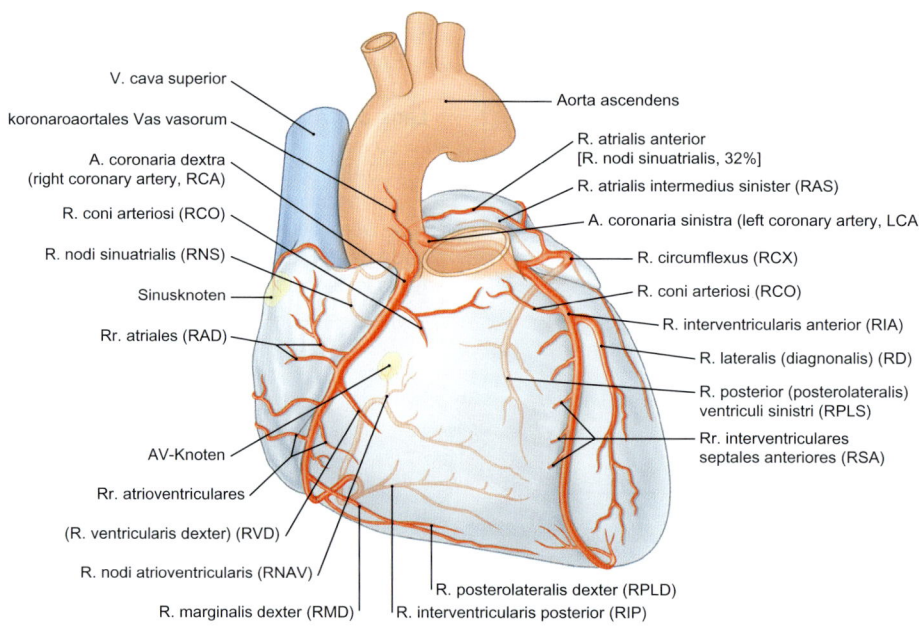

Abb. 5.11 Herzkranzarterien. [L238]

Die Erregung entsteht im **Sinusknoten** durch spontane Depolarisation und wird über das **Vorhofmyokard (hier gibt es kein spezialisiertes Reizleitungsgewebe!) zum AV-Knoten** geleitet, wo kurz verzögert wird, um eine getrennte Kontraktion von Vorhöfen und Kammern zu gewährleisten. Über das HIS-Bündel, das sich im membranären Teil des Kammerseptums in die **Kammerschenkel** aufteilt, erfolgt die Erregungsübertragung zur Kammermuskulatur.

Von dort ziehen Fasern des Reizleitungssystems zu den Papillarmuskeln sowie im Septum zur Herzspitze und schlagen dann wieder in Richtung auf die Basis um, sodass auch die Erregungsausbreitung diesen Verlauf nimmt.

5.2.8 Leitungsbahnen des Herzens

Herzkranzgefäße

Das Herz wird von zwei **Herzkranzgefäßen (Koronararterien)** versorgt (▶ Abb. 5.11, ▶ Tab. 5.4), die hinter den Taschenklappen der Aortenklappe entspringen:

- **A. coronaria sinistra:** teilt sich nach 1 cm in:
  - **R. interventricularis anterior** für die Vorderseitenwand überwiegend des linken Ventrikels
  - **R. circumflexus** zur Unterfläche (versorgt den linken Vorhof und beide Ventrikel)
- **A. coronaria dextra:** steigt nahezu senkrecht auf der Facies sternocostalis ab (versorgt hier den rechten Vorhof und Ventrikel), bevor sie auf die Facies diaphragmatica umbiegt (zur Ernährung beider Kammern).

> **Merke**
>
> Versorgungsgebiete der Herzkranzarterien im Regelfall:
> - **A. coronaria sinistra:** versorgt linken Vorhof und linken Ventrikel, vordere zwei Drittel des Kammerseptums und Anteile der rechten vorderen Ventrikelwand.
> - **A. coronaria dextra:** versorgt rechten Vorhof und rechten Ventrikel, hinteres Drittel des Kammerseptums, Teile der Unterseite des linken Ventrikels und ganz überwiegend das Reizleitungssystem (!).

Der bisher beschriebene Regelfall ist der **Normalversorgungstyp:** (55–75%).
Daneben kommen vor:
- **Linksversorgungstyp** (ca. 11–20%): Der R. interventricularis posterior (und auch der R. nodi atrioventricularis) gehen aus dem R. circumflexus hervor. In diesem Fall wird das gesamte Septum von der linken Kranzarterie versorgt.
- **Rechtsversorgungstyp** (ca. 14–25%): Die A. coronaria dextra versorgt mit einem R. posterior ventriculi sinistri die Rückseite des linken Ventrikels sowie den größten Teil des Kammerseptums.

Die **dominante Arterie** ist das Gefäß, das den R. interventricularis posterior abgibt, d. h., beim Normalversorgungstyp und beim Rechtsversorgungstyp ist dies die A. coronaria dextra (ca. 75%).

> **Klinik**
>
> **Koronare Herzerkrankung (KHK), Herzinfarkt, Hinterwandinfarkt**
>
> Die **KHK** ist eine der häufigsten Todesursachen in der westlichen Welt. Es kommt durch Arteriosklerose zu einer Verengung der Herzkranzgefäße. Dies kann aufgrund des Durchblutungsmangels zu Schmerzen in der Brust **(Angina pectoris)** mit Ausstrahlung in den Arm (meist links) oder in die Halsregion führen. Bei einem vollständigen Verschluss geht Muskelgewebe zugrunde **(Herzinfarkt).** Da die Herzkranzarterien funktionelle Endarterien sind, führt ein Verschluss einzelner Äste zu bestimmten Infarktmustern. Diese können häufig bereits im EKG in den verschiedenen Ableitungen festgestellt werden. Der sicherste Nachweis gelingt durch eine Herzkatheteruntersuchung mittels Röntgenkontrastmittel.
>
> Beim **Hinterwandinfarkt** ist typischerweise auch die Versorgung des AV-Knotens beeinträchtigt, da die versorgende Arterie meist am Abgang des R. interventricularis posterior entspringt. Dies kann zusätzlich zu bradykarden Rhythmusstörungen führen. Da die Muskelwand des rechten Ventrikels aufgrund der Druckverhältnisse einen geringeren Sauerstoffbedarf aufweist als die des linken Ventrikels, kommt es auch bei einem proximalen Verschluss der A. coronaria dextra oft zu einem isolierten Hinterwandinfarkt. Lässt sich die Verengung der Herzkranzarterie nicht durch Ballondilatation bzw. durch Implanation einer Gefäßstütze (Stent) beheben, muss ein Umgehungskreislauf geschaffen werden (Bypass). Hierfür werden oft die A. thoracica interna (arterieller Bypass) oder epifasziale Beinvenen (venöser Bypass) verwendet. Da die Versorgungsgebiete der Kranzarterien je nach Versorgungstyp unterschiedlich groß sein können, können auch das Ausmaß der Schädigung und das klinische Bild zwischen verschiedenen Patienten enorm variieren.

Venen und Lymphgefäße

Venen

Der venöse Abfluss des Herzens erfolgt:
- **Sinus-coronarius-System** (75% des Blutes). In den Sinus coronarius münden die Vv. cardiaca magna, media und parva.
  - **Transmurales** (Vv. ventriculi dextri anteriores) und **endomurales** (Vv. cardiacae minimae; Vasa THEBESII) **System** (25% des Blutes) mit direkter Einmündung überwiegend in das rechte Atrium

Organe der Brusthöhle

Lymphgefäße

Die Lymphe der Herzens fließt über Kollektoren entlang der Koronararterien in mikroskopisch kleine Lymphknoten an Aorta und Truncus pulmonalis. Weitere Stationen: Nodi lymphoidei tracheobronchiales und andere mediastinale Lymphknoten, an die auch die Lymphknoten des Herzbeutels angeschlossen sind. Von dort Anschluss an die Trunci bronchomediastinales.

Innervation

Die Herzleistung kann sich dem Leistungsbedarf des Körpers anpassen. Die vegetativen Nerven werden als **Plexus cardiacus** zusammengefasst (▶ Abb. 5.12), der **parasympathische** (Hals- und Brustabschnitt des N. vagus [X]) und **sympathische Fasern** (postganglionäre Nervenfasern der Hals- und oberen Brustganglien des Grenzstrangs) enthält. Der **N. phrenicus** innerviert dagegen nur sensibel den Herzbeutel und wird daher nicht zum Plexus cardiacus gezählt.

> Die Zellkörper der postganglionären parasympathischen Neurone liegen an der Herzbasis in bis zu 550 mikroskopisch kleinen Ganglien (Ganglia cardiaca).

Der Plexus cardiacus kann Schlagfrequenz (Chronotropie), Kraftentfaltung (Inotropie), Erregungsleitung (Dromotropie), Erregbarkeit (Bathmotropie), Erschlaffung (Lusitropie) und Zellhaftung (Adhäsiotropie) beeinflussen.

- **Sympathikus: Steigerung** der Herzleistung (positiv chronotrop, inotrop, dromotrop, bathmotrop, lusitrop und adhäsiotrop)
- **Parasympathikus: Reduktion** der Herzleistung (negativ chrono-, dromo- und bathmotrop und auf die Vorhöfe negativ inotrop)

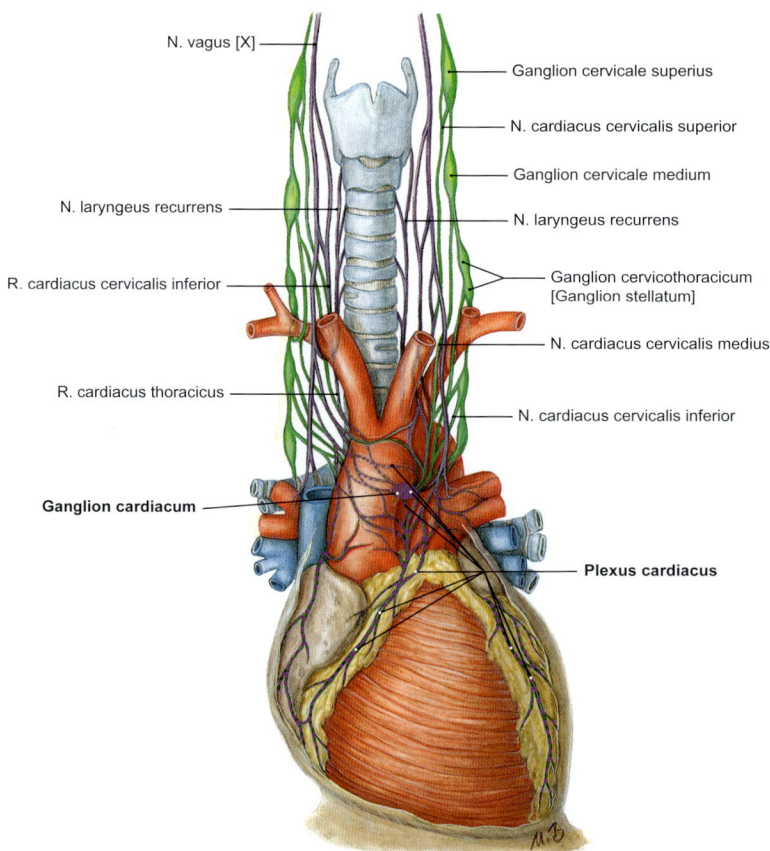

Abb. 5.12 Vegetative Innervation (Plexus cardiacus). [L127]

> 5.3 Luftröhre und Lungen   > 5.3.3 Lage und Projektion der Lungen

Klinik

Ein erhöhter Sympathikotonus, z. B. durch Stress bedingt, geht mit einer erhöhten Herzfrequenz (**Tachykardie**) und einer Steigerung des Blutdrucks (**Hypertonie**) einher. Die Steigerung der Herzleistung erhöht den Sauerstoffbedarf der Herzmuskelzellen und kann bei Verengung der Herzkranzgefäße (koronare Herzkrankheit) zu Angina pectoris und Herzinfarkten führen.

5.3 Luftröhre und Lungen

Die Luftröhre (Trachea) und die beiden Lungen (Pulmones) gehören wie auch der Kehlkopf (Larynx) zu den unteren Atemwegen (▶ Abb. 5.13). Die **Trachea** verbindet den Kehlkopf mit den Hauptbronchien (Bronchus principalis dexter und sinister). Sie zählt wie die oberen Atemwege und die größten Anteile des Bronchialbaums der Lunge zu den luftleitenden Anteilen des Atmungssystems und bildet mit diesen den **anatomischen Totraum** (150–170 ml). Der eigentliche **Gasaustausch** bei der Atmung findet in den Lungenbläschen (Alveolen) der Lunge statt. Daher zählt die **Lunge** zu den absolut lebensnotwendigen Organen.

5.3.1 Funktionen

- **Trachea und luftleitender Bronchialbaum:** Transport, Anfeuchtung und Erwärmung der Atemluft
- **Alveolen der Lunge:** Gasaustausch

Klinik

Das Volumen des **anatomischen Totraums** hat bei der Reanimation praktische Relevanz. Bei der Beatmung muss mehr Volumen ausgetauscht werden als 170 ml, weil sonst keine sauerstoffreiche Luft die Alveolen erreicht, sondern nur die verbrauchte Luft in den Atemwegen bewegt wird. Daher sollte man lieber langsam mit mehr Volumen beatmen als schnell mit zu geringem Volumen.

5.3.2 Lage und Bau der Luftröhre

Die **Trachea** ist 10–13 cm lang und endet an der **Bifurcatio tracheae** auf Höhe des IV.–V. Brustwirbels in den beiden **Hauptbronchien (Bronchi principales)**.

Man unterscheidet:
- Halsabschnitt (Pars cervicalis)
- Brustabschnitt (Pars thoracica)

Der **Winkel zwischen den Hauptbronchien** beträgt 55–65°. Die Aufteilung der Trachea ist dabei asymmetrisch: Der rechte Hauptbronchus ist stärker, 1–2,5 cm lang und steht nahezu senkrecht, während der linke Hauptbronchus nahezu doppelt so lang ist, im Durchmesser enger und schräg steht (▶ Abb. 5.13).

Die Wand der Trachea wird durch 16–20 hufeisenförmige **Knorpelspangen** aus hyalinem Knorpel **gebildet** (▶ Abb. 5.13), die durch elastische **Ligg. anularia** untereinander verbunden sind. Die Hinterwand aus Bindegewebe (**Paries membranaceus**) enthält glatte Muskulatur (**M. trachealis**) und verbindet die Enden der Knorpelspangen miteinander.

Klinik

Eine vergrößerte Schilddrüse (**Struma** oder **Kropf**), die sich durch die obere Thoraxapertur in die Brusthöhle erstreckt (retrosternale Struma), kann zur Kompression der Trachea mit Atemnot führen.
Aufgrund der asymmetrischen Teilung der Trachea gelangt bei Einatmung (**Aspiration**) von Fremdkörpern das aspirierte Material meist in die **rechte Lunge**. Bei drohendem Ersticken kann dieses Wissen einen entscheidenden Zeitvorteil bringen!

Die **Leitungsbahnen** der Trachea entsprechen weitgehend denen des Hals- und Brustabschnitts der Speiseröhre (▶ Kap. 5.4). Da die Trachea nicht isoliert von Erkrankungen betroffen wird, die z. B. operative Eingriffe erfordern, sind die Leitungsbahnen von geringerer Relevanz.

5.3.3 Lage und Projektion der Lungen

Die rechte und die linke Lunge (**Pulmo dexter und sinister**) liegen im Brustkorb getrennt durch das Mediastinum in den beiden Pleurahöhlen (Cavitates pleurales) (▶ Kap. 5.1.1).
Die **rechte Lunge** ist in 3 Lungenlappen untergliedert (**Lobus superior, medius** und **inferior**). Im Gegensatz dazu besitzt die **linke Lunge** aufgrund der vorwiegenden Ausdehnung des Mediastinums nach links nur 2 Lappen (**Lobus superior** und **inferior**). Die Lingula des linken Lungenoberlappens, die unterhalb der Incisura cardiaca

Organe der Brusthöhle

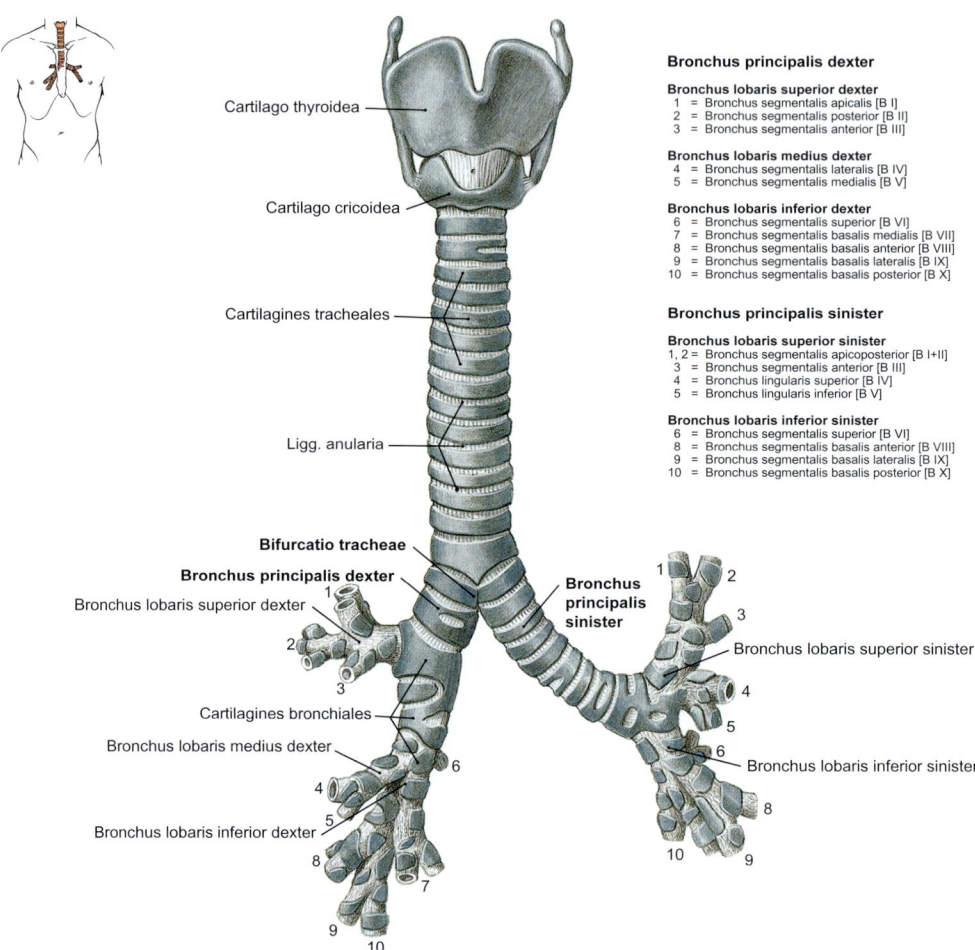

Abb. 5.13 Untere Atemwege. Ansicht von ventral. [S007-2-23]

ausläuft, entspricht dem Mittellappen der rechten Lunge.
Die Lungen haben die Form eines abgerundeten Kegels (▶ Abb. 5.14). Die obere **Lungenspitze (Apex pulmonis)** überragt die obere Thoraxapertur um ca. 5 cm, während die konkave **Basis** der Lungen breitflächig der Zwerchfellkuppel aufsitzt:
Flächen:
- **Facies diaphragmatica:** unten zum Zwerchfell hin gerichtet.
- **Facies costalis:** liegt lateral den Rippen an.
- **Facies mediastinalis:** medial gelegen, umfasst die Lungenpforte (**Hilum pulmonis**).

Zwischen den 3 Flächen der Lunge liegen die **Lungenränder,** die allerdings ebenso wie die durch die verschiedenen umliegenden Strukturen hervorgerufenen Einsenkungen nur an in situ fixierten Lungen sichtbar und daher als Artefakte aufzufassen sind:
- **Margo anterior:** ventral zwischen Facies costalis und Facies mediastinalis gelegen.
- **Margo inferior:** kaudal zwischen Facies costalis und Facies diaphragmatica.

In das **Hilum pulmonis** treten die Hauptbronchien und die Leitungsbahnen der Lungen (Aa. pulmonales, Vv. pulmonales, Rr. bronchiales, Vv. bronchiales, Lymphgefäße und Lymphknoten, vegetative Nervenfasern) ein und aus und bilden die „Lungenwurzel".

▶ 5.3 Luftröhre und Lungen ▶ 5.3.3 Lage und Projektion der Lungen

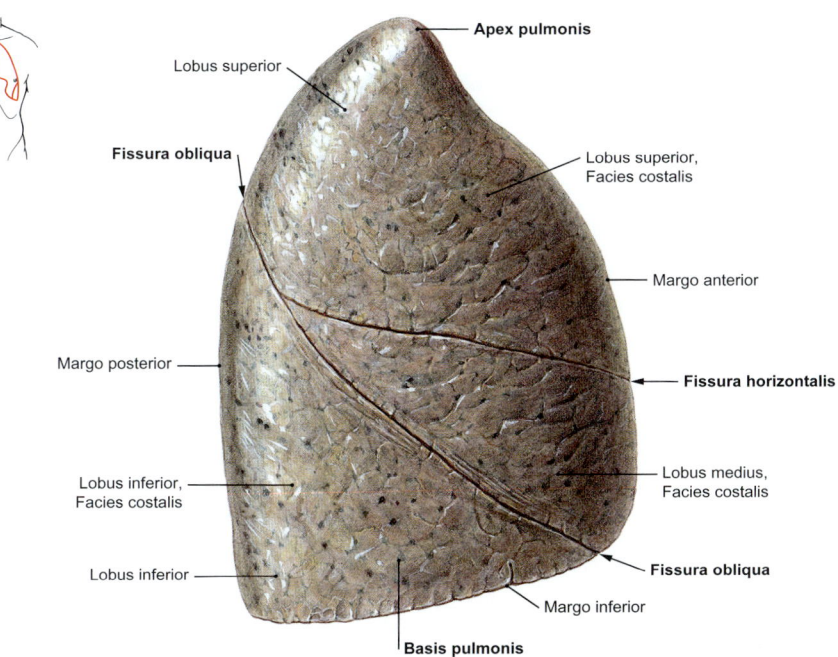

Abb. 5.14a Rechte Lunge von lateral. [S007-2-23]

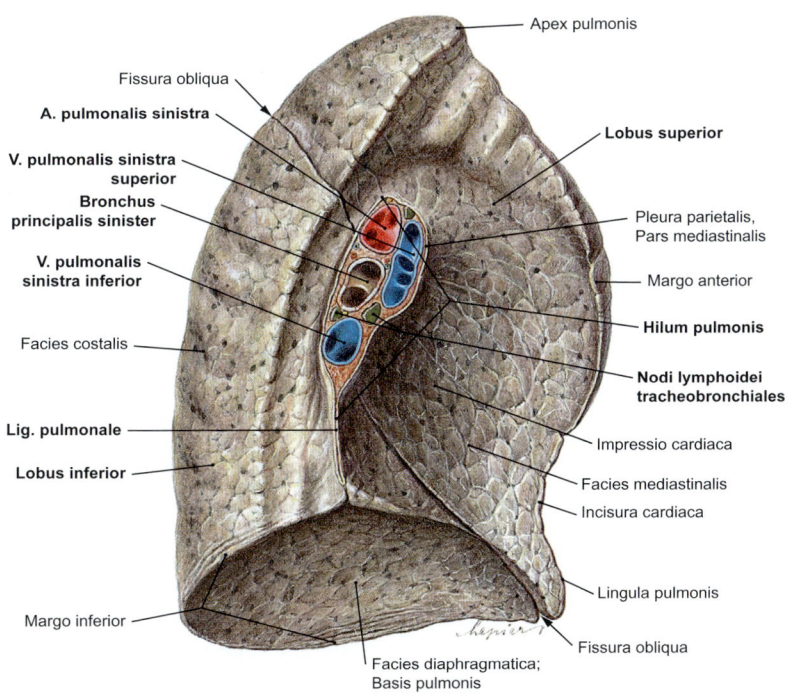

Abb. 5.14b Linke Lunge von medial. [S007-2-23]

Organe der Brusthöhle

Tab. 5.5 Projektion der Lungengrenzen in Atemruhelage, die Pleuragrenzen liegen jeweils eine Rippe tiefer.

Körperlinie	Lungengrenzen rechts	Lungengrenzen links
Sternallinie	VI. Rippe	IV. Rippe
Medioklavikularlinie (MCL)	VI. Rippe parallel	VI. Rippe
mittlere Axillarlinie	VIII. Rippe	VIII. Rippe
Skapularlinie	X. Rippe	X. Rippe
Paravertebrallinie	XI. Rippe	XI. Rippe

> **Merke**
>
> Direkt am Lungenhilum unterscheidet man folgende Lagen der ein-/austretenden Strukturen:
> - An der **rechten Lunge** liegt der rechte Hauptbronchus (oder Oberlappenbronchus) kranial der A. pulmonalis.
> - Im Hilum der **linken Lunge** liegt der linke Hauptbronchus kaudal der A. pulmonalis.
>
> Die Vv. pulmonales liegen stets nach vorne unten gerichtet.

Bei der klinischen Untersuchung wird die **Projektion der Lungengrenzen** beurteilt, um Lungenvolumen und Volumenänderungen bei der Atmung grob einschätzen zu können (▶ Tab. 5.5). Dabei ist zu beachten, dass die Projektion der Lungengrenzen von der Atemexkursion abhängig ist (bei Inspiration tiefer, bei Exspiration höher).

> **Klinik**
>
> Die Atemverschieblichkeit der Lungengrenzen wird bei der klinischen Untersuchung durch **Perkussion (Abklopfen)** festgestellt. Normalerweise sollte zwischen tiefer Inspirationsstellung und Exspiration eine zweifingerbreite Distanz bestehen.

5.3.4 Bau der Lungen

Die Lungen wiegen jeweils ca. 800 g und haben ein Gesamtvolumen von 2–3 l, bei Inspiration 5–8 l. Durch die Linksverlagerung des Mediastinums hat die linke Lunge etwa ein um 10–20 % geringeres Volumen.

Das Gewebe der Lunge wird von dem sich dichotom verzweigenden **Bronchialbaum** und seinen begleitenden Blutgefäßen gebildet. Die **Hauptbronchien** teilen sich jeweils zu den **Lappenbronchien (Bronchi lobares)**. Die Lappen der Lunge werden durch **Fissuren** voneinander abgegrenzt:

- **Fissura obliqua:** Sie beginnt beidseits oben dorsal auf Höhe der IV. Rippe und folgt dieser bis zur mittleren Axillarlinie. Danach steigt sie steil bis zur VI. Rippe ab, die sie in der Medioklavikularlinie erreicht. Rechts trennt sie dorsal den Ober- vom Mittellappen und ventral den Unterlappen vom Mittellappen. Links verläuft sie zwischen Ober- und Unterlappen.
- **Fissura horizontalis:** kommt nur rechts vor, setzt den Verlauf entlang der IV. Rippe fort, wodurch sie den Lungenoberlappen vom Mittellappen trennt.

Die Lappenbronchien teilen sich in die **Segmentbronchien (Bronchi segmentales)**, die jeweils einem **Lungensegment** zugeordnet sind, deren Grenzen man makroskopisch nicht erkennen kann (▶ Tab. 5.6):
- Die rechte Lunge hat 10 Segmente.
- Die linke Lunge hat 9 Segmente, da das 7. Segment (mediobasales Segment) aufgrund der überwiegenden Ausdehnung des Herzens auf die linke Seite nicht oder nur rudimentär ausgebildet ist.

Die Segmentbronchien verzweigen sich 6- bis 12-mal in **Bronchi,** die sich wiederum in die schon knorpelfreien **Bronchioli** aufteilen, deren erste Aufteilung die **Lungenläppchen (Lobuli pulmonales)** bilden (▶ Tab. 5.6).

> Die Läppchen sind nur unvollständig mit Bindegewebe abgegrenzt, was durch Einlagerung von Kohlestaubpartikeln aus der Atemluft in das subpleurale Bindegewebe entlang der Lymphbahnen sichtbar ist.

Tab. 5.6 Aufteilung der Bronchien

Bronchialbaum	Lungeneinheit	Funktion	Bemerkung
Bronchi principales (Hauptbronchien)	Lunge	konduktiv (luftleitend)	
Bronchi lobares	Lungenlappen	konduktiv (luftleitend)	
Bronchi segmentales	Lungensegmente	konduktiv (luftleitend)	
Bronchi		konduktiv (luftleitend)	
Bronchioli	Lungenläppchen	konduktiv (luftleitend)	ab hier kein Knorpel und keine Drüsen in der Wand
Bronchioli terminales	Azinus	konduktiv (luftleitend)	nur mikroskopisch sichtbar
Bronchioli respiratorii	Alveolen	respiratorisch (gasaustauschend)	nur mikroskopisch sichtbar
Ductus alveolares Sacculi alveolares	Alveolen	respiratorisch (gasaustauschend)	nur mikroskopisch sichtbar

Klinik

Die Einteilung der Lungen in einzelne Segmente ist klinisch wichtig, da so z. B. bei einer **Lungenspiegelung** (Bronchoskopie) gewonnene Gewebeproben einzelnen Segmenten zugeordnet werden können.
Da ein Lungensegment durch jeweils einen dazugehörigen Segmentbronchus mit entsprechender Segmentarterie und Segmentvene versorgt wird, wird das Segment zu einer funktionellen Einheit. Operativ ergibt sich hierdurch die Möglichkeit einer **Segmentresektion**. So können z. B. bei Lungenmetastasen mehrere Segmente aus allen Lappen reseziert werden, ohne die Funktion der Lunge zu gefährden. Bei Lungentumoren (Bronchialkarzinomen) dagegen wird mindestens der gesamte betroffene Lappen einer Lunge reseziert.

5.3.5 Leitungsbahnen der Lungen

Gefäße

Man unterscheidet **Vasa publica (Aa./Vv. pulmonales)**, die dem kleinen Kreislauf (Lungenkreislauf) entsprechen und der Oxygenierung des Blutes und damit der Sauerstoffversorgung des gesamten Körpers dienen, von den **Vasa privata (Rr./Vv. bronchiales)**, die für die Eigenversorgung der Lunge verantwortlich sind. Beide Systeme stehen über Kurzschlussverbindungen (Shunts) in Verbindung (▶ Abb. 5.15).

Vasa publica

- **Aa. pulmonales:** führen sauerstoffarmes (desoxygeniertes) Blut aus dem Herzen zur Lunge. Sie verlaufen zusammen mit den Bronchien.
- **Rr. bronchiales:** entspringen links direkt aus der Aorta, rechts dagegen meist aus der 3. Interkostalarterie.
- **Vv. pulmonales:** verlaufen nicht mit den Bronchien, sondern intersegmental im Bindegewebe. Sie führen das sauerstoffreiche (oxygenierte) Blut zurück zum Herzen.
- **Vv. bronchiales:** führen das Blut in die V. azygos/V. hemiazygos.

Lymphgefäße

Es gibt **2 Lymphabflusssysteme:** das **subpleurale/septale** und das **peribronchiale** Lymphsystem. Beide Lymphgefäßsysteme laufen am Hilum zusammen und enthalten Lymphknoten (▶ Tab. 5.7). Sie haben Anschluss an die Trunci bronchomediastinales und teilweise direkt an den Ductus thoracicus.
Der Anschluss an die paratrachealen Lymphknoten und die Trunci bronchomediastinales erfolgt gekreuzt, sodass auch Lymphe der einen Lunge in den Truncus bronchomediastinalis der Gegenseite gelangt.

Innervation

Die **vegetative Innervation** erfolgt afferent und efferent über den **Plexus pulmonalis,** der ventral und v. a. dorsal an den Hauptbronchien liegt. Der **Sympathikus** (Fasern aus dem Ganglion cervicale inferi-

Organe der Brusthöhle

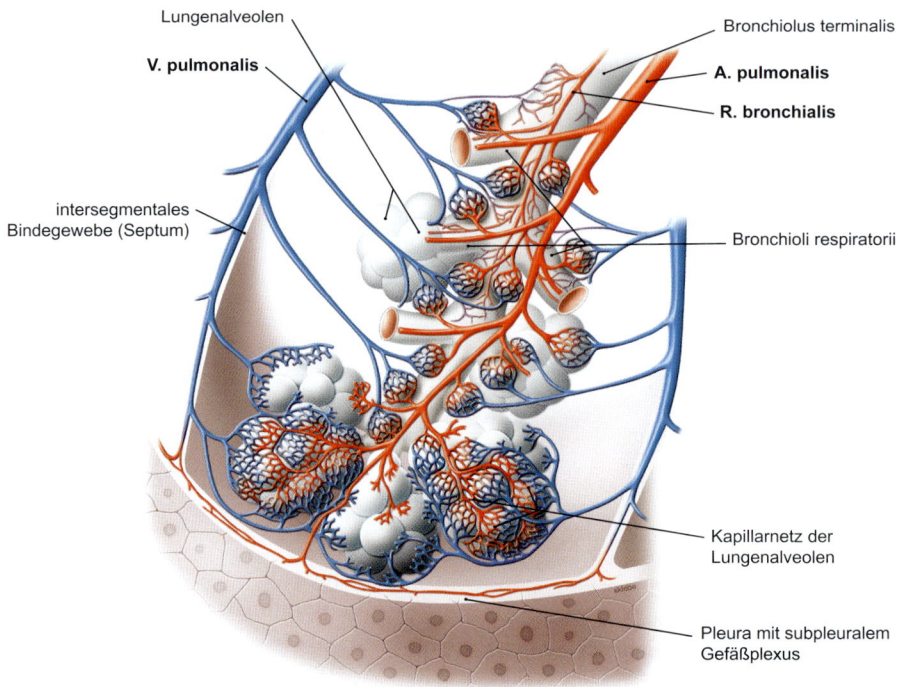

Abb. 5.15 Gefäßversorgung der Lunge. [L238]

Tab. 5.7 Lymphabflusssysteme der Lungen

Lymphknotenstationen des peribronchialen Lymphsystems

- Nodi lymphoidei intrapulmonales (an der Aufzweigung von Lappen- und Segmentbronchien)
- Nodi lymphoidei bronchopulmonales (im Hilum gelegen)
- Nodi lymphoidei tracheobronchiales superiores und inferiores (Sammellymphknoten an der Trachealbifurkation)

Lymphknotenstationen des subpleuralen Lymphsystems

- Nodi lymphoidei tracheobronchiales superiores und inferiores (Sammellymphknoten an der Trachealbifurkation)

Weiterer Lymphabfluss aus beiden Systemen

- Nodi lymphoidei paratracheales oder auch direkt in den Ductus thoracicus
- Trunci bronchomediastinales, links Einmündung in Ductus thoracicus, rechts in Ductus lymphaticus dexter

us und aus den oberen thorakalen Ganglien) bewirkt eine Erweiterung der Bronchien (**Bronchodilatation**). Der **Parasympathikus** (Äste des N. laryngeus recurrens und des N. vagus [X]) hat auch afferente sensorische Fasern und führt zur Engstellung der Bronchien (**Bronchokonstriktion**).

> ### Klinik
>
> **Lungenembolie**
>
> Bei einer Lungenembolie (Verlegung des Gefäßes durch ein Blutgerinnsel [Thrombus]) kommt es durch die doppelte Blutversorgung zur Ausbildung eines **hämorrhagischen Infarkts,** der makroskopisch als Einblutung zu erkennen ist.
>
> **Lymphknotenmetastasen von Bronchialkarzinomen**
>
> Die Kliniker bezeichnen meist alle Lymphknoten der Lunge zusammenfassend als **Hilumlymphknoten.** Der gekreuzte Lymphabfluss ab den Nodi lymphoidei paratracheales hat zur Folge, dass Lymphknotenmetastasen von **Bronchialkarzinomen** bei der Diagnosestellung nicht auf die jeweilige Pleurahöhle beschränkt sind, sondern sich beidseits im Mediastinum ausgebreitet haben. Dann ist eine Heilung durch operative Entfernung einer Lunge meist nicht mehr möglich.

5.3.6 Atmung

Der menschliche Körper deckt seinen Energiebedarf überwiegend durch den oxidativen Abbau von Nährstoffen. Daher benötigen alle Zellen Sauerstoff und geben als Endprodukt Kohlendioxid ab. Diese Gase gelangen über das Blut im Lungenkreislauf zur Lunge, wo sie an die Außenluft abgeatmet werden. Die Lunge selbst folgt dabei passiv den Volumenveränderungen der Pleurahöhlen in der Brusthöhle.

Einatmung (Inspiration)
- Bei der **Zwerchfellatmung** („Bauchatmung") wird die Pleurahöhle durch Kontraktion des Zwerchfells (Diaphragma, wichtigster Atemmuskel) nach kaudal vergrößert.
- Bei der **Rippenatmung** („Brustatmung") wird die Pleurahöhle durch die Anhebung der Rippen durch die Mm. intercostales externi und Mm. scaleni nach ventral, dorsal und lateral vergrößert.

Die Einatmung benötigt den Einsatz der Muskeln des Thorax und geschieht damit aktiv. Atemhilfsmuskeln unterstützen die Inspiration bei forcierter Atmung (▶ Tab. 5.8).
Die **Ausatmung (Exspiration)** dagegen geschieht überwiegend passiv, indem sich die bei der Inspiration verformten Knorpelanteile des Brustkorbs und das elastische Lungengewebe wieder in ihre Ausgangsposition begeben. Zusätzlich wird die Ausatmung durch verschiedene Muskeln unterstützt, die überwiegend wie die Mm. intercostales interni (und intimi) die Rippen senken.

> **Klinik**
>
> Da das Zwerchfell der wichtigste Atemmuskel ist, ist ein Leben bei beidseitiger **Zwerchfellinsuffizienz**, z. B. durch traumatische oder operative Verletzung der Nn. phrenici, nicht möglich. Da die Nn. phrenici aus dem Plexus cervicalis entspringen und überwiegend vom Rückenmarkssegment C4 gespeist werden, können Verletzungen dieses Segments bei **Querschnittslähmungen** zum Ersticken führen. Läsionen kaudal von C4, die immer noch zu einer kompletten Lähmung der Extremitäten führen können, gefährden dagegen die Atmung nicht.

Tab. 5.8 Muskulatur für die Atmung und Atemhilfsmuskeln

Atemmuskeln	Atemhilfsmuskeln
Inspiration	
• Zwerchfell (wichtigster Atemmuskel!) • Mm. intercostales externi • Mm. scaleni • Exspiratorisch wirksame Muskeln	• M. sternocleidomastoideus (bei durch Nackenmuskulatur fixiertem Kopf) • Mm. serratus posterior und inferior (durch Fixierung der Rippen) • M. pectoralis major (bei aufgestütztem Arm) • M. pectoralis minor (bei aufgestütztem Arm) • M. serratus anterior (bei aufgestütztem Arm)
Exspiration	
• Mm. intercostales interni und intimi • Mm. subcostales • M. transversus thoracis	• M. transversus abdominis • Mm. obliquus externus und internus abdominis • M. latissimus dorsi („Hustenmuskel") • M. iliocostalis (lateraler Trakt der autochthonen Rückenmuskeln)

5.4 Oesophagus

Der Oesophagus ist ein 25–30 cm langer, elastisch verformbarer Muskelschlauch. Er dient dem Transport der Nahrung vom Rachen (Pharynx) in den Magen (Gaster). Zirka 15 cm von der vorderen Zahnreihe entfernt (Höhe des **VI. Halswirbels**) zieht die Speiseröhre hinter der Trachea vom oberen über das hintere Mediastinum, tritt im Hiatus oesophageus durch das Zwerchfell und endet am Mageneingang (Cardia) (Höhe des **X. Brustwirbels**).

5.4.1 Lage des Oesophagus

Makroskopisch gliedert sich der Oesophagus in **3 Abschnitte** (▶ Abb. 5.16):
- **Pars cervicalis** (5–8 cm): liegt dorsal direkt der Trachea an.
- **Pars thoracica** (16 cm): hat nur durch das Perikard getrennt Kontakt zum linken Vorhof des Herzens.

Organe der Brusthöhle

- **Pars abdominalis** (1–4 cm): liegt intraperitoneal. An der Grenze zur Cardia ist der Schleimhautübergang vom Oesophagus auf den Magen makroskopisch sichtbar (**Z-Linie**) und liegt meist innerhalb des Oesophagus.

> **Merke**
>
> Der Oesophagus wird nur durch das Perikard vom linken Herzvorhof getrennt.

> **Klinik**
>
> **Refluxösophagitis, Ösophaguskarzinom**
>
> Die Projektion des Oesophagus macht verständlich, warum eine durch Magensaft hervorgerufene Entzündung (**Refluxösophagitis**) Schmerzen und retrosternales Brennen in einer ähnlichen Lokalisation verursacht wie ein Herzinfarkt.
> Die Lage der Z-Linie hat klinische Bedeutung. Bei der Refluxerkrankung (s. u.) kommt es häufig zu einer Umwandlung der Ösophagusschleimhaut in eine Drüsen enthaltende Schleimhaut (**BARRETT-Ösophagus**), die zur Ausbildung von Adenokarzinomen im Oesophagus führen kann (**Ösophaguskarzinom**). In diesem Fall ist bei der Endoskopie keine reguläre Z-Linie mehr vorhanden.
> **Ösophaguskarzinome,** die oberhalb der Trachealbifurkation gelegen sind, infiltrieren aufgrund der Nähe häufig in die Trachea, was die Operabilität und damit die Prognose massiv verschlechtert.
>
> **Ösophagogastroduodenoskopie, transösophageale Echokardiografie**
>
> Der Abstand von der vorderen Zahnreihe bis zum Mageneingang beträgt ungefähr 40 cm. Dies ist für das Legen einer Magensonde oder für die Durchführung einer **Magenspiegelung (Ösophagogastroduodenoskopie)** von entscheidender Bedeutung, weil man anhand der Länge des eingeführten Schlauchs die Lokalisation von krankhaften Veränderungen abschätzen kann.
> Aufgrund der räumlichen Nähe des Oesophagus zum Herzen können Vergrößerungen des linken Vorhofs (Atrium) oder Perikardergüsse zu Schluckbeschwerden führen oder die Lage des Oesophagus verändern. Diese topografische Beziehung macht man sich diagnostisch zunutze, indem man das Herz mit einer in den Oesophagus vorgeschobenen Ultraschallsonde untersucht (**transösophageale Echokardiografie**).

Der Oesophagus weist **3 Engstellen** auf (▶ Abb. 5.16):
- **Ringknorpelenge:** engste Stelle, Höhe VI. Halswirbel
- **Aortenenge:** durch linken Hauptbronchus und den Aortenbogen eingeengt, Höhe IV. Brustwirbel
- **Zwerchfellenge:** am Durchtritt durch das Zwerchfell, Höhe X. Brustwirbel

> **Klinik**
>
> An den Engstellen können **verschluckte Fremdkörper** (z. B. Fischgräten) stecken bleiben. Auch Verätzungen führen bevorzugt zu größeren Schäden an den Engstellen.

5.4.2 Verschlussmechanismen

Oberer Ösophagussphinkter An der **Ringknorpelenge** bilden zirkuläre Muskelfasern des unteren Schlundschnürers und zirkuläre Muskelfasern des Oesophagus einen **echten Sphinkter**.

Unterer Ösophagusverschluss Am Übergang der Speiseröhre in den Magen befindet sich **kein echter Sphinkter**. Der Verschluss erfolgt hier funktionell über mehrere Mechanismen:
- **Angiomuskulärer Dehnverschluss** (▶ Abb. 5.17):
  - „Schraubverschluss" durch die unter Längsspannung stehenden spiralig angeordneten Muskelfasern der Muskelschicht
  - Der ösophageale **Venenplexus** unter der Schleimhaut wirkt als Schwellkörper und sorgt u. a. für den gasdichten Verschluss.
- **Schleimhautfalte im HIS-Winkel** (65°)
- **Lig. phrenicooesophageale:** Verankerung des Oesophagus im Zwerchfell

> **Klinik**
>
> **Refluxösophagitis**
>
> Wenn die Verschlussmechanismen am unteren Oesophagus versagen, kommt es zum Reflux von Magensäure in die Speiseröhre, der eine Entzündung der Schleimhaut hervorruft (**Refluxösophagitis**). Die Folgen können ein BARRETT-Ösophagus und eine maligne Entartung (Ösophaguskarzinom) sein.
> Eine mögliche Ursache ist die fehlende Stabilisierung im Zwerchfellschlitz mit Lockerung der Speiseröhre. Dies bedeutet, dass die Pars abdominalis und auch Teile des Magens durch den Hiatus oesophageus in den Brustraum gelangen können (**Hiatushernie**). Operativ kann

▶ 5.4 Oesophagus   ▶ 5.4.3 Leitungsbahnen des Oesophagus

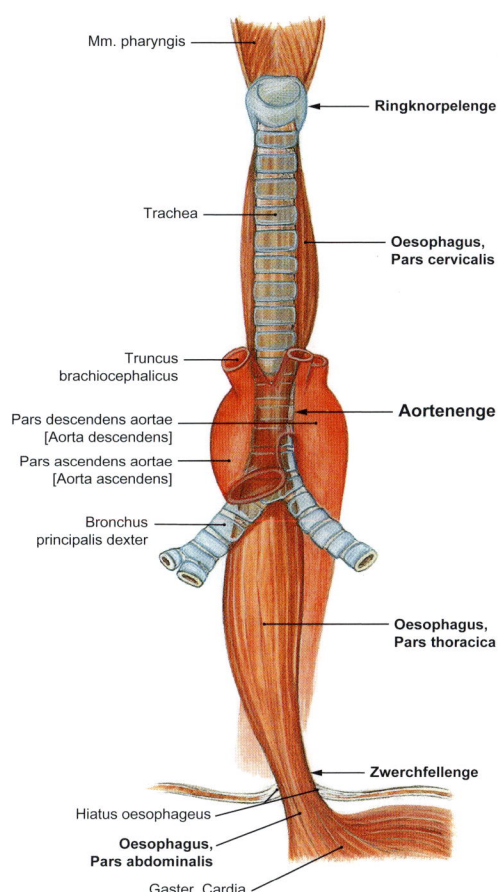

Abb. 5.16 Engstellen des Oesophagus. Ansicht von ventral. [S007-2-23]

man dies korrigieren, indem der HIS-Winkel wiederhergestellt wird. Dazu wird der Magenfundus um den Oesophagus gelegt und mit der Magenvorderwand vernäht (Fundoplicatio).

Ösophagusdivertikel

Auch Aussackungen (Divertikel) der gesamten Ösophaguswand können an verschiedenen Stellen vorkommen:
- Die häufigsten sind die **ZENKER-Divertikel** (70 %). Diese Divertikel treten durch das KILLIAN-Dreieck des Hypopharynx und werden fälschlicherweise zu den Ösophagusdivertikeln gezählt. Ursache ist ein fehlerhaftes Erschlaffen des unteren Schlundschnürers und damit des oberen Ösophagussphinkters.
- **Traktionsdivertikel** (22 %) sind entwicklungsgeschichtlich durch eine fehlerhafte Trennung von Oesophagus und Trachea bedingt.
- **Epiphrenische Divertikel** (8 %) werden anscheinend durch eine Störung des unteren angiomuskulären Dehnverschlusses hervorgerufen.

5.4.3 Leitungsbahnen des Oesophagus

Die Einteilung in 3 Abschnitte ist für die Versorgung durch die Leitungsbahnen sinnvoll (▶ Abb. 5.18, ▶ Tab. 5.9): Pars cervicalis, thoracica und abdominalis.

Arterien
Der Oesophagus besitzt keine eigenständigen Arterien, sondern wird aus den umgebenden Gefäßen versorgt.

Venen
Über ein Venengeflecht unter der Schleimhaut und in der Bindegewebshülle (Tunica adventitia), das Teil des angiomuskulären Dehnverschlusses ist, zu den **Vv. oesophageales.**

Organe der Brusthöhle

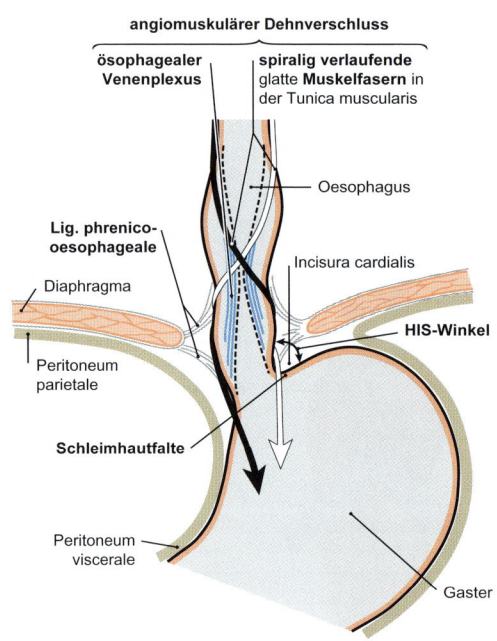

Abb. 5.17 Unterer Ösophagusverschluss: angiomuskulärer Dehnverschluss und HIS-Winkel. [L126]

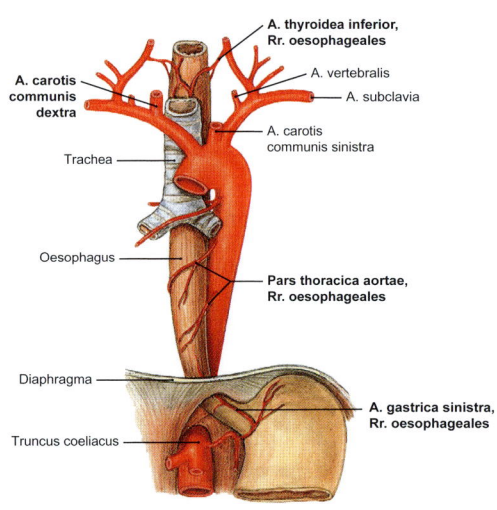

Abb. 5.18 Arterielle Versorgung des Oesophagus. [S007-2-23]

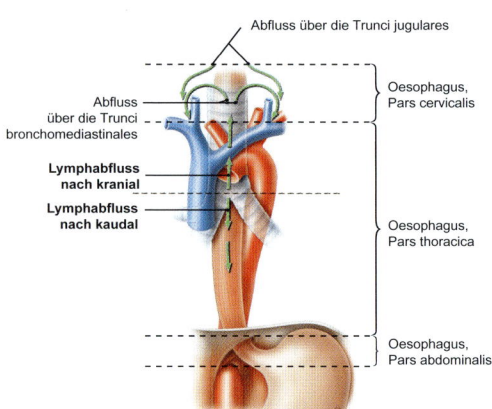

Abb. 5.19 Lymphabfluss des Oesophagus. [L238]

abschnitt), Trunci bronchomediastinales (Brustabschnitt) und Trunci intestinales (Bauchabschnitt). Bei Venen und Lymphdrainage scheint die **Trachealbifurkation** eine Landmarke zu sein: **oberhalb** wird Blut und Lymphe **nach kranial, unterhalb** der Bifurkation **nach kaudal** abgeleitet (▶ Abb. 5.19).

Innervation
Die Speiseröhre besitzt ein autonom funktionierendes **enterales Nervensystem,** das durch Parasympathikus und Sympathikus moduliert wird: Der **Parasympathikus fördert** die Peristaltik und die Drüsensekretion, der **Sympathikus hemmt** beide Vorgänge. **Sensible, afferente Informationen** wie v. a. Dehnungs- und Schmerzreize werden über den N. vagus [X] nach zentral geleitet.

> **Klinik**
>
> Weil der Oesophagus im Unterschied zu den anderen Organen des Gastrointestinaltrakts keine eigenen Arterien hat, sondern durch Blutgefäße in ihrer Umgebung versorgt wird, ist er nicht leicht zu operieren, weshalb die **Ösophaguschirurgie** als anspruchsvoll angesehen wird.
>
> **Ösophagusvarizen**
>
> Wenn der Druck im Pfortadersystem steigt **(portale Hypertonie),** z. B. weil der Strömungswiderstand in der Leber durch narbige Umorganisation (Leberzirrhose) erhöht ist, wird das Blut durch Kurzschlussverbindungen der oberen und der unteren Hohlvene zugeleitet **(portokavale Anastomosen).** Die klinisch wichtigsten portokavalen Anastomosen sind die Verbindungen über die Magenvenen zum Oesophagus, da diese zu Erweiterungen der submukösen Venen führen können **(Ösophagusvarizen).** Die Ruptur solcher Varizen geht mit

Lymphgefäße
Über die örtlichen Lymphknoten des Oesophagus **(Nodi lymphoidei juxtaoesophageales)** wird entsprechend den Abschnitten drainiert (▶ Tab. 5.9). Entsprechend Anschluss an Trunci jugulares (Hals-

Tab. 5.9 Leitungsbahnen des Oesophagus	
Ösophagusanteil	Leitungsbahnen
Pars cervicalis	• A. thyroidea inferior • V. thyroidea inferior • Nodi lymphoidei cervicales profundi • Parasympathisch: N. laryngeus reccurens • Sympathisch: zervikale Grenzstrangganglien
Pars thoracica	• Rr. oesophageales der Aorta thoracica und rechte Interkostalarterien • V. azygos/hemiazygos • Nodi lymphoidei paratracheales, Nodi lymphoidei tracheobronchiales, Nodi lymphoidei mediastinales posteriores • Parasympathisch: N. vagus [X] • Sympathisch: obere thorakale Grenzstrangganglien
Pars abdominalis	• A. gastrica sinistra, A. phrenica inferior • Vv. gastrica dextra und sinistra in V. portae • Nodi lymphoidei gastrici und Nodi lymphoidei phrenici inferiores • Parasympathisch: N. vagus [X] • Sympathisch: obere thorakale Grenzstrangganglien

einer Letalität von ca. 50 % einher und ist damit die häufigste Todesursache bei Leberzirrhose. Bei Ruptur nach innen ist der Magen mit meist schwarzem Blut angefüllt, bei der selteneren Ruptur nach außen fließt das Blut in die Bauchhöhle. Daher werden Ösophagusvarizen prophylaktisch abgebunden (Gummibandligatur) oder mit gefäßverödenden Substanzen unterspritzt.

Ösophaguskarzinome

Das venöse Blut und die Lymphe werden oberhalb der Bifurcatio tracheae nach kranial und unterhalb nach kaudal abgeleitet. Dies bedeutet, dass **Ösophaguskarzinome** oberhalb der Bifurkation über den Blutweg v. a. über das Azygossystem in die Lunge metastasieren und Lymphknotenmetastasen insbesondere im Mediastinum und am Hals zu finden sind. **Karzinome unterhalb der Bifurkation** streuen über die Magenvenen v. a. in die Leber und können Lymphknotenmetastasen in der Bauchhöhle bilden.

5.5 Thymus (Bries)

Der Thymus zählt, wie auch das Knochenmark, zu den **primären lymphatischen Organen,** da der Thymus der Reifung der **T**-Lymphozyten dient. Er liegt hinter dem Sternum am weitesten ventral auf den großen Gefäßen im Trigonum thymicum im oberen Mediastinum (▶ Abb. 5.1).

5.5.1 Bau des Thymus

Der Thymus besteht aus **2 asymmetrischen Lappen (Lobi),** die durch Septen in mikroskopisch sichtbare **Läppchen (Lobuli thymici)** mit **Rinde (Cortex)** und **Mark (Medulla)** gegliedert sind. Nach der Pubertät wird der Thymus zurückgebildet und weitgehend durch Fettgewebe ersetzt **(retrosternaler Fettkörper).**

5.5.2 Leitungsbahnen des Thymus

Arterien Rr. thymici der A. thoracica interna.
Venen Vv. thymicae zur V. brachiocephalica.
Lymphgefäße Ausschließlich efferente Lymphgefäße zu den mediastinalen Lymphknoten.
Innervation Überwiegend sympathisch über die Halsganglien des Truncus sympathicus; parasympatisch: N. vagus [X].

Klinik

Ein **vergrößerter Thymus,** der über die obere Thoraxapertur hinausragt, kann beim Neugeborenen zur Kompression der Trachea und so zu Atemnot führen.

Merke

Thymus und Knochenmark gehören zu den **primären lymphatischen Organen.** Sie dienen der Produktion und Reifung (Prägung) der Abwehrzellen.

Organe der Brusthöhle

5.6 Zwerchfell

5.6.1 Lage, Projektion und Abschnitte

Das Zwerchfell (**Diaphragma**) ist der **wichtigste Atemmuskel,** ohne den eine ausreichende Einatmung (Inspiration) nicht möglich ist (▶ Kap. 5.3.6). Systematisch ist das Zwerchfell ein Muskel des Thorax (▶ Kap. 2). Da es die **Brusthöhle von der Bauchhöhle trennt,** weist es zahlreiche Öffnungen als Durchtrittsstellen für die Speiseröhre und Leitungsbahnen auf. Daher wird es aufgrund seiner topografischen Beziehungen in diesem Kapitel abgehandelt. Die Kuppel des Zwerchfells projiziert in Atemmittellage rechts auf den **4. Interkostalraum (ICR),** links durch das aufliegende Herz einen halben ICR tiefer. Damit projiziert die Zwerchfellkuppel knapp unterhalb der Brustwarze und damit viel höher als erwartet. An der Unterseite liegen rechts die Leber und links Magen und Milz den Zwerchfellkuppeln an. Bei der Inspiration flachen sich die Kuppeln ab, sodass sich das Zwerchfell und die anliegenden Organe absenken.

Das Zwerchfell besteht aus drei Muskelteilen, die sich in einer zentralen Sehne, dem **Centrum tendineum,** vereinigen (▶ Abb. 5.20, ▶ Tab. 5.10):
- **Pars sternalis:** entspringt am Brustbein.
- **Pars costalis:** entspringt an den kaudalen Rippen.
- **Pars lumbalis:** entspringt hauptsächlich an der lumbalen Wirbelsäule, LWS. Die Muskelstränge beider Seiten werden als Zwerchfellschenkel (**Crus dextrum** und **Crus sinistrum**) bezeichnet.

5.6.2 Zwerchfellöffnungen

Das Zwerchfell besitzt verschiedene Öffnungen, durch welche die Speiseröhre und Leitungsbahnen treten (▶ Abb. 5.20, ▶ Tab. 5.11). Große muskelfreie Dreiecke liegen zwischen den Muskelabschnitten:

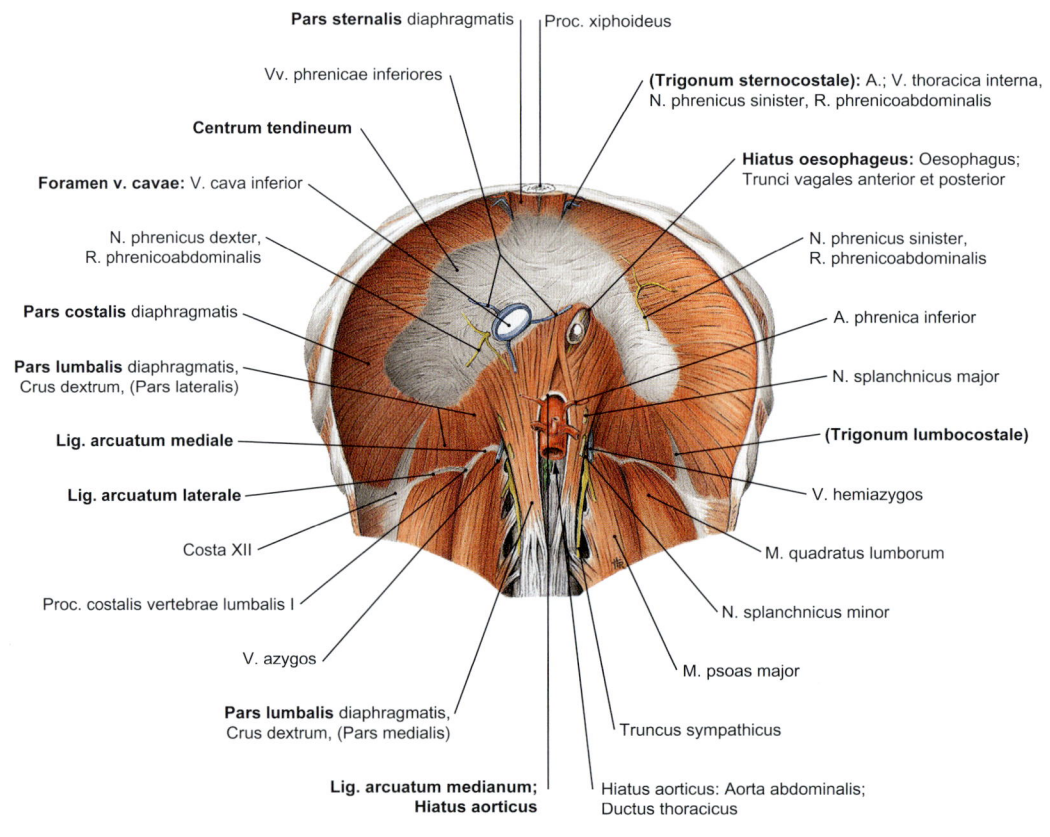

Abb. 5.20 Zwerchfell (Diaphragma) [S007-1-23]

- Trigonum sternocostale
- Trigonum lumbocostale (BOCHDALEK-Dreieck)

5.6.3 Leitungsbahnen des Zwerchfells

Arterien A. phrenica superior (aus Aorta thoracica), A. phrenica inferior (aus Aorta abdominalis), A. pericardiacophrenica und A. musculophrenica (aus A. thoracica interna).

Venen V. phrenica superior (zu V. azygos/V. hemiazygos), V. phrenica inferior (rechts zu V. cava inferior, links über V. suprarenalis in V. renalis).

Lymphgefäße Nodi lymphoidei phrenici superiores und inferiores.

Innervation N. phrenicus (C3–C5), die Innervation aus dem Plexus cervicalis ist entwicklungsgeschichtlich bedingt.

> **Klinik**
>
> **Schluckauf** (Singultus) entsteht durch unwillkürliche Kontraktionen des Zwerchfells. Bei entzündlicher Reizung (Pleuritis/Peritonitis) kann der Schluckauf anhaltend sein.
> Die relativ kraniale Projektion der Zwerchfellkuppel ist bei der **Punktion von Pleuraergüssen** im Recessus costodiaphragmaticus und bei der Anlage von **Thoraxdrainagen** zu bedenken, bei denen eine Leberpunktion vermieden werden muss. Umgekehrt soll bei einer **Leberpunktion** nicht der Spalt zwischen Lunge und Rippenfell eröffnet werden, da dies zu einem Kollaps der Lunge (Pneumothorax) führt.
>
> **Zwerchfellhernien**
>
> Durch die Zwerchfellöffnungen können sich Bauchorgane in die Brusthöhle verlagern **(Zwerchfellhernien)**. Dabei sind BOCHDALEK-Hernien im Trigonum lumbocostale oder MORGAGNI-Hernien im Trigonum sternocostale meist angeboren und gehen auf Zwerchfelldefekte zurück. Viel häufiger dagegen sind Gleithernien im Hiatus oesophageus, bei denen sich die Cardia des Magens oder maximal der ganze Magen in die Brusthöhle verlagert (axiale Gleithernie). Dabei wird der untere Verschlussmechanismus des Oesophagus beeinträchtigt, was durch Reflux von Magensäure das Auftreten einer Entzündung der Speiseröhre (Refluxösophagitis) begünstigt.
>
> **Zwerchfelllähmung**
>
> Eine traumatische oder iatrogene **Schädigung des N. phrenicus** auf einer Seite, z.B. bei Operationen am Hals oder bei Eröffnung des Mediastinums, führt zu einer **Lähmung des Zwerchfells** mit Zwerchfellhochstand auf der betroffenen Seite. Bei beidseitiger Läsion kommt es zum Tod durch Ersticken.

Tab. 5.10 Muskulatur des Zwerchfells

Innervation	Ursprung	Ansatz	Funktion
Diaphragma			
N. phrenicus	• Pars costalis: innen an 6 kaudalen Rippen und am Rippenbogen • Pars sternalis: Rückseite des Proc. xiphoideus des Sternums • Pars lumbalis: LWK I–III, Proc. costalis des I. Lendenwirbels, XII. Rippe	Centrum tendineum	• Inspiration *(wichtigster Atemmuskel)* • Widerlager bei der Bauchpresse

Tab. 5.11 Zwerchfellöffnungen

Zwerchfellöffnung	Durchtretende Strukturen
• **Trigonum sternocostale** (zwischen Pars sternalis und Pars costalis) • **Trigonum lumbocostale** (BOCHDALEK-Dreieck, zwischen Pars lumbalis und Pars costalis)	• **A./V. thoracica interna,** die sich dann als A./V. epigastrica superior fortsetzen

Organe der Brusthöhle

Tab. 5.11 Zwerchfellöffnungen *(Forts.)*

Zwerchfellöffnung	Durchtretende Strukturen
• **Hiatus aorticus** (median zwischen Zwerchfellschenkeln)	• **Aorta, Ductus thoracicus**
• **Hiatus oesophageus** (medial links in der Pars lumbalis)	• **Oesophagus, Trunci vagales**
• **Foramen venae cavae** (im Centrum tendineum)	• **V. cava inferior, rechter N. phrenicus**
• **Öffnung** in der linken **Pars costalis** (nahe der Herzspitze)	• **Linker N. phrenicus**
• **Spalten** in den **Zwerchfellschenkeln** (beidseits)	• **Grenzstränge** (Truncus sympathicus), **Nn. splanchnici, V. azygos/hemiazygos**

Jens Waschke

Organe der Bauchhöhle

06

6.1	Übersicht: Bauchhöhle und Leitungsbahnen	172
6.1.1	Überblick	172
6.1.2	Omentum majus und minus	173
6.1.3	Recessus der Peritonealhöhle	174
6.1.4	Leitungsbahnen der Bauchhöhle	175
6.2	Magen	184
6.2.1	Funktionen des Magens	184
6.2.2	Lage und Projektion des Magens	184
6.2.3	Gliederung und Aufbau des Magens	184
6.2.4	Leitungsbahnen des Magens	186
6.3	Darm	187
6.3.1	Funktionen und Gliederung des Darms	187
6.3.2	Leitungsbahnen von Dünn- und Dickdarm	191
6.4	Leber	193
6.4.1	Projektion und äußere Gliederung	194
6.4.2	Innere Gliederung	194
6.4.3	Leitungsbahnen der Leber	196
6.5	Gallenblase und Gallenwege	197
6.5.1	Aufbau von Gallenblase und Gallenwegen	197
6.5.2	Leitungsbahnen von Gallenblase und Gallenwegen	199
6.6	Bauchspeicheldrüse	199
6.6.1	Gliederung des Pancreas	200
6.6.2	Leitungsbahnen des Pancreas	201
6.7	Milz	202
6.7.1	Funktionen der Milz	202
6.7.2	Gliederung der Milz	202
6.7.3	Leitungsbahnen der Milz	202
6.8	Niere und Nebenniere	203
6.8.1	Funktionen von Niere und Nebenniere	203
6.8.2	Gliederung der Niere	203
6.8.3	Bau der Nebenniere	204
6.8.4	Leitungsbahnen von Niere und Nebenniere	205
6.9	Harnleiter	206
6.9.1	Gliederung des Harnleiters	206
6.9.2	Leitungsbahnen des Harnleiters	206

IMPP-Hits

Folgende Themenkomplexe wurden bisher besonders häufig vom IMPP gefragt (Top Ten):
- Topografie der Organe mit Lagebeziehungen und Projektion auf Skelett/Körperoberfläche
- Blutgefäße der Organe
- Peritonealverhältnisse mit Recessus, Mesos und Omenta
- Mündung der Ausführungsgänge des Pancreas
- Pfortadersystem mit portokavalen Anastomosen
- Lebersegmente
- Gallengänge mit Verlauf und Sphinktersystem
- Analkanal: Abschnitte, Kontinenzorgan mit Hämorrhoiden
- Topografie: Aorta, V. cava inferior und Lymphstämme im Retroperitoneum
- Harnleiter mit Verlauf

Organe der Bauchhöhle

> **Lerntipp**
>
> Die Organe der Bauchhöhle sind für den Arzt von zentraler Bedeutung und für viele Teilgebiete der Inneren Medizin und auch für die Viszeralchirurgie relevant. In der Anatomie besteht die Herausforderung, sich ein Bild von der Gliederung und der Topografie der einzelnen Organe zu machen, um sich bei diagnostischen und operativen Eingriffen Nachbarschaftsbeziehungen zu anderen Organen und die Projektion auf die Körperoberfläche vorstellen zu können. Dabei müssen die Leitungsbahnen als Teile der jeweiligen Organe verstanden werden, deren Versorgungsgebiete bei diesen Eingriffen bedacht werden müssen.

6.1 Übersicht: Bauchhöhle und Leitungsbahnen

6.1.1 Überblick

Die **Bauchhöhle** (Cavitas abdominalis) wird vom Colon transversum in den Oberbauch und den Unterbauch geteilt. Nach den Lageverhältnissen ist die Bauchhöhle gegliedert in eine **Peritonealhöhle** (Cavitas peritonealis), die mit Bauchfell (Peritoneum) ausgekleidet ist, und in einen **Extraperitonealraum** (Spatium extraperitoneale) zwischen dem Peritoneum parietale und der Rumpfwand. Dorsal ist der Extraperitonealraum zum **Retroperitoneum** erweitert (Spatium retroperitoneale), das sich kaudal in der Beckenhöhle in den **Subperitonealraum** (Spatium extraperitoneale pelvis) fortsetzt (▶ Kap. 7.1).

Daraus ergeben sich für die Organe verschiedene Lageverhältnisse:
- **Intraperitoneal gelegene Organe** sind auf ihrer gesamten Oberfläche von Bauchfell (Peritoneum viscerale) bedeckt, das die Tunica serosa der jeweiligen Organe darstellt (▶ Tab. 6.1). Die Organe besitzen Aufhängebänder (Mesenterien und Bänder), die als Peritonealduplikaturen die versorgenden Leitungsbahnen enthalten und an deren Wurzel das Peritoneum viscerale der Organe in das Peritoneum parietale der Bauchhöhlenwand umschlägt.
- **Retroperitoneale** Organe sind meist nur auf ihrer Vorderseite von Peritoneum parietale bedeckt (▶ Tab. 6.1). Diese Organe können als **primär retroperitoneale Organe** bereits außerhalb der Bauchhöhle angelegt oder als **sekundär retroperitoneale Organe** erst während der Entwicklung an die dorsale Rumpfwand verlagert worden sein. Die sekundär retroperitoneal gelegenen Organe können bei der Präparation von den primär retroperitoneal gelegenen Organen stumpf abgelöst werden.

> **Klinik**
>
> Diese Lageunterschiede sind für die **Zugangswege bei Operationen** wichtig, da ein retroperitoneal gelegenes Organ auch von dorsal zugänglich ist, ohne dass die Peritonealhöhle eröffnet werden muss. Dadurch lässt sich das Risiko einer Infektion der Bauchhöhle (Peritonitis) oder postoperativer Verwachsungen reduzieren.

Tab. 6.1 Lageverhältnisse der Organe der Bauchhöhle

Intraperitoneal liegend (▶ Abb. 6.1)	Primär retroperitoneal (▶ Abb. 6.1)	Sekundär retroperitoneal (▶ Abb. 6.1)
• Pars abdominalis des Oesophagus • Magen • Pars superior des Duodenums • Jejunum • Ileum • Caecum • Appendix vermiformis • Colon transversum • Colon sigmoideum • Leber • Gallenblase • Milz Beckenorgane: • Corpus des Uterus • Adnexe (Ovar und Tuba uterina)	• Nieren • Nebennieren	• Übrige Teile des Duodenums • Colon ascendens • Colon descendens • Proximales Rectum (bis Flexura sacralis) • Pancreas

▶ 6.1 Übersicht ▶ 6.1.2 Omentum majus und minus

Merke

Intraperitoneal
- In der Peritonealhöhle (Cavitas peritonealis) der Bauchhöhle oder des Beckens gelegen
- Von allen Seiten mit Peritoneum viscerale bedeckt
- Mit Peritonealduplikaturen befestigt (Mesenterien und Bänder)

Extraperitoneal
- Außerhalb der Peritonealhöhle im Retroperitonealraum der Bauchhöhle (Spatium retroperitoneale) oder im Subperitonealraum des Beckens (Spatium extraperitoneale pelvis) gelegen
- Nicht oder nur teilweise von Peritoneum parietale bedeckt

Die Bauchhöhle wird vom Colon transversum mit seinem Mesocolon transversum in Ober- und Unterbauch untergliedert:

Oberbauch Der Oberbauch („Drüsenbauch") wird rechts von der Leber mit der Gallenblase eingenommen und links vom Magen, der sich in die Pars superior des Duodenums fortsetzt. Hinter dem Magen liegt die Milz und im Retroperitoneum das Pancreas. Zwischen Leber und Magen/Duodenum erstreckt sich das kleine Netz (**Omentum minus**) als frontale Peritonealduplikatur (▶ Abb. 6.2).

Unterbauch Der Unterbauch („Darmbauch") enthält die übrigen Abschnitte des Dünn- und Dickdarms und wird vorne vom großen Netz (**Omentum majus**) überlagert, das am Magen entspringt. Im Retroperitoneum liegen neben den verschiedenen Anteilen von Duodenum und Dickdarm auch die Nieren und Nebennieren.

6.1.2 Omentum majus und minus

Das **große Netz (Omentum majus)** ist eine schürzenförmige Peritonealduplikatur und setzt sich aus 4 Teilen zusammen:
- Lig. gastrocolicum
- Lig. gastrosplenicum
- Lig. gastrophrenicum
- Schürzenförmiger Abschnitt

Funktionen des Omentum majus:
- Sekretion und Resorption von Peritonealflüssigkeit
- Immunabwehr: arteriovenöse Anastomosen („Milchflecken") zum Austritt von Leukozyten
- Mechanischer Schutz
- Thermische Isolation

Das Omentum majus wird von den **Leitungsbahnen** entlang der **großen Magenkurvatur** versorgt.

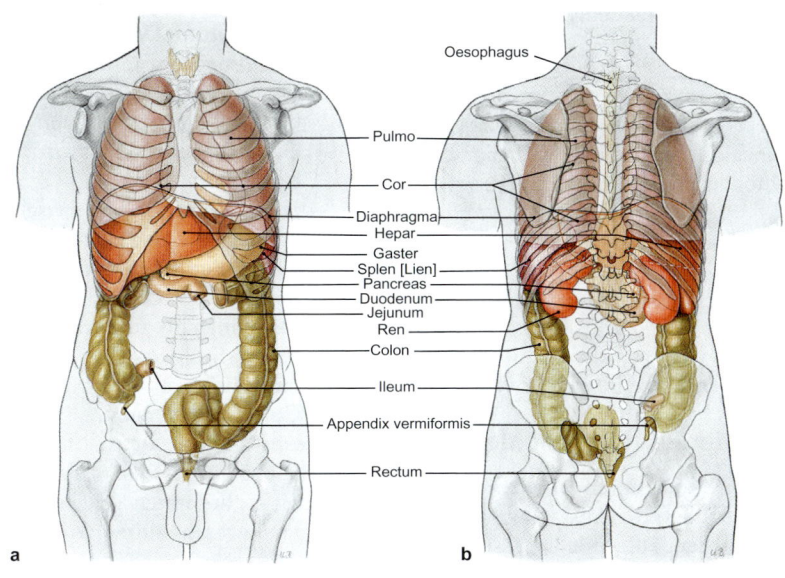

Abb. 6.1 Übersicht über die Bauchorgane. a) Ansicht von ventral. b) Ansicht von dorsal. [S007-2-23]

Organe der Bauchhöhle

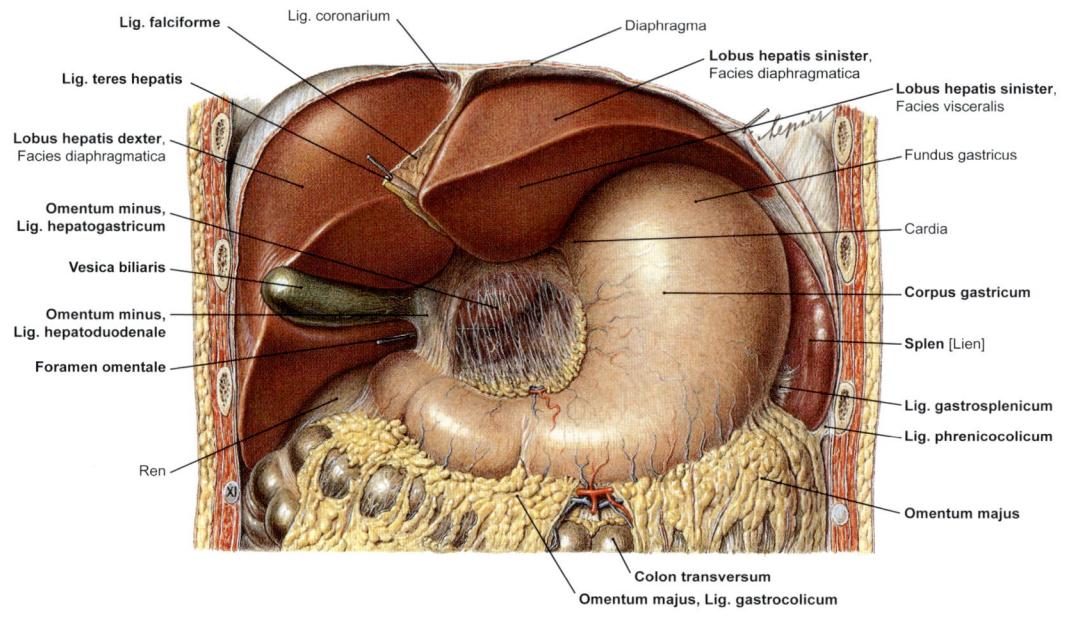

Abb. 6.2 Lage der Eingeweide im Oberbauch. Ansicht von ventral. [S007-2-23]

> **Klinik**
>
> Der schürzenförmige Abschnitt kann Entzündungsherde oder Perforation von Magen und Darm abdecken und damit eine **Bauchhöhlenentzündung (Peritonitis)** verhindern.
> Aufgrund der großen Oberfläche können bei Nierenversagen dem Blut durch **Peritonealdialyse** Schadstoffe entzogen werden.

Das **kleine Netz (Omentum minus)** ist eine frontale Peritonealduplikatur, das die Leber mit Magen und Duodenum verbindet und aus zwei Teilen besteht:
- Lig. hepatogastricum: zur kleinen Magenkurvatur
- Lig. hepatoduodenale: zur Pars superior des Duodenums

Das Omentum minus wird von den **Leitungsbahnen** entlang der **kleinen Magenkurvatur** versorgt.

6.1.3 Recessus der Peritonealhöhle

Durch die Peritonealduplikaturen werden **Spalträume (Recessus)** gebildet, die Aussackungen der Peritonealhöhle darstellen. Folgende Recessus sind wichtig:

1. **Bursa omentalis:** Der größte und in seiner Ausdehnung komplexeste Spaltraum ist ein Verschiebespalt zwischen Magen und Pancreas, der nur durch das **Foramen omentale/epiploicum** unter dem Lig. hepatoduodenale mit der Bauchhöhle kommuniziert (▶ Abb. 6.2). Abschnitte:
   - **Vestibulum:** Der Vorraum ist vorne durch das Omentum minus begrenzt und reicht mit einem **Recessus superior** hinter die Leber. Ein Isthmus, der von Ästen des Truncus coeliacus gebildet wird, trennt den Vorraum vom
   - **Hauptraum:** Er liegt zwischen dem Magen (vorne) und dem Pancreas bzw. dem parietalen Peritoneum der Bauchwand (hinten). Der **Recessus splenicus** dehnt sich nach links bis zum Milzhilum aus, der **Recessus inferior** unter dem Lig. gastrocolicum bis zum Ansatz des Mesocolons am Colon transversum.
2. **Recessus subphrenicus:** unter dem Zwerchfell oberhalb der Facies diaphragmatica der Leber. An den rechts unten gelegenen Anteil schließt sich der **Recessus subhepaticus/Recessus hepatorenalis** an.

▶ 6.1 Übersicht ▶ 6.1.4 Leitungsbahnen der Bauchhöhle

3. **Parakolische Rinnen:** lateral von Colon ascendens und descendens
4. **Recessus intersigmoideus:** unterhalb des Mesocolon sigmoideum
5. **Recessus duodenalis superior** und **inferior:** an der Flexura duodenojejunalis
6. **Recessus ileocaecalis superior** und **inferior** sowie **Recessus retrocaecalis:** am Übergang zwischen Dünn- und Dickdarm
7. **Excavatio rectouterina (DOUGLAS-Raum)** zwischen Rectum und Uterus ist der tiefste Punkt der weiblichen Peritonealhöhle in deren Beckenabschnitt. Davor liegt die **Excavatio vesicouterina** zwischen Harnblase und Uterus. Beim Mann gibt es nur die **Excavatio rectovesicalis** zwischen Rectum und Harnblase.

Klinik

Die Recessus der Peritonealhöhle haben klinische Bedeutung, da es hier zu pathologischen Vorgängen kommen kann:
- Absiedlung von Tumoren (Peritonealkarzinose), z. B. in der Bursa omentalis
- Entzündung des Bauchfells (Peritonitis), z. B. im (DOUGLAS-Raum oder im Recessus subphrenicus)
- Einklemmung von Dünndarmschlingen (innere Hernien), am häufigsten im Recessus duodenalis inferior (TREITZ-Hernien)
- Ansammlungen von „freier Luft" bei Perforation von Hohlorganen

Daher inspiziert der Chirurg bei Operationen im Bauchraum die Bursa omentalis, um keine Krankheitserscheinungen zu übersehen.

6.1.4 Leitungsbahnen der Bauchhöhle

Die Leitungsbahnen der **Bauchhöhle** dienen der Versorgung der Eingeweide und auch der dorsalen Rumpfwand. Die großen arteriellen, venösen und lymphatischen Gefäßstämme verlaufen im **Retroperitoneum** und setzen sich nach kaudal in der Beckenhöhle in den **Subperitonealraum** sowie nach kranial in das **hintere Mediastinum der Brusthöhle** fort. Die Äste der Gefäßstämme und der vegetativen Nervengeflechte gelangen über die Bauchfellduplikaturen (**Mesenterien**) von dorsal in die **Peritonealhöhle** und versorgen die jeweiligen Organe.

Arterien

Der **Bauchabschnitt der Aorta (Pars abdominalis aortae)** tritt auf Höhe des 12. Brustwirbels durch den Hiatus aorticus des Zwerchfells hindurch und steigt danach links ventral der Wirbelsäule ab (▶ Abb. 5.3). Auf diesem Weg entspringen **parietale Äste** für die Rumpfwand und **viszerale Äste** für die Eingeweide von Peritonealhöhle und Retro-/Subperitoneum (▶ Tab. 6.2). Auf Höhe des 4. Lendenwirbels teilt sich die Aorta in ihre **Endäste.** Die Aa. iliacae communes treten beidseits in die Beckenhöhle über, wo sie sich aufzweigen. Die dünne A. sacralis mediana setzt auf dem Kreuzbein den Verlauf fort.

Die Baucheingeweide werden von den **3 unpaaren Arterienästen** versorgt, die nach ventral aus dem Bauchabschnitt der Aorta (Pars abdominalis aortae) entspringen:
- Truncus coeliacus
- A. mesenterica superior
- A. mesenterica inferior

Anastomosen

Die 3 Arterien gehen untereinander und mit Ästen der A. iliaca interna Gefäßverbindungen (Anastomosen) ein. 3 Anastomosen sind wichtig:
- Verbindungen zwischen **Truncus coeliacus** und **A. mesenterica superior** über die Aa. pancreaticoduodenales (BÜHLER-Anastomose)
  - Verbindungen zwischen **A. mesenterica superior** und **A. mesenterica inferior: RIOLAN-Anastomose** zwischen A. colica media und A. colica sinistra
- Plexus der Rektumarterien: Hier verbindet sich die A. rectalis superior aus der **A. mesenterica inferior** mit den Aa. rectales media und inferior aus dem Stromgebiet der **A. iliaca interna,** die zu den Arterien der Beckenhöhle zählt.

Klinik

Die **Anastomosen** können bei Verschluss eines Gefäßes einen **Infarkt des Darms und des Pancreas** verhindern. Außerdem können sie über die Blutgefäße um das Rectum auch eine gewisse Blutversorgung der Beine aufrechterhalten, wenn deren Blutversorgung durch Engstellen der distalen Bauchaorta oder der proximalen Iliakalarterien beeinträchtigt ist.

Truncus coeliacus

Der Truncus coeliacus entspringt als erster unpaarer Ast der Aorta (▶ Abb. 6.3). Noch im Retroperitonealraum hinter der Bursa omentalis teilt sich der kurze Stamm in seine **3 Hauptäste,** die die Oberbauchorgane (Magen, Zwölffingerdarm, Le-

Organe der Bauchhöhle

Tab. 6.2 Äste der Pars abdominalis aortae	
Parietale Äste zur Rumpfwand	• A. phrenica inferior: auf der Unterseite des Zwerchfells, gibt A. suprarenalis superior zur Nebenniere ab. • Aa. lumbales: 4 Paare direkt aus der Aorta, das 5. Paar entspringt aus der A. sacralis mediana.
Viszerale Äste für die Eingeweide	• Truncus coeliacus: unpaar, entspringt unmittelbar unter dem Hiatus aorticus und versorgt die Oberbauchorgane (▶ Abb. 6.3). • A. suprarenalis media: versorgt die Nebenniere. • A. renalis: zur Niere, gibt außerdem die A. suprarenalis inferior zur Nebenniere ab. • A. mesenterica superior: unpaar, versorgt Teile des Pancreas, den gesamten Dünndarm und den Dickdarm bis zur linken Kolonflexur (▶ Abb. 6.4). • A. testicularis/ovarica: versorgt beim Mann Hoden und Nebenhoden, bei der Frau das Ovar. • A. mesenterica inferior: unpaar, versorgt Colon descendens und oberes Rectum (▶ Abb. 6.5).
Endäste	• A. iliaca communis: für Becken und Bein • A. sacralis mediana: steigt auf dem Kreuzbein ab.

ber, Gallenblase, Bauchspeicheldrüse und Milz) versorgen:
- **A. gastrica sinistra:** geht nach links oben ab und anastomosiert mit der A. gastrica dextra an der kleinen Magenkurvatur.
- **A. hepatica communis:** wendet sich nach rechts und teilt sich in:
  - **A. hepatica propria:** gibt die **A. gastrica dextra** ab, versorgt danach Leber und Gallenblase (A. cystica)
  - **A. gastroduodenalis:** steigt hinter Pylorus oder Duodenum ab, teilt sich in die **A. gastroomentalis dextra** zur großen Magenkurvatur und in die **Aa. pancreaticoduodenalis superior anterior und posterior,** die mit der A. pancreaticoduodenalis inferior aus der A. mesenterica superior anastomosieren und Pankreaskopf sowie Duodenum versorgen.
- **A. splenica:** zieht nach links am oberen Rand des Pancreas, Äste:
  - **Rr. pancreatici** zum Pancreas
  - **A. gastrica posterior** zum Magen (in 30 bis 60 %)
  - **A. gastroomentalis sinistra:** anastomosiert mit der A. gastroomentalis dextra an der großen Magenkurvatur.
  - **Aa. gastricae breves:** kurze Äste zum Magenfundus
  - **Rr. splenici:** Endäste zur Milz

A. mesenterica superior

Sie entspringt direkt unterhalb des Truncus coeliacus aus der Aorta, verläuft zunächst hinter dem Pancreas und tritt dann in das Mesenterium ein (▶ Abb. 6.4). Sie versorgt Teile von Pancreas und Duodenum, den gesamten Dünndarm sowie den Dickdarm bis zur linken Kolonflexur.
Äste:
- **A. pancreaticoduodenalis inferior:** anastomosiert mit den Aa. pancreaticoduodenalis superior anterior und posterior.
- **Aa. jejunales** (4–5) und **Aa. ileales** (12): entspringen nach links aus dem Hauptgefäß.
- **A. colica media:** entspringt rechts, anastomosiert mit der A. colica dextra sowie mit der A. colica sinistra (**RIOLAN-Anastomose**) aus der A. mesenterica inferior.
- **A. colica dextra:** zieht zum Colon ascendens.
- **A. ileocolica:** versorgt distales Ileum, Caecum und Appendix vermiformis. Äste:
  - **R. ilealis** zum terminalen Ileum: anastomosiert mit der letzten A. ilealis.
  - **R. colicus:** anastomosiert mit der A. colica dextra.
  - **A. caecalis anterior** und eine **A. caecalis posterior** auf beiden Seiten des Caecums
  - **A. appendicularis:** versorgt die Appendix vermiformis.

A. mesenterica inferior

Die **A. mesenterica inferior** entspringt wenig oberhalb der Aortenbifurkation aus der Aorta nach links und verläuft retroperitoneal. Sie versorgt Colon descendens und Colon sigmoideum, das Rectum und den oberen Analkanal.
Äste:
- **A. colica sinistra:** steigt am Colon descendens auf, anastomosiert mit der A. colica media aus

▶ 6.1 Übersicht   ▶ 6.1.4 Leitungsbahnen der Bauchhöhle

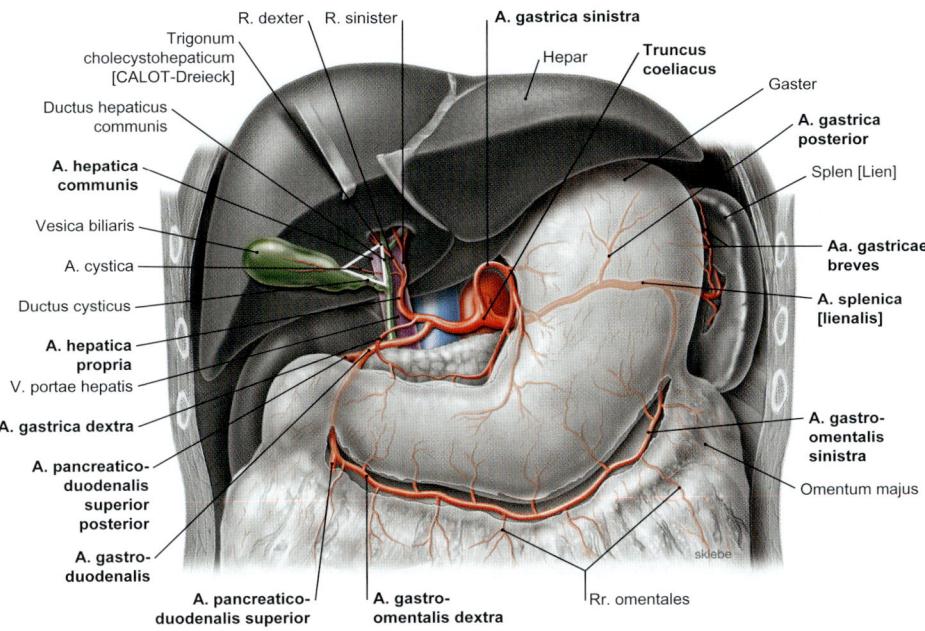

Abb. 6.3 Äste des Truncus coeliacus. [L238]

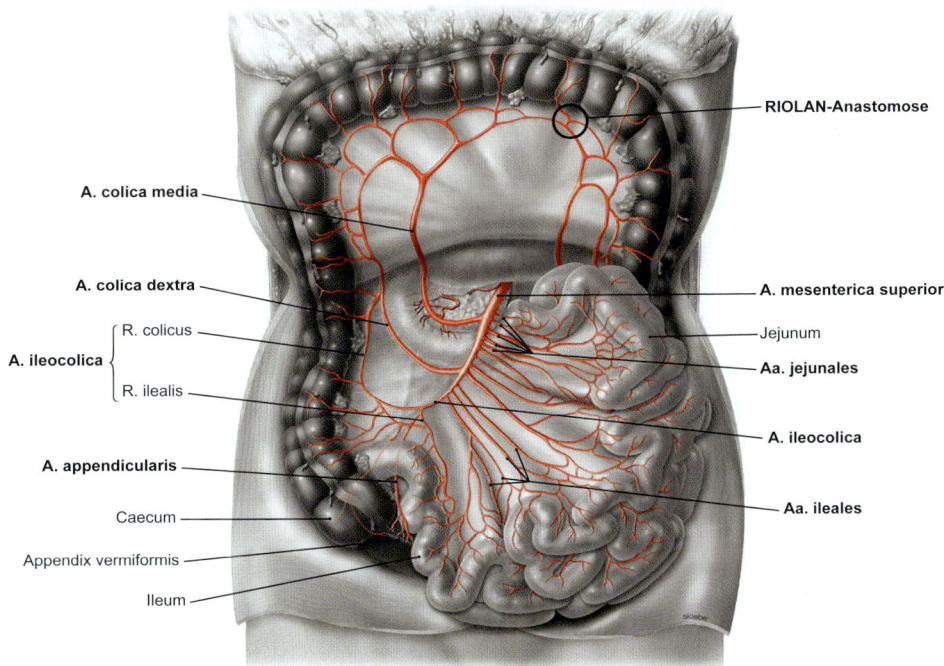

Abb. 6.4 A. mesenterica superior. Ansicht von ventral. Colon transversum hochgeklappt. [L238]

Organe der Bauchhöhle

der A. mesenterica superior (**RIOLAN-Anastomose**; ▶ Abb. 6.5).
- **Aa. sigmoideae:** mehrere Äste zum Colon sigmoideum
- **A. rectalis superior:** zieht von oben zum Rectum, das sie ganz überwiegend versorgt, und speist auch den Schwellkörper im oberen Abschnitt des Analkanals.

Venen

V. cava inferior

Die **V. cava inferior** entspricht in ihren Zuflüssen weitgehend den entsprechenden Ästen der Bauchaorta (▶ Tab. 6.3). Es fehlen allerdings Venen, die den 3 unpaaren Eingeweidearterien (Truncus coeliacus, A. mesenterica superior, A. mesenterica inferior) entsprechen, da das Blut aus den unpaaren Bauchorganen über die **Pfortader (V. portae hepatis)** zunächst durch die Leber geschleust wird. Stattdessen münden daher die **3 Vv. hepaticae** in

Tab. 6.3 Zuflüsse von V. renalis sinistra und V. cava inferior

Zuflüsse der V. renalis sinistra	Zuflüsse der V. cava inferior
• V. phrenica inferior sinistra • V. testicularis/ovarica sinistra • V. suprarenalis sinistra	• Vv. iliacae communes • V. sacralis mediana • Vv. lumbales • V. phrenica inferior dextra, links Einmündung in V. renalis • V. testicularis/V. ovarica dextra, links Einmündung in V. renalis • V. suprarenalis dextra, links Einmündung in V. renalis • Vv. renales dextra und sinistra • 3 Vv. hepaticae (Vv. hepaticae dextra, intermedia und sinistra)

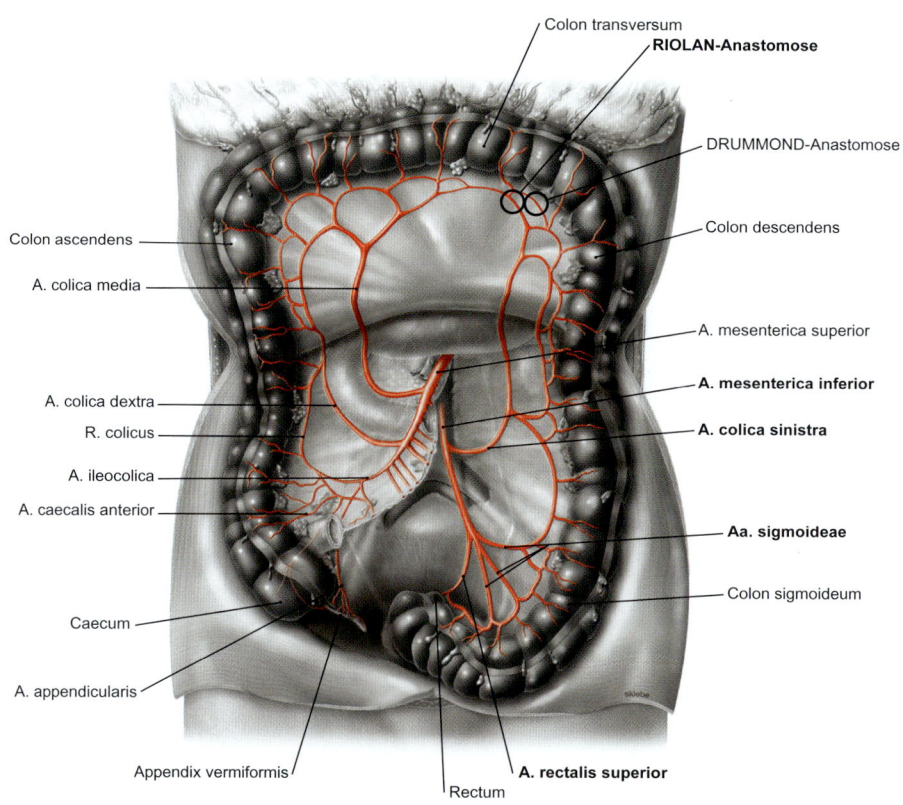

Abb. 6.5 A. mesenterica inferior. Ansicht von ventral. Colon transversum nach oben geklappt. [L238]

die untere Hohlvene, die das gesamte Blut der intraperitonealen Bauchorgane führen. Die zweite Abweichung besteht in einer Asymmetrie im Mündungsverhalten einzelner Gefäße. Während auf der rechten Seite alle Zuflüsse direkt in die V. cava inferior münden, vereinigen sich links 3 Gefäße mit der V. renalis.

> **Klinik**
>
> Die asymmetrische Einmündung der linken V. testicularis in die linke V. renalis kann bei einem **bösartigen Nierenkarzinom** bei Männern diagnostisch relevant sein. Da Nierenkarzinome dazu neigen, sich von der Niere aus kontinuierlich innerhalb des Venensystems auszubreiten, kann es zu einer Einflussstauung der V. testicularis kommen mit einer Erweiterung des Plexus pampiniformis im Hodensack, die man als **Varikozele** bezeichnet. Daher muss eine linksseitige Varikozele immer zum Anlass genommen werden, ein Nierenkarzinom auszuschließen.

Pfortader

Die **Pfortader (V. portae hepatis)** ist ca. 7 cm lang, bildet sich hinter dem Hals des Pancreas aus 3 Hauptstämmen (▸ Tab. 6.4) und zieht dann im Lig. hepatoduodenale zur Leberpforte (▸ Abb. 6.6):

- Die **V. mesenterica superior** vereinigt sich hinter dem Pankreashals mit der **V. splenica.**
- Die **V. mesenterica inferior** mündet meist in die V. splenica.

Portokavale Anastomosen

Verbindungen der V. portae hepatis zum Stromgebiet der Vv. cavae superior und inferior werden als **portokavale Anastomosen** bezeichnet (▸ Abb. 6.18):

- **V. gastrica dextra** und **V. gastrica sinistra** mit Anschluss über Ösophagusvenen und Azygosvenen zur V. cava superior. Dabei kann es zur Erweiterung der submukösen Venen der Speiseröhre kommen (**Ösophagusvarizen**).
- **Vv. paraumbilicales** haben über Venen der vorderen Rumpfwand (tief: V. epigastrica superior und V. epigastrica inferior; oberflächlich: V. thoracoepigastrica und V. epigastrica superficialis) Verbindungen zur oberen und zur unteren Hohlvene. Die Erweiterung der oberflächlichen Venen kann zum **Caput medusae** führen.

Tab. 6.4 Pfortader mit Hauptstämmen und deren Zuflüssen (▸ Abb. 6.6)

Direkte Zuflüsse der Pfortader
• V. cystica (von der Gallenblase) • Vv. paraumbilicales (über Lig. teres hepatis von der Bauchwand) • Vv. gastricae dextra und sinistra • V. pancreaticoduodenalis superior posterior
Zuflüsse zur V. mesenterica superior (~ A. mesenterica superior und A. gastroduodenalis)
• V. gastroomentalis dextra mit Vv. pancreaticoduodenales • Vv. pancreaticae (vom Kopf und Körper des Pancreas) • Vv. jejunales und ileales • V. ileocolica • V. colica dextra • V. colica media
Zuflüsse zur V. mesenterica inferior (~ A. mesenterica inferior)
• V. colica sinistra • Vv. sigmoideae • V. rectalis superior
Zuflüsse zur V. splenica (~ A. splenica)
• Vv. gastricae breves • V. gastroomentalis sinistra • V. gastrica posterior (inkonstant) • Vv. pancreaticae (vom Schwanzteil und Körper des Pancreas)

- **V. rectalis superior:** über Venen des unteren Rectums und die V. iliaca interna zur unteren Hohlvene
- **Retroperitoneale Anastomosen:** über die V. mesenterica inferior zur V. testicularis/ovarica mit Anschluss an die untere Hohlvene.

Lymphgefäße

Die Sammellymphknoten im Retroperitoneum sind die **Nodi lymphoidei lumbales.** Diese liegen in 3 Ketten um die Aorta und die V. cava inferior sowie dazwischen. Einzugsgebiet:

- Untere Extremität
- Gesamte Beckeneingeweide
- Linksseitiger Dickdarm (Colon descendens, Colon sigmoideum, Rectum, Analkanal)
- Niere und Nebenniere
- Hoden/Ovar

Organe der Bauchhöhle

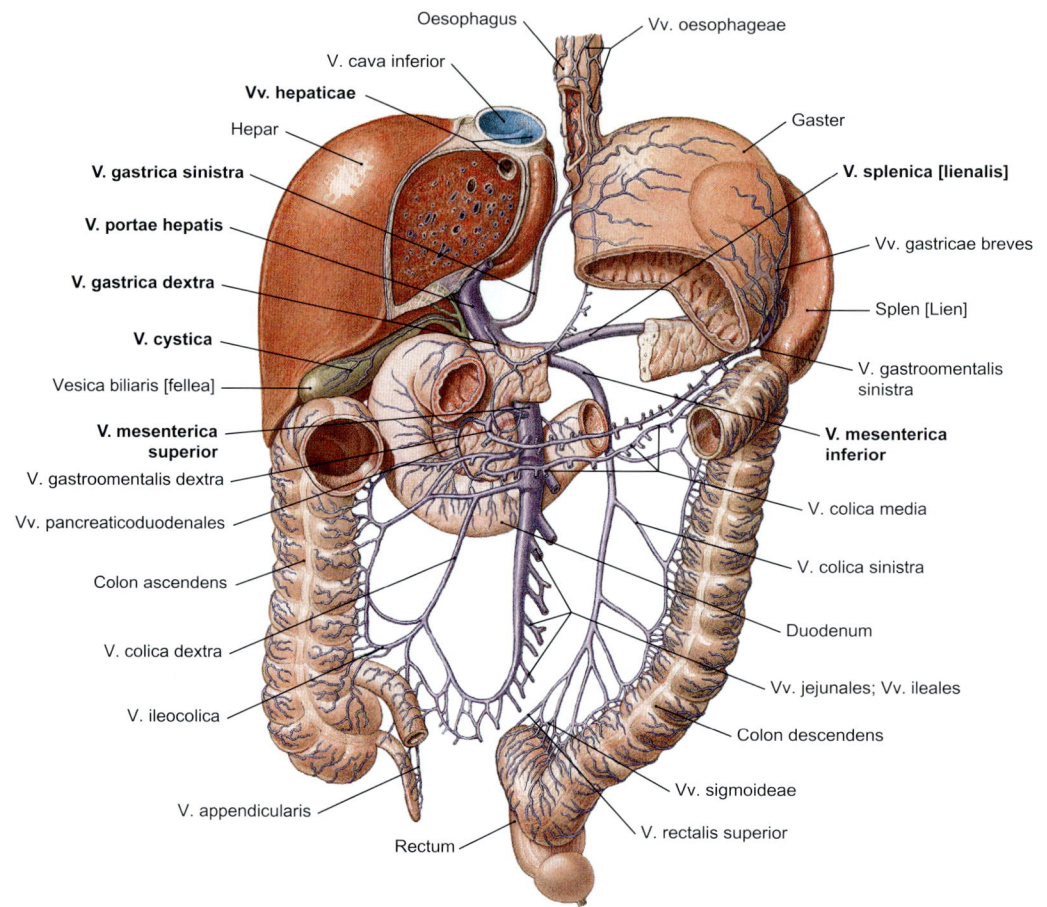

Abb. 6.6 Venen der Leber (Hepar) und der Gallenblase (Vesica biliaris). Ansicht von ventral. [S007-2-23]

Aus den efferenten Lymphbahnen der lumbalen Lymphknoten gehen beidseits die **Trunci lumbales** hervor, die sich rechts der Aorta im Retroperitoneum unterhalb des Zwerchfells mit den **Trunci intestinales** zum **Ductus thoracicus** vereinigen (▶ Abb. 6.7). Die Vereinigungsstelle ist häufig zur Cisterna chyli erweitert, die allerdings sehr variabel ausgebildet ist. Die **Trunci intestinales** erhalten die gesamte Lymphe der intraperitoneal und sekundär retroperitoneal gelegenen Bauchorgane:
- **Nodi lymphoidei coeliaci:** Magen, Duodenum und Pancreas, Leber, Gallenblase, Milz
- **Nodi lymphoidei mesenterici superiores:** Duodenum und Pancreas, „rechtsseitiger Dickdarm" (Caecum, Appendix, Colon ascendens und Colon transversum)
- **Nodi lymphoidei mesenterici inferiores:** „linksseitiger Dickdarm" (Colon descendens und Colon sigmoideum, proximales Rectum)

Damit führt der Ductus thoracicus als Hauptlymphstamm des Körpers unterhalb des Zwerchfells die gesamte Lymphe der unteren Körperhälfte. Er tritt durch den Hiatus aorticus des Zwerchfells, steigt im hinteren Mediastinum auf und mündet schließlich in den **linken Venenwinkel.**

> **Klinik**
>
> Die Systematik der großen Lymphstämme erklärt, warum bösartige Tumoren von Bauchorganen (z. B. Magenkarzinom) oder Beckeneingeweiden (z. B. Ovarialkarzinom) auch zu Lymphknotenmetastasen in der Umgebung des linken Venenwinkels führen können. Diese Lymphknotenschwellungen in der **linken** Supraklavikulargrube

▶ 6.1 Übersicht   ▶ 6.1.4 Leitungsbahnen der Bauchhöhle

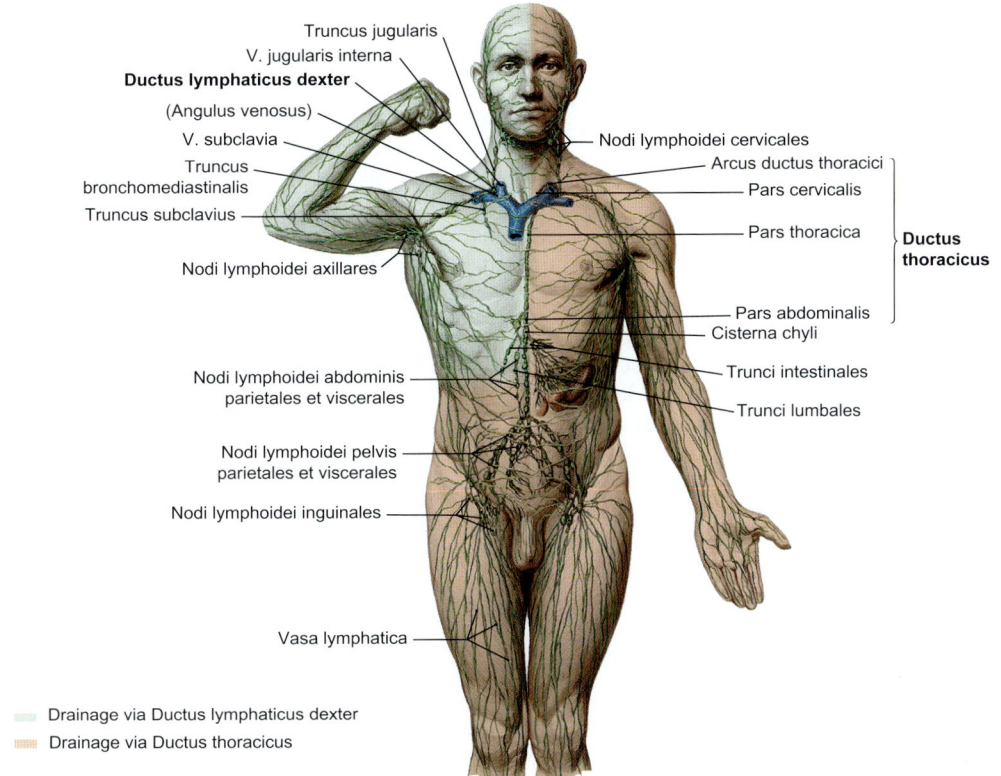

Abb. 6.7 Übersicht über das Lymphgefäßsystem. Ansicht von ventral. [S007-1-23]

werden nach ihrem Erstbeschreiber als **VIRCHOW-Drüse** bezeichnet und müssen den Arzt immer zu einer Tumorabklärung in Bauch- und Beckenhöhle veranlassen.

Nerven

Die Baucheingeweide werden vom vegetativen **Plexus aorticus abdominalis** innerviert. Die Geflechte, die damit im Retroperitoneum liegen, enthalten **sympathische** und **parasympathische** Nervenfasern. Ihre Nervenfasern erreichen die Zielorgane überwiegend als periarterielle Geflechte, die in den Bauchfellduplikaturen der Mesenterien verlaufen. Auch die Nerven des **Plexus lumbosacralis** treten im Retroperitonealraum aus, der das somatische Nervengeflecht der unteren Extremität darstellt (▶ Kap. 4.5.1).

Um die Organisation der vegetativen Nervengeflechte der Bauchorgane zu verstehen, muss man sich mit dem grundlegenden Aufbau des vegetativen Nervensystems auseinandersetzen (▶ Abb. 1.14). Der grundlegende Unterschied der vegetativen im Vergleich zur somatischen Efferenz ist, dass 2 Neurone hintereinandergeschaltet sind. Das erste, **präganglionäre** Neuron sitzt mit seinem Nervenzellkörper (Perikaryon) im Zentralnervensystem (ZNS) und schickt sein Axon als Nervenfaser ins periphere Nervensystem (PNS), wo die zweiten, **postganglionären** Neurone in knotenförmigen Strukturen sitzen **(Ganglien)**. Die Umschaltung vom prä- auf das im Ganglion sitzende postganglionäre Neuron geschieht durch synaptische Verschaltung. Da das präganglionäre Neuron des **Sympathikus** meist relativ kurz ist, sind die Ganglien **(paravertebral)** als Grenzstrang (Truncus sympathicus) oder ventral **(prävertebral)** auf der Aorta sichtbar. Daher wurde dieser Teil des vegetativen Nervensystems auch zuerst entdeckt. Beim **Parasympathikus** ist das präganglionäre Neuron dagegen länger, sodass die Ganglien meist direkt an den

Organe der Bauchhöhle

Erfolgsorganen (**organnah**) gelegen und schwer aufzufinden sind.

Sympathikus

Präganglionäre Neurone: Seitenhorn des Brust- und Lumbalabschnitts des Rückenmarks (**C8–L3**) = **thorakolumbaler** Teil des vegetativen Nervensystems.

> Die präganglionären Neurone des **Sympathikus** treten mit der **Vorderwurzel des Rückenmarks** aus und gelangen über die Rr. communicantes albi der Spinalnerven zum **Grenzstrang**. Die Nervenfasern für den Bauchraum werden allerdings in diesen Ganglien **nicht** umgeschaltet, sondern durchlaufen sie und ziehen mit den beiden Eingeweidenerven (**N. splanchnicus major,** T5–9, und **N. splanchnicus minor,** T10–11) durch das Zwerchfell sowie vom abdominalen Teil des Grenzstrangs mit den Nn. splanchnici lumbales zu den Ganglien auf dem Bauchabschnitt der Aorta (Plexus aorticus abdominalis), wo sie schließlich auf die postganglionären Neurone umgeschaltet werden.

Parasympathikus

Präganglionäre Neurone: Kerne der **Hirnnerven III, VII, IX und X** sowie im sakralen Teil des Rückenmarks (**S2–4**) = **kraniosakraler** Teil des vegetativen Nervensystems.

Die präganglionären Neurone für die Bauchorgane verlaufen mit dem **N. vagus [X]** und treten schließlich als Truncus vagalis anterior posterior mit dem Oesophagus durch das Zwerchfell zum Plexus aorticus abdominalis, den sie ohne Umschaltung durchziehen. Der **Truncus vagalis anterior** geht aufgrund der Darmdrehung überwiegend aus dem linken N. vagus [X] hervor, der **Truncus vagalis posterior** entsprechend aus dem rechten N. vagus [X].

Plexus aorticus abdominalis

Die Organisation der vegetativen Nervengeflechte auf der Bauchaorta (Plexus aorticus abdominalis) ist leicht zu verstehen, wenn man sich vor Augen führt, dass jedes Geflecht am Abgang des gleichnamigen Arterienasts liegt und mit den Blutgefäßen die arteriellen Zielorgane erreicht (▶ Abb. 6.8). Damit gleichen sich die arteriellen und nervalen Versorgungsgebiete:

- Plexus coeliacus
- Plexus mesentericus superior
- Plexus mesentericus inferior
- Plexus renalis
- Plexus testicularis/ovaricus

Diese vegetativen Geflechte enthalten sympathische und parasympathische Nervenfasern. Während die parasympathischen Neurone erst organnah umgeschaltet werden und daher als präganglionäre Neurone die Geflechte des Plexus aorticus abdominalis durchziehen, werden die sympathischen Neurone organfern in den Ganglien umgeschaltet, die an den gleichnamigen Gefäßabgängen der Bauchaorta gelegen sind.

Die sympathischen **Ganglien des Plexus aorticus abdominalis** sind (▶ Abb. 6.8):

- Ganglia coeliaca
- Ganglion mesentericum superius
- Ganglion mesentericum inferius
- Ganglia aorticorenalia

Vom Plexus aorticus abdominalis aus erreichen die Nervenfasern in der Bauchhöhle ihre Zielorgane überwiegend als **periarterielle Geflechte,** die an den jeweiligen Organen jeweils organspezifische Plexus bilden.

Während die sympathischen Neurone vom Plexus coeliacus zum Plexus mesentericus superior von kranial nach kaudal absteigen und für den Plexus mesentericus inferior zusätzlich Nervenfasern aus den Nn. splanchnici lumbales erhalten, endet das Versorgungsgebiet des N. vagus [X] (kranialer Parasympathikus) im Bereich der linken Kolonflexur und damit mit dem Plexus mesentericus superior (traditionell als CANNON-BÖHM-Punkt bezeichnet).

Die „linksseitigen Dickdarmabschnitte" erhalten wie auch alle Beckenorgane ihre Nervenfasern aus dem sakralen Parasympathikus (S2–4), wo sie als **Nn. splanchnici pelvici** austreten und dann im **Plexus hypogastricus inferior** in der Umgebung des Rectums auf postganglionäre Neurone verschaltet werden (▶ Abb. 6.8). Die postganglionären Nervenfasern gelangen als direkte Äste zu Colon descendens und sigmoideum sowie zum proximalen Rectum.

> **Merke**
>
> Die **Plexus** der Bauchaorta enthalten **sympathische und parasympathische** Neurone. Die **Ganglien** am Abgang der gleichnamigen Arterien dagegen sind rein **sympathisch.** Daraus ergibt sich, dass die perivaskulären Nervengeflechte um die Eingeweidearterien postganglionäre sympathische und präganglionäre parasympathische Nervenfasern enthalten.

▶ 6.1 Übersicht ▶ 6.1.4 Leitungsbahnen der Bauchhöhle

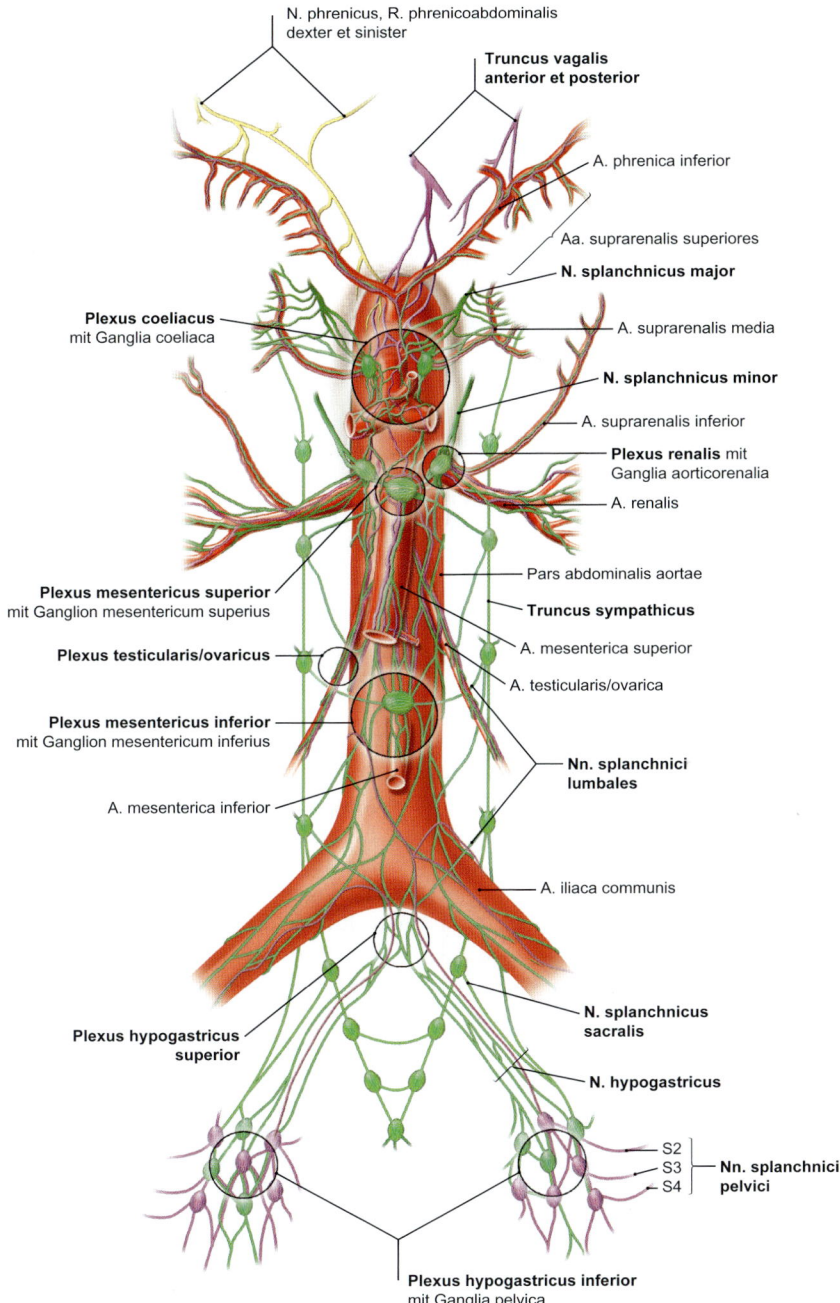

Abb. 6.8 Plexus aorticus abdominalis mit sympathischen Ganglien. Ansicht von ventral. [L238]

Organe der Bauchhöhle

6.2 Magen

6.2.1 Funktionen des Magens

Der Magen, **Gaster,** bildet mit dem Darm den Gastrointestinaltrakt und ist Teil des Verdauungssystems (▶ Abb. 6.9, ▶ Tab. 6.5). Er dient der Zwischenspeicherung der Nahrung (Fassungsvermögen 1–1,5 l) und der Einleitung der Verdauung. Der Magen liegt **intraperitoneal** im linken Oberbauch zwischen linkem Leberlappen und Milz. **Funktionen** des Magens:
- Zwischenspeicherung und Zerkleinerung der Nahrung
- Denaturierung und Verdauung von Proteinen
- Abtötung von Mikroorganismen
- Bildung von *intrinsic factor* zur Resorption von Vitamin B_{12}
- Ausschüttung von Botenstoffen (z. B. Histamin) und Hormonen (z. B. Gastrin) zur Regulation der Magensäurebildung

6.2.2 Lage und Projektion des Magens

Kontaktflächen des Magens mit Nachbarorganen sind:
- Ventral: Leber, Zwerchfell, Bauchwand (**Magenfeld**)
- Dorsal: Milz, Niere, Nebenniere, Bauchspeicheldrüse, Mesocolon transversum

> **Klinik**
>
> Die Kontaktflächen des Magens haben klinische Relevanz, da bei Magengeschwüren oder Magentumoren eine **Perforation in Nachbarorgane** vorkommen kann, die zur Schädigung der Organe mit entsprechender Symptomatik führen bzw. die Entfernung der Tumoren erschweren kann.
> Das Magenfeld wird in der Klinik genutzt, um zur Ernährung eine **PEG-Sonde** (perkutane endoskopische Gastrostomie) anzulegen.

6.2.3 Gliederung und Aufbau des Magens

Gliederung des Magens in **3 Abschnitte** (▶ Abb. 6.10):
- **Mageneingang: Pars cardiaca** (Cardia): projiziert auf den XI. Brustwirbel und liegt damit unter dem Proc. xiphoideus des Brustbeins.
- **Hauptteil: Corpus gastricum** mit Fundus gastricus: kann sehr variabel bis zum II.–III. Lendenwirbel herabreichen.

Tab. 6.5 Gliederung des Verdauungssystems

Abschnitt	Bestandteile
Verdauungskanal	
Kopfdarm	• Mundhöhle (Cavitas oris) (▶ Kap. 9.5) • Rachen (Pharynx) (▶ Kap. 8.5)
Rumpfdarm	• Speiseröhre (Oesophagus) (▶ Kap. 5.4) • Magen (Gaster) • Dünndarm (Intestinum tenue) (▶ Kap. 6.3) • Dickdarm (Intestinum crassum) (▶ Kap. 6.3)
Verdauungsdrüsen	
Speicheldrüsen	• Mundspeicheldrüsen (Glandulae salivariae majores) (▶ Kap. 9.5) • Bauchspeicheldrüse (Pancreas) (▶ Kap. 6.6)
Leber (Hepar)	• ▶ Kap. 6.4
Gallenwege	• Gallenblase (Vesica biliaris) (▶ Kap. 6.5) • Gallengänge (Ductus hepaticus communis, Ductus cysticus, Ductus choledochus) (▶ Kap. 6.5)

- **Magenausgang: Pars pylorica:** projiziert auf den I. Lendenwirbel (Mittelpunkt zwischen Schambeinfuge und Drosselgrube des Brustbeins).

Der Magen ist aufgrund der Magendrehung bei der Entwicklung nahezu frontal eingestellt. Die Flächen des Magens bilden die **Vorder- und Rückwand,** die beiden Ränder sind gekrümmt und werden als **Kurvaturen** bezeichnet. Die kleine Kurvatur (Curvatura minor) ist nach rechts, die große Kurvatur (Curvatura major) nach links gerichtet.
Die **Cardia** beginnt am unteren Ende des Oesophagus und bildet einen schmalen Schleimhautstreifen, der vom Hauptteil des Magens nur histologisch abgegrenzt werden kann. Die Grenze zum Oesophagus ist an der großen Kurvatur an einem Einschnitt, durch den ein Winkel zwischen Magen und Speiseröhre gebildet wird (HIS-Winkel, < als 80°), erkennbar. Auf der Innenseite bildet der Schleimhautübergang zwischen Speiseröhre und Magen eine gezackte Linie (**Z-Linie**), die meist ganz im Bereich des Oesophagus liegt.

▶ 6.2 Magen   ▶ 6.2.3 Gliederung und Aufbau des Magens

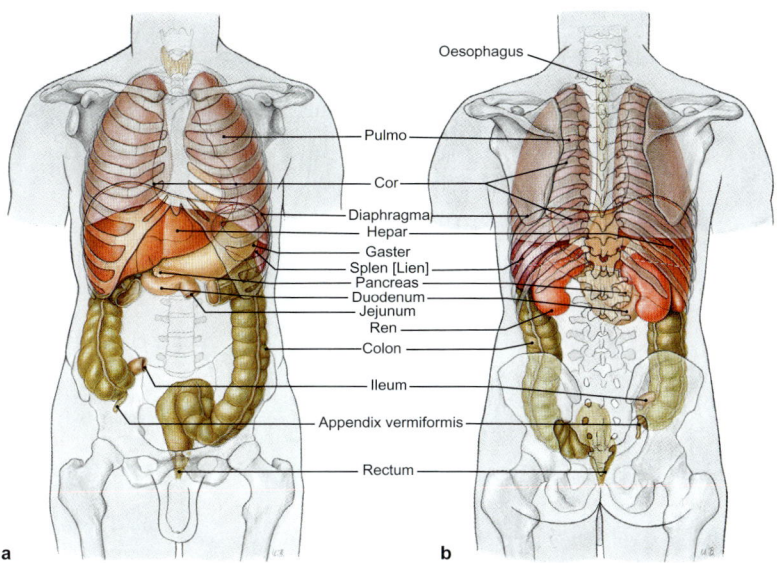

Abb. 6.9 Projektion des Magens und der übrigen inneren Organe auf die Körperoberfläche. a) Ansicht von ventral. b) Ansicht von dorsal. [S007-2-23]

Der **Hauptteil** des Magens enthält die typischen Magendrüsen, die z. B. für die Bildung von Magensäure verantwortlich sind. Die Magenschleimhaut besitzt ein charakteristisches Relief aus Magenfalten zur Vergrößerung der Oberfläche, die längs orientiert sind. Die **Pars pylorica** wird durch den Schließmuskel des Magens (M. sphincter pyloricus) vom Duodenum getrennt.

Der Magen ist durch verschiedene Peritonealduplikaturen mit den Nachbarorganen verbunden, die als Bänder (Ligamenta) bezeichnet werden und die Leitungsbahnen des Magens enthalten:
- **Kleine Kurvatur** (Teil des Omentum minus): Lig. hepatogastricum
- **Große Kurvatur** (Teile des Omentum majus):
  - Lig. gastrocolicum
  - Lig. gastrosplenicum
  - Lig. gastrophrenicum

Klinik

Refluxösophagitis

Wenn der HIS-Winkel z. B. durch eine fehlerhafte Fixierung im Zwerchfell (axiale Gleithernie) verloren geht, kann es zum Reflux von Magensaft mit Entzündung der Speiseröhre kommen **(Refluxösophagitis).** Versagt eine medikamentöse Therapie zur Reduktion der Säureproduktion mit Protonenpumpenblockern, wird der Verschluss operativ verbessert, indem der Fundus des Magens um die Speiseröhre geschlungen wird (Fundoplicatio nach NISSEN).

Ösophagus-/Magenkarzinom

Ein **Tumor im Übergang von Oesophagus zu Magen** muss entweder als Ösophagus- oder als Magenkarzinom eingeordnet werden, um dann entweder die Speiseröhre oder den Magen zu entfernen. Aktuell wird die erste Schleimhautfalte des Magens als Grenze angesehen, da sich bei Reflux von Magensäure die Z-Linie nach oral verschieben kann. Wenn in diesem nach kranial ausgedehnten Anteil der Magenschleimhaut Tumoren entstehen, werden diese als Ösophaguskarzinome behandelt.

Magengeschwür

Ein Magengeschwür (Magenulkus, Ulcus ventriculi) ist ein Substanzdefekt, der die gesamte Magenschleimhaut betrifft und zur Perforation in die Bauchhöhle führen kann. Über 80 % aller **Geschwüre in Magen und Duodenum** verursacht das Bakterium *Helicobacter pylori*. Zusätzlich kann eine gesteigerte Magensäureproduktion oder eine verminderte Bildung von Oberflächenschleim, z. B. nach Einnahme von Schmerzmitteln mit dem Wirkstoff Acetylsalicylsäure, die Bildung von Magengeschwüren fördern. Dementsprechend besteht die Therapie aus einer antibiotischen Entfernung der Bakterien zusammen mit einer Hemmung der Magensäureproduktion. Neben einer Perforation in Nachbarorgane oder in die Bauchhöhle mit der Gefahr einer lebensbedrohlichen Bauchfellentzündung (Peritonitis) besteht auch die Möglichkeit der Arrosion einer Magenarterie, was zu starken Blutungen führen kann. Bei diesen Komplikationen ist eine chirurgische Therapie indiziert.

Organe der Bauchhöhle

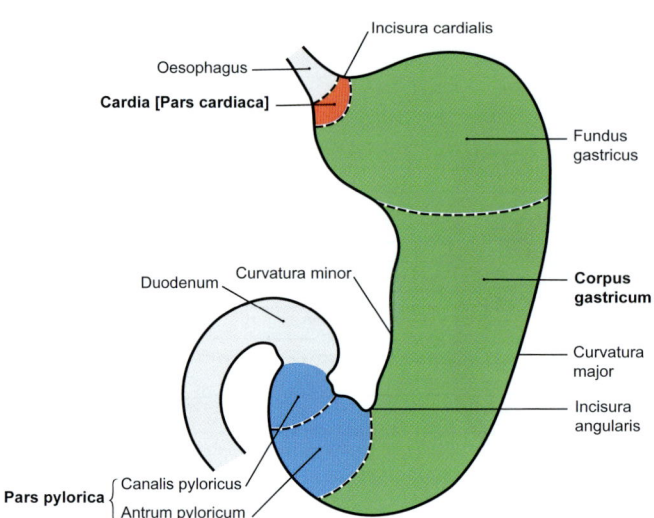

Abb. 6.10 Gliederung des Magens. Schematische Darstellung. [L126]

6.2.4 Leitungsbahnen des Magens

Arterien
Es gibt **6 Magenarterien**. Die 4 großen Magenarterien bilden an den beiden Kurvaturen im Omentum majus und minus **Gefäßarkaden,** in denen die Arterien beider Seiten anastomosieren (▶ Abb. 6.3, ▶ Tab. 6.6).

Venen
Die Venen entsprechen den Arterien, unterscheiden sich jedoch in ihrem Anschluss an die Pfortader: Nur die V. gastrica dextra und sinistra münden direkt in die Pfortader, während alle anderen Venen das Blut zu den Hauptstämmen der Pfortader leiten.

Lymphgefäße
Der Magen besitzt 3 Lymphabflussgebiete sowie 3 hintereinandergeschaltete Lymphabflussstationen (▶ Abb. 6.11):
Lymphabflussgebiete sind:
- Kardiabereich und kleine Kurvatur: **Nodi lymphoidei gastrici** direkt an der kleinen Kurvatur
- Oberer linker Quadrant: **Nodi lymphoidei splenici** am Hilum der Milz
- Untere zwei Drittel der großen Kurvatur und Pylorus: **Nodi lymphoidei gastroomentales** und **Nodi lymphoidei pylorici**

Tab. 6.6 Arterien des Magens

Anatomische Struktur	Arterielle Versorgung
kleine Kurvatur	• A. gastrica sinistra (direkt aus dem Truncus coeliacus) • A. gastrica dextra (meist aus der A. hepatica propria)
große Kurvatur	• A. gastroomentalis sinistra (aus der A. splenica) • A. gastroomentalis dextra (aus der A. gastroduodenalis der A. hepatica communis) Diese Gefäße versorgen auch das Omentum majus!
Fundus	Aa. gastricae breves (im Bereich des Milzhilums aus der A. splenica)
Rückseite	A. gastrica posterior (in 30–60 % der Fälle vorhanden, entspringt hinter dem Magen aus der A. splenica)

Lymphabflussstationen:
- Erste Station (▶ Abb. 6.11, grün): regionäre Lymphknoten der 3 Abflussgebiete
- Zweite Station (▶ Abb. 6.11, gelb): Lymphknoten entlang der Äste des Truncus coeliacus
- Dritte Station (▶ Abb. 6.11, blau): Lymphknoten am Abgang des Truncus coeliacus (Nodi lymphoidei coeliaci); von hier fließt die Lymphe über die Trunci intestinales in den Ductus thoracicus.

▶ 6.3 Darm   ▶ 6.3.1 Funktionen und Gliederung des Darms

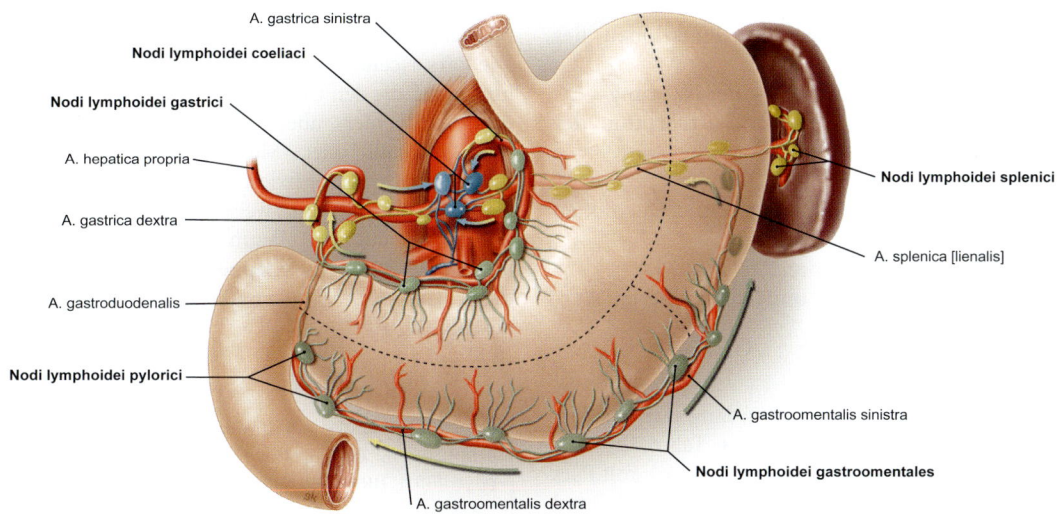

Abb. 6.11 Lymphabflussstationen des Magens. Ansicht von ventral. [L238]

> **Merke**
>
> Der Magen hat 6 eigene Arterien und 3 Lymphabflussgebiete mit 3 Lymphabflussstationen.

Innervation

Die vegetativen Nervenfasern bilden auf der Vorder- und Rückseite des Magens Nervengeflechte (Plexus gastrici). Die sympathischen Fasern stammen aus dem Plexus coeliacus, die parasympathischen Neurone überwiegend direkt aus den Trunci vagales (▶ Kap. 6.1.4, ▶ Abb. 6.8):
- Der **Parasympathikus** fördert die Magensäureproduktion, Peristaltik und Entleerung des Magens.
- Der **Sympathikus** wirkt antagonistisch zum Parasympathikus, indem er Magensäuresekretion, Peristaltik und Durchblutung drosselt und die Magenentleerung durch Aktivierung des M. sphincter pyloricus verhindert. Der Sympathikus besitzt auch afferente Schmerzfasern. Die Zone des übertragenen Schmerzes auf der Rumpfwand (HEAD-Zone) entspricht den Dermatomen T5–8 (Magenfeld).

> **Klinik**
>
> Bei Hochdruck im Pfortaderkreislauf (portale Hypertonie), z. B. bei Leberzirrhose, können sich über die Verbindungen der V. gastrica sinistra zu den Ösophagusvenen, die ihrerseits über die Azygosvenen an die obere Hohlvene angeschlossen sind, **portokavale Anastomosen** ausbilden. Diese Verbindungen sind höchst gefährlich, weil die erweiterten Ösophagusvenen (Ösophagusvarizen) platzen und zu lebensgefährlichen Blutungen führen können.
>
> Die Abflussstationen der Lymphe spielen für die **operative Therapie des Magenkarzinoms** eine Rolle (D-Level der Chirurgen). Die Lymphknoten der ersten und zweiten Station werden i. d. R. zusammen mit dem Magen entfernt, was als D2-Gastrektomie bezeichnet wird. Wenn dagegen während der Operation festgestellt wird, dass auch Lymphknoten der dritten Station mit den umliegenden retroperitonealen Lymphknoten entlang der Aorta und der V. cava inferior (D3-Level) betroffen sind, ist keine Heilung möglich. In diesem Fall erspart man dem Patienten die Entfernung des Magens.

6.3 Darm

6.3.1 Funktionen und Gliederung des Darms

Der Darm schließt sich an den Magen an und gliedert sich in **Dünndarm (Intestinum tenue)** und **Dickdarm (Intestinum crassum),** die jeweils verschiedene Abschnitte mit unterschiedlichen Lageverhältnissen aufweisen (▶ Abb. 6.9, ▶ Abb. 6.12). Nach Entleerung des Magens wird der Speisebrei durch die **Peristaltik** des Darms weitertransportiert und zerkleinert. Während der **Dünndarm** im Wesentlichen der **Verdauung und Resorption** von Nährstoffen dient, finden im **Dickdarm** besonders

Organe der Bauchhöhle

die **Eindickung** des Speisebreis und die kontrollierte **Stuhlausscheidung** statt. Funktionen des Darms sind:
- Transport und Zerkleinerung der Nahrung
- Verdauung der Nahrung und Resorption der Nährstoffe
- Immunabwehr
- Ausschüttung von Botenstoffen und Hormonen zur Regulation der Verdauung
- Eindickung des Speisebreis
- Zwischenspeicherung und kontrollierte Ausscheidung des Stuhls

Dünndarm

Der Dünndarm ist meist 4–6 m lang und gliedert sich in **3 Abschnitte** (▶ Abb. 6.12, ▶ Tab. 6.7):
- **Zwölffingerdarm, Duodenum** (25 cm): mit Pars superior, Pars descendens, Pars horizontalis und Pars ascendens, projiziert auf den I.–III. Lendenwirbel
- **Leerdarm, Jejunum** (ca. 2 m)
- **Krummdarm, Ileum** (ca. 3 m)

Die **Pars superior** ist häufig erweitert und schließt sich an den Pylorus des Magens an (▶ Abb. 6.13).
In die **Pars descendens** mündet der **Gallengang (Ductus choledochus)** zusammen mit dem Ausführungsgang der Bauchspeicheldrüse, **Ductus pancreaticus** (Ductus WIRSUNGIANUS), auf einer Schleimhauterhebung (Papilla duodeni major, Papilla VATERI), die 8–10 cm vom Pylorus entfernt ist.
Meist liegt 2 cm proximal der Papilla VATERI eine kleinere **Papilla duodeni minor,** auf der der **Ductus pancreaticus accessorius** (Ductus SANTORINI) sein Sekret abgibt.
Die **Pars ascendens** steigt bis zur Flexura duodenojejunalis auf, die den Übergang in das Jejunum darstellt, und wird hier über eine Peritonealduplikatur (TREITZ-Band oder -Muskel) am Abgang der A. mesenterica superior fixiert. Jejunum und Ileum liegen intraperitoneal und weisen keine scharfe Grenze zueinander auf. Das Ileum endet an der **Ileozäkalklappe (BAUHIN-Klappe),** an der sich der Blinddarm (Caecum) als erster Abschnitt des Dickdarms anschließt.

Klinik

Eine Verlegung der Gallenwege durch einen **Gallenstein,** der an der Papilla VATERI stecken geblieben ist, oder durch **Tumoren** der Bauchspeicheldrüse und der Gallenwege kann eine **Gelbsucht** (Ikterus) verursachen, indem die Galleflüssigkeit sich bis in die Leber zurückstaut und dort der Gallefarbstoff (Bilirubin) ins Blutgefäßsystem

---

Tab. 6.7 Lageverhältnisse der Dünndarmabschnitte

Intraperitoneal liegend	Sekundär retroperitoneal liegend
- Pars superior des Duodenums - Jejunum - Ileum	- Pars descendens des Duodenums - Pars horizontalis des Duodenums - Pars ascendens des Duodenums

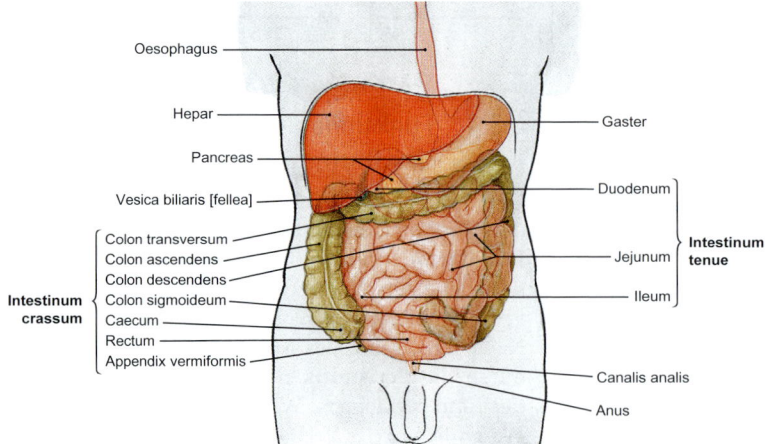

Abb. 6.12 Projektion der Darmabschnitte auf die Körperoberfläche. Ansicht von ventral. [S007-2-23]

gelangt. Zur diagnostischen Abklärung und Entfernung von Gallensteinen wird dann eine endoskopische retrograde Cholezystopankreatikografie (ERCP) durchgeführt, bei der man die Papille aufsucht und die Ausführungsgänge mit Röntgenkontrastmittel darstellt.
Da es durch die Aufhängung der Pars ascendens des Duodenums i. d. R. distal davon nicht mehr zu einem Reflux von Speisebrei kommt, markiert der TREITZ-Muskel auch die Grenze zwischen **oberer und unterer intestinaler Blutung.** Diese Einteilung ist wichtig, da es für beide Formen Erfahrungswerte über die häufigsten Ursachen und die sinnvollsten diagnostischen Schritte zur Abklärung gibt.

Dickdarm

Der **Dickdarm** ist ca. 1,5 m lang und gliedert sich in **4 Abschnitte** (▶ Abb. 6.14):

- **Caecum (Blinddarm):** 7 cm mit **Appendix vermiformis (Wurmfortsatz),** 8–9 cm
- **Colon (Grimmdarm):** 120 cm, mit Colon ascendens, Colon transversum, Colon descendens und Colon sigmoideum
- **Rectum (Mastdarm):** 12 cm
- **Canalis analis (Analkanal):** 3–4 cm

Die Abschnitte des Dickdarms wechseln sich in Bezug auf ihre Lageverhältnisse in der Bauchhöhle nahezu streng alternierend ab (▶ Tab. 6.8).
Von besonderer Bedeutung sind die **Lage und die Projektion der Appendix:**

- Retrozäkal (65 %): Die Appendix ist um das Caecum nach hinten umgeschlagen.
- Herabhängend (30 %): Die Appendix reicht bis ins kleine Becken herab und liegt so bei Frauen in unmittelbarer Nähe von Eierstock und Eileiter.

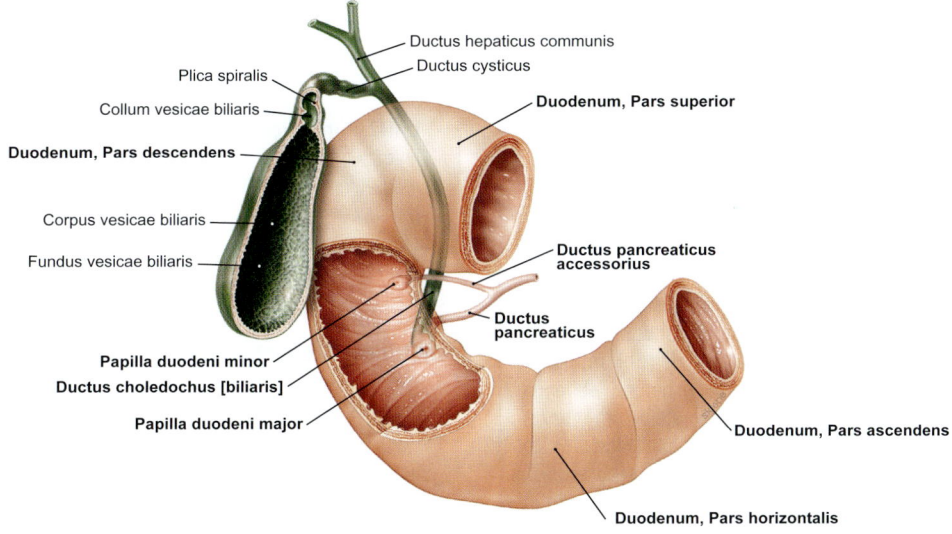

Abb. 6.13 Abschnitte des Duodenums; extrahepatische Gallengänge und Ausführungsgänge des Pancreas. Ansicht von ventral. [L238]

Tab. 6.8 Lageverhältnisse der Dickdarmabschnitte		
Intraperitoneal (in der Peritonealhöhle der Bauchhöhle) liegend	**Sekundär retroperitoneal (in der dorsalen Wand der Peritonealhöhle, dem Retroperitoneum) liegend**	**Subperitoneal (im Bindegewebe unterhalb der Peritonealhöhle) liegend**
• Caecum mit Appendix vermiformis (meist) • Colon transversum • Colon sigmoideum	• Colon ascendens • Colon descendens • Rectum (proximal)	• Rectum (distal) • Analkanal

Organe der Bauchhöhle

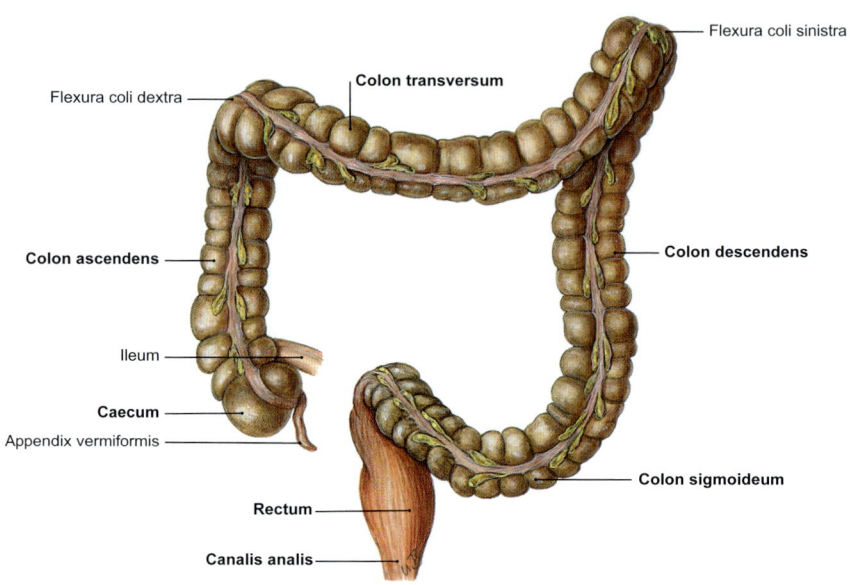

Abb. 6.14 Gliederung des Dickdarms. Ansicht von ventral. [S007-2-23]

Klinik

Appendizitis

Die Appendizitis ist eine häufige Erkrankung im 2. und 3. Lebensjahrzehnt. Sie ist eine endogene Infektion, bei der es meist durch Verlegung des Lumens durch Kot zu einer Durchwanderung der Wand durch Bakterien aus der Darmflora kommt. Die **Diagnose der Appendizitis** (oft fälschlich als „Blinddarmentzündung" bezeichnet) ist eine klinische Diagnose, die der Chirurg hauptsächlich von seinem Untersuchungsbefund abhängig machen muss, da andere Zeichen wie eine erhöhte Anzahl weißer Blutzellen oder Ultraschallbefunde oft nicht eindeutig sind. Die Diagnose ist häufig schwierig, da Schmerzen im rechten Unterbauch auch durch eine infektiöse Entzündung des Darms (Enteritis) oder bei Frauen durch eine Entzündung von Eierstock und Eileiter ausgelöst werden können. Andererseits ist die richtige Diagnose wichtig, da man einerseits bei einer übersehenen Appendizitis keine Perforation mit einer potenziell tödlichen Entzündung des Bauchfells (Peritonitis) in Kauf nehmen darf, andererseits eine unnötige Operation mit möglichen Komplikationen oder anschließenden Verwachsungen aber vermeiden möchte. Daher ist ein **Druckschmerz** am MCBURNEY- oder am LANZ-Punkt ein sehr wichtiger diagnostischer Hinweis:

- **MCBURNEY-Punkt:** rechter Drittelpunkt der Verbindungslinie zwischen Spina iliaca anterior superior und Nabel, besonders beim retrozäkaler Lage
- **LANZ-Punkt:** rechter Drittelpunkt der Verbindungslinie zwischen den Spinae iliacae anteriores superiores beider Seiten, eher bei herabhängendem Wurmfortsatz

Merke

MCBURNEY- oder LANZ-Punkt sind wichtige Projektionspunkte der Appendix vermiformis auf der Bauchwand. Ihre Untersuchung ist für die Diagnose einer Appendizitis wichtig und gehört zu jeder vollständigen körperlichen Untersuchung der Bauchregion.
Psoaszeichen: Besonders bei retrozäkaler Lage der Appendix liegt diese dem rechten M. psoas major mit verschiedenen Nerven des Plexus lumbalis (N. femoralis, N. genitofemoralis) auf. Durch Reizung der Muskelfaszie nimmt der Schmerz zu, wenn der Patient das rechte Bein aus dem Bett heraushängen lässt oder in der Hüfte gegen Widerstand beugt.

Die Darmschleimhaut besitzt ein Innenrelief, das sich in den einzelnen Teilen unterscheidet. Das Innenrelief des **Dünndarms** weist zirkuläre Falten auf (Plicae circulares, KERCKRING-Falten). Dagegen umfassen die Falten des Dickdarms nicht das gesamte Lumen des Darms, sondern sind eher halbmondförmig (Plicae semilunares).

Der überwiegende Teil des **Dickdarms** (Caecum und Colon) ist durch 4 Baumerkmale eindeutig vom Dünndarm zu unterscheiden:
- Größerer **Durchmesser**
- **Tänien:** Die Längsmuskulatur ist auf 3 Streifen reduziert.
- **Haustren und Plicae semilunares:** Die Haustren sind Ausstülpungen, die von den Einziehungen der Plicae semilunares hervorgerufen werden.
- **Appendices epiploicae:** Anhängsel aus Fettgewebe.

6.3.2 Leitungsbahnen von Dünn- und Dickdarm

Arterien

Dünn- und Dickdarm werden von den **3 großen unpaaren Eingeweidearterien** versorgt, die ventral aus der Bauchaorta hervorgehen (Truncus coeliacus, A. mesenterica superior, A. mesenterica inferior, ▶ Abb. 6.3, ▶ Abb. 6.4, ▶ Abb. 6.5). Da die Arterien durch gut ausgebildete Anastomosen (BÜHLER- und RIOLAN-Anastomose) an den Grenzen ihrer Versorgungsgebiete miteinander kommunizieren, werden **Umgehungskreisläufe** ermöglicht, die den Verschluss jeweils einer Arterie vollständig kompensieren können. Die Versorgungsgebiete entsprechen den entwicklungsgeschichtlichen Unterteilungen des Darms in Vorder-, Mittel- und Hinterdarm und nicht der makroskopischen Einteilung in Dünn- und Dickdarm (▶ Tab. 6.9). Daher wird verständlich, warum die Anastomosen zwischen den Gefäßen im Bereich des Duodenums und der linken Kolonflexur liegen. Die Aa. pancreaticoduodenales sind über die **BÜHLER-Anastomose** verbunden, die A. mesenterica superior und inferior über die **RIOLAN-Anastomose** (▶ Abb. 6.4, ▶ Abb. 6.5).

Venen

Die Venen entsprechen den Arterien und münden in die Hauptstämme der **Pfortader (V. portae hepatis)** (▶ Abb. 6.6). Die **V. mesenterica superior** vereinigt sich hinter dem Pankreashals mit der **V. splenica** zur Pfortader, die zuvor meist die V. mesenterica inferior aufnimmt.

Lymphgefäße

Der Darm besitzt **2 große Lymphabflussgebiete**, in denen 100–200 Lymphknoten in mehreren

Tab. 6.9 Arterielle Versorgung des Darms

Darmabschnitt	Arterien
Duodenum	A. pancreaticoduodenalis superior (aus dem Stromgebiet des Truncus coeliacus) A. pancreaticoduodenalis inferior (aus der A. mesenterica superior) (▶ Abb. 6.3, ▶ Abb. 6.4)
Jejunum, Ileum	Aa. jejunales und ileales (aus der A. mesenterica superior) (▶ Abb. 6.4)
Caecum, Appendix vermiformis	A. ileocolica (aus der A. mesenterica superior) (▶ Abb. 6.4)
Colon ascendens, Colon transversum	A. colica dextra und A. colica media (aus der A. mesenterica superior) (▶ Abb. 6.4)
Colon descendens, Colon sigmoideum	A. colica sinistra, Aa. sigmoideae (aus der A. mesenterica inferior)

Lymphabflussstationen hintereinandergeschaltet sind (▶ Abb. 6.15):
- **Nodi lymphoidei mesenterici superiores** entlang der A. mesenterica superior: erhalten die Lymphe aus dem Jejunum und Ileum sowie vom „rechtsseitigen Dickdarm" (Caecum, Colon ascendens und transversum). Von dort wird die Lymphe schließlich zu den Nodi lymphoidei mesenterici superiores geleitet, bevor sie über die **Trunci intestinales** dem Ductus thoracicus zugeführt wird.
- **Nodi lymphoidei mesenterici inferiores** entlang der A. mesenterica inferior: Drainage des „linksseitigen Dickdarms" (Colon descendens und sigmoideum, proximales Rectum) zu den Nodi lymphoidei mesenterici inferiores, von denen die Lymphe über die beiden **Trunci lumbales** in den Ductus thoracicus gelangt.

Die Lymphe des Duodenums dagegen wird über die **Nodi lymphoidei pancreaticoduodenales** und die **Nodi lymphoidei hepatici** entlang der entsprechenden Arterien zu den Nodi lymphoidei coeliaci oder Nodi lymphoidei mesenterici superiores geleitet.

Innervation

Den Darm innervieren der **Plexus coeliacus,** der **Plexus mesentericus superior** und der **Plexus**

Organe der Bauchhöhle

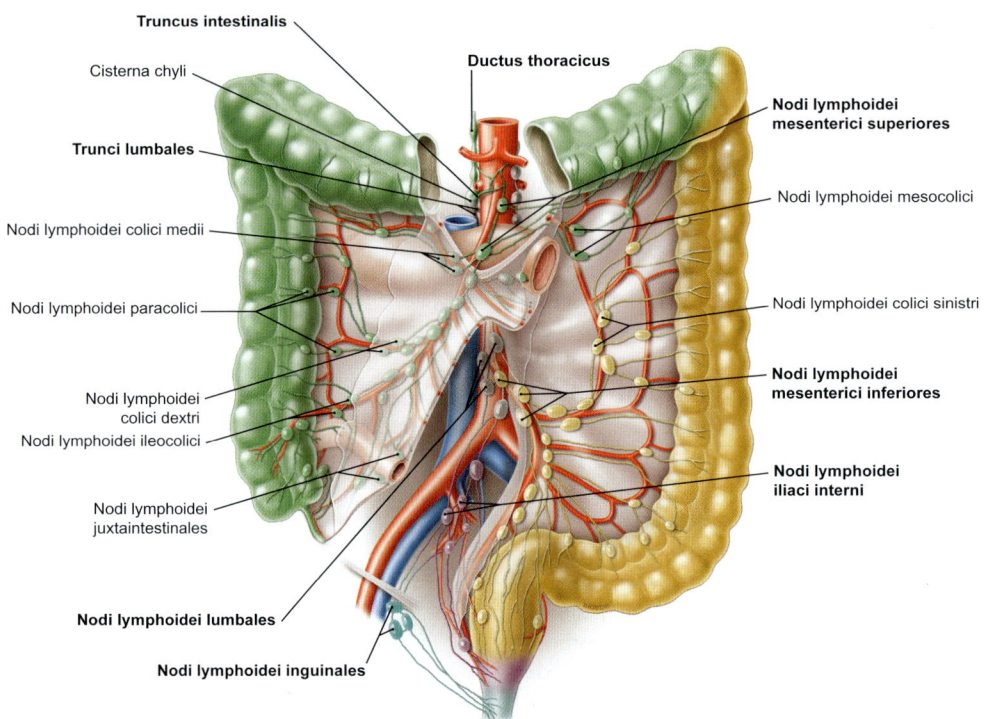

Abb. 6.15 Lymphgefäße und regionäre Lymphknoten von Dünndarm und Dickdarm. Die einzelnen Lymphknotengruppen sind entsprechend ihren Einzugsgebieten in unterschiedlichen Farben dargestellt. [L238]

mesentericus inferior des Plexus aorticus abdominalis sowie der Plexus hypogastricus inferior (▶ Kap. 6.1.4, ▶ Abb. 6.8, ▶ Tab. 6.10). Während die sympathischen Neurone vom Plexus coeliacus zum Plexus mesentericus superior und Plexus mesentericus inferior absteigen, endet das Versorgungsgebiet des N. vagus [X] (kranialer Parasympathikus) an der linken Kolonflexur und damit mit dem Plexus mesentericus superior (traditionell als CANNON-BÖHM-Punkt bezeichnet). Die „linksseitigen Dickdarmabschnitte" erhalten ihre Nervenfasern aus dem sakralen Parasympathikus (S2–4), wo sie als **Nn. splanchnici pelvici** austreten, im **Plexus hypogastricus inferior** auf postganglionäre Neurone verschaltet werden und dann am linksseitigen Dickdarm aufsteigen.

Die Anteile des vegetativen Nervensystems regulieren die Darmtätigkeit antagonistisch:
- Der **Parasympathikus** fördert die Peristaltik und die Sekretion der Drüsen der Darmschleimhaut.
- Der **Sympathikus** dagegen hemmt diese Funktion sowie auch die Durchblutung der Schleim-

Tab. 6.10 Vegetative Innervation des Darms

Darmabschnitt	Innervation
Duodenum	Plexus coeliacus, Plexus mesentericus superior
Jejunum bis Colon transversum	Plexus mesentericus superior
Colon descendens bis oberer Analkanal	sympathisch (L1–2) über Plexus mesentericus inferior parasympathisch (S2–4) über Plexus hypogastricus inferior

haut und damit die Nährstoffresorption, aktiviert aber die Muskulatur der Ileozäkalklappe. Sympathikus und Parasympathikus besitzen auch **afferente Nervenfasern.** Die Zone des übertragenen Schmerzes auf der Rumpfwand (HEAD-Zone) für den Dünndarm entspricht dem Dermatom T10 und für den Dickdarm dem Dermatom T11–L1.

> **Merke**

Die **Versorgungsgebiete** zwischen den Darmarterien entsprechen den entwicklungsgeschichtlichen Darmabschnitten. An den Grenzen im Bereich von Duodenum und linker Kolonflexur ermöglichen Anastomosen suffiziente **Umgehungskreisläufe**. Die wichtigste Gefäßverbindung in der Chirurgie ist die RIOLAN-Anastomose.

> **Klinik**
>
> **BÜHLER-Anastomose und RIOLAN-Anastomose, Plexus coeliacus**
>
> Die **BÜHLER-Anastomose** und die **RIOLAN-Anastomose** können bei Durchblutungsstörungen, z.B. bei Arteriosklerose oder durch ein verschlepptes Blutgerinnsel (Embolie), einen Darminfarkt oft verhindern.
> Der Plexus coeliacus ist das stärkste Geflecht auf der Aorta abdominalis und wird umgangssprachlich auch als „**Sonnengeflecht**" oder „**Solarplexus**" bezeichnet. Ein Schlag in den Bauchraum kann über viszerale Reflexe zu **Blutdruckabfall und Atemnot** führen.
>
> **Hemikolektomie, Lymphdrainage bei Kolonkarzinomen**
>
> Bei **Kolonkarzinomen** wird i.d.R. eine **Hemikolektomie** durchgeführt. Bei einem Tumor im Colon descendens wird im Rahmen einer linksseitigen Hemikolektomie das Colon descendens zusammen mit der gesamten A. mesenterica inferior entfernt. Dagegen kann bei einer rechtsseitigen Hemikolektomie zur Behandlung eines Tumors im Colon ascendens nicht der Darm mit der ganzen A. mesenterica superior abgesetzt werden, da diese auch den größten Teil des Dünndarms versorgt. Dementsprechend werden neben dem Colon ascendens nur die A. colica dextra und bei einer erweiterten rechtsseitigen Hemikolektomie auch noch das Colon transversum mit der A. colica media reseziert.
> Die **Lymphdrainage** spielt bei der Diagnostik von **Kolonkarzinomen** eine Rolle, da die Therapie auch vom Krankheitsstadium (Staging) abhängt. Bei einem Tumor im Colon ascendens oder im Colon transversum sollte nach Lymphknotenmetastasen im Drainagegebiet der Nodi lymphoidei mesenterici superiores gesucht werden. Bei einem Tumor im Colon descendens sind dagegen die Lymphknoten im Einzugsgebiet der Nodi lymphoidei mesenterici inferiores relevant, die aufgrund des retroperitonealen Verlaufs der A. mesenterica inferior, entlang deren sie liegen, häufig Anschluss an andere retroperitoneale Lymphknoten (Nodi lymphoidei lumbales) aufweisen.

> **Portokavale Anastomosen**
>
> Bei Hochdruck im Pfortaderkreislauf (portale Hypertonie), z.B. bei Leberzirrhose, können sich Verbindungen zum Stromgebiet der V. cava superior und V. cava inferior (portokavale Anastomosen) öffnen oder ausbilden (▶ Abb. 6.18). Zu diesen zählen auch Verbindungen der V. rectalis superior zur V. rectalis media und V. rectalis inferior, die das Blut zur V. cava inferior abführen. Diese führen jedoch nicht zur Ausbildung von Hämorrhoiden. Bei der Gabe von Suppositorien („Zäpfchen") sollen die Wirkstoffe hier gezielt über die unteren Venen des Rectums in den Körperkreislauf eingebracht werden, um die Pfortader und damit die Leber zu umgehen, die die Wirkstoffe sonst teilweise bereits abbaut und ausscheidet.

> **Merke**
>
> Entwicklungsgeschichtlich bedingt wechseln an der **linken Kolonflexur** die Versorgungsgebiete aller Leitungsbahnen:
> - Blutgefäße: A. und V. mesenterica superior ↔ A. und V. mesenterica inferior
> - Lymphknoten: Nodi lymphoidei mesenterici superiores ↔ Nodi lymphoidei mesenterici inferiores
> - Sympathische Innervation: Plexus mesentericus superior ↔ Plexus mesentericus inferior
> - Parasympathische Innervation: N. vagus [X] ↔ N. splanchnici pelvici (CANNON-BÖHM-Punkt)

6.4 Leber

Die **Leber (Hepar)** ist das zentrale Stoffwechselorgan und die größte Drüse (1200–1800 g) des Körpers. Sie liegt **intraperitoneal** im rechten Oberbauch und gliedert sich in zwei große Lappen (▶ Abb. 6.9). Die Leber hat vielfältigste Funktionen und ist absolut lebensnotwendig:
- Zentrales Stoffwechselorgan und Nährstoffspeicher
- Entgiftungs- und Ausscheidungsfunktion
- Produktion von Galle (exokrine Drüse)
- Produktion von Plasmaproteinen (Gerinnung, onkotischer Druck, Hormone)
- Bildung von Hormonen (endokrine Drüse)
- Immunabwehr
- Abbau von Erythrozyten sowie in der Fetalperiode Blutbildung

Organe der Bauchhöhle

6.4.1 Projektion und äußere Gliederung

Die Leber liegt direkt unter dem Zwerchfell (rechter Lappen: 4. Zwischenrippenraum, linker Lappen: V. Rippe) und nimmt den größten Teil des rechten Oberbauchs ein. Auf der linken Seite reicht die Leber mit ihrem Lappen bis zur linken Medioklavikularlinie (MCL), wo sie vor dem Magen liegt. Der untere Leberrand ist bei normaler Anatomie bis zur rechten MCL vom Rippenbogen bedeckt. Aufgrund ihrer Verwachsung mit dem Zwerchfell ist die Lage der Leber atemabhängig.

> **Praxistipp**
>
> Die Untersuchung der Leber mit **Bestimmung der Lebergröße** gehört zu jeder vollständigen körperlichen Untersuchung, da Konsistenz und Größe erste Hinweise auf krankhafte Veränderungen geben können (z. B. Leberverfettung, Hepatitis, Leberzirrhose). Dabei wird der untere Leberrand durch Tasten (Palpation) unter Einatmung und der obere Leberrand durch Klopfen (Perkussion) auf den Brustkorb bestimmt und sollte in der rechten MCL nicht mehr als 12 cm im kraniokaudalen Durchmesser betragen.

> **Klinik**
>
> Die Projektion der Leber spielt auch bei diagnostischen Eingriffen wie der **Leberpunktion** eine Rolle, bei der gewährleistet sein muss, dass nicht versehentlich andere Organe wie Lungen oder Nieren verletzt werden.

Flächen, getrennt durch den Unterrand der Leber (Margo inferior) (▶ Abb. 6.16):
- **Facies diaphragmatica:** kranial, teilweise mit dem Zwerchfell verwachsen = Area nuda
- **Facies visceralis:** kaudal, trägt die der **Leberpforte (Porta hepatis)**

In der **Leberpforte** treten die 3 großen Leitungsbahnen der Leber ein bzw. aus (**Lebertrias**):
- Ductus hepaticus communis (vorne rechts)
- A. hepatica propria (vorne links)
- V. portae hepatis (hinten mittig)

Außerdem: Lymphbahnen und vegetative Nerven (Plexus hepaticus).
Lappen der Leber (▶ Abb. 6.16):
- **Rechter Leberlappen (Lobus hepatis dexter):** groß
- **Lobus hepatis sinister:** kleiner

Die Lappen werden getrennt durch:
- **Lig. falciforme:** ventral, zieht nach vorne zur Bauchwand
- **Lig. teres hepatis:** kaudal am Lig. falciforme = Relikt der V. umbilicalis des Fetalkreislaufs
- **Lig. venosum:** klin. ARANTII; dorsal = Relikt des Ductus venosus des Fetalkreislaufs

  Auf der Facies diaphragmatica setzt sich das **Lig. falciforme** nach kranial in das **Lig. coronarium** fort, das die Area nuda umgibt und rechts und links in je ein **Lig. triangulare** ausläuft (▶ Abb. 6.2).

Der rechte Leberlappen weist an der Facies visceralis neben der Leberpforte noch ventral das Gallenblasenbett auf, in dem die **Gallenblase (Vesica biliaris)** eingelagert ist, sowie dorsal eine Rinne für die **V. cava inferior** (▶ Abb. 6.16). Durch Leberpforte, Gallenblase, V. cava inferior und Lig. venosum werden 2 annähernd viereckige Bereiche abgegrenzt, die irreführend als Lappen bezeichnet werden:
- **Lobus quadratus** (ventral)
- **Lobus caudatus** (dorsal)

  Die Facies visceralis der Leber hat direkte **Lagebeziehungen** zu folgenden benachbarten Organen:
  - Rechter Leberlappen: Niere, Nebenniere, Duodenum, Colon
  - Linker Leberlappen: Oesophagus, Magen

Dies ist am fixierten Organ gelegentlich durch Einsenkungen der Leberoberfläche nachvollziehbar (▶ Abb. 6.16).

Von der Leberpforte ausgehend bilden zwei Peritonealduplikaturen das kleine Netz (**Omentum minus**) als Verbindung zu Magen (**Lig. hepatogastricum**) und Duodenum (**Lig. hepatoduodenale**).

Die Leber ist insgesamt bis auf 4 größere Stellen überall von viszeralem Peritoneum bedeckt:
- Area nuda
- Leberpforte
- Gallenblasenbett
- Bucht der V. cava inferior

6.4.2 Innere Gliederung

Die Leber ist durch ihre Leitungsbahnen in **8 funktionelle Segmente** untergliedert (▶ Abb. 6.17). Dies kommt zustande, da die annähernd vertikal verlaufenden 3 Lebervenen (Vv. hepaticae) 4 nebeneinanderliegende Divisionen abgrenzen, die durch die an der Leberpforte eintretenden Leitungsbahnen der **Lebertrias**

▶ 6.4 Leber   ▶ 6.4.2 Innere Gliederung

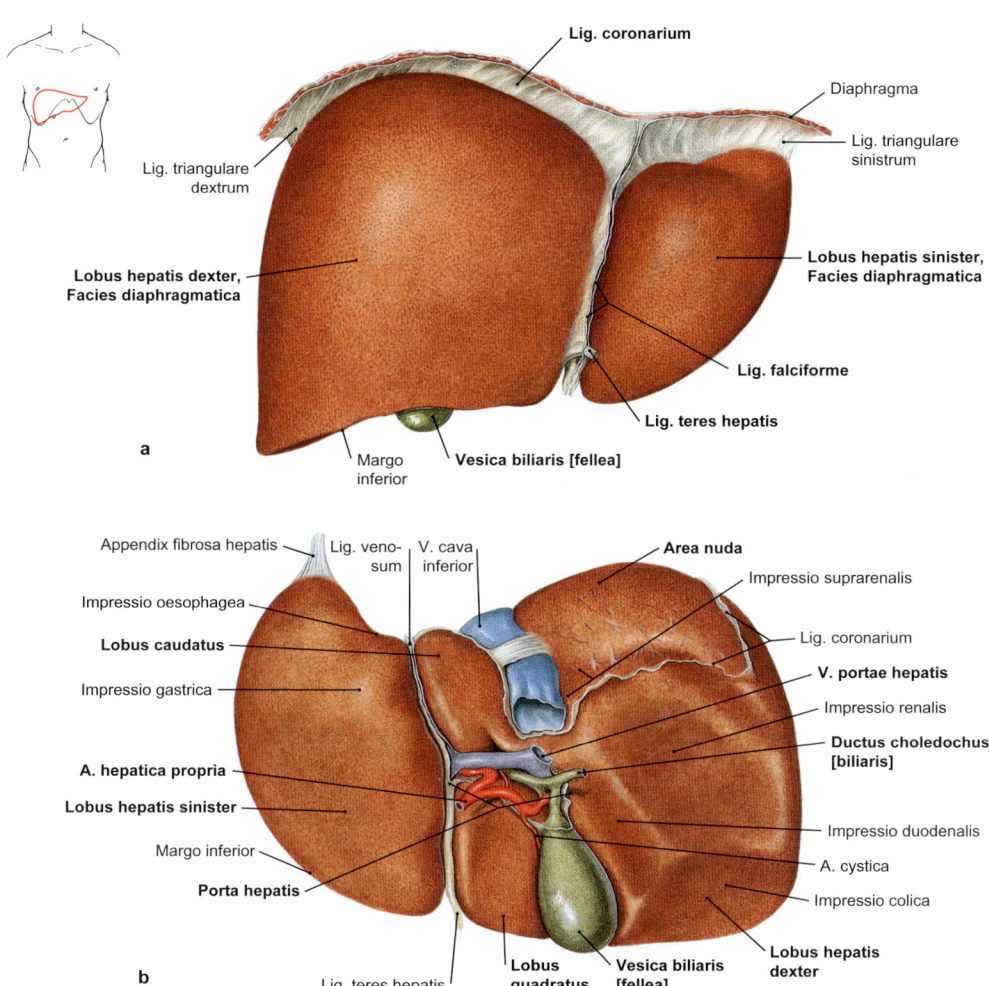

Abb. 6.16 Leber (Hepar). a) Ansicht von ventral. b) Ansicht von dorsokaudal. [S007-2-23]

(V. portae hepatis, A. hepatica propria, Ductus hepaticus communis) nochmals halbiert werden. Die **Segmente I–IV** werden von den **linken Ästen** der Lebertrias versorgt und bilden den **linken Teil der Leber** (Pars hepatis sinistra), die von den **rechten Ästen** der Leitungsbahnen abhängigen **Segmente V–VIII** bilden den funktionellen **rechten Teil der Leber** (Pars hepatis dextra). Nur das Segment I wird regelmäßig von den Ästen beider Seiten versorgt.
Damit liegt die Grenze zwischen dem funktionellen rechten und linken Teil der Leber in der sagittalen Ebene zwischen V. cava inferior und Gallenblase („**Cava-Gallenblasen-Ebene**") und nicht auf Höhe des Lig. falcifome hepatis.

Merke

Von den **8 Segmenten der Leber** gehören die Segmente **I–IV** nach ihrer Blutversorgung zum **linken** funktionellen Teil der Leber und die Segmente **V–VIII** zum funktionellen **rechten** Teil. Damit ist der funktionelle linke Teil der Leber größer als der anatomische linke Leberlappen.

Klinik

Die Lebersegmente haben große klinische Bedeutung für die **Viszeralchirurgie**, da sie, solange die Segmentgrenzen eingehalten werden, eine blutungsarme Resektion einzelner Leberanteile ermöglichen. So können bei krankhaften Prozessen, z. B. Lebermetastasen, mehrere einzelne Segmente in verschiedenen Teilen der Leber entfernt werden.

Organe der Bauchhöhle

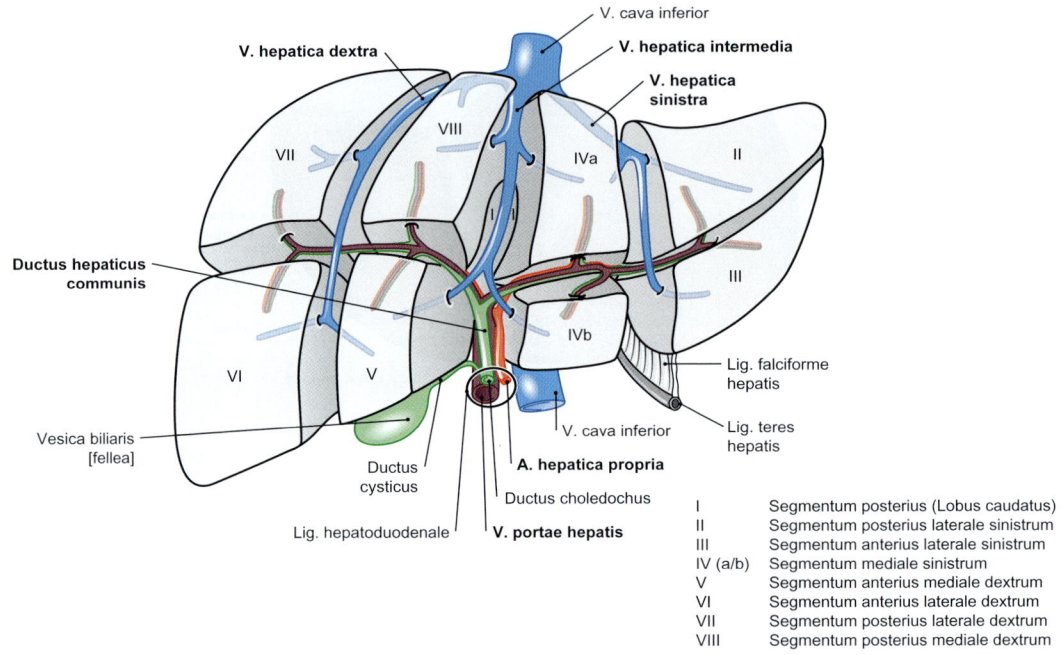

Abb. 6.17 Lebersegmente und ihre Beziehung zu den intrahepatischen Gefäßen und Gallengängen. Ansicht von ventral. [L126]

6.4.3 Leitungsbahnen der Leber

Arterien
A. hepatica propria mit **R. dexter** und einen **R. sinister** für die beiden **funktionellen Leberteile** (▶ Abb. 6.3). In je 10–20 % kommen **akzessorische Leberarterien** vor (rechter Leberlappen: aus A. mesenterica superior, linker Leberlappen: aus A. gastrica sinistra).

Venen
Die Leber besitzt ein zuführendes und ein abführendes Venensystem:
- Die **Pfortader** (V. portae hepatis) führt das nährstoffreiche Blut aus den unpaaren Bauchorganen (Magen, Darm, Bauchspeicheldrüse, Milz) **zur Leber** (▶ Abb. 6.6). Die **Pfortader** ist ca. 7 cm lang und besitzt 3 Hauptstämme (V. mesenterica superior, V. splenica, V. mesenterica inferior).
- Die 3 **Lebervenen** (Vv. hepaticae) leiten das Blut **aus der Leber** in die V. cava inferior.

Lymphgefäße
Die Leber hat 2 Lymphgefäßsysteme:
- Oberflächliches **subperitoneales System** an der Leberoberfläche
- Tiefes **intraparenchymatöses System,** das den Leitungsbahnen der Lebertrias bis zur Leberpforte folgt

Entsprechend den regionären Lymphknoten gibt es 2 **Hauptabflusswege:**
- **Nach kaudal zur Leberpforte** (wichtigster Abflussweg) über die Nodi lymphoidei hepatici an der Leberpforte zu den Nodi lymphoidei coeliaci, von dort Drainage zu den Trunci intestinales und damit zum Ductus thoracicus
- **Nach kranial durch das Zwerchfell** (durch das Foramen venae cavae und den Hiatus oesophageus) über die Nodi lymphoidei phrenici und mediastinales zu den Trunci bronchomediastinales und damit links zum Ductus thoracicus und rechts zum Ductus lymphaticus dexter

Innervation
Die **Leber** wird vom **Plexus hepaticus** um die A. hepatica propria innerviert, einem eigenen vegetativen Nervengeflecht, das eine Fortsetzung des Plexus coeliacus darstellt:

- **Sympathisch:** postganglionäre Nerven aus den Ganglia coeliaca. Diese Nerven leiten bei Belastung den Abbau von Glykogen ein, um den Blutzuckerspiegel zu erhöhen, die Sekretion von Galle wird gedrosselt.
- **Parasympathisch:** präganglionäre Nerven, die als Rr. hepatici im Omentum minus aus den Trunci vagales abzweigen und im Plexus hepaticus umgeschaltet werden. Diese Nervenfasern vermitteln die Produktion von Galle bei der Nahrungsaufnahme.
- **Sensorisch:** Das Peritoneum auf der Oberfläche der Leberkapsel wird vom rechten N. phrenicus (R. phrenicoabdominalis) innerviert.

> **Klinik**
>
> Die **Variationen der arteriellen Leberversorgung** haben klinische Bedeutung:
> - Akzessorische Leberarterien können bei Operationen im rechten Oberbauch verletzt werden und **Blutungen** verursachen (z. B. die rechte akzessorische Arterie bei Operation am Pankreaskopf oder die linke akzessorische Arterie bei Spaltung des Omentum minus, in dem sie verläuft).
> - Akzessorische Leberarterien können bei Patienten mit **Gallengangskarzinomen** für das Überleben entscheidend sein, da sie von den Hauptstämmen des Ductus hepaticus communis weiter entfernt liegen und daher nicht vom Tumor infiltriert sind.
> - Bei **Lebertransplantationen** muss das Versorgungsmuster bekannt sein.
>
> Wenn der Blutfluss durch die Leber bei der **Leberzirrhose** gestört ist, kommt es zum Rückstau des Bluts in die Pfortader und zu einem Anstieg des portalen Blutdrucks (**portale Hypertonie**). In der Folge können sich Umgehungskreisläufe (**portokavale Anastomosen**) bilden (▶ Abb. 6.18). Klinisch bedeutsam sind die Verbindungen zu den **Ösophagusvenen**, weil Blutungen aus rupturierten Ösophagusvarizen lebensbedrohlich und die häufigste Todesursache bei Leberzirrhose sind. Die Verbindungen zur vorderen Rumpfwand sind dagegen nur von diagnostischer Relevanz, da sie an der Bauchdecke das Bild eines **Caput medusae** hervorrufen können.
> Aufgrund der Lymphabflusswege können **Lebertumoren** auch zur Bildung von Lymphknotenmetastasen in der Brusthöhle führen.
> Aufgrund der sensorischen Innervation der Leberkapsel durch den N. phrenicus (Plexus cervicalis) kann es bei der **Leberpunktion** oder auch bei einer **Ruptur der Leberkapsel** zu Schmerzempfindungen rechts an der Bauchwand sowie in der rechten Schulter (Projektionsschmerz) kommen.

6.5 Gallenblase und Gallenwege

Die **Gallenblase (Vesica biliaris)** liegt **intraperitoneal** im rechten Oberbauch direkt der Unterseite der Leber an und projiziert auf die IX. Rippe (▶ Abb. 6.9). Sie hat Kontakt zum Duodenum und zur rechten Kolonflexur und ist über die Gallenwege mit der Leber und mit dem Duodenum verbunden.
Funktion: **Speicherung** und **Konzentrierung** der von der Leber produzierten **Galle.**
Die Gallenblase wird durch Rückstau gefüllt, wenn der Sphinkter an der Einmündung in das Duodenum verschlossen ist. Daher ist die Gallenblase im Unterschied zur Leber nicht lebensnotwendig.

6.5.1 Aufbau von Gallenblase und Gallenwegen

Die Gallenblase ist 7–10 cm lang (Fassungsvolumen: 40–70 ml) und gliedert sich in (▶ Abb. 6.19):
- **Körper** (Corpus vesicae biliaris) mit einem **Fundus** (Fundus vesicae biliaris)
- **Halsabschnitt** (Collum vesicae biliaris)
- **Ductus cysticus:** Ausführungsgang (3–4 cm lang) Der Ductus cysticus ist durch eine Falte (Plica spiralis HEISTER) verschlossen, bevor er mit dem Hauptgallengang der Leber (Ductus hepaticus communis) zum **Ductus choledochus** fusioniert. Dieser ist durchschnittlich 6 cm lang und 0,4 bis 0,9 cm stark.
  Der Ductus choledochus verläuft zunächst im Lig. hepatoduodenale und dann hinter der Pars superior des Duodenums und durch den Pankreaskopf zur Pars descendens des Duodenums. Die Mündung befindet sich in der **Papilla duodeni major** (**Papilla VATERI;** ▶ Abb. 6.13), die 7–10 cm vom Pylorus des Magens entfernt liegt.
  Vor der Einmündung vereinigt sich der Ductus choledochus meist (in 60 % der Fälle) mit dem Ductus pancreaticus zur **Ampulla hepatopancreatica.**

Die glatte Muskulatur der Wand bildet einen M. sphincter ductus choledochi, dessen unterer Abschnitt als **M. sphincter ampullae** (ODDI) auch die Ampulle und deren Mündung umfasst.
Auf der Unterseite der Leber befindet sich das **CALOT-Dreieck.** Begrenzungen:
- Ductus cysticus
- Ductus hepaticus communis
- Unterfläche der Leber

In 75 % der Fälle entspringt die A. cystica im CALOT-Dreieck aus dem R. dexter der A. hepatica propria und zieht von hinten durch das Dreieck.

Organe der Bauchhöhle

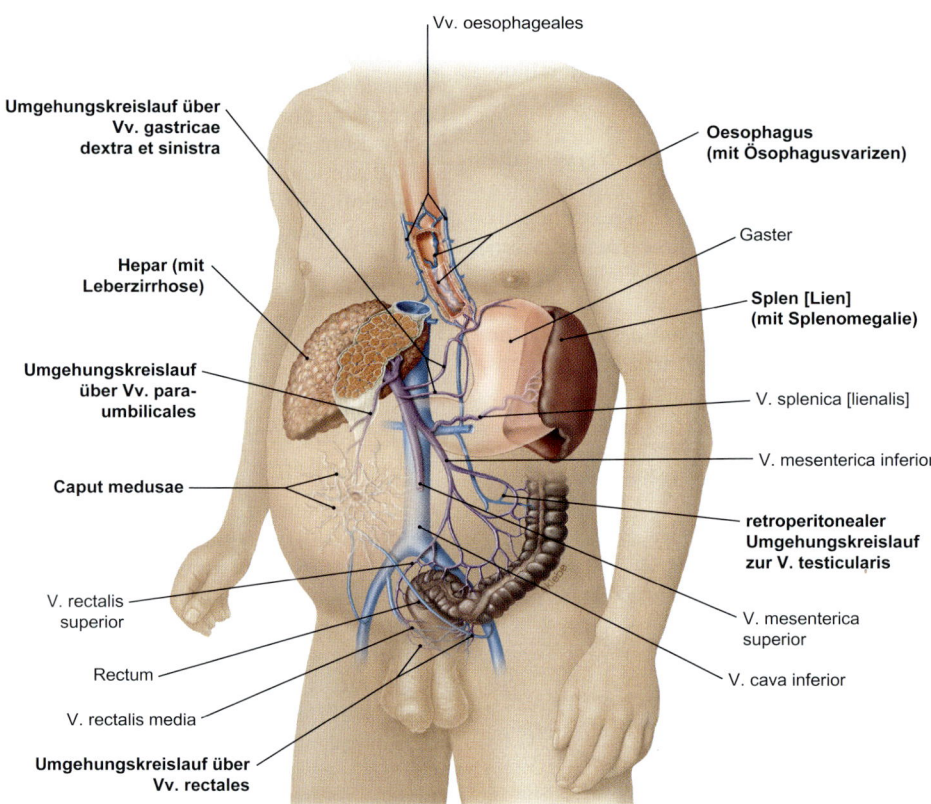

Abb. 6.18 Klinik bei Ausbildung portokavaler Anastomosen. Bedeutsam sind Ösophagusvarizen und das Caput medusae. Auch die Vergrößerung der Milz (Splenomegalie) entsteht durch den Blutrückstau. [L238]

Klinik

Cholezystitis, Cholezystolithiasis, Gallensteinileus

Aufgrund der engen Lagebeziehungen zu Duodenum und Colon können bei einer Entzündung der Gallenblase **(Cholezystitis)** durch Gallensteine **(Cholezystolithiasis)** diese Gallensteine durch Perforation der Wand in den Darm gelangen und über diesen ausgeschieden werden oder zu einem Darmverschluss **(Gallensteinileus)** führen.

Cholestase, Bauchspeicheldrüsenentzündung

Da der Ductus choledochus durch den Pankreaskopf zieht und an der Papilla duodeni major durch den M. sphincter ODDI eine Engstelle besteht, kann es bei Pankreaskarzinomen (meist schmerzlos) ebenso wie bei einem an der Papille eingeklemmten Gallenstein (meist schmerzhaft mit Gallenkolik) zu einem Gallerückstau **(Cholestase)** in das Blut kommen. Durch Ablagerung des Gallefarbstoffs Bilirubin im Bindegewebe kommt es dann typischerweise zu einer Gelbfärbung der Sklera des Auges und später der Haut **(Gelbsucht, Ikterus).** In diesen Fällen stellt man zur Abklärung die abführenden Gallenwege mit Ultraschall oder Röntgenkontrastmittel dar (endoskopische retrograde Cholezystopankreatikografie, ERCP). Eine Erweiterung des Ductus choledochus über 1 cm Durchmesser spricht für eine Cholestase. Aufgrund der Vereinigung des Ductus choledochus mit dem Ductus pancreaticus kann es gleichzeitig zu einem Rückstau des Pankreassekrets mit einer **Bauchspeicheldrüsenentzündung (Pankreatitis)** kommen, die durch eine teilweise Selbstverdauung des Organs bedingt ist.

CALOT-Dreieck

Das CALOT-Dreieck ist eine wichtige Orientierungsstruktur, die bei jeder **Entfernung der Gallenblase** dargestellt werden muss. Vor der Entfernung der Gallenblase

▶ 6.6 Bauchspeicheldrüse

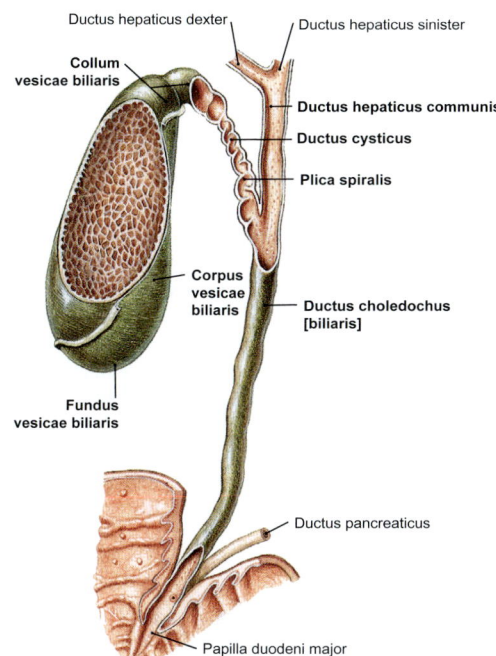

Abb. 6.19 Gallenblase (Vesica biliaris) und extrahepatische Gallengänge. Ansicht von ventral. [S007-2-23]

werden alle relevanten Strukturen identifiziert, bevor die A. cystica und der Ductus cysticus abgebunden werden. Dadurch lässt sich das Risiko reduzieren, fälschlicherweise den Ductus choledochus zu unterbinden, was einen Gallestau (Cholestase) verursachen würde.

6.5.2 Leitungsbahnen von Gallenblase und Gallenwegen

Arterien
Die **A. cystica** aus dem R. dexter der A. hepatica propria versorgt Gallenblase und Ductus hepaticus communis. Der **Ductus choledochus** besitzt zusätzlich aufsteigende Arterienäste aus der A. gastroduodenalis. Das distale Drittel sowie die **Papilla duodeni major** werden aus der A. pancreaticoduodenalis superior posterior ernährt.

Venen
Die **V. cystica** mündet direkt in die Pfortader ein.

Lymphgefäße
Nodus lymphoideus cysticus am Halsabschnitt, von dem die Lymphe über die Lymphknoten der Leberpforte zu den **Nodi lymphoidei coeliaci** abfließt. Die Lymphe aus dem distalen Teil des **Ductus choledochus** gelangt dagegen zu den Lymphknoten am Pankreaskopf.

Innervation
Die Innervation entspricht der Versorgung der Leber:
- **Sympathisch und parasympathisch** über den Plexus hepaticus. Die parasympathisch vermittelte Kontraktion unterstützt die hormonell induzierte Kontraktion der Muskulatur der Gallenblasenwand, hemmt den M. sphincter ampullae und fördert damit die Entleerung von Galle. Der Sympathikus hat antagonistische Funktionen.
- **Sensorisch:** Das Peritoneum auf der von der Leber abgewandten Oberfläche wird vom rechten N. phrenicus (R. phrenicoabdominalis) innerviert.

> **Klinik**
>
> Aufgrund der Variationen des Ursprungs der A. cystica ist bei jeder Entfernung der Gallenblase **(Cholezystektomie)** große präparatorische Sorgfalt notwendig. Die gute Durchblutung der Papilla duodeni major erklärt auch, warum es bei einer operativen Entfernung eines eingeklemmten Gallensteins **(Papillotomie)** zu starken Nachblutungen kommen kann.
> Wie bei der Leber können Schmerzen bei Entzündung der Gallenblase **(Cholezystitis)** aufgrund der sensorischen Innervation der Leberkapsel durch den N. phrenicus (Plexus cervicalis) in die rechte Schulter ausstrahlen.

6.6 Bauchspeicheldrüse

Die **Bauchspeicheldrüse (Pancreas)** ist eine kombinierte exokrine (90 % des Organgewichts) und endokrine Drüse des Verdauungssystems. Aufgrund der Umlagerungsvorgänge während der Entwicklung liegt das Pancreas **sekundär retroperitoneal** im zentralen Oberbauch und projiziert auf den **I.–II. Lendenwirbel** (▶ Abb. 6.9). Das Pancreas ist absolut lebensnotwendig und hat folgende **Funktionen:**
- Bildung von **Verdauungsenzymen,** die überwiegend als inaktive Vorstufen abgegeben werden (exokriner Anteil)

Organe der Bauchhöhle

- Ausschüttung von **Hormonen** (z. B. Insulin) zur Regulierung von Blutzuckerspiegel, Stoffwechsel und Verdauung (endokriner Anteil)

6.6.1 Gliederung des Pancreas

Das Pancreas ist ein 14–20 (meist 16) cm langes, parenchymatöses Organ mit einem durchschnittlichen Gewicht von ca. 70 (40–120) g. Abschnitte (▶ Abb. 6.20):
- **Kopf** (Caput pancreatis): mit kaudalem Hakenfortsatz (Proc. uncinatus) um A. und V. mesenterica superior
- **Hals** (Collum pancreatis): dorsal der A. und V. mesenterica superior
- **Körper** (Corpus pancreatis): ventral von Aorta und Wirbelsäule, mit einem oberen und einem unteren Rand
- **Schwanz** (Cauda pancreatis): hat hinter der linken Kolonflexur Kontakt zum Milzhilum.

In der Regel (65 %) hat das Pancreas 2 **Ausführungsgänge** (▶ Abb. 6.20):
- **Ductus pancreaticus** (Ductus WIRSUNGIANUS): Der Hauptausführungsgang mündet zusammen mit dem Ductus choledochus auf der Papilla duodeni major (Papilla VATERI) in die Pars descendens des Duodenums. Vor der Einmündung vereinigen sich die Gänge meist (in 60 % der Fälle) zur Ampulla hepatopancreatica und auch der Schließmuskel (M. sphincter ductus pancreatici) setzt sich als M. sphincter ampullae (ODDI) auf die Ampulle fort.
- **Ductus pancreaticus accessorius** (Ductus SANTORINI): Der akzessorische Gang führt das Sekret aus dem Pankreaskopf und mündet 2 cm weiter oral auf der Papilla duodeni minor.

> ### Klinik
>
> #### Pankreatitis
> Das Mündungsverhalten der Ausführungsgänge hat Einfluss auf den Verlauf von Erkrankungen des Pancreas. Neben Alkoholabusus ist ein die Papilla duodeni major verlegender Gallenstein die häufigste Ursache der Bauchspeicheldrüsenentzündung (Pankreatitis), die durch Sekretrückstau mit Selbstverdauung bedingt ist. Dabei kann es zu Verdauungsstörungen bis hin zu Durchfällen und bei sehr ausgedehnter Schädigung (Verlust von 80–90 % des Gewebes) durch die verringerte Insulinproduktion auch zu einem Diabetes mellitus kommen.
>
> #### Pankreaskarzinomen
> Da der Ductus choledochus durch den Kopf des Pancreas zum Duodenum zieht, kann es bei Pankreaskarzinomen, die im Kopf der Drüse liegen, zu einem Gallerückstau mit Gelbsucht (Ikterus) kommen. Tumoren in den anderen Abschnitten verursachen dagegen meist für lange Zeit keine Symptome, sodass die Prognose bei Diagnosestellung oft entsprechend schlecht ist.
>
> #### Gefäßverletzung
> Die enge Lagebeziehung des Pankreaskopfs zur A. und V. mesenterica superior und zur Pfortader birgt die Gefahr, dass diese Gefäße bei **endoskopischer Untersuchung**

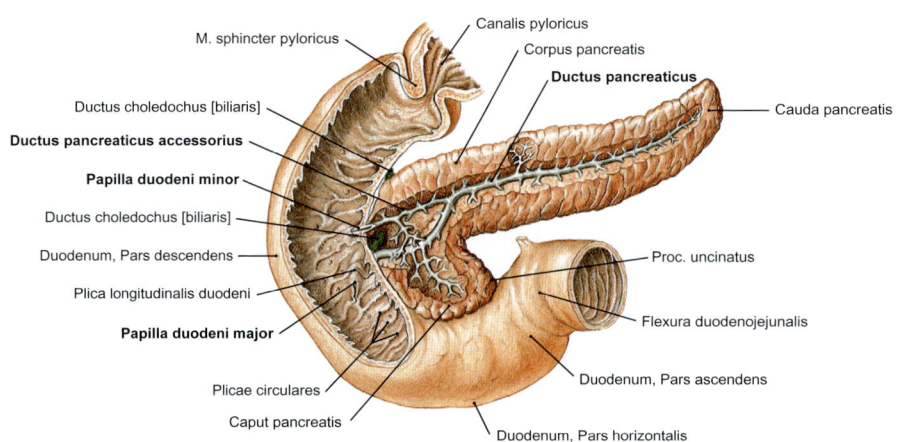

Abb. 6.20 Gliederung und Ausführungsgangsystem der Bauchspeicheldrüse (Pancreas). Ansicht von ventral; Ductus pancreaticus nach Eröffnung von Pancreas und Duodenum. [S007-2-23]

▶ 6.6 Bauchspeicheldrüse   ▶ 6.6.2 Leitungsbahnen des Pancreas

der **Papilla duodeni major** zur Entfernung eines Gallensteins oder zur Kontrastmitteldarstellung der Gallen- und Pankreasgänge (endoskopische retrograde Cholezystopankreatikografie, ERCP) verletzt werden, was dann meist nur mit einer Notfalloperation behoben werden kann.

6.6.2 Leitungsbahnen des Pancreas

Arterien
Das Pancreas wird über **2 getrennte arterielle Systeme** versorgt, eines für den Kopf, das andere für Körper und Schwanz (▶ Abb. 6.21):
- **Kopf und Hals:** Der doppelte Gefäßkranz besteht aus **Aa. pancreaticoduodenalis superior anterior und posterior** (aus dem Stromgebiet des Truncus coeliacus) und aus der **A. pancreaticoduodenalis inferior** (aus der A. mesenterica superior).
- **Körper und Schwanz: Rr. pancreatici** aus der A. splenica

Venen
Die **Venen** entsprechen den Arterien und münden in die Hauptstämme der Pfortader.

Lymphgefäße
Die verschiedenen Abschnitte des Pancreas besitzen **3 Gruppen regionärer Lymphknoten:**
- Kopf und Hals: **Nodi lymphoidei pancreaticoduodenales**
- Körper: **Nodi lymphoidei pancreatici superiores und inferiores**
- Schwanz: **Nodi lymphoidei splenici**

Von dort fließt die Lymphe in die Nodi lymphoidei coeliaci und Nodi lymphoidei mesenterici superiores, bevor sie über die Trunci intestinales dem Ductus thoracicus zugeführt wird. Die retroperitoneale Lage und die Nähe zu lumbalen Lymphknoten bedingen, dass weitläufige Verbindungen zu anderen Lymphknotenstationen bestehen.

Innervation
Das Pancreas wird vegetativ innerviert. Der **Parasympathikus** fördert dabei die Bildung von Verdauungsenzymen, die Sekretabgabe und die Insulinbildung, der **Sympathikus** hemmt diese Funktionen. Sympathikus und Parasympathikus besitzen auch afferente Nervenfasern: Schmerzen werden oft gürtelförmig im zentralen und linken Oberbauch angegeben.

Klinik
Die ausgedehnte arterielle Versorgung erklärt, warum **Pankreasinfarkte selten** sind.
Die unterschiedlichen Lymphdrainagewege machen verständlich, warum bei **Pankreaskarzinomen** zum Zeitpunkt der Diagnose meist bereits ausgedehnte **Lymphknotenmetastasen** vorliegen. Da diese meist nicht komplett entfernbar sind, ist eine operative Heilung kaum möglich.

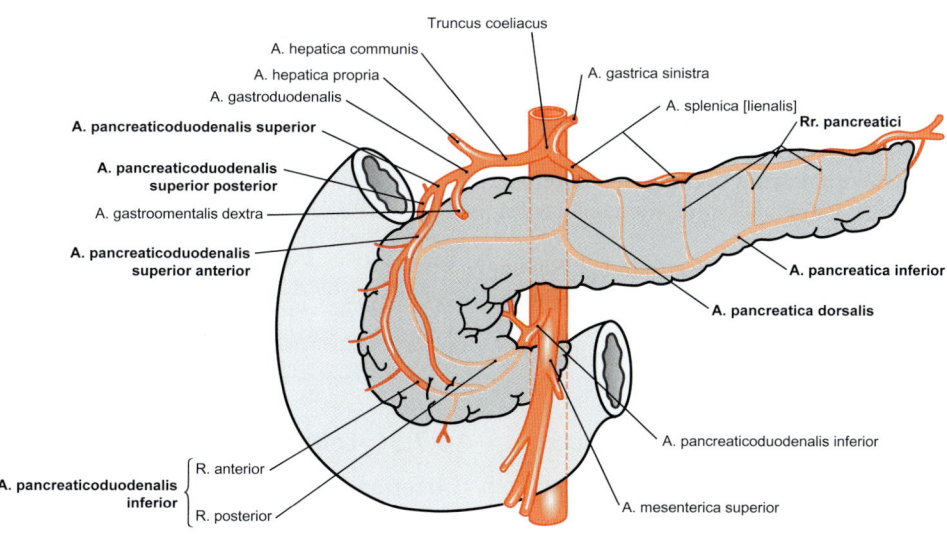

Abb. 6.21 Arterien des Pancreas. [L126]

Organe der Bauchhöhle

6.7 Milz

6.7.1 Funktionen der Milz

Die Milz sitzt dem Lig. phrenicocolicum auf, das die linke Kolonflexur mit dem Zwerchfell verbindet, und projiziert sich in Atemmittellage auf die IX.–XI. Rippe, wobei sie mit ihrer Längsachse der X. Rippe folgt. Daher ist die Milz nur tastbar, wenn sie vergrößert ist.

Sie gehört mit den Lymphknoten und den Mandeln (Tonsillen) zu den sekundär **lymphatischen Organen**.

Von den verschiedenen Funktionen der Milz ist die Abwehrfunktion die wichtigste:
- **Immunabwehr** gegen Krankheitserreger im Blut
- **Abbau** defekter und alter **Erythrozyten**
- **Speicherung** von Blutzellen (Thrombozyten)
- **Blutbildung** (Fetalperiode)

6.7.2 Gliederung der Milz

Die Milz ist ca. 11 cm lang, 7 cm breit und 4 cm dick und wiegt 150 (80–300) g. Sie hat einen vorderen und einen hinteren Pol sowie einen oberen und einen unteren Rand, sodass sich zwei Flächen abgrenzen lassen (▶ Abb. 6.22):
- **Facies diaphragmatica** (konvex): liegt dem Zwerchfell an
- **Facies visceralis** (konkav): mit **Kontakt zu verschiedenen Organen** (Magen, linke Kolonflexur, linke Niere, Pankreasschwanz)

Die Facies visceralis besitzt in ihrer Mitte das **Hilum splenicum**, an dem die Leitungsbahnen ein- und austreten und die Peritonealduplikaturen ansetzen:
- **Lig. gastrosplenicum** (Teil des Omentum majus): zieht nach vorne zum Magen.
- **Lig. phrenicosplenicum** und **Lig. splenorenale**: verlaufen zu Zwerchfell und hinterer Leibeswand.

In 5–30 % der Fälle tritt eine eigenständige **Nebenmilz** auf, die meist hilumnah in einer der Peritonealduplikaturen liegt.

Lig. phrenicocolicum: bildet den Boden der Milznische.

> **Lerntipp**
>
> Aufgrund ihrer Maße ist die Milz ein „4711"-Organ.

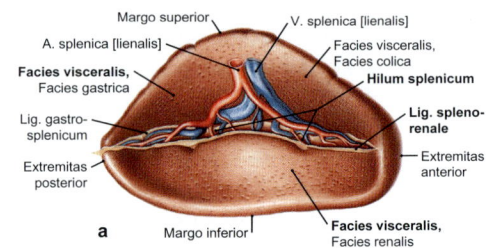
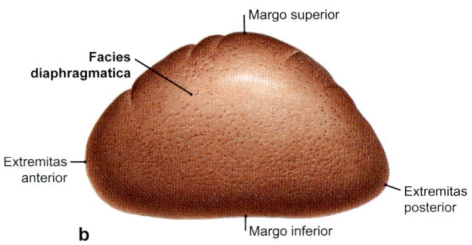

Abb. 6.22 Milz. a) Ansicht von medial ventral. b) Ansicht von lateral kranial. [S007-2-23]

> **Klinik**
>
> **Milzruptur, Splenektomie**
>
> Verletzungen der Milz (**Milzruptur**), z. B. bei stumpfem Bauchtrauma, können zu lebensgefährlichen Blutungen führen. Im Gegensatz zu früher versucht man heute, die Milz oder zumindest Teile von ihr zu erhalten, da das Risiko lebensgefährlicher Infektionen (Sepsis) nach ihrer Entfernung deutlich ansteigt. Bei Entfernung der Milz (**Splenektomie**) sollte das Vorhandensein einer Nebenmilz abgeklärt werden. Eine Nebenmilz kann bei Entfernung des Hauptorgans dessen Funktionen übernehmen, was den Verlust der Abwehrfunktion verhindern kann. Wenn jedoch defekte Erythrozyten der Grund für die Splenektomie sind, weil sie in der Milz vermehrt abgebaut wurden und daher eine Blutarmut (Anämie) verursachten, müssen auch eventuelle Nebenmilzen entfernt werden. Dabei ist zu beachten, dass Manipulationen an der Milz, z. B. bei ihrer Entfernung, große Mengen Thrombozyten in den Kreislauf freisetzen können, sodass dem Risiko der Bildung von Blutgerinnseln (**Thromben**) vorgebeugt werden muss.

6.7.3 Leitungsbahnen der Milz

Arterien

Die **A. splenica** entspringt dem Truncus coeliacus und verläuft am Oberrand des Pancreas (▶ Abb. 6.3). Die Endäste sind funktionelle Endarterien und untergliedern die Milz in 3–6 variable, keilförmig angeordnete Segmente.

Venen
Die **V. splenica** entspricht in ihren Zuflüssen der Arterie, zieht auf der Rückseite des Pancreas zu dessen Hals, wo sie sich mit der V. mesenterica superior zur Pfortader vereinigt (▶ Abb. 6.6).

Lymphgefäße
Von den **Nodi lymphoidei splenici** am Milzhilum gelangt die Lymphe über die **Nodi lymphoidei coeliaci** und die Trunci intestinales in den Ductus thoracicus.

Innervation
Die Milz wird überwiegend **sympathisch,** aber auch **parasympathisch** innerviert (**Plexus splenicus**). Der Sympathikus drosselt die Durchblutung, ansonsten ist über die vegetative Regulation wenig bekannt. Sympathikus und Parasympathikus besitzen auch **afferente Nervenfasern.** Die Zone des übertragenen Schmerzes auf der Rumpfwand projiziert sich auf den zentralen oder linken Oberbauch auf die Dermatome T8–9.

6.8 Niere und Nebenniere

6.8.1 Funktionen von Niere und Nebenniere

Die Niere (Ren oder Nephros) bildet zusammen mit den ableitenden Harnwegen das **Harnsystem.** Sie liegt im **Retroperitonealraum** des Oberbauchs, wo sie auf den XII. Brustwirbel (oberer Pol) bis zum III. Lendenwirbel (unterer Pol) projiziert (▶ Abb. 6.1). Die Nebennieren (Glandulae suprarenales), die zu den endokrinen Organen zählen, sitzen beidseits dem oberen Nierenpol auf.

Die Niere ist sie ein absolut **lebensnotwendiges** Organ. Ihre **Funktionen** sind:
- Ausscheidung von Harn, körpereigenen und -fremden Stoffen
- Regulation des Flüssigkeits-, Elektrolyt- und Säure-Base-Haushalts
- Endokrine Funktion (Bildung von Erythropoetin, Renin, Kalzitriol)

Die Nebenniere ist ebenfalls eine absolut lebensnotwendige **endokrine Drüse** (▶ Tab. 6.11).

Tab. 6.11 Hormone der Nebennieren

Hormone der Rinde (Steroidhormone)	Hormone des Marks
• Glukokortikoide (Kortisol) • Mineralokortikoide (Aldosteron) • Androgene (DHEA)	• Katecholamine (Adrenalin, Noradrenalin)

6.8.2 Gliederung der Niere

Die Niere ist ein 10–12 cm langes, 5–6 cm breites und 4 cm dickes parenchymatöses Organ mit einem Gewicht von 120–200 g (durchschnittlich 150 g). Sie weist einen oberen und unteren Pol und einen medialen und lateralen Rand auf, sodass sich eine Vorder- und eine Rückseite abgrenzen lassen (▶ Abb. 6.23). Am medialen Rand befindet sich das **Hilum renale,** an dem die Leitungsbahnen und der Harnleiter ein- und austreten (▶ Abb. 6.23, ▶ Abb. 6.24).

Die Niere gliedert sich in (▶ Abb. 6.24):
- **Rinde** (Cortex renalis)
- **Mark** (Medulla renalis): Das Mark ist in **Markpyramiden** gegliedert.

Die Pyramiden mit den angrenzenden Rindenanteilen bilden die 14 **Nierenlappen,** die auf der äußeren Oberfläche i. d. R. beim Erwachsenen nicht abgrenzbar sind. Die Pyramiden münden mit ihren Spitzen (Papillae renales) in die **Nierenkelche** (Calices renales majores und minores), wo der Harn in das **Nierenbecken** (Pelvis renalis) abgegeben wird. Das Nierenbecken liegt zusammen mit Fettgewebe und den Leitungsbahnen in einer Einbuchtung des Nierenparenchyms (**Sinus renalis**), die mit dem **Hilum renale** in Verbindung steht. Im Hilum liegen (▶ Abb. 6.23, ▶ Abb. 6.24):
- Die V. renalis vorne
- Die A. renalis in der Mitte
- Das Nierenbecken hinten

Die Niere besitzt ein **dreifaches Hüllsystem:**
- **Capsula fibrosa:** Organkapsel aus straffem Bindegewebe
- **Capsula adiposa:** Fettkapsel, die Niere und Nebenniere umgibt
- **Fascia renalis:** Fasziensack, der nach unten medial für den Durchtritt von Leitungsbahnen und Harnleiter offen ist. Das vordere Blatt der Nierenfaszie wird klinisch als **GEROTA-Faszie** bezeichnet.

Organe der Bauchhöhle

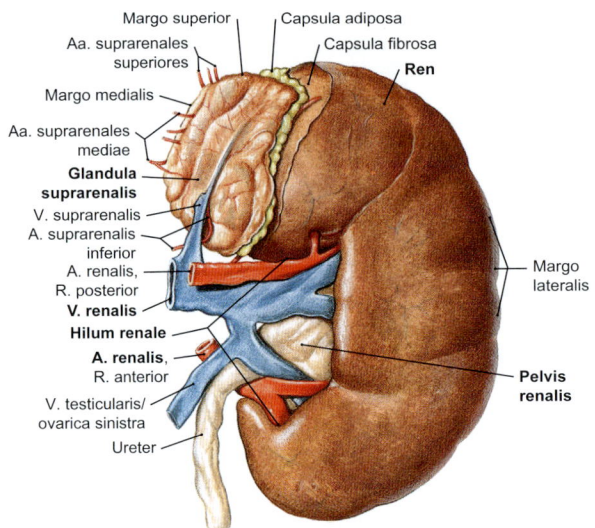

Abb. 6.23 Niere (Ren, Nephros) und Nebenniere (Glandula suprarenalis) links. Ansicht von ventral. [S007-2-23]

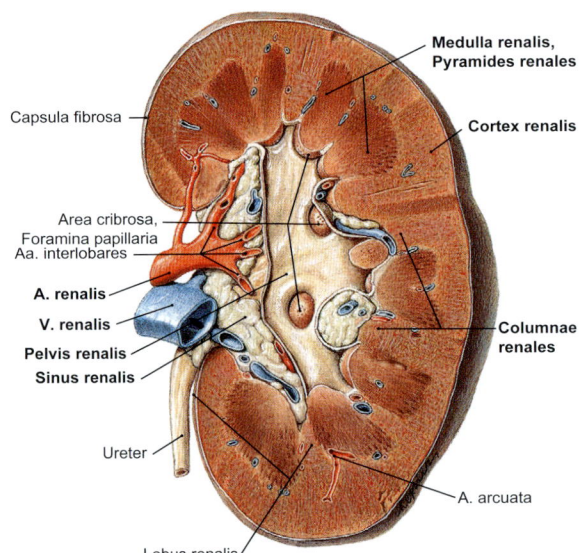

Abb. 6.24 Niere (Ren, Nephros) links. Ansicht von ventral; nach vertikaler Halbierung mit freigelegtem und eröffnetem Nierenbecken. [S007-2-23]

6.8.3 Bau der Nebenniere

Die Nebennieren sind annähernd dreieckig, 5 cm lang und 2–3 cm breit mit einem Gewicht von 4 g. Die abgeplattete Spitze weist nach oben, die breite Basis sitzt dem oberen Nierenpol auf.

Klinik

Pyelonephritis, Nephroptose

Bei der **klinischen Untersuchung** werden die Nieren zuerst grob orientierend auf Schmerzempfindlichkeit untersucht. Klopfschmerz kann ein Hinweis auf eine Entzündung des Nierenbeckens (Pyelonephritis) sein. Der enge Kontakt der Niere zu N. iliohypogastricus und N. ilioinguinalis erklärt, warum Erkrankungen der Niere

▶ 6.8 Niere und Nebenniere ▶ 6.8.4 Leitungsbahnen

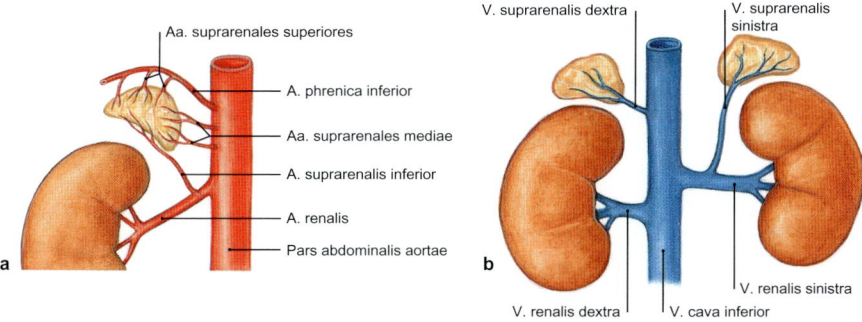

Abb. 6.25 Gefäßversorgung von Nieren und Nebennieren. Ansicht von ventral. a) Arterien. b) Venen. [S007-2-23]

wie Nierenbeckenentzündung (Pyelonephritis) oder eingeklemmte Nierensteine im Becken (Nephrolithiasis) bis **in die Leistenregion ausstrahlende Schmerzen** verursachen können.
Die Hüllsysteme und die Lagebeziehungen der Niere sind von klinischer Bedeutung. Die Fettkapsel fixiert die Niere atemverschieblich. Wenn diese z. B. bei Magersucht stark reduziert wird, kann es zu einer Absenkung der Niere (**Nephroptose**) oder einer Rotation kommen, bei welcher der Harnleiter abknicken und die Niere durch Harnrückstau geschädigt werden kann.

Nephrektomie
Bei einer **Nephrektomie** wegen bösartiger Tumoren der Niere werden immer Niere und Nebenniere zusammen einschließlich der GEROTA-Faszie entfernt.
Wenn beide Nebennieren aufgrund von Erkrankungen entfernt werden, müssen Mineralo- und Glukokortikoide medikamentös ersetzt werden, da es sonst zu **lebensgefährlichen Schockzuständen** durch zu niedrigen Blutzucker (Hypoglykämie) und durch Blutdruckabfall (Hypotonie) kommen kann. Dies kann auch bei Insuffizienz der Nebennieren der Fall sein (Morbus ADDISON).

6.8.4 Leitungsbahnen von Niere und Nebenniere

Arterien
Die **Aa. renales** entspringen paarig aus dem Bauchabschnitt der Aorta und verlaufen dorsal der Venen zum Hilum der Niere (▶ Abb. 6.25 und ▶ Abb. 5.3). Die Endäste versorgen Abschnitte der Niere, sodass sich **5 Segmente** abgrenzen lassen.

Dagegen gibt es im Regelfall **3 Nebennierenarterien** (▶ Abb. 6.25), wobei nur in einem Drittel der Fälle alle 3 Nebennierenarterien ausgebildet sind:
- **A. suprarenalis superior:** meist mehrere kleine Gefäße, entspringen aus der A. phrenica inferior
- **A. suprarenalis media:** direkt aus der Aorta
- **A. suprarenalis inferior:** Ast der A. renalis

Venen
Die **Vv. renales** entsprechen mit ihren Ästen den Arterien, verlaufen ventral von diesen und münden beidseits in die V. cava inferior.
Dagegen gibt es pro Nebenniere nur **eine Nebennierenvene**, die das Blut sammelt und rechts in die V. cava inferior bzw. links in die V. renalis leitet.

Auf der **linken Seite** nimmt daher die V. renalis 3 Venen auf, die rechts eigenständig in die V. cava inferior münden:
- V. suprarenalis sinistra
- V. testicularis/ovarica sinistra
- V. phrenica inferior sinistra

Lymphgefäße
Die regionären Lymphknoten der Niere und Nebenniere sind die **Nodi lymphoidei lumbales** um Aorta und V. cava inferior. Von dort gelangt die Lymphe beidseits in die **Trunci lumbales.**

Innervation
Die **vegetative Innervation** der Niere ist ganz überwiegend sympathisch und bewirkt Vasokonstriktion und damit eine Reduktion der Durchblutung sowie die Ausschüttung von Renin. Die postganglionären sympathischen Nervenfasern aus dem Ganglion aorticorenale bilden um die A. renalis den **Plexus renalis.**

Organe der Bauchhöhle

Die Nebenniere wird dagegen durch präganglionäre (!) sympathische Nervenfasern aus den Nn. splanchnici erreicht, die den **Plexus suprarenalis** bilden. Sie bewirken im Nebennierenmark die Freisetzung der Katecholamine (das Nebennierenmark entspricht einem modifizierten sympathischen Ganglion).

Klinik

Im Unterschied zu den Venen bilden die intrarenalen Arterien keine geschlossenen Gefäßbogen, d.h., es handelt sich um Endarterien. Daher entstehen bei Verschluss der Arterien, z. B. durch ein verschlepptes Blutgerinnsel (Embolie), **Niereninfarkte**. Ihre Ausdehnung entspricht den Segmentgrenzen, die Verzweigungsmuster sind jedoch sehr variabel.
Akzessorische Nierenarterien (30 %) sind entwicklungsgeschichtliche Relikte und müssen bei Operationen geschont werden, um Blutungen zu vermeiden. Es können bis zu 5 Arterien vorkommen. **Aberrierende Arterien** treten außerhalb des Hilums in das Parenchym ein. Auch die **Kapselgefäße** können bei Operationen zu Blutungen führen.
Da **Nierenkarzinome** oft in die Nierenvenen einwachsen, kann es beim Mann bei einem Tumor auf der linken Seite zu einem Rückstau in die V. testicularis mit einer knäuelartigen Erweiterung der Venen im Hodensack kommen (**Varikozele**). Daher muss bei einer linksseitigen Varikozele immer auch ein Nierentumor ausgeschlossen werden!

6.9 Harnleiter

Der Harnleiter (Ureter) verbindet das Nierenbecken mit der Harnblase, die im Becken liegt (▶ Kap. 7.2), und durchquert damit **Retroperitonealraum** und **Beckenhöhle**.
Zu den **ableitenden Harnwegen** zählen:
- Nierenbecken (Pelvis renalis)
- Harnleiter (Ureter)
- Harnblase (Vesica urinaria)
- Harnröhre (Urethra)

6.9.1 Gliederung des Harnleiters

Der **Harnleiter** ist 25–30 cm lang und hat einen Durchmesser von ca. 5 mm (▶ Abb. 6.26). Er transportiert den Harn durch regelmäßig ablaufende peristaltische Wellen und gliedert sich in **3 Abschnitte**:
- Pars abdominalis: im Retroperitonealraum
- Pars pelvica: im kleinen Becken
- Pars intramuralis: durchquert die Harnblasenwand

Lerntipp

Über-unter-über-unter-Regel für den Verlauf des Ureters

Der Harnleiter zieht erst **über** den N. genitofemoralis, **unter**quert A. und V. testicularis/ovarica, **über**quert A. und V. iliaca und **unter**kreuzt dann beim Mann den Ductus deferens und bei der Frau die A. uterina.

Der Ureter besitzt **3 Engstellen** (▶ Abb. 6.26):
- Am Abgang vom Nierenbecken
- An der Überkreuzung der A. iliaca communis oder externa
- Am Durchtritt durch die Harnblasenwand (engste Stelle)

Klinik

Abgehende **Nierensteine** können an den Engstellen stecken bleiben und dann sehr starke, wellenförmig verlaufende Schmerzen (Nierenkoliken) verursachen.
Die Nähe des Ureters zur A. uterina muss bei **Entfernung des Uterus** (Hysterektomie) berücksichtigt werden, damit nicht mit der Arterie auch der Ureter abgebunden wird. Ein Harnstau würde zu einer irreversiblen Schädigung der Niere führen.

6.9.2 Leitungsbahnen des Harnleiters

Arterien
- Pars abdominalis: A. renalis, A. testicularis/ovarica, Pars abdominalis der Aorta, A. iliaca communis
- Pars pelvica und intramuralis: A. iliaca interna mit Aa. vesicalis superior und inferior sowie A. uterina

Venen
Die Venen entsprechen den jeweiligen Arterien.

Lymphgefäße
- Pars abdominalis: **Nodi lymphoidei lumbales** um Aorta und V. cava inferior
- Pars pelvica und Pars intramuralis: **Nodi lymphoidei iliaci interni und externi.** Von beiden Gruppen gelangt die Lymphe beidseits in die **Trunci lumbales**.

▶ 6.9 Harnleiter ▶ 6.9.2 Leitungsbahnen des Harnleiters

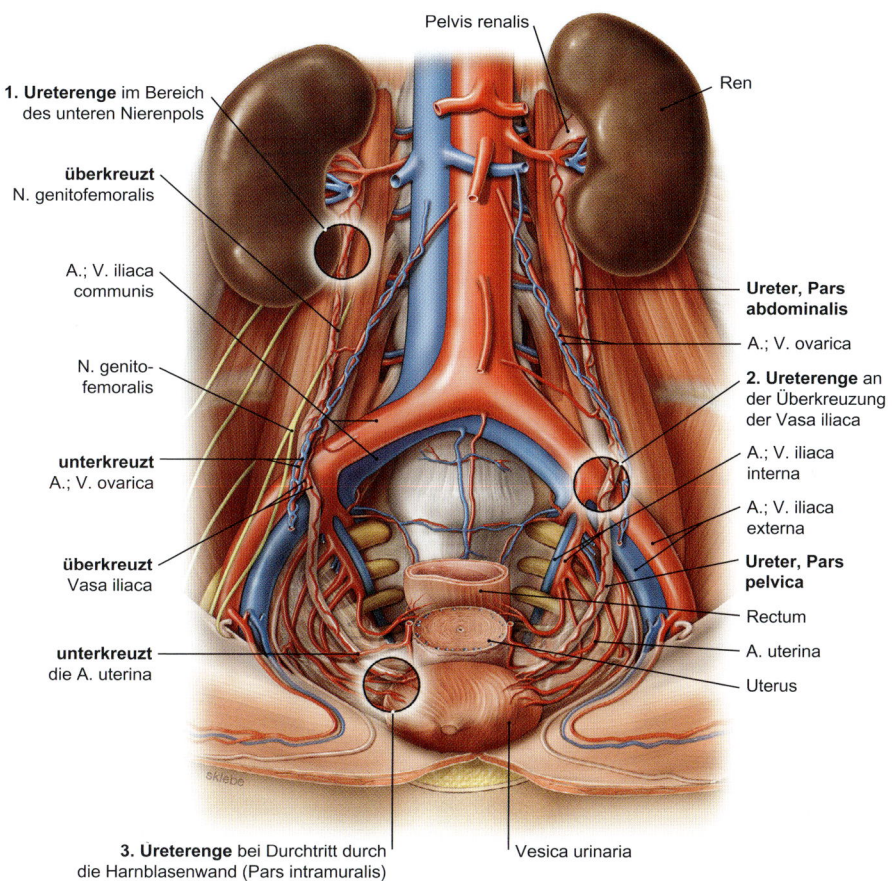

Abb. 6.26 Abschnitte des Ureters mit Engstellen. [L238]

Innervation

Die ableitenden Harnwege sind sowohl **sympathisch** als auch **parasympathisch** innerviert:
- Der **Sympathikus** hemmt die Peristaltik der glatten Muskulatur des Ureters und den M. detrusor vesicae, aktiviert aber die glatte Muskulatur der Urethra am Blasenausgang.
- Der **Parasympathikus** fördert dagegen die Peristaltik und aktiviert den Miktionsreflex.

Es kommen auch **afferente Nervenfasern** vor, die zum einen den Miktionsreflex auslösen und auch als Schmerzfasern Überdehnung (z. B. bei abgehenden Nierensteinen) wahrnehmen.

Jens Waschke

Organe der Beckenhöhle

07

7.1	**Übersicht: Beckenhöhle und Leitungsbahnen** 210		
7.1.1	Überblick 210		
7.1.2	Leitungsbahnen der Beckenhöhle ... 211		
7.2	**Harnblase und Harnröhre** 213		
7.2.1	Bau der Harnblase 213		
7.2.2	Bau der Harnröhre 214		
7.2.3	Verschlussmechanismen von Harnblase und Harnröhre 214		
7.2.4	Leitungsbahnen von Harnblase und Harnröhre 215		
7.3	**Mastdarm und Analkanal** 216		
7.3.1	Gliederung, Projektion und Bau von Mastdarm und Analkanal 216		
7.3.2	Kontinenzorgan 217		
7.3.3	Leitungsbahnen von Rectum und Analkanal 218		
7.4	**Männliche Geschlechtsorgane** ... 220		
7.4.1	Gliederung und Funktion der männlichen Geschlechtsorgane 220		
7.4.2	Penis und Scrotum 221		
7.4.3	Hoden und Nebenhoden 221		
7.4.4	Samenleiter und Samenstrang 222		
7.4.5	Akzessorische Geschlechtsdrüsen ... 223		
7.4.6	Leitungsbahnen der äußeren Geschlechtsorgane 223		
7.4.7	Leitungsbahnen der inneren Geschlechtsorgane 224		
7.5	**Weibliche Geschlechtsorgane** ... 226		
7.5.1	Gliederung und Funktion der weiblichen Geschlechtsorgane 226		
7.5.2	Vulva 226		
7.5.3	Eierstock und Eileiter 227		
7.5.4	Gebärmutter 228		
7.5.5	Scheide 229		
7.5.6	Leitungsbahnen der äußeren weiblichen Geschlechtsorgane 229		
7.5.7	Leitungsbahnen der inneren weiblichen Geschlechtsorgane 230		
7.6	**Beckenboden und Dammregion** .. 231		
7.6.1	Beckenboden 231		
7.6.2	Dammregion 232		

IMPP-Hits

Folgende Themenkomplexe wurden bisher besonders häufig vom IMPP gefragt (Top Ten):
- Topografie der Organe mit Peritonealduplikaturen
- Arterien und Venen der Beckenhöhle mit Corona mortis
- Bau der Geschlechtsorgane
- Blutgefäße der Geschlechtsorgane
- Lymphknoten und Innervation der Geschlechtsorgane
- Gliederung und Topografie von Harnblase und Harnröhre
- Akzessorische Geschlechtsdrüsen mit rektaler Untersuchung
- Samenstrang mit Hüllen und Inhalt
- Beckenboden
- Dammmuskulatur

Organe der Beckenhöhle

> **Lerntipp**
>
> Die Organe der Beckenhöhle sind für den Arzt verschiedener Teilgebiete wichtig, die sich z.T. auch geschlechtsspezifisch mit den Erkrankungen dieser Organe auseinandersetzen. In der Anatomie besteht wie bei den Bauchorganen auch die Herausforderung darin, sich ein Bild von der Gliederung und der Topografie der einzelnen Organe zu machen, um sich bei diagnostischen und operativen Eingriffen Nachbarschaftsbeziehungen zu anderen Organen und die Projektion auf die Körperoberfläche vorstellen zu können. Aufgrund der engen Nachbarschaftsbeziehungen ergibt sich, dass die Leitungsbahnen häufig an der Versorgung verschiedener Organe beteiligt sind, sodass deren Versorgungsgebiete bei Eingriffen bedacht werden müssen.

7.1 Übersicht: Beckenhöhle und Leitungsbahnen

7.1.1 Überblick

Die **Beckenhöhle** (Cavitas pelvis) ist z.T. mit Bauchfell (Peritoneum) ausgekleidet und bildet zusammen mit der Bauchhöhle die **Peritonealhöhle** (Cavitas peritonealis). Dort gelegene Organe, die über eigene Peritonealduplikaturen („Mesos") verfügen, wie Gebärmutter, Eierstock und Eileiter liegen daher **intraperitoneal**.

Kaudal der Peritonealhöhle setzt sich der Retroperitonealraum der Bauchhöhle in den **Subperitonealraum** fort. Hier sind manche Organe wie die Harnblase auf einem Teil ihrer Oberseite mit parietalem Peritoneum bedeckt, während andere Organe des Beckens (distales Rectum ab Flexura sacralis, Analkanal, Cervix uteri, Vagina, Prostata, Glandula vesiculosa) keinen Kontakt zum Bauchfell haben. All diese Organe werden in ihrer Lage als **subperitoneal** bezeichnet.

Die Beckenhöhle ist damit insgesamt in **3 Etagen** gegliedert. Die Beckenorgane liegen dabei in dem klinisch als **„kleines Becken"** bezeichneten kaudalen Abschnitt unterhalb der Linea terminalis, die sich vorne aus dem Pecten ossis pubis und hinten der Linea arcuata zusammensetzt. Die Etagen der Beckenhöhle (von kranial nach kaudal) sind:

- **Beckenabschnitt der Peritonealhöhle** (Cavitas peritonealis pelvis): kaudal begrenzt durch das Peritoneum parietale
- **Subperitonealraum:** reicht kaudal bis zum Beckenboden (▶ Kap. 7.6).
- **Dammregion** (Regio perinealis): liegt unterhalb des Beckenbodens und teilt sich beidseits ventral in die beiden Dammräume und dorsal in die Fossa ischioanalis auf (▶ Kap. 7.6).

Die Peritonealhöhle reicht mit verschiedenen Aussackungen (Recessus) in den Subperitonealraum hinein. Beim Mann bildet die **Excavatio rectovesicalis** den tiefsten Raum der Bauchhöhle, bei der Frau die **Excavatio rectouterina (DOUGLAS-Raum),** die noch weiter nach kaudal reicht als die ventral gelegene **Excavatio vesicouterina.**

> **Klinik**
>
> Bei **aufrechter Haltung** kann sich in den tiefsten Aussackungen der Bauchhöhle, der **Excavatio rectovesicalis** beim Mann und der **Excavatio rectouterina** (DOUGLAS-Raum) bei der Frau, bei Entzündungen im Unterbauch entzündliches Exsudat oder Eiter ansammeln, was im Ultraschall als freie Flüssigkeit nachgewiesen werden kann. Der DOUGLAS-Raum reicht bis an das hintere Scheidengewölbe heran und kann von dort aus punktiert werden, um die freie Flüssigkeit zu untersuchen.

Das Bindegewebe ist im Becken teilweise zu sog. Faszien verdichtet, welche die einzelnen Organe umgeben und einzelne Kompartimente untergliedern wie z.B. das „Mesorectum", das einen klinisch sehr relevanten Raum um den Mastdarm darstellt. Der Raum hinter der Schambeinfuge wird als **Spatium retropubicum** (klinisch RETZIUS-Raum) bezeichnet.

Die Faszien im Becken gliedern sich in die:
- **Fascia pelvis parietalis:** bedeckt das knöcherne Becken auf der Innenseite; der Abschnitt ventral des Kreuzbeins wird als **Fascia presacralis (WALDEYER-Faszie)** bezeichnet.
- **Fascia pelvis visceralis:** umhüllt die einzelnen Organe mit ihren Leitungsbahnen, z.B. die „mesorektale Faszie" um den Mastdarm mit seinem „**Mesorectum**"; zusätzlich kommen Bindegewebsblätter vor, die einzelne Organe voneinander trennen, wie beim Mann die **Fascia rectoprostatica (= Septum rectoprostaticum,** klinisch **DENONVILLIER-Faszie**) und bei der Frau die **Fascia rectovaginalis (= Septum cc**).

Auch das übrige lockere Bindegewebe, das kontinuierlich in die bindegewebige Hülle oder Wände

der Organe übergeht, wird in der Klinik mit eigenen Begriffen versehen:
- **Parametrium:** Faserzüge von der Cervix zur seitlichen Beckenwand (Lig. cardinale)
- **Paraproctium:** Bindegewebe um das Rectum
- **Paracystium:** Bindegewebe um die Harnblase
- **Parakolpium:** Bindegewebe um die Scheide

7.1.2 Leitungsbahnen der Beckenhöhle

Arterien

Die A. iliaca communis teilt sich vor dem Iliosakralgelenk in (▶ Abb. 7.1):
- **A. iliaca externa:** setzt sich unter dem Leistenband in die A. femoralis fort und versorgt das Bein (▶ Kap. 4.6.1).
- **A. iliaca interna:** zur Versorgung des Beckens mit seinen Eingeweiden

Die A. iliaca interna spaltet sich meist (in 60 % der Fälle) in einen vorderen und in einen hinteren Hauptstamm auf. Da die Astabfolge ziemlich variabel ist, bietet es sich an, stattdessen die Äste nach ihrem Versorgungsgebiet in **parietale Äste** für die Beckenwand und die äußeren Geschlechtsorgane und in **viszerale Äste** für die Beckeneingeweide einzuteilen.

Die parietalen Äste sind bei beiden Geschlechtern gleich ausgebildet (▶ Abb. 7.1):
- **A. iliolumbalis:** Sie versorgt Fossa iliaca, Lumbalregion und Rückenmarkskanal.
- **Aa. sacrales laterales:** treten in den Sakralkanal ein und versorgen die Rückenmarkshäute.
- **A. obturatoria:** Sie zieht durch den Canalis obturatorius zum Oberschenkel und versorgt Hüftgelenk, Adduktoren und Glutealmuskulatur. Besondere Äste:
  - **R. pubicus:** anastomosiert mit einem gleichnamigen Ast aus der A. epigastrica inferior, was bei starker Ausprägung als „Corona mortis" bezeichnet wird. In bis zu 20 % entspringt die gesamte A. obturatoria aus diesem Gefäß.
  - **R. acetabularis:** gelangt über das Lig. capitis femoris zum Kopf des Femurs und ist beim Kind für die Ernährung der proximalen Femurepiphyse essenziell.
- **A. glutea superior:** zieht durch das Foramen suprapiriforme und versorgt die Glutealmuskulatur.
- **A. glutea inferior:** tritt durch das Foramen infrapiriforme zur Glutealmuskulatur.

Dagegen sind die **viszeralen Äste** bei Mann und Frau teilweise verschieden (▶ Abb. 7.1):
- **A. umbilicalis:** gibt die **A. vesicalis superior** zur Harnblase und beim Mann meist die **A. ductus deferentis** zum Samenleiter ab, bevor sie verschlossen ist (= Lig. umbilicale mediale) und die Plica umbilicalis medialis aufwirft.

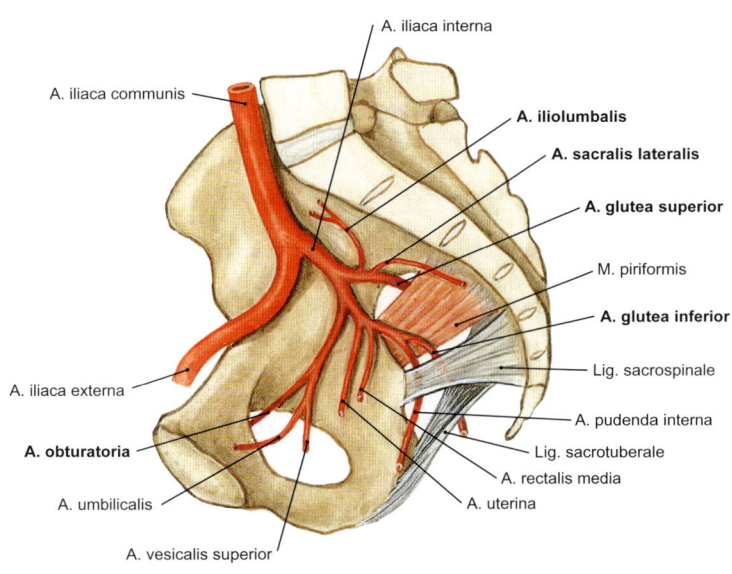

Abb. 7.1 Parietale Äste der A. iliaca interna. [S007-2-23]

Organe der Beckenhöhle

- **A. vesicalis inferior:** zieht zur Harnblase, beim Mann zu Prostata und Bläschendrüse. Bei der Frau versorgt sie auch die Vagina, kann aber fehlen und wird dann von der A. vaginalis ersetzt.
- **A. uterina (nur bei der Frau): über**quert den Ureter und versorgt Uterus, Tuba uterina, Ovar und Vagina.
- **A. vaginalis (nur bei der Frau):** versorgt den größten Teil der Vagina.
- **A. rectalis media:** verläuft oberhalb des Beckenbodens zum Rectum, ist selten auf beiden Seiten ausgebildet und kann sogar ganz fehlen.
  - **A. pudenda interna:** zieht durch das Foramen infrapiriforme und anschließend durch das Foramen ischiadicum minus in die Seitenwand der Fossa ischioanalis (Canalis pudendalis, ALCOCK-Kanal). Äste:
    – **A. rectalis inferior** für den unteren Analkanal
    – Die oberflächliche **A. perinealis** versorgt den Damm und gibt beim Mann die Äste zum Hodensack und bei der Frau zu den Schamlippen ab.
    – Die **tiefen Äste** versorgen beim Mann den Penis mit seinen Schwellkörpern (A. bulbi penis, A. dorsalis penis, A. profunda penis) und bei der Frau entsprechend die Clitoris mit Schwellkörpern und den Vorhofschwellkörper in den großen Schamlippen.

Venen

Die **untere Hohlvene (V. cava inferior)** bildet sich rechts der Aorta auf Höhe des V. Lendenwirbels durch Vereinigung der beiden Vv. iliacae communes. Diese entstehen aus:

- **V. iliaca externa:** führt das Blut aus den unteren Extremitäten.
- **V. iliaca interna:** leitet das Blut aus den Beckeneingeweiden.

Während die parietalen Zuflüsse weitgehend den Arterien entsprechen, bilden die Venen in der Umgebung der einzelnen Organe **Geflechte (Plexus venosi)**, die miteinander kommunizieren und über **kavokavale Anastomosen** Verbindungen zur oberen Hohlvene (▶ Kap. 5.1.2) herstellen. Die V. cava inferior steigt rechts vor der Wirbelsäule auf und tritt im Foramen venae cavae durch das Zwerchfell.

Venengeflechte

- **Plexus venosus rectalis:** Dieses Geflecht des Mastdarms befindet sich innerhalb des „Mesorectums" und steht über die V. rectalis superior mit dem Pfortaderkreislauf und über die Vv. rectales media und inferior mit dem Stromgebiet der V. cava inferior in Verbindung (portokavale Anastomose).
- **Plexus venosus vesicalis:** sammelt das Blut aus der Harnblase, beim Mann aus den akzessorischen Geschlechtsdrüsen, bei der Frau auch das Blut der Clitoris-Schwellkörper.
- **Plexus venosus prostaticus:** nimmt beim Mann Blut der Prostata und aus den Penisschwellkörpern auf.
- **Plexus venosi uterinus und vaginalis:** Geflechte um Uterus und Vagina.

Lymphgefäße

Im Becken liegen die **Nodi lymphoidei iliaci interni und externi** entlang der jeweiligen Blutgefäße und die **Nodi lymphoidei sacrales** auf der Vorderseite des Kreuzbeins. Aufgrund der engen Lagebeziehungen ist eine strenge Unterscheidung von parietalen Lymphknoten für die Rumpfwand und viszeralen Lymphknoten für die Organe nicht möglich. Die Beckeneingeweide (Rectum, Harnblase und innere Geschlechtsorgane) besitzen daher zu allen Lymphknotengruppen Verbindungen. Die Lymphe wird weiter zu den **Nodi lymphoidei lumbales** drainiert.

Innervation

Im Becken setzt sich der Plexus aorticus abdominalis als **Plexus iliacus** auf der A. iliaca communis und als **Plexus hypogastricus superior und inferior** zur Versorgung der Beckenorgane fort. Der Plexus hypogastricus inferior ist beidseits zwischen der Fascia pelvis visceralis, die das „Mesorectum" umgibt, und der Fascia pelvis parietalis in das Bindegewebe des Subperitonealraums eingebettet. Bei der Frau liegt das Geflecht damit im Lig. rectouterinum zwischen Cervix uteri und Rectum.

Während sich die sympathischen Neurone z. T. aus dem Bauchraum fortsetzen und zusätzlich als Nn. splanchnici sacrales vom Beckenabschnitt des Grenzstrangs stammen, entspringen alle parasympathischen Nerven als **Nn. splanchnici pelvici** aus dem sakralen Rückenmark (S2–S4). In den Ganglien des Plexus hypogastricus inferior werden die sympathischen und parasympathischen Neurone umgeschaltet und erreichen die Beckenorgane überwiegend eigenständig und damit unabhängig von den Blutgefäßen.

Klinik

Knochennekrose

Wenn der R. acetabularis beim Kind aufgrund eines Traumas (z. B. Hüftluxation) oder aus unbekannten Gründen wie beim Morbus PERTHES die Blutversorgung des Femurkopfs nicht sicherstellen kann, kommt es zu einer **Knochennekrose,** welche die Beweglichkeit und Stabilität des Hüftgelenks gefährden kann.

Wirbelsäulenmetastasen bei Prostatakarzinom

Die Verbindungen des Plexus prostaticus zu den Venengeflechten der Wirbelsäule (kavokavale Anastomosen) erklären z. T. die beim **Prostatakarzinom** häufig auftretenden **Wirbelsäulenmetastasen,** die sich bis in den Halsbereich ausdehnen und durch Wirbelfrakturen zu Verletzungen des Rückenmarks mit Querschnittslähmungen führen können.

7.2 Harnblase und Harnröhre

7.2.1 Bau der Harnblase

Die **Harnblase** (Vesica urinaria) liegt **subperitoneal** und wird auf ihrer Oberseite vom Peritoneum parietale der Beckenhöhle bedeckt. Sie hat ein Fassungsvermögen von 500–1500 ml und gliedert sich in:
- **Körper** (Corpus vesicae): läuft nach oben zur **Spitze** (Apex vesicae) aus und besitzt hinten unten einen **Blasengrund** (Fundus vesicae).
- **Blasenhals** (Cervix vesicae): geht vorne unten in die Urethra über (▶ Abb. 7.2).

Die Wand der Harnblase besitzt eine dicke Muskelschicht, die **parasympathisch** aktiviert und als **M. detrusor vesicae** bezeichnet wird.

Am Fundus bildet der Abgang der Harnröhre (Ostium urethrae internum) mit der beidseits gelegenen Einmündung der Harnleiter (Ostium ureteris) das **Blasendreieck** (Trigonum vesicae). Beim **Mann** liegt die Vorsteherdrüse (Prostata), die von

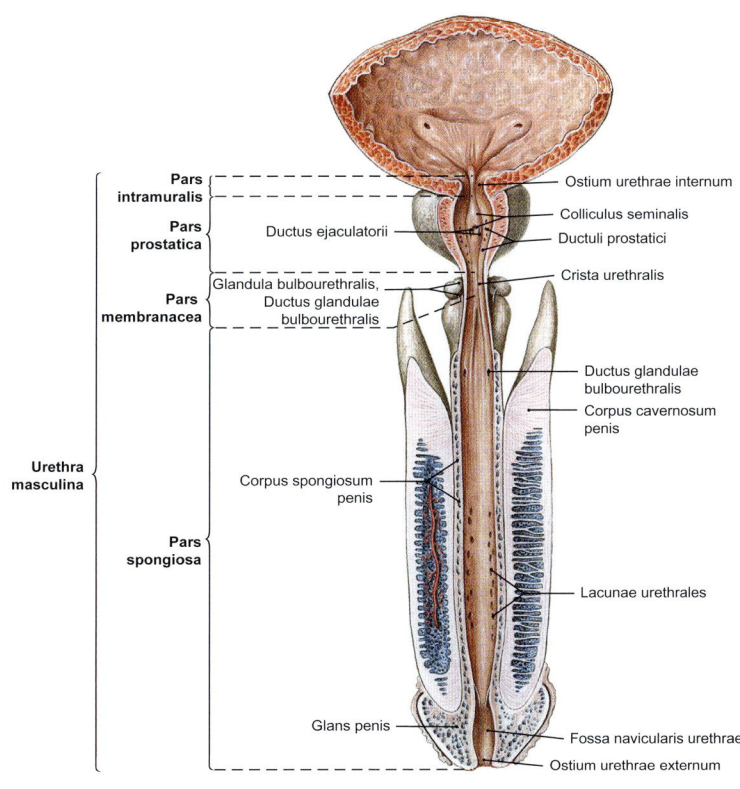

Abb. 7.2 Harnblase und Harnröhre. Ansicht von ventral; Harnblase und Harnröhre von vorne eröffnet. [S007-2-23]

Organe der Beckenhöhle

Harnröhre durchquert wird, direkt unter dem Blasengrund und wirft diesen auf.

Die Harnblase wird durch verschiedene **Bänder** fixiert:
- **Lig. umbilicale medianum** (enthält den Urachus = Relikt des Allantoisgangs): von der Spitze zum Bauchnabel
- **Lig. pubovesicale:** verankert bei der Frau den Blasenhals an der Rückseite des Schambeins.
- **Lig. puboprostaticum:** entsprechendes Band beim Mann.

7.2.2 Bau der Harnröhre

Die **Harnröhre (Urethra)** ist bei beiden Geschlechtern sehr unterschiedlich ausgebildet.
- Die **weibliche** Harnröhre ist 6 mm weit und mit 3–5 cm sehr kurz und mündet direkt **ventral** der Scheide (Vagina) in den Scheidenvorhof (Vestibulum vaginae).
- Die **männliche** Harnröhre dagegen ist mit 20 cm relativ lang und gliedert sich in verschiedene Abschnitte (▶ Abb. 7.2):
    - **Pars intramuralis** (1 cm): in der Harnblasenwand
    - **Pars prostatica** (3,5 cm): durchquert die Prostata; hier münden die Ductus ejaculatorii (gemeinsamer Ausführungsgang von Samenleiter und Bläschendrüse) auf dem Colliculus seminalis und beidseits davon die Prostatadrüsen.
    - **Pars membranacea** (1–2 cm): am Durchtritt durch den Beckenboden
    - **Pars spongiosa** (15 cm): verläuft im Corpus spongiosum des Penis bis zur äußeren Öffnung. Hier münden die COWPER-Drüsen (Glandulae bulbourethrales). Der Endabschnitt ist zur Fossa navicularis, der proximale Abschnitt zur „Ampulla urethrae" erweitert.

In diesem Verlauf besitzt die männliche Urethra 2 **Biegungen:**
- Zwischen Pars membranacea und Pars spongiosa
- Im Mittelteil der Pars spongiosa

Engstellen der männlichen Harnröhre sind (▶ Abb. 7.2):
- Ostium urethrae internum
- Pars membranacea
- Ostium urethrae externum (engste Stelle, Durchmesser: 6 mm)

Klinik

Blasenkatheter

In gefülltem Zustand überragt die Harnblase die Schambeinfuge und kann bei einem Harnverhalt punktiert werden, ohne die Peritonealhöhle zu eröffnen **(suprapubischer Blasenkatheter).**

Wegen des gestreckten Verlaufs der weiblichen Harnröhre ist das Legen eines **Blasenkatheters** bei Frauen viel einfacher. Allerdings muss beachtet werden, dass die Öffnung der Harnröhre im Scheidenvorhof **vor** der Öffnung der Vagina liegt. Beim Mann dagegen müssen die Biegungen der Harnröhre durch Ausrichtung des Penis ausgeglichen werden, um Perforationen besonders in das Gewebe der Prostata zu vermeiden, die schmerzhaft sind und stark bluten können.

Zystitis

Weil die weibliche Harnröhre viel kürzer ist als die männliche, sind aufsteigende Infektionen der Harnblase (Zystitis) bei Frauen viel häufiger als beim Mann.

7.2.3 Verschlussmechanismen von Harnblase und Harnröhre

Es sind sowohl Muskelzüge aus **glatter Muskulatur** in der Wand der Harnröhre als auch **quergestreifte Muskulatur** im Dammbereich beteiligt (▶ Abb. 7.3):
- **Glatte Muskulatur** der Ringmuskelschicht der **Urethra** („M. sphincter urethrae internus"). Diese Muskelschicht wird **sympathisch** aktiviert. Ein echter Sphinkter ist morphologisch nicht abgrenzbar. Die Muskulatur verhindert beim Mann eine retrograde Ejakulation in die Harnblase. Der Beitrag zur Harnkontinenz ist dagegen unklar.
- **M. sphincter urethrae externus:** Beim Mann ist dieser Muskel eine Abspaltung des M. transversus perinei profundus, der bei der Frau keinen eigenständigen Muskel bildet. Dieser quergestreifte Muskel wird vom N. pudendus innerviert und ermöglicht einen willkürlichen Verschluss der Harnwege.

Zusätzlich sind auch die Form und die **Funktion des Beckenbodens** (Diaphragma pelvis) für die Kontinenz entscheidend, da er die Harnblase stützt.

Obwohl die Harnblase ein Fassungsvermögen von 500–1500 ml hat, tritt ab 250 ml bereits Harndrang auf. Beim **Wasserlassen (Miktion)** wird durch Dehnungsrezeptoren ein vegetativer **Reflexbogen im sakralen Anteil des Parasympathikus (S2–S4)** im Rückenmark aktiviert, der den Tonus der glat-

▶ 7.2 Harnblase und Harnröhre ▶ 7.2.4 Leitungsbahnen

Tab. 7.1 Mechanismen bei der Miktion	
Über parasympathischen Reflexbogen (S2–S4)	• Reflektorische Kontraktion des M. detrusor vesicae (parasympathisch, S2–S4)
Reguliert durch Miktionszentrum im Hirnstamm (Pons)	• Erschlaffung des Beckenbodens → Tiefertreten der Blase • Erschlaffung der Ringmuskulatur der Urethra (Hemmung des Sympathikus) • Erschlaffung des M. sphincter urethrae externus

Die Therapie besteht aus einem Training der Beckenbodenmuskulatur und ggf. aus einer operativen Raffung des Beckenbodens. Bei Männern führt operative Entfernung der Prostata aufgrund der Schädigung der glatten Muskulatur der proximalen Harnröhre ebenfalls oft zur Inkontinenz.

7.2.4 Leitungsbahnen von Harnblase und Harnröhre

Arterien

Harnblase
- Oberer Teil (zwei Drittel): A. vesicalis superior (aus der A. umbilicalis der A. iliaca interna)
- Blasengrund und -hals (ein Drittel): A. vesicalis inferior

Harnröhre A. vesicalis inferior oder bei der Frau A. vaginalis, beim Mann wird die Pars spongiosa von einer eigenen A. urethralis (Endast der A. bulbi penis aus A. pudenda interna) versorgt.

Venen
Die Venen entsprechen den jeweiligen Arterien. Der **Plexus venosus vesicalis** drainiert über die **Vv. vesicales** in die V. iliaca interna.

Lymphgefäße
Nodi lymphoidei iliaci interni und externi, von dort zu den **Nodi lymphoidei lumbales.** Nur die Lymphbahnen aus der Pars spongiosa der männlichen Urethra erhalten wie die des Penis Anschluss an die Leistenlymphknoten (**Nodi lymphoidei inguinales**).

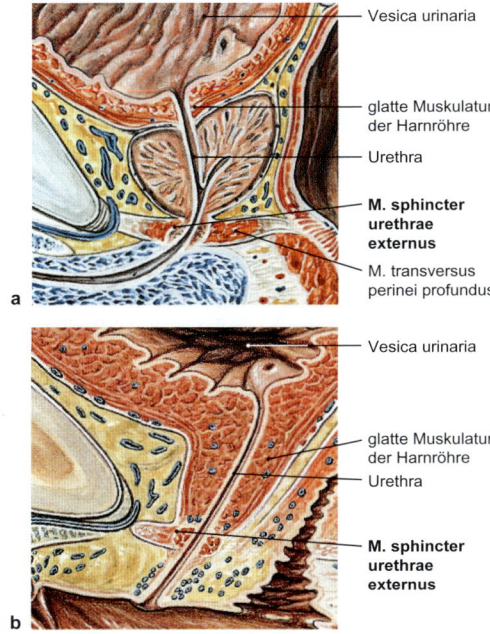

Abb. 7.3 Verschlussmechanismen von Harnblase und Harnröhre; Medianschnitt; Ansicht von links. a) Ansicht beim Mann. b) Ansicht bei der Frau. [S007-2-23]

ten Muskulatur der Harnblasenwand (M. detrusor vesicae) steigert und zur Erschlaffung der Schließmuskeln führt (▶ Tab. 7.1).

Klinik

Inkontinenz
Wenn die Verschlussmechanismen versagen, kommt es zur Inkontinenz, die in höherem Alter besonders bei Frauen häufig ist, wenn der Beckenboden nach Schwangerschaften geschwächt ist (Beckenbodeninsuffizienz).

Innervation
Die ableitenden Harnwege werden über den **Plexus hypogastricus inferior** sowohl **sympathisch** als auch **parasympathisch** innerviert (▶ Kap. 7.1.2):
- Der **Sympathikus** hemmt die Peristaltik der glatten Muskulatur des Ureters und den M. detrusor vesicae, aktiviert aber die glatte Muskulatur der Urethra am Blasenausgang.
- Der **Parasympathikus** fördert dagegen die Peristaltik und aktiviert den Miktionsreflex.

Es kommen auch **afferente Nervenfasern** vor, die zum einen den Miktionsreflex auslösen und auch als Schmerzfasern Überdehnung (z. B. bei abgehenden Nierensteinen) wahrnehmen. Die Pars spongiosa der männlichen Harnröhre ist wie der Penis sensorisch über den N. pudendus innerviert und daher stark schmerzempfindlich.

Organe der Beckenhöhle

7.3 Mastdarm und Analkanal

Mastdarm (Rectum) und **Analkanal (Canalis analis)** sind die letzten Abschnitte des Dickdarms und dienen der Zwischenspeicherung und der kontrollierten Ausscheidung des Stuhls.

7.3.1 Gliederung, Projektion und Bau von Mastdarm und Analkanal

Das Rectum (12 cm) schließt sich an das Colon sigmoideum an (II.–III. Sakralwirbel). Beim Durchtritt durch den Beckenboden setzt sich der Mastdarm in den Analkanal (3–4 cm) fort, der von seinen Schließmuskeln umgeben wird und am Anus endet. Der anorektale Übergang projiziert auf die Spitze des Steißbeins.

In der Sagittalebene weist das **Rectum 2 Biegungen** auf:
- **Flexura sacralis** (dorsal konvex): passiv durch die Anlagerung an das Kreuzbein gebildet
- **Flexura perinealis** (ventral konvex): aktiv durch den Zug einer Muskelschlinge (M. puborectalis) des M. levator ani hervorgerufen

Dieser Raum innerhalb der **Eingeweidefaszie (Fascia pelvis visceralis)** des Rectums (klin.: „mesorektale Faszie") wird klinisch als **„Mesorectum"** bezeichnet. Sie umgibt einen mit Fett und Bindegewebe ausgefüllten Raum, der die Leitungsbahnen des Rectums und die regionären Lymphknoten enthält. Die mesorektale Faszie trennt damit das Rectum mit seinen Leitungsbahnen vom Plexus hypogastricus inferior, der das große vegetative Nervengeflecht des Beckens darstellt und damit für die Innervation aller Beckeneingeweide zuständig ist.

Der obere, proximale Teil des Rectums (⅔) bis zur Flexura sacralis liegt **sekundär retroperitoneal**, der untere, distale Teil (⅓) und der Analkanal befinden sich im **Subperitonealraum**.

Mastdarm und Analkanal unterscheiden sich ebenso wie der Wurmfortsatz von den übrigen Abschnitten des Dickdarms, sodass der Übergang des Colon sigmoideum in das Rectum z. B. bei Operationen mit bloßem Auge erkennbar ist:
- **Keine Tänien,** sondern eine geschlossene Längsmuskelschicht
- **Keine Haustren**
- **Keine Appendices epiploicae**
- **Falten:** Das Rectum weist 3 (nur von innen sichtbare) unregelmäßige Querfalten (Plicae transversae recti) auf, im Analkanal dagegen bestehen Längsfalten (Columnae anales)

Eine der Falten ist relativ konstant 6–9 cm oberhalb der Linea anocutanea tastbar **(Plica transversa recti = KOHLRAUSCH-Falte).** Unter dieser Falte ist das Rectum zur **Ampulla recti** erweitert. Die **Linea anorectalis** bildet den Übergangsbereich zum Analkanal, der anhand des Wechsels der Querfalten des Rectums zu den Längsfalten des Analkanals zu erkennen ist.

Der **Analkanal** wird in **3 Abschnitte** gegliedert (▶ Abb. 7.4):
- **Zona columnaris:** Sie reicht von der **Linea anorectalis** bis zur Linea pectinata und enthält 6–10 Längsfalten **(Columnae anales),** die durch einen Schwellkörper **(„Corpus cavernosum ani")** aufgeworfen werden. Die Längsfalten sind nach unten durch **Valvulae anales** begrenzt, die sich kaudalwärts in kurze Taschen fortsetzen, in deren Tiefe die **Analdrüsen** (Glandulae anales, Proktodealdrüsen) einmünden.
- **Zona alba (Anoderm) oder Pecten analis** (1 cm): reicht von der **Linea pectinata** (klin.: Linea dentata) bis zur Linea anocutanea.
- **Zona cutanea (Perianalhaut):** Sie beginnt an der unscharfen **Linea anocutanea** und bildet die Übergangszone zur Außenhaut. Die Haut ist stark gefältelt, pigmentiert und haarlos. Etwas vom Anus entfernt befindet sich schließlich die Perianalregion mit Haaren, Talg- und Schweißdrüsen. An der Grenze zwischen Zona cutanea und Perianalregion befindet sich subepithelial der Plexus venosus subcutaneus.

> **Klinik**
>
> **Totale mesorektale Exzision, Prostatauntersuchung**
>
> Die mesorektale Faszie ist eine wichtige Grenzstruktur in der koloproktologischen Chirurgie. Sie erlaubt bei einem **Rektumkarzinom** eine blutungsarme Entfernung des Rectums mit seinen regionären Lymphknoten **(totale mesorektale Exzision, TME).** Bei der TME kann der Plexus hypogastricus inferior geschont werden, der für die Harn- und Stuhlkontinenz sowie beim Mann Erektion und Ejakulation und bei der Frau u. a. für die Funktion der Schwellkörper und der BARTHOLIN-Drüsen wichtig ist. Damit können Inkontinenz und Störungen der Sexualfunktionen meist vermieden werden.
>
> Da das Rectum beim Mann nur durch die dünne Fascia rectoprostatica (DENONVILLIER-Faszie) von der Prostata getrennt ist, ist die **Prostata bei der rektalen Untersuchung** diagnostisch zugänglich. Aufgrund der Häufigkeit der gutartigen Prostataadenome (Prostatahyperplasie) und der bösartigen Prostatakarzinome gehört die rektale Untersuchung bei allen Männern

▶ 7.3 Mastdarm und Analkanal ▶ 7.3.2 Kontinenzorgan

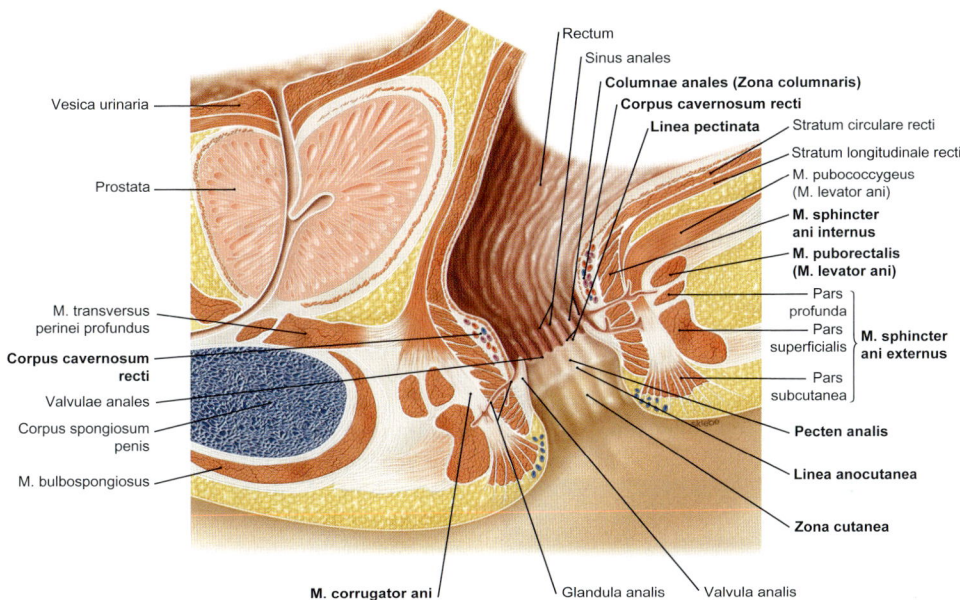

Abb. 7.4 Rectum und Analkanal beim Mann mit Darstellung des Kontinenzorgans; Medianschnitt; Ansicht von links. [L238]

Rektumprolaps, Analfisteln, -abszesse

Da das Rectum Querfalten (Plicae transversae recti), der Analkanal dagegen Längsfalten (Columnae anales) aufweist, kann man bei einer Ausstülpung von Darmabschnitten aus dem Anus (Prolaps) mit bloßem Auge erkennen, ob es sich um einen **Rektum-** oder einen **Analprolaps** handelt. Weil die Versorgungsgebiete der Leitungsbahnen dort wechseln, ist die Linea pectinata eine wichtige Orientierungslinie bei der **Diagnostik und Therapie von Karzinomen des Analkanals.** Die Proktodealdrüsen können die Schließmuskeln durchsetzen und bei Entzündung zur Bildung von **Fisteln und Abszessen** führen, die sich in die Fossa ischioanalis ausbreiten können.

7.3.2 Kontinenzorgan

Kontinenz ist die Fähigkeit, Darminhalt/Stuhl reflektorisch und willkürlich zurückzuhalten und seine Entleerung zum gewünschten Zeitpunkt einzuleiten. Das Kontinenzorgan setzt sich aus Schließmuskeln und einem arteriellen Gefäßplexus zusammen (**angiomuskulärer Verschlussapparat**) (▶ Abb. 7.4):
- **M. puborectalis** (quergestreifte Muskulatur, willkürlich vom N. pudendus innerviert): Der puborektale Anteil des M. levator ani umgreift den distalen Abschnitt des Rectums am Übergang zum Analkanal.
- **M. sphincter ani externus:** quergestreifte Muskulatur, willkürlich vom N. pudendus innerviert
- **M. sphincter ani internus:** 70 % der Kontinenzleistung in Ruhe, glatte Muskulatur, unwillkürlich, sympathisch aktiviert
- **M. corrugator ani:** glatte Muskulatur, unwillkürlich, sympathisch aktiviert: Fortsetzung der Längsmuskulatur der Darmwand
- **M. canalis ani:** Aus dem M. sphincter ani internus und der Längsmuskelschicht des Rectums durchdringen Fasern das Corpus cavernosum.
- **Corpus cavernosum ani** (ca. 10 % der Kontinenzleistung): arteriell gespeist aus der A. rectalis superior. Es ermöglicht den gas-, wasser- und stuhldichten Verschluss (**Feinkontinenz**).

Klinik

Beim **Stuhlgang (Defäkation)** wird durch Dehnungsrezeptoren in der Ampulla recti ein vegetativer **Reflexbogen im sakralen Anteil des Parasympathikus (S2–S4)** im Rückenmark aktiviert (Defäkationsreflex) (▶ Tab. 7.2), der die peristaltische Aktivität der Muskulatur von Colon sigmoideum und Rectum steigert und den Tonus der Schließmuskeln senkt.

Organe der Beckenhöhle

7.3.3 Leitungsbahnen von Rectum und Analkanal

Arterien

- **A. rectalis superior** (unpaar): aus der A. mesenterica inferior, versorgt den größten Teil des Rectums, den M. sphincter ani internus sowie die Schleimhaut des Analkanals **ober**halb der Linea pectinata und damit auch den Schwellkörper („Corpus cavernosum ani"). Ihre Äste anastomosieren mit der A. rectalis inferior.
- **A. rectalis media** (paarig): Abgang aus der A. iliaca interna **ober**halb des Beckenbodens (M. levator ani). Allerdings ist die Arterie selten auf beiden Seiten ausgebildet und kann sogar beidseits fehlen. Wenn vorhanden, unterstützt sie die Blutzufuhr im unteren Drittel des Rectums.
- **A. rectalis inferior** (paarig): Abgang aus der A. pudenda interna **unter**halb des Beckenbodens. Sie versorgt von außen den Analkanal mit seinen Schließmuskeln bis zum unteren Drittel des Rectums sowie die Schleimhaut des Analkanals **unter**halb der Linea pectinata.

Tab. 7.2 Mechanismen beim Stuhlgang (Defäkation)

Über parasympathischen Reflexbogen (S2–S4, Hirnstamm)	Willkürlich (Thalamus und Großhirn)
• Reflektorische Kontraktion der Muskulatur von Colon sigmoideum und Rectum (parasympathisch, S2–S4) • Erschlaffung des M. spincter ani internus (Hemmung des Sympathikus)	• Erschlaffung des M. puborectalis und des Beckenbodens → Verstreichen der Flexura perinealis und Aufrichtung des Rectums • Erschlaffung des M. sphincter ani externus

Venen

Die Venen des Rectums bilden im Mesorectum ein ausgedehntes Geflecht (**Plexus venosus rectalis**). Aus diesem fließt das Blut entsprechend den Arterien von Rectum und Analkanal über **3 Venen** ab (▶ Abb. 7.5):

- **V. rectalis superior** (unpaar): Anschluss über die V. mesenterica inferior an die Pfortader (V. portae hepatis)
- **V. rectalis media** (paarig, aber sehr variabel): Anschluss über die V. iliaca interna an die untere Hohlvene (V. cava inferior)
- **V. rectalis inferior** (paarig): Anschluss über die V. pudenda interna und die V. iliaca interna an die V. cava inferior

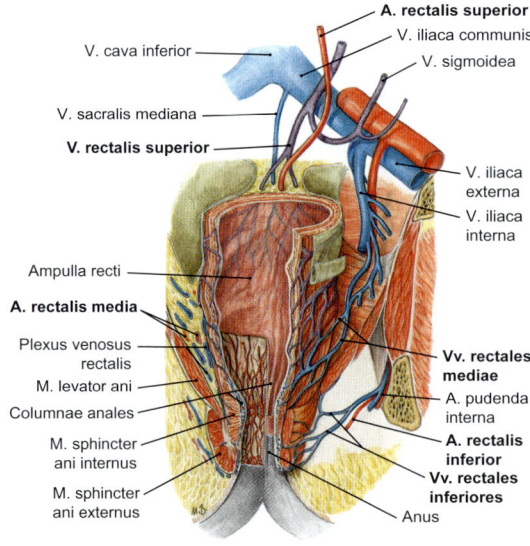

Abb. 7.5 Arterielle und venöse Versorgung von Rectum und Analkanal. Ansicht von ventral. Zuflüsse zur V. portae hepatis (violett) und zur V. cava inferior (blau). [S007-2-23]

Die Grenze zwischen dem Abflussgebiet der V. portae hepatis und der V. cava inferior liegt im Bereich der **Linea pectinata**. Allerdings gibt es hier zahlreiche Verbindungen.

Lymphgefäße

Regionäre Lymphknoten sind die **Nodi lymphoidei anorectales/pararectales,** die direkt dem Darm anliegen, und von dort erfolgt der Lymphabfluss in die **Nodi lymphoidei rectales superiores** im Mesorectum.
Vom **proximalen Rectum** gelangt die Lymphe dann über die **Nodi lymphoidei mesenterici inferiores** zu den **Nodi lymphoidei lumbales** und in die **Trunci lumbales.**

> Das **distale Rectum** und der **Analkanal** haben ebenfalls Anschluss an das Drainagegebiet der Trunci lumbales. Die erste Lymphknotenstation sind die **Nodi lymphoidei iliaci interni** bzw. unterhalb der **Linea pectinata** die **Nodi lymphoidei inguinales superficiales** in der Leiste.

Innervation

Der **Plexus rectalis** ist ein Teil des Plexus hypogastricus inferior und enthält entsprechend sympathische und parasympathische Nervenfasern (▶ Tab. 7.3):
- Die **sympathischen** Fasern aktivieren den M. sphincter ani internus und sichern damit die Kontinenz.
- Die **parasympathischen** Nervenfasern fördern die Peristaltik und hemmen den Schließmuskel.

> **Merke**
>
> Entwicklungsgeschichtlich bedingt kommt es (wie an der linken Kolonflexur) an der **Linea pectinata** zu einem Wechsel der Versorgungsgebiete **aller Leitungsbahnen:**
> - **Arterien:** A. mesenterica inferior ↔ A. iliaca interna
> - **Venen:** V. portae hepatis ↔ V. iliaca interna
> - **Lymphknoten:** Nodi lymphoidei iliaci interni ↔ Nodi lymphoidei inguinales
> - **Innervation:** vegetative Innervation (Plexus mesentericus inferior und hypogastricus inferior) ↔ somatische Innervation (N. pudendus)

Tab. 7.3 Innervation von Rectum und Analkanal

Innervation von Rectum und Analkanal oberhalb der Linea pectinata	Innervation des Analkanals unterhalb der Linea pectinata
• Sympathisch (T10–L3) über den Plexus mesentericus inferior und den Plexus hypogastricus inferior • Parasympathisch (S2–S4) über den Plexus hypogastricus inferior	• Somatisch durch den N. pudendus

Klinik

Hämorrhoiden

Hämorrhoiden sind krankhafte Erweiterungen des Corpus cavernosum ani und kommen häufig vor. Die Ursachen sind weitgehend unklar, scheinen aber mit den Ernährungsgewohnheiten in den Industrienationen (viel Fett, wenig Ballaststoffe) einherzugehen. Da der Schwellkörper des Analkanals überwiegend von der A. rectalis superior gespeist wird, sind **Blutungen aus Hämorrhoiden** arterielle Blutungen, die durch ihre hellrote Farbe auffallen. Die Therapie erfolgt durch Sklerosierung, Gummibandligatur oder operative Fixierung oder Entfernung.

Suppositorien

Bei der Gabe von Suppositorien („Zäpfchen") macht man sich die venösen Drainageverhältnisse gezielt zunutze: Absicht ist es, dem Körper die Wirkstoffe nicht über den Portalkreislauf der Leber zuzuführen, die bereits einen erheblichen Teil abbauen würde. Daher dürfen Suppositorien nicht zu weit nach kranial in den Analkanal eingeschoben werden, da der Wirkstoff sonst über die V. rectalis superior via V. portae direkt zur Leber drainiert wird.

Anal- und Perianalvenenthrombose

Die Anal- und die Perianalvenenthrombose sind schmerzhaft Blutgerinnsel in den perianalen Venen. Bei einer Druckerhöhung im Portalkreislauf **(portale Hypertonie)**, z. B. bei Leberzirrhose, kann das Blut über **portokavale Anastomosen** zur unteren Hohlvene gelangen. Hämorrhoiden entstehen dabei nicht.

Linea pectinata als Orientierungshilfe

Solange ein **bösartiger Tumor** auf die Darmwand beschränkt bleibt, kommen lokale Lymphknotenmetastasen meist nur im Mesorectum vor, sodass mit einer totalen mesorektalen Exzision (TME) eine Heilung möglich ist. Wenn der Tumor aber unterhalb der Linea pectinata seinen Ausgang nimmt, sind auch inguinale Lymphknotenmetastasen möglich, die eine geänderte therapeutische Strategie erfordern.

Organe der Beckenhöhle

Da die Versorgungsgebiete der Leitungsbahnen dort wechseln, ist die Linea pectinata eine wichtige Orientierungslinie im Rahmen der **Klinik und Operation von Karzinomen des Rectums und des Analkanals:**
- Proximal von der Linea pectinata gelegene Tumoren metastasieren in die Beckenlymphknoten und über das venöse Blut in die Leber. Proximale Tumoren sind i. d. R. schmerzlos.
- Distale Karzinome metastasieren zunächst in die Lymphknoten der Leiste und venös in die Lunge. Die distalen Tumoren können besonders aufgrund ihrer somatischen Innervation durch den N. pudendus extrem schmerzhaft sein.

7.4 Männliche Geschlechtsorgane

7.4.1 Gliederung und Funktion der männlichen Geschlechtsorgane

Die männlichen Geschlechtsorgane untergliedern sich in die inneren und die äußeren männlichen Geschlechtsorgane (▶ Abb. 7.6). Während die äußeren Geschlechtsorgane außerhalb des Körpers in der Dammregion (▶ Kap. 7.6) gelegen sind, befinden sich die inneren Geschlechtsorgane in der Beckenhöhle oder wurden nach ihrer Entwicklung in der Leibeshöhle in den Hodensack verlagert.

Die **äußeren Geschlechtsorgane** umfassen:
- Glied (Penis)
- Harnröhre (Urethra masculina) (▶ Kap. 7.2)
- Hodensack (Scrotum)

Zu den **inneren männlichen Geschlechtsorganen** zählen:
- Hoden (Testis)
- Nebenhoden (Epididymis)
- Samenleiter (Ductus deferens)
- Samenstrang (Funiculus spermaticus)
- Akzessorische Geschlechtsdrüsen:
    - Vorsteherdrüse (Prostata)
    - Bläschendrüse (Glandula vesiculosa), paarig
    - COWPER-Drüse (Glandula bulbourethralis), paarig

Die **äußeren Geschlechtsorgane** sind die **Sexualorgane**. Der Penis dient dem Geschlechtsverkehr. Der Hodensack umhüllt Hoden, Nebenhoden, den ersten Abschnitt des Samenleiters sowie deren Leitungsbahnen und ermöglicht durch die Lagerung des Hodens außerhalb des Körpers die für die Bildung der Spermien notwendige Absenkung der Umgebungstemperatur.

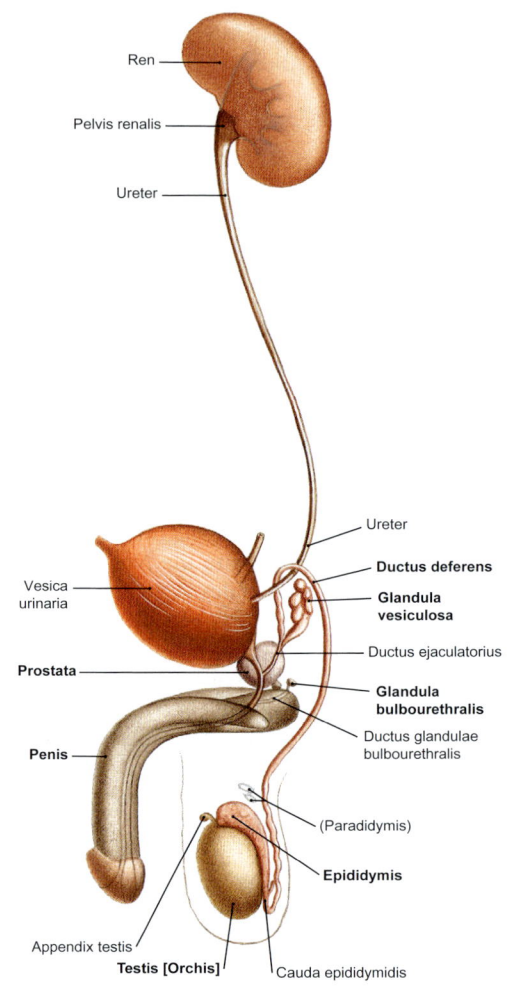

Abb. 7.6 Männliche Harn- und Geschlechtsorgane. Ansicht von rechts. [S007-2-23]

Die **inneren Geschlechtsorgane** sind **Fortpflanzungsorgane** mit unterschiedlichen **Funktionen:**
- Hoden: Bildung von Samenzellen und Geschlechtshormonen (Testosteron)
- Nebenhoden und Samenleiter: Speicherung und Transport der Samenzellen
- Samenstrang: Führung von Samenleiter und Leitungsbahnen des Hodens
- Akzessorische Geschlechtsdrüsen: Sekrete des Ejakulats und Gleitmittel

7.4.2 Penis und Scrotum

Der Penis ist im erschlafften Zustand ca. 10 cm lang und gliedert sich in **Schaft (Corpus penis)** und **Wurzel (Radix penis)** (▶ Abb. 7.6). Die Peniswurzel ist an der vorderen Rumpfwand durch 2 Bänder befestigt:
- **Lig. fundiforme penis** (oberflächlich)
- **Lig. suspensorium penis** (tief)

Das distale Ende des Penis ist zur **Eichel (Glans penis)** verdickt, die im erschlafften Zustand des Penis von der Vorhaut (Preputium penis) bedeckt wird. Aufgebaut wird der Penisschaft aus den paarigen Penisschwellkörpern **(Corpora cavernosa penis)**, die von einer derben Hülle (Tunica albuginea) umgeben und durch ein Septum penis getrennt sind, sowie aus dem Harnröhrenschwellkörper **(Corpus spongiosum penis)**, der die Urethra umgibt. Die Corpora cavernosa sind mit den proximalen Enden (Crura penis) an den unteren Schambeinästen fixiert und werden von den Mm. ischiocavernosi stabilisiert. Das Corpus spongiosum ist proximal zum Bulbus penis erweitert, der vom M. bulbospongiosus bedeckt wird, und bildet distal die Glans penis. Außen werden alle Schwellkörper zusammen von der Penisfaszie **(Fascia penis)** umhüllt.

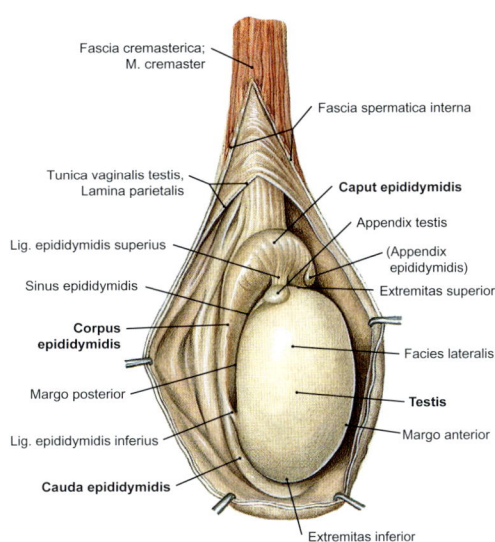

Abb. 7.7 Hoden, Testis [Orchis], und Nebenhoden, Epididymis. Ansicht von rechts. [S007-2-23]

Klinik

Wenn die Vorhaut zu eng ist **(Phimose)** und sich nicht zurückstreifen lässt, kann es zu Störungen beim Wasserlassen und zu Infektionen kommen. Dann muss die Vorhaut durch Umschneidung (Zirkumzision) entfernt werden. **Verletzungen der Haltebänder** können zu Verkrümmungen des Penis führen.

Der **Hodensack** (das **Scrotum**) bildet eine Hülle um Hoden und Nebenhoden.

7.4.3 Hoden und Nebenhoden

Zwischen der Wand des Scrotums und dem Hoden befindet sich als weitere Hülle die **Tunica vaginalis testis** (▶ Abb. 7.7):
- Periorchium: außen und damit auf der Innenseite des Scrotums gelegen
- Epiorchium: innen auf der Oberfläche des Hodens.

Zwischen diesen beiden Blättern befindet sich die „**Cavitas serosa scroti**", die einer im Zuge des Deszensus des Hodens entstandenen Aussackung der Peritonealhöhle entspricht.

Klinik

Hodentorsion

Erkrankungen des Hodens, die häufig im Kindes- und Jugendalter auftreten, können teilweise sehr fulminant verlaufen und mit stärksten Schmerzen einhergehen **(akutes Scrotum).** Am häufigsten ist die **Hodentorsion,** bei der sich der Hoden um seine Längsachse dreht und durch Torsion des Samenstrangs und der darin enthaltenen A. testicularis die Durchblutung einschränkt, was bereits nach wenigen Stunden zu irreversiblen Schäden führen kann. Die Torsion tritt meist spontan oder beim Sport auf. Nach dopplersonografischem Nachweis der Durchblutungsstörung muss sofort operiert werden: Der betroffene Hoden wird dabei zurückgedreht und beide Hoden im Scrotum fixiert.

Hydatidentorsionen, Mumps-Infektion

Differenzialdiagnostisch kommen Torsionen der kleinen Anhänge von Hoden und Nebenhoden **(Hydatidentorsionen)** vor, die allerdings konservativ mit Schmerzmitteln behandelt werden, sowie bakterielle und virale (Mumps-)**Infektionen,** bei denen Hoden oder Nebenhoden entzündlich geschwollen sind.

Asymptomatische Hodenvergrößerungen

Beim Erwachsenen sind asymptomatische Hodenvergrößerungen immer als Hinweis auf einen möglichen **Hodentumor** zu werten, der ggf. durch eine Biopsie ausgeschlossen werden muss.

Organe der Beckenhöhle

7.4.4 Samenleiter und Samenstrang

Der **Samenleiter (Ductus deferens)** ist 35–40 cm lang und 3 mm dick und zieht durch Samenstrang und Leistenkanal. Im Becken **über**quert er den Ureter, bevor er sich der Dorsalseite der Harnblase anlegt, wo er sich mit dem Ausführungsgang der Bläschendrüse zum **Ductus ejaculatorius** verbindet und in die Pars prostatica der Harnröhre mündet (▶ Abb. 7.9).

Der **Samenstrang (Funiculus spermaticus)** bildet im Scrotum und im Leistenkanal ein Hüllsystem (▶ Tab. 7.4) um den Samenleiter und die Leitungsbahnen des Hodens (▶ Tab. 7.5, ▶ Abb. 7.8).

Tab. 7.4 Schichten des Samenstrangs (▶ Abb. 7.8)

- Skrotalhaut (Cutis)
- Tunica dartos: Subcutis des Scrotums mit glatter Muskulatur
- Fascia spermatica externa: Fortsetzung der oberflächlichen Körperfaszie (Fascia abdominalis superficialis)
- M. cremaster mit Fascia cremasterica
- Fascia spermatica interna: Fortsetzung der Fascia transversalis

Tab. 7.5 Inhalt des Samenstrangs (▶ Abb. 7.8)

Samenleiter (Ductus deferens)	• Mit A. ductus deferentis (aus der A. umbilicalis)
Leitungsbahnen des Hodens	• A. testicularis aus der Bauchaorta und als venöses Begleitgeflecht der Plexus pampiniformis • Lymphgefäße (Vasa lymphatica) zu den lumbalen Lymphknoten • Vegetative Nervenfasern (Plexus testicularis) aus den Geflechten der Bauchaorta
Hüllen	• N. genitofemoralis, R. genitalis (Innervation des M. cremaster) Außen dem Samenstrang angelagert: • N. ilioinguinalis • A. und V. cremasterica (aus A./V. epigastrica inferior)

Klinik

Bei der **Operation einer Leistenhernie** muss beim Mann darauf geachtet werden, dass der Leistenkanal nicht zu sehr verengt wird, weil sonst die A. testicularis komprimiert wird und eine Unfruchtbarkeit entstehen kann.
Da der Samenleiter vor Eintritt in den Leistenkanal leicht zugänglich ist, kann er zur Sterilisation beidseits unterbunden werden **(Vasektomie).**

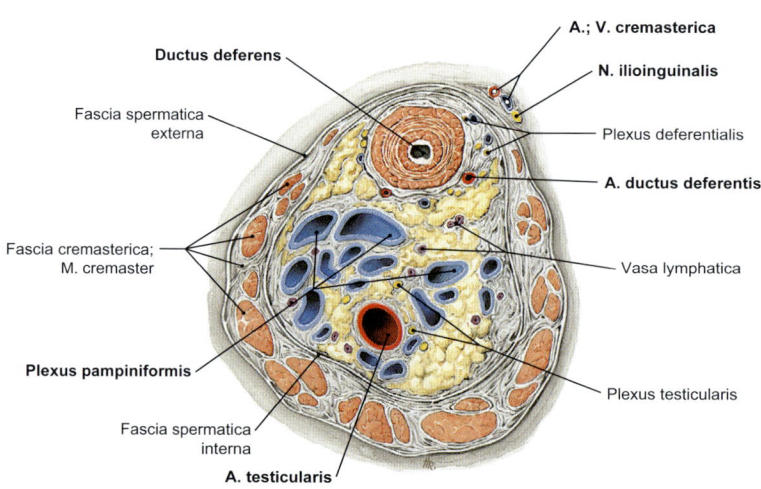

Abb. 7.8 Hüllen und Inhalt des Samenstrangs, links. Frontalschnitt; Ansicht von ventral [L240]

7.4.5 Akzessorische Geschlechtsdrüsen

Zu den akzessorischen Geschlechtsdrüsen zählen:
- **Vorsteherdrüse (Prostata):** unpaar
- **Bläschendrüsen (Glandulae vesiculosae):** paarig
- **COWPER-Drüsen (Glandulae bulbourethrales):** paarig

Die **Prostata** ist 4 × 3 × 2 cm groß (20 g) und liegt **subperitoneal** unter dem Blasengrund. Sie besitzt oben eine Basis und unten eine Spitze und ist in einen rechten und einen linken Lappen (**Lobus dexter und Lobus sinister**), die durch eine flache Rinne getrennt werden, sowie in einen **Lobus medius** gegliedert (▶ Abb. 7.9). Innen wird die Prostata von der Harnröhre (Pars prostatica) durchquert, in die ihre 30–50 Einzeldrüsen jeweils über eigene Ausführungsgänge **beidseits** des Colliculus seminalis ihr Sekret abgeben. Sie bildet 15–30 % der Flüssigkeitsmenge des Ejakulats.

In ihrem Inneren ist die Prostata in verschiedene **Zonen** gegliedert, die höchste klinische Relevanz besitzen (▶ Abb. 7.9):
- **Zentrale Zone oder Innenzone** (25 % des Drüsengewebes): keilförmiges Segment zwischen Ductus ejaculatorii bis zu deren Einmündung und der Urethra
- **Periphere Zone oder Außenzone** (70 % des Drüsengewebes): umgibt mantelförmig die Innenzone auf der Dorsalseite.
- **Anteriore Zone:** drüsenfreies Gebiet ventral der Urethra
- **Periurethrale Zone:** schmaler Gewebestreifen um die proximale Urethra
- **Transitions- oder Übergangszone** (5 % des Drüsengewebes): beidseits lateral der periurethralen Zone

Klinik

Prostatakarzinome

Prostatakarzinome gehören zu den 3 häufigsten bösartigen Tumoren des Mannes. Sie gehen meist von der Außenzone der Drüse aus und verursachen daher erst spät Symptome. Weil die Prostata nur durch die dünne Fascia rectoprostatica (DENONVILLIER-Faszie) vom Rectum getrennt ist, sind die Tumoren bei der klinischen Untersuchung von rektal tastbar. Daher gehört die rektale Untersuchung bei einem über 50-jährigen Mann zu einer vollständigen Untersuchung.

Prostataadenome

Prostataadenome sind gutartige Vergrößerungen (Prostatahyperplasie) der Drüse bis zu einem Gewicht von über 100 g und kommen in unterschiedlicher Ausprägung bei nahezu jedem Mann über 70 Jahre vor. Da diese Adenome von der Transitionszone ausgehen, die seit einigen Jahren von der Innenzone unterschieden wird, kommt es hier frühzeitig zu Störungen beim Wasserlassen.

Die **Bläschendrüsen** (5 × 1 × 1 cm) liegen **subperitoneal** der Dorsalseite der Harnblase auf (▶ Abb. 7.9). Ihr Ausführungsgang vereinigt sich mit dem Ductus deferens zum Ductus ejaculatorius und endet in der Pars prostatica der Harnröhre **auf** dem Colliculus seminalis. Ihr Sekret bildet 50 bis 80 % des Ejakulats.

Die **COWPER-Drüsen** sind in die Dammmuskulatur (M. transversus perinei profundus) eingebettet (▶ Abb. 7.9). Die Einzeldrüsen haben einen Durchmesser von ca. 1 cm und münden beidseits mit ihren 3 cm langen Ausführungsgängen proximal in die Pars spongiosa der Urethra.

7.4.6 Leitungsbahnen der äußeren Geschlechtsorgane

Arterien

Der Penis wird von **3 paarigen Arterien** aus der A. pudenda interna versorgt (▶ Abb. 7.10):
- **A. dorsalis penis:** verläuft **sub**faszial und versorgt Penishaut und Glans.
- **A. profunda penis:** liegt in den Corpora cavernosa, für deren Füllung sie zuständig ist.
- **A. bulbi penis:** dringt in den Bulbus penis ein, versorgt die COWPER-Drüsen, Harnröhre und Corpus spongiosum.

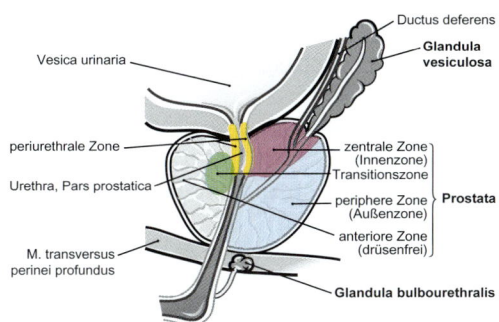

Abb. 7.9 Prostata und Bläschendrüsen. Sagittalschnitt, Ansicht von links. [L126]

Organe der Beckenhöhle

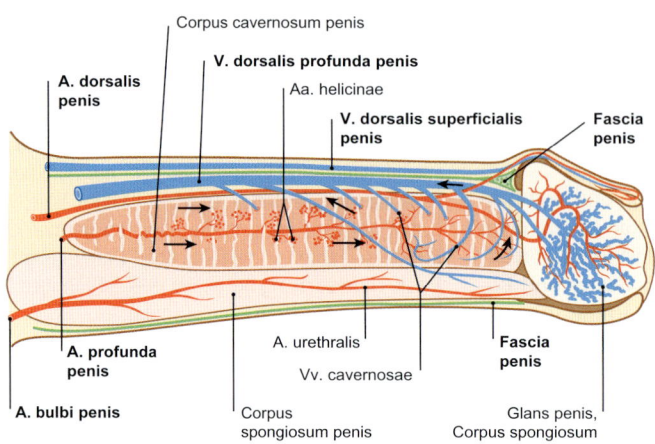

Abb. 7.10 Arterien und Venen des Penis. [L126]

Venen
Das Blut wird von **3 Venensystemen** aufgenommen:
- **V. dorsalis superficialis penis:** paarig oder unpaar, liegt **epi**faszial in der Subcutis und leitet das Blut aus der Penishaut zur V. pudenda externa.
- **V. dorsalis profunda penis:** unpaar, verläuft **sub**faszial und drainiert die Schwellkörper über Vv. cavernosae zum Plexus venosus prostaticus.
- **V. bulbi penis:** paarig, sie bringt Blut vom Bulbus penis zur V. dorsalis profunda penis.

> **Merke**
>
> Bei der **Erektion des Penis** kommt es – parasympathisch aktiviert – zu einer Dilatation der A. profunda penis und damit zu einer Füllung der Corpora cavernosa. Diese komprimieren die V. dorsalis profunda penis unter der straffen Penisfaszie, sodass das Blut nicht abfließen kann.

Unter zusätzlicher Kontraktion der Mm. ischiocavernosi (vom N. pudendus innerviert) kommt es zur Erektion.

Das **Scrotum** wird aus der A. pudenda interna (Rr. scrotales posteriores) und den Aa. pudendae externae (Rr. scrotales anteriores) sowie der A. cremasterica versorgt. Die Venen entsprechen den Arterien.

Lymphgefäße
Die **Nodi lymphoidei inguinales superficiales** in der Leiste sind die erste Lymphknotenstation (▶ Abb. 7.11).

Innervation
Die äußeren männlichen Geschlechtsorgane sind sowohl **vegetativ als auch somatisch** innerviert:
- Die überwiegend **parasympathische Innervation** steigert die Durchblutung der Penisschwellkörper und induziert dadurch die Erektion des Penis. Die postganglionären Neurone aus dem Plexus hypogastricus inferior durchdringen als **Nn. cavernosi penis** den Beckenboden und ziehen (teils unter Anlagerung an den N. dorsalis penis) in die Schwellkörper.
- Die **somatische Innervation** erfolgt motorisch und sensorisch über den **N. pudendus.** Die Sensorik dient der sexuellen Erregung, die motorische Innervation der Dammmuskulatur (M. bulbospongiosus und M. ischiocavernosus) unterstützt die Ejakulation des Spermas aus der Harnröhre.

7.4.7 Leitungsbahnen der inneren Geschlechtsorgane

Arterien
- **Hoden und Nebenhoden: A. testicularis** aus der Bauchaorta
- **Samenleiter: A. ductus deferentis** meist aus der A. umbilicalis
- **Hüllen des Samenstrangs: A. cremasterica** aus der A. epigastrica inferior
- **Akzessorische Geschlechtsdrüsen: A. vesicalis inferior** und **A. rectalis media, A. pudenda interna** (COWPER-Drüsen)

▶ 7.4 Männliche Geschlechtsorgane ▶ 7.4.7 Leitungsbahnen

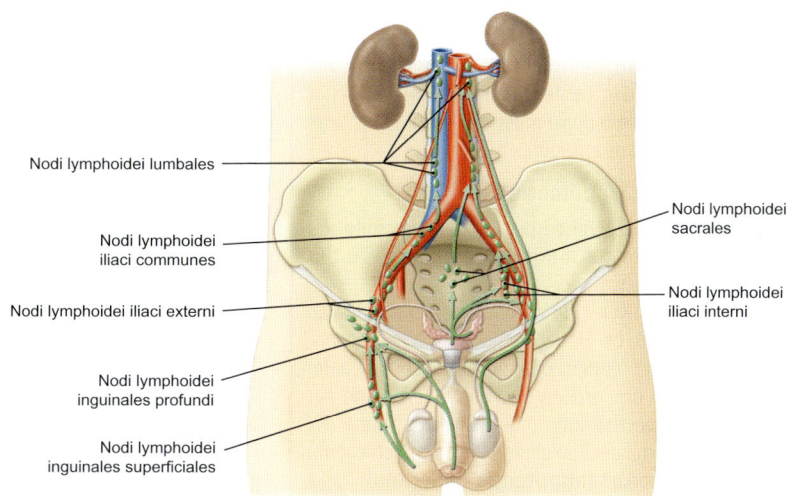

Abb. 7.11 Lymphabflusswege der äußeren und inneren männlichen Geschlechtsorgane. Ansicht von ventral. [L238]

Venen
- **Hoden, Nebenhoden und Samenleiter: Plexus pampiniformis,** dessen Äste sich proximal im Samenstrang zur V. testicularis vereinigen. Die Vene mündet rechts in die V. cava inferior, links dagegen in die linke V. renalis.
- **Hüllen des Samenstrangs: V. cremasterica** entspricht der Arterie.
- **Akzessorische Geschlechtsdrüsen: Plexus venosus prostaticus** und **Plexus venosus vesicalis,** dann über die **Vv. vesicales** in die V. iliaca interna.

Lymphgefäße
- **Hoden und Nebenhoden:** Regionäre Lymphknoten sind die **Nodi lymphoidei lumbales** auf Höhe der Nieren, von denen die Lymphe in die Trunci lumbales gelangt (▶ Abb. 7.11).
- **Samenleiter, Samenstrang und akzessorischen Geschlechtsdrüsen:** die **Nodi lymphoidei iliaci interni/externi** und **sacrales**

> **Merke**
>
> Äußere und innere Geschlechtsorgane haben beim Mann völlig **getrennte Lymphabflusswege!** Aufgrund des Deszensus des Hodens bei seiner Entwicklung steigen die Lymphbahnen von Hoden und Nebenhoden bis zu den Nodi lymphoidei lumbales auf Höhe der Nieren auf. Die regionären Lymphknoten des äußeren Genitales sind dagegen die Leistenlymphknoten.

Innervation
Die Innervation der inneren Geschlechtsorgane ist **rein vegetativ** und erfolgt über den Plexus hypogastricus inferior:
- Die überwiegend **sympathische Innervation** reduziert die Durchblutung von Hoden und Nebenhoden und induziert durch Kontraktion der glatten Muskulatur des Ductus deferens die Emission der Spermien in die Harnröhre und die Sekretabgabe der akzessorischen Drüsen. Gleichzeitig wird durch die Ringmuskulatur der Urethra am Blasenausgang eine retrograde Ejakulation in die Harnblase verhindert.
- Einzelne **parasympathische Fasern** fördern die Sekretbildung während der Erregung.

> **Merke**
>
> Der **Parasympathikus** bewirkt die Erektion, der **Sympathikus** die Emission und der **N. pudendus** die Ejakulation.

> **Klinik**
>
> **Lymphknotenmetastasen bei Penis-/Hodenkarzinom**
>
> Aufgrund der unterschiedlichen Lymphabflusswege befinden sich die ersten **Lymphknotenmetastasen** bei Peniskarzinomen in der Leiste, bei Hodentumoren dagegen im Retroperitonealraum. Da die Lymphabflusswege der inneren und der äußeren Geschlechtsorgane nicht

Organe der Beckenhöhle

miteinander kommunizieren, darf bei Verdacht auf einen **Hodentumor keine transskrotale Biopsie** vorgenommen werden, weil dadurch Tumorzellen in die Lymphbahnen zu den Leistenlymphknoten verschleppt werden können. Die Biopsie muss in diesem Fall immer vom Leistenkanal aus erfolgen.

Unfruchtbarkeit, Impotentia

Eine Erweiterung der Venen des Plexus pampiniformis **(Varikozele)** kann durch Rückstau des Blutes zu Unfruchtbarkeit führen.
Bei einer operativen Entfernung der paraaortalen Lymphknoten, z. B. bei Hodenkarzinomen oder Karzinomen des Colon descendens oder bei Operationen an der Bauchaorta und den großen Beckenarterien, kann der **Sympathikus** geschädigt werden. Durch Störung der Emission und damit der Ejakulation der Spermien kommt es zur Unfruchtbarkeit **(Impotentia generandi)**.
Bei operativer Entfernung von Rectum oder Prostata, z. B. bei Rektumkarzinomen bzw. Prostatakarzinomen oder ausgeprägter Hyperplasie der Prostata, können die **parasympathischen** Fasern zum Penis durchtrennt werden, sodass eine Erektion nicht mehr möglich ist **(Impotentia coeundi)**.
Die parasympathischen Nervenfasern setzen Stickoxid (NO) frei, das in den glatten Muskelzellen der Blutgefäße zu einer Erhöhung des sekundären Botenstoffs cGMP führt, der die Kontraktion der Zellen hemmt. **Hemmstoffe der Phosphodiesterase** (z. B. Viagra®) verzögern den Abbau von cGMP und verbessern damit die Erektion.

7.5 Weibliche Geschlechtsorgane

7.5.1 Gliederung und Funktion der weiblichen Geschlechtsorgane

Bei den weiblichen Geschlechtsorganen lassen sich **äußere Geschlechtsorgane** außerhalb des Beckens in der Dammregion und **innere Geschlechtsorgane** innerhalb der Beckenhöhle unterscheiden.
Die **äußeren Geschlechtsorgane** werden als **Vulva** zusammengefasst:
- Schamberg (Mons pubis)
- Große Schamlippen (Labia majora pudendi)
- Kleine Schamlippen (Labia minora pudendi)
- Kitzler (Clitoris)
- Scheidenvorhof (Vestibulum vaginae)
- Scheidenvorhofdrüsen (Glandulae vestibulares majores BARTHOLINI und minores)

Der Scheidenvorhof reicht bis an das Jungfernhäutchen (Hymen), das den Eingang der Scheide (Ostium vaginae) begrenzt. Die Scheide selbst ist Teil der inneren Geschlechtsorgane.
Zu den **inneren Geschlechtsorganen** gehören (▶ Abb. 7.12):
- Scheide (Vagina)
- Gebärmutter (Uterus)
- Eileiter (Tuba uterina)
- Eierstock (Ovar)

Eileiter und Ovar sind paarig angelegt und werden als **Adnexe** (Anhänge) zusammengefasst.
Die **äußeren Geschlechtsorgane** sind die **Sexualorgane** und dienen dem Geschlechtsverkehr.
Die inneren Geschlechtsorgane der Frau sind sowohl **Fortpflanzungs-** als auch **Sexualorgane**:
- **Eierstöcke:** Bildung von Eizellen und Geschlechtshormonen (Östrogen)
- **Eileiter:** Aufnahme der Eizelle und Ort der Befruchtung
- **Uterus:** Entwicklung des Kindes
- **Vagina:** Kohabitationsorgan und Geburtsweg

7.5.2 Vulva

Der **Schamberg**, der nach der Pubertät Schamhaare trägt, läuft nach unten in die **großen Schamlippen** (Labia majora pudendi) aus, die sich ventral und dorsal vereinigen (vordere und hintere Kommissur). In die großen Schamlippen sind beidseits die ca. 3 cm langen **Schwellkörper des Vorhofs** (Bulbus vestibuli) und hinter diesen die **Scheidenvorhofdrüsen** (Glandulae vestibulares majores, klin: **BARTHOLIN-Drüsen**) eingebettet. Die BARTHOLIN-Drüsen besitzen einen 2 cm langen Ausführungsgang, entsprechen den COWPER-Drüsen beim Mann und befeuchten den Scheidenvorhof bei sexueller Erregung.
Zwischen den großen Schamlippen liegen die **kleinen Schamlippen** (Labia minora pudendi), die den **Scheidenvorhof** (Vestibulum vaginae) umfassen. Vorn ziehen die kleinen Schamlippen mit einem Bändchen zur Eichel des Kitzlers sowie zu dessen Vorhaut. In den Scheidenvorhof münden:
- Die Scheide (dorsal)
- Die Harnröhre (ventral), ca. 2,5 cm unterhalb der Clitoris
- Die Ausführungsgänge der BARTHOLIN-Drüsen (lateral)

Der **Kitzler** (Clitoris) ist das sensorische Organ der sexuellen Erregung und 3–4 cm lang. Ent-

▶ 7.5 Weibliche Geschlechtsorgane   ▶ 7.5.3 Eierstock und Eileiter

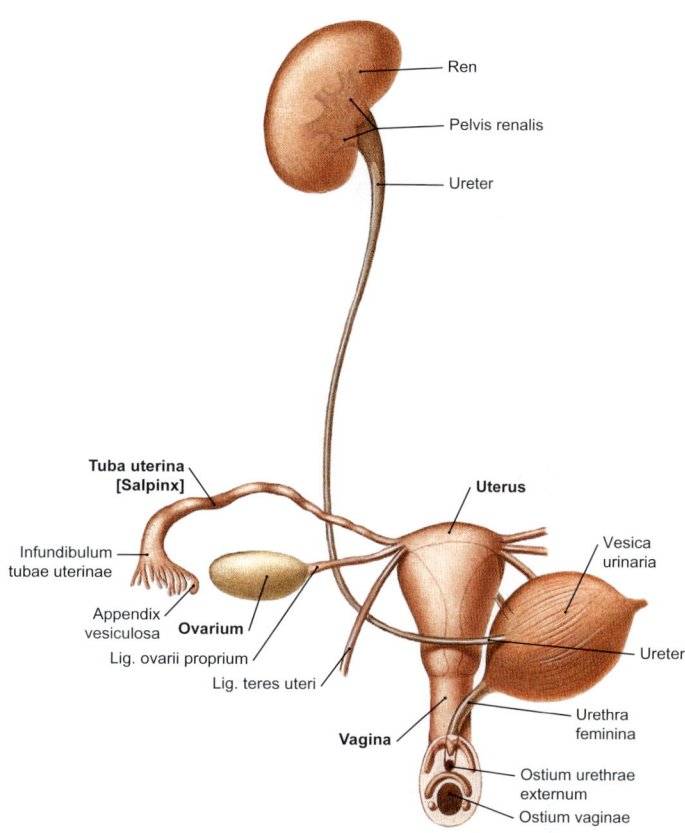

Abb. 7.12 Innere weibliche Geschlechtsorgane und Harnorgane. Ansicht von ventral. [S007-2-23]

wicklungsgeschichtlich bedingt bestehen zwischen dem Bau von Clitoris und Penis einige Gemeinsamkeiten. Daher sind auch die Mechanismen der Schwellkörperfüllung und der Erektion bei beiden Geschlechtern vergleichbar. Der Kitzler besteht aus den beiden **Schwellkörpern (Corpora cavernosa clitoridis),** die von einer Faszie umhüllt sind und sich ventral zu einem kurzen Körper (Corpus clitoridis) vereinigen. Kaudal schließt sich die **Eichel (Glans clitoridis)** an, die von einer **Vorhaut (Preputium clitoridis)** bedeckt ist. Die Corpora cavernosa weichen dorsal des Körpers zu den Schenkeln des Kitzlers (Crura clitoridis) auseinander, die an den unteren Schambeinästen verankert und von den Mm. ischiocavernosi bedeckt sind. Der M. bulbospongiosus stabilisiert den **Bulbus vestibuli,** der damit als Schwellkörper dem Corpus spongiosum des Penis entspricht.

> **Klinik**
>
> Entzündungen der BARTHOLIN-Drüsen können schmerzhafte Schwellungen der großen Schamlippen hervorrufen **(BARTHOLIN-Abszess).** Als Ursache kommt eine Verlegung der Ausführungsgänge der Drüsen infrage.
> Die Topografie der Öffnungen von Scheide und Harnröhre im Scheidenvorhof ist beim **Legen eines Harnröhrenkatheters** wichtig, um zu vermeiden, dass der Katheter in der Vagina platziert wird.

7.5.3 Eierstock und Eileiter

Eierstock und Eileiter werden als **Adnexe** bezeichnet. Sie sind von Bauchfell (Peritoneum) bedeckt und liegen daher **intraperitoneal** in der Beckenhöhle. Das Ovar ist in die **Fossa ovarica** eingebettet, die durch die Teilung der A./V. iliaca communis gebildet wird. Der **Eierstock (Ovarium)** ist im gebärfähigen Alter 4 × 2 × 3 cm groß, 7–14 g schwer und oval (▶ Abb. 7.12, ▶ Abb. 7.13). Man unterscheidet einen

Organe der Beckenhöhle

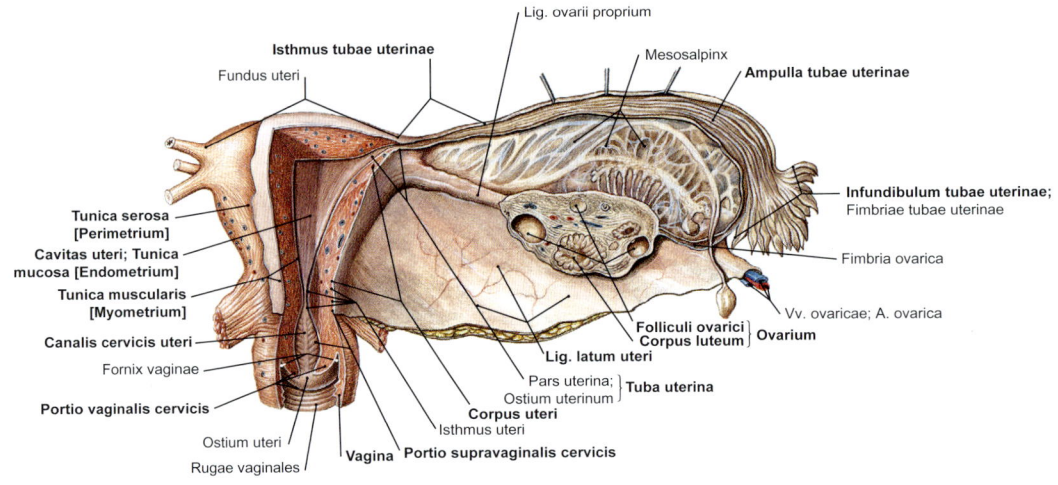

Abb. 7.13 Innere weibliche Geschlechtsorgane mit Peritonealduplikaturen. Ansicht von dorsal. [S007-2-23]

oberen und einen unteren Pol. Am vorderen Rand ist als Peritonealduplikatur das **Mesovar** befestigt. Am Hilum ovarii treten die Leitungsbahnen ein und aus.
Das Ovar ist durch 2 Aufhängebänder fixiert:
- **Lig. ovarii proprium:** verbindet Ovar und Uterus.

  - **Lig. suspensorium ovarii** (klin.: Lig. infundibulopelvicum): verbindet das Ovar mit der seitlichen Beckenwand und führt A. und V. ovarica.

Der **Eileiter (Tuba uterina [Salpinx])** verbindet Eierstock und Gebärmutter (▶ Abb. 7.12, ▶ Abb. 7.13). Er ist 10–14 cm lang und besitzt verschiedene Abschnitte:

- **Tubentrichter** (Infundibulum tubae uterinae): 1–2 cm lang, besitzt eine Öffnung zur Bauchhöhle und fransenartige Fortsätze (Fimbrien) zur Aufnahme der Eizelle bei der Ovulation.
- **Ampulle** (Ampulla tubae uterinae): 7–8 cm, zieht bogenförmig um das Ovar.
- **Isthmus** (Isthmus tubae uterinae): 3–6 cm, Engstelle am Übergang zum Uterus.
- **Intramuraler Abschnitt:** 1 cm lang, mündet in den Uterus.

Vergleichbar mit dem Mesovar besitzt auch der Eileiter mit der **Mesosalpinx** eine Peritonealduplikatur, die zum Lig. latum uteri zieht.

7.5.4 Gebärmutter

Gliederung und Aufbau

Die **Gebärmutter (Uterus [Metra])** ist 8 cm lang, 5 cm breit und 2–3 cm dick. Sie wiegt sehr variabel 30–120 g (im Durchschnitt 50 g), wobei sie in der Schwangerschaft bis zu 1 kg erreicht und im Alter stark an Größe verliert. Der Uterus gliedert sich in:
- **Körper (Corpus uteri): intraperitoneal** gelegen, mit einem nach oben gerichteten Boden (Fundus uteri)
- **Hals (Cervix uteri): subperitoneal** verankert

  In Normalstellung ist der Uterus gegenüber der Vagina nach vorne abgewinkelt **(Anteversio)** und der Körper gegenüber dem Hals nach vorne abgeknickt **(Anteflexio)**. Diese Lage dient als Schutz und verhindert, dass der Uterus bei intraabdominalem Druckanstieg (Niesen, Husten) durch die Scheide nach außen gestülpt wird.

Der Hohlraum der **Gebärmutter** gliedert sich in:
- **Cavitas uteri** im Körper
- **Zervixkanal (Canalis cervicis uteri)** im Hals. Die Cervix mündet mit ihrem unteren Abschnitt über den **äußeren Muttermund** in die Scheide, der daher als **Portio vaginalis cervicis** bezeichnet wird. Der obere Abschnitt, der am Isthmus mit dem **inneren Muttermund** beginnt, ist die **Portio supravaginalis cervicis.**

Die **Wand des Uterus** besteht innen aus Schleimhaut (Endometrium), der die starke Muskelschicht (Myometrium) aus glatter Muskulatur sowie außen der Peritonealüberzug (Perimetrium) folgen.

> **Merke**
> - **Endometrium:** Schleimhaut des Uterus
> - **Myometrium:** glatte Muskulatur des Uterus
> - **Perimetrium:** Bauchfellüberzug des Uterus
> - **Parametrium** (= Lig. cardinale): bindegewebige Verankerung der Cervix im Becken
> - **Mesometrium** (= Lig. latum): frontal gestellte Bauchfellduplikatur des Corpus uteri

Aufhängebänder

Die beiden Abschnitte des Uterus besitzen verschiedene Aufhängebänder:
- Corpus uteri:
  - **Lig. latum uteri** (= Mesometrium): bildet eine frontal stehende Falte im kleinen Becken, die den Körper des Uterus bedeckt (▶ Abb. 7.13).
  - **Lig. teres uteri** (klin.: Lig. rotundum): Bindegewebsstrang, der vom Tubenwinkel des Uterus nach vorne zur seitlichen Beckenwand und durch den Leistenkanal zu den großen Schamlippen zieht; dient der Fixierung der Gebärmutter.

- Cervix uteri:
  - **Lig. cardinale** (Lig. transversum cervicis): Bindegewebezüge von der Cervix nach lateral zur Beckenwand
  - **Lig. rectouterinum** (klin.: Lig. sacrouterinum): Bindegewebezüge von der Cervix nach dorsal um das Rectum und bis zum Kreuzbein
  - **Lig. pubocervicale:** fixiert die Cervix ventral am Schambein.

7.5.5 Scheide

Die **Scheide (Vagina)** ist ein muskulöses Hohlorgan mit einer Länge von 10 cm und liegt **subperitoneal**. Man unterscheidet Vorder- und Rückwand und ein an die Portio vaginalis der Cervix grenzendes **Scheidengewölbe (Fornix vaginae)** (▶ Abb. 7.13). Kaudal öffnet sich die Vagina dorsal der Harnröhre in den **Scheidenvorhof (Vestibulum vaginae)**, der zu den äußeren Geschlechtsorganen gezählt wird. Vor dem ersten Geschlechtsverkehr ist diese Verbindung durch die Reste des **Jungfernhäutchens (Hymen)** verschlossen.

> **Klinik**
>
> Die intraperitoneale Lage der Adnexe ist klinisch bedeutsam:
> - Ein Großteil der bösartigen Tumoren des Ovars (**Ovarialkarzinome**) geht nicht vom Organ selbst, sondern vom Peritonealepithel auf seiner Oberfläche aus.
> - Die offene Verbindung des Eileiters zur Bauchhöhle hat zur Folge, dass es zu einer **Extrauteringravidität** kommen kann, bei der sich die befruchtete Eizelle nicht im Uterus, sondern im Peritoneum in der Umgebung des Ovars einnistet. Hier kann es durch Arrosion von Blutgefäßen zu lebensgefährlichen Blutungen kommen.
>
> Bei der **Sterilisation** unterbindet oder durchtrennt man die Tube gezielt.
>
> **Salpingitis**
>
> Nach aufsteigenden bakteriellen Entzündungen des Eileiters (Salpingitis) können seine Wände verkleben, sodass der Eileiter nicht mehr durchgängig ist und eine Befruchtung unmöglich wird.
> Die enge Lagebeziehung der Adnexe (Ovar und Tuba uterina) zum Wurmfortsatz (Appendix vermiformis) des Dickdarms macht verständlich, warum sowohl eine Entzündung des Wurmfortsatzes (**Appendizitis**) als auch eine Entzündung der Eileiter (**Salpingitis**) mit ähnlichen Schmerzen im rechten Unterbauch einhergehen können.
>
> **Vorsorgeuntersuchung**
>
> Inspektion und Abstriche der Cervix gehören in der Gynäkologie zur Routinediagnostik und werden für Frauen ab dem 20. Lebensjahr als **Vorsorgeuntersuchung** von den Krankenkassen erstattet. Die Untersuchungen sollten mindestens einmal im Jahr erfolgen, um Entartungen als Vorstufen eines bösartigen Tumors (**Zervixkarzinom**) frühzeitig erkennen und entfernen zu können. Zervixkarzinome gehören bei Frauen unter 40 Jahren zu den häufigsten bösartigen Tumoren.
> Vom hinteren Scheidengewölbe aus kann die **Excavatio rectouterina** (DOUGLAS-Raum) hinter dem Uterus punktiert werden, um freie Flüssigkeit untersuchen zu können.

7.5.6 Leitungsbahnen der äußeren weiblichen Geschlechtsorgane

Arterien und Venen

Die Äste aus **A. pudenda interna** und **Aa. pudendae externae** sind mit denen des Penis vergleichbar (▶ Tab. 7.6). Die großen Labien, die entwicklungsgeschichtlich dem **Scrotum** entsprechen, werden

Organe der Beckenhöhle

Tab. 7.6 Gefäße von Clitoris und Bulbus vestibuli	
Arterien	**Venen**
• **A. dorsalis clitoridis:** versorgt die Glans clitoridis. • **A. profunda clitoridis:** dringt in die Crura clitoridis ein und versorgt die Corpora cavernosa clitoridis. • **A. bulbi vestibuli:** versorgt den Bulbus vestibuli.	• **V. dorsalis superficialis clitoridis:** leitet das Blut aus der Glans zur V. pudenda externa. • **V. dorsalis profunda clitoridis:** drainiert aus den Corpora cavernosa das Blut zum Plexus venosus vesicalis. • **V. bulbi vestibuli:** paarig, bringt Blut vom Vorhofschwellkörper zur V. dorsalis profunda clitoridis.

ebenfalls aus der A. pudenda interna (Rr. labiales posteriores) und der A. pudenda externa (Rr. labiales anteriores) versorgt.
Die Venen entsprechen den Arterien (▶ Tab. 7.6).

Lymphgefäße
Lymphknoten der Leiste (**Nodi lymphoidei inguinales superficiales**) sind die erste Lymphknotenstation.

Innervation
Die inneren Geschlechtsorgane sind sowohl vegetativ als auch somatisch innerviert.
Die überwiegend **parasympathische Innervation der Vulva** steigert die Durchblutung der Schwellkörper und unterstützt damit die sexuelle Erregung, die durch die somatische Innervation wahrgenommen wird. Der **N. pudendus** innerviert sensorisch die hinteren zwei Drittel der Schamlippen (Rr. labiales posteriores) und die Clitoris (N. dorsalis clitoridis) sowie motorisch die Dammmuskulatur, welche die Schwellkörperfüllung unterstützt. Das vordere Drittel der Labien wird überwiegend vom N. ilioinguinalis (Rr. labiales anteriores) innerviert.

7.5.7 Leitungsbahnen der inneren weiblichen Geschlechtsorgane

Arterien
Die inneren weiblichen Geschlechtsorgane werden von 3 Arterien versorgt:

- **A. ovarica:** aus dem Bauchabschnitt der Aorta, versorgt Ovar und Tuba uterina.
- **A. uterina:** aus der A. iliaca interna, versorgt alle inneren Geschlechtsorgane.
- **A. vaginalis:** aus der A. iliaca interna, versorgt die Vagina.

Venen
Das Blut von Ovar und Tuba uterina wird über die **V. ovarica** abgeleitet, die im Lig. suspensorium ovarii zur Beckenwand aufsteigt, mündet rechts in die V. cava inferior und links in die linke V. renalis.
Von Uterus, Tube und Vagina sammelt sich das Blut von **Plexus venosus uterinus und vaginalis** und wird dann über die **Vv. uterinae** in die V. iliaca interna drainiert.

Lymphgefäße
Die regionären Lymphknoten des **Ovars** sind die **Nodi lymphoidei lumbales** auf Höhe der Nieren, von denen die Lymphe in die Trunci lumbales gelangt. Die Lymphbahnen steigen im Lig. suspensorium ovarii auf.
Von **Uterus, Tuba uterina und Vagina** wird die Lymphe zunächst in die Lymphknoten der Beckenhöhle (**Nodi lymphoidei iliaci interni/externi und Nodi lymphoidei sacrales**) drainiert.

> Das Besondere an der Lymphdrainage des inneren weiblichen Genitales ist, dass sowohl der **Uterus** am Abgang des **Lig. teres uteri** („Tubenwinkel") über Lymphbahnen entlang dieses Bands als auch die **unteren Abschnitte der Vagina** Anschluss an die Lymphknoten der Leiste (**Nodi lymphoidei inguinales superficiales und profundi**) haben (▶ Abb. 7.14).

Innervation
Die inneren und äußeren Geschlechtsorgane sind sowohl vegetativ über einen Teil des Plexus hypogastricus inferior (**Plexus uterovaginalis**, FRANKENHÄUSER-Plexus) als auch somatisch innerviert:
- Die **sympathische Innervation** reduziert die Durchblutung der Organe und bewirkt eine Kontraktion der Muskulatur des Uterus.
- Der **Parasympathikus** wirkt dagegen dilatierend auf die Gefäße des Uterus und reduziert den Tonus der Uterusmuskulatur. Er fördert die Sekretbildung der Vagina sowie die Sekretion der BARTHOLIN-Drüsen während der Erregung.

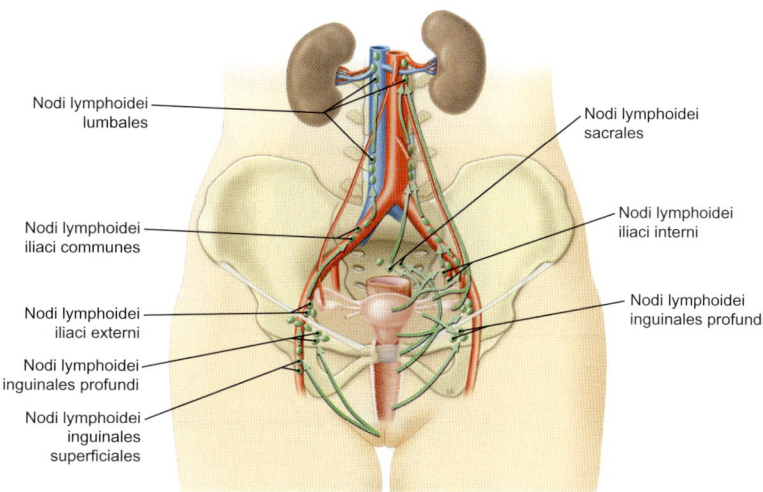

Abb. 7.14 Lymphabflusswege der äußeren und inneren weiblichen Geschlechtsorgane. Ansicht von ventral. [L238]

- Der **N. pudendus** innerviert sensorisch den unteren Teil der Vagina, was die **sexuelle Erregung** fördert.

> **Merke**
>
> Im Unterschied zum Mann haben äußere und innere Geschlechtsorgane bei der Frau **nicht** völlig getrennte Lymphabflusswege, da auch die weiblichen Geschlechtsorgane an die Leistenlymphknoten Anschluss haben!

> **Klinik**
>
> Bei **Endometriumkarzinomen** oder gutartigen Tumoren **(Myomen)** des Myometriums, die stark bluten können, ist eine operative Entfernung der Gebärmutter **(Hysterektomie)** notwendig, die häufig transvaginal durchgeführt wird. Dabei besteht die Gefahr, dass mit der A. uterina auch versehentlich der Ureter unterbunden wird. Der resultierende Harnrückstau kann zum Verlust der Niere führen und erfordert daher eine operative Revision.
> Aufgrund der unterschiedlichen Lymphabflusswege befinden sich die ersten **Lymphknotenmetastasen** bei Vulvakarzinomen in der Leiste, bei Endometriumkarzinomen des Uterus und Zervixkarzinomen im kleinen Becken und bei Ovarialtumoren im Retroperitonealraum.

7.6 Beckenboden und Dammregion

Die Beckenhöhle (▶ Kap. 7.1) wird kaudal durch den muskulären **Beckenboden (Diaphragma pelvis)** begrenzt. Darunter schließt sich die **Dammregion (Regio perinealis)** an.

7.6.1 Beckenboden

Der **Beckenboden** (Diaphragma pelvis) ist eine Platte aus quergestreifter Muskulatur **(M. levator ani, M. ischiococcygeus)**, die die Beckenhöhle nach kaudal abschließt (▶ Abb. 7.15, ▶ Tab. 7.7).

Funktion
Der Beckenboden stabilisiert die Lage der Beckenorgane und gewährleistet damit Harn- und Stuhlkontinenz.

Innervation
Direkte Äste aus dem **Plexus sacralis (S3–S4)**. Nur der M. puborectalis wird auch vom N. pudendus versorgt.
Die Beckenbodenmuskeln beider Seiten lassen das **Levatortor („Hiatus levatorius")** zwischen sich frei, das durch das Bindegewebe des **Corpus perineale (Centrum perinei)** geteilt wird in:
- **Hiatus urogenitalis** (vorne): Durchtritt für Urethra und bei der Frau der Vagina
- **Hiatus analis** (hinten): Öffnung für das Rectum

Organe der Beckenhöhle

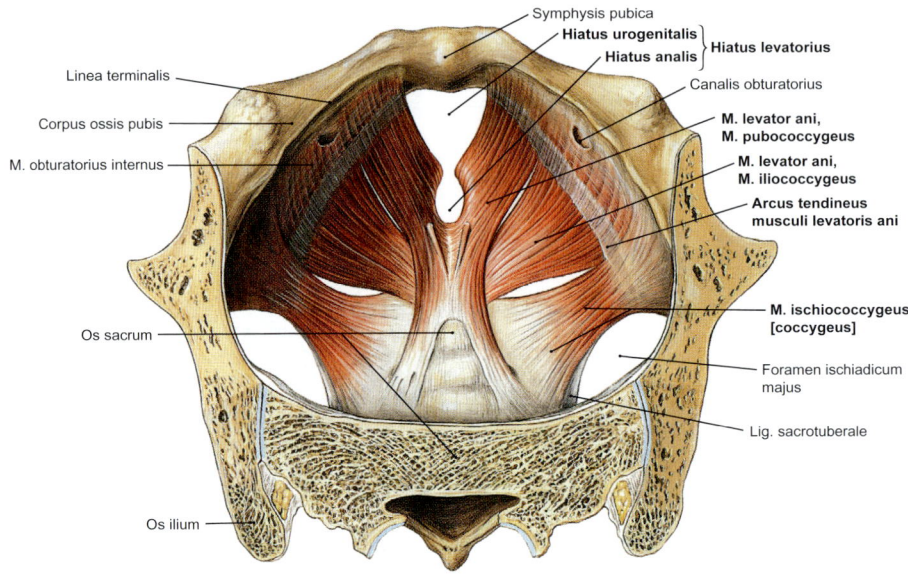

Abb. 7.15 Beckenboden, Diaphragma pelvis, bei der Frau. Ansicht von kranial. [S007-2-23]

Tab. 7.7 Muskeln des Beckenbodens (Diaphragma pelvis)

Innervation	Ursprung	Ansatz	Funktion
M. levator ani (M. pubococcygeus und M. iliococcygeus) und M. ischiococcygeus			
Plexus sacralis (S3–S4)	M. pubococcygeus: Innenfläche des Os pubis nahe der Symphyse M. iliococcygeus: Arcus tendineus musculi levatoris ani (Faszienduplikatur auf der Oberseite des M. obturatorius internus) M. ischiococcygeus: • Spina ischiadica • Lig. sacrospinale	• Centrum tendineum perinei • Os coccygis • Os sacrum • Schlingenbildung mit Fasern der Gegenseite hinter dem Anus (M. puborectalis)	• Stabilisiert Beckenorgane, dadurch Harn- und Stuhlkontinenz • Umfasst das Rectum von hinten, dadurch Rektumverschluss (M. puborectalis)

7.6.2 Dammregion

Unterhalb des Beckenbodens liegt die **Dammregion (Regio perinealis),** die sich von der Schambeinfuge (Symphysis pubica) nach hinten bis zur Spitze des Steißbeins erstreckt (▶ Abb. 7.16). Im Unterschied dazu beschreibt der Begriff **Damm (Perineum)** nur die schmale Weichteilbrücke zwischen Hinterrand der großen Schamlippen (bei der Frau) bzw. der Peniswurzel (beim Mann) und dem Anus. Die Dammregion lässt sich untergliedern in (▶ Abb. 7.16):

- **Regio analis** (dorsal):
  - **Fossa ischioanalis** beidseits des Anus
- **Regio urogenitalis** (ventral) mit äußeren Geschlechtsorganen und Harnröhre:
  - Enthält die **Dammräume**

Fossa ischioanalis

Dieser mit Fett ausgefüllte pyramidenförmige Raum beidseits des Anus ist bei beiden Geschlechtern weitgehend gleich ausgebildet (▶ Abb. 7.16, ▶ Tab. 7.8). Inhalt der Fossa ischioanalis:

▸ 7.6 Beckenboden und Dammregion   ▸ 7.6.2 Dammregion

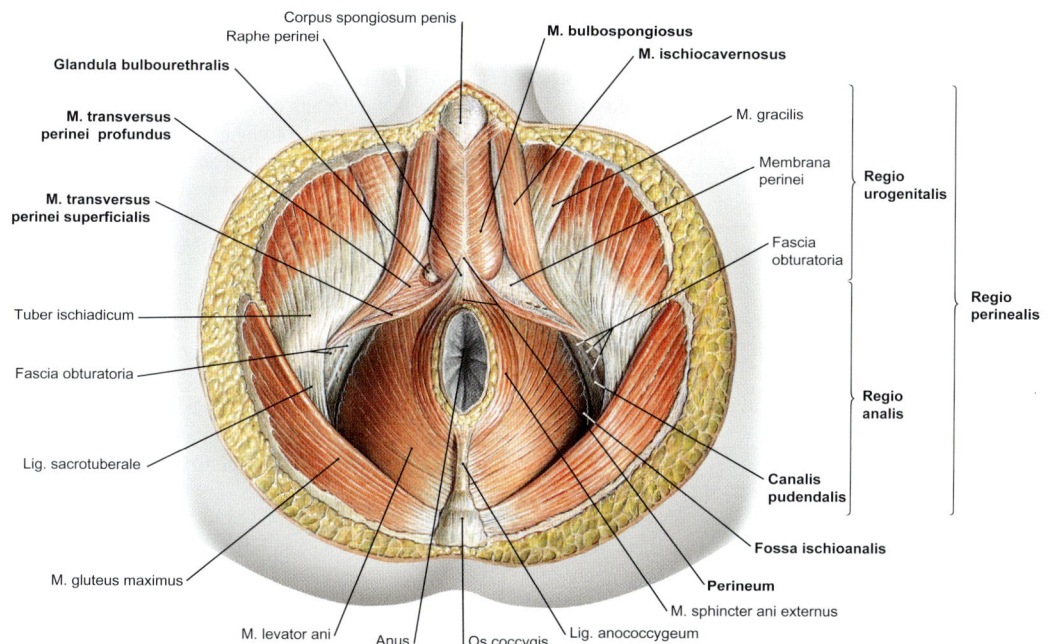

Abb. 7.16 Dammregion, Regio perinealis, beim Mann. Ansicht von kaudal; nach Entfernung sämtlicher Leitungsbahnen. [S007-2-23]

- A. und V. pudenda interna
- N. pudendus

Die Leitungsbahnen ziehen durch das Foramen ischiadicum minus aus der Regio glutealis über den ALCOCK-Kanal (Faszienduplikatur auf der Unterseite des M. obturatorius internus) in die Fossa ischioanalis.

Regio urogenitalis

In der Regio urogenitalis bilden die beiden **Dammräume** 2 Etagen aus, die sich bei beiden Geschlechtern in Bau und Inhalt unterscheiden (▸ Abb. 7.16):

- Der **tiefe Dammraum** wird kaudal von der Membrana perinei (verstärkte Faszie des M. transversus perinei profundus) begrenzt und enthält den beim Mann deutlich und bei der Frau meist nur schwach ausgebildeten M. transversus perinei profundus und den M. sphincter urethrae externus. Da diese Muskeln beim Mann eine Art Muskelplatte bilden, wurden sie früher in der Anatomie und auch heute noch klinisch als „Diaphragma urogenitale" bezeichnet. **Inhalt:** beim Mann Urethra und COWPER-Drüsen, bei der Frau Urethra und Vagina. Er wird von den tiefen Ästen des N. pudendus, den Nn. cavernosi penis/clitoridis und der A./V. pudenda interna auf ihrem Weg zu den äußeren Geschlechtsorganen durchquert.
- Der **oberflächliche Dammraum** wird kranial von der Membrana perinei und kaudal von der Körperfaszie begrenzt. **Inhalt:** M. transversus perinei superficialis, M. bulbospongiosus und der M. ischiocavernosus, die beim Mann die Schwellkörper der Peniswurzel stabilisieren und die Erektion und Ejakulation unterstützen. Bei der Frau bedecken sie die Schwellkörper von

Tab. 7.8 Begrenzung der Fossa ischioanalis

Begrenzung	Strukturen
medial und kranial	M. sphincter ani externus und M. levator ani
lateral	M. obturatorius internus
dorsal	M. gluteus maximus und Lig. sacrotuberale
ventral	Hinterrand des oberflächlichen und des tiefen Dammraums, Ausläufer reichen bis zur Symphyse
kaudal	Faszie und Haut des Damms

Organe der Beckenhöhle

Vorhof und Clitoris. Bei der Frau liegen in den großen Schamlippen außerdem die Glandulae vestibulares majores (BARTHOLIN-Drüsen). Die oberflächlichen Äste des N. pudendus und der A./V. pudenda interna ziehen zu den äußeren Geschlechtsorganen.

> **Merke**
>
> - **Dammregion** (Regio perinealis): gesamter Bereich zwischen Schambeinfuge und Steißbein
> - **Damm** (Perineum): schmaler Abschnitt zwischen Hinterrand der großen Schamlippen/Peniswurzel und Anus

> **Klinik**
>
> **Beckenbodeninsuffizienz**
>
> Bei Frauen ist die Schwäche des Beckenbodens (**Beckenbodeninsuffizienz**) viel häufiger als bei Männern, weil der Beckenboden während der Schwangerschaft und bei der Geburt, bei der das Levatortor stark gedehnt wird, strapaziert wird. In der Folge kann es zur **Absenkung** (Deszensus) oder zum **Vorfall** (Prolaps) von Uterus und Vagina kommen. Hierbei reicht die Absenkung beim Deszensus bis an den Hymenalsaum, während er diesen beim Prolaps überschreitet.
>
> Da der Uterus mit der Hinterwand der Harnblase und die Vagina mit der Vorderseite des Rectums in Verbindung stehen, geht dies oft mit einem Vorfall von Harnblase (Zystozele) und Rectum (Rektozele) und damit mit **Harn-** und **Stuhlinkontinenz** einher. Therapeutisch hilft Beckenbodentraining, um Kontraktionskraft und Koordination des Beckenbodens zu stärken. Bei Versagen können spannungsfreie Bänder (TFT= *tension-free tapes*) zur Stützung von Harnblase und Urethra eingesetzt werden.
>
> **Dammriss**
>
> Während der Geburt kann es zu unkontrollierten Einrissen der Haut und der Muskulatur des Damms bis zur Schließmuskulatur des Anus kommen (**Dammrisse**), denen in manchen Fällen durch gezielten Einschnitt nach lateral oder in der Medianebene (Dammschnitt) vorgebeugt werden kann (**Episiotomie**).
>
> **Fossa ischioanalis**
>
> Die Fossa ischioanalis hat wegen ihrer Ausdehnung beidseits des Anus große klinische Bedeutung. **Eiteransammlungen** (Abszesse), z. B. bei Fisteln aus dem Analkanal, können sich in der gesamten Fossa ischioanalis bis nach vorne zur Symphyse ausdehnen. Derartige Abszesse fallen neben unspezifischen Entzündungssymptomen nur durch einen starken Druckschmerz in der Dammregion auf.

Hals

Björn Spittau

08

8.1	Übersicht: Gliederung des Halses	236
8.2	Knochen und Gelenke des Halses	236
8.2.1	I. und II. Halswirbel	236
8.2.2	Kopfgelenke	237
8.2.3	Zungenbein	238
8.3	Muskeln des Halses	238
8.3.1	Oberflächliche Schicht der Halsmuskulatur	238
8.3.2	Mittlere Schicht der Halsmuskulatur	240
8.3.3	Tiefe Schicht der Halsmuskulatur	241
8.4	Halsfaszien und Bindegewebsräume	243
8.4.1	Muskelfaszie	243
8.4.2	Leitungsbahnenfaszie	244
8.4.3	Organfaszien	244
8.4.4	Bindegewebsräume	244
8.5	Rachen	244
8.5.1	Funktion und Gliederung des Pharynx	244
8.5.2	Muskulatur des Pharynx	246
8.5.3	Leitungsbahnen des Pharynx	249
8.6	Kehlkopf	249
8.6.1	Funktion des Kehlkopfs	249
8.6.2	Kehlkopfskelett	249
8.6.3	Bandapparat des Kehlkopfs	251
8.6.4	Plica vestibularis und Plica vocalis	252
8.6.5	Muskulatur des Kehlkopfs	253
8.6.6	Leitungsbahnen des Kehlkopfs	255
8.7	Schilddrüse und Nebenschilddrüsen	255
8.7.1	Funktion von Schilddrüse und Nebenschilddrüsen	255
8.7.2	Lage und Bau von Schilddrüse und Nebenschilddrüsen	255
8.7.3	Leitungsbahnen von Schilddrüse und Nebenschilddrüsen	257
8.8	Nerven des Halses	257
8.8.1	Halsspinalnerven	257
8.8.2	Hirnnerven	258
8.9	Arterien des Halses	259
8.9.1	A. subclavia	259
8.9.2	A. carotis communis	261
8.10	Venen und Lymphknoten des Halses	261
8.10.1	Halsvenen	261
8.10.2	Halslymphknoten	262

IMPP-Hits

Folgende Themenkomplexe wurden bisher besonders häufig vom IMPP gefragt (Top Ten):
- Halsfaszien
- Halsmuskulatur
- Larynx: besonders Muskulatur mit Innervation und Topografie
- Pharynx
- Schilddrüse und Nebenschilddrüse mit Lagebeziehungen
- Abgänge A. carotis externa
- Äste A. subclavia: besonders Truncus thyrocervicalis
- N. vagus [X]
- N. accessorius [XI]
- Laterales Halsdreieck

Hals

8.1 Übersicht: Gliederung des Halses

Der **Hals** (Collum, Cervix) ist das Verbindungselement zwischen Rumpf und Kopf und ermöglicht durch seinen knöchernen und muskulären Aufbau für den Kopf einen großen Bewegungsumfang. Diese Bewegungen haben bedeutende Funktionen bei der optimalen Wahrnehmung der Umgebung durch die am oder im Kopf befindlichen Sinnesorgane. Der Hals ist zudem mit **Pharynx** und **Oesophagus** am Schluckakt beteiligt und enthält wichtige Organe wie **Schilddrüse** und **Nebenschilddrüse**. Weiterhin ist der Kehlkopf (**Larynx**) als Schutz für die Atemwege und für die Stimmbildung essenziell. Zahlreiche Leitungsbahnen für Kopf und zentrales Nervensystem (A. carotis communis) sowie Nerven für den Schultergürtel und die obere Extremität verlaufen am Hals.

Klinik

Tief greifende Verletzungen des Halses sind meist lebensgefährlich, da neben der Halswirbelsäule besonders die arteriellen Gefäße (A carotis communis bzw. A. carotis externa und A. carotis interna), Nervenbahnen (N. vagus [X], Truncus sympathicus) sowie die Atemwege in Mitleidenschaft gezogen werden.

Topografisch lässt sich der Hals in 4 verschiedene Regionen (**Regiones cervicales**) sowie mehrere Halsdreiecke (**Trigona cervicales**) unterteilen. Folgende Regionen mit entsprechenden Halsdreiecken lassen sich definieren:

- **Regio cervicalis anterior:** medial der beiden Mm. sternocleidomastoidei, kranial durch die Mandibula begrenzt (**Trigonum submandibulare, Trigonum submentale, Trigonum caroticum**)
- **Regio sternocleidomastoidea:** entspricht dem Verlauf des M. sternocleidomastoideus.
- **Regio cervicalis lateralis:** zwischen Hinterrand des M. sternocleidomastoideus und Vorderrand des M. trapezius (laterales Halsdreieck: Trigonum colli laterale)
- **Regio cervicalis posterior:** auf dem M. trapezius (Nacken)

Klinik

Vor allem das laterale Halsdreieck ist klinisch bedeutsam. Hier verlaufen zahlreiche Gefäße (**A./V. subclavia mit Ästen: A. transversa colli und A. suprascapularis, V. jugularis externa**) und Nerven (**N. accessorius [XI]**, sensible Äste des **Plexus cervicalis** [Austritt im Punctum nervosum], Trunci des **Plexus brachialis**), die bei Verletzungen beschädigt werden können. Da hier auch Zugänge im Halsbereich gelegt werden (**zentraler Venenkatheter in der V. subclavia**), ist diese Region als Orientierung zum Aufsuchen der Halsgefäße von größter klinischer Bedeutung.

8.2 Knochen und Gelenke des Halses

Lerntipp

Die wichtigste knöcherne Struktur des Halses ist die Halswirbelsäule, deren Wirbel im Wesentlichen dem klassischen Aufbau der Wirbel entsprechen, wie sie beim Rumpf (▶ Kap. 2.2) beschrieben werden. An dieser Stelle sollen primär die Besonderheiten von I. und II. Halswirbel (**Atlas** und **Axis**) sowie deren Verbindungen untereinander und zum Hinterhaupt des Schädels besprochen werden.

Die Halswirbelsäule (HWS) besteht aus 7 Halswirbeln (Vertebrae cervicales, C1–C7) und ist in ihrem Verlauf nach ventral gebogen (**Halslordose**). Der II.–VII. Halswirbel entsprechen im Aufbau mit **Corpus vertebrae** und **Arcus vertebrae** mit **Pediculus, Proc. articularis superior, Proc. articularis inferior, Proc. spinosus** und **Procc. transversi** dem klassischen Aufbau der Wirbel. Sie sind daher ebenfalls durch **Zwischenwirbelgelenke** (**Articulationes zygapophysiales**) und **Bandscheiben** (**Disci intervertebrales**) verbunden. Eine Besonderheit der Halswirbelsäule ist das Auftreten von seitlichen Rissen in den Disci intervertebrales, die als **Unkovertebralgelenke** bezeichnet werden, weil sie sich an der oberen Leiste der Wirbelkörper (Uncus corporis) ausbilden. Hierbei handelt es sich **nicht** um echte Gelenke (Diarthrosen). Diese Risse bilden sich physiologisch ab dem 10. Lebensjahr und dringen mit zunehmendem Lebensalter bis in das Zentrum der Bandscheibe vor.

8.2.1 I. und II. Halswirbel

Der I. und II. Halswirbel zeigen deutliche Abweichungen von dem Bauplan der Wirbel.

> 8.2 Knochen und Gelenke des Halses   ▶ 8.2.2 Kopfgelenke

Klinik

Degenerative Veränderungen der **Unkovertebralgelenke** oder der Bandscheiben mit Verlagerungen des Nucleus pulposus, die als **„Bandscheibenvorfall"** bezeichnet werden, können das Rückenmark oder die Spinalnervenwurzeln im Wirbelkanal komprimieren.

Merke

Der Dens axis des II. Halswirbel ist entwicklungsgeschichtlich als der Wirbelkörper des Atlas zu interpretieren, der mit dem Wirbelkörper des Axis verschmolzen ist. Zwischen Atlas und Axis findet sich daher auch keine Bandscheibe (Discus intervertebralis).

Der **I. Halswirbel** wird als **Atlas** bezeichnet und besitzt als einziger Wirbel keinen Wirbelkörper und keinen Dornfortsatz (Proc. spinosus). Der Atlas besteht aus einem Knochenring, der in einen ventralen **Arcus anterior** und einen dorsalen **Arcus posterior** unterteilt wird. Am Arcus anterior befindet sich ventral ein kleines **Tuberculum anterius**. Auf der Innenseite des Arcus anterior ist eine kleine Grube mit Gelenkknorpelüberzug (**Fovea dentis**) für die gelenkige Verbindung mit dem **Dens axis** des II. Halswirbels (**Axis**). Hier bildet sich die **Articulatio atlantoaxialis mediana**. Am Übergang zwischen Arcus anterior und Arcus posterior befindet sich zu beiden Seiten eine **Massa lateralis** mit jeweils einer **Facies articularis superior** und einer **Facies articularis inferior**. Die oberen Gelenkflächen sind nierenförmig und bilden mit den Kondylen des Hinterhaupts (Os occipitale) die **Articulatio atlantooccipitalis**. Die unteren Gelenkflächen bilden mit den Facies articulares superiores des II. Halswirbels die **Articulationes atlantoaxiales laterales.**

Nach seitlich entspringen von den Massae laterales die Querfortsätze (**Procc. transversi**), die wie auch bei den übrigen Halswirbeln ein zentrales Loch (**Foramen transversarium**) besitzen. Hier verläuft auf beiden Seiten die A. vertebralis. Der Arcus posterior des Atlas besitzt einen **Sulcus arteriae vertebralis,** in dem die A. vertebralis nach kranial zum Foramen magnum zieht, um in das Schädelinnere zu gelangen. Der Arcus posterior besitzt nach dorsal einen rudimentären Dornfortsatz, der als **Tuberculum posterius** bezeichnet wird.

Der **2. Halswirbel (Axis)** besitzt neben Wirbelkörper und Wirbelbogen einen nach kranial gerichteten zahnartigen Fortsatz (**Dens axis**), der dem Wirbelkörper aufsitzt. Der Dens axis besitzt eine **Facies articularis anterior** für die gelenkige Verbindung mit der Fovea dentis des Atlas sowie eine **Facies articularis posterior** zur Bildung eines unechten Gelenks mit dem Lig. transversum atlantis.

8.2.2 Kopfgelenke

Atlas, Axis und das Hinterhaupt bilden die sog. **Kopfgelenke.** Man unterscheidet 2 Kopfgelenke voneinander:

- **Oberes Kopfgelenk (Articulatio atlantooccipitalis):** Condyli occipitales artikulieren mit den oberen Gelenkflächen des Atlas. Es handelt sich beidseits um ein Eigelenk bzw. zusammen um ein Bikondylargelenk, das Nickbewegungen des Kopfes um eine transversale Achse von 20–35° zulässt.
- **Unteres Kopfgelenk: Articulatio atlantoaxialis** mit **Articulatio atlantoaxialis mediana** und den **Articulationes atlantoaxiales laterales:** Es handelt sich um ein Drehgelenk mit einer längs verlaufenden Achse durch den Dens axis. Hier sind Rotationsbewegungen von 35–55° sowie eine leichte Nickbewegung möglich.

Bänder

Die wichtigsten Bandstrukturen der Kopfgelenke sind:

- **Membrana atlantooccipitalis anterior:** unmittelbare Fortsetzung des Lig. longitudinale anterius zwischen vorderem Atlasbogen und der Schädelbasis.
- **Membrana atlantooccipitalis posterior:** zwischen hinterem Atlasbogen und der Schädelbasis.
- **Membrana tectoria:** unmittelbare Fortsetzung des Lig. longitudinale posterius, verläuft zwischen der Hinterseite des Axiskörpers und dem Foramen magnum.
- **Lig. cruciforme atlantis:** hemmt die Vorwärtsneigung des Kopfes und besteht aus:
  - **Lig. transversum atlantis:** zwischen den beiden Massae laterales, Verlauf hinter dem Dens axis und Fixierung des Dens in der Fovea dentis des Atlas, ist mit Faserknorpel überzogen.
  - **Fasciculus longitudinalis superior:** verläuft längs zwischen Foramen magnum und Lig. transverum atlantis.

– **Fasciculus longitudinalis inferior:** verläuft längs zwischen Axiskörper und Lig. transversum atlantis.
- **Ligg. alaria** (Flügelbänder): vom Dens axis nach kranial seitlich zum Rand des Foramen magnum ziehend, Hemmung der Rotation und Seitwärtsneigung des Kopfes.
- **Lig. apicis dentis:** vom Apex dentis zum Vorderrand des Foramen magnum, Relikt der Chorda dorsalis.

> **Klinik**
>
> Bei Verkehrsunfällen kann es zu Frakturen des **Atlasbogens** sowie des **Dens** kommen. Hier kann es wie beim „Genickbruch" zu einer Kompression des unteren Hirnstamms (Medulla oblongata) kommen, die durch Schädigung des Atem- und Kreislaufzentrums zum Tode führt.

8.2.3 Zungenbein

Das Zungenbein (**Os hyoideum**) ist ein hufeisenförmiger Knochen, der als einziger Knochen des menschlichen Skeletts nicht direkt mit anderen Knochen verbunden ist. Es besteht aus einem Körper (**Corpus ossis hyoidei**), zwei großen Hörnern (**Cornua majora**) und zwei kleinen Hörnern (**Cornua minora**). Das Zungenbein dient sowohl der Mundbodenmuskulatur (suprahyale Muskulatur) als auch der mittleren Halsmuskulatur (infrahyale Muskulatur) als wichtiger Fixpunkt und ist zwischen diese beiden Muskelgruppen eingelagert. In dieser Muskelschlinge ist das Zungenbein relativ beweglich, was beim Schluckakt, bei Bewegungen der Halswirbelsäule und Bewegungen der Zunge von großer funktioneller Bedeutung ist. Der Zungenbeinkörper ruft eine quer verlaufende Hautfalte am Hals hervor, die als Mundboden-Hals-Winkel deutlich sichtbar ist.

> **Klinik**
>
> Bei traumatischen Verletzungen des Halses kommt es häufig zu **Frakturen des Zungenbeins**. Dies führt zum Absinken des Kehlkopfs und zu Störungen des Schluckakts. Hier besteht die Gefahr, dass es zur Einatmung von Speisebrei und zu einer Entzündung der Lunge kommt (Aspirationspneumonie). Eine bedeutende Rolle spielen Frakturen des Zungenbeins in der **Forensik**: Beim Erwürgen und Strangulieren wird das Zungenbein i. d. R. ebenfalls frakturiert, was postmortal als wichtiger Hinweis auf eine nichtnatürliche Todesursache dient.

Das Os hyoideum ist durch folgende Bänder fixiert:
- **Lig. stylohyoideum:** zwischen Zungenbein und Proc. styloideus an der Unterseite der Felsenbeinpyramide. Wichtigstes Band zur Fixierung. Durch dieses Band kann das Zungenbein nicht unter das Niveau des IV. Halswirbels bewegt werden. Dieses Band kann teilweise oder auch ganz verknöchern.
- **Membrana thyrohyoidea:** flächig zwischen Schildknorpel und Zungenbeinkörper mit einer mittleren und beidseitigen Verstärkung (**Lig. thyrohyoideum medianum** bzw. **laterale**)

8.3 Muskeln des Halses

> **Lerntipp**
>
> Bei der Muskulatur des Halses ist es sinnvoll, zwischen verschiedenen Regionen (**ventrolateral vs. dorsal**) und verschiedenen Schichten (**oberflächlich vs. tief**) zu unterscheiden, um auch an dieser Stelle gleich die topografischen Zusammenhänge zu verstehen. In diesem Kapitel wird die ventrale Muskulatur des Halses besprochen. Die dorsalen Anteile zählen größtenteils zur autochthonen Muskulatur des Rückens und werden dort (▶ Kap. 2.15.2) abgehandelt.

Die ventrolaterale Halsmuskulatur lässt sich topografisch in eine oberflächliche, eine mittlere und eine tiefe Muskelschicht untergliedern (▶ Abb. 8.1).
- **Oberflächliche Schicht:** Platysma, M. sternocleidomastoideus
- **Mittlere Schicht:** suprahyale Muskeln, infrahyale Muskeln
- **Tiefe Schicht:** prävertebrale Muskeln, Mm. scaleni

8.3.1 Oberflächliche Schicht der Halsmuskulatur

Das **Platysma** erstreckt sich von der Clavicula bis zum Unterrand der Mandibula und liegt als breitflächige Muskelplatte direkt unter der Haut. Es gehört zur mimischen Muskulatur, besitzt keine eigene Muskelfaszie und ist mit der Subcutis verwachsen. Innerviert wird das Platysma durch den **R. colli des N. facialis [VII]**. Das Platysma unterstützt mit seinen Kontraktionen die Mimik (Drohgebärden), spielt aber beim Menschen eine eher untergeordnete Rolle.

Der **M. sternocleidomastoideus** (▶ Tab. 8.1) bildet die topografische Grenze zwischen vorderer und seitlicher Halsregion. Er entspringt mit seinem **Ca-**

► 8.3 Muskeln des Halses ► 8.3.1 Oberflächliche Schicht

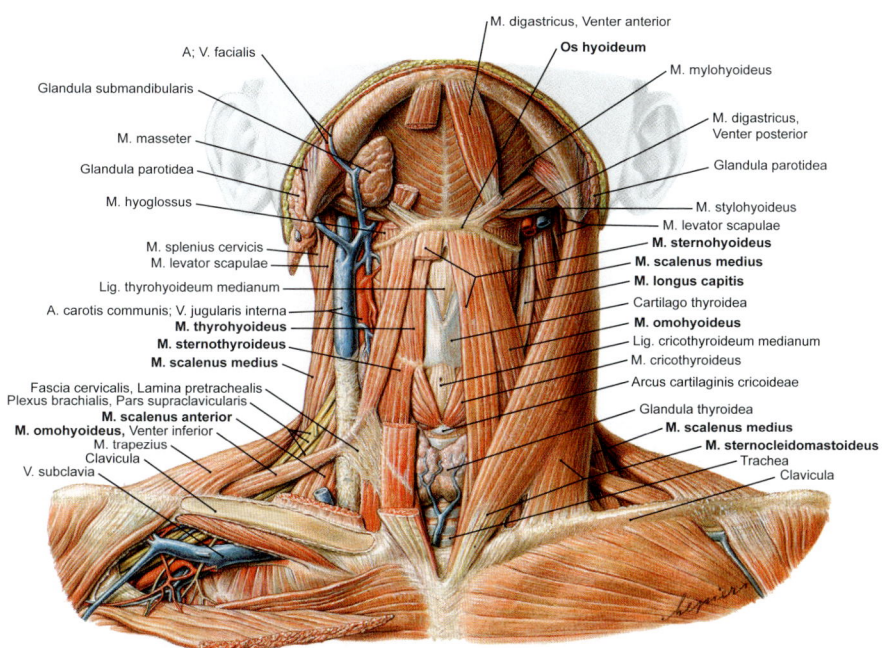

Abb. 8.1 Halsmuskulatur. Ansicht von ventral bei angehobenem Kinn. [S007-3-23]

Tab. 8.1 M. sternocleidomastoideus

Innervation	Ursprung	Ansatz	Funktion
M. sternocleidomastoideus			
N. accessorius [XI], Plexus cervicalis	• Caput sternale: Oberrand des Manubrium sterni • Caput claviculare: mediales Drittel der Clavicula	• Proc. mastoideus • Linea nuchalis superior	• Bei einseitiger Aktivität: Seitwärtsneigung des Kopfes zur ipsilateralen Seite und Drehbewegung zur kontralateralen Seite • Bei beidseitiger Aktivität: Dorsalextension des Kopfes • Bei fixiertem Kopf: Atemhilfsmuskel

put sternale am Manubrium sterni und mit seinem **Caput claviculare** am sternalen Drittel der Clavicula. Beide Köpfe vereinigen sich zu einem flachen Muskelbauch der am **Proc. mastoideus** des Os temporale und an der **Linea nuchalis superior** des Hinterhaupts inseriert.

Der M. sternocleidomastoideus wird wie der M. trapezius durch den **N. accessorius [XI]** und den Plexus cervicalis innerviert und führt bei einseitiger Kontraktion zu einer gleichseitigen Neigung von Kopf und Halswirbelsäule sowie einer Drehung des Kopfes zur Gegenseite. Eine beidseitige Kontraktion führt zu einer Streckung des Kopfes. Bei fixiertem Kopf dient der M. sternocleidomastoideus als Atemhilfsmuskel (Inspiration).

Klinik

Der **angeborene Schiefhals** (Torticollis muscularis congenitus) ist eine angeborene Fehlhaltung des Kopfes aufgrund einer meist einseitigen Verkürzung des **M. sternocleidomastoideus.** Da diese Erkrankung durch die Fehlstellung des Kopfes unbehandelt zu einer **Skoliose** der Halswirbelsäule führt, wird der angeborene Schiefhals i. d. R. chirurgisch korrigiert.

Hals

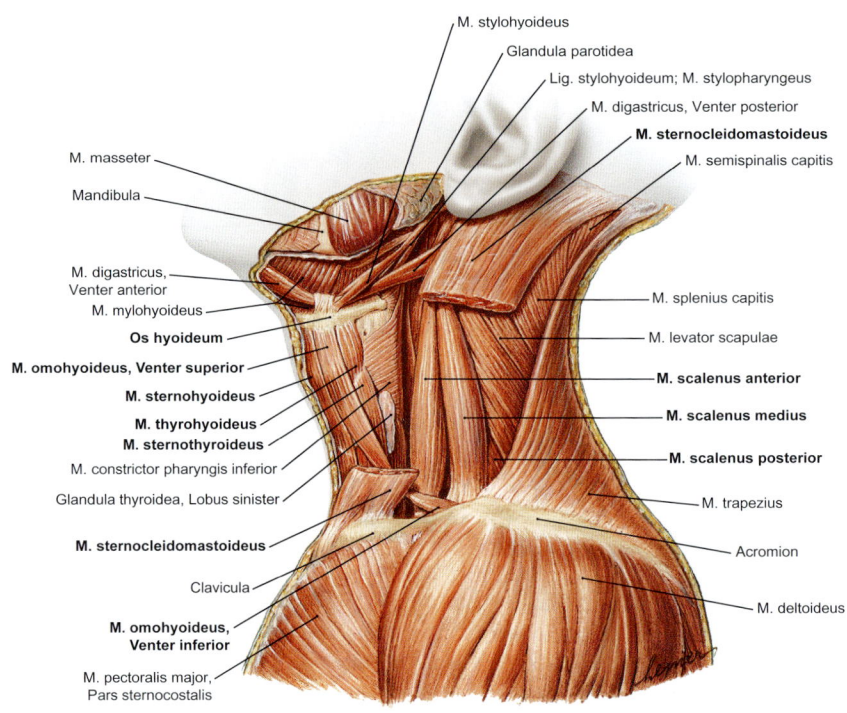

Abb. 8.2 Halsmuskulatur. Ansicht von lateral. [S007-3-23]

8.3.2 Mittlere Schicht der Halsmuskulatur

Zu der mittleren Schicht der Halsmuskulatur zählen:
- **Suprahyale** Muskeln: Die suprahyalen Muskeln werden beim Kopf (▶ Kap. 9.5) beschrieben.
- **Infrahyale** Muskeln (▶ Abb. 8.2, ▶ Tab. 8.2).

Zur infrahyalen Gruppe zählen vier paarig angelegte flache Muskeln, die sich vom Brustbein (**Sternum**) bis zum Schildknorpel (**Cartilago thyroidea**) bzw. bis zum Zungenbein (**Os hyoideum**) aufspannen (▶ Tab. 8.2). Dabei überdecken sie die Luftröhre, die Schilddrüse und einen großen Teil des Kehlkopfs. Zu den infrahyalen Muskeln zählen der oberflächliche **M. sternohyoideus** und der **M. omohyoideus** sowie die tiefer liegenden **M. sternothyroideus** und **M. thyrohyoideus** (▶ Abb. 8.1). Durch die Regulierung der Stellungen von Zungenbein und Kehlkopf spielen die infrahyalen Muskeln eine wichtige Rolle bei der Phonation und beim Schluckakt. Infrahyale Muskeln werden durch die **Ansa cervicalis** aus dem **Plexus cervicalis** versorgt.

> **Merke**
>
> Große, herznahe Venen wie die **V. jugularis interna** oder die **V. subclavia** drohen aufgrund ihrer relativ labilen Wand und durch die enorme Sogwirkung des Herzens zu kollabieren. Der **M. omohyoideus** ist mit dem sehnigen Verbindungsteil seiner beiden Muskelbäuche mit der mittleren Halsfaszie verwachsen, stabilisiert so die Wand der V. jugularis interna und unterstützt damit den venösen Rückfluss zum Herzen.

> **Merke**
>
> Die **Ansa cervicalis** wurde früher als Ansa cervicalis profunda einer **Ansa cervicalis superficialis** gegenübergestellt. Bei der Ansa cervicalis superficialis handelt es sich um eine funktionell irrelevante Anastomose zwischen dem N. transversus colli und dem R. colli des N. facialis [VII]. Obwohl hübsch anzuschauen, wurde der Begriff wegen seiner Bedeutungslosigkeit und Verwechslungsgefahr gestrichen.

Tab. 8.2 Infrahyale Muskeln

Innervation	Ursprung	Ansatz	Funktion
M. sternohyoideus			
Ansa cervicalis	Innenfläche des Manubrium sterni	Corpus ossis hyoidei	• Zieht das Zungenbein nach kaudal • Fixiert das Zungenbein für die Kieferöffnung und Mahlbewegung
M. sternothyroideus			
Ansa cervicalis	Innenfläche des Manubrium sterni	Linea obliqua der Lamina der Cartilago thyroidea	• Zieht den Kehlkopf nach kaudal • Fixiert den Kehlkopf bei der Phonation
M. thyrohyoideus			
Ansa cervicalis	Außenfläche der Cartilago thyroidea	Corpus ossis hyoidei	• Bei fixiertem Zungenbein: Anheben des Kehlkopfs für den Schluckakt • Bei fixiertem Kehlkopf: Senken des Zungenbeins, Einfluss auf die Phonation
M. omohyoideus			
Ansa cervicalis	Margo superior der Scapula	Corpus ossis hyoidei	• Zieht das Zungenbein nach unten • Fixiert das Zungenbein • Spannt die mittlere Halsfaszie • Fördert den venösen Rückfluss aus dem Kopf-Hals-Bereich durch Offenhalten der V. jugularis

8.3.3 Tiefe Schicht der Halsmuskulatur

Die **tiefe Schicht** der Halsmuskulatur lässt sich unterteilen in:
- **Prävertebrale Muskeln:** Dazu zählen der **M. rectus capitis anterior**, der **M. rectus capitis lateralis**, der **M. longus colli** und der **M. longus capitis** (▶ Abb. 8.3, ▶ Tab. 8.3).
- Lateral befindliche **Mm. scaleni**.

Alle prävertebralen Muskeln werden durch **Rr. anteriores** von zervikalen Spinalnerven versorgt.

Die **Mm. scaleni** befinden sich lateral am Hals und lassen sich als eine Fortsetzung der Interkostalmuskulatur des Thorax nach kranial interpretieren (▶ Abb. 8.2, ▶ Tab. 8.4). Man findet typischerweise 3 Skalenusmuskeln, die alle durch direkte Äste des Plexus cervicalis innerviert werden:
- **M. scalenus anterior**
- **M. scalenus medius**
- **M. scalenus posterior**

Daneben lässt sich bei manchen Menschen ein inkonstanter M. scalenus minimus nachweisen.

Merke

Zwischen dem M. scalenus anterior, dem M. scalenus medius und dem Oberrand der I. Rippe befindet sich die **Skalenuslücke** (▶ Abb. 8.3). Hier treten die A. subclavia sowie der Plexus brachialis hindurch. Einige Lehrbücher unterscheiden weiterhin zwischen einer vorderen und einer hinteren Skalenuslücke. Da aber die sog. vordere Skalenuslücke keine eigenständige Lücke ist, sondern vielmehr den Verlauf der V. subclavia vor dem M. scalenus anterior beschreibt, ist dieser Begriff nicht sinnvoll.

Klinik

Im Bereich der Skalenuslücke kann es aufgrund von anatomischen Normvarianten (Halsrippe, Verengungen der Skalenuslücke, inkonstanter M. scalenus minimus) zur Kompression der A. subclavia und des Plexus brachialis kommen. Dieses als **Thoracic-Outlet-Syndrom** bezeichnete Krankheitsbild zeichnet sich durch Schwäche der Armmuskulatur und Pulsdefizit aus („Einschlafen" des Arms).

Hals

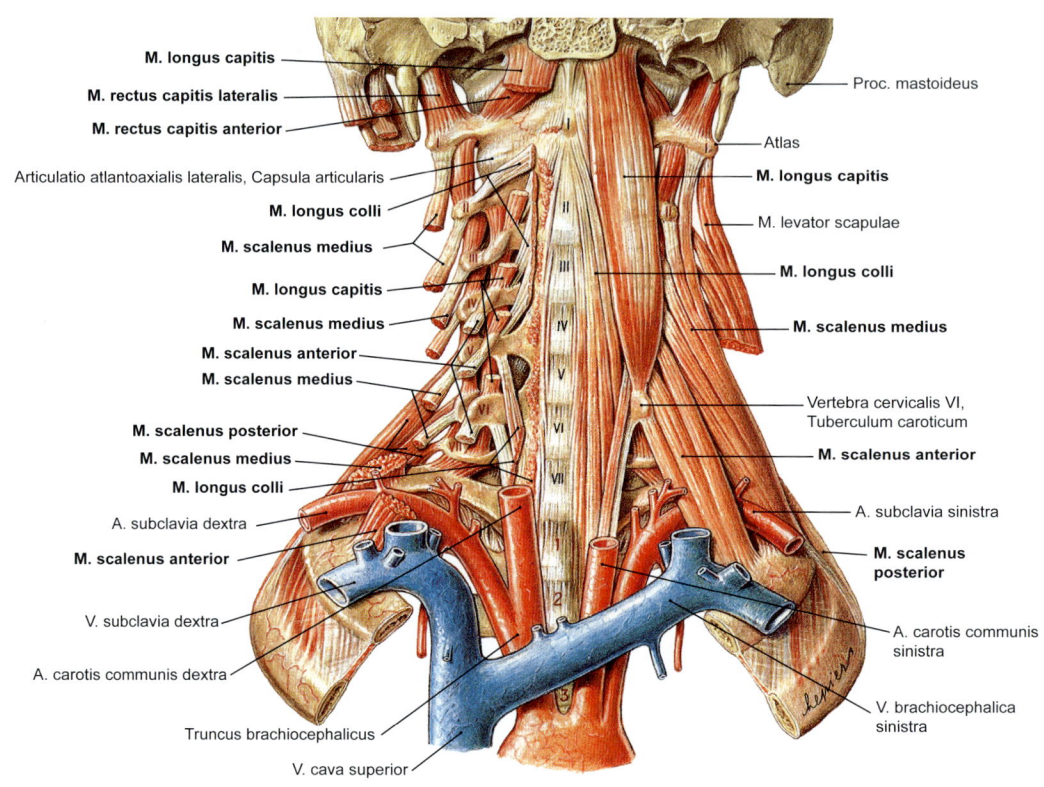

Abb. 8.3 Prävertebrale Muskeln und Mm. scaleni. Ansicht von ventral. [S007-3-23]

Tab. 8.3 Prävertebrale Muskeln			
Innervation	Ursprung	Ansatz	Funktion
M. rectus capitis anterior und M. rectus capitis lateralis			
Plexus cervicalis	*M. rectus capitis anterior:* Massa lateralis des Atlas *M. rectus capitis lateralis:* Proc. transversus des Atlas	Os occipitale	• Feineinstellung des Kopfes in den Kopfgelenken • Beugen den Kopf nach vorne
M. longus capitis			
Plexus cervicalis	Procc. transversi des III.–VI. Halswirbels	Os occipitale	• Beidseitige Aktivität: Vorwärtsneigung des Kopfes • Einseitige Aktivität: Seitwärtsneigen des Kopfes
M. longus colli			
Plexus cervicalis	• Körper des V. Hals- bis III. Brustwirbels • Procc. transversi des II.–V. Halswirbels	• Procc. transversi des V.–VI. Halswirbels • Atlas und Körper des II.–IV. Halswirbels	• Beidseitige Aktivität: Unterstützung der Vorwärtsneigung der Halswirbelsäule • Einseitige Aktivität: Seitwärtsneigen und Drehen der Halswirbelsäule zur ipsilateralen Seite

▶ 8.4 Halsfaszien und Bindegewebsräume   ▶ 8.4.1 Muskelfaszie

Tab. 8.4 Mm. scaleni

Innervation	Ursprung	Ansatz	Funktion
M. scalenus anterior, M. scalenus medius und M. scalenus posterior			
Plexus cervicalis	M. scalenus anterior, M. scalenus medius: Halswirbel (I–)III–VII M. scalenus posterior: ab V. Halswirbel	M. scalenus anterior, M. scalenus medius: I. Rippe M. scalenus posterior: II. Rippe	• Beidseitige Aktivität: Vorwärtsneigung der Halswirbelsäule • Einseitige Aktivität: Seitwärtsneigen und Drehen der Halswirbelsäule zur ipsilateralen Seite • Bei fixierter HWS: Heben der I. Rippe, Unterstützung der Inspiration

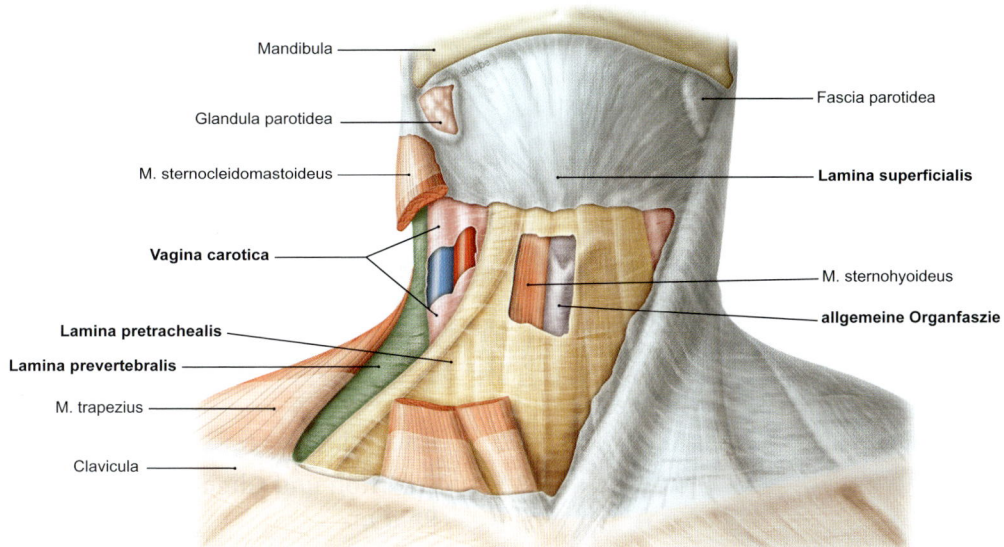

Abb. 8.4 Faszien des Halses. Ansicht von ventral. [L238]

8.4 Halsfaszien und Bindegewebsräume

Muskeln, Leitungsbahnen und Organe des Halses sind in ein Bindegewebssystem eingebettet, das sich entsprechend der umhüllten Strukturen in 3 unterschiedliche Faszien untergliedert (▶ Abb. 8.4):
- Muskelfaszien
- Leitungsbahnenfaszie
- Organfaszien

8.4.1 Muskelfaszie

Die Muskelfaszie (Fascia cervicalis) besteht aus folgenden Anteilen:

- **Lamina superficialis** (oberflächliches Blatt): umhüllt den oberflächlichen M. sternocleidomastoideus und geht dorsal auf dem M. trapezius in die Fascia nuchae über.
- **Lamina pretrachealis** (mittleres Blatt): umhüllt die infrahyale Muskulatur.
- **Lamina prevertebralis** (tiefes Blatt): umhüllt die Mm. scaleni, prävertebrale Muskeln, M. levator scapulae, Grenzstrang des Sympathikus (Truncus sympathicus) und geht dorsal in das tiefe Blatt der Fascia thoracolumbalis über.

Hals

8.4.2 Leitungsbahnenfaszie

Die im **lateralen Halsdreieck** verlaufenden Leitungsbahnen flankieren beidseits die Halsorgane und werden von einer Leitungsbahnenfaszie umhüllt, die von der Schädelbasis bis zur oberen Thoraxapertur reicht.

- Leitungsbahnenfaszie (**Vagina carotica**): umscheidet die A. carotis communis, V. jugularis interna, tiefe Halslymphknoten, N. vagus [X] und Ansa cervicalis.

> **Merke**
>
> Innerhalb der **Vagina carotica** verändert sich die Lagebeziehung zwischen Arterie, Vene und Nerv. Kaudal (Regio sternocleidomastoidea) liegen Vene und Nerv lateral der Arterie und werden im weiteren Verlauf zur Schädelbasis (Trigonum caroticum) von lateral nach dorsal verlagert.

8.4.3 Organfaszien

Die medial liegenden Halsorgane werden durch Organfaszien eingekleidet. Man unterscheidet:
- **Allgemeine Organfaszie:** umhüllt alle Halseingeweide gemeinsam (Pharynx, Larynx, Schilddrüse, Nebenschilddrüsen, Trachea sowie die Pars cervicalis des Oesophagus).
- **Spezielle Organfaszien:** entsprechen den jeweiligen Organkapseln, z. B. Capsula fibrosa der Schilddrüse.

8.4.4 Bindegewebsräume

Bedingt durch die unterschiedlichen Schichten der Faszienblätter entstehen Spalträume, die mit Bindegewebe ausgefüllt sind. Diese Räume (**Spatien**) dienen als Verschiebespalten zwischen den verschiedenen Schichten.
Folgende Bindegewebsräume des Halses werden voneinander unterschieden:
- **Spatium suprasternale:** kranial des Sternums zwischen Lamina superficialis und Lamina pretrachealis.
- **Spatium previscerale:** zwischen Lamina pretrachealis und allgemeiner Organfaszie, erstreckt sich vom Os hyoideum bis in das vordere Mediastinum.
- **Spatium peripharyngeum:** grenzt dorsolateral an den Pharynx und lässt sich in folgende 2 Kompartimente unterteilen:
  - **Spatium retropharyngeum:** zwischen dorsaler Rachenwand bzw. Oesophagus und der Lamina prevertebralis, reicht von der Schädelbasis bis in das hintere Mediastinum.
  - **Spatium lateropharyngeum:** verläuft von der Schädelbasis bis zum Mediastinum.

> **Merke**
>
> Das **Spatium lateropharyngeum** enthält die großen Leitungsbahnen des Halses (A. carotis interna, V. jugularis interna, die kaudalen Hirnnerven IX–XII und der Truncus sympathicus). Im weiteren kaudalen Verlauf befinden sich die Leitungsbahnen dann z.T. in der Vagina carotica.

> **Klinik**
>
> Die Ausdehnungen des Spatium retropharyngeum und des Spatium lateropharyngeum von der Schädelbasis bis in das Mediastinum haben zur Folge, dass sich **entzündliche Prozesse (Abszesse)** sowohl in den Brustraum als auch bis zur Schädelbasis hin ausbreiten können. Dies kann sich bei Senkungsabszessen als Mediastinitis bzw. bei aufsteigenden entzündlichen Prozessen als Meningitis (Hirnhautentzündung) manifestieren.

8.5 Rachen

8.5.1 Funktion und Gliederung des Pharynx

Der Rachen (**Pharynx**) stellt einen muskulären Schlauch dar, der von der Schädelbasis bis zum Kehlkopf (Larynx) und zur Speiseröhre (Oesophagus) reicht und eine gemeinsame Transportstrecke von Luft und Speisen ist. Der Pharynx liegt ventral der Halswirbelsäule an und ist über die **Membrana pharyngobasilaris** an der Vorderaußenfläche des Os occipitale verankert. Der 12–15 cm lange, fibromuskuläre Schlauch ist dorsal durch die **Raphe pharyngis** geschlossen und besitzt nach ventral 3 Öffnungen.

Neben der Weiterleitung von Luft und Speisen dient der Pharynx weiterhin der Geschmackswahrnehmung und mithilfe von lymphatischem Gewebe (WALDEYER-Rachenring) der Immunabwehr.

8.5 Rachen   8.5.1 Funktion und Gliederung des Pharynx

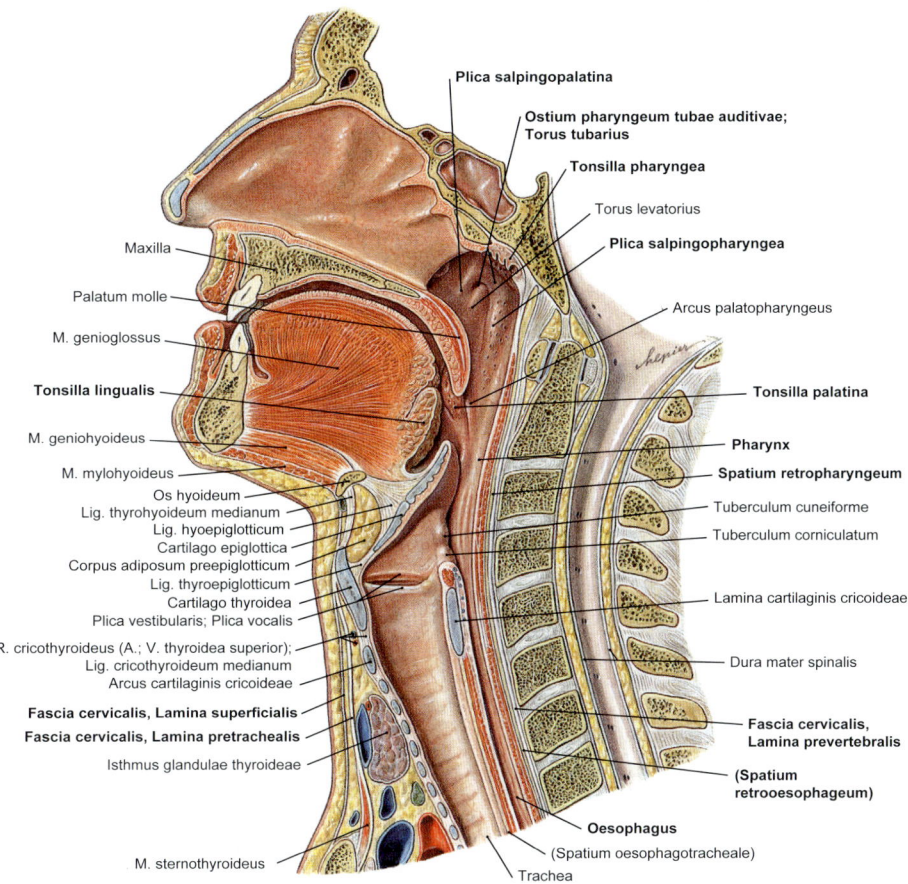

Abb. 8.5 Übersicht der Gliederung des Pharynx. Ansicht von median sagittal. [S007-3-23]

> **Merke**
>
> Die Muskulatur des Pharynx geht aus dem 3.–5. Schlundbogen hervor. Die motorische Faserqualität von N. glossopharyngeus [IX] und N. vagus [X] wird daher auch als **speziell viszeroefferent** bezeichnet. Funktionell handelt es sich hierbei aber um quergestreifte Skelettmuskulatur, die willkürlich steuerbar ist. Beide Hirnnerven nutzen dafür ein gemeinsames Kerngebiet, den **Nucleus ambiguus** (▶ Kap. 9.10.4).

Der Pharynx hat drei Öffnungen, sodass man 3 verschiedene Anteile des Pharynx unterscheiden kann (▶ Abb. 8.5):
- **Nasopharynx** (Epipharynx): über die Choanae nasales Verbindung zur Nasenhöhle, über die Tuba auditiva Verbindung zum Mittelohr
- **Oropharynx** (Mesopharynx): über den Isthmus faucium (Rachenenge) Verbindung zur Mundhöhle (Cavitas oris)
- **Laryngopharynx** (Hypopharynx): ventral über den Aditus laryngis Verbindung zu Larynx und Trachea, dorsal Übergang in die Speiseröhre (Oesophagus)

Nasopharynx

Der Nasopharynx stellt den kranialsten Teil des Pharynx dar und dient in erster Linie der Weiterleitung der Luft aus der Nasenhöhle.

> In der Schleimhaut des Nasopharynx befindet sich unterhalb der Schädelbasis median gelegenes lymphatisches Gewebe als unpaare Rachenmandel **(Tonsilla pharyngea)**.

Hals

Im Erwachsenenalter bildet sich die Rachenmandel nach und nach zurück und besitzt nur noch untergeordnete lymphatische Funktionen.

> **Klinik**
>
> Bei Kindern kann die Tonsilla pharyngea deutlich vergrößert sein und die Choanae nasales sowie die Tuba auditiva verlegen. Diese meist gutartigen Wucherungen werden als **adenoide Vegetationen („Polypen")** bezeichnet. Sie führen meist zu Atemproblemen, Schwerhörigkeiten und Schlafstörungen. Betroffene Kinder leiden häufig an Schleimhautentzündungen **(Katarrh)** und Entzündungen des Mittelohrs **(Otitis media)**.

Seitlich befindet sich im Nasopharynx die Öffnung der Ohrtrompete **(Ostium pharyngeum tubae auditivae)**, die den Nasenrachenraum mit der Paukenhöhle des Mittelohrs verbindet. Die Mündungsstelle wird von einem bogenförmigen Wulst **(Torus tubarius)** umfasst, der durch den darunter liegenden Tubenknorpel aufgeworfen wird. Der Torus tubarius geht nach unten ventral in die **Plica salpingopalatina** und dorsal in die kräftige **Plica salpingopharyngea** über. Im Bereich der Tubenöffnung befindet sich beidseitig lymphatisches Gewebe **(Tonsilla tubaria),** das sich seitlich strangartig („Seitenstränge") nach kaudal fortsetzen kann.

Oropharynx
Der Oropharynx erstreckt sich vom Gaumensegel bis zum Kehldeckel (Epiglottis) und wird von ventral durch den Isthmus faucium erreicht. Im Oropharynx kreuzen sich die Wege von Luft aus dem Nasopharynx und Speisen aus der Mundhöhle.

Laryngopharynx
Der Laryngopharynx wird durch die Vorwölbung des Aditus laryngis (Kehlkopfeingang) nach dorsal verengt, wodurch auf beiden Seiten eine Rinne **(Recessus piriformis)** entsteht, über die Speisen vom Zungengrund her seitlich in den Oesophagus geleitet werden (▶ Abb. 8.6).

> **Klinik**
>
> Im verhältnismäßig engen Laryngopharynx können sich verschluckte Fremdkörper oder unzureichend zerkaute Speisebrocken verklemmen und durch eine Reizung der Pharynxwand (sensibel innerviert durch den N. vagus [X]) eine vagale Reaktion mit Bradykardie und Herz-Kreislauf-Stillstand provozieren.

> Dies kann zum **Herz-Kreislauf-Versagen mit Todesfolge (Bolustod)** führen. In dieser Notfallsituation muss der Fremdkörper entweder manuell oder mithilfe des HEIMLICH-Manövers schnellstmöglich entfernt werden.

Lymphatischer Rachenring
Der Pharynx besitzt als mögliche Eingangspforte für Viren und Bakterien lymphatisches Gewebe, das sich ringförmig anordnet. Dieser **lymphatische Rachenring** (WALDEYER-Rachenring) besteht aus folgenden Anteilen:
- **Tonsilla pharyngea** (Rachenmandel)
- **Tonsillae tubariae** (Tubenmandeln)
- **Tonsillae palatinae** (Gaumenmandeln)
- **Tonsilla lingualis** (Zungenmandel)
- Lymphatisches Gewebe der Plica salpingopharyngea („**Seitenstränge**")

8.5.2 Muskulatur des Pharynx

Die Muskulatur des Pharynx setzt sich aus 3 Schlundschnürern (**Mm. constrictores pharyngis**) und 3 Schlundhebern (**Mm. levatores pharyngis**) zusammen.

Schlundschnürer
Die Schlundschnürer entspringen ventral an der Schädelbasis und inserieren dorsal an der Raphe pharyngis. Die flächigen Faserbündel der 3 Schlundschnürer umfassen den Pharynx von dorsolateral und sind dabei dachziegelartig angeordnet.

> Die **Innervation** der Schlundschnürer erfolgt über den **Plexus pharyngeus,** der durch den N. glossopharyngeus [IX] und den N. vagus [X] gebildet wird, die Schlundheber werden dagegen nur vom N. glossopharyngeus [IX] innerviert.

Folgende Schlundschnürer werden unterschieden (▶ Tab. 8.5):
- **M. constrictor pharyngis superior:** geht hinten nach kranial in die Fascia pharyngobasilaris über.
- **M. constrictor pharyngis medius.**
- **M. constrictor pharyngis inferior:** Der untere Abschnitt umfasst aufsteigende und horizontale Fasern, die das muskelschwache **KILLIAN-Dreieck** einschließen.

▶ 8.5 Rachen ▶ 8.5.2 Muskulatur des Pharynx

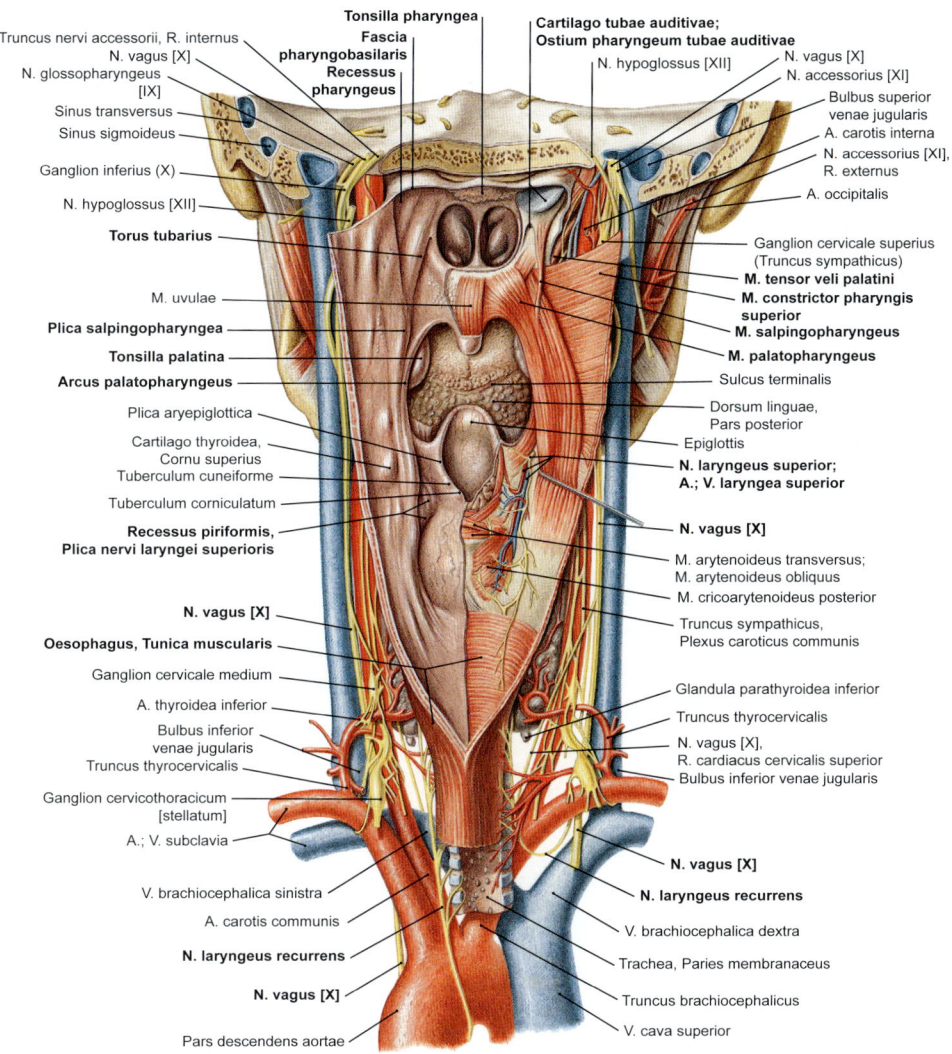

Abb. 8.6 Pharynx eröffnet mit ventralen Öffnungen. Ansicht von dorsal. [S007-3-23]

Klinik

Im Bereich des muskelschwachen KILLIAN-Dreiecks kann es zur Entstehung von **ZENKER-Divertikeln** kommen. Diese Pseudodivertikel (Ausstülpung von Mukosa und Submukosa) bilden sich v. a. bei einem pathologisch erhöhten intraluminalen Druck im Pharynx. Betroffene Patienten klagen über Schluckbeschwerden (**Dysphagie**) durch eine Passagestörung, regelmäßiges Hochwürgen unverdauter Speisen (**Regurgitationen**) und z. T. intensiven Mundgeruch (**Hilatosis**).

Schlundheber

Zu den Schlundhebern zählen (▶ Tab. 8.6):
- **M. palatopharyngeus**
- **M. stylopharyngeus**
- **M. salpingopharyngeus**

Diese relativ schwachen Muskelfaserbündel strahlen von seitlich in den Pharynx ein und entspringen von der Schädelbasis bzw. von der Tuba auditiva. Die Schlundheber spielen insbesondere beim Schluckakt durch eine Verkürzung des Pharynx eine große Rolle.

Hals

Tab. 8.5 Pharynxmuskulatur – Schlundschnürer

Ursprung	Ansatz	Funktion
M. constrictor pharyngis superior		
• Proc. pterygoideus des Os sphenoidale • Raphe pterygomandibularis • Linea mylohyoidea der Mandibula • Zungenmuskulatur	• Membrana pharyngobasilaris • Raphe pharyngis	Zusammen mit den M. palatopharyngeus entsteht bei seiner Kontraktion ein Wulst, der beim Schluckakt den Nasenrachenraum verschließt (PASSAVANT-Ringwulst).
M. constrictor pharyngis medius		
Hörner des Zungenbeins	Raphe pharyngis	• Einschnürung des Rachens • Transport des Speisebolus
M. constrictor pharyngis inferior		
Schild- und Ringknorpel	Raphe pharyngis	• Einschnürung des Rachens • Transport des Speisebolus

Tab. 8.6 Pharynxmuskulatur – Schlundheber

Ursprung	Ansatz	Funktion
M. stylopharyngeus		
Proc. styloideus	Cartilago thyroidea, strahlt in die Seitenwand des Pharynx ein	Anheben des Pharynx während des Schluckakts
M. palatopharyngeus		
Aponeurosis palatinae	Cartilago thyroidea, strahlt in die Seitenwand des Pharynx ein	Anheben des Pharynx während des Schluckakts
M. salpingopharyngeus		
Knorpel der Tuba auditiva	strahlt in die Seitenwand des Pharynx ein	Anheben des Pharynx während des Schluckakts, öffnet die Tuba auditiva

Schluckakt

Beim Schluckakt sorgt die Kontraktion der Schlundschnürer für eine Verkleinerung des Pharynxlumens.

> Der M. constrictor pharyngis superior tritt dabei als Muskelwulst (PASSAVANT-Wulst) dem Gaumensegel entgegen. Dies führt zum Verschluss des Nasopharynx und der Nasenhöhle.

Der M. constrictor pharyngis medius und der M. constrictor pharyngis inferior bewirken durch die Kontraktion ihrer schräg nach oben verlaufenden Fasern eine Verkürzung des Pharynx. Dies führt zu einem Anheben des Zungenbeins und des Kehlkopfs. Hierbei werden die Schlundschnürer durch die Schlundheber unterstützt. Berührt der in der Mundhöhle zerkaute und durch die Zunge nach hinten gedrängte Bissen (Bolus) die hintere Gaumenschleimhaut, kommt es zum Schluckreflex. Dabei werden die Atemwege reflektorisch verschlossen und somit gesichert. Die Bissen gleiten durch eine kraniokaudale Kontraktionswelle überwiegend durch die Recessus piriformes in den Oesophagus.

> **Merke**
>
> Der Schuckreflex ist auch bei Bewusstlosigkeit und im Schlaf erhalten und wird im Schluckzentrum der Medulla oblongata koordiniert.

8.5.3 Leitungsbahnen des Pharynx

Arterien
Die **A. thyroidea superior** und **A. thyroidea inferior** versorgen die Dorsalseite, die **A. pharyngea ascendens** versorgt die laterale Seite, die **A. palatina ascendens** und **A. palatina descendens** sowie die **A. sphenopalatina** ernähren den oberen Abschnitt.

Venen
Venöser **Plexus pharyngeus** mit Anschluss an die V. jugularis interna.

Lymphgefäße
Nodi lymphoidei cervicales profundi mit Drainage in den Truncus jugularis.

Innervation
Die motorische, sensorische und vegetative Innervation des Pharynx wird durch den N. glossopharyngeus [IX], den N. vagus [X] sowie den Truncus sympathicus gewährleistet. Dabei bilden diese Nerven ein Geflecht (**Plexus pharyngeus**) an der Außenwand des Pharynx.

8.6 Kehlkopf
8.6.1 Funktion des Kehlkopfs

Der Kehlkopf (**Larynx**, ▶ Abb. 8.6) ist ein Halsorgan, dessen komplexer Aufbau aus Knorpelskelett und Muskulatur seine wichtigen Funktionen widerspiegelt.

> **Merke**
>
> Der **Kehlkopf** (Larynx) gehört zusammen mit der **Luftröhre** (Trachea) und den beiden **Lungen** (Pulmones) zu den **unteren Atemwegen.**

Zu den Funktionen des Kehlkopfs zählen:
- **Schutzfunktion** der Atemwege: Beim Schluckakt kommt es zum Verschluss des Kehlkopfs, wodurch ein Eindringen von Flüssigkeiten und Speisen in die Atemwege verhindert wird. Gelangen Fremdkörper oder Speisen in die Atemwege, spielt der Kehlkopf beim **Hustenreflex** durch kurzzeitigen Verschluss und anschließender stoßartigen Ausatmung eine wichtige Rolle.
- **Phonation** (Stimmbildung): Durch die Schwingungen sowie die Veränderung von Länge und Spannung der Stimmbänder (**Ligg. vocalia**) können Töne unterschiedlicher Frequenzen erzeugt werden. Durch die Regulierung des Luftstroms entlang der schwingenden Stimmbänder kontrolliert der Kehlkopf die Lautstärke.
- **Bauchpresse:** Durch einen Verschluss des Kehlkopfs lassen sich der intrathorakale und der intraabdominale Druck steigern. Dies ist insbesondere bei Stuhlgang und bei Wehen von größter Bedeutung.
- **Atemregulation:** Der Kehlkopf ist weiterhin in der Lage, durch Änderungen der Stimmbandstellungen die Weite des Atemwegslumens zu variieren. Dies hat maßgeblichen Einfluss auf die inspiratorischen und exspiratorischen Atemvolumina.

> **Lerntipp**
>
> Beim Lernen des Kehlkopfs und seiner Strukturen ist es im Hinblick auf seine Funktionen sinnvoll, zwischen **Spannapparat** und **Stellapparat** zu unterscheiden und Knorpelstrukturen, Bänder und Muskeln in diese beiden Kategorien einzuordnen.

8.6.2 Kehlkopfskelett

Das Kehlkopfskelett besteht aus Knorpelstrukturen, die über Bänder und Gelenke zusammengehalten werden (▶ Abb. 8.7, ▶ Abb. 8.8). Durch die gelenkigen Verbindungen können die Kehlkopfknorpel durch Muskeln gegeneinander bewegt werden. Die Knorpelanteile (hyaliner Knorpel) des Kehlkopfs sind:
- Schildknorpel (**Cartilago thyroidea**), unpaar
- Ringknorpel (**Cartilago cricoidea**), unpaar
- Stellknorpel (**Cartilago arytenoidea**), paarig

Ferner finden sich am Kehlkopfskelett Knorpelstrukturen, die aus elastischem Knorpel aufgebaut sind, aber für die Veränderungen der Spannung bzw. Stellung der Stimmbänder keine besondere Rolle spielen:
- Kehlkopfdeckel (**Epiglottis**)
- Kleine Knorpel in der Plica aryepiglottica

Schildknorpel
Der **Schildknorpel** (**Cartilago thyroidea**) besteht aus 2 annähernd viereckigen Platten (Lamina dextra und sinistra), die nach lateral geneigt und ventral miteinander verschmolzen sind. Beim Mann stehen die beiden Laminae in einem

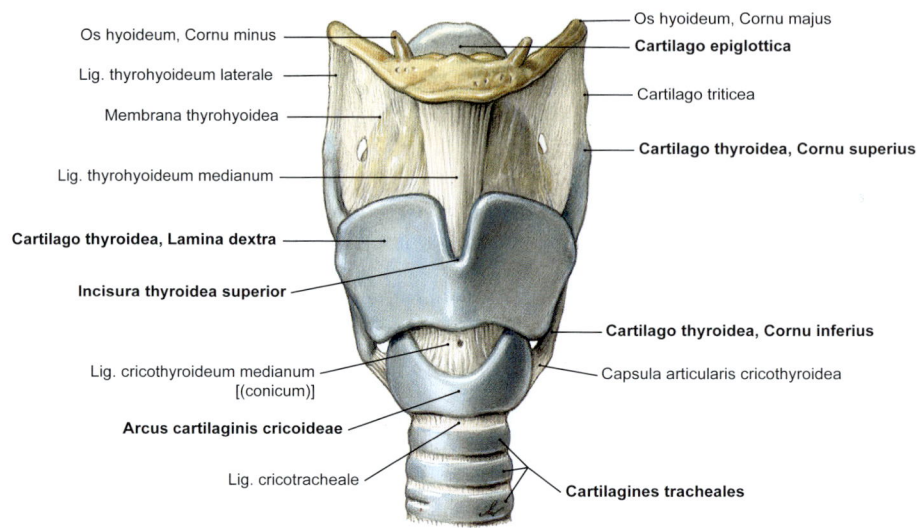

Abb. 8.7 Kehlkopfknorpel, Cartilagines laryngis und Os hyoideum. Ansicht von ventral. [S007-3-23]

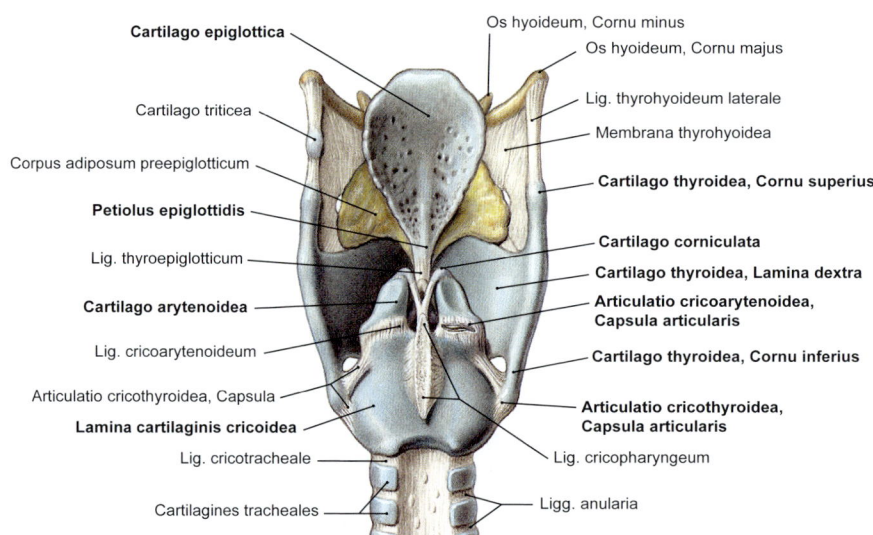

Abb. 8.8 Kehlkopfknorpel, Cartilagines laryngis und Os hyoideum. Ansicht von dorsal. [S007-3-23]

nahezu rechten Winkel zueinander und bilden ventral die **Prominentia laryngea** (Adamsapfel). Der Oberrand des Schildknorpels ist ventral durch eine **Incisura thyroidea superior** deutlich eingekerbt, am Unterrand befindet sich lediglich eine flache **Incisura thyroidea inferior.** Der Hinterrand beider Laminae setzt sich jeweils nach oben und unten in das lange **Cornu superius** und das kürzere **Cornu inferius** fort. Über das Cornu inferius ist der Schildknorpel auf beiden Seiten mit dem Ringknorpel in den **Articulationes cricothyroideae** gelenkig verbunden. Hierbei handelt es sich um echte Gelenke, die funktionell als ein gemeinsames Scharniergelenk aufzufassen sind. Durch diese Gelenke lässt sich der Ringknorpel gegen den feststehenden Schildknorpel kippen und so der Abstand zwischen der Innenseite des Schildknorpels und den auf dem Ringknorpel aufsitzenden Stellknorpeln (Cartilagines arytenoideae) verändern. Dies hat maßgeblichen Einfluss auf den Spannungszustand der Stimmbänder und trägt so zu Veränderungen der Tonhöhe bei.

Ringknorpel

Der Ringknorpel (**Cartilago cricoidea**) stellt die Basis des Kehlkopfskeletts dar und ähnelt in seiner Form einem Siegelring. Ventral besteht er aus einem schmalen, bogenförmigen **Arcus cricoideus** und dorsal ragt eine ca. 2 cm hohe **Lamina cricoidea** nach kranial. Am Übergang zwischen Arcus cricoideus und Lamina cricoidea befindet sich seitlich jeweils eine Gelenkfläche für die beiden Unterhörner des Schildknorpels. Auf der Oberseite der Lamina cricoidea besitzt der Ringknorpel 2 ovale Gelenkflächen für die beiden Stellknorpel.

> **Klinik**
>
> Da es sich bei den Kehlkopfgelenken um echte Gelenke handelt, können sich auch hier Erkrankungen manifestieren, wie sie bei den großen Gelenken des Bewegungsapparats zu beobachten sind. Im höheren Lebensalter können **degenerative Knorpelschäden (Arthrose)** auftreten, die eine Störung der Stimmbildung nach sich ziehen. Auch entzündliche Gelenkerkrankungen (**Arthritis**) oder rheumatische Erkrankungen (**rheumatoide Arthritis**) kommen in den Kehlkopfgelenken vor.

Stellknorpel

Die paarigen Stellknorpel (**Cartilagines arytenoideae**) haben eine Pyramidenform. Die Basis der Stellknorpel bildet jeweils die gelenkige Verbindung mit dem Ringknorpel (**Articulatio cricoarytenoidea**) und besitzt zudem 2 Fortsätze. Nach ventral erstreckt sich der **Proc. vocalis**. Von hier aus zieht das Stimmband (**Lig. vocale**) nach medial zur Innenfläche der Prominentia laryngea des Schildknorpels. Nach dorsolateral setzt sich die Basis des Stellknorpels in den **Proc. muscularis** fort. Hier inserieren die inneren Kehlkopfmuskeln und führen durch Bewegungen der Stellknorpel gegen den Ringknorpel zu Veränderungen der Stellung der Stimmbänder (▶ Abb. 8.9, ▶ Abb. 8.10).

Bei den **Articulationes cricoarytenoideae** handelt es sich um Gelenke mit 2 Freiheitsgraden. Zum einen sind Rotationsbewegungen der Stellknorpel in der Longitudinalachse möglich und zum anderen können die Stellknorpel durch Gleitbewegungen in der Transversalachse aufeinander zu oder voneinander weg bewegt werden. Durch die Drehbewegungen wird die Stellung der Stimmbänder zueinander verändert und es kommt zum Öffnen oder Schließen des vorderen Teils (**Pars intermembranacea**) der Stimmritze (**Rima glottidis**). Die Gleitbewegungen der Stellknorpel sind für das Öffnen und Schließen des hinteren Abschnitts (**Pars intercartilaginea**) der Stimmritze verantwortlich (▶ Abb. 8.10).

Kehldeckel

Der Kehldeckel (**Epiglottis**) ist aus elastischem Knorpel aufgebaut und mit seiner kaudalen Spitze am Schildknorpel befestigt. Der Kehldeckel kann nach seitlich bewegt werden und dient v. a. durch ein Kippen nach dorsal dem Verschluss des Kehlkopfeingangs.

> **Lerntipp**
>
> Die Fachtermini der Kehlkopfknorpel sind für das Verständnis der Kehlkopfmuskeln von großer Bedeutung. Die Namen der Muskeln geben i. d. R. bereits an, welche Knorpelanteile hier miteinander verbunden werden, und helfen so, die Funktionen der verschiedenen Kehlkopfmuskeln zu verstehen.

8.6.3 Bandapparat des Kehlkopfs

Bei den Bändern des Kehlkopfs (▶ Abb. 8.9, ▶ Abb. 8.10) lassen sich innere und äußere Kehlkopfbänder voneinander unterscheiden. Zu den **inneren Kehlkopfbändern** zählen:
- **Membrana quadrangularis:** elastische Fasern in Kehlkopfschleimhaut, bildet kaudal beidseits das Taschenband (**Lig. vestibulare**).
- **Conus elasticus:** jeweils von der Innenfläche des Ringknorpels zu den Stimmbändern ziehend, bildet kranial beidseits das Stimmband (**Lig. vocale**), das von der Innenfläche des Schildknorpels zum Proc. vocalis des Stellknorpels zieht.

Zu den **äußeren Kehlkopfbändern** zählen:
- **Membrana thyrohyoidea:** flächig zwischen dem Oberrand des Schildknorpels und dem Zungenbein
- **Lig. cricothyroideum medianum (klin. Lig. conicum):** kräftiges ventral gelegenes Band zwi-

Hals

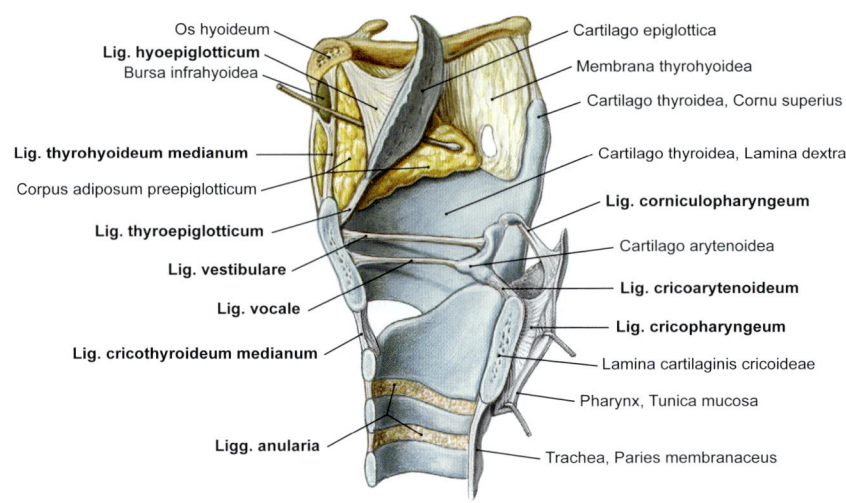

Abb. 8.9 Bänder des Kehlkopfs. Ansicht von medial. [S007-3-23]

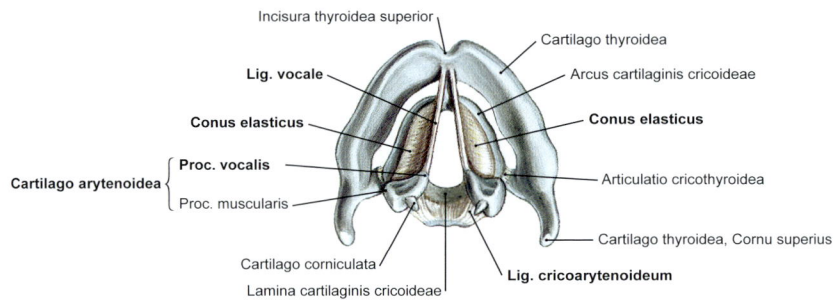

Abb. 8.10 Bänder des Kehlkopfs. Ansicht von kranial. [S007-3-23]

schen dem Oberrand des Ringknorpels und dem Unterrand des Schildknorpels
- **Lig. cricotracheale:** zwischen Unterrand des Ringknorpels und der ersten Trachealknorpelspange

Klinik

Beim Verschluss der Stimmritze durch Schwellungen der Kehlkopfschleimhaut (Glottisödem oder Larynxödem) nach allergischen Reaktionen oder Insektenstichen (z. B. Wespenstich) können lebensbedrohliche Atemnotsituationen entstehen. Ein Schnitt durch das **Lig. cricothyroideum medianum** zwischen Ringknorpel und Schildknorpel (**Koniotomie**) kann als lebensrettende Notfallmaßnahme einen künstlichen Luftweg schaffen und die Sauerstoffversorgung sicherstellen.

8.6.4 Plica vestibularis und Plica vocalis

Kehlkopfskelett und Bandstrukturen sind von einer Schleimhaut überzogen, die im Innenraum des Kehlkopfs (**Cavitas laryngis**) 2 paarige seitlich ins Lumen hervorspringende Falten bildet (▶ Abb. 8.5). Das Lig. vestibulare wirft kranial die **Plica vestibularis** (Taschenfalte) auf und weiter kaudal ist durch das Lig. vocale die **Plica vocalis** sichtbar. Beide Falten sind als Orientierungspunkte für die Etageneinteilung des Kehlkopfs von Bedeutung:
- Die **obere Etage** des Kehlkopfs (**Vestibulum laryngis** oder **klin. Supraglottis**): reicht vom Kehlkopfeingang (**Aditus laryngis**) bis zu den Plicae vestibulares.

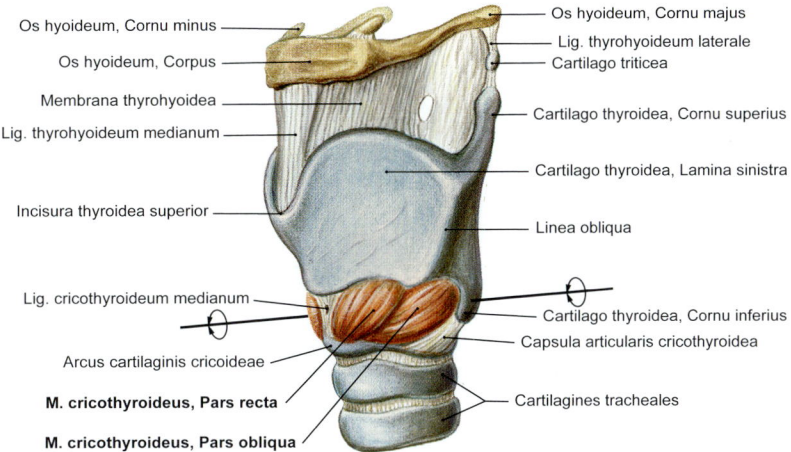

Abb. 8.11 Äußere Muskeln des Kehlkopfs. Ansicht von ventral links. [S007-3-23]

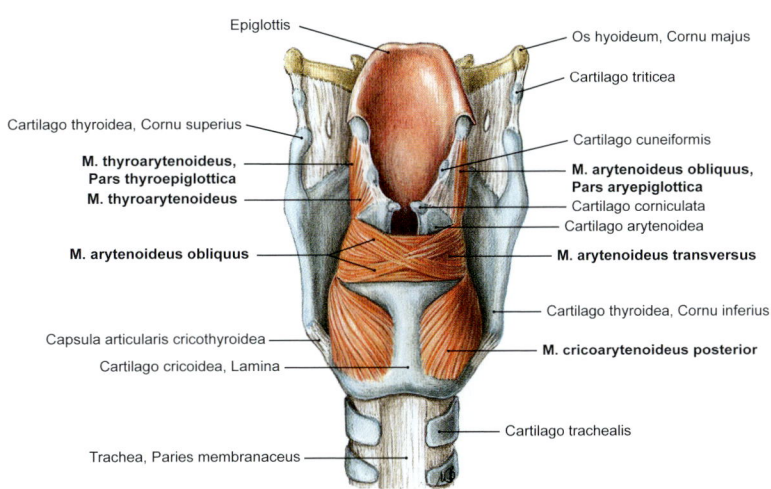

Abb. 8.12 Innere Muskeln des Kehlkopfs. Ansicht von dorsal. [S007-3-23]

- Die **mittlere Etage (Glottis** oder **klin. transglottischer Raum):** befindet sich zwischen den Plicae vestibulares und den Plicae vocales.
- Die **untere Etage** des Kehlkopfs stellt sich als verbreiterter Hohlraum (**Cavitas infraglottica** oder **klin. Subglottis**) unterhalb der Plicae vocales dar.

8.6.5 Muskulatur des Kehlkopfs

Die Kehlkopfmuskulatur hat die Aufgabe, die Kehlkopfknorpel gegeneinander zu bewegen und so die Stellung und Spannung der Stimmbänder zu beeinflussen. Man unterscheidet anhand der Lage und der Innervation **äußere** von **inneren Kehlkopfmuskeln** (▶ Abb. 8.11, ▶ Abb. 8.12, ▶ Abb. 8.13, ▶ Tab. 8.7).

Der **M. cricothyroideus** (▶ Abb. 8.11) ist der einzige **äußere Kehlkopfmuskel** und wird durch den **R. externus des N. laryngeus superior** innerviert.

Merke

Alle Kehlkopfmuskeln werden durch den **N. vagus [X]** innerviert. Während der äußere Kehlkopfmuskel durch den **N. laryngeus superior** des N. vagus [X] versorgt wird, erfolgt die Innervation aller inneren Kehlkopfmuskeln durch den **N. laryngeus recurrens** des N. vagus [X]. Der N. laryngeus recurrens wird im Bereich des Kehlkopfs als **N. laryngeus inferior** bezeichnet.

Hals

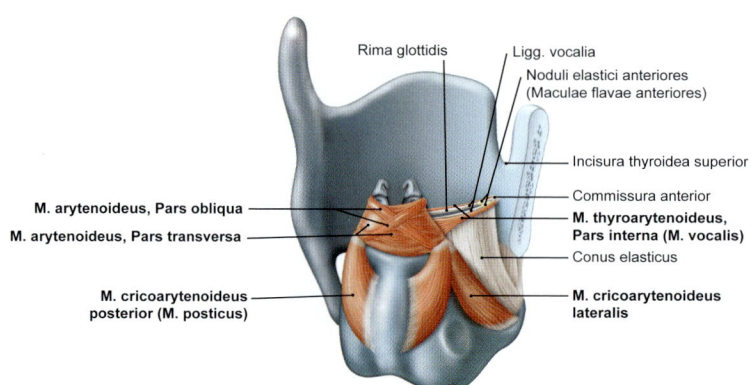

Abb. 8.13 Innere Muskeln des Kehlkopfs. Ansicht von schräg dorsal. [L238]

Tab. 8.7 Übersicht Kehlkopfmuskeln

Innervation	Ursprung	Ansatz	Funktion
M. cricothyroideus			
N. laryngeus superior, R. externus	Ringknorpelbogen	• Schildknorpelplatte • Cornu inferius	spannt durch Kippen des Ringknorpels die Stimmfalten (Grobspannung)
M. thyroarytenoideus, Pars interna (M. vocalis)			
N. laryngeus inferior	Innenfläche der Schildknorpelplatte	Proc. vocalis des Aryknorpels	• Schließt die Pars intermembranacea der Stimmritze • Reguliert Stimmfaltenspannung
M. thyroarytenoideus, Pars externa			
N. laryngeus inferior	Innenfläche der Schildknorpelplatte	Vorderfläche des Aryknorpels	schließt die Pars intermembranacea der Stimmritze
M. arytenoideus obliquus und M. arytenoideus transversus			
N. laryngeus inferior	Hinterfläche des Stellknorpels	Hinterfläche und Spitze des Stellknorpels der Gegenseite	schließt durch Zusammenführen beider Stellknorpel die Pars intercartilaginea der Stimmritze
M. cricoarytenoideus lateralis			
N. laryngeus inferior	Oberrand des Arcus des Ringknorpels	Proc. muscularis des Stellknorpels	• Schließt die Pars intermembranacea der Stimmritze • Öffnet die Pars intercartilaginea (Flüsterdreieck)
M. cricoarytenoideus posterior (Postikus)			
N. laryngeus inferior	Hinterfläche der Lamina des Ringknorpels	Proc. muscularis des Stellknorpels	öffnet die Stimmritze zur Inspiration

Der **M. cricothyroideus** (▶ Abb. 8.11) sorgt bei Kontraktion für eine Kippbewegung des Ringknorpels gegen den Schildknorpel, was zu einer **Spannung der Stimmbänder** führt. Der M. cricothyroideus ist somit Teil des Spannapparats des Kehlkopfs.
Zu den **inneren Kehlkopfmuskeln** zählen (▶ Abb. 8.12, ▶ Abb. 8.13):
- **M. cricoarytenoideus posterior** (M. posticus)
- **M. cricoarytenoideus lateralis** (Flüstermuskel)
- **M. thyroarytenoideus** mit Pars interna (M. vocalis) und Pars thyroepiglottica
- **M. arytenoideus obliquus und M. arytenoideus transversus**

> **Merke**
>
> Der **M. cricoarytenoideus posterior** wird in der Klinik als **Postikus** bezeichnet. Diesem Vertreter der inneren Kehlkopfmuskeln kommt eine große funktionelle und klinische Bedeutung bei der Einatmung zu, denn er ist als einziger Kehlkopfmuskel in der Lage, die Stimmritze aktiv zu öffnen.

8.6.6 Leitungsbahnen des Kehlkopfs

Arterien/Venen
A./V. laryngea superior und A./V. laryngea inferior für die obere/untere Hälfte, Grenze der Versorgungsgebiete ist die Stimmritze.

Lymphgefäße
Nodi lymphoidei cervicales profundi mit Drainage in den Truncus jugularis.

Innervation
> Die motorische, sensorische und vegetative Innervation erfolgt ober- und unterhalb der Stimmritze durch die **Nn. laryngeus superior und inferior.** Der N. laryngeus superior versorgt mit seinem motorischen R. externus nur den M. cricothyroideus und mit seinem R. internus sensorisch und vegetativ die Schleimhaut, sodass er für den Schluckreflex wichtig ist. Der N. laryngeus inferior innerviert motorisch alle übrigen Kehlkopfmuskeln.

8.7 Schilddrüse und Nebenschilddrüsen

8.7.1 Funktion von Schilddrüse und Nebenschilddrüsen

Die Schilddrüse (**Glandula thyroidea**) und die Nebenschilddrüsen (**Glandulae parathyroideae superiores und inferiores**), auch Epithelkörperchen genannt, gehören zu den endokrinen Organen. Während die **Schilddrüsenhormone Trijodthyronin (T_3) und Thyroxin (Tetrajodthyronin, T_4)** den Grundumsatz steigern und die Funktionen zahlreicher Organe beeinflussen, ist das ebenfalls von der Schilddrüse gebildete **Kalzitonin** in die Regulierung des Kalziumhaushalts involviert und senkt den Blutkalziumspiegel. Das in den Nebenschilddrüsen gebildete **Parathormon** führt dagegen zu einer Steigerung der Kalziumkonzentrationen.

8.7.2 Lage und Bau von Schilddrüse und Nebenschilddrüsen

Die **Schilddrüse** (Glandula thyroidea) ist eine unpaare Drüse mit einem Gewicht zwischen 20 und 30 g und der Form eines H (▶ Abb. 8.14). Sie besitzt 2 Seitenlappen (**Lobus dexter** und **Lobus sinister**), die über eine schmale Gewebsbrücke (**Isthmus glandulae thyroideae**) miteinander verbunden sind. Das normale Volumen der Schilddrüse beträgt bei der Frau 6–18 ml und beim Mann 9–25 ml. In manchen Fällen kann als ein entwicklungsgeschichtliches Relikt ein unpaarer **Lobus pyramidalis** ventrokranial am Isthmus vorhanden sein. Die Schilddrüsenlappen umgreifen die Seitenflächen der Trachea und sind über die bindegewebige Schilddrüsenkapsel (Capsula fibrosa) mit der Luftröhre verwachsen. Das Schilddrüsengewebe reicht nach dorsal bis an die Rinne zwischen Trachea und Oesophagus und hat dabei enge Lagebeziehungen zum N. laryngeus recurrens (▶ Abb. 8.15) und zur Karotisscheide (Vagina carotica).

> **Klinik**
>
> **Struma, Hypo-, Hyperthyreose**
> Pathologische Größenzunahmen (**Struma**) der Schilddrüse sind bei Schilddrüsenfunktionsstörungen häufig zu beobachten und können mit einer Unterfunktion oder Überfunktion des Organs assoziiert sein. Jodmangel führt langfristig zu einer Unterfunktion (**Hypothyreose**), wodurch das Gewebe der Schilddrüse proliferiert und das

Hals

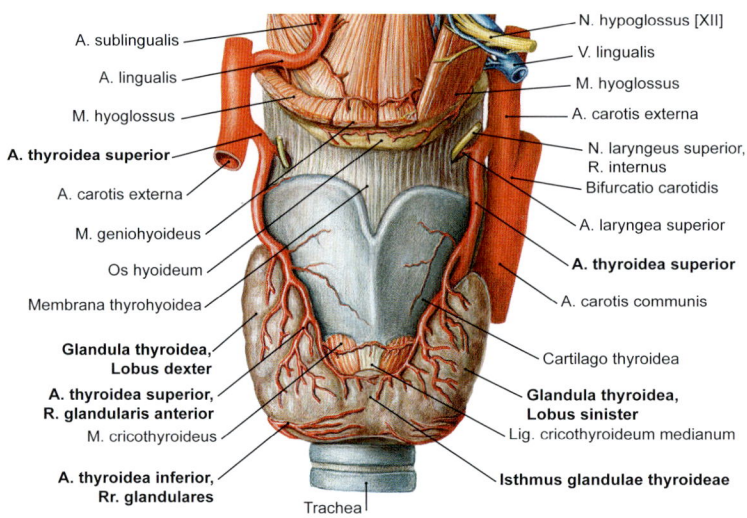

Abb. 8.14 Glandula thyroidea mit arteriellen Gefäßen. Ansicht von ventral. [S007-3-23]

Organ an Größe zunimmt. Patienten mit einer Hypothyreose sind müde, antriebslos und neigen zur Gewichtszunahme. Eine Überfunktion **(Hyperthyreose)** kann beim Morbus Basedow, einer Autoimmunerkrankung der Schilddrüse, auftreten. Hier wird durch Autoantikörper gegen den TSH-Rezeptor die Proliferation des Schilddrüsengewebes (Struma) und damit die Produktion von Hormonen stimuliert und die Patienten leiden unter Gewichtsverlust, Unruhe, Tachykardien und einem typischen Exophthalmus.

Schilddrüsenresektion

Bei Struma oder bei Tumoren der Schilddrüse ist mitunter eine chirurgische **Schilddrüsenresektion** indiziert. Hier kann es aufgrund der engen Lagebeziehungen zu einer mechanischen Reizung oder im schlimmsten Fall zu einer Verletzung des **N. laryngeus recurrens** kommen. Bei einer einseitigen Reizung/Schädigung kommt es zur Heiserkeit, bei beidseitiger Schädigung droht ein kompletter Verschluss der Stimmritze und die betroffenen Patienten müssen beatmet werden, da der Postikus ausfällt und die Stimmritze nicht öffnen kann.

Ductus thyroglossus

Bei nicht vollständiger Rückbildung des Ductus thyroglossus kann zwischen dem Zungengrund und dem Schildknorpel **ektopes Schilddrüsengewebe** zurückbleiben und bei Proliferation zu Schluckbeschwerden führen. Reste des Ductus thyroglossus können sich mit Flüssigkeit füllen und sich als **mediane Halsfisteln oder mediane Halszysten** manifestieren und andere Halsorgane (Trachea, Oesophagus, Nerven) komprimieren.

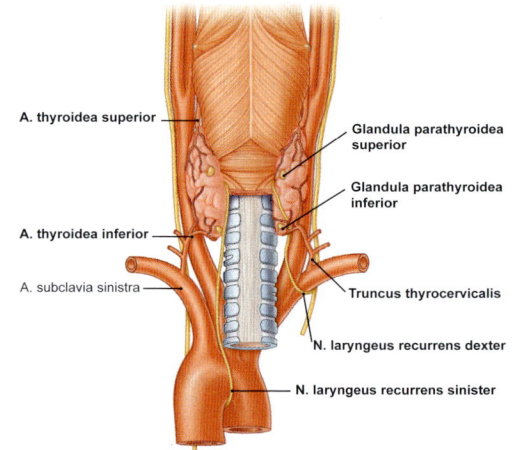

Abb. 8.15 Glandula thyroidea mit arteriellen Gefäßen und Nn. laryngei recurrentes. Ansicht von dorsal. [E402]

Die **Nebenschilddrüsen (Gll. parathyroideae superiores und inferiores)** befinden sich als jeweils 2 obere und 2 untere linsengroße Einzelorgane an der Rückseite der Schilddrüsenlappen (▶ Abb. 8.15). Das von den Nebenschilddrüsen produzierte Parathormon führt zu einer Steigerung des Blutkalziumspiegels durch eine vermehrte Freisetzung von Kalzium aus den Knochenspeichern (Osteoklastenaktivierung) und einer Hemmung der Kalziumausscheidung über die Nieren.

> 8.8 Nerven des Halses > 8.8.1 Halsspinalnerven

> **Klinik**
>
> Eine Überfunktion der Nebenschilddrüsen (**Hyperparathyreoidismus**) bei Nebenschilddrüsentumoren führt zu einem gesteigerten Knochenabbau mit Abnahme der Knochendichte (Ostoeporose). Bei einer Unterfunktion (**Hypoparathyreoidismus**) kommt es aufgrund der gesenkten Blutkalziumspiegel zu einer Übererregbarkeit an der muskulären Endplatte, was sich klinisch in Muskelkrämpfen (Tetanie) äußert.

8.7.3 Leitungsbahnen von Schilddrüse und Nebenschilddrüsen

Arterien
Die Schilddrüse wird beidseits von jeweils 2 arteriellen Gefäßen versorgt (▶ Abb. 8.14, ▶ Abb. 8.15):
- **A. thyroidea superior:** erster Ast der A. carotis externa, der von oben jeweils an die Oberpole der Schilddrüsenlappen herantritt.
- **A. thyroidea inferior:** Ast des Truncus thyrocervicalis aus der A. subclavia, gibt Äste zur Versorgung der Unterpole sowie der Rückseite der Schilddrüse ab.

Die 4 Nebenschilddrüsen werden durch Äste der **Aa. thyroideae inferiores** versorgt.

Venen
Das venöse Blut wird aus der oberen Schilddrüsenhälfte beidseits über die **Vv. thyroidea superior und media** in die V. jugularis interna abgeleitet. Aus der unteren Hälfte der Schilddrüse und den Nebenschilddrüsen wird über die **Vv. thyroideae inferiores** venöses Blut in die V. brachiocephalica sinistra drainiert (▶ Abb. 8.16).

Lymphgefäße
Nodi lymphoidei cervicales profundi mit Drainage in den Truncus jugularis.

Innervation
Die vegetative sympathische Innervation erfolgt aus allen drei Ganglien des **Grenzstrangs**, parasympathische Neurone kommen aus dem **N. vagus** [X] über **N. laryngeus superior und N. laryngeus recurrens**.

> **Merke**
>
> Die Hormone von Schilddrüse und Nebenschilddrüsen werden in das venöse Gefäßsystem der beiden Organe abgegeben und so systemisch im gesamten Körper verteilt.

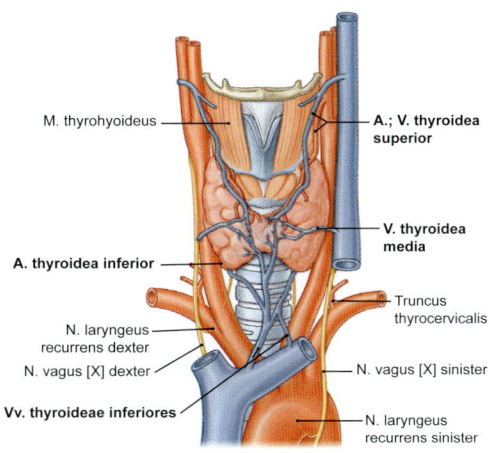

Abb. 8.16 Venen der Glandula thyroidea. Ansicht von ventral. [E402]

8.8 Nerven des Halses

Die Haut und die Muskeln des Halses werden überwiegend durch die zervikalen Spinalnerven innerviert. Allerdings sind an der Versorgung des Halses auch Hirnnerven beteiligt. Die vegetative Innervation erfolgt über den Truncus sympathicus und den N. vagus [X].

8.8.1 Halsspinalnerven

Die **Halsspinalnerven** (C1–C8) setzen sich, wie auch alle übrigen Spinalnerven, aus Rr. anteriores (ventrales) und Rr. posteriores (dorsales) zusammen. Die Rr. posteriores treten nach dorsal aus und versorgen segmental die autochthonen Muskeln sowie die Haut des Nackens. Die Rr. anteriores dagegen sind an der Bildung von segmentübergreifenden Nervengeflechten (Plexus cervicalis und Plexus brachialis) beteiligt. Der Plexus brachialis wird in ▶ Kap. 3.5.1 detailliert besprochen.

Plexus cervicalis
Der **Plexus cervicalis** (▶ Abb. 8.17) setzt sich aus den vorderen Ästen der Spinalnerven **C1–C4** zusammen. Die aus dem Plexus cervicalis hervorgehenden peripheren Nerven versorgen die Haut der ventrolateralen Halsregion, Halsmuskulatur und das Zwerchfell (Diaphragma). Man unterscheidet beim Plexus cervicalis zwischen **sensorischen** und **motorischen Nerven**.

Hals

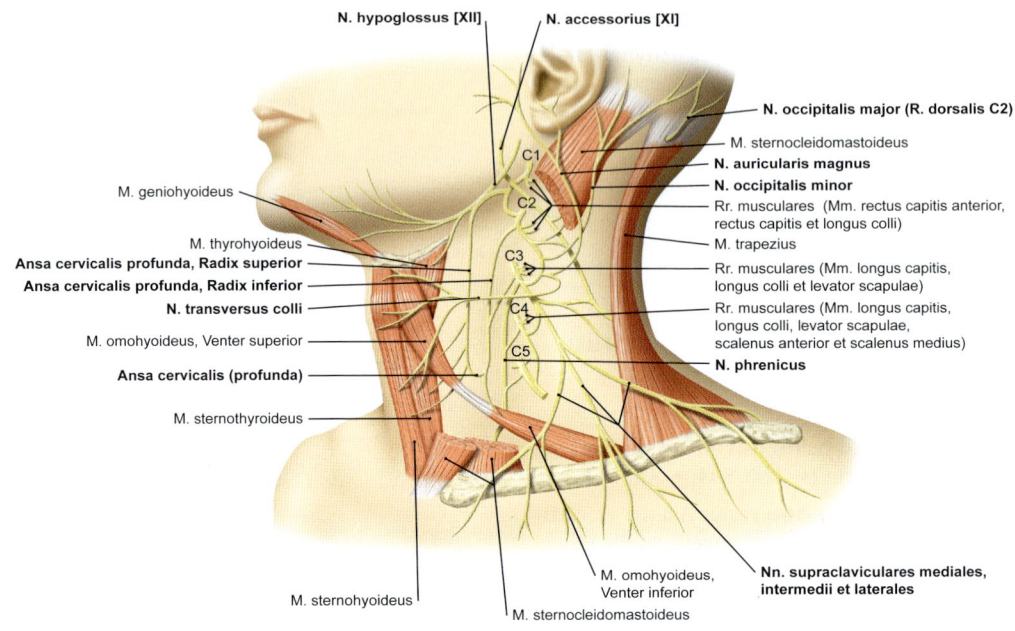

Abb. 8.17 Nerven des Halses in der Übersicht. Ansicht von lateral. [L127]

> **Merke**
>
> Die sensiblen Endäste des Plexus cervicalis treten am **Punctum nervosum** (ERB-Punkt) am Hinterrand des M. sternocleidomastoideus an die Oberfläche und können hier bei operativen Eingriffen am Hals (z. B. Karotischirurgie) relativ leicht anästhesiert werden.

Zu den **sensorischen Nerven** zählen:
- **N. occipitalis minor:** verläuft am Hinterrand des M. sternocleidomastoideus, überkreuzt den N. accessorius [XI] und innerviert die Haut von Nacken und Hinterhaupt.
- **N. auricularis magnus:** zieht über den M. sternocleidomastoideus zum Ohr und versorgt die Haut der Ohrmuschel sowie am Unterkieferwinkel.
- **N. transversus colli:** verläuft quer über den M. sternocleidomastoideus, wird dabei vom Platysma bedeckt und zieht zur vorderen Halsregion.
- **Nn. supraclaviculares mediales, intermedii, laterales:** strahlen als Nervengruppe fächerförmig in das laterale Halsdreieck und durchbrechen knapp oberhalb der Clavicula das Platysma.

Die Nacken- und Hinterhauptregion wird sensibel durch Rr. posteriores der Spinalnerven C2 und C3 versorgt. Diese beiden hinteren Spinalnervenäste werden als **N. occipitalis major** und **N. occipitalis tertius** bezeichnet. Der R. posterior des Spinalnervs C1, **N. suboccipitalis,** besitzt ausschließlich motorische Fasern zur Versorgung der Mm. suboccipitales, sodass es kein Dermatom für C1 gibt.

Zu den **motorischen Nerven** des Plexus cervicalis zählen:
- **N. phrenicus** (C3–C5): motorische Versorgung des Zwerchfells (Diaphragma) und sensorische Innervation der angrenzenden Abschnitte von Perikard, Pleura und Peritoneum; verläuft auf dem M. scalenus anterior und zwischen A. und V. subclavia nach kaudal ins mittlere Mediastinum.
- **Ansa cervicalis profunda:** Versorgung der gesamten infrahyalen Muskulatur
  - **Radix superior:** schließt sich im Verlauf kurz dem N. hypoglossus [XII] an und verläuft dann in der Vagina carotica nach kaudal.
  - **Radix inferior:** anastomosiert mit der Radix superior vor der V. jugularis interna.

8.8.2 Hirnnerven

An der Versorgung des Halses sind folgende Hirnnerven beteiligt (▶ Kap. 9.10.4):

- **N. glossopharyngeus [IX]:**
  - Äste für Plexus pharyngeus zur Versorgung der Schlundschnürer und -heber und der Pharynxschleimhaut
  - Sensorische Äste für Sinus caroticus und Glomus caroticum
- **N. vagus [X]:**
  - Äste für Plexus pharyngeus zur Versorgung der Schlundschnürer und der Pharynxschleimhaut
  - N. laryngeus superior: M. cricothyroideus und Schleimhaut der oberen Kehlkopfhälfte
  - N. laryngeus recurrens (N. laryngeus inferior): innere Kehlkopfmuskeln und Schleimhaut der unteren Kehlkopfhälfte
  - Kardioinhibitorische Neurone zur parasympathischen Innervation des Herzens über den Plexus cardiacus
- **N. accessorius [XI]:** Versorgung des M. sternocleidomastoideus und des M. trapezius
- **N. hypoglossus [XII]:** Versorgung der inneren und äußeren Zungenmuskulatur

> **Klinik**
>
> Bei operativen Eingriffen im Bereich des lateralen Halsdreiecks kann es zu **Schädigungen des N. accessorius** [XI] kommen. Hier sind auf der betroffenen Seite eine abgeschwächte Abduktion des Arms (M. trapezius) sowie eine verminderte Kopfdrehung zur kontralateralen Seite (M. sternocleidomastoideus) zu beobachten.

Während die parasympathische Versorgung des Halses durch den N. vagus [X] gewährleistet ist, wird die sympathische Innervation durch den **Grenzstrang** (Truncus sympathicus) getragen. Der zervikale Anteil des Grenzstrangs wird vom tiefen Blatt (Lamina prevertebralis) der Halsfaszie eingehüllt und verläuft auf dem M. longus colli und dem M. longus capitis. Hier besitzt der Grenzstrang 3 Ganglien, die für die sympathische Versorgung des Kopfes und der Halsorgane von Bedeutung sind:

- **Ganglion cervicale superius:** 2–3 cm flaches spindelförmiges Ganglion auf der Höhe der Querfortsätze von C2 und C3; sympathische Versorgung des Kopfes über Äste entlang der A. carotis externa und A. carotis interna (Plexus caroticus externus und Plexus caroticus internus) sowie zu Pharynx und Larynx, N. cardiacus cervicalis superior für die sympathische Versorgung des Herzens
- **Ganglion cervicale medium:** meist nur schwach ausgebildet auf Höhe des 6. Halswirbels nah der A. thyroidea inferior; Rr. thyroidei zur Versorgung von Schilddrüse und Nebenschilddrüsen und Versorgung des Herzens durch N. cardiacus cervicalis medius
- **Ganglion cervicale inferius:** häufig mit dem ersten thorakalen Grenzstrangganglion zum Ganglion cervicothoracicum (stellatum) verschmolzen, liegt vor dem Querfortsatz von C7; N. cardiacus cervicalis inferior für das Herz sowie Äste zum Plexus pulmonalis der Lunge und entlang der A. vertebralis.

8.9 Arterien des Halses

Für die arterielle Versorgung des Halses sind 2 große Gefäße von Bedeutung. Die **A. subclavia** versorgt mit ihren Ästen den unteren Hals und seine Organe und gibt mit der **A. vertebralis** ein wichtiges Gefäß für die Versorgung des Gehirns ab. Die A. vertebralis verläuft in den Foramina transversaria der Halswirbel und tritt über den hinteren Atlasbogen in das Foramen magnum des Hinterhaupts in den Schädel ein.

Die **A. carotis communis** mit ihren beiden Hauptstämmen **A. carotis externa** und **A. carotis interna** ist das zweite wichtige arterielle Gefäß des Halses. Sie versorgt überwiegend Hals und Kopf und stellt mit der A. carotis interna das wichtigste Gefäß für die Versorgung des Gehirns.

8.9.1 A. subclavia

> **Klinik**
>
> Eine **Stenose** der **A. subclavia** proximal des Abgangs der A. vertebralis kann zu einer belastungsabhängigen Durchblutungsstörung des Gehirns führen. Bei Muskelarbeit des Arms der betroffenen Seite wird durch den erhöhten Blutbedarf eine Stromumkehr im Gebiet der Stenose induziert. Dadurch wird dem Circulus arteriosus cerebri Blut entzogen und die Patienten präsentieren sich mit Symptomen einer zerebralen Minderdurchblutung **(Subclavian-Steal-Syndrom)**.

Die **A. subclavia** entspringt auf der rechten Seite aus dem Truncus brachiocephalicus und linksseitig als letzter Ast aus dem Aortenbogen. Auf beiden Seiten tritt die A. subclavia durch die Skalenuslücke und verläuft über die I. Rippe (▶ Kap. 8.3.3).

> **Klinik**
>
> In seltenen Fällen kann die **A. subclavia dextra** als letzter Ast des Aortenbogens auf der linken Seite entspringen. Diese Abgangsvariante wird als **A. lusoria** bezeichnet. Das Gefäß zieht dann hinter dem Oesophagus nach rechts kranial und kann bei den Betroffenen Schluckbeschwerden **(Dysphagia lusoria)** und retrosternale Schmerzen hervorrufen.

Die **A. subclavia** gibt folgende Äste für die Versorgung der Halsregion ab (▶ Abb. 8.18):
- **A. vertebralis:** überwiegend für die Versorgung des Gehirns gibt sie in der tiefen Halsregion kleine segmentale Äste für die Versorgung der tiefen Nackenmuskeln und der Wirbelkörper ab.
- **Truncus thyrocervicalis:** kurzer und kräftiger Arterienstamm zur Versorgung von Hals und Schilddrüse. In der Regel gibt der Truncus thyrocervicalis folgende Äste ab:
  - **A. thyroidea inferior:** Versorgung der Schilddrüse und Nebenschilddrüse (mit A. thyroidea superior aus A. carotis externa) sowie von Larynx, Pharynx, Trachea und Oesophagus
  - **A. cervicalis ascendens:** auf dem M. scalenus anterior nach kranial verlaufend zur Versorgung der tiefen Halsmuskulatur
  - **A. suprascapularis:** nach dorsal zur Scapula ziehend zur Versorgung der „Schulterblattanastomose"
  - **A. transversa cervicis** (colli): verläuft in der lateralen Halsregion und versorgt den M. trapezius, M. rhomboideus (major und minor), M. latissimus dorsi
- **Truncus costocervicalis:** Dieser kurze Stamm geht hinter dem M. scalenus nach kaudal ab und versorgt die beiden obersten Interkostalräume und die tiefe Nackenmuskulatur.

Die übrigen Äste der A. subclavia wie die A. thoracica interna und der Truncus costocervicalis werden bei der Rumpfwand und bei der oberen Extremität beschrieben (▶ Kap. 2.10 und ▶ Kap. 3.6.1).

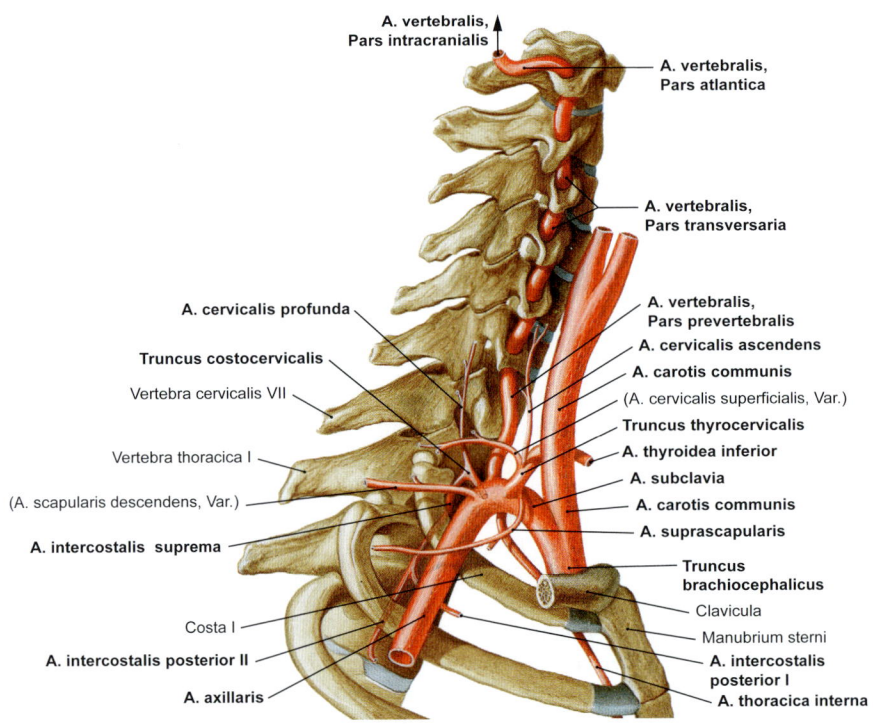

Abb. 8.18 Äste der A. subclavia. Ansicht von lateral. [S007-3-23]

8.9.2 A. carotis communis

Die A. carotis communis entspringt auf der rechten Seite aus dem Truncus brachiocephalicus und linksseitig direkt aus dem Aortenbogen. Die A. carotis communis gibt i. d. R. bis zu ihrer Aufzweigung in die A. carotis interna und die A. carotis externa im Trigonum caroticum auf Höhe der Prominentia laryngea keine weiteren Äste ab. Die A. carotis communis verläuft dabei zusammen mit der V. jugularis interna, dem N. vagus [X] und der Ansa cervicalis, umhüllt von der Vagina carotica.

Merke

Die Verzweigung der A. carotis communis enthält das **Glomus caroticum** (Chemorezeptoren) und den **Sinus caroticus** (Pressorezeptoren). Hier werden Sauerstoffgehalt und Blutdruck detektiert. Der N. glossopharyngeus [IX] führt überwiegend die afferenten Fasern aus diesen Organen zum Hirnstamm.

Klinik

Bei der manuellen Überprüfung des Pulses der A. carotis (communis) sollte nur auf einer Seite Druck auf die Gefäße ausgeübt werden, da durch die Kompression des Gefäßes die Pressorezeptoren im **Sinus caroticus** gereizt werden. Bei beidseitiger Stimulation bzw. Kompression kann es hier zu Blutdruckabfällen mit Bewusstlosigkeit des Patienten kommen.

Die **A. carotis interna** zieht als unmittelbare Verlängerung der A. carotis communis ohne Abgabe weiterer Äste nach kranial, tritt an der Schädelbasis in den Canalis carotis ein und gelangt in das Schädelinnere. Dort bildet sie zusammen mit den beiden Aa. vertebrales den **Circulus arteriosus cerebri.**
Die **A. carotis externa** gibt unmittelbar nach ihrem Abgang aus der A. carotis communis die ersten Äste ab. Die meisten Äste der A. carotis externa sind für die Versorgung des Kopfes von Bedeutung (▶ Kap. 9.10.1). Die wichtigen Äste für die arterielle Versorgung des Halses sind:

- **A. thyroidea superior:** zieht zur Schilddrüse. Gibt im Verlauf die **A. laryngea superior** zur Versorgung des Kehlkopfs ab.
- **A. pharyngea ascendens:** zieht im Spatium lateropharyngeum nach kranial zur Schädelbasis und gelangt so ins Schädelinnere. Neben der arteriellen Versorgung des Rachens stellt die A. pharyngea ascendens mit der A. tympanica inferior und der A. meningea posterior wichtige Gefäße zur Versorgung von Mittelohr und Hirnhäuten.

8.10 Venen und Lymphknoten des Halses

8.10.1 Halsvenen

Das venöse Blut der Halsregion wird überwiegend durch das sog. **Jugularissystem** sowie über die **V. subclavia** abgeleitet. Insgesamt ist das venöse Gefäßnetz des Halses sehr variabel gestaltet und durch zahlreiche Anastomosen untereinander verbunden. **V. jugularis interna** und **V. subclavia** vereinigen sich im **Venenwinkel zur V. brachiocephalica** (▶ Abb. 8.19). Linke und rechte V. brachiocephalica bilden die V. cava superior, die in den rechten Vorhof mündet.

Merke

In den großen herznahen Venen herrscht durch die Sogwirkung des Herzens ein Unterdruck, der das venöse Blut zum Herzen transportiert. Hier besteht aufgrund der labilen Venenwände immer die Gefahr eines Kollabierens und eines Verschlusses der Venen. Die großen Halsvenen sind daher in das Halsfasziensystem integriert und werden durch die Unterstützung von Muskeln (M. omohyoideus, M. subclavius) vor einem Kollabieren des Lumens geschützt.

Zu den paarigen Venen des Jugularissystems gehören:
- **V. jugularis interna**
- **V. jugularis externa**
- **V. jugularis anterior**

Die **V. jugularis interna** beginnt an der Schädelbasis am Foramen jugulare als unmittelbare Fortsetzung des Sinus sigmoideus mit einem Bulbus superior. Im weiteren Verlauf ist sie zusammen mit der A. carotis interna und dem N. vagus [X] in der Karotisscheide zu finden. Kurz vor der Vereinigung mit der V. subclavia erweitert sie sich zum Bulbus inferior, in dem ein Venenklappenpaar existiert. Die V. jugularis interna sammelt Blut aus Gehirn, dem Kopf- und Gesichtsbereich und dem Hals mit seinen Organen.
Die **V. jugularis externa** bildet sich hinter dem Ohr durch den Zusammenfluss von V. occipitalis und V. auricularis posterior. Auf der Faszie (epifaszial) des M. sternocleidomastoideus verläuft sie nach kaudal

Hals

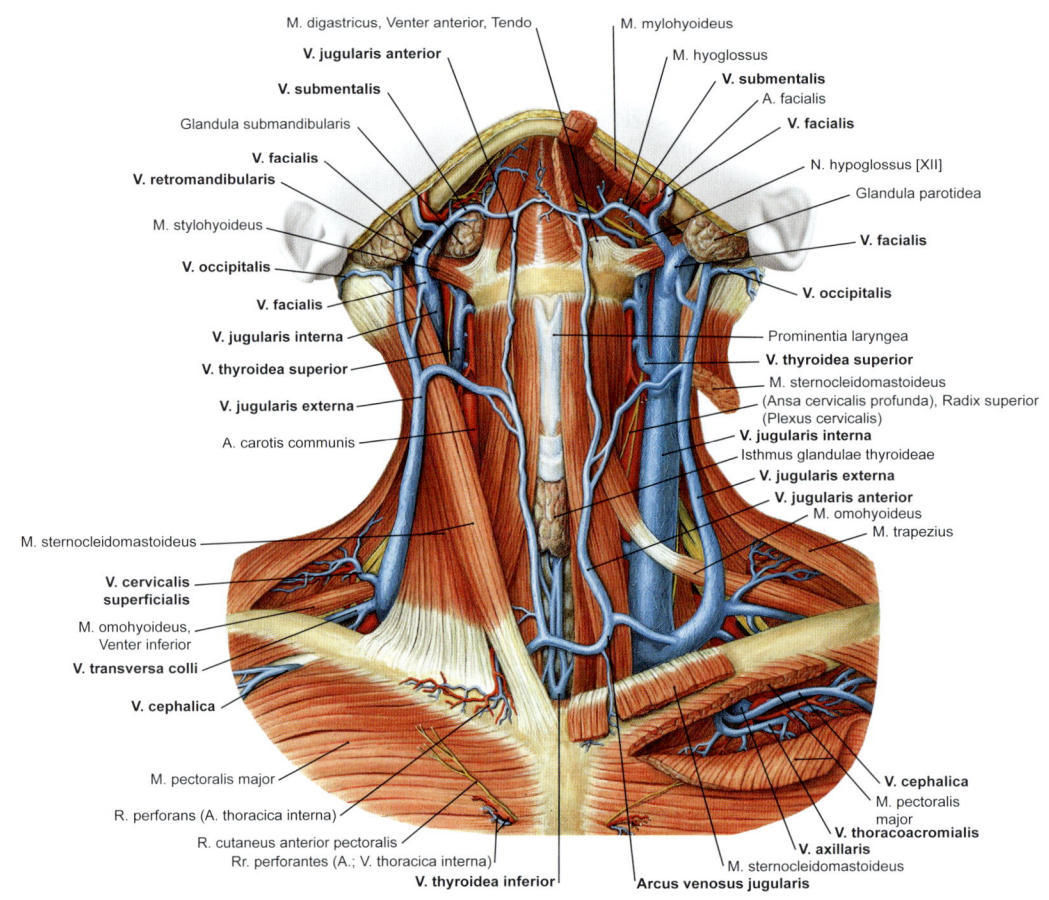

Abb. 8.19 Venen des Halses. Ansicht von ventral. [S007-3-23]

und mündet in die V. subclavia. Sie drainiert den oberflächlichen Kopf- und Ohrbereich.

Die epifasziale **V. jugularis anterior** beginnt auf Höhe des Zungenbeins und nimmt Blut aus der Mundbodenregion und der Vorderseite des Halses auf. Kurz vor dem Venenwinkel mündet sie i. d. R. in die V. jugularis externa ein.

> **Klinik**
>
> In der intensivmedizinischen Versorgung werden sowohl die V. jugularis interna als auch die V. subclavia zum Legen von **zentralen Venenkathetern** (ZVKs) genutzt. Die oberflächlichen Halsvenen, insbesondere die Vv. jugulares externae, weisen bei sichtbarer **venöser Stauung** auf eine **Rechtsherzinsuffizienz** hin. Auch bei einer oberen Einflussstauung können sie deutlich hervortreten und für die ZVK-Anlage punktiert werden.

8.10.2 Halslymphknoten

Am Hals befinden sich bis zu **300 Lymphknoten,** was in etwa ein Drittel aller Lymphknoten des menschlichen Körpers ausmacht. Diese Dichte ist möglicherweise durch die Nähe zu Mund- und Nasenhöhle als möglichen Eintrittspforten für Erreger zu erklären. Die meisten dieser Halslymphknoten befinden sich kettenartig gereiht entlang der V. jugularis interna (▶ Abb. 8.20) und stellen den Hauptabflussweg für Kopf und Hals dar. Aus diesen Lymphknoten bildet sich der **Truncus jugularis.** Die supraklavikulären Lymphknoten drainieren die kaudale Halsregion und erhalten Zuflüsse aus der Brustwand und von der Brustdrüse. Besonders hervorzuheben ist, dass die supraklavikulären Lymphknoten auf der linken Seite über den Truncus jugularis mit dem Ductus thoracicus in Verbin-

▶ 8.10 Venen und Lymphknoten   ▶ 8.10.2 Halslymphknoten

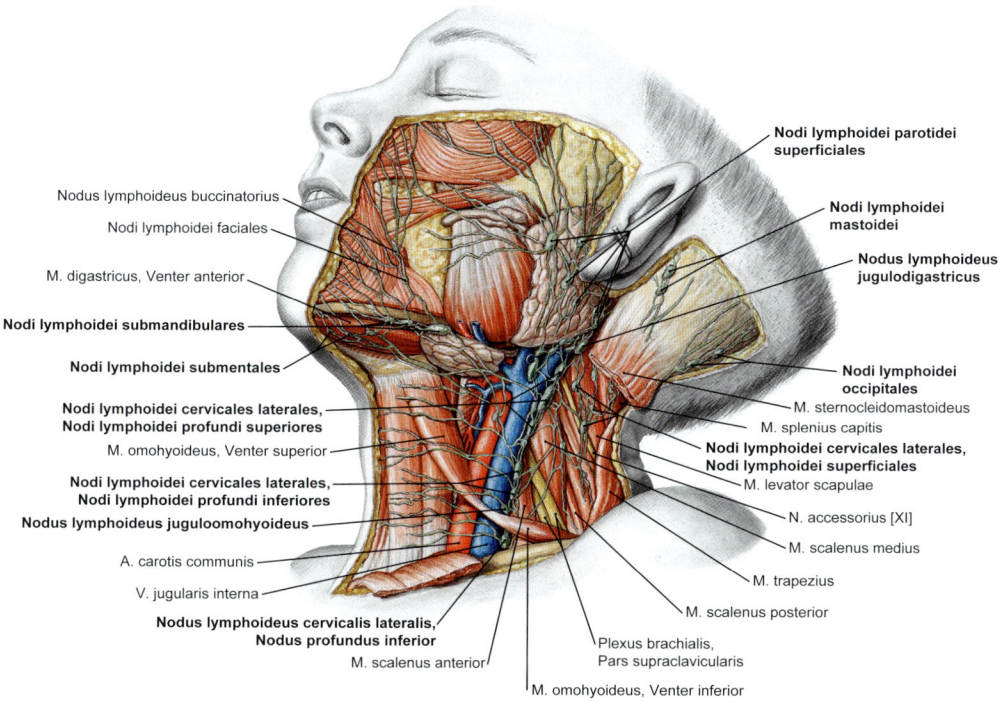

Abb. 8.20 Lymphgefäße und Lymphknoten der seitlichen Kopf- und Halsregion. Ansicht von lateral nach Entfernung der oberflächlichen Faszien. [S007-3-23]

dung stehen, der auch die Organe der Bauch- und Beckenhöhle drainiert.

> **Klinik**
>
> Metastasen von malignen Tumoren des Oberbauchs können sich in den linken supraklavikulären Lymphknoten absiedeln. Dieser deutlich vergrößerte und in der Fossa supraclavicularis major tastbare Lymphknoten wird als **VIRCHOW-Drüse** oder klinisch als **TROISIER-Zeichen** bezeichnet und ist v. a. bei Karzinomen des Magens, aber auch bei Malignomen der Leber und der Eierstöcke zu beobachten.

Die Halslymphknoten lassen sich anhand ihrer Lage einteilen in eine:
- Vordere Gruppe (**Nodi lymphoidei cervicales anteriores**) mit oberflächlichen Lymphknoten entlang der V. jugularis anterior und tiefen Lymphknoten entlang der unteren Atemwege und der übrigen Halsorgane
- Seitliche Gruppe (**Noduli lymphoidei cervicales laterales**) mit oberflächlichen Lymphknoten parallel der V. jugularis externa und tiefen Lymphknoten entlang von V. jugularis interna, N. accessorius [XI] und in der Supraklavikulargrube. Im klinischen Gebrauch hat sich eine **Einteilung der tiefen Halslymphknoten in 6 Kompartimente (I–VI)** etabliert.

> **Klinik**
>
> Der Lymphabfluss sowie die Lymphknotenstationen des Halses und der Halsorgane sind von größter klinischer Wichtigkeit. Die Lymphknoten sind i. d. R. gut tastbar und zur Entnahme von Biopsien für die histopathologische Diagnostik leicht zugänglich. Bei der pathologischen Vergrößerung von mehreren **Halslymphknoten (zervikale Lymphadenopathie)** können verschiedene Ursachen infrage kommen. In einigen Fällen ist dann die gezielte chirurgische Ausräumung der Halslymphknoten (**Neck-Dissection**) gemäß der Einteilung in Kompartimente durchzuführen.
> Bei Erkrankungen und Schwellungen der **paratrachealen Lymphknoten** kann es zu Kompressionen und Schädigungen des N. laryngeus recurrens kommen, was sich in entsprechenden Ausfallerscheinungen der Kehlkopfmuskulatur (Heiserkeit) äußert.

Kopf

09

9.1	Übersicht	266	9.6	Nase und Nasennebenhöhlen	290
			9.6.1	Nase	290
9.2	Schädel	266	9.6.2	Nasennebenhöhlen	292
9.2.1	Neurocranium	267			
9.2.2	Viscerocranium	269	9.7	Orbita	293
			9.7.1	Durchtrittsstellen der Orbita	293
9.3	Kopfschwarte, Gesicht und mimische Muskulatur	272	9.7.2	Hilfsapparat des Auges	295
9.3.1	Mimische Muskulatur	272	9.7.3	Leitungsbahnen	295
9.3.2	Leitungsbahnen	272	9.8	Außen-, Mittel- und Innenohr	297
			9.8.1	Äußeres Ohr	298
9.4	Kiefergelenk und Kaumuskulatur	279	9.8.2	Mittelohr	298
9.4.1	Kiefergelenk	279	9.8.3	Innenohr	300
9.4.2	Kaumuskulatur	280			
9.4.3	Bewegungen im Kiefergelenk	280	9.9	Seitliche Region des Kopfes	300
9.4.4	Leitungsbahnen des Kiefergelenks	281	9.9.1	Fossa temporalis	300
			9.9.2	Parotisloge	300
9.5	Mundhöhle	281	9.9.3	Fossa infratemporalis	302
9.5.1	Abschnitte und Inhalt der Mundhöhle	281	9.9.4	Fossa pterygopalatina	302
9.5.2	Mundboden	284	9.10	Leitungsbahnen	302
9.5.3	Zunge	284	9.10.1	Arterien	302
9.5.4	Gaumen	285	9.10.2	Venen	304
9.5.5	Isthmus faucium	286	9.10.3	Lymphgefäße und Lymphknoten	305
9.5.6	Gaumenmandel	286	9.10.4	Hirnnerven	306
9.5.7	Zähne	287			
9.5.8	Speicheldrüsen	288			

IMPP-Hits

Diese Themenkomplexe wurden bisher besonders häufig vom IMPP gefragt (Top Ten):
- Embryologie der Schädelknochen (Chondro- und Desmocranium, Derivate der Schlundbogen)
- Kiefergelenk und Kaumuskulatur (Klinik: Masseterreflex)
- Mundhöhle: Zahndurchbruch
- Speicheldrüsen (Lage, Innervation, Mündungsort der Ausführungsgänge)
- Nasenhöhle (knöcherne Anteile, Nasenmuscheln, Nasengänge, Klinik: Nasenbluten)
- Mittelohr (Gehörknöchelchen, Tuba auditiva)
- Knöcherne Augenhöhle
- A. carotis interna: Gefäßabschnitte (Topografie) und Versorgungsgebiete
- A. carotis externa: Verläufe und Versorgungsgebiete der Hauptäste
- Hirnnerven: Austrittsstellen am Hirnstamm, Faserqualitäten, periphere Verläufe und Innervationsgebiete, klinische Ausfälle

Kopf

9.1 Übersicht
Marco Koch

Der Kopf stellt eine eigenständige und sehr komplexe anatomische Entität dar. Neben dem knöchernen Schädel (**Cranium**) und dem mit dem **Cranium** gelenkig verbundenen Unterkiefer (**Mandibula**) besitzt der Kopf eine eigene **Kopfmuskulatur**, die in funktionelle Gruppen wie **mimische Muskulatur**, **Mundbodenmuskulatur** oder **Kaumuskulatur** eingeteilt wird. Ferner befinden sich die proximalen Abschnitte des Verdauungsapparats (**Mundhöhle, Zunge, Zähne, Speicheldrüsen**) und des respiratorischen Systems (**Nase, Nasennebenhöhlen**) im Bereich des Kopfs. Zudem weist der Kopf die für die Vermittlung der **olfaktorischen, visuellen, gustatorischen, vestibulären und auditorischen Sinnesmodalitäten** zuständigen **großen Sinnesorgane** auf. Vor allem beherbergt der Kopf im Schutze von umgebenden Schädelknochen und Hirnhäuten (**Meningen**) das Gehirn (▶ Kap. 10).

Aufgrund der enormen Dichte und Komplexität anatomischer Strukturen beschäftigen sich zahlreiche klinische Teildisziplinen in der Medizin nicht selten gemeinsam mit der Behandlung von Erkrankungen im Bereich des Kopfes, wie z. B. die Psychiatrie, Neurologie, Neurochirurgie, Hals-Nasen-Ohren-Heilkunde, Ophthalmologie, Kiefer- und Gesichtschirurgie sowie die Zahnheilkunde.

9.2 Schädel
Marco Koch

Die einzelnen Knochen des Kopfes sind mit Ausnahme der Mandibula über Nähte (**Suturen**) miteinander verbunden und bilden in ihrer Gesamtheit den knöchernen Schädel (**Cranium**) aus (▶ Abb. 9.1). Schädelknochen sind entweder durch chondrale oder desmale Ossifikation (siehe hierzu Lehrbücher der Histologie und mikroskopischen Anatomie) entstanden. Teilweise beteiligen sich beide Formen der Verknöcherung an der Bildung eines

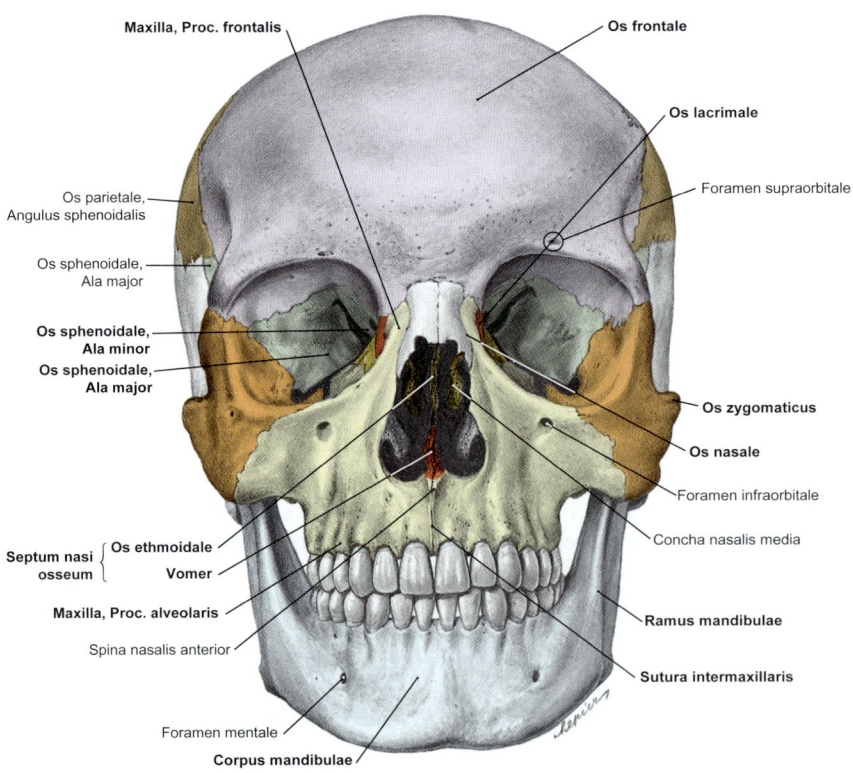

Abb. 9.1 Schädelknochen, Ossa cranii. Ansicht von vorne. [S007-3-23]

einzelnen Knochens. Viele Schädelknochen sind pneumatisiert und besitzen zur Gewichtsreduktion entsprechend mit Schleimhaut ausgekleidete Hohlräume. In den spongiösen Abschnitten (Diploë) der platten Schädelknochen des Schädeldachs (Calvaria) verlaufen die Diploëvenen (Vv. diploicae). Diese stehen mit den oberflächlichen Schädelvenen sowie über die Emissarvenen mit dem venösen Hirnsinus (Sinus durae matris) in Verbindung. Schädelknochen werden entsprechend zum Gesichtsschädel (**Viscerocranium**) oder zum Gehirnschädel (**Neurocranium**) gezählt (▶ Tab. 9.1).

9.2.1 Neurocranium

Im Bereich des Neurocraniums unterscheidet man das **Schädeldach (Calvaria)** von der **Schädelbasis (Basis cranii)**. Einige Knochen wie das Os occipitale sind am Aufbau sowohl des Schädeldachs als auch der Schädelbasis beteiligt. Das Os frontale, die paarigen Ossa parietalia und das Os occipitale bilden das Schädeldach, indem diese beim Erwachsenen über **Suturen** (spezielle Schädelnähte) vollständig miteinander verbunden sind (▶ Abb. 9.2):

- **Sutura coronalis** (Kranznaht): zwischen Os frontale und Ossa parietalia
- **Sutura sagittalis** (Pfeilnaht): zwischen Ossa parietalia
- **Sutura lambdoidea** (Lambdanaht): zwischen Os occipitale und Ossa parietalia

Die Bereiche des Schädeldachs, an denen mehr als 2 Knochen aufeinandertreffen, werden als **Fontanellen (Fonticuli cranii)** bezeichnet. Diese zunächst von bindegewebigen Membranen bedeckten Areale sind besonders kurz nach der Geburt stark ausgeprägt, verschwinden jedoch im Laufe der ersten beiden Jahre komplett. Schädeldach und Schädelbasis bilden schließlich gemeinsam die **Schädelhöhle (Cavum cranii)** aus, die mit den Meningen das Gehirn umgibt (▶ Abb. 9.3).

Die Schädelbasis gliedert sich in stufenförmig voneinander abgesetzte Schädelgruben, die sich von innen betrachtet her wie folgt aufteilen (am Aufbau jeweils beteiligte Knochen):

- **Fossa cranii anterior** (Os frontale, Os ethmoidale, Os sphenoidale)
- **Fossa cranii media** (Os sphenoidale, Os temporale)
- **Fossa cranii posterior** (Os sphenoidale, Os temporale, Os occipitale)

Im gesamten inneren Bereich der Schädelbasis befinden sich wichtige Öffnungen für den Durchtritt von Gefäßen und Nerven, die den einzelnen Schädelgruben zugeordnet werden (▶ Abb. 9.4). Die **Fossa cranii anterior** ist durch das Os sphenoidale von der paarigen **Fossa cranii media** getrennt, wo-

Tab. 9.1 Schädelknochen

Viscerocranium	Neurocranium
Maxilla (Oberkiefer)	Os frontale (Stirnbein)
Mandibula (Unterkiefer)	Os sphenoidale (Keilbein)
Os palatinum (Gaumenbein)	Os ethmoidale (Siebbein)
Os zygomaticum (Jochbein)	Os parietale (Scheitelbein)
Os lacrimale (Tränenbein)	Os temporale (Schläfenbein)
Os nasale (Nasenbein)	Os occipitale (Hinterhauptsbein)
Concha nasalis inferior (untere Nasenmuschel)	
Vomer (Pflugscharbein)	
Gehörknöchelchen (Ossicula auditus):	
• Malleus (Hammer)	
• Incus (Amboss)	
• Stapes (Steigbügel)	

Kopf

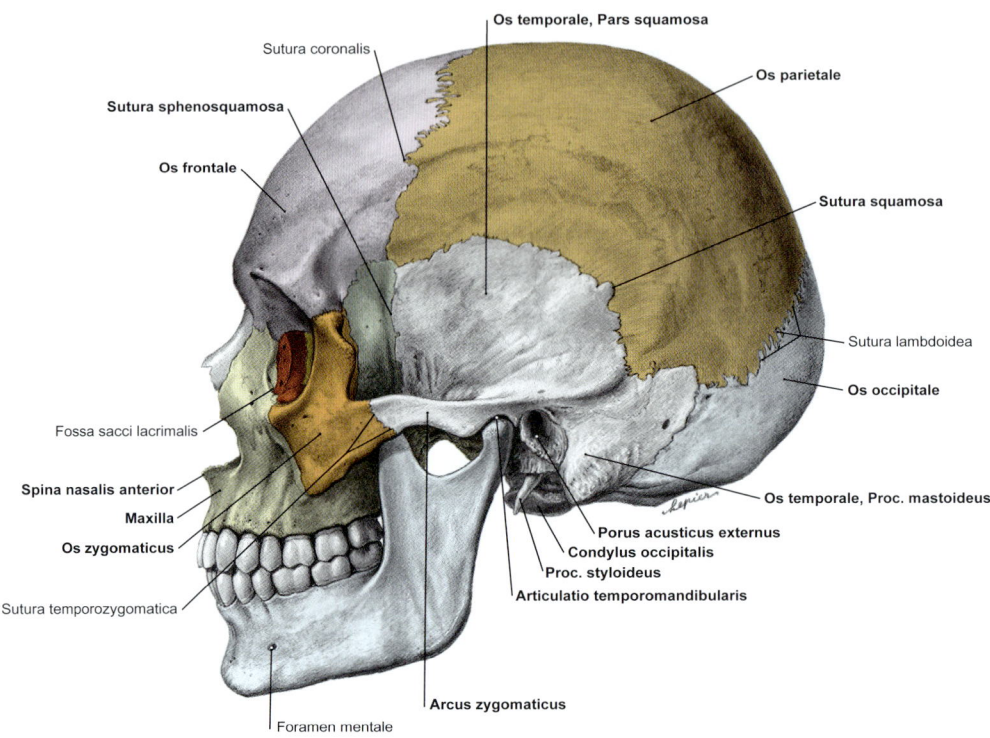

Abb. 9.2 Schädelknochen, Ossa cranii. Ansicht von lateral. [S007-3-23]

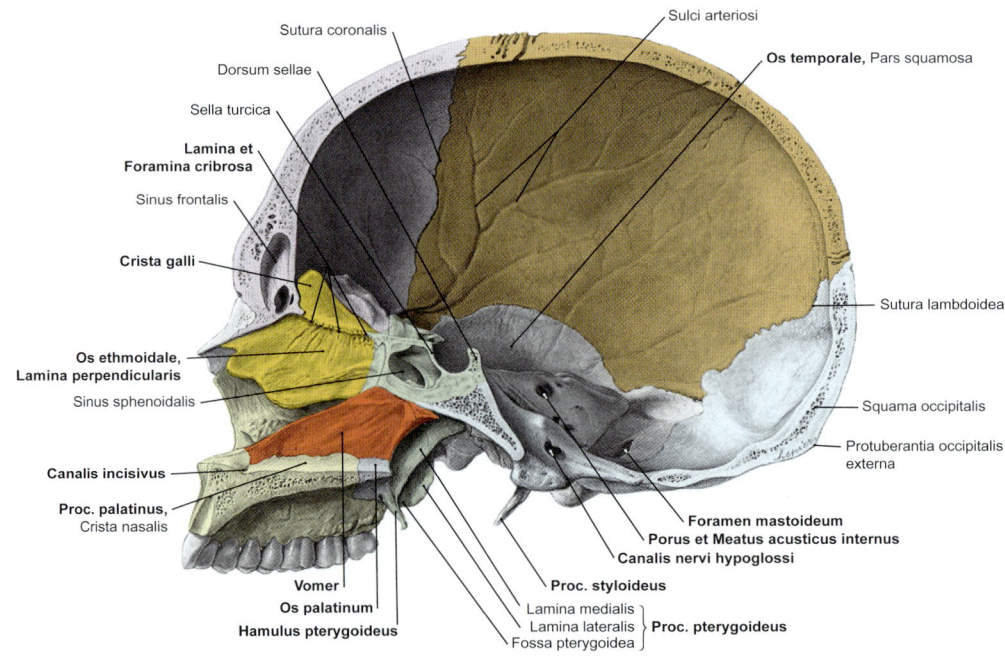

Abb. 9.3 Schädelhöhle, Cavum cranii. Ansicht von lateral. [S007-3-23]

hingegen die Pars petrosa (Felsenbein) des Os temporale die beiden mittleren von der hinteren Schädelgrube (**Fossa cranii posterior**) trennt. Während die Frontallappen des Großhirns in der **Fossa cranii anterior** aufliegen, kommen in der paarigen **Fossa cranii media** die beiden Temporallappen des Großhirns zum Liegen. In der **Fossa cranii posterior** liegen größtenteils das Kleinhirn (**Cerebellum**) und mittig Anteile des Hirnstamms (**Truncus encephali**) (▶ Kap. 10).

Siebbein

Das Siebbein (**Os ethmoidale**) (▶ Abb. 9.8) ist unpaar angelegt und stark pneumatisiert. Es ist ein knöcherner Bestandteil der Nasenhöhle und beinhaltet mit den vorderen und hinteren Siebbeinzellen (**Cellulae ethmoidales anteriores und posteriores**) einen Teil der Nasennebenhöhlen (Sinus paranasales; ▶ Abb. 9.8). Im vorderen Bereich befinden sich mit der Lamina cribrosa zahlreiche Löcher für den Durchtritt der **Fila olfactoria** des **N. olfactorius [I]** (▶ Abb. 9.34), die vom Dach der Nasenhöhle in die vordere Schädelgrube ziehen.

Keilbein

Das Keilbein (**Os sphenoidale**) ist ein zentraler Bestandteil der Schädelbasis. Es artikuliert vorne mit dem Os frontale und Os ethmoidale, beidseitig mit den Ossa temporalia sowie hinten mit dem Os occipitale. Außerdem ist es an der Gestaltung der knöchernen Augenhöhle (**Orbita**) beteiligt.
Man unterscheidet mittig den Keilbeinkörper (**Corpus ossis sphenoidalis**) sowie an beiden Seiten je einen großen und kleinen Keilbeinflügel (**Ala major** und **Ala minor**). Zudem richtet sich der Flügelfortsatz (**Proc. pterygoideus**) mit seiner Lamina medialis und lateralis nach unten. Aufgrund seiner knöchernen Formgebung erinnert das Keilbein insgesamt an einen Schmetterling.
Der Keilbeinkörper besitzt zentral den Türkensattel (**Sella turcica**) mit seiner **Fossa hypophysialis**. Zudem liegen innerhalb des pneumatisierten Keilbeinkörpers die zu den Nasennebenhöhlen (**Sinus paranasales**) zählenden Keilbeinhöhlen (**Sinus sphenoidales**).
Der große Keilbeinflügel (**Ala major**) bildet mit seiner intrakranialen Fläche den Großteil der mittleren Schädelgrube (**Fossa cranii media**) und besitzt hier wichtige Durchtrittsstellen für Hirnnerven und Gefäße (▶ Abb. 9.4, ▶ Tab. 9.2). Seitlich und nach außen hin ist der obere Abschnitt der Ala major am Aufbau der **Fossa temporalis** (▶ Abb. 9.28), der untere Abschnitt am Aufbau der **Fossa infratemporalis** (▶ Abb. 9.29) beteiligt. Der große Keilbeinflügel begrenzt zudem die **Fissura orbitalis superior** und die **Fissura orbitalis inferior** als wichtige Verbindungen zur Orbita (▶ Abb. 9.24).
Der kleine Keilbeinflügel (**Ala minor**) wird vom **Canalis opticus** durchstoßen und bildet den oberen Rand der **Fissura orbitalis superior** aus.
Neben den paarigen Gelenkflächen des oberen Kopfgelenks (**Articulatio atlantooccipitalis**), über das der Kopf mit dem Atlas der Wirbelsäule gelenkig verbunden ist (▶ Kap. 8.2.1), kann man an der Unterseite der Schädelbasis ebenfalls wichtige Durchtrittsstellen von Gefäßen und Nerven ausmachen (▶ Tab. 9.3, ▶ Abb. 9.5).

9.2.2 Viscerocranium

Unterkiefer

Der Unterkiefer (**Mandibula**) entstammt dem **MECKEL-Knorpel** des 1. Schlundbogens und wurde zunächst paarig angelegt. Im Bereich der **Protuberantia mentalis** des **Corpus mandibulae** sind diese beiden Anteile jedoch letztlich verschmolzen (▶ Abb. 9.6). Vom **Corpus mandibulae** gehen beidseitig in einem Winkel von 120° (**Angulus mandibulae**) die **Rr. mandibulae** ab. Von den **Rr. mandibulae** trennen sich jeweils ventral ein **Processus coronoideus** und dorsal ein **Processus condylaris**, wobei Letzterer mit seinem **Caput mandibulae** mit der **Fossa mandibularis** sowie dem **Tuberculum articulare** des Os temporale die gelenkige Verbindung des Kiefergelenks (**Articulatio temporomandibularis**) herstellt (▶ Abb. 9.12, ▶ Abb. 9.14).

Oberkiefer

Der zunächst zweiteilig angelegte Oberkiefer (**Maxilla**) ist über die **Sutura palatina mediana** fest zum gemeinsamen Oberkiefer verschmolzen. Die **Maxilla** (▶ Abb. 9.7) steht mit allen Knochen des Viscerocraniums in Verbindung und enthält mit dem **Sinus maxillaris** einen großen pneumatisierten Raum, der zu den **Nasennebenhöhlen (Sinus paranasales)** gerechnet wird (▶ Abb. 9.23). Neben

Kopf

dem Corpus maxillae besitzt die **Maxilla** ebenso 4 Flächen, wobei die **Facies orbitalis als Boden** der **Augenhöhle (Orbita;** ▶ Abb. 9.8, ▶ Abb. 9.24) und die **Facies nasalis als Seitenwand** der **Nasenhöhle (Cavum nasi;** ▶ Abb. 9.8, ▶ Abb. 9.20) hervorzuheben sind. Zudem können folgende 4 Fortsätze unterschieden werden:
- **Proc. frontalis:** Verbindung zum Os frontale
- **Proc. zygomaticus:** verbunden mit Os zygomaticum
- **Proc. palatinus:** vorderer Anteil des **harten Gaumens (Palatum durum)**
- **Proc. alveolaris:** Oberkieferunterrand mit Zahnfächern **(Alveoli dentales)**

> **Klinik**
>
> **Frakturen des Mittelgesichts (Einteilung nach LEFORT I–III)**
>
> Frakturen des mittleren Gesichtsbereichs (z. B. nach Verkehrsunfällen oder stumpfer Gewalteinwirkung) treten häufig auf und beinhalten immer eine Beteiligung der Maxilla. Je nach Schweregrad (**LEFORT I:** Absprengung des Proc. alveolaris der Maxilla vom Nasenboden; **LEFORT II:** Absprengung der Maxilla vom Os frontale; **LEFORT III:** Abriss des Mittelgesichts von der Schädelbasis) kann es neben akut bedrohlichen Folgen wie Liquoraustritt und Atemnot auch zu schwerwiegenden langfristigen Schädigungen beim Patienten kommen (z. B. Abriss der Fila olfactoria mit Verlust des Geruchssinns).

Gaumenbein

Das **Gaumenbein (Os palatinum)** steht mit der Maxilla in Verbindung und bildet mit dieser zusammen den harten Gaumen **(Palatum durum)** und somit den Hauptanteil des Dachs der Mundhöhle aus. Kontaktstellen treten auch mit dem Os sphenoidale auf, um gemeinsam mit diesem den Boden der Nasenhöhle zu gestalten (▶ Abb. 9.9).

Jochbein

Das Jochbein **(Os zygomaticum)** bildet die Kontur der Wange aus und ist mit dem Os frontale, Os temporale und der Maxilla verbunden. Zusammen mit dem **Proc. zygomaticus** des Os temporale bildet es den **Jochbogen (Arcus zygomaticus)** (▶ Abb. 9.2).

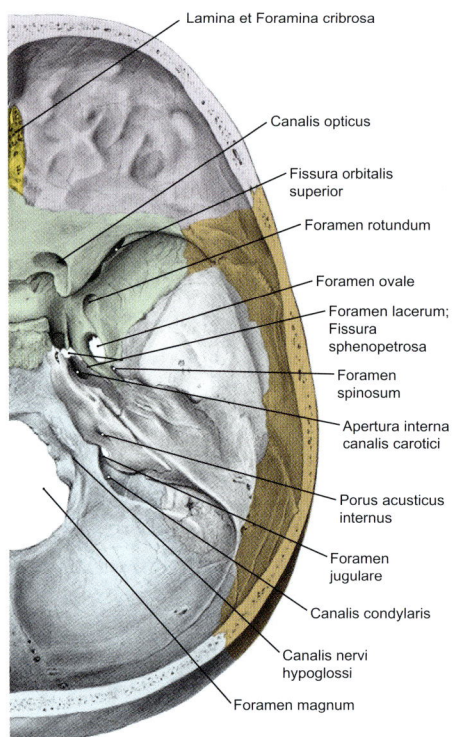

Abb. 9.4 Innere Schädelbasis. Ansicht von oben. [S007-3-23]

Tränenbein

Das Tränenbein **(Os lacrimale)** ist der kleinste Knochen des Viscerocraniums und am Aufbau der **Orbita** (▶ Abb. 9.24) beteiligt. Sein mittlerer Anteil bildet den Sulcus lacrimalis für den Tränennasengang **(Ductus nasolacrimalis)** aus (▶ Abb. 9.21b).

Untere Nasenmuschel

Die untere Nasenmuschel **(Concha nasalis inferior)** ist ein paarig angelegter Knochen, der an der lateralen Nasenwand mit dem Os palatinum und über den Proc. maxillaris mit der Maxilla verbunden ist (▶ Abb. 9.20a).

Pflugscharbein

Das unpaare Pflugscharbein **(Vomer)** bildet den unteren Anteil des knöchernen Nasenseptums aus. Es hat eine Verbindung zum Os ethmoidale sowie weiter hinten gelegen zum Os sphenoidale. Das Vomer bildet die mediale Wand der **Choanen,** welche die Verbindung zwischen **Nasenhöhle** und Nasenrachenraum **(Nasopharynx)** darstellt (▶ Abb. 9.8).

Tab. 9.2 Durchtrittsstellen der inneren Schädelbasis und ihre Inhalte

Durchtrittsstelle	Inhalt
Foramina cribrosa	• Nn. olfactorii [I] • A. ethmoidalis anterior (A. ophthalmica)
Canalis opticus	• N. opticus [II] • A. ophthalmica (A. carotis interna)

Fissura orbitalis superior	Medialer Bereich:
	• N. nasociliaris (N. ophthalmicus [V/1])
	• N. oculomotorius [III]
	• N. abducens [VI]
	Lateraler Bereich:
	• N. trochlearis [IV]
	  – N. frontalis (N. ophthalmicus [V/1])
	  – N. lacrimalis (N. ophthalmicus [V/1])
	• V. ophthalmica superior
	• V. ophthalmica inferior

Foramen rotundum	• N. maxillaris [V/2]
Foramen ovale	• N. mandibularis [V/3] • Plexus venosus foraminis ovalis
Foramen spinosum	• R. meningeus (N. mandibularis [V/3]) • A. meningea media (A. maxillaris)
Fissura sphenopetrosa, Foramen lacerum	• N. petrosus minor (N. glossopharyngeus [IX]) • N. petrosus major (N. facialis [VII]) • N. petrosus profundus (Plexus caroticus internus)
Apertura interna canalis carotici und Canalis caroticus	• A. carotis interna, Pars petrosa • Plexus venosus caroticus internus • Plexus caroticus internus (Truncus sympathicus, Ganglion cervicale superius)
Porus und Meatus acusticus internus	• N. facialis [VII] • N. vestibulocochlearis [VIII] • A. labyrinthi (A. basilaris) • Vv. labyrinthi
Foramen jugulare	Vorderer Bereich: • N. glossopharyngeus [IX] Hinterer Bereich: • A. meningea posterior (A. pharyngea ascendens) • N. vagus [X] • N. accessorius [XI] • R. meningeus (N. vagus [X])
Canalis nervi hypoglossi	• N. hypoglossus [XII] • Plexus venosus canalis nervi hypoglossi
Canalis condylaris	• V. emissaria condylaris
Foramen magnum	• Meninges • Plexus venosus vertebralis internus (Sinus marginalis) • Aa. vertebrales (Aa. subclaviae) • A. spinalis anterior (Aa. vertebrales) • Medulla oblongata/Medulla spinalis • Radices spinales (N. accessorius [XI])

Kopf

Nasenbein

Das Nasenbein (**Os nasale**) ist seitlich mit der Maxilla und über die Sutura frontonasalis mit dem Os frontale verbunden und bildet einen kleinen Anteil des Nasenskeletts aus (▶ Abb. 9.1).

9.3 Kopfschwarte, Gesicht und mimische Muskulatur
Marco Koch

Der knöcherne Schädel wird insgesamt von Weichteilen bedeckt und in unterschiedliche Regionen eingeteilt (▶ Abb. 9.10). Der Bereich des Schädeldachs ist von der **Kopfschwarte** überzogen, die sich von innen, direkt dem Periost anliegend, über eine Verschiebeschicht in die **Sehnenhaube (Galea aponeurotica)** und dann weiter hin zur Oberfläche in die Subcutis und Cutis fortsetzt.

9.3.1 Mimische Muskulatur

Der Bereich des Gesichts stellt den ausdrucksstärksten Abschnitt des menschlichen Körpers dar. Die menschliche **Mimik** beinhaltet Verschiebungen und Faltenbildungen der Gesichtshaut, die durch Kontraktionen der **mimischen Muskulatur** hervorgerufen werden. Die Besonderheit der mimischen Muskulatur besteht dabei darin, dass diese im Gegensatz zur restlichen quergestreiften Skelettmuskulatur nicht über Sehnen an Knochen, sondern direkt in der Haut inseriert (▶ Abb. 9.11). Die mimische Muskulatur wird ausnahmslos durch den **N. facialis [VII]** innerviert (▶ Kap. 9.10.4, ▶ Abb. 9.38).

Wichtig für den späteren klinischen Alltag zu erwähnen sind innerhalb der mimischen Gesichtsmuskulatur v. a. die zirkulär um Mund und Orbita ziehenden **M. orbicularis oris** bzw. **M. orbicularis oculi**. Die mimischen Muskeln sind insgesamt in ▶ Tab. 9.4 aufgeführt.

> **Klinik**
>
> **Lidschlussreflex (auch Kornealreflex)**
>
> Es handelt sich um einen mechanischen Schutzmechanismus, der das Auge vor dem Eindringen von Fremdkörpern schützen soll. Dieser Reflex kann mechanisch, z.B. durch ein Wattestäbchen, aber auch durch starken Lichteinfall ausgelöst werden. Als Fremdreflex wird der afferente Schenkel über den **N. ophthalmicus [V/1]** des **N. trigeminus [V]** gebildet, wohingegen der efferente Schenkel über entsprechende motorische Äste des **N. facialis [VII]** definiert wird. Der **N. facialis [VII]** bewirkt durch seine Innervation des **M. orbicularis oculi** schließlich den Lidschluss. Defekte im Lidschluss nach Lähmung des **M. orbicularis oculi**, z.B. aufgrund einer **Fazialisparese**, können zum krankhaften Austrocknen des Auges und damit einhergehend zu lokalen Entzündungen führen.

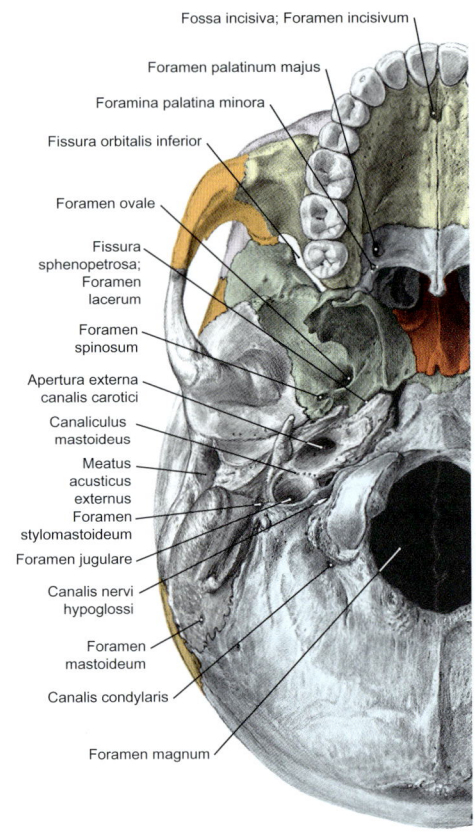

Abb. 9.5 Äußere Schädelbasis. Ansicht von unten. [S007-3-23]

9.3.2 Leitungsbahnen

Die Blutversorgung und oberflächlichen Lymphknoten von Kopfschwarte, Gesicht und mimischer Muskulatur werden in ▶ Kap. 9.10 zusammen mit den Hirnnerven dargestellt.

▶ 9.3 Kopfschwarte und Gesicht   ▶ 9.3.2 Leitungsbahnen

Tab. 9.3 Durchtrittsstellen der äußeren Schädelbasis und ihre Inhalte

Durchtrittsstelle	Inhalt
Foramen incisivum	• N. nasopalatinus (N. maxillaris [V/2])
Foramen palatinum majus	• N. palatinus major (N. maxillaris [V/2]) • A. palatina major (A. palatina descendens)
Foramina palatina minora	• Nn. palatini minores (N. maxillaris [V/2]) • Aa. palatinae minores (A. palatina descendens)
Fissura orbitalis inferior	• A.; V. infraorbitalis (A.; V. maxillaris) • V. ophthalmica inferior • N. infraorbitalis (N. maxillaris [V/2]) • N. zygomaticus (N. maxillaris [V/2])
Foramen rotundum	• N. maxillaris [V/2]
Foramen ovale	• N. mandibularis [V/3] • Plexus venosus foraminis ovalis
Foramen spinosum	• R. meningeus (N. mandibularis [V/3]) • A. meningea media (A. maxillaris)
Fissura sphenopetrosa, Foramen lacerum	• N. petrosus minor (N. glossopharyngeus [IX]) • N. petrosus major (N. facialis [VII]) • N. petrosus profundus (Plexus caroticus internus)
Apertura externa canalis carotici und Canalis caroticus	• A. carotis interna, Pars petrosa • Plexus venosus caroticus internus • Plexus caroticus internus (Truncus sympathicus, Ganglion cervicale superius)
Foramen stylomastoideum	• N. facialis [VII]
Foramen jugulare	Vorderer Bereich: • N. glossopharyngeus [IX] Hinterer Bereich: • A. meningea posterior (A. pharyngea ascendens) • V. jugularis interna • N. vagus [X] • R. meningeus (N. vagus [X]) • N. accessorius [XI]
Canaliculus mastoideus	• R. auricularis nervi vagi (N. vagus [X])
Canalis nervi hypoglossi	• N. hypoglossus [XII] • Plexus venosus canalis nervi hypoglossi
Canalis condylaris	• V. emissaria condylaris
Foramen magnum	• Meninges • Plexus venosus vertebralis internus (Sinus marginalis) • Aa. vertebrales (Aa. subclaviae) • A. spinalis anterior (Aa. vertebrales) • Medulla oblongata/Medulla spinalis • Radices spinales (N. accessorius [XI])

Kopf

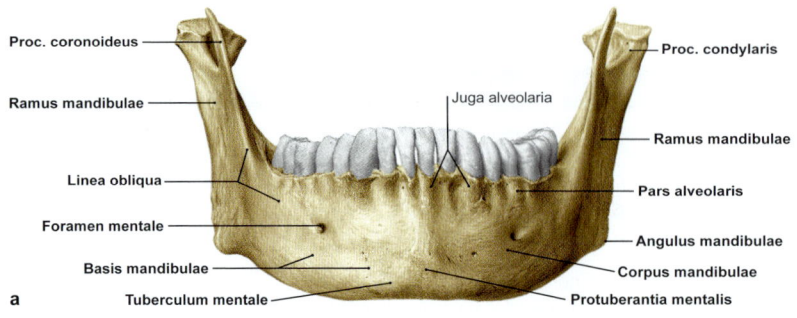

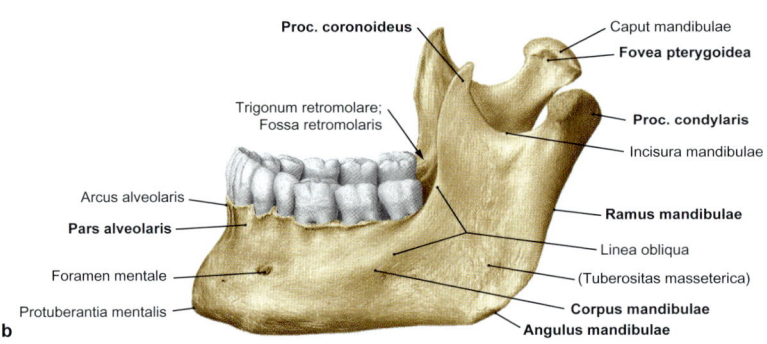

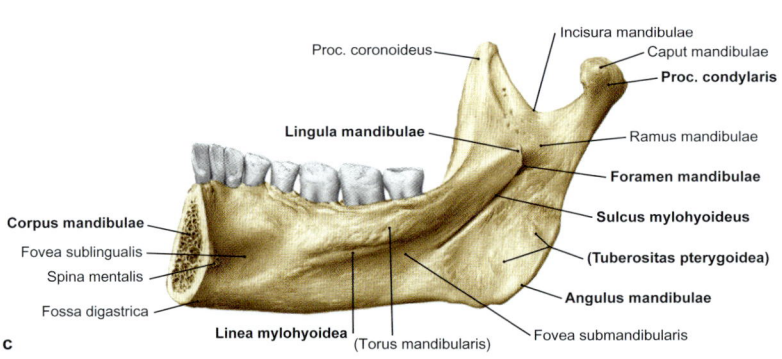

Abb. 9.6 Unterkiefer, Mandibula. a) Ansicht von vorne. b) Ansicht von lateral. c) Ansicht auf die Innenseite eines R. mandibulae. [S007-3-23]

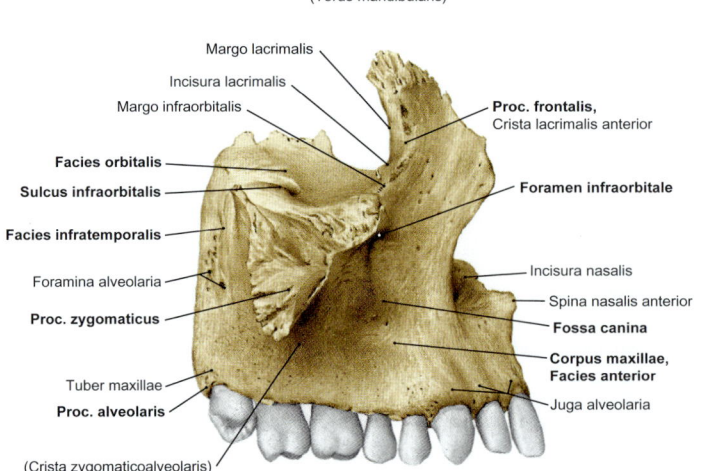

Abb. 9.7 Oberkiefer, Maxilla. Ansicht von lateral. [S007-3-23]

▶ 9.3 Kopfschwarte und Gesicht ▶ 9.3.2 Leitungsbahnen

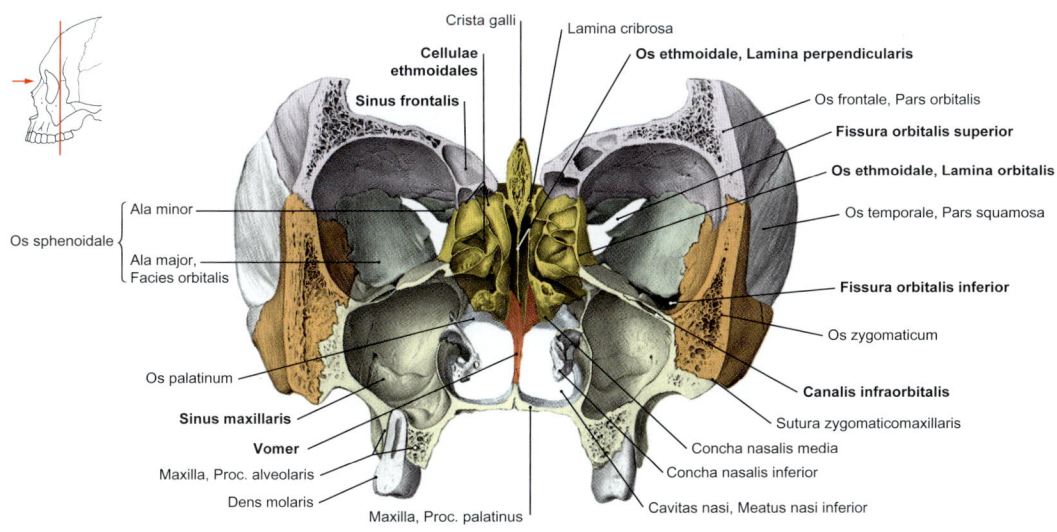

Abb. 9.8 Gesichtsschädel, Viscerocranium. Frontaler Sägeschnitt, Ansicht von vorne. [S007-3-23]

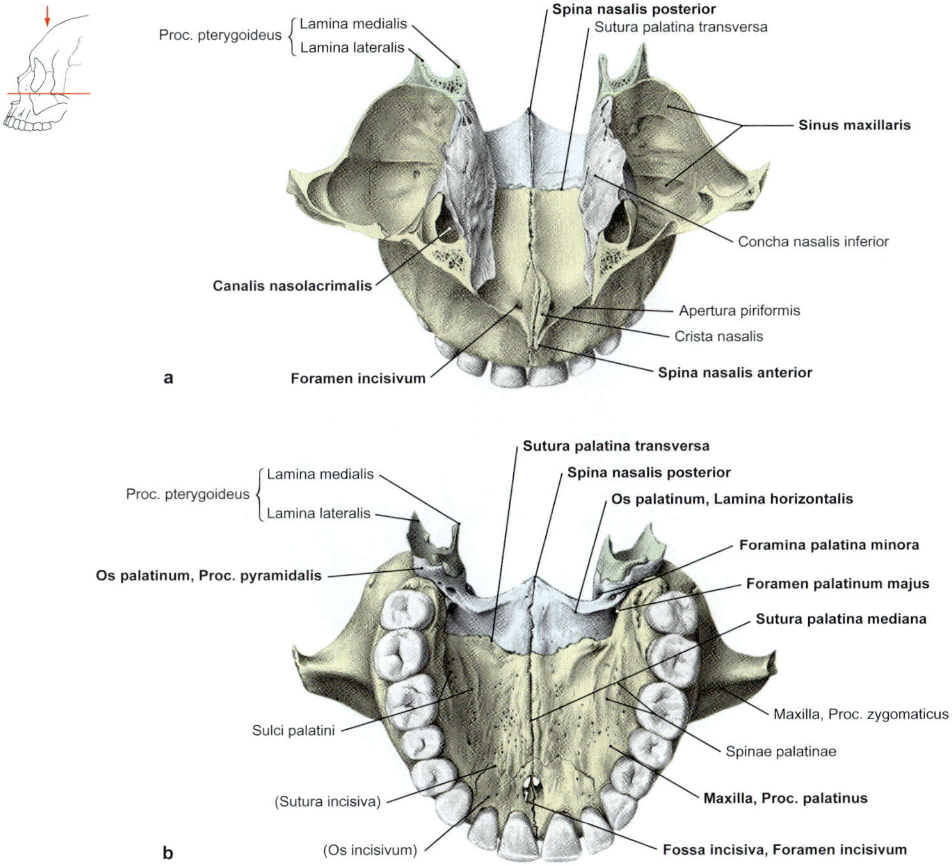

Abb. 9.9 Harter Gaumen, Palatum durum. a) Ansicht von oben. b) Ansicht von unten. [S007-3-23]

275

Kopf

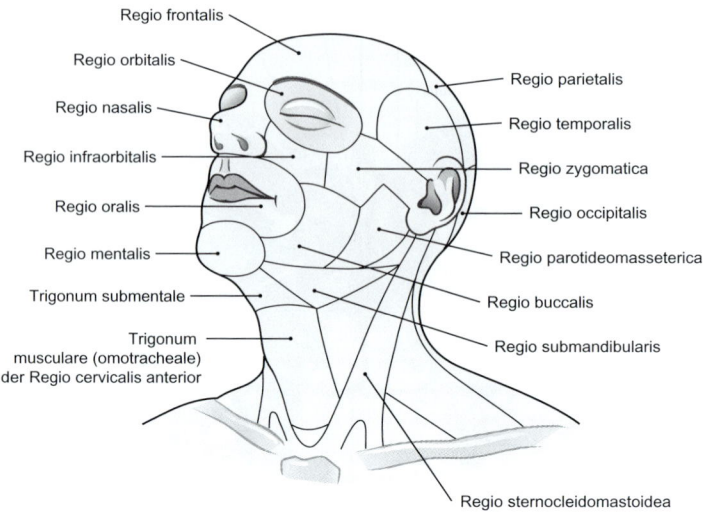

Abb. 9.10 Regionen des Kopfes. Ansicht von schräg vorne-unten. [L126]

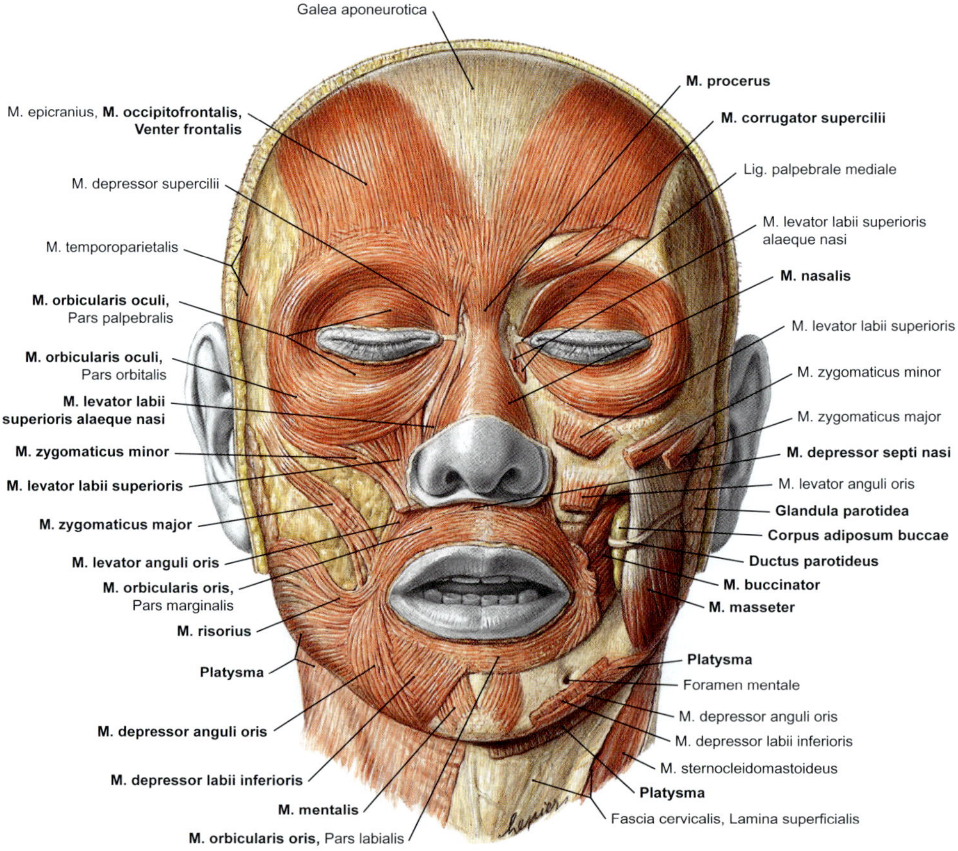

Abb. 9.11 Mimische Gesichtsmuskulatur. Ansicht von vorne. [S007-3-23]

▶ 9.3 Kopfschwarte und Gesicht ▶ 9.3.2 Leitungsbahnen

Tab. 9.4 Mimische Muskulatur

Ursprung	Ansatz	Funktion
Stirn und Hinterkopf		
M. occipitofrontalis		
• Venter frontalis: Haut der Stirn • Venter occipitalis: Linea nuchalis suprema	Galea aponeurotica	*Stirn:* • Venter frontalis: Stirnrunzeln (Erstaunen) • Venter occipitalis: glättet Stirnfalten
Ohrmuschel		
M. auricularis anterior, M. auricularis superior, M. auricularis posterior		
M. auricularis anterior: Fascia temporalis *M. auricularis superior:* Galea aponeurotica *M. auricularis posterior:* Proc. mastoideus	vorne/oben/hinten an der Ohrmuschel	bewegt die Ohrmuschel (Ohrenwackeln)
Lidspalte		
M. orbicularis oculi		
• Pars orbitalis: Os frontale und Maxilla • Pars palpebralis: Lig. palpebrale mediale • Pars lacrimalis: Os lacrimale, Saccus lacrimalis	• Pars orbitalis: umgibt zirkulär die Orbita • Pars palpebralis: Lig. palpebrale laterale • Pars lacrimalis: Tränenkanälchen	• Schließt die Lider • Komprimiert den Tränensack
M. depressor supercilii (Abspaltung der Pars orbitalis des M. orbicularis oculi)		
medialer Augenwinkel	mediales Drittel der Augenbraue	senkt die Augenbraue
M. corrugator supercilii		
Os frontale	mittleres Drittel der Augenbraue	• Zieht die Augenbraue zur Nasenwurzel • Erzeugt eine senkrechte Falte über der Nasenwurzel (Zorn, Nachdenken)
M. procerus		
Os nasale	Haut der Glabella	Querfalten des Nasenrückens (Nasenrümpfen)
Nase		
M. nasalis		
Maxilla	• Pars alaris: Nasenflügel • Pars transversa: Sehnenplatte des Nasenrückens	• Bewegt die Nasenflügel und damit die Nase • Pars alaris: erweitert die Nasenöffnung • Pars transversa: verengt die Nasenöffnung

Kopf

Tab. 9.4 Mimische Muskulatur *(Forts.)*

Ursprung	Ansatz	Funktion
Mund		
M. orbicularis oris		
Pars marginalis und Pars labialis: lateral des Angulus oris	Haut der Lippe	• Schließt die Lippen • Spitzen des Mundes
M. buccinator		
• Maxilla • Mandibula	Angulus oris	• Spannt die Lippen • Bewirkt eine Erhöhung des Innendrucks der Mundhöhle, z. B. beim Pusten oder Kauen
M. levator labii superioris		
Maxilla über Foramen infraorbitale	Oberlippe	zieht die Oberlippe nach lateral oben
M. depressor labii inferioris		
Mandibula unterhalb des Foramen mentale	Unterlippe	zieht die Unterlippe nach lateral unten
M. mentalis		
Mandibula auf Höhe des unteren lateralen Schneidezahns	Haut des Kinns	• Erzeugt das Kinngrübchen • Stülpt die Unterlippe vor (zusammen mit M. orbicularis oris; „Schnute", „Flunsch")
M. depressor anguli oris		
Unterrand der Mandibula	Angulus oris	zieht den Mundwinkel nach unten
M. risorius		
• Fascia parotidea • Fascia masseterica	Angulus oris	• Verbreitert die Mundspalte (Grinsen) • Erzeugt das Lachgrübchen
M. levator anguli oris		
Maxilla	Angulus oris	zieht den Mundwinkel nach medial oben
M. zygomaticus major, M. zygomaticus minor		
Os zygomaticum	Angulus oris	zieht den Mundwinkel nach lateral oben
M. levator labii superioris alaeque nasi		
Maxilla (mediale Orbitawand)	Nasenflügel, Oberlippe	hebt die Lippen und die Nasenflügel

9.4 Kiefergelenk und Kaumuskulatur
Marco Koch

9.4.1 Kiefergelenk

Das Kiefergelenk (**Articulatio temporomandibularis**) und die Kaumuskulatur bilden zusammen mit den Zähnen (▶ Kap. 9.5.7) den Kauapparat. Ober- und Unterkiefer werden beweglich gegeneinander verschoben, um das Abbeißen und Zerkleinern der Nahrung zu ermöglichen. Im Kiefergelenk artikulieren als Gelenkkopf das **Caput mandibulare** des **Proc. condylaris** mit der Gelenkpfanne aus **Fossa mandibularis** und **Tuberculum articulare,** die beide zum **Os temporale** gehören (▶ Abb. 9.12). Durch einen mit der Gelenkkapsel verwachsenen **Discus articularis** wird das Kiefergelenk in eine **obere, diskotemporale Kammer** (wirkt isoliert als **Schiebegelenk**) und in eine **untere, diskomandibulare Kammer** unterteilt. Beide Kammern fungieren gemeinsam als **Scharniergelenk.**

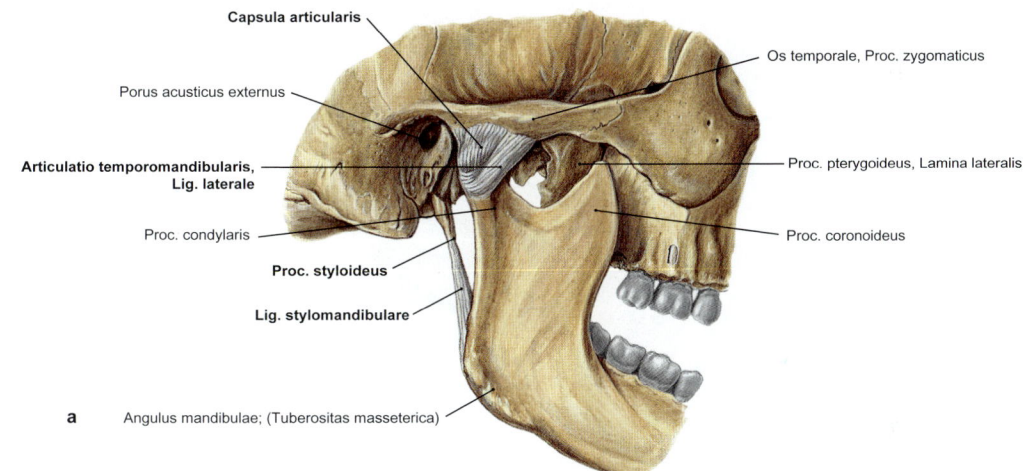

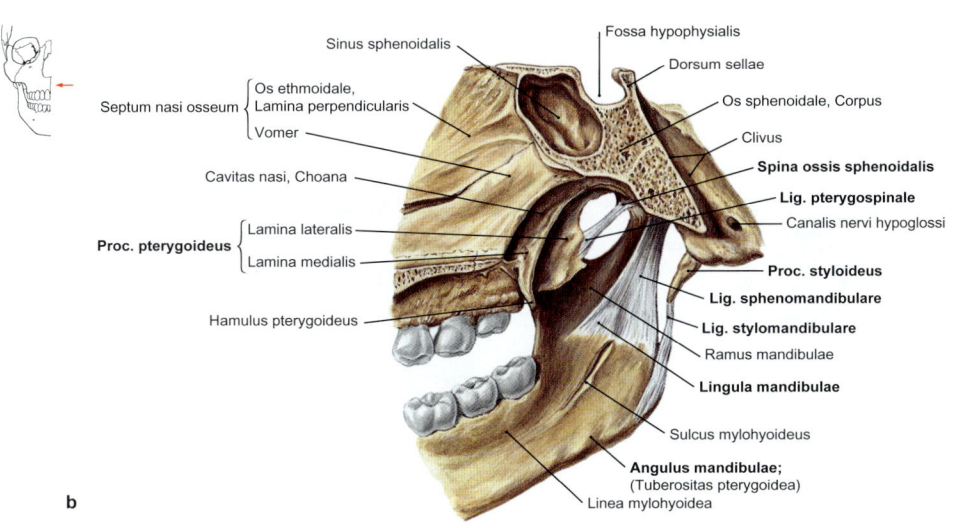

Abb. 9.12 Kiefergelenk. a) Ansicht von lateral. b) Ansicht von medial. [S007-3-23]

Kopf

9.4.2 Kaumuskulatur

Es werden folgende Kaumuskeln unterschieden (▶ Abb. 9.13, ▶ Tab. 9.5):
- M. masseter
- M. temporalis
- M. pterygoideus medialis
- M. pterygoideus lateralis

9.4.3 Bewegungen im Kiefergelenk

Durch diese Muskeln können im Kiefergelenk folgende Bewegungen durchgeführt werden (▶ Abb. 9.14):
- **Heben (Adduktion)** und **Senken (Abduktion)** des Unterkiefers (entspricht dem **Schließen** und **Öffnen** des Mundes)

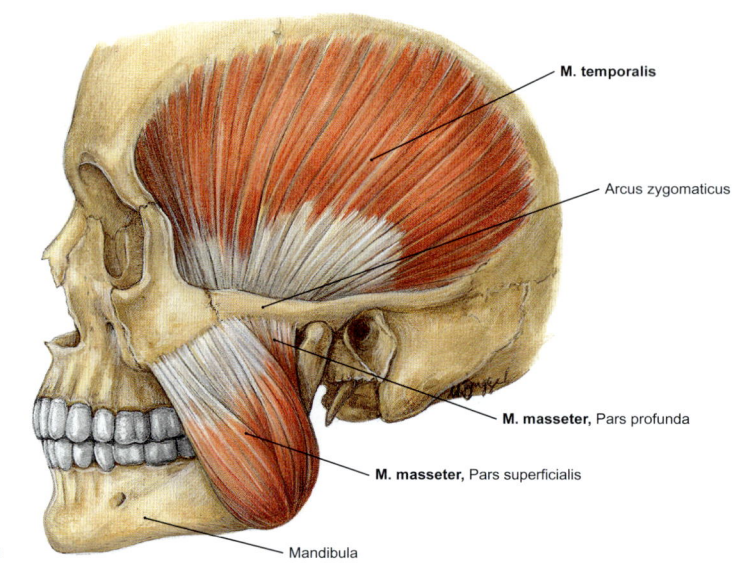

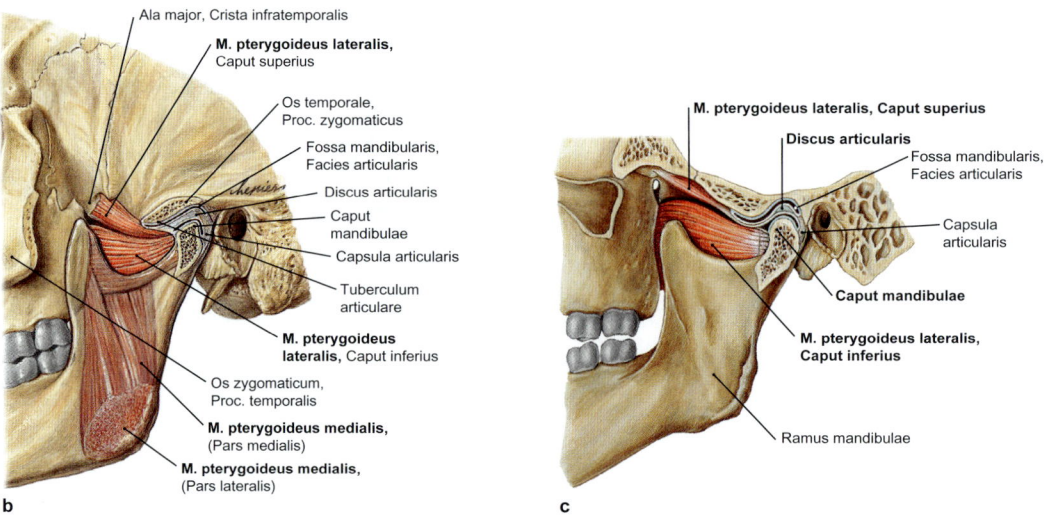

Abb. 9.13 Kiefermuskulatur. a) Ansicht von lateral. b), c) Ansicht von lateral. [S007-3-23]

Tab. 9.5 Kaumuskulatur

Innervation	Ursprung	Ansatz	Funktion
M. masseter			
N. mandibularis [V/3]	• Pars superficialis: vordere zwei Drittel des Os zygomaticum • Pars profunda: hinteres Drittel des Os zygomaticum	außen am Angulus mandibulae	• Adduktion • Protrusion bei einseitiger Kontraktion • Laterotrusion
M. temporalis			
N. mandibularis [V/3]	• Os temporale • Os parietale • Os zygomaticum	Proc. coronoideus mandibulae	• Adduktion • Retrusion
M. pterygoideus medialis			
N. mandibularis [V/3]	• Fossa pterygoidea	innen am Angulus mandibulae	• Adduktion • Protrusion • Mediotrusion
M. pterygoideus lateralis			
N. mandibularis [V/3]	• Pars superior: Crista infratemporalis • Pars inferior: Lamina lateralis des Proc. pterygoidei	• Pars superior: Discus articularis • Pars inferior: Proc. condylaris mandibulae	• Einleitung der Abduktion • Beidseitig: Protrusion • Einseitig: Mediotrusion und Adduktion

- **Heben:** M. temporalis, M. masseter, M. pterygoideus medialis
- **Senken:** M. pterygoideus lateralis (Starterfunktion), Mundbodenmuskulatur (M. digastricus, M. mylohyoideus, M. geniohyoideus; ▶ Kap. 9.5.2, ▶ Tab. 9.6), Schwerkraft bei nachlassendem Tonus der Kaumuskulatur
- **Vor- und rückwärts** gerichtete **Schiebebewegungen (Pro-** und **Retrusion):**
  - **Protrusion:** M. pterygoideus lateralis (Pars superior), M. masseter, M. pterygoideus medialis
  - **Retrusion:** M. temporalis
- **Gleich- oder gegenseitig** gerichtete **Schiebebewegungen:**
  - **Laterotrusion (nach lateral zur gleichen Seite):** M. masseter
  - **Mediotrusion (nach medial und damit zur Gegenseite):** Mm. pterygoideus medialis und lateralis

9.4.4 Leitungsbahnen des Kiefergelenks

Arterien/Venen
A. und V. temporalis superficialis mit A. und V. transversa faciei, A. und V. auricularis profunda.

Innervation
Hauptsächlich zahlreiche feine Äste aus Abgängen des N. mandibularis [V/3].

9.5 Mundhöhle
Marco Koch

9.5.1 Abschnitte und Inhalt der Mundhöhle

Der Mundraum setzt sich aus dem Vorhof (**Vestibulum oris,** Raum zwischen Lippen, Wangen und äußerer Zahnfläche) und der eigentlichen Mundhöhle (**Cavitas oris**) zusammen (▶ Abb. 9.15). In Höhe der 2. oberen Molaren mündet auf einer Papille der **Ductus parotideus** der Ohrspeicheldrüse (▶ Kap. 9.9).
Die Schleimhaut von Lippe und Wange geht im Bereich der Alveolarfortsätze von Ober- und Unterkiefer in die **Gingiva** über. Die Cavitas oris gliedert sich ferner wie folgt:
- Mundboden (**Diaphragma oris**)
- Zunge (**Lingua**)

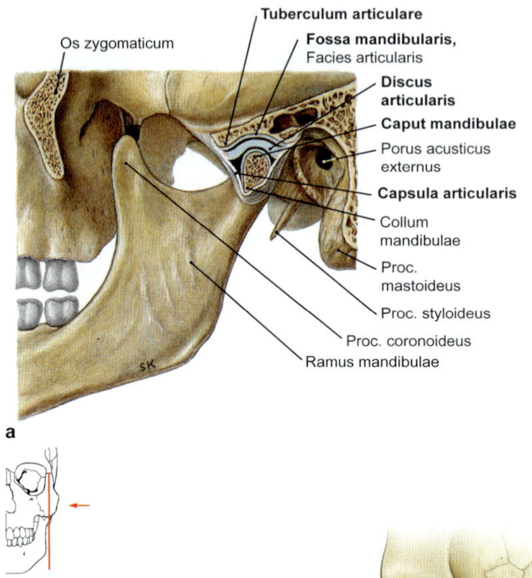

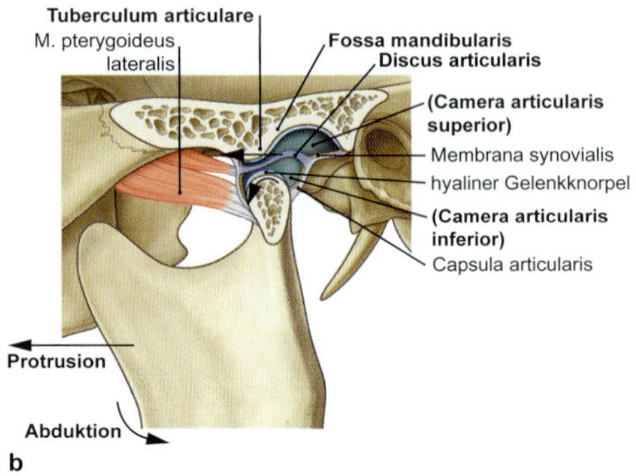

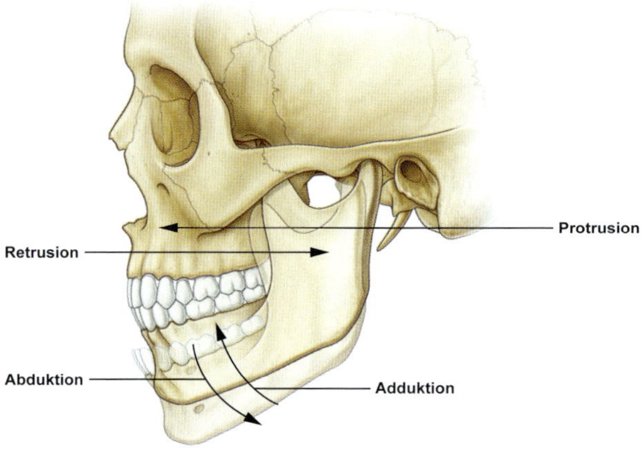

Kopf

Abb. 9.14 Kiefergelenk. a) Sagittalschnitt, Ansicht von lateral; Mund fast geschlossen. b) Sagittalschnitt, Ansicht von lateral; Mund geöffnet. c) Bewegungen des Kiefergelenks. [a: S007-3-23; b, c: E402]

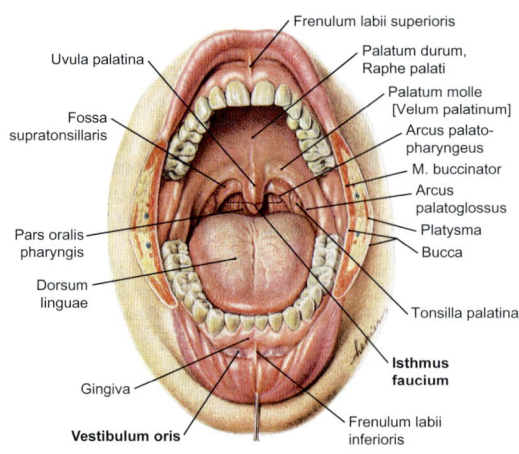

Abb. 9.15 Mundhöhle. Ansicht von vorne. [S007-2-16]

▶ 9.5 Mundhöhle ▶ 9.5.1 Abschnitte und Inhalt der Mundhöhle

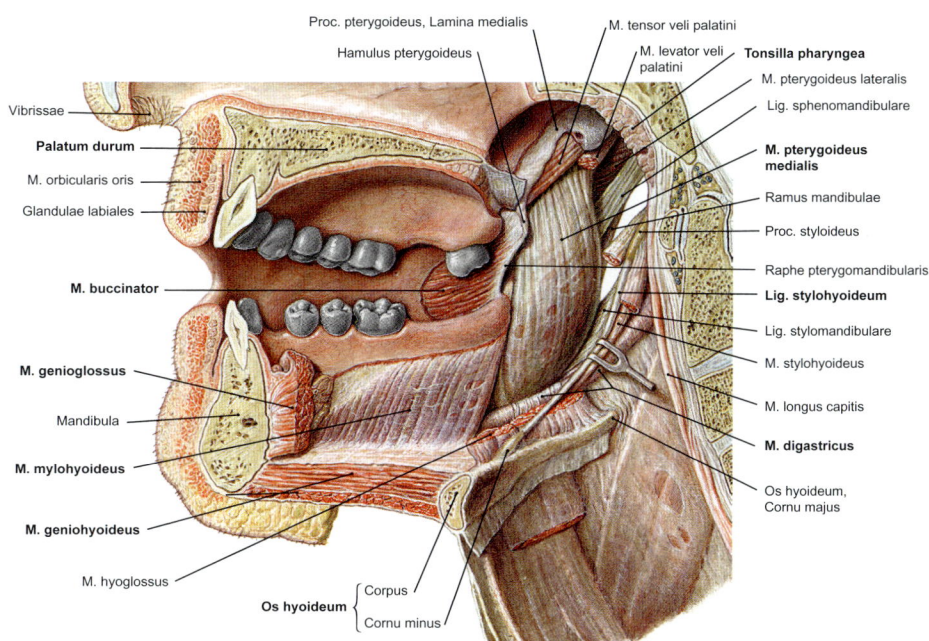

Abb. 9.16 Mundhöhle und Mundboden, rechts. Ansicht von links. [S007-3-23]

Tab. 9.6 Suprahyale Muskulatur			
Innervation	Ursprung	Ansatz	Funktion
M. mylohyoideus			
N. mandibularis [V/3]	Linea mylohyoidea der Mandibula	• Raphe mylohyoidea • Corpus ossis hyoidei	• Hebt den Mundboden • Mundöffnung • Anheben des Zungenbeins beim Schluckakt
M. digastricus			
• Venter anterior: N. mandibularis [V/3] • Venter posterior: N. facialis [VII]	• Venter anterior: Fossa digastrica mandibulae • Venter posterior: Incisura mastoidea	Zwischensehne über Bindegewebsschlinge am Cornu majus des Zungenbeins	• Venter anterior: Mundöffnung • Venter posterior: Anheben des Zungenbeins beim Schluckakt
M. stylohyoideus			
N. facialis [VII]	Proc. styloideus des Os temporale	Corpus und Cornu majus ossis hyoidei	Anheben des Zungenbeins beim Schluckakt
M. geniohyoideus			
Rr. musculares (C1–C2), die mit dem N. hypoglossus [XII] verlaufen	Spina mentalis der Mandibula	Corpus ossis hyoidei	• Hebt den Mundboden • Mundöffnung • Anheben des Zungenbeins beim Schluckakt

Kopf

- Gaumen (**Palatum**)
- Schlund (**Fauces**) und Schlundenge (**Isthmus faucium**) mit Gaumenmandel (**Tonsilla palatina**)
- Zähne (**Dentes**)

Zudem mündet der Speichel aus der **Glandula submandibularis** und der **Glandula sublingualis** über den gemeinsamen Ausführungsgang (**Ductus submandibularis**) auf der **Caruncula sublingualis** direkt neben dem **Frenulum linguae** in die **Cavitas oris**.

9.5.2 Mundboden

Der Mundboden (**Diaphragma oris**) wird vorwiegend durch den **M. mylohyoideus** gebildet, der sich als muskuläre Platte innerhalb des Mandibularbogens ausspannt (▶ Abb. 9.16). Neben dem **M. mylohyoideus** gehören weitere Muskeln zur Mundbodenmuskulatur (**suprahyale Muskulatur**, ▶ Tab. 9.6; infrahyale Muskulatur, ▶ Kap. 8.3.2)

9.5.3 Zunge

Aufbau und Funktion

Die Zunge (**Lingua**) ist ein muskulärer Körper, der von Schleimhaut bedeckt wird. (▶ Abb. 9.17a). Das **Dorsum linguae** (Zungenoberfläche) trägt Papillen mit Geschmacksknospen. Die Zungenunterseite ist glatt und geht in eine mittlere Schleimhautfalte (**Frenulum linguae**) über. Die Zunge gliedert sich in:
- Zungenkörper (**Corpus linguae**) inklusive Zungenspitze (**Apex linguae**)
- Zungenwurzel (**Radix linguae**)

Als Grenze zwischen diesen beiden Anteilen der Zunge fungiert der V-förmig verlaufende **Sulcus**

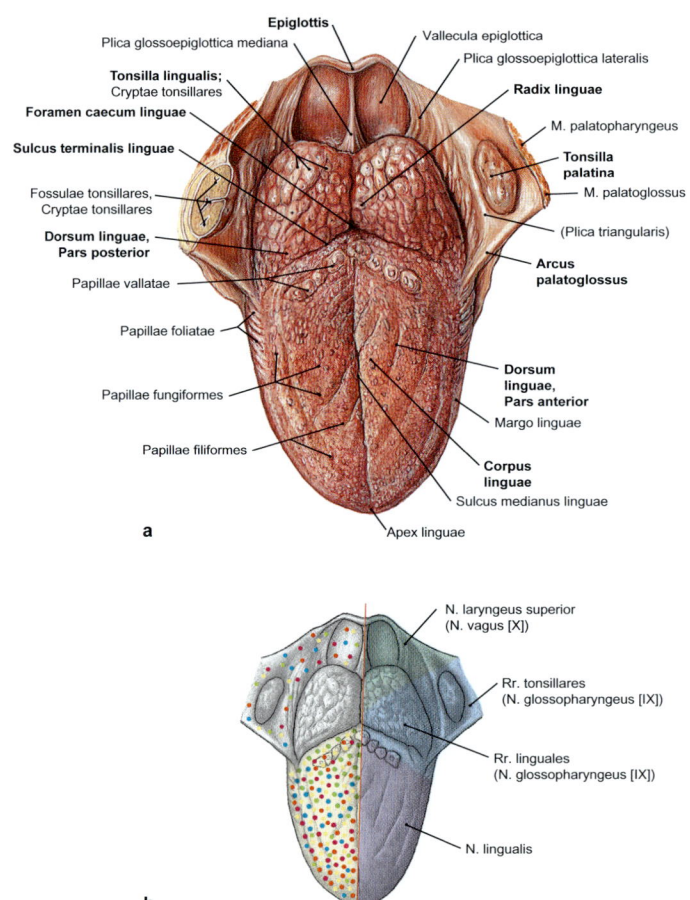

Abb. 9.17 a) Zungenrücken. Ansicht von oben. b) Innervation und Geschmacksqualitäten der Zunge. [S007-3-23]

terminalis, in dessen Mitte das **Foramen caecum** (Relikt aus der Entwicklung der Schilddrüse) liegt. Die Papillen des **Dorsum linguae** lassen sich in 4 Gruppen unterscheiden (▶ Abb. 9.17a):
- **Papillae filiformis:** sehr häufig, auf gesamtem Zungenrücken verteilt, besitzen taktile und mechanische Aufgaben.
- **Papillae fungiformes:** im Bereich Zungenspitze und Zungenrand, tragen Geschmacksknospen.
- **Papillae foliatae:** hinterer Zungenrand, zahlreiche Geschmacksknospen
- **Papillae vallatae:** unmittelbar vor Sulcus terminalis, zahlreiche Geschmacksknospen

Die Fähigkeit, bestimmte **Geschmackseindrücke** (süß, sauer, bitter, salzig, umami) wahrzunehmen, sowie die **sensorische Innervation** unterscheiden sich in den einzelnen Abschnitten der Zunge voneinander und werden zudem über verschiedene Hirnnerven vermittelt (▶ Abb. 9.17b, s. u. „Leitungsbahnen").

Zungenmuskulatur

Die Muskulatur der Zunge lässt sich in eine **Zungenbinnenmuskulatur,** deren Muskeln zueinander in den 3 Richtungen des Raums verlaufen und die starke Verformung der Zunge bewirken, und in eine aus der Umgebung in die Zunge einstrahlende **Außenmuskulatur** (▶ Tab. 9.7) untergliedern.

Leitungsbahnen

Arterien/Venen
A. und V. lingualis.

Lymphgefäße
Regionäre Lymphknoten sind die **Nodi lymphoidei submandibulares,** überregionäre Lymphknoten sind die **Nodi lymphoidei cervicales profundi.**

Innervation
Die **Zungenbinnenmuskulatur** wird **motorisch** durch den **N. hypoglossus [XII]** innerviert.
Die **sensorische Innervation** erfolgt:
- **Vordere zwei Drittel der Zunge:** von der **Zungenspitze** bis zum **Sulcus terminalis** durch **N. lingualis** (Ast von **N. mandibularis [V/3];** ▶ Abb. 9.37)
- Hinter dem Sulcus terminalis (**hinteres Drittel der Zunge**) durch den **N. glossopharyngeus [IX]**
- **Zungengrund:** durch den **N. vagus [X]** (▶ Abb. 9.40)

Geschmacksfasern:
- Vordere zwei Drittel durch **die Chorda tympani** des **N. facialis [VII]** (▶ Abb. 9.38)
- Hinteres Drittel inklusive Papillae vallatae: **N. glossopharyngeus [IX]**
- Zungengrund: **N. vagus [X]**

Siehe auch ▶ Kap. 9.10.4.

9.5.4 Gaumen

Der Gaumen (**Palatum**) setzt sich aus einem harten (knöchernen) **Palatum durum** (▶ Abb. 9.9) und einem weichen **Palatum molle** (▶ Abb. 9.15) zusammen. Der knöcherne Anteil wird beidseits durch die Proc. palatini maxillae und die Lamina horizontalis der Ossa palatina gebildet und macht

Tab. 9.7 Äußere Zungenmuskulatur

Innervation	Ursprung	Ansatz	Funktion
M. genioglossus			
N. hypoglossus [XII]	Spina mentalis	Corpus linguae	• Führung der Zunge nach vorne • Herausstrecken der Zunge
M. styloglossus			
N. hypoglossus [XII]	Proc. styloideus	Margo linguae bis Apex linguae	Zurückziehen der Zunge
M. hyoglossus			
N. hypoglossus [XII]	Os hyoideum	Corpus linguae	• Rotation der Zunge • Abflachung des hinteren Zungenabschnitts

Tab. 9.8 Muskulatur des weichen Gaumens

Innervation	Ursprung	Ansatz	Funktion
M. levator veli palatini			
Plexus pharyngeus ([IX] und [X])	• Pars petrosa des Os temporale • Knorpel der Tuba auditiva	Aponeurosis palatina	• Spannt und hebt das Gaumensegel • Öffnet die Tuba auditiva • Schließt zusammen mit dem M. constrictor pharyngis superior den Nasenrachenraum
M. tensor veli palatini (biegt um den Hamulus pterygoideus horizontal herum)			
N. tensor veli palatini (aus [V/3])	• Lamina medialis des Proc. pterygoideus • Abschnitte der Tuba auditiva	Aponeurosis palatina	• Spannt das Gaumensegel • Öffnet die Tuba auditiva • Verformt den Gaumen für die Lautbildung
M. palatoglossus (ventral), M. palatopharyngeus (dorsal)			
Plexus pharyngeus ([IX] und [X])	Aponeurosis palatina	*M. palatopharyngeus:* • Seitliche Pharynxwand • Cartilago thyroidea *M. palatoglossus:* Zungenrand	• Schließen den Isthmus faucium • Senken das Gaumensegel
M. uvulae			
Plexus pharyngeus ([IX] und [X])	Aponeurosis palatina	Schleimhaut der Uvula	verkürzt das Zäpfchen

in etwa zwei Drittel des Gaumens aus. Das **Palatum molle** ist beweglich, indem mehrere Muskeln mit ihren Sehnen in eine Bindegewebsplatte (**Aponeurosis palatina**) einstrahlen (▶ Tab. 9.8).

Leitungsbahnen

Arterien
A. palatina ascendens (aus A. facialis), A. palatina descendens (aus A. maxillaris), A. pharyngea ascendens (aus A. carotis externa).

Venen
Plexus pterygoideus.

Lymphgefäße
Nodi lymphoidei submandibulares als regionäre, Nodi lymphoidei cervicales profundi als überregionäre Lymphknoten.

Innervation
Sensible und sekretorische Innervation der Schleimhaut durch Nn. palatini major und minor (aus N. maxillaris [V/2]) sowie aus Ästen des N. facialis [VII] und N. glossopharyngeus [IX].

9.5.5 Isthmus faucium

Dem Schlund (**Fauces**), als Raum zwischen **Dorsum linguae** (Zungenrücken), **Uvula** (Zäpfchen) und **Palatum molle** (weicher Gaumen), folgt nach hinten mit dem **Isthmus faucium** die Schlundenge. Diese wird durch die beiden Gaumenbogen, **Arcus palatoglossus** (ventral) und **Arcus palatopharyngeus** (dorsal), umschlossen. Zwischen diesen liegt die Fossa tonsillaris. Bei der Nasenatmung schließen die Mm. uvulae, palatoglossus und palatopharyngeus gemeinsam den **Isthmus faucium** ab. Bei Mundatmung oder während des Schluckakts öffnet sich der **Isthmus faucium** hingegen.

9.5.6 Gaumenmandel

Die Gaumenmandel (**Tonsilla palatina**) steht als sekundär lymphatisches Organ im Dienste der Immunabwehr und befindet sich zwischen **Arcus palatoglossus** und **Arcus palatopharyngeus** in der **Fossa tonsillaris**. Zusammen mit der Tonsilla lingualis, Tonsilla tubaria und Tonsilla pharyngea bildet sie den **WALDEYER-Rachenring** aus.

Leitungsbahnen

Arterien
Variabel, meist über **A. palatina ascendens** oder direkt aus A. facialis; weitere feine Äste aus A. lingualis und A. pharyngea ascendens.

Venen
Plexus pharyngeus.

Lymphgefäße
Nodi lymphoidei submandibulares (regionär), weiter in die Nodi lymphoidei cervicales profundi.

> **Klinik**
>
> Die **Tonsillektomie** ist die relativ häufig durchgeführte chirurgische Entfernung der Gaumenmandel (**Tonsilla palatina**). Risiken bestehen hierbei vorwiegend im Auftreten von **(Nach-)Blutungen** (bis zu 6 Tage nach dem Eingriff möglich). Besonders gefährdet sind Patienten (etwa 5 % der Bevölkerung) mit einer sog. **gefährlichen Karotisschleife**. Hierbei liegt im Tonsillarbett eine siphonförmige Schlinge der A. carotis interna vor, sodass es hier bei operativen Verletzungen zu tödlich verlaufenden Blutungen kommen kann.

9.5.7 Zähne

Im Laufe der Entwicklung werden 2 Generationen von unterschiedlichen Zähnen angelegt:
- 20 Milchzähne (**Dentes deciudi**): pro Kieferhälfte: 2 Schneidezähne, 1 Eckzahn und 2 Milchmolaren
- 32 bleibende Zähne (**Dentes permanentes**): pro Kieferhälfte: 2 Schneidezähne (**Dentes incisivi**), 1 Eckzahn (**Dens caninus**), 2 Backenzähne (**Dentes praemolares**) und 3 Mahlzähne (**Dentes molares**).
- Der **Durchbruch** der **Milchzähne** erfolgt zwischen **6. und 8. Lebensmonat**, beginnend mit den Schneidezähnen, gefolgt vom 1. Milchmolaren, dem Eckzahn und dem 2. Milchmolaren.
    - Der **Zahnwechsel** beginnt mit dem Durchbruch des 1. Molaren etwa im **6. Lebensjahr**. Es folgen: 1. und 2. Schneidezahn, 1. Prämolar, Eckzahn, 2. Prämolar, 2. und 3. Molar.

Makroskopisch lassen sich alle Zähne unterteilen in:
- Zahnkrone (**Corona dentis**): mit **Facies occlusialis** (Kaufläche), **Facies vestibularis** (Außenfläche), **Facies lingualis** (Innenfläche) und **Facies contactus** (Fläche zum Nachbarzahn mit (vorderer) **Facies mesialis** und (hinterer) **Facies distalis** als vertikale Kontaktflächen
- Zahnhals (**Collum dentis**): mit Saumepithel umschlossen
- Zahnwurzel (**Radix dentis**): innerhalb der **Alveole** über den **Zahnhalteapparat** mit dem Kiefer verbunden
- Im Inneren eines Zahns befinden sich die Pulpahöhle (**Cavitas dentis**) und in deren Übergang der Wurzelkanal (**Canalis radicis dentis**). An der Apex radicis treten Nerven und Gefäße in den Zahn ein.
    - Nach außen wird die **Zahnpulpa** (bindegewebige Auskleidung von Pulpahöhle und Wurzelkanal) im Kronenbereich von Schmelz (Enamelum), Dentin und an der Wurzel von Zement umschlossen.

Der Zahnhalteapparat (**Parodont**) besteht aus:
- **Zement**
- **Periodontium** (Wurzelhaut) mit SHARPEY-Fasern und
- **Zahnalveole**.

Dieser sorgt für eine Befestigung der Zähne in den Alveolarknochen (**Procc. alveolares maxillae bzw. mandibulae**) und fängt den Kaudruck ab (▶ Abb. 9.18).

Leitungsbahnen

Arterien/Venen
- Oberkiefer: Molaren durch **A. und V. alveolaris superior posterior,** die übrigen Zähne aus den **Aa. und Vv. alveolares superiores anteriores** als Äste der **A. und V. infraorbitalis**
- Unterkiefer: **A. und V. alveolaris inferior**

Lymphgefäße
- Oberkiefer: Nodi lymphoidei cervicales profundi
- Unterkiefer: Nodi lymphoidei submandibulares

Innervation
- Oberkiefer: **Plexus dentalis superior** mit Nn. alveolares superiores posteriores aus **N. maxillaris [V/2],** Nn. alveolares superiores medii und anteriores aus **N. infraorbitalis [V/2]**

Kopf

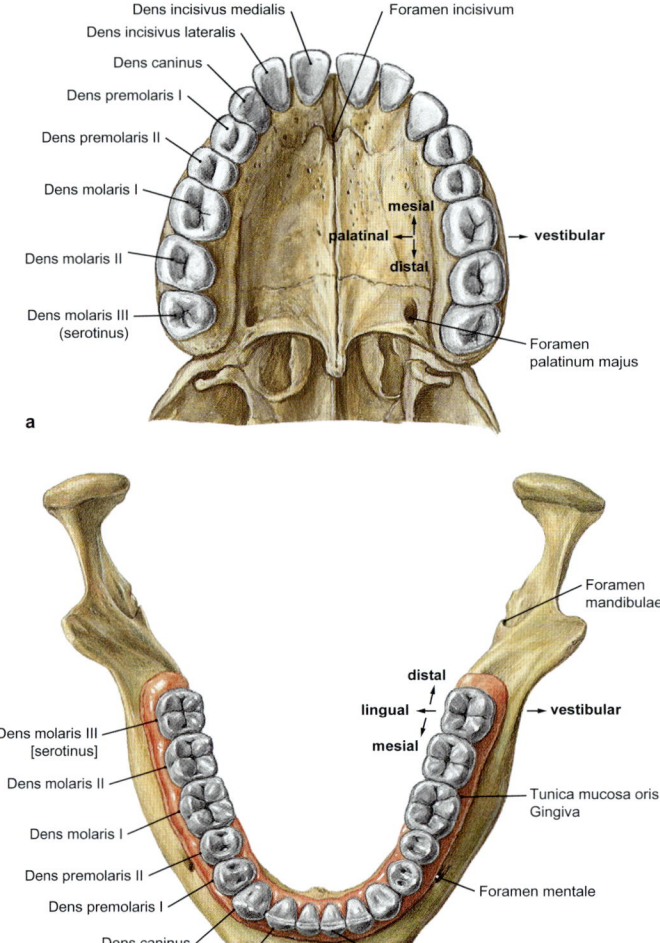

Abb. 9.18 Zahnbogen des a) Oberkiefers und b) Unterkiefers. [S007-3-23]

- Unterkiefer: **Plexus dentalis superior** aus **N. alveolaris inferior** als Ast von **N. mandibularis [V/3]**

9.5.8 Speicheldrüsen

Zu den 3 großen paarigen Speicheldrüsen (**Glandulae salvariae majores**, ▶ Abb. 9.19) gehören:
- Ohrspeicheldrüse (**Glandula parotidea**, „Parotis")
- Unterkieferspeicheldrüse (**Glandula submandibularis**, „Submandibularis")
- Unterzungenspeicheldrüse (**Glandula sublingualis**, „Sublingualis")

Diese bilden mit zahlreichen kleineren in der Mundschleimhaut verteilten Speicheldrüsen täglich bis zu 1,5 l Speichel (bestehend aus: Wasser, Elektrolyten, Muzinen, Enzymen und antibakteriellen Molekülen). Alle großen Speicheldrüsen sind von einer Kapsel aus straffem Bindegewebe umgeben.

Glandula parotidea

Die Glandula parotidea liegt oberhalb des M. masseter innerhalb der **Parotisloge** (▶ Kap. 9.10.1) und setzt sich in der Tiefe in die Fossa retromandibularis fort. Es bestehen folgende **Begrenzungen**:
- **Oben:** Arcus zygomaticus
- **Unten:** Mandibula
- **Hinten:** Meatus acusticus externus

▶ 9.5 Mundhöhle   ▶ 9.5.8 Speicheldrüsen

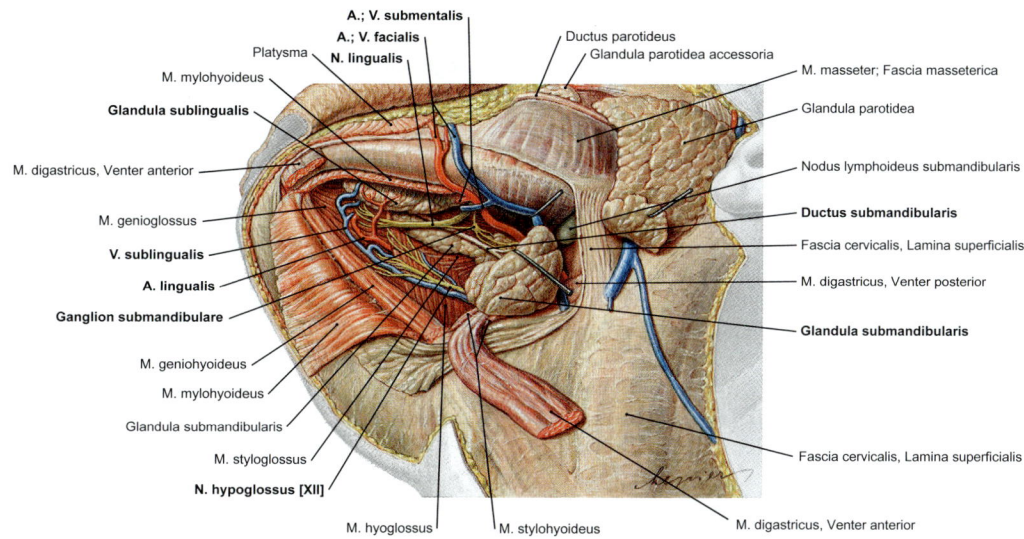

Abb. 9.19 Glandulae parotidea, submandibularis und sublingualis. Ansicht von lateral unten. [S007-3-23]

Schließlich mündet der von der **Glandula parotidea** produzierte seröse (wässrige) Speichel über den **Ductus parotideus** in der **Papilla parotidea** im Bereich seitlich des 2. oberen Molaren in das **Vestibulum oris** (▶ Abb. 9.15). Der **Ductus parotideus** durchbohrt in seinem Verlauf den Wangenmuskel (**M. buccinator**).

Leitungsbahnen
Arterien   A. transversa faciei und weitere Äste der A. temporalis superficialis.
Venen   V. retromandibularis.
Innervation   Die vegetative Innervation erfolgt über postganglionäre sympathische Fasern aus dem **Ganglion cervicale superius** (▶ Kap. 8.8.2) sowie über parasympathische Fasern aus dem **N. glossopharyngeus [IX]**. Die postganglionären Neurone nehmen im **Ganglion oticum** in der **Fossa infratemporalis** ihren Ursprung und lagern sich dem N. auriculotemporalis an (▶ Kap. 9.10.4, ▶ Abb. 9.40).

> **Klinik**
>
> **Mumps (Parotidis epidemica)**
> Insbesondere bei Kindern kommt es zu einer durch Viren verursachten Anschwellung der Glandula parotidea, die durch Kompression der Nerven in der Parotisloge oft heftige Schmerzen verursacht.

> **Gut- und bösartige Tumoren der Glandula parotidea**
> Innerhalb der Glandula parotidea befindet sich ein **Nervengeflecht (Plexus intraparotideus)** des **N. facialis [VII]** (▶ Kap. 9.10.4, ▶ Abb. 9.38). Da dieser Abschnitt des **N. facialis [VII]** für die Innervation der **mimischen Gesichtsmuskulatur** verantwortlich ist, können raumfordernde Prozesse innerhalb der Glandula parotidea (insbesondere bei bösartigen Tumoren) zu einer **peripheren Fazialisparese** führen.

Glandulae submandibularis und sublingualis
Die Glandula submandibularis liegt in einer Loge an der Innenseite der Mandibula (**Trigonum mandibulare**, ▶ Abb. 9.19). Der seromuköse (wässrig-schleimige) Speichel wird über den **Ductus submandibularis** freigegeben. Dieser wendet sich hakenförmig um den M. mylohyoideus herum nach oben in das Spatium sublinguale und vereinigt sich dort mit dem **Ductus sublingualis** der **Glandula sublingualis** (Produktion von vorwiegend mukösem Speichel), bevor er auf der **Caruncula sublingualis** unmittelbar neben dem **Frenulum linguae** in das **Vestibulum oris** mündet. Die Glandula sublingualis gibt zusätzlich über Ductus sublinguales minores direkt ihr Sekret in die Mundhöhle ab.

Kopf

Leitungsbahnen von Glandula submandibularis und Glandula sublingualis
Arterien
- Glandula submandibularis: A. submentalis (aus A. facialis)
- Glandula sublingualis: A. sublingualis (aus A. lingualis)

Venen V. facialis, V. sublingualis oder direkt in die V. jugularis interna.

Innervation Die vegetative Innervation erfolgt über postganglionäre sympathische Fasern aus dem **Ganglion cervicale superius** (▶ Kap. 8.8.2) sowie über parasympathische Fasern des **N. facialis [VII]**. Postganglionäre Neurone ziehen vom **Ganglion submandibulare** zu den Drüsen (▶ Kap. 9.10.4, ▶ Abb. 9.38).

9.6 Nase und Nasennebenhöhlen
Marco Koch

9.6.1 Nase
Gliederung und Aufbau
Die von außen sichtbare Nase besteht aus knöchernen und knorpeligen Anteilen, die sich wie folgt unterteilen lassen:
- Nasenwurzel (**Radix nasi**): als einzige Struktur mit knöchernen Anteilen: Os nasale, Pars nasalis ossis frontalis, Proc. frontalis maxillae
- Nasenrücken (**Dorsum nasi**)
- Nasenspitze (**Apex nasi**)
- Nasenflügel (**Alae nasi**).

Die jeweiligen knorpeligen Anteile bestehen aus hyalinem Knorpel und werden als **Cartilagines nasi** bezeichnet.

Der Zugang zur paarigen **Nasenhöhle (Cavitas nasi)**, die durch die **Nasenscheidewand (Septum nasi)** in einen rechten und linken Abschnitt unterteilt wird, erfolgt von außen durch die **Nasenlöcher (Nares)**. Von dort tritt die Luft vom Nasenvorhof **(Vestibulum nasi)** in die eigentliche Nasenhöhle **(Cavum nasi)**. Diese öffnet sich nach hinten über die **Choanen** in den **Nasopharynx**. Innerhalb der Nasenhöhle unterscheidet man:
- **Regio cutanea**: vorwiegend im Bereich des Nasenvorhofs (**Vestibulum nasi**), mit zahlreichen Haaren (**Vibrissen**) ausgestattet
- **Regio respiratoria**: Dieser größte Anteil der Nasenhöhle ist mit respiratorischem Epithel ausgekleidet und beinhaltet zahlreiche mukoseröse Drüsen sowie einen dichten arteriovenösen Gefäßplexus.
- **Regio olfactoria**: liegt im mittleren Drittel der oberen Nasenmuschel. Dort befinden sich die primären Sinneszellen des Riechorgans (**Organum olfactorium**). Die Axone der Sinneszellen verlassen als **Fila olfactoria** den Naseninnenraum durch die Lamina cribrosa innerhalb des knöchernen Dachs des **Os ethmoidale** der Nasenhöhle.

Der Naseninnenraum wird durch die 3 Nasenmuscheln etagenförmig gegliedert (▶ Abb. 9.20):
- Obere Nasenmuschel (**Concha nasalis superior**)
- Mittlere Nasenmuschel (**Concha nasalis media**)
- Untere Nasenmuschel (**Concha nasalis inferior**).
  Unterhalb der oberen Nasenmuschel verläuft der **obere Nasengang (Meatus nasi superior)**. Hier münden die hinteren Siebbeinzellen (Cellulae ethmoidales posteriores). Der Sinus sphenoidalis mündet über der oberen Muschel.
  Der **mittlere Nasengang (Meatus nasi medius)** liegt unterhalb der mittleren Nasenmuschel. In diesen münden die meisten Nasennebenhöhlen (Sinus paranasales; ▶ Abb. 9.23), daher auch der Name „Sinusgang".
  Der **untere Nasengang (Meatus nasi inferior)** befindet sich zwischen unterer Nasenmuschel und dem Gaumen (▶ Abb. 9.21). Im vorderen unteren Bereich mündet der **Ductus nasolacrimalis** (Tränen-Nasen-Gang). Über die Choanen gelangt die Luft in den Nasopharynx.

Leitungsbahnen

Arterien
Die arterielle Versorgung der Nase erfolgt über (▶ Abb. 9.22a):
- **A. ethmoidalis anterior** (als Ast der A. ophthalmica) für das vordere Drittel
- **A. sphenopalatina (einem Endast der A. maxillaris)** für die hinteren zwei Drittel

Venen
Die venösen Abflüsse erfolgen über die **Vv. ethmoidales** und die **V. ophthalmica** in den **Sinus cavernosus** und über den **Plexus pterygoideus** in die Gesichtsvenen.

Lymphgefäße
Aus den vorderen Abschnitten der Nase erfolgt die Drainage der Lymphe in die **Nodi lymphoidei submandibulares**. Die Lymphe der hinteren Abschnitte erfolgt in die **Nodi lymphoidei retropharyngea-**

► 9.6 Nase und Nasennebenhöhlen   ► 9.6.1 Nase

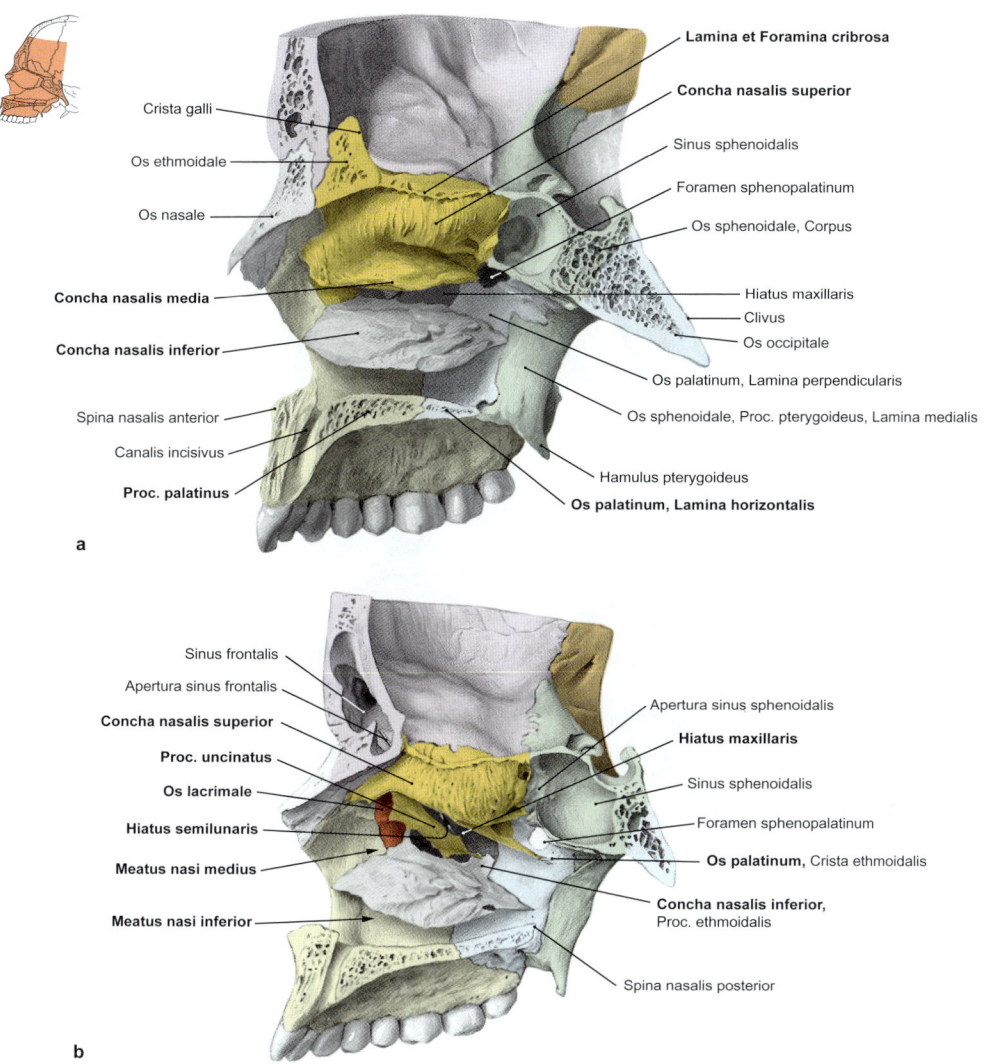

Abb. 9.20 Laterale Wand der Nasenhöhle, Cavitas nasi. Ansicht von links. [S007-3-23]

les. Die überregionalen Lymphknoten stellen die **Nodi lymphoidei cervicales profundi** dar.

Innervation

Die besonders stark ausgeprägte **sensorische Innervation** der Nase erfolgt über Äste des **N. ophthalmicus [V/1]** und des **N. maxillaris [V/2]** (► Abb. 9.22b):
- **N. ethmoidalis anterior** [V/1] für das vordere Drittel

- **Nn. nasales posteriores** [V/2] für die hinteren zwei Drittel

Die sekretorische Innervation der Nasendrüsen erfolgt parasympathisch über den **N. facialis [VII]** und postganglionäre Neurone des Ganglion pterygopalatinum sowie über postganglionäre sympathische Fasern aus dem Ganglion cervicale superius. Der Geruchssinn wird über den **N. olfactorius [I]** vermittelt.

Kopf

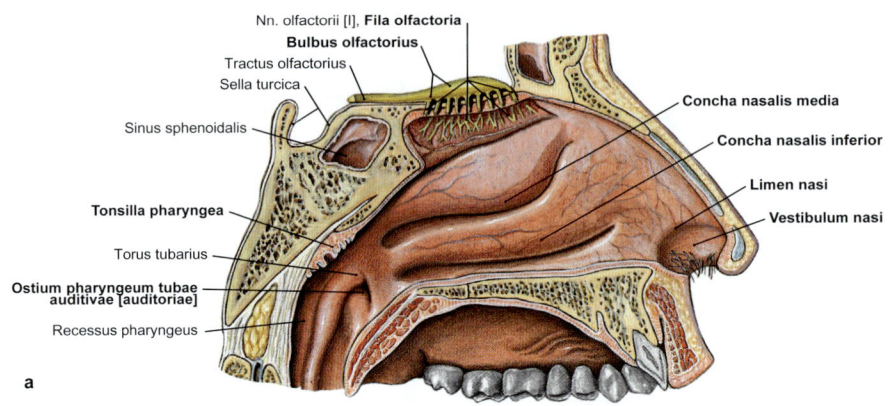

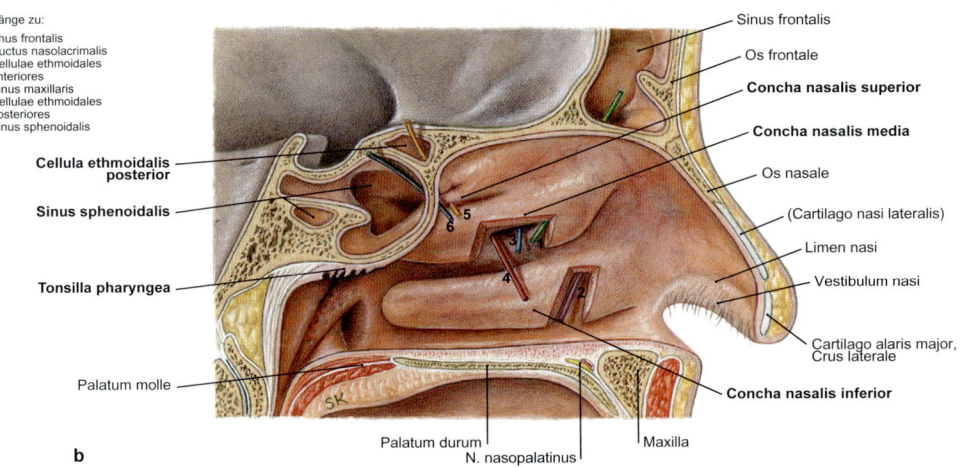

Abb. 9.21 Laterale Wand der Nasenhöhle, Cavitas nasi. Ansicht von rechts. [S007-3-23]

Klinik

Häufigster Ort von **Nasenbluten** ist der Locus KIESSEL-BACHI. Hierbei handelt es sich um ein arteriovenöses Gefäßgeflecht im vorderen Bereich des Nasenseptums.

Leitungsbahnen

Gemeinsame Versorgung mit der Nasenhöhle (siehe oben).

Klinik

Die klinische Relevanz der einzelnen Nasennebenhöhlen (**Sinus paranasales**) ergibt sich aus der jeweiligen engen topografischen Beziehung zu benachbarten Räumen und Strukturen sowie aus der Tatsache, dass die knöchernen Begrenzungen zum Teil nur sehr dünn ausgeprägt sind. So kann es bei besonders starken und lang anhaltenden Entzündungen der Nasennebenhöhlen (**Sinusitis**) zum Durchbrechen von Eiter und Bakterien in die Orbita oder in die Schädelgrube kommen (Gefahr einer Hirnhautentzündung).

9.6.2 Nasennebenhöhlen

Die Nasennebenhöhlen (**Sinus paranasales**) stehen über Ostien mit der Nasenhöhle in Verbindung und sind wie diese mit respiratorischem Epithel ausgekleidet. Folgende Sinus paranales können unterschieden werden (▶ Abb. 9.23):
- Stirnhöhle (**Sinus frontalis,** paarig)
- Siebbeinzellen (**Cellulae ethmoidales,** vordere und hintere variable Gruppe)
- Keilbeinhöhle (**Sinus sphenoidalis,** paarig)
- Kieferhöhle (**Sinus maxillaris,** paarig)

▶ 9.7 Orbita ▶ 9.7.1 Durchtrittsstellen der Orbita

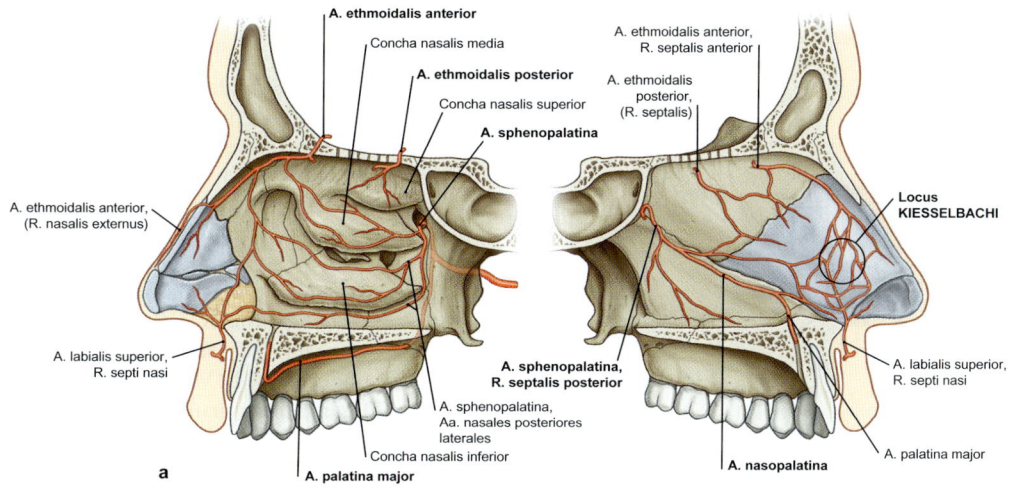

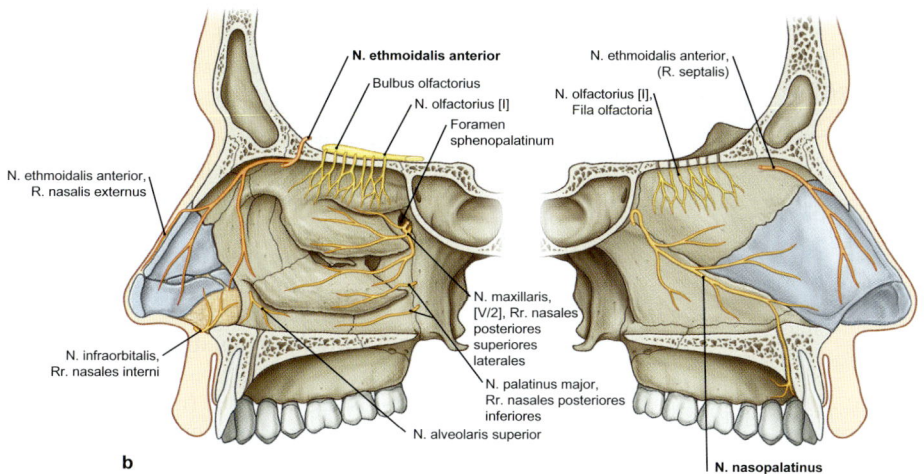

Abb. 9.22 a) Arterien der Nasenhöhle (Cavitas nasi). b) Innervation der Nasenhöhle. Links: jeweils Ansicht auf laterale Wand der rechten Nasenhöhle; rechts: jeweils Ansicht auf Nasenseptum der rechten Nasenhöhle. [E402]

9.7 Orbita
Marco Koch

Die **Augenhöhle (Orbita)** besitzt in etwa die Form einer Pyramide, an deren Aufbau v. a. Knochen des Viscerocraniums beteiligt sind (▶ Abb. 9.24). Dabei wird die **Orbita** aufgeteilt in:
- **Boden** (beteiligte Knochen: Os zygomaticum, Maxilla)
- **Dach** (Os frontale)
- **Seitliche Wand** (Os zygomaticum)
- **Mediale Wand** (Os lacrimale, Os ethmoidale).

Os palatinum und Os sphenoidale bilden die **stumpfe Spitze** der **Orbitapyramide** aus.

Der Inhalt der Orbita wird ausführlich in ▶ Kap. 10.8.1 abgehandelt.

9.7.1 Durchtrittsstellen der Orbita

Das knöcherne Gerüst der Orbita besitzt zahlreiche **Öffnungen,** durch die wichtige Leitungsbah-

Kopf

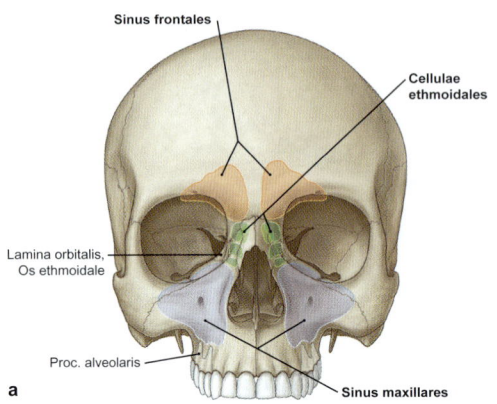

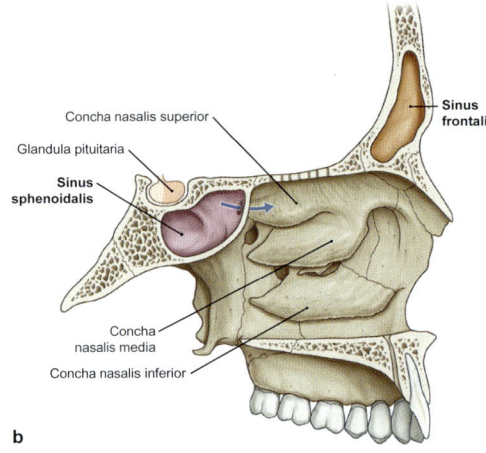

Abb. 9.23 a) Projektion der Nasennebenhöhlen auf den Schädel. Ansicht von vorne.
b) Lage von Sinus frontalis und sphenoidalis im Schädel, rechts. Ansicht von links. [E402]

nen ziehen und wodurch die Orbita mit anderen Räumen in Verbindung steht. Dabei können folgende Verbindungen unterschieden werden:

- **Zur mittleren Schädelgrube**
  - **Canalis opticus** (in Ala minor des Os sphenoidale), durchtretende Strukturen:
    - N. opticus [II], A. ophthalmica
  - **Fissura orbitalis superior** (zwischen Ala major und Ala minor des Os sphenoidale):
    - V. ophthalmica superior, N. frontalis, N. lacrimalis und N. nasociliaris (alle aus N. ophthalmicus [V/1]), N. oculomotorius [III], N. trochlearis [IV], N. abducens [VI], V. ophtalmica inferior
- **Zur Flügelgaumengrube (Fossa pterygopalatina)**
  - **Fissura orbitalis inferior** (zwischen Maxilla und Ala major des Os sphenoidale im Bodenbereich der Orbita):
    - A.; V. infraorbitalis, V. ophthalmica inferior, N. infraorbitalis, N. zygomaticus (beide aus N. maxillaris [V/2])
- **Zur Nasenhöhle**
  - **Canalis nasolacrimalis** (an der medialen Seite der Fossa sacci lacrimalis)
    - Ductus nasolacrimalis
- **Zum Gesicht**
  - **Foramen supraorbitale** (des Os frontale)
    - A., V. und N. supraorbitalis (aus N. ophthalmicus [V/1])
  - **Foramen zygomaticum** (des Os zygomaticum)
    - N. zygomaticus (mit R. zygomaticotemporalis und R. zygomaticofacialis, aus N. maxillaris [V/2])

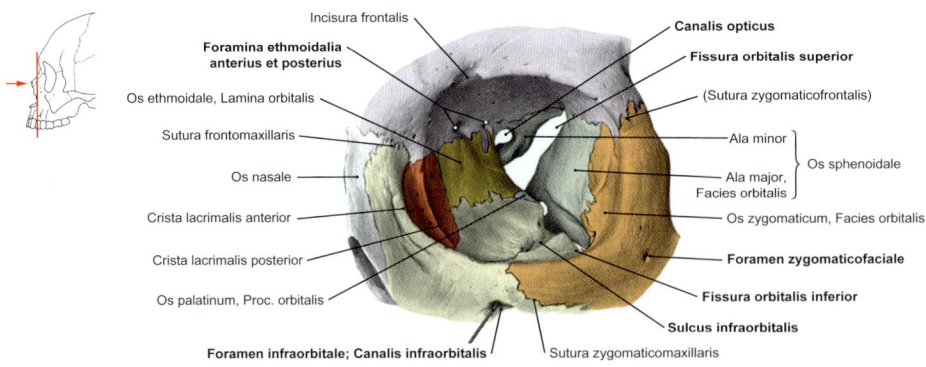

Abb. 9.24 Augenhöhle (Orbita), links. Ansicht von vorne. [S007-3-23]

- **Foramen infraorbitale** (Facies orbitalis der Maxilla)
  - A., V. und N. infraorbitalis (aus N. ophthalmicus [V/1])
- Zur vorderen Schädelgrube
  - **Foramen ethmoidale anterius** (des Os frontale)
    - A. und N. ethmoidale anterior (aus N. ophthalmicus [V/1])
- Zu den hinteren Siebbeinzellen
  - **Foramen ethmoidale posterius** (zwischen Os frontale und ethmoidale)
    - A. und N. ethmoidale posterior (aus N. ophthalmicus [V/1])

9.7.2 Hilfsapparat des Auges

Die Orbita wird durch die **Periorbita** ausgekleidet. In der Periorbita befindet sich in zirkulärer Anordnung der glatte **M. orbitalis**, der die Periorbita verspannt und den Augapfel (**Bulbus oculi**) leicht nach vorne drückt. Neben dem Bulbus oculi besteht das **Sehorgan** noch aus weiteren Anteilen, die als **Hilfsapparat** zusammengefasst werden.
Dem Hilfsapparat des Bulbus zugehörig sind:
- Als Schutzeinrichtungen
  - Augenlider (**Palpebrae**)
  - Bindehaut (**Tunica conjunctiva**)
  - Tränenapparat (**Apparatus lacrimalis**)
- Als **Bewegungsapparat** und zur **Lagefixierung**
  - **Vagina bulbi**
  - **Corpus adipositum orbitae**
  - **Mm. bulbi** (äußere Augenmuskeln)

Zwischen oberem und unterem Lid (**Palpebra**) befindet sich die Lidspalte (**Rima palpebrarum**). Zum Aufbau der **Augenlider** zieht das **Septum orbitale**, das nahtlos aus der Periorbita hervorgeht, jeweils oben und unten am Rand der Orbita in die **Lidplatten** des **Tarsus superior** und **inferior** ein. An der vorderen Lidkante befinden sich die Wimpern (**Cilia**).
Die Hinterflächen der Augenlider werden durch die Bindehaut (**Tunica conjunctiva**) bedeckt. Der Tränenapparat (**Apparatus lacrimalis**) setzt sich aus der Tränendrüse (**Glandula lacrimalis**) und den **Tränenabflusswegen** zusammen:
- Die Tränendrüse befindet sich oberhalb des lateralen Augenwinkels in der **Fossa glandulae lacrimalis** des **Os frontale**. Dort wird sie durch die Sehne des **M. levator palpebrae** in **Pars palpebralis** und **Pars orbitalis** untergliedert.
- Die **Tränenflüssigkeit** gelangt durch den Lidschlag zum **medialen Lidwinkel** in den Tränensee (**Lacus lacrimalis**). Über die beiden Öffnungen (**Puncta lacrimalia**) der Tränenkanälchen (**Canaliculi lacrimales**) gelangt die Tränenflüssigkeit in die **Saccus lacrimalis** (Tränensack). Der **Ductus nasolacrimalis** verbindet den Tränensack im **Os lacrimale** mit dem **unteren Nasengang** (Meatus nasalis inferior, ▶ Kap. 9.6.1) und sorgt für den Abfluss der Tränenflüssigkeit. Über die Tränenflüssigkeit werden die Hornhaut des Bulbus und das lokale Bindegewebe angefeuchtet und ernährt.

Der Augapfel liegt in der bindegewebigen **Vagina bulbi**, welche die Drehbewegungen des Bulbus ermöglicht. Weiter nach außen folgt der retrobulbäre Fettkörper (**Corpus adiposum orbitae**).

Äußere Augenmuskeln
Der Bulbus wird durch die **4 gerade** und **2 schräg** verlaufenden **äußeren Augenmuskeln** bewegt. Sie durchbrechen mit ihren Sehnen die Vagina bulbi, um am Bulbus zu inserieren (▶ Tab. 9.9, ▶ Abb. 9.25).

9.7.3 Leitungsbahnen

Arterien
Bis auf die **Augenlider**, die zusätzlich durch die A. facialis, A. infraorbitalis und A. transversa faciei versorgt werden, erfolgt die arterielle Blutversorgung der Orbita über die **Äste der A. ophthalmica** (als Abgang der A. carotis interna):
- **A. centralis retinae, Aa. ciliares posteriores breves und longae** (für Bulbus oculi)
- **A. lacrimalis** (Tränendrüse)
- **Rr. musculares** (äußere Augenmuskeln): mit zusätzlichen Ästen: Aa. ciliares anteriores für Bulbus oculi

Einige Äste der **A. ophthalmica** treten wieder aus der Orbita aus:
- **A. supraorbitalis** (Stirn)
- **A. dorsalis nasi:** anastomosiert mit der A. angularis der A. facialis
- **A. ethmoidalis anterior:** mit R. meningeus für die Hirnhäute der vorderen Schädelgrube, dann weiter in die Nasenhöhle
- **A ethmoidalis posterior** (Siebbeinzellen)

Venen
- **V. ophthalmica superior:** Abfluss für Bulbus und obere Orbita, oberes Lid und Siebbeinzellen, dann Abfluss in **V. facialis** oder **Sinus cavernosus**

Kopf

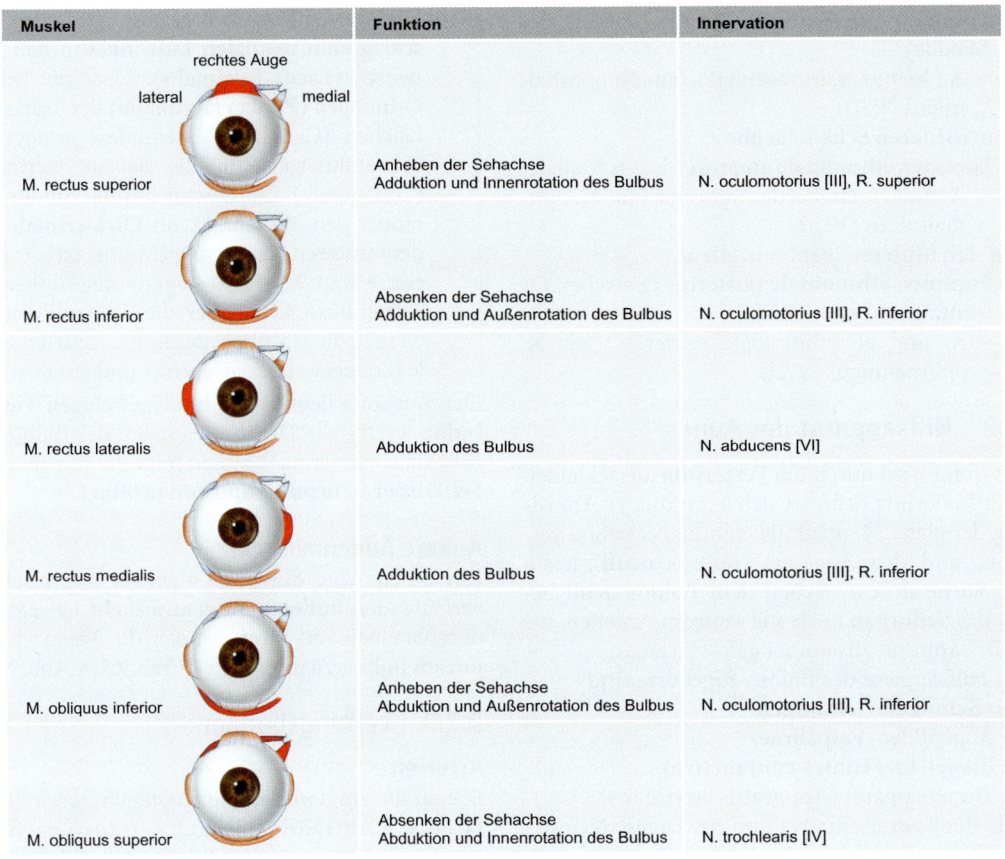

Abb. 9.25 Funktion und Innervation der am Bulbus oculi ansetzenden äußeren Augenmuskeln. Der jeweilige Muskel ist kräftig rot dargestellt. [E460–002]

- **V. ophthalmica inferior:** Boden Orbita, Nasenhöhle, Unterlid, Anastomose mit **V. facialis**, Abfluss in **V. ophthalmica superior** oder **Plexus pterygoideus**

Innervation
Sehsinn: N. opticus [II] (▶ Kap. 10.8.3)

Sensorische Innervation
- **N. ophthalmicus [V/1]** (somatoafferent, mit 4 Hauptästen):
  - **R. tentorii:** zieht rückläufig zu Kleinhirnzelt und Falx cerebri
  - **N. lacrimalis:** entlang lateraler Wand der Orbita
  - **N. frontalis:** entlang oberer Wand der Orbita
  - **N. nasociliaris:** entlang medialer Wand der Orbita
- **N. infraorbitalis (Ast von N. maxillaris [V/2])** (▶ Kap. 9.10.4)

Motorische Innervation
- **N. oculomotorius [III]:** innerviert alle äußeren Augenmuskeln außer M. obliquus superior und M. rectus lateralis.
- **N. trochlearis [IV]:** innerviert M. obliquus superior.
- **N. abducens [VI]:** innerviert M. rectus lateralis.

Vegetative Innervation
- **Sympathische Fasern** nach Umschaltung im **Ganglion cervicale superius** (Mm. tarsales, M. orbitalis, M. dilatator pupillae)
- Parasympathische Fasern (Tränendrüse: postganglionäre Fasern aus Ganglion pterygopalatinum; M. sphincter pupillae: postganglionäre Fasern aus Ganglion ciliare (Kap. 9.10.4)

Tab. 9.9 Extraokuläre Muskulatur des Augapfels mit jeweiligem Ursprung und Ansatz sowie Funktion und Innervation des Muskels

Innervation	Ursprung	Ansatz	Funktion
M. levator palpebrae superioris			
N. oculomotorius [III]	Anulus tendineus communis	Tarsus des Oberlids	Hebung des Oberlids
M. rectus superior			
N. oculomotorius [III]	Anulus tendineus communis	oben vorne am Bulbus	• Hebung der Lidachse *(Hauptfunktion)* • Adduktion und Innenrotation des Bulbus *(Nebenfunktion)*
M. rectus inferior			
N. oculomotorius [III]	Anulus tendineus communis	unten vorne am Bulbus	• Senkung der Lidachse *(Hauptfunktion)* • Abduktion und Außenrotation des Bulbus *(Nebenfunktion)*
M. rectus medialis			
N. oculomotorius [III]	Anulus tendineus communis	medial vorne am Bulbus	Adduktion des Bulbus
M. rectus lateralis			
N. abducens [VI]	Anulus tendineus communis	lateral vorne am Bulbus	Abduktion des Bulbus
M. obliquus superior			
N. trochlearis [IV]	Os sphenoidale	nach Umlenkung an der Trochlea lateral hinten am Bulbus	• Innenrotation und Abduktion des Bulbus *(Hauptfunktion)* • Senkung der Lidachse *(Nebenfunktion)* *Adduktionsstellung:* Senkung der Lidachse (wichtigster Muskel)
M. obliquus inferior			
N. oculomotorius [III]	vorne am medialen Orbitaboden	lateral hinten am Bulbus	• Außenrotation und Abduktion des Bulbus *(Hauptfunktion)* • Hebung der Lidachse *(Nebenfunktion)* *Adduktionsstellung:* Hebung der Lidachse (wichtigster Muskel)

9.8 Außen-, Mittel- und Innenohr
Marco Koch

Das Ohr (**Auris**) gliedert sich in folgende Anteile (▶ Abb. 9.26):
- Äußeres Ohr (**Auris externa**): dient der Schallaufnahme und einer besseren Richtungsortung.
- Mittelohr (**Auris media**): dient der Schallübertragung über die Gehörknöchelchenkette an das Innenohr.
- Innenohr (**Auris interna**): Sitz von Gehör- und Gleichgewichtsorgan (▶ Kap. 10.9.1)

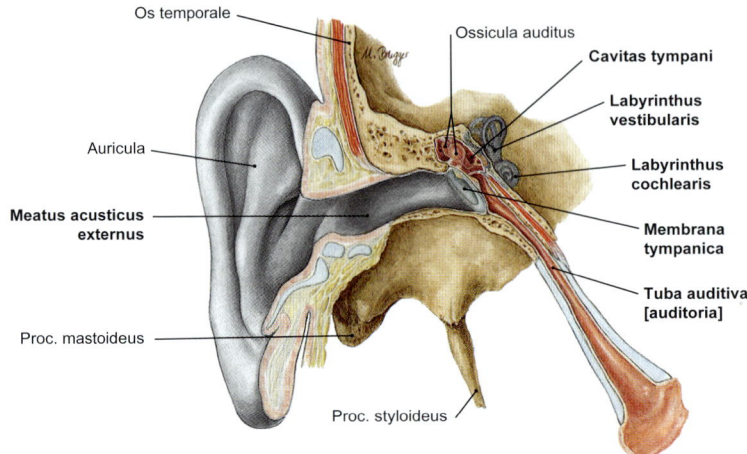

Abb. 9.26 Teile des Ohrs (Auris), Längsschnitt. Ansicht von vorne. [S007-3-23]

9.8.1 Äußeres Ohr

Zum äußeren Ohr gehören:
- Ohrmuschel (**Auricula**)
- Äußerer Gehörgang (**Meatus acusticus externus**)
- Trommelfell (**Membrana tympanica**)

Die Ohrmuschel (**Auricula**) wird durch ein Gerüst aus elastischem Knorpel geformt und funktioniert im Prinzip wie ein Trichter für den eintreffenden Schall. Der Schall kann somit leichter aufgenommen werden und besser in den äußeren Gehörgang gelangen.

Der **Meatus acusticus externus** ist ca. 3 cm lang, besteht in den äußeren zwei Dritteln aus Knorpel, wohingegen sich das innere Drittel im Os temporale befindet und am Trommelfell (**Membrana tympanica**) endet.

Durch den ankommenden Schall wird die **Membrana tympanica** in Schwingung versetzt und überträgt hierdurch den Schall an das Mittelohr (**Auris media**). Das Trommelfell besitzt eine größere **Pars tensa** und eine kleinere spannungslose **Pars flaccida**. Es hat insgesamt einen Durchmesser von 1 cm und ist 0,1 mm dick. Mithilfe zweier senkrecht zueinander stehender gedachter Linien kann die **Pars tensa** in **4 Quadranten** untergliedert werden. Als **Stria mallearis** verläuft eine dieser Linien von vorne-oben nach hinten-unten. Dort ist der **Handgriff** (**Manubrium**) des **Hammers** (**Malleus**) mit dem Trommelfell fest verwachsen. An der senkrechten Kreuzung beider Linien liegt die Spitze des Hammerstiels (**Manubrium mallei**) im Bereich des **Umbo membranae tympanicae** (Trommelfellnabel). Hier wird das Trommelfell wie ein Trichter nach innen eingezogen.

> **Klinik**
>
> Mittels **Otoskopie** können Erkrankungen des äußeren Gehörgangs (Otitis externa) direkt erkannt und über sichtbare Veränderungen des Trommelfells indirekt auch Rückschlüsse über Erkrankungen des Mittelohrs gezogen werden (**Otitis media**).

9.8.2 Mittelohr

Zum Mittelohr gehören:
- Paukenhöhle (**Cavum tympani**), mit **Tuba auditiva** (Ohrtrompete)
- Gehörknöchelchen (**Ossicula auditus**)
- M. tensor tympani und M. stapedius

Bei der Paukenhöhle (**Cavum tympani**) handelt es sich um einen luftgefüllten Raum, der durch eine in Falten und Buchten stehende Schleimhaut ausgekleidet ist. Ferner sind dort die 3 Gehörknöchelchen (**Ossicula auditus**) gelenkig miteinander verbunden. Hierbei handelt es sich um:
- **Hammer** (Malleus)
- **Amboss** (Incus)
- **Steigbügel** (Stapes)

Hintereinander in einer Kette angeordnet und mittels Syndesmosen verbunden, übertragen die 3 Gehörknöchelchen die **Schwingungen** des **Trommelfells** auf den **perilymphatischen Raum** des Labyrinths der Schnecke (Cochlea, ▶ Kap. 10.9.1).

Die Gehörknöchelchen modulieren die Schallübertragung: Durch den **M. tensor tympani (Innervation: N. mandibularis [V/3])** wird die Kette der Gehörknöchelchen gespannt und die Schallleitung **verbessert**. Dagegen kippt der **M. stapedius (Innervation: N. facialis [VII])** die Steigbügelplatte und **dämpft** so die Schallübertragung (▶ Kap. 9.10.4).
Die Paukenhöhle steht über das **Antrum mastoideum** mit den pneumatisierten Mastoidzellen **(Cellulae mastoideae)** sowie zur Belüftung über die **Tuba auditiva** mit dem **Nasopharynx** in Verbindung.
Klinisch-anatomisch wird die Paukenhöhle unterteilt in:

- Kuppelraum (**Epitympanon,** mit Recessus epitympanicus): beinhaltet Aufhängeapparat und Hauptanteil der **Ossicula auditus.**
- Paukenraum (**Mesotympanon**): direkt hinter **Membrana tympanica** gelegen, mit **Manubrium mallei** und Sehne des **M. tensor tympani**
- Paukenkeller (**Hypotympanicum**): als tiefste Ebene im Übergang zur **Tuba auditiva** unterteilt.

Ferner wird die **Paukenhöhle** über 6 Wände topografisch gegenüber folgenden **Nachbarstrukturen** abgegrenzt:

- **Paries tegmentalis:** nach oben, Grenze zur mittleren Schädelgrube
- **Paries jugularis:** nach unten, Abgrenzung zur V. jugularis, Austrittsstelle des **N. tympanicus** aus dem **Canaliculus tympanicus**
- **Paries labyrinthicus:** nach medial; trennt die Schnecke (**Cochlea**) von der Paukenhöhle, stellt die Grenze zum Innenohr dar und besitzt die folgenden 2 Öffnungen: ovales Fenster (**Fenestra vestibuli,** mit der fixierten Steigbügelfußplatte) und rundes Fenster (**Fenestra cochleae,** durch die **Membrana tympanica secundaria** verschlossen). Durch die mediale Wand verläuft der **N. facialis [VII]** im **Canalis nervi facialis.** Im Wandabschnitt zwischen ovalem und rundem Fenster ist das **Promontorium** vorgewölbt.
- **Paries membranaceus:** nach lateral, hauptsächlich mit dem Trommelfell als Grenze zum **Meatus acusticus externus, im knöchernen Bereich:** Durchtritt der **Chorda tympani** durch **Fissura sphenopetrosa**
- **Paries caroticus:** nach vorne (zur A. carotis interna) mit Mündung der **Tuba auditiva**
- **Paries mastoideus:** nach hinten (zu den Processus mastoideae)

Die **Tuba auditiva** (Ohrtrompete) dient der **Belüftung der Paukenhöhle** und sorgt für den Druckausgleich. Sie verläuft von der **Paukenhöhle** nach schräg vorne-unten in Richtung **Nasopharynx** und mündet dort im **Ostium pharyngeum tubae auditivae.** Beim **Schluckakt** oder **Gähnen** wird die Tube durch die **Mm. tensor und levator levi palatini** (▶ Tab. 9.8) geöffnet, wohingegen der **M. salpingopharyngeus** die Tube verschließt.
Die Tuba auditiva ist 3,5 cm lang und besteht lateral aus einem knöchernen Abschnitt (⅓), der dann weiter fortlaufend zum Nasopharynx in einen knorpeligen Abschnitt (⅔) übergeht. Parallel zur Tuba befindet sich der **M. tensor tympani** in einem separaten knöchernen Kanälchen.

Klinik

Mittelohrentzündung (Otitis media)

Man unterscheidet **akute** und **chronische Mittelohrentzündungen.** Bakterielle oder virale Erkrankungen führen in der Paukenhöhle zur Entzündung der Schleimhaut. Die Infiltration kann über die Tuba auditiva aus dem Nasopharynx oder aber über den Blutweg (hämatogen) erfolgen. Bei kleinsten Verletzungen des Trommelfells können Erreger auch über den äußeren Gehörgang eintreten. Mittelohrentzündungen treten häufig auf, insbesondere im Kindesalter, da hier die Tuba auditiva noch kurz und weitlumiger als im Erwachsenenalter ist.

Leitungsbahnen

Arterien

Insgesamt 10 kleine Arterien (z. B. **Aa. tympanicae** anterior, posterior, superior, inferior), davon 9 Äste aus Abgängen der A. carotis externa, plus A. caroticotympanicae aus A. carotis interna.

Venen

Gleichnamige Venen drainieren nach kranial (Sinus petrosus superior und inferior, Sinus sigmoideus, V. meningea media), kaudal (V. jugularis) und ventral (Plexus pharyngeus).

Lymphgefäße

Regionär: Nodi lymphoidei parotidei und Nodi lymphoidei retropharyngeales.

Innervation

Plexus tympanicus aus N. tympanicus des N. glossopharyngeus [IX].

Kopf

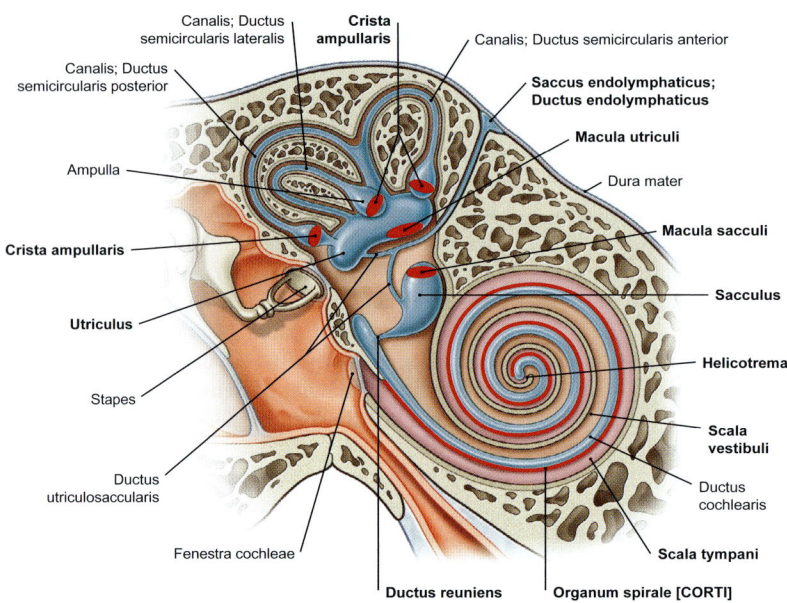

Abb. 9.27 Schematische Darstellung Innenohr. Ansicht von vorne. [E402, L127]

9.8.3 Innenohr

Das Innenohr (**Auricula interna**) setzt sich aus folgenden Bestandteilen zusammen:
- Knöchernes Labyrinth (**Labyrinthus osseus**)
- Häutiges Labyrinth (**Labyrinthus membranaceus**) (▶ Abb. 9.27)

Das knöcherne Labyrinth befindet sich als ein System aus Räumen und Schläuchen innerhalb des Felsenbeins (**Pars petrosa** des **Os temporale**) und ist mit Perilymphe gefüllt. Darin liegt das membranöse Labyrinth, das mit Endolymphe gefüllt ist. Funktionell werden unterschieden:
- **Labyrinthus cochlearis** (mit Hörorgan [CORTI-Organ])
- **Labyrinthus vestibularis** (mit Gleichgewichtsorgan [**Vestibularapparat**]) (▶ Kap. 10.9.1)

9.9 Seitliche Region des Kopfes
Marco Koch

Insbesondere die seitliche Region des Kopfes weist von der Oberfläche ausgehend (▶ Abb. 9.10) weiter in der Tiefe liegende topografisch wichtige Räume auf (▶ Abb. 9.28, ▶ Abb. 9.29, ▶ Abb. 9.30).
Diese grubenförmigen Regionen sind von der Oberfläche des Kopfes her zugängig und können Muskeln, Speicheldrüsen, Fett oder Bindegewebe enthalten. Ferner dienen diese topografisch eng umfassten Areale der Passage von Leitungsbahnen.

9.9.1 Fossa temporalis

Beschreibung Schläfengrube; osteofibröse Kammer.
Inhalt M. temporalis, Fettgewebe, A. und V. temporalis superficialis, N. auriculotemporalis.
Begrenzungen, Zugänge, Öffnungen
- **Lateral:** Fascia temporalis
- **Medial:** Pars squamosa des Os temporale, Ala major des Os sphenoidale, Os parietale, Os frontale
- **Oben-hinten:** Ansatz der Fascia temporalis an der Linea temporalis superior
- **Unten-vorne:** Proc. zygomaticus des Os frontale, Proc. frontalis des Os zygomaticus, Übergang in die Fossa infratemporalis

9.9.2 Parotisloge

Beschreibung Fasziensack mit oberflächlichem und tiefem Blatt in der Fossa retromandibularis.
Inhalt Glandula parotidea, inkl. Ductus parotideus und Plexus intraparotideus: Aufspaltung des **N. facialis [VII]** zur Versorgung der **mimischen Muskulatur; A. carotis externa** mit Aufspaltung in **A. maxillaris** und **A. temporalis superficialis;**

▶ 9.9 Seitliche Region des Kopfes   ▶ 9.9.2 Parotisloge

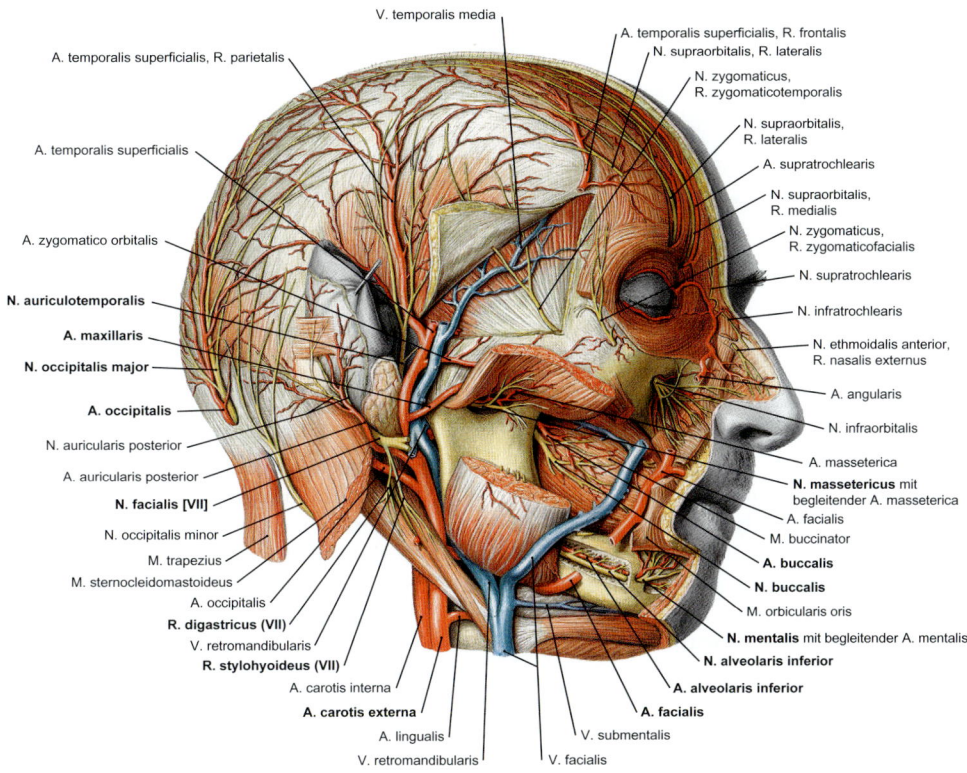

Abb. 9.28 Seitliche Gesichtsregion (Fossa retromandibularis). Ansicht von lateral. [S007-3-23]

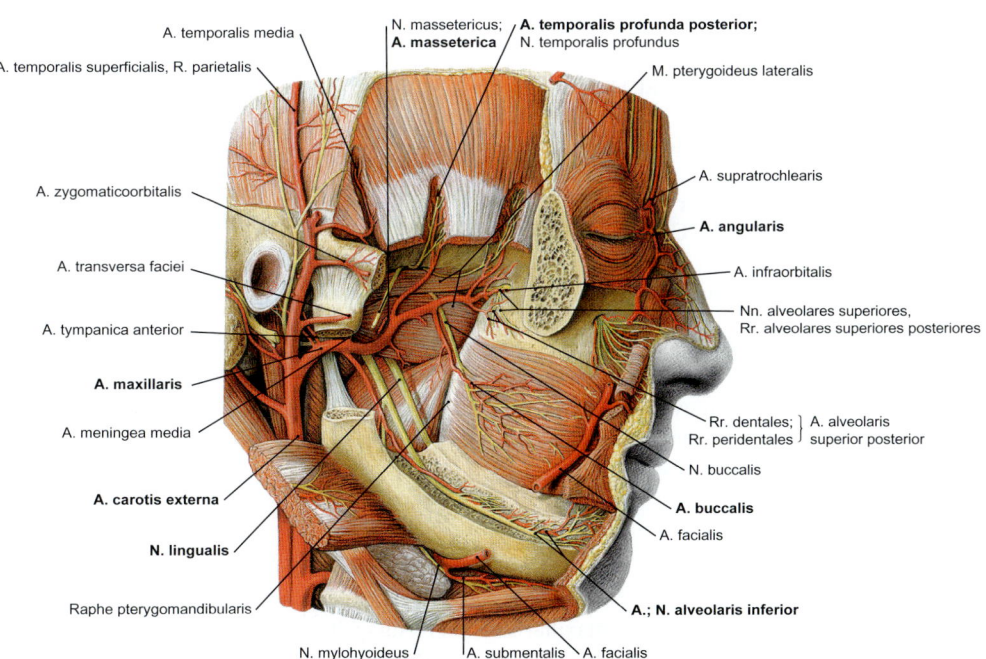

Abb. 9.29 Seitliche Gesichtsregion (Fossa infratemporalis). Ansicht von lateral. [S007-3-23]

Kopf

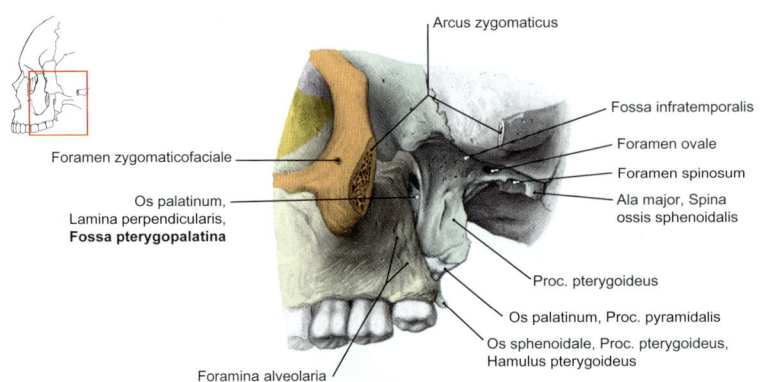

Abb. 9.30 Seitliche Gesichtsregion (Fossa pterygopalatina). Ansicht von lateral. [S007-3-23]

V. retromandibularis als Zusammenfluss aus **Vv. maxillares** und **Vv. temporales superficiales**; **N. auriculotemporalis**; **Nodi lymphoidei parotidei**.
Begrenzungen
- **Lateral:** Fascia temporalis
- **Medial:** Pharynx
- **Oben-hinten:** Meatus acusticus externus, M. sternocleidomastoideus
- **Unten-vorne:** M. digastricus, M. stylohyoideus, Ramus mandibulae

9.9.3 Fossa infratemporalis

Beschreibung Unterschläfengrube; untere Fortsetzung der Fossa temporalis und Hauptraum der tiefen seitlichen Gesichtsregion.
Inhalt M. pterygoideus lateralis und M. pterygoideus medialis, Corpus adiposum buccae; A. maxillaris und deren Äste, Plexus pterygoideus (Venengeflecht), Aufzweigung des N. mandibularis [V/3] in seine Hauptäste, Chorda tympani des N. facialis [VII], Ganglion oticum (Umschaltung des N. glossopharyngeus [IX]).
Begrenzungen, Zugänge, Öffnungen
- **Lateral:** Arcus zygomaticus, Ramus mandibulae
- **Medial:** Fossa pterygopalatina
- **Oben-hinten:** Fossa temporalis, Ala major des Os sphenoidale mit **Foramen ovale** – Eintritt N. mandibularis [V/3], Fossa retromandibularis
- **Unten-vorne:** M. pterygoideus medialis

9.9.4 Fossa pterygopalatina

Beschreibung Flügelgaumengrube, Fortsetzung der Fossa infratemporalis nach medial.
Inhalt Endäste von A., V. und N. maxillaris [V/2], Ganglion pterygopalatinum mit N. petrosus major und profundus.

Begrenzungen, Zugänge, Öffnungen
- **Oben und hinten:** Os sphenoidale:
  - Foramen rotundum: Durchtritt N. maxillaris [V/2] aus mittlerer Schädelgrube
  - Canalis pterygoideus: Eintritt Aa., Vv. und Nn. petrosus major und profundus aus Foramen lacerum/mittlerer Schädelgrube
- **Mediale Wand:** Os palatinum (Foramen sphenopalatinum: Durchtritt A., V. sphenopalatina, N. nasopalatinus, Rr. nasales posteriores superiores aus N. maxillaris [V/2] in die Nasenhöhle)
- **Unten und vorne:** Maxilla und Os palatinum:
  - **Fissura orbitalis inferior:** Durchtritt A., V. und N. infraorbitalis sowie N. zygomaticus (aus N. maxillaris [V/2]) in die Orbita
  - **Canalis palatinus major, Canales palatini minores:** Durchtritt von A. und V. palatina descendens, N. palatinus major, Nn. palatini minores zum Gaumen
  - **Fissura pterygomaxillaris:** Eintritt von A. maxillaris und Plexus pterygoideus in die Fissura infratemporalis sowie Eintritt von Aa. alveolares superiores posteriores und N. alveolaris superior posterior in die Foramina alveolaria am Tuber maxillae

9.10 Leitungsbahnen

9.10.1 Arterien
Marco Koch

Die arterielle Blutversorgung des Kopfes erfolgt durch Äste der **Aa. carotis interna** und **externa** (zur Aufspaltung der A. carotis communis sowie für den zervikalen Verlauf beider Arterien ▶ Kap. 8.9.2).

A. carotis interna

Die A. carotis interna versorgt:
- Große Teile des **Gehirns** (▶ Kap. 10.5.2)
- Die **Orbita**
- Das vordere Drittel der **Nasenhöhle**
- Siebbeinzellen und Stirnhöhle
- Teile des Gesichts: Stirn, medialer Orbitarand und Nasenrücken

Zur Versorgung des Gehirns bilden **A. carotis interna** und **A. vertebralis** gemeinsam den **Circulus arteriosus cerebri** (**WILLISI**) aus (▶ Kap. 10.5.2). Vom Abgang im Trigonum caroticum gliedert sich die A. carotis interna in folgende Abschnitte:
- **Pars cervicalis** (▶ Kap. 8.9.2)
- **Pars petrosa**
- **Pars cavernosa**
- **Pars cerebralis** (▶ Kap. 10.5.2)

Der Eintritt der A. carotis interna in den Schädel erfolgt im **Canalis caroticus** der **Pars petrosa** des Os temporale.

In einem nach vorne-mittig verlaufenden Bogen („**Karotisknie**") gibt sie die **Rr. caroticotympanici** zur **Paukenhöhle** ab.

Über den Faserknorpel des **Foramen lacerum** zieht sie dann in den **Sulcus caroticus** seitlich des Os sphenoidale und dann weiter in den **Sinus cavernosus**. Dort macht sie einen S-förmigen Bogen („**Karotissiphon**"). Als Äste werden die A. hypophysialis inferior sowie Äste zu Dura mater, Ganglion trigeminale und in den Sinus cavernosus selbst abgegeben.

A. carotis externa

Die A. carotis externa versorgt größtenteils die Kopfweichteile und Anteile der Dura mater (für die Abgänge im Halsbereich, ▶ Kap. 8.9.2).

Unterhalb des Venter posterior des M. digastricus und des M. stylohyoideus zieht die A. carotis externa auf dem M. stylopharyngeus in die **Fossa retromandibularis**; weiter durch das Drüsenparenchym der Glandula parotidea und teilt sie sich in der Parotisloge in die beiden Endäste auf (▶ Abb. 9.31):

A. maxillaris Mit zahlreichen **Ästen,** die in **3 Gruppen** eingeteilt werden können:
- **1. Gruppe:** versorgt Dura mater der mittleren Schädelgrube, Unterkiefer

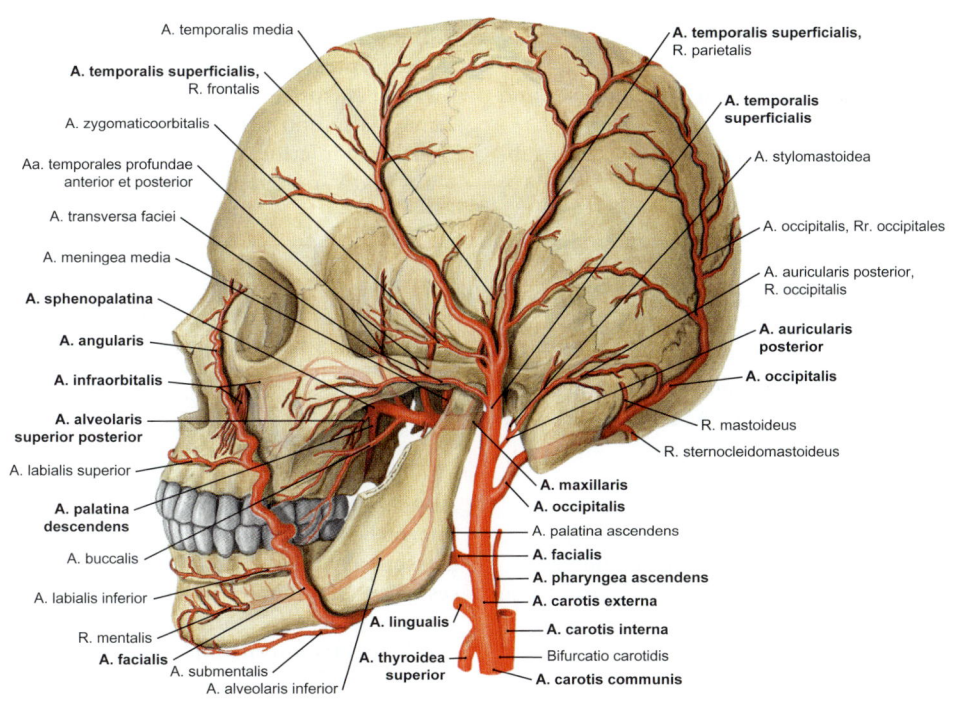

Abb. 9.31 A. carotis externa. [S007-3-23]

- **A. auricularis profunda:** zum Kiefergelenk und äußeren Gehörgang
- **A. tympanica anterior:** zur Paukenhöhle
- **A. meningea media:** zu den Hirnhäuten der mittleren Schädelgrube
- **A. alveolaris inferior:** versorgt Knochen und Zähne des Unterkiefers
• 2. Gruppe: versorgt Kaumuskulatur und Wange
- Kaumuskeläste für alle Kaumuskeln
- **A. buccalis** für die Wange
• 3. Gruppe: versorgt Oberkiefer, Nasenhöhle, Gaumen
- **A. sphenopalatina:** zur Nasenhöhle
- **A. palatina descendens:** zum Gaumen
- **A. infraorbitalis:** zu Oberkieferzähnen, Unterlid und Nasenflügel
- **A. alveolaris superior posterior:** zu Oberkieferzähnen

A. temporalis superficialis
• **Rr. auriculares anteriores:** zu Ohrmuschel und Meatus acusticus externus
• **A. temporalis media:** zum M. temporalis
• **Rr. parotidei:** zur Parotis
• **R. frontalis und R. parietalis:** zur Kopfschwarte

Die Hauptabgänge der A. carotis externa vor den beiden Endästen kann man in weitere Gruppen einteilen (▶ Abb. 9.31):

Vordere Gruppe
• **A. thyroidea superior:** zu Schilddrüse und Kehlkopf (▶ Kap. 8.5.3)
• **A. lingualis:** versorgt Zunge und Glandula sublingualis
• **A. facialis:**
- A. palatina ascendens: zum Gaumen und Rachen
- A. submentalis: Glandula submandibularis
- A. labialis inferior und superior: Unter- und Oberlippe
  - A. angularis: anastomosiert am medialen Augenwinkel mit der A. dorsalis nasi (aus A. ophthalmica).

Mittlere Gruppe
• **A. pharyngea ascendens:**
- Rr. pharyngeales: versorgen den Rachen
- A. tympanica inferior: zur Paukenhöhle
- A. meningea posterior: zu den Hirnhäuten der hinteren Schädelgrube

Hintere Gruppe
• **A. occipitalis:** zum Hinterkopf
• **A. auricularis posterior:** versorgt N. facialis [VII] und Paukenhöhle

9.10.2 Venen
Marco Koch

Aus den Weichteilen und dem Schädelinneren des Kopfes sammelt sich das Blut letztendlich in der **V. jugularis interna.** Aus dem Schädelinneren dienen zusätzlich die Vv. diploicae und Vv. emissariae als Abflusswege, diese stehen mit dem **Sinus durae matris** in Verbindung, die das Blut aus dem Gehirn und Schädelinneren sammeln und über die V. jugularis interna abführen.

Aus den äußeren Schädelweichteilen sammelt sich das Blut in verschiedenen Venen, die auch alle an die V. jugularis interna angeschlossen sind (▶ Abb. 9.32):
• **V. facialis:** vom medialen Augenwinkel als **V. angularis,** dann quer unterhalb der mimischen Muskulatur entlang zur Unterkante der Mandibula.
• **V. retromandibularis:** als Zusammenfluss aus **Vv. temporales superficiales, V. temporalis media** und **V. transversa faciei,** vereinigt sich mit der **V. facialis** zur **V. jugularis anterior** oder geht direkt in die **V. jugularis interna** über.
• **V. jugularis externa:** hauptsächlich Zuflüsse aus **V. occipitalis** und **V. auricularis posterior,** mündet meist in V. jugularis interna.
• **Plexus pterygoideus (in der Fossa infratemporalis):** entspricht dem Versorgungsgebiet der A. maxillaris und hat Anschluss über die V. ophthalmica inferior zur Orbita sowie an die V. facialis und V. retromandibularis.

> **Klinik**
>
> **Sinus-cavernosus-Thrombose**
> Über die Anastomose zwischen **V. angularis** und **V. ophthalmica superior** können sich bei einer Umkehr des Blutstroms Entzündungen aus der äußeren Haut in die Sinus durae matris und weiter in die Meningen ausbreiten. Dann besteht die Gefahr einer Meningitis.

Aus dem **Sinus sigmoideus** geht die **V. jugularis interna** hervor (▶ Kap. 10.6). Diese tritt mit dem **N. glossopharyngeus [IX], N. vagus [X]** sowie **N. accessorius [XI]** durch das **Foramen jugulare** in die Karotischeide ein. Dort läuft sie gemeinsam mit der **A. carotis interna** und dem **N. vagus [X]** weiter nach kaudal (▶ Kap. 8.10.1).

▶ 9.10 Leitungsbahnen   ▶ 9.10.3 Lymphgefäße und Lymphknoten

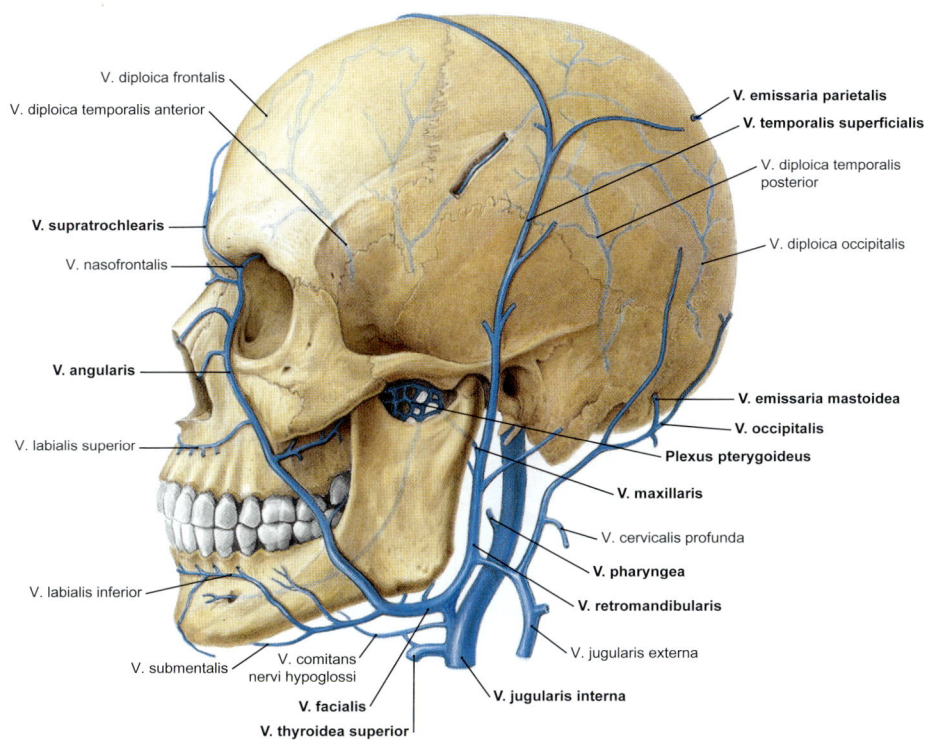

Abb. 9.32 V. jugularis interna. [S007-3-23]

9.10.3 Lymphgefäße und Lymphknoten
Marco Koch

Die Lymphe aus Kopf und Hals erreicht schlussendlich Lymphknoten, die in Reihen angeordnet um die großen Halsvenen liegen. Von dort gelangt die Lymphe in den Truncus jugularis und auf der linken Seite dann weiter in den Ductus thoracicus sowie rechts weiter in den Ductus lymphaticus dexter (▶ Abb. 9.33).

Es lassen sich folgende **Gruppen** von Lymphknoten für die Lymphe der **Kopfschwarte** und

Tab. 9.10 Lymphknoten für Lymphe der Kopfschwarte und der vorderen Gesichtsregion

	Einzugsgebiet	Lage
Nodi lymphoidei buccinatorii	Gesicht	auf dem M. buccinator
Nodi lymphoidei parotidei superficiales und profundi	Wange, vordere Kopfschwarte, Ohr	unterhalb der Fascia parotidea, vor dem äußeren Gehörgang
Nodi lymphoidei mastoidei	hintere Kopfschwarte, Haut hinter dem Ohr	auf dem Proc. mastoideus
Nodi lymphoidei occipitales	hinterer Bereich der Kopfschwarte	Linea nuchalis inferior
Nodi lymphoidei mandibulares	Wange	um die V. facialis
Nodi lymphoidei submentales	Kinn und Unterlippe, Gingiva	unter dem Kinn
Nodi lymphoidei submandibulares	Gesicht, Zunge, Tonsillen, Zähne	Glandula submandibularis

Kopf

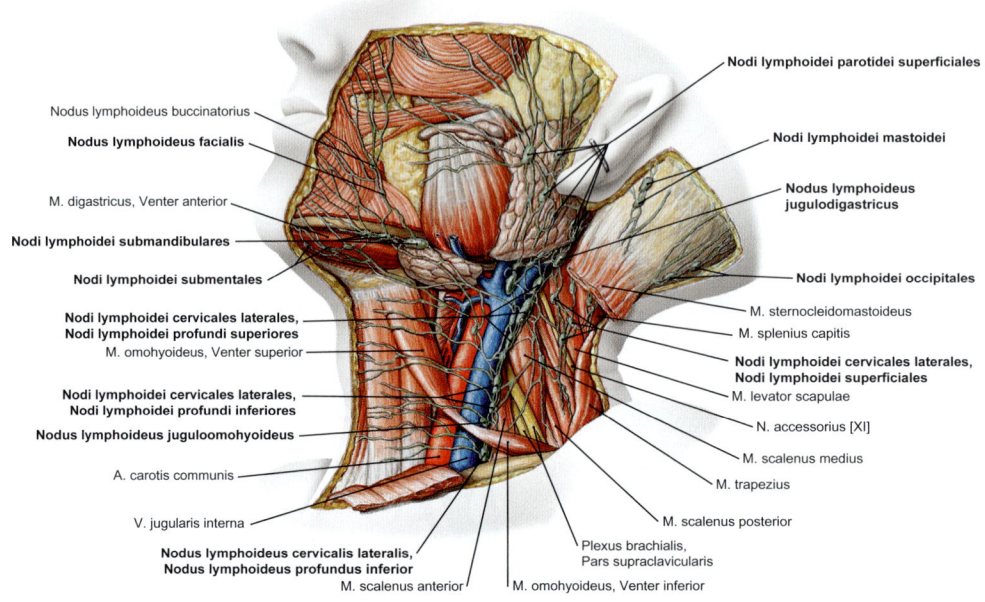

Abb. 9.33 Lymphgefäße und Lymphknoten. [S007-3-23]

der vorderen Gesichtsregion unterteilen (▶ Tab. 9.10).

9.10.4 Hirnnerven
Jens Waschke

> **Lerntipp**
>
> Wie an den Extremitäten sind auch am Kopf die Nerven, die hier als Hirnnerven bezeichnet werden, die Leitungsbahnen, zu denen für die Klinik die meisten anatomischen Details zu **Versorgungsgebiet und Verlauf** wichtig sind. Eine orientierende Untersuchung der Hirnnerven gehört zu einer vollständigen Aufnahmeuntersuchung im Krankenhaus. Anders als an den Extremitäten, wo sich die Nervenläsionen als meist kombinierte motorisch-sensorische Ausfallserscheinungen manifestieren, ist das klinische Bild bei Läsion der Hirnnerven komplexer. Neben der Diagnose, welcher Nerv geschädigt ist, besteht die Herausforderung für den Arzt darin, den Ort der Schädigung festzustellen. Wichtiger als die exakte Lokalisation der Schädigung im peripheren Verlauf eines Hirnnervs, die bei einzelnen Nerven wie dem N. facialis [VII] anhand seiner Astabfolge möglich ist (Topodiagnostik), geht es zunächst grundlegend um die Frage, ob die Schädigung bereits im Hirnstamm erfolgt ist, was eine andere Gruppe von Ursachen wahrscheinlich macht.

Überblick

Die **Hirnnerven (Nn. craniales)** zählen wie die Spinalnerven (Nn. spinales) zum peripheren Nervensystem (PNS). Es gibt allerdings grundsätzliche Unterschiede (▶ Abb. 9.34):

- **Anzahl:** Die Hirnnerven bilden **12 Paare (I bis XII)**, die Spinalnerven meist 31.
- **Austritt** aus dem ZNS: meist ventral (Ausnahme: N. trochlearis [IV]), die Spinalnerven haben dagegen eine Vorder- und Hinterwurzel.
- **Faserqualität:** insgesamt 7 statt 4, allerdings kommen z. T. nur einzelne Faserqualitäten vor (z. B. rein motorisch), während Spinalnerven meist gemischt sind und alle 4 Faserqualitäten umfassen.

Da die Hirnnerven auch die Wahrnehmungen der Sinnesorgane zum ZNS übermitteln, gibt es **7 Faserqualitäten.** Wie bei Spinalnerven unterscheidet man:

1. (Allgemein) **somatoafferent:** Reize von der Körperoberfläche oder Lagerezeptoren (Propriozeption)
2. (Allgemein) **viszeroafferent:** Reize aus Schleimhäuten und Organen
3. **Somatoefferent:** motorisch für Skelettmuskulatur
4. (Allgemein) **viszeroefferent:** parasympathisch für Drüsen und glatte Muskulatur.

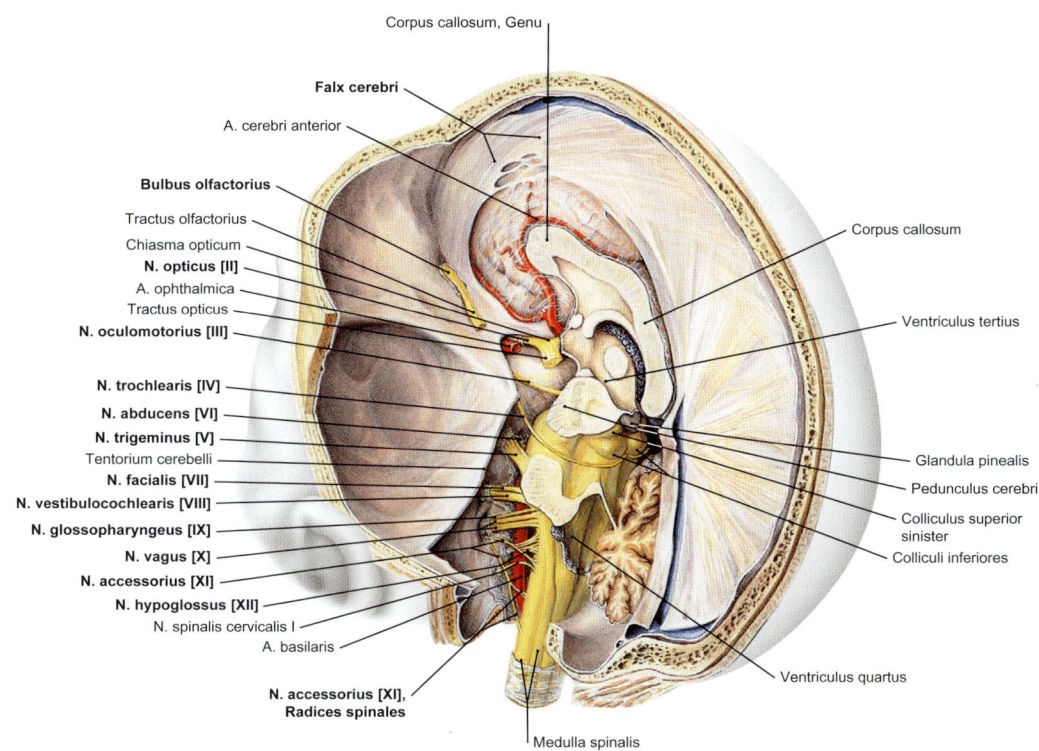

Abb. 9.34 Hirnnerven: Austritte aus dem Gehirn und Verlauf im Subarachnoidalraum. Ansicht von links hinten. [S007-3-23]

Nur bei Hirnnerven kommen vor:
1. **Speziell somatoafferent:** Reize aus Auge, Hör- und Gleichgewichtsorgan (Sehsinn, Hör- und Gleichgewichtssinn)
2. **Speziell viszeroafferent:** Reize von Riechschleimhaut und Geschmacksknospen (Geruchs- und Geschmackssinn)
3. **Speziell viszeroefferent:** motorisch für Skelettmuskulatur, die sich aus den Schlundbögen entwickelt hat.

Die Neurone, die diese Faserqualitäten vermitteln, bilden im Hirnstamm Ansammlungen, die als **Hirnnervenkerne** bezeichnet werden. Dabei unterscheidet man die Kerne motorischer Nerven als **Ursprungskerne** von den Kerngebieten afferenter Nerven, die **Endkerne** darstellen. Diese Einteilung ist sinnvoll, da sie betont, dass es sich bei den Endkernen um das 2. Neuron einer Kette handelt, während der Körper des 1. Neurons wie auch bei den Spinalnerven außerhalb des ZNS in Ganglien gelegen ist. Wie bei den Spinalganglien findet hier daher keine synaptische Verschaltung statt. Im Gegensatz dazu werden die Neurone aus den parasympathischen Kernen in den vegetativen Kopfganglien und den Ganglien der vegetativen Plexus der verschiedenen Organe auf ein zweites, „postganglionäres" Neuron umgeschaltet. Es ist zu beachten, dass einzelne Hirnnervenkerne mehreren Hirnnerven zugeordnet sein können (▶ Tab. 9.11).
Entwicklungsgeschichtlich bedingt bilden die Hirnnervenkerne im Hirnstamm von medial nach lateral **4 Längszonen** (▶ Abb. 9.35, ▶ Tab. 9.12).
In den Längszonen sind die Hirnnervenkerne nach den zugehörigen Nerven den einzelnen Etagen des Hirnstamms und dem oberen Rückenmark zugeordnet (▶ Abb. 9.35):
- **Mesencephalon:** Kerne des N. oculomotorius [III], N. trochlearis [III–IV]
- **Pons:** Kerne des N. abducens [VI], N. facialis [VII], N. vestibulochlearis (am Übergang zur Medulla oblongata) [VI–VIII]
- **Medulla oblongata:** Kerne des N. glossopharyngeus [IX], N. vagus [X], N. accessorius [XI], N. hypoglossus [IX–XII]

Kopf

Tab. 9.11 Übersicht über die 12 Hirnnerven

Hirnnerv	Hirnnervenkern	Faserqualität
N. olfactorius [I]	–	speziell viszeroafferent
N. opticus [II]	–	speziell somatoafferent
N. oculomotorius [III]	Nucleus nervi oculomotorii	motorisch (somatoefferent)
	Nucleus accessorius nervi oculomotorii	viszeroefferent (parasympathisch)
N. trochlearis [IV]	Nucleus nervi trochlearis	motorisch (somatoefferent)
N. trigeminus [V]	Nucleus mesencephalicus nervi trigemini	sensorisch (propriozeptiv)
	Nucleus principalis nervi trigemini	sensorisch (epikritisch)
	Nucleus spinalis nervi trigemini	sensorisch (protopathisch)
	Nucleus motorius nervi trigemini	motorisch (speziell viszeroefferent)
N. abducens [VI]	Nucleus nervi abducentis	motorisch (somatoefferent)
N. facialis [VII]	Nucleus nervi facialis	motorisch (speziell viszeroefferent)
	Nucleus salivatorius superior	viszeroefferent (parasympathisch)
	Nucleus tractus solitarii	allgemein und speziell viszeroafferent
	Nucleus spinalis nervi trigemini	sensorisch (somatoafferent)
N. vestibulocochlearis [VIII]	Nuclei vestibularis superior, inferior, medialis, lateralis	speziell somatoafferent
	Nuclei cochlearis anterior und posterior	speziell somatoafferent
N. glossopharyngeus [IX]	Nucleus ambiguus	motorisch (speziell viszeroefferent)
	Nucleus salivatorius inferior	viszeroefferent (parasympathisch)
	Nucleus tractus solitarii	allgemein und speziell viszeroafferent
	Nucleus spinalis nervi trigemini	sensorisch (somatoafferent)
N. vagus [X]	Nucleus ambiguus	motorisch (speziell viszeroefferent), viszeroefferent (parasympathisch)
	Nucleus dorsalis nervi vagi	viszeroefferent (parasympathisch)
	Nucleus tractus solitarii	allgemein und speziell viszeroafferent
	Nucleus spinalis nervi trigemini	sensorisch (somatoafferent)
N. accessorius [XI]	Nucleus ambiguus	motorisch (speziell viszeroefferent)
	Nucleus nervi accessorii	motorisch (speziell viszeroefferent)
N. hypoglossus [XII]	Nucleus nervi hypoglossi	motorisch (somatoefferent)

> 9.10 Leitungsbahnen   > 9.10.4 Hirnnerven

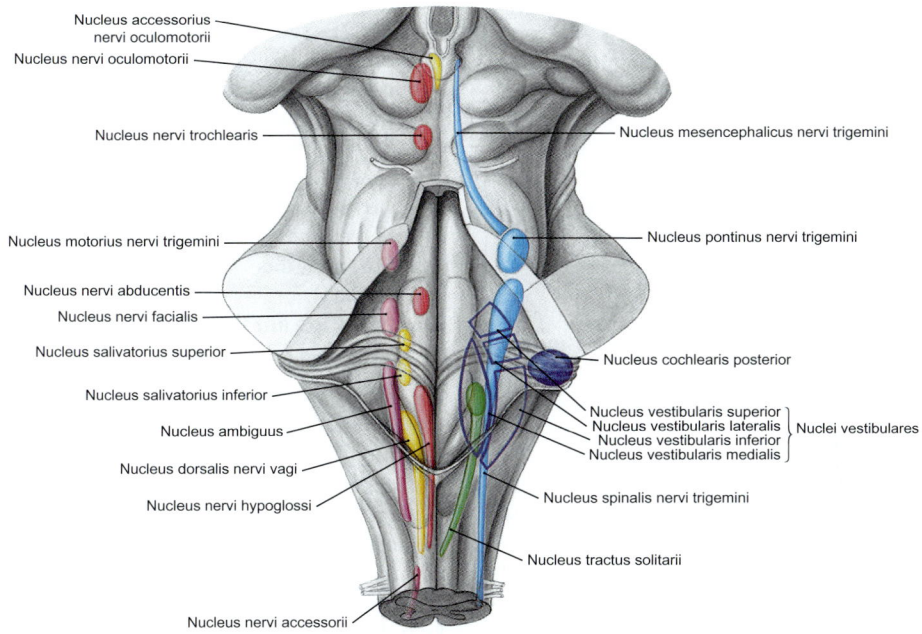

Abb. 9.35 Hirnnervenkerne: Anordnung in 4 Längszonen in den Etagen des Hirnstamms. Ansicht von hinten. [S007-3-23]

Tab. 9.12 Längszonen der Hirnnervenkerne	
Zone	**Hirnnervenkerne**
Somatoefferente Zone	Nucleus nervi oculomotorii, Nucleus nervi trochlearis, Nucleus nervi abducentis, Nucleus nervi hypoglossi
Viszeroefferente Zone	• Allgemein: Nucleus accessorius nervi oculomotorii, Nuclei salivatorius superior und inferior, Nucleus dorsalis nervi vagi • Speziell: Nucleus motorius nervi trigemini, Nucleus nervi facialis, Nucleus ambiguus, Nucleus nervi accessorii
Viszeroafferente Zone	Nucleus tractus solitarii
Somatoafferente Zone	• Allgemein: Nuclei mesencephalicus, principalis und spinalis nervi trigemini • Speziell: Nuclei vestibularis superior, inferior, medialis, lateralis; Nuclei cochlearis anterior und posterior

- **Rückenmark:** Nucleus nervi accessorii

Der Trigeminus bildet eine Ausnahme und hat in jeder Etage des Hirnstamms Kerne.

Merke

Die Hirnnerven unterscheiden sich von den Spinalnerven hinsichtlich Anzahl, Verlauf und Faserqualitäten. Die Faserqualitäten sind einzelnen Hirnnervenkernen zugeordnet, die in 4 Längszonen den Etagen des Hirnstamms zugeordnet sind. Dabei versorgen einzelne Hirnnervenkerne als Ursprungs- und Endkerne z. T. mehrere Hirnnerven. Daher unterscheidet sich die Klinik bei einer Läsion im Kerngebiet von einer Läsion im Nervenverlauf.

Klinik

Periphere vs. zentrale Läsion

Bei motorischen Hirnnerven unterscheidet man eine zentrale von einer peripheren Läsion. Die **zentrale Läsion** betrifft die Neurone des motorischen Cortex im Großhirn oder deren Axone, die als kortikonukleäre Fasern gekreuzt die motorischen Hirnnervenkerne erreichen. Daher bildet sich die Lähmung der Muskeln auf der **kontralateralen Seite** aus. Dies trifft zu für die zentrale Läsion des N. facialis [VII], N. accessorius [XI] und des N. hypoglossus [XII]. Die motorischen Neurone des N. trigeminus [V], des N. glossopharyngeus [IX] und des N. vagus [X] werden wie auch die Neurone des N. facialis [VII] für die obere Gesichtshälfte dagegen bilateral vom jeweiligen Motorkortex ge-

Kopf

steuert, sodass bei einseitiger Läsion keine Ausfallserscheinungen auftreten.
Zentrale Läsionen sind meist durch **Durchblutungsmangel (Ischämie), Hirnblutungen oder Hirntumoren** bedingt. Da die Augenmuskelnerven (N. oculomotorius [III], N. trochlearis [IV] und N. abducens [VI]) über Zwischenschaltung verschiedener blickmotorischer Zentren kontrolliert werden, gibt es dieses Bild der zentralen Läsion für diese nicht. Bei den sensorischen Nerven handelt es sich um Läsionen der jeweiligen zentralen Sinnesbahn. Dagegen handelt es sich bei einer Läsion im Kerngebiet eines Hirnnervs ebenso wie auch bei Schädigung nach Austritt aus dem Gehirn um eine **periphere Läsion**, da das Motoneuron ausfällt, das die Skelettmuskulatur erreicht. Es gibt jedoch einige Unterschiede in der Klinik und bei den auslösenden Ursachen:

Läsion der Hirnnervenkerne
- Häufig nur einzelne Faserqualitäten betroffen, da nur einzelne Kerne geschädigt!
- Betrifft aber **alle Äste aller** von dem Kern versorgten **Nerven!**

Ursachen: Tumoren, Blutungen oder Ischämien im Hirnstamm.

Läsion im Verlauf der Nerven
- Alle Faserqualitäten betroffen
- Nur Äste distal der Läsion betroffen

Ursachen: Schädelbasisfraktur, Hirnhautentzündung (Meningitis), Hirntumoren.

Praxistipp

Die Identifikation der Hirnnerven am Präparat kann schwierig sein, da man von einigen Nerven nur einen kleinen Teil des peripheren Verlaufs und nur wenige Äste erkennen kann. Daher ist es hilfreich, sich zusätzlich an einem Gehirn und Schädel die Austrittsstellen aus dem Gehirn und die Durchtrittsöffnungen durch die Schädelbasis einzuprägen. Danach gelingt die Zuordnung der Hirnnerven in den Schädelgruben gut. Nach Durchtritt durch die Schädelbasis sollte man sich für jeden Hirnnerv eine Leitstruktur merken.

Gruppe der Sinnesnerven
- N. olfactorius [I]
- N. opticus [II]
- N. vestibulochlearis (VIII)

N. olfactorius [I]

Innervationsgebiet Riechschleimhaut (Geruchssinn), sensorisch.
Verlauf Der N. olfactorius [I] ist kein klassischer Hirnnerv. Er setzt sich auf beiden Seiten aus den 20 **Fila olfactoria** zusammen, welche die marklosen Nervenfasern der primären Sinneszellen der Riechschleimhaut in der Nasenhöhle darstellen und den Bulbus olfactorius der Riechbahn erreichen (▶ Abb. 9.34).
Durchtritt durch die Schädelbasis Lamina cribrosa des Os ethmoidale (in die vordere Schädelgrube).
Eintritt in das Gehirn Bulbus olfactorius (▶ Abb. 9.34).
Identifikation am Präparat Bulbus olfactorius.

N. opticus [II]

Innervationsgebiet Retina des Auges (Sehsinn), sensorisch.
Verlauf Der N. opticus [II] zieht nach seinem Austritt aus dem Bulbus, zunächst umhüllt von den äußeren Augenmuskeln, durch die Orbita und verbindet sich nach dem Durchtritt durch den Canalis opticus im Chiasma opticum mit dem Nerv der Gegenseite (▶ Abb. 9.34). Der N. opticus [II] ist kein Hirnnerv, sondern ein vorgeschobener Teil des Diencephalons und damit Teil der Sehbahn (▶ Kap. 10.8.3). Daher ist es auch von Hirnhäuten (Meningen) umgeben.
Durchtritt durch die Schädelbasis Canalis opticus (in die mittlere Schädelgrube).
Identifikation am Präparat Austritt aus dem Augapfel, Chiasma opticum.

N. vestibulocochlearis (VIII)

Hirnnervenkern und Innervationsgebiet (▶ Abb. 9.35)
- **Nuclei cochlearis anterior und posterior** (sensorisch, 2. Neuron): Schnecke (Cochlea) des Innenohrs (Hörsinn)
- **Nuclei vestibularis superior, inferior, medialis, lateralis** (sensorisch, 2. Neuron): Vestibularorgan des Innenohrs (Gleichgewichtssinn)

Verlauf Die Neurone des **Ganglion cochleare** (1. Neuron der Hörbahn, ▶ Kap. 10.9.3) sitzen im Zentrum der Schnecke. Ihre Axone verbinden sich mit denen aus dem **Ganglion vestibulare** (1. Neuron der Gleichgewichtsbahn, ▶ Kap. 10.9.2), das am Boden des inneren Gehörgangs liegt, zum N. vestibulocochlearis [VIII]. Dieser begleitet den N. facialis [VII].
Durchtritt durch die Schädelbasis Porus acusticus internus (in die hintere Schädelgrube).
Eintritt in das Gehirn Kleinhirnbrückenwinkel (▶ Abb. 9.34).

Identifikation am Präparat Im Kleinhirnbrückenwinkel lateral des N. facialis [VII].

> **Klinik**
>
> **Läsion des N. olfactorius [I]**
> Bei Schädelbasisfrakturen kann es durch Abriss der Fila olfactoria zu einer Beeinträchtigung (**Hyposmie**) oder zum vollständigen Verlust des Riechvermögens (**Anosmie**) kommen.
>
> **Läsion des N. opticus [II]**
> Schädelbasisfrakturen können zu einer Blindheit auf dem jeweiligen Auge (**Amaurose**) führen. Auch multiple Sklerose (MS), eine demyelinisierende Autoimmunerkrankung des ZNS, kann durch Beteiligung der Sehnerven zu einer Sehminderung führen. Zu Läsionen der Sehbahn ▶ Kap. 10.8.3.
>
> **Läsion des N. vestibulocochlearis [VIII]**
> Bei Schädelbasisfrakturen, Akustikusneurinomen (gutartige Tumoren der SCHWANN-Zellen der Myelinscheide) oder Verschluss der A. labyrinthi kommt es zu Schwerhörigkeit und Störung des Gleichgewichtssinns mit Schwindel, Übelkeit, Fallneigung zur erkrankten Seite und Nystagmus. Häufig ist auch der N. facialis [VII] zusätzlich betroffen. Zu Läsionen der Hör- und Gleichgewichtsbahn ▶ Kap. 10.9.2 und ▶ Kap. 10.9.3.

Gruppe der Augenmuskelnerven
- N. oculomotorius [III]
- N. trochlearis [IV]
- N. abducens [VI]

N. oculomotorius [III]
Hirnnervenkerne und Innervationsgebiet (▶ Abb. 9.35)
- **Nucleus nervi oculomotorii** (motorisch): äußere Augenmuskeln (Mm. rectus superior, medialis, inferior, M. obliquus inferior, M. levator palpebrae superioris)
- **Nucleus oculomotorius accessorius** (Ncl. EDINGER-WESTPHAL, parasympathisch): innere Augenmuskeln (M. sphincter pupillae, M. ciliaris), Umschaltung im Ganglion ciliare

Beide Kerne liegen ventral paramedian im Mesencephalon auf Höhe der Colliculi superiores.

Austritt aus dem Gehirn Fossa interpeduncularis des Mittelhirns (▶ Abb. 9.34).

Durchtritt durch die Schädelbasis Fissura orbitalis superior (in die Orbita).
Verlauf (▶ Abb. 9.36)
- Tritt zwischen der A. cerebri posterior und A. superior cerebelli durch.
- Zieht zunächst mit dem N. trochlearis [IV] durch die laterale **Wand des Sinus cavernosus**.
- Durchquert die **Fissura orbitalis superior**.
- Erreicht durch den **Anulus tendineus communis** die Augenmuskeln.

Identifikation am Präparat Eintritt in die Wand des Sinus cavernosus, Eintritt der Fasern in die Augenmuskeln.

N. trochlearis [IV]
Hirnnervenkerne und Innervationsgebiet **Nucleus nervi trochlearis** (motorisch): M. obliquus superior (▶ Abb. 9.35). Die Kerne beider Seiten liegen ventral paramedian im Mesencephalon auf Höhe der Colliculi inferiores.

Austritt aus dem Gehirn Dorsal (!) kaudal der Colliculi inferiores der Vierhügelplatte (▶ Abb. 9.34). Dabei kreuzen die Nervenfasern vor dem Austritt.

Durchtritt durch die Schädelbasis Fissura orbitalis superior (in die Orbita).
Verlauf (▶ Abb. 9.36)
- Durch die **Cisterna ambiens** um den Hirnstamm nach ventral
- Zieht durch die laterale **Wand des Sinus cavernosus.**
- Durchquert die **Fissura orbitalis superior.**
- Erreicht dabei **lateral** des Anulus tendineus communis den M. obliquus superior.

Identifikation am Präparat Eintritt in die Wand des Sinus cavernosus, am M. obliquus superior.

N. abducens [VI]
Hirnnervenkerne und Innervationsgebiet (▶ Abb. 9.35)
Nucleus nervi abducentis (motorisch): M. rectus lateralis.
Der Kern liegt dorsal im Pons, umschlungen von den Fasern des Nucleus nervi facialis (= inneres Fazialisknie).

Austritt aus dem Gehirn Sulcus bulbopontinus (zwischen Pons und Medulla oblongata).
Durchtritt durch die Schädelbasis Fissura orbitalis superior (in die Orbita).
Verlauf (▶ Abb. 9.36)
- Zieht durch den **Sinus cavernosus** (längster intraduraler Verlauf!).
- Durchquert die **Fissura orbitalis superior.**

Kopf

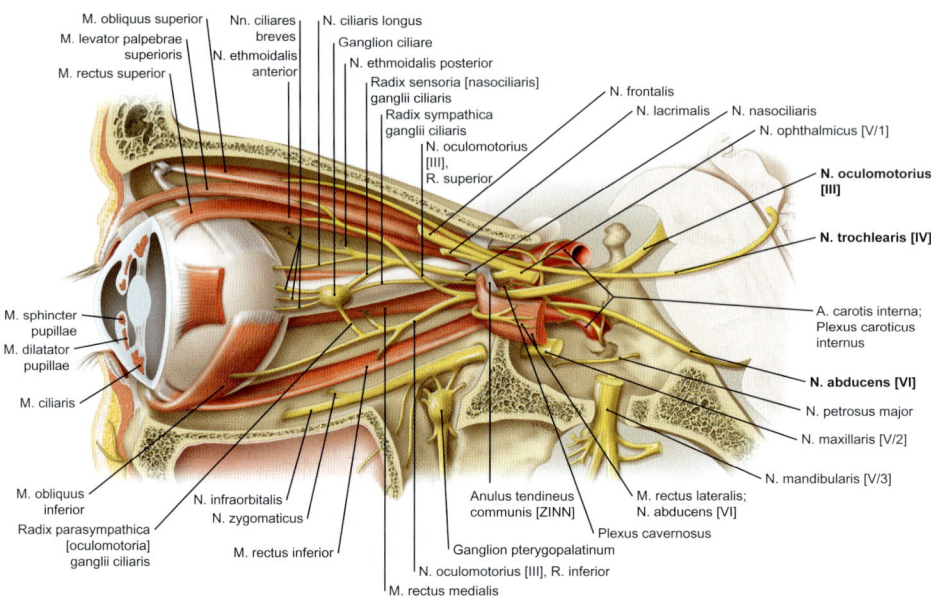

Abb. 9.36 N. oculomotorius [III], N. trochlearis [IV] und N. abducens [VI], links, Ansicht von lateral. [L238]

- Dabei tritt er durch den **Anulus tendineus communis** an den M. rectus lateralis heran.

Identifikation am Präparat Eintritt in die Dura am Clivus, am M. rectus lateralis.

Klinik

Läsion des N. oculomotorius [III]

Das Lid hängt **(Ptosis)** durch Ausfall des M. levator palpebrae superioris. **Die Blickachse weicht nach unten außen ab** durch kombinierte Wirkung von M. obliquus superior und M. rectus lateralis, die nun überwiegen. Dadurch entstehen **Doppelbilder.** Durch Ausfall der inneren Augenmuskeln ist die Pupille weit **(Mydriasis)**, da der M. sphincter pupillae nicht funktioniert (Lichtreflex gestört), Die **Akkommodation** ist durch Ausfall des M. ciliaris beeinträchtigt (Akkommodationsreflex gestört).

Ursachen: neben **Schädelbasisbrüchen, Hirnhautentzündung** (Meningitis) und **Hirntumoren** kommen aufgrund des besonderen Verlaufs Aussackungen **(Aneurysmen)** der A. cerebri posterior und A. superior cerebelli und Thrombosen im Sinus cavernosus (dann meist auch Läsion von IV, V1 und VI) in Betracht. Bei **epi- und subduralen Blutungen** kann der Nerv am Clivus der Dura mater gedehnt werden, sodass es zunächst zu einer Schädigung der Fasern zu den inneren Augenmuskeln mit Mydriasis und Akkommodationsstörung kommt **(Klivuskantensyndrom).** Daher sollte bei einem Schädel-Hirn-Trauma der Lichtreflex überprüft werden. Auch bei **Diabetes mellitus** können selektiv die Fasern zu den inneren Augenmuskeln geschädigt werden. Bei einer Läsion im Kerngebiet sind die Ausfälle aufgrund der paramedianen Lage häufig beidseits (die Ptosis immer, da das Kerngebiet für die Steuerung des M. levator palpebrae superioris unpaar ist).

Läsion des N. trochlearis [IV]

Leichtes **Ein- und Aufwärtsschielen** mit Doppelbildern durch Ausfallen der Wirkung des M. obliquus superior. Das **Lesen und Treppabgehen (Auge kann in Adduktion nicht gesenkt werden)** fällt schwer. Daher wird eine **kompensatorische Kopfhaltung** mit Neigung und Drehung zur gesunden Seite eingenommen, um Drehung des Augapfels nach medial unten auf der gelähmten Seite zu vermeiden. Bei einer Läsion im Kerngebiet sind die Ausfälle aufgrund der paramedianen Lage häufig beidseits. Bei einseitiger Läsion ist das kontralaterale Auge betroffen, da die Neurone die Seite kreuzen.

Läsion des N. abducens [VI]

Schielen nach medial **(Strabismus convergens).** Bei Schädigung im Kern bestehen zusätzlich eine periphere Fazialisparese (inneres Fazialisknie!) und eine horizontale Blicklähmung, da der Kern auch die Adduktion des kontralateralen Auges steuert.

Ursachen: Schädelbasisbrüche, Hirnhautentzündung, Hirntumoren, Thrombosen im Sinus cavernosus.

Gruppe der Gesichtsnerven
- N. trigeminus [V]
- N. facialis [VII]

N. trigeminus [V]
Hirnnervenkerne und Innervationsgebiet (▶ Abb. 9.35)

- **Nucleus mesencephalicus nervi trigemini** (sensorisch, 1. Neuron!): Propriozeption (Kau-, Mundboden-, äußere Augen-, mimische Muskulatur, Kiefergelenk).
  Der Kern ist ein in das Mesencephalon eingewanderter Teil des Trigeminusganglions und erhält die Informationen über die Lage im Raum aus den Propriozeptoren (z. B. Muskelspindeln).
- **Nucleus principalis nervi trigemini** (sensorisch, 2. Neuron): epikritische Sensibilität, d. h. fein diskriminierende Mechanosensorik von Gesicht, Augen, Nasen(neben)höhle(n), Mundhöhle, Zähnen, Hirnhäuten (vordere zwei Drittel).
  Der Kern liegt im Pons.
- **Nucleus spinalis nervi trigemini** (sensorisch, 2. Neuron): protopathische Sensibilität, d. h. gering diskriminierende Mechanosensorik sowie Schmerz- und Temperaturempfindung von Gesicht, Augen, Nasen(neben)höhle(n), Mundhöhle, Zähnen, Hirnhäuten (vordere zwei Drittel).
  Der Kern liegt in der Medulla oblongata und ist in seinem unteren Abschnitt somatotop gegliedert.
- **Nucleus motorius nervi trigemini** (motorisch): Kaumuskeln, vordere Mundbodenmuskeln mit Derivaten (M. mylohyoideus, M. digastricus (Venter anterior), M. tensor veli palatini, M. tensor tympani).
  Der Kern liegt ebenfalls im Pons.

Austritt aus dem Gehirn (▶ Abb. 9.34) Seitlich des Pons (sensorische Wurzel lateral, motorische Wurzel medial). Der Nerv zieht dann über das Felsenbein hinweg in eine Duratasche (**Cave:** Hier gibt es am knöchernen Schädel keine Öffnung!), in der das **Trigeminusganglion** (Ganglion trigeminale GASSERI, 1. Neuron) liegt (▶ Abb. 9.37). Dann teilt sich der Nerv in seine 3 Hauptstämme (Name!), die getrennt durch die Schädelbasis treten.

Durchtritt durch die Schädelbasis (▶ Abb. 9.37)
- **N. ophthalmicus [V/1]:** Fissura orbitalis superior (in die Orbita), sensorisch
  - **N. maxillaris [V/2]:** Foramen rotundum (in die Fossa pterygopalatina), sensorisch (dient als Leitschiene für postganglionäre parasympathische Fasern aus dem Ganglion pterygopalatinum)
- **N. mandibularis [V/3]:** Foramen ovale (in die Fossa infratemporalis), sensorisch und motorisch

> **Lerntipp**
>
> „Ovale Mandel" = **N. mandibularis [V/3]**, zieht durch Foramen **ovale**.
> „Roter Max" = **N. maxillaris [V/2]**, zieht durch Foramen **rotundum**.

Verlauf und wichtigste Äste (▶ Abb. 9.37)
N. ophthalmicus [V/1]:
- Zieht zunächst durch die laterale **Wand des Sinus cavernosus.**
- Teilt sich vor der **Fissura orbitalis superior** in seine 3 Hauptäste: **N. frontalis, N. nasociliaris, N. lacrimalis.**
  - Dabei zieht der N. nasociliaris durch den **Anulus tendineus communis,** der N. frontalis und N. lacrimalis lateral davon.
  - Der **N. frontalis** innerviert mit 2 Endästen die Stirn (Austritt aus dem Foramen supraorbitale).
  - Der **N. nasociliaris** innerviert mit eigenen Ästen den medialen Augenwinkel, vorderes Drittel der Nasenhöhle mit Nasenspitze, Siebbeinzellen, Augapfel, Ganglion ciliare, Hirnhäute (vorderes Drittel).
  - Der **N. lacrimalis** versorgt die Tränendrüse und übernimmt die parasympathischen Fasern vom N. zygomaticus.

N. maxillaris [V/2]:
- Versorgt die Hirnhäute der mittleren Schädelgrube.
- Teilt sich in der **Fossa pterygopalatina** in seine Hauptäste.
- Innerviert das **Ganglion pterygopalatinum,** dessen postganglionäre Fasern seine Äste als Leitschienen nutzen (zu Tränen-, Nasen-, Gaumen- und Rachendrüsen):
  - Der **N. zygomaticus** zieht durch die Fissura orbitalis inferior in die Orbita und mit Endästen zur Schläfe.
  - Eigene Äste ziehen zu den hinteren zwei Dritteln der Nasenhöhle, Gaumen, Nasopharynx und hinteren Oberkieferzähnen.
  - Der **N. infraorbitalis** bildet den Endast, der durch die Fissura orbitalis inferior und das

Kopf

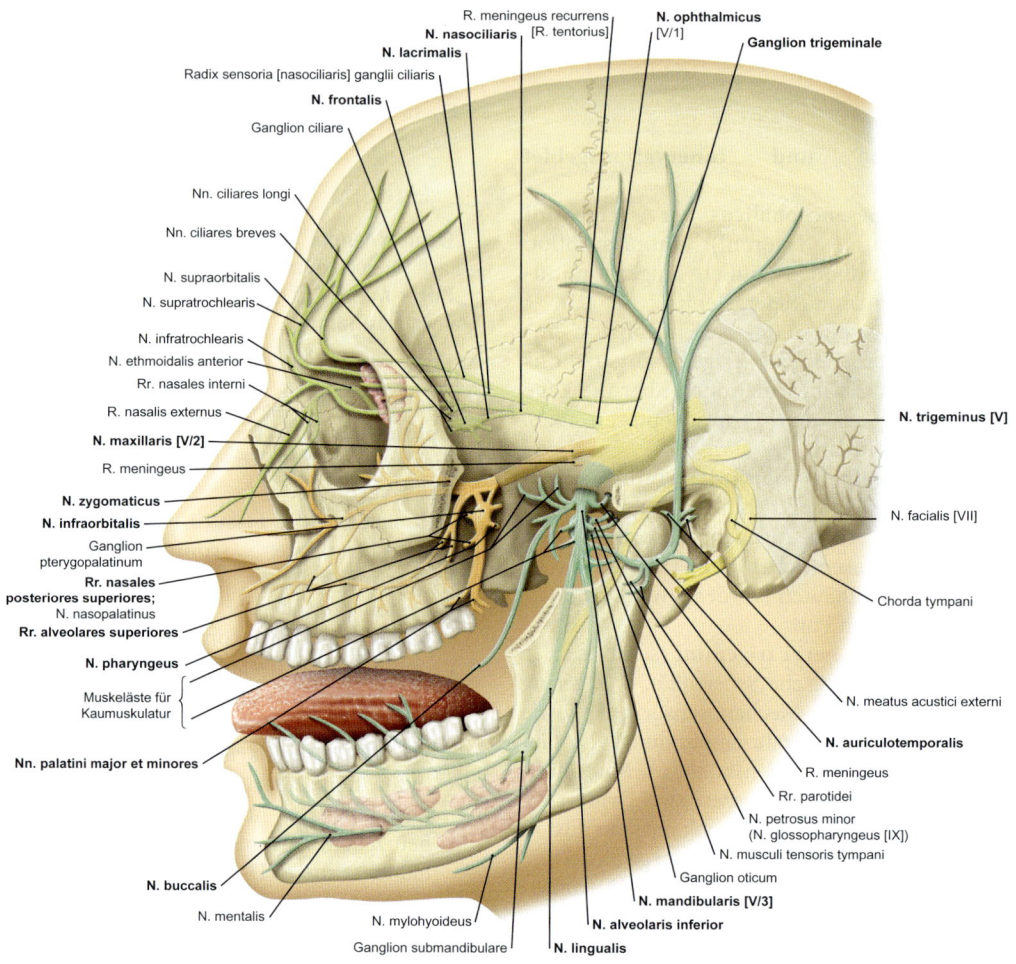

Abb. 9.37 N. trigeminus [V], links, Ansicht von lateral. [L127]

Foramen infraorbitale zieht und die Haut vom Unterlid bis zum Mundwinkel versorgt. Vor seinem Austritt gibt er Äste für die vorderen und mittleren Oberkieferzähne ab.

N. mandibularis [V/3]:
- Versorgt die Hirnhäute der mittleren Schädelgrube.
- Teilt sich in der **Fossa infratemporalis** in seine Hauptäste.
- Innerviert das **Ganglion oticum,** dessen postganglionäre Fasern der **N. auriculotemporalis** auf seinem Weg zur Schläfe zur Parotis leitet.

- **Muskeläste** innervieren alle Kaumuskeln und die vorderen Mundbodenmuskeln mit ihren Derivaten
  - Der **N. buccalis** innerviert die Wange.
  - Der **N. alveolaris inferior** zieht durch den Canalis mandibulae und innerviert alle Unterkieferzähne sowie nach Austritt aus dem Foramen mentale das Kinn.
  - Der **N. lingualis** innerviert die vorderen zwei Drittel der Zunge und leitet für diese auch die Geschmacksfasern sowie die präganglionären parasympathischen Fasern aus der Chorda tympani, die im Ganglion submandibulare umgeschaltet werden.

> 9.10 Leitungsbahnen   > 9.10.4 Hirnnerven

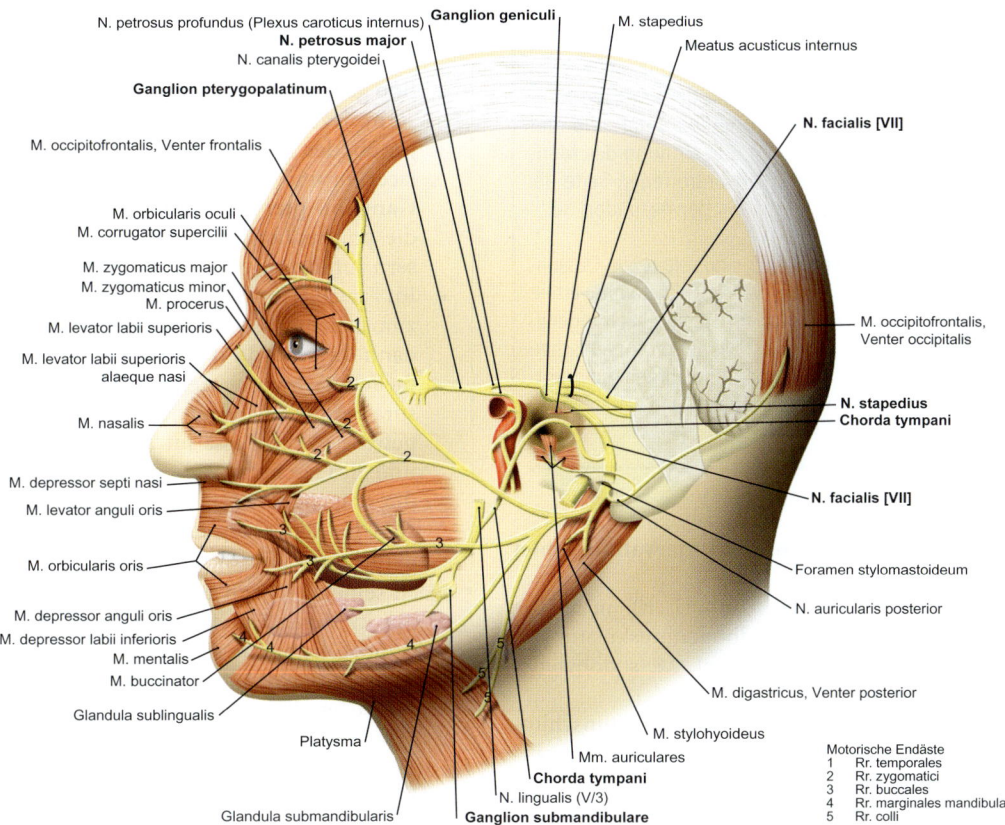

Abb. 9.38 N. facialis [VII], links, Ansicht von lateral. [L127]

Sensorische Innervation des Gesichts durch den N. trigeminus [V] Die Hauptstämme innervieren das Gesicht in 3 streifenförmigen Arealen:
- Nasenrücken, Oberlid und Stirn: N. ophthalmicus [V/1]
- Unterlid bis Mundwinkel: N. maxillaris [V/2]
- Unterlippe, Kinn und Schläfe: N. mandibularis [V/3]

Identifikation am Präparat Eintritt in die Duratasche, Hauptäste des N. ophthalmicus [V/1] in der Orbita, N. maxillaris [V/2] von medial am Foramen rotundum, N. mandibularis [V/3] von lateral am Foramen ovale.

Merke

Der N. trigeminus [V] ist der sensorische Gesichtsnerv. Nur sein N. mandibularis [V/3] besitzt auch motorische Fasern für die Kaumuskulatur. Alle Hauptstämme, besonders aber der N. maxillaris [V/2], dienen als Leitschienen für parasympathische Fasern auf deren Weg von und zu den Kopfganglien.

Klinik

Der N. trigeminus [V] vermittelt wichtige **Schutzreflexe** wie den Kornealreflex (Lidschlussreflex), Tränenreflex und Niesreflex.

Läsion des N. trigeminus [V]

Bei der **Trigeminusneuralgie** kommt es zu einschießenden Schmerzen im Innervationsgebiet des betroffenen Hauptstamms. Ebenso betrifft die **Gürtelrose** (Herpes zoster) bei Beteiligung des Gesichts die einzelnen Innervationsgebiete, was diagnostisch hilfreich ist. Neben einer nachfolgenden Neuralgie besteht die Hauptgefahr in der Erblindung, da die Viren zu einer Trübung der Kornea führen können.

Kopf

> Wenn bei **Schädelbasisbrüchen** einzelne Hauptstämme geschädigt werden, ist im jeweiligen streifenförmigen Areal die Empfindung reduziert. Bei Läsion des N. mandibularis [V/3] ist die Kraft der Kau- und Mundbodenmuskulatur herabgesetzt und der Masseterreflex beeinträchtigt. Bei Öffnung des Mundes weicht der Unterkiefer zur betroffenen Seite ab, da der M. pterygoideus lateralis der gesunden Seite überwiegt.
> Bei einer Läsion im Kerngebiet sind selten alle Qualitäten betroffen, da die Kerne weit im Hirnstamm verteilt sind. Wenn nur Teile des Nucleus spinalis nervi trigemini betroffen sind, sind die Ausfälle der protopathischen Sensorik und Schmerz-/Temperaturwahrnehmung entsprechend der konzentrisch um den Mund verlaufenden SÖLDER-Linien nachweisbar.

N. facialis [VII]

Hirnnervenkerne und Innervationsgebiet (▶ Abb. 9.35)

- **Nucleus nervi facialis** (motorisch): mimische Muskulatur, hintere Mundbodenmuskulatur (M. digastricus (Venter posterior), M. stylohyoideus), M. stapedius.
  Der Kern liegt im Pons. Seine Fasern umschlingen vor dem Austritt den Abduzenskern (= **inneres Fazialisknie**).
  - **Nucleus salivatorius superior** (parasympathisch): Tränen-, Nasen-, Gaumen-, Rachendrüsen (Umschaltung im Ganglion pterygopalatinum). Glandula submandibularis und Glandula sublingualis (Umschaltung im Ganglion submandibulare).
    Der Kern liegt auch im Pons.
- **Nucleus tractus solitarii** (sensorisch, 2. Neuron): Geschmacksempfindung der Zunge (vordere zwei Drittel).
  Der Kern liegt in der Medulla oblongata.
- **Nucleus spinalis nervi trigemini** (sensorisch, 2. Neuron): Ohrmuschel und äußerer Gehörgang.
  Der Kern liegt in der Medulla oblongata.

Austritt aus dem Gehirn (▶ Abb. 9.34) Kleinhirnbrückenwinkel.

Durchtritt durch die Schädelbasis (▶ Abb. 9.34) Porus acusticus internus – Fazialiskanal – Foramen stylomastoideum.

Verlauf und wichtigste Äste (▶ Abb. 9.38) Beim N. facialis [VII] ist die genaue **Astabfolge** relevant:

- Am Ende des inneren Gehörgangs wendet sich der N. facialis [VII] nach hinten lateral (= **äußeres Fazialisknie**), wo auch das **Ganglion geniculi** (1. Neuron der sensorischen Fasern) liegt. Hier gibt er den **N. petrosus major** ab, der nach ventral durch das Foramen lacerum und den Canalis pterygoideus zum **Ganglion pterygopalatinum** zieht und ihm die präganglionären parasympathischen Fasern zuführt.
- Im Fazialiskanal gibt er erst den **N. stapedius** zum gleichnamigen Muskel im Mittelohr und dann die **Chorda tympani** ab, die im Trommelfell nach vorne zieht, wo sie über die Fissura petrotympanica und die Fissura sphenopetrosa in die Fossa infratemporalis gelangt und die Geschmacksfasern für die Zunge und die präganglionären parasympathischen Fasern für das **Ganglion submandibulare** an den N. lingualis übergibt.
- Nach seinem Austritt aus der Schädelbasis teilt er sich in **Muskeläste** für die hinteren Mundboden- und Ohrmuschelmuskeln und bildet in der Parotis den **Plexus intraparotideus,** der mit einzelnen Ästen die gesamte mimische Muskulatur und das Platysma innerviert.

Identifikation am Präparat Von der Parotis ist der Nerv bis zum Foramen stylomastoideum zurückzuverfolgen.

> **Merke**
>
> Der N. facialis [VII] ist der motorische Gesichtsnerv. Daneben vermittelt er die Geschmacksempfindung von den vorderen zwei Dritteln der Zunge und führt parasympathische Fasern zur Innervation von Tränen-, Nasen-, Gaumen- und Rachendrüsen sowie für große Speicheldrüsen (Glandula submandibularis und Glandula sublingualis).

> **Klinik**
>
> **Läsion des N. facialis [VII]**
>
> Bei einer **zentralen Fazialisparese,** z. B. durch Ischämie oder Blutung in der Capsula interna, ist aufgrund des gekreuzten Verlaufs der kortikonukleären Fasern die **kontralaterale untere Gesichtshälfte** betroffen. Da die Abschnitte des Nucleus nervi facialis für den M. orbicularis oculi und die mimische Muskulatur der Stirn bilateral angesteuert werden, kann das Auge noch geschlossen und die Stirn gerunzelt werden.

Im Gegensatz dazu ist bei der **peripheren Fazialisparese** die gesamte **ipsilaterale Gesichtshälfte** gelähmt, wobei die größte Gefahr in der Austrocknung des Auges durch mangelnden Lidschluss besteht. Bei der häufigsten **idiopathischen Läsion,** bei der man keine Ursache findet, bei **Borreliose** (durch von Zecken übertragene Bakterien ausgelöst), bei Läsion im Nucleus nervi facialis oder inneren Fazialisknie **(Ischämie, Blutung, Tumor)** und nach Austritt aus dem Foramen stylomastoideum, z. B. bei einer **Schädelbasisfraktur** oder einem **Parotistumor,** sind nur motorische Symptome vorhanden. Tritt die Läsion bereits im Mittelohr auf **(Mittelohrentzündung),** kommen durch Beteiligung der Chorda tympani eine Störung der Geschmacksempfindung in der vorderen Zunge sowie Mundtrockenheit hinzu (Ausfall der Speichelsekretion, kann bei Schädigung im Trommelfell auch isoliert auftreten), bei Beteiligung des N. stapedius noch eine Hyperakusis (Geräusche werden als unangenehm laut empfunden). Nur bei einer proximalen Läsion am Kleinhirnbrückenwinkel oder im inneren Gehörgang, z. B. durch ein **Akustikusneurinom,** ist auch der N. petrosus major betroffen, was sich besonders durch Ausfall der Tränensekretion mit einem trockenen Auge äußert.

Zur Diagnostik kann man zusammenfassend sagen, dass zunächst zwischen einer zentralen und einer peripheren Läsion unterschieden werden muss, da eine zentrale Läsion meist im Rahmen eines Schlaganfalls eine schnelle Therapie erfordert. Bei der peripheren Läsion kann man dann die Ursachen anhand einer genauen Prüfung der Ausfallserscheinungen eingrenzen **(Topodiagnostik).**

Gruppe der komplexen Eingeweidenerven
- N. glossopharyngeus [IX]
- N. vagus [X]

N. glossopharyngeus [IX]
Hirnnervenkerne und Innervationsgebiet (▶ Abb. 9.35)
- **Nucleus ambiguus** (motorisch): Muskulatur von Gaumen und Pharynx.
  Der Kern liegt in der Medulla oblongata.
  - **Nucleus salivatorius inferior** (parasympathisch): Parotis, Umschaltung im Ganglion oticum. Der Kern liegt ebenfalls in der Medulla oblongata.
  - **Nucleus tractus solitarii** (sensorisch, 2. Neuron): Geschmack (hinteres Drittel der Zunge), Gaumenmandeln, Blutdruck (Sinus caroticus), Blutgase (Glomus caroticum).
    Der Kern liegt in der Medulla oblongata.
  - **Nucleus spinalis nervi trigemini** (sensorisch, 2. Neuron): Dura mater (hinteres Drittel).
    Der Kern liegt in der Medulla oblongata.

Austritt aus dem Gehirn (▶ Abb. 9.34) Sulcus retroolivaris der Medulla oblongata.

Durchtritt durch die Schädelbasis (▶ Abb. 9.39) Foramen jugulare.

Verlauf und wichtigste Äste (▶ Abb. 9.39)
- Innerviert die Hirnhäute der hinteren Schädelgrube.
  - Direkt unter dem Foramen jugulare liegen die **Ganglia superius und inferius** (1. Neuron der sensorischen Fasern).
- Der **N. tympanicus** steigt durch den Canaliculus tympanicus in der Fossula petrosa ins Mittelohr auf, dort setzt sich der **N. petrosus minor** nach ventral durch die Fissura sphenopetrosa zum **Ganglion oticum** fort (JACOBSON-Anastomose),
- lagert sich an den M. stylopharyngeus an (Leitmuskel) und
- bildet zusammen mit dem N. vagus [X] den **Plexus pharyngeus** und innerviert mit eigenen Ästen sensorisch Zungenwurzel und Gaumenmandeln sowie motorisch die Muskulatur von Gaumen und Pharynx.
- Sensorische Äste versorgen **Sinus und Glomus caroticum.**

Identifikation am Präparat Am M. stylopharyngeus (Leitmuskel!).

N. vagus [X]
Hirnnervenkerne und Innervationsgebiet (▶ Abb. 9.35)
- **Nucleus ambiguus** (motorisch): Muskulatur von Pharynx und Larynx sowie Gaumensegel. Der ventrale Anteil ist parasympathisch und enthält die kardioinhibitorischen Neurone.
  Der Kern liegt in der Medulla oblongata.
- **Nucleus dorsalis nervi vagi** (parasympathisch): Pharynx, Larynx, Lunge, Oesophagus, Gastrointestinaltrakt bis zur linken Kolonflexur (CANNON-BÖHM-Punkt), die Umschaltung erfolgt organnah in den Ganglien der jeweiligen Plexus. Der Kern liegt ebenfalls in der Medulla oblongata.
- **Nucleus tractus solitarii** (sensorisch, 2. Neuron): Geschmack (Zungengrund), Schleimhäute der innervierten Organe.
  Der Kern liegt in der Medulla oblongata.

Kopf

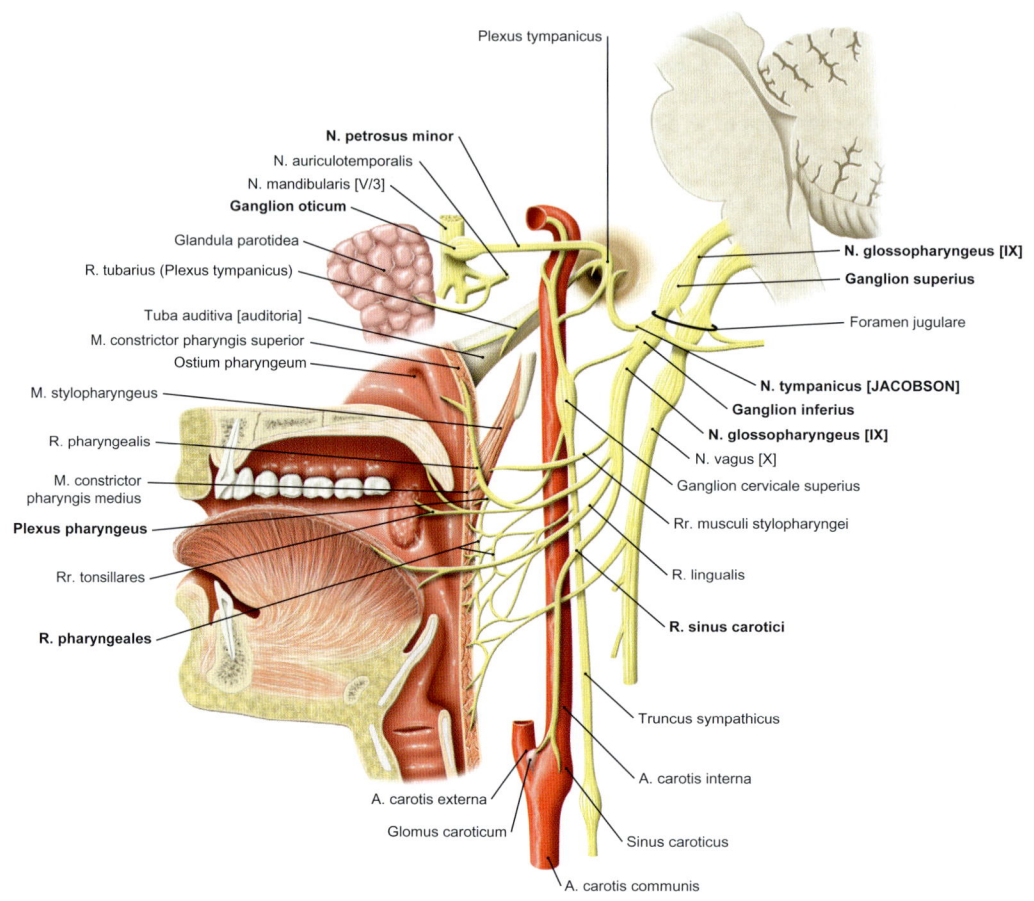

Abb. 9.39 N. glossopharyngeus [IX], links, Ansicht von lateral. [L127]

- **Nucleus spinalis nervi trigemini** (sensorisch, 2. Neuron): äußerer Gehörgang, Dura mater (hinteres Drittel).
  Der Kern liegt in der Medulla oblongata.
  Austritt aus dem Gehirn (▶ Abb. 9.34) Sulcus retroolivaris der Medulla oblongata.
  Durchtritt durch die Schädelbasis (▶ Abb. 9.40) Foramen jugulare.
  Verlauf und wichtigste Äste (▶ Abb. 9.40) Der N. vagus [X] ist der einzige Hirnnerv, der sich über das Gebiet von Kopf und Hals hinaus bis in den Oberbauch erstreckt.
- Innerviert die Hirnhäute der hinteren Schädelgrube.
- Direkt unter dem Foramen jugulare liegen das **Ganglion superius und das Ganglion inferius** (1. Neuron der sensorischen Fasern).

- Der **N. auricularis** steigt durch den Canaliculus mastoideus in der Fossa jugularis in den äußeren Hörgang auf, den er mit einem angrenzenden Teil der Ohrmuschel innerviert.
- Bildet zusammen mit dem N. glossopharyngeus [IX] den **Plexus pharyngeus** und innerviert mit eigenen Ästen den Zungengrund und motorisch die Muskulatur von Pharynx und Gaumensegel.
  - Der **N. laryngeus superior** versorgt den Kehlkopf und dessen einzigen äußeren Muskel (M. cricothyroideus).
  - Der **N. laryngeus recurrens** zieht rechts um die A. subclavia und links um den Aortenbogen, steigt zwischen Oesophagus und Trachea auf und versorgt den Kehlkopf mit allen inneren Muskeln sowie parasympathisch Oesophagus, Trachea und Schilddrüse.

▶ 9.10 Leitungsbahnen ▶ 9.10.4 Hirnnerven

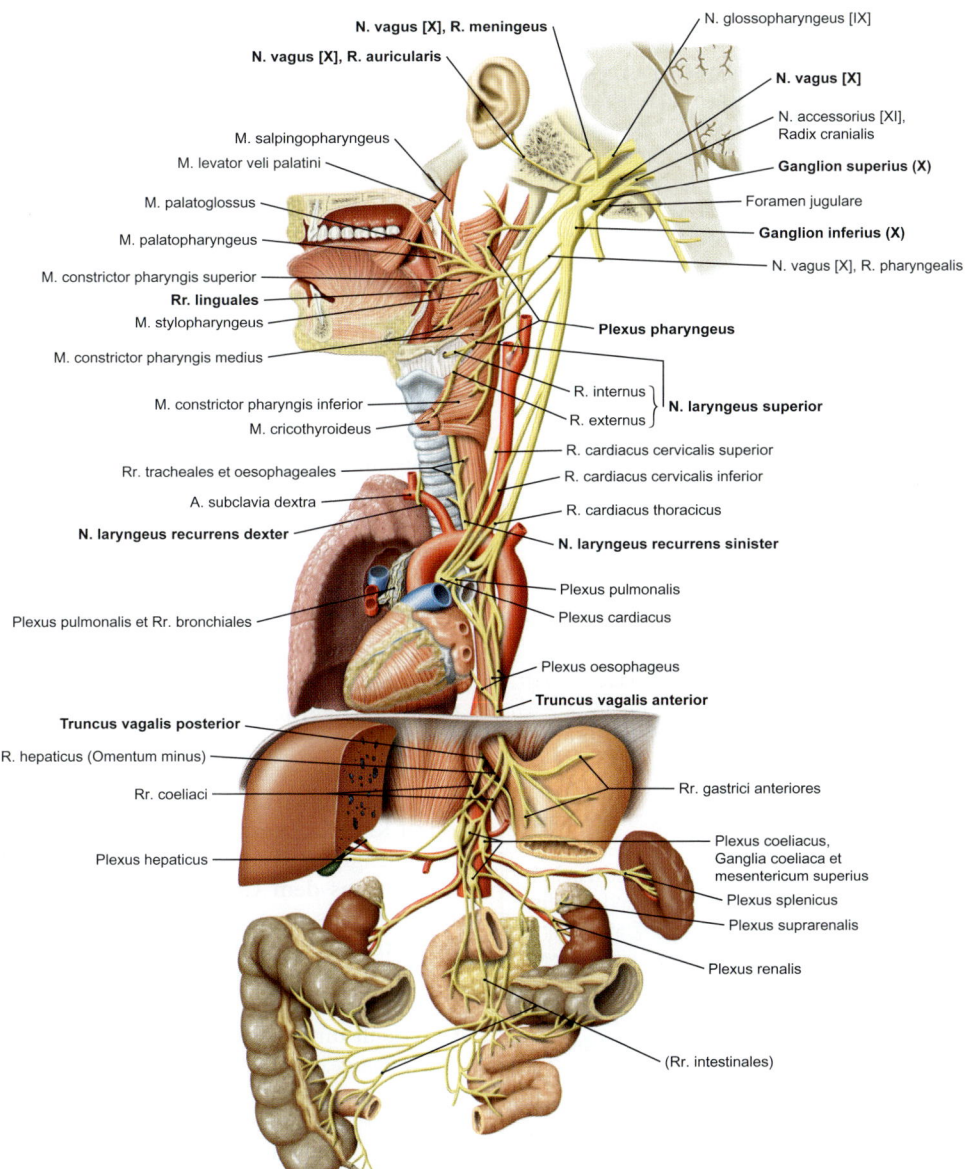

Abb. 9.40 N. vagus [X], links, Ansicht von lateral. [L127]

- Parasympathische **kardioinhibitorische Äste** ziehen zum Herz und **bronchiale Äste** zur Lunge, wo sie eine Bronchiokonstriktion vermitteln.
- Der N. vagus [X] verläuft am Hals in der **Vagina carotica,** tritt dann durch die obere Thoraxapertur hinter den Lungenstiel und an den Oesophagus heran, mit dem er in Form der **Trunci vagalis anterior und posterior** durch das Zwerchfell tritt (**Hiatus oesophageus**).

- Über direkte Äste zu Magen und Pancreas sowie über **Plexus coeliacus** und **Plexus mesentericus superior** innerviert er parasympathisch die Organe des Oberbauchs und den Dickdarm bis zur linken Kolonflexur.

Identifikation am Präparat In der Vagina carotica.

Kopf

> **Merke**
>
> Der **N. vagus [X]** ist der wichtigste parasympathische Nerv, innerviert motorisch Rachen und Kehlkopf und vermittelt Empfindungen aus dem Zungengrund und den Schleimhäuten der verschiedenen Organe.
> Er zieht von der Schädelbasis im Parapharyngealraum und in der Vagina carotica am Hals und gelangt hinter der Lungenwurzel ins hintere Mediastinum. Er bildet ein Geflecht um den Oesophagus und tritt mit seinen Trunci vagales durch das Zwerchfell zum Plexus coeliacus. Seine Nervenfasern erreichen über die Geflechte auf der Aorta den Endpunkt seines Innervationsgebiets an der linken Kolonflexur.

> **Klinik**
>
> N. glossopharyngeus [IX] und N. vagus [X] vermitteln den **Schluck- und Würgereflex,** durch Pressorezeptoren des Sinus caroticus zusätzlich den **Baroreflex** der Blutdruckregulation.
>
> **Läsion des N. glossopharyngeus [IX] und des N. vagus [X]**
>
> Bei Schädelbasisbrüchen, Hirnhautentzündung oder Hirntumoren oft zusammen mit N. accessorius [XI], da alle drei Nerven durch das Foramen jugulare austreten. Bei Läsion des N. glossopharyngeus [IX] und des N. vagus [X] kommt es zur Schluckstörung und zum Ausfall des Würgereflexes, das Gaumensegel ist zur **gesunden** Seite verzogen **(Kulissenphänomen).** Spezifisch für den N. glossopharyngeus [IX] kommen **Mundtrockenheit** (verminderte Speichelproduktion) und **Verlust der Geschmacksempfindung** an der Zungenwurzel (besonders für die Empfindung „bitter" hinzu). Spezifisch für den N. vagus [X] sind die **Heiserkeit und Luftnot** bei Belastung (Ausfall der Kehlkopfinnervation). Bei beidseitiger Läsion kommt es zu schwerer Störung von Verdauung, Atmung und Kreislauf (Tachykardie!). Das tritt allerdings fast nie auf.
> Wichtiger sind die Schädigung einzelner Äste des N. vagus [X]: Eine Reizung des R. auricularis (thermisch oder durch **Fremdkörper im äußeren Gehörgang**) kann Bradykardie und Bewusstlosigkeit verursachen. Der N. laryngeus recurrens kann bei **Schilddrüsenoperationen** geschädigt werden mit Heiserkeit und Luftnot, die bei beidseitiger Schädigung zum Ersticken führen kann.

Gruppe der einfachen motorischen Nerven
- N. accessorius [XI]
- N. hypoglossus [XII]

N. accessorius [XI]

Hirnnervenkerne und Innervationsgebiet (▶ Abb. 9.35)
- **Nucleus ambiguus** (motorisch): Die kraniale Wurzel schließt sich dem N. vagus [X] an.
- **Nucleus nervi accessorii** (motorisch): Fasern bilden die spinale Wurzel, die den M. sternocleidomastoideus und den N. trapezius innerviert. Der Kern liegt im zervikalen Rückenmark.

Austritt aus dem Gehirn (▶ Abb. 9.34) Sulcus retroolivaris der Medulla oblongata.
Durchtritt durch die Schädelbasis (▶ Abb. 9.40) Foramen jugulare.
Verlauf und wichtigste Äste (▶ Abb. 9.34)
- Die spinalen Fasern treten durch das Foramen magnum ein und vereinigen sich mit den kranialen Fasern.
- Die Muskeläste ziehen zum M. sternocleidomastoideus und durch das laterale Halsdreieck zum M. trapezius.

Identifikation am Präparat Im lateralen Halsdreieck.

N. hypoglossus [XII]

Hirnnervenkerne und Innervationsgebiet (▶ Abb. 9.35)
- **Nucleus nervi hypoglossi** (motorisch): innerviert alle äußeren und inneren Zungenmuskeln. Der Kern liegt paramedian unter dem Boden der Rautengrube in der Medulla oblongata.

Austritt aus dem Gehirn (▶ Abb. 9.34) Sulcus anterolateralis der Medulla oblongata.
Durchtritt durch die Schädelbasis (▶ Abb. 9.34) Canalis nervi hypoglossi.
Verlauf und wichtigste Äste
- Verläuft unter dem M. digastricus bogenförmig zur Zunge.
- Die Fasern von C1–C2 nutzen den Nerv als Leitschiene und bilden dann die Radix superior der Ansa cervicalis und innervieren den M. geniohyoideus.

Identifikation am Präparat Unterhalb des M. digasticus.

> **Klinik**
>
> **Läsion des N. accessorius [XI]**
>
> Bei Schädelbasisbrüchen, Hirnhautentzündung oder Hirntumoren oft zusammen mit N. glossopharyngeus [IX] und N. vagus [X]. Am **häufigsten iatrogen** bei Operation im lateralen Halsdreieck (Lymphknotenentfernung bei Tumoren des Kehlkopfs und der Schilddrüse).

Durch **Schwächung des M. sternocleidomastoideus** sind die Kopfneigung zur gleichen Seite und die Drehung zur Gegenseite eingeschränkt. Wegen der **Schwächung des M. trapezius** ist die Elevation des Arms gestört.

Läsion des N. hypoglossus [XII]

Bei einseitiger Läsion weicht die herausgestreckte **Zunge** wegen Überwiegen der Kraft des M. genioglossus der gesunden Seite **zur betroffenen Seite** ab. Es kommt zu einer Atrophie der Zunge mit Beschwerden bei Schlucken und Sprechen. Bei **Läsion im Kern** treten die Ausfallserscheinungen wegen der paramedianen Lage **oft beidseits auf!**

Die parasympathischen Kopfganglien

In den Kopfganglien werden die präganglionären parasympathischen Neurone aus dem **N. oculomotorius [III]**, **N. facialis [VII]** und dem **N. glossopharyngeus [IX]** synaptisch auf die postganglionären Neurone umgeschaltet (▶ Tab. 9.13). Daher sind die Ganglien als parasympathische Ganglien anzusehen, obwohl auch eine sympathische und eine sensorische Wurzel vorhanden sind, deren Fasern allerdings die Ganglien nur durchqueren. Diese Fasern stammen aus dem oberen Halsganglion des sympathischen Grenzstrangs (postganglionär!) und gelangen mit den Geflechten um die Äste der Aa. carotis externa und interna zum Kopf, die sensorischen Fasern gehen aus den Ästen des N. trigeminus [V] hervor.

Tab. 9.13 Parasympathische Kopfganglien

Ganglion	Präganglionäre Neurone	Postganglionäre Neurone
Ganglion ciliare (in der Orbita)	Nucleus oculomotorius accessorius (über N. oculomotorius [III])	M. sphincter pupillae, M. ciliaris (als Nn. ciliares breves)
Ganglion pterygopalatinum (in der Fossa pterygopalatina)	Nucleus salivatorius superior (über N. facialis [VII]: N. petrosus major)	Tränen-, Nasen-, Gaumen- und Rachendrüsen (über Äste des N. maxillaris [V/2])
Ganglion oticum (in der Fossa infratemporalis)	Nucleus salivatorius inferior (über N. glossopharyngeus [IX]: N. petrosus minor)	Parotis (über N. auriculotemporalis)
Ganglion submandibulare (an Glandula submandibularis)	Nucleus salivatorius superior (über N. facialis [VII]: Chorda tympani und N. lingualis)	Glandula submandibularis und sublingualis, Zungendrüsen (über N. lingualis)

10 ZNS und Sinnesorgane

Stefanie Kürten

10.1	Übersicht	324
10.2	Gliederung des ZNS	324
10.3	Meningen (Hirnhäute)	325
10.3.1	Dura mater	325
10.3.2	Arachnoidea	326
10.3.3	Pia mater	327
10.4	Ventrikelsystem und Liquor cerebrospinalis	328
10.4.1	Ventrikelsystem	328
10.4.2	Liquor cerebrospinalis	330
10.5	Cortex	330
10.5.1	Gliederung des Cortex	330
10.5.2	Arterielle Blutgefäßversorgung des Cortex	331
10.6	Venen des ZNS	335
10.6.1	Vv. superficiales cerebri	335
10.6.2	Vv. profundae cerebri	335
10.6.3	Sinus cavernosus	336
10.7	Rückenmark	336
10.7.1	Aufbau und Lage des Rückenmarks	336
10.7.2	Wichtige Nervenfaserbahnen des Rückenmarks	338
10.7.3	Pyramidenbahn	338
10.7.4	Spinothalamische Bahnen	340
10.7.5	Hinterstrangbahn	341
10.7.6	Spinozerebelläre Bahnen	342
10.7.7	Blutgefäßversorgung des Rückenmarks	342
10.8	Orbita und Sehbahn	343
10.8.1	Orbitainhalt	343
10.8.2	Sehbahn	343
10.8.3	Visuelle Reflexe	344
10.9	Innenohr, Gleichgewichtssinn und Hörbahn	346
10.9.1	Innenohr	346
10.9.2	Gleichgewichtsbahn	347
10.9.3	Hörbahn	348

IMPP-Hits

Folgende Themenkomplexe wurden bisher besonders häufig vom IMPP gefragt (Top Ten):
- Begrenzung der Seitenventrikel
- Begrenzung des III. Ventrikels
- Verbindungen zwischen dem inneren und äußeren Liquorraum/Granulationes arachnoideae
- Vergleich Epidural-, Subdural- und Subarachnoidalblutung
- Inhalt des Sinus cavernosus
- Versorgungsgebiete der Hirnarterien
- Begriff der Mantelkante/Homunkulus
- Rückenmarksbahnen, insbesondere der Epikritik und Protopathik
- Sehbahn
- Hörbahn

ZNS und Sinnesorgane

10.1 Übersicht

Das **zentrale Nervensystem (ZNS)** setzt sich aus **Gehirn** und **Rückenmark** zusammen. Die Aufgabe des ZNS besteht in der Reizaufnahme, -verarbeitung und der adäquaten Reaktion auf den entsprechenden Reiz. Unterschiedliche anatomisch und funktionell einzigartige Bereiche müssen dabei zusammenarbeiten. Ziel dieses Kapitels ist nicht eine detaillierte neuroanatomische Beschreibung der Topografie und Funktionen des ZNS. Vielmehr soll eine makroskopische Übersicht besonders über die prüfungsrelevanten Inhalte gegeben werden. Dabei liegt der Schwerpunkt auf den Hirnhäuten, dem Aufbau des inneren und äußeren Liquorraums mit seinen topografischen Lagebeziehungen, den Versorgungsgebieten der 3 großen Hirnarterien, Landmarken des venösen Abflusses, Hirnblutungstypen sowie auf den großen Rückenmarksbahnen. Darüber hinaus soll für die einzelnen neuroanatomischen Strukturen die jeweilige klinische Relevanz verdeutlicht werden. Bei den Sinnesorganen liegt der Schwerpunkt auf dem Verlauf der Seh- und Hörbahn. Ebenfalls wird der Inhalt der Orbita sowie des Innenohrs zusammengefasst.

10.2 Gliederung des ZNS

Das ZNS lässt sich in die folgenden Abschnitte untergliedern (▶ Abb. 10.1):
- **Gehirn (Cerebrum) mit den Abschnitten:**
  - Telencephalon (Endhirn)
  - Diencephalon (Zwischenhirn)
  - Mesencephalon (Mittelhirn)
  - Pons (Brücke)
  - Medulla oblongata (Myelencephalon; verlängertes Mark)
- **Kleinhirn (Cerebellum)**
- **Rückenmark (Medulla spinalis)**

Bedingt durch die Untergliederung der embryonalen Vorläuferstrukturen des Gehirns, den Hirnbläschen, werden **Telencephalon** und **Diencephalon** gemeinsam auch als **Prosencephalon** bezeichnet, **Pons** und **Cerebellum** werden als **Metencephalon** zusammengefasst und **Met-** und **Myelencephalon** bilden gemeinsam das **Rhombencephalon**.
Sämtliche Strukturen des Nervensystems, die außerhalb des ZNS liegen, gehören zum **peripheren Nervensystem (PNS)**.
Die Lagebezeichnungen im ZNS orientieren sich an 2 für das ZNS spezifischen Achsen, der **FOREL-Achse** und der **MEYNERT-Achse** (▶ Abb. 10.1).

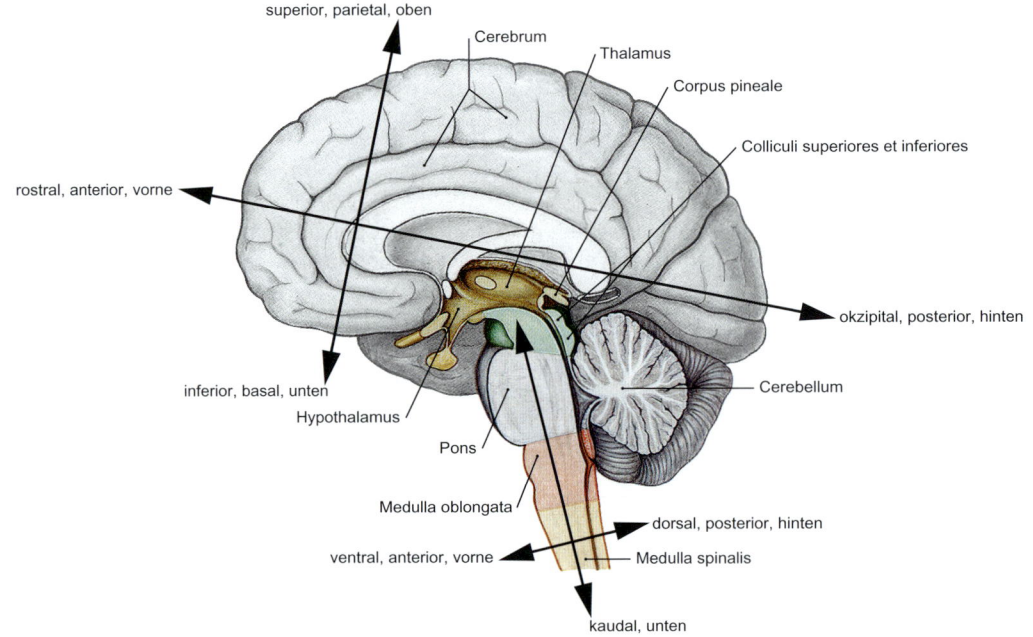

Abb. 10.1 Richtungs- und Lagebezeichnungen an ZNS und Rückenmark. [S007-3-23]

Die FOREL-Achse verläuft durch Tel- und Diencephalon. An ihr lässt sich eine rostrale/anteriore, okzipitale/posteriore, superiore/parietale sowie eine inferiore/basale Orientierung unterscheiden. Die MEYNERT-Achse verläuft längs durch den Hirnstamm. Mithilfe dieser Achse lassen sich eine ventrale/anteriore, dorsale/posteriore, kraniale und kaudale Orientierung festmachen.

Neben dieser topografischen Einteilung des ZNS ist auch eine **funktionelle Gliederung** möglich (▶ Abb. 10.2). Diese bezieht sich darauf, ob neuronale Erregungen dem ZNS zugeleitet (**Afferenzen**) oder vom ZNS in die Peripherie weggeleitet werden (**Efferenzen**). Darüber hinaus lassen sich Reize bzw. Effektorfunktionen unterscheiden, die ins Bewusstsein gelangen bzw. bewusst ausgeführt werden (**somatisches Nervensystem**), im Vergleich zu Reizen bzw. Effektorfunktionen, die unbewusst bleiben (**autonomes/vegetatives Nervensystem**).

10.3 Meningen (Hirnhäute)

Das ZNS ist von außen von den Meningen (Hirnhäuten) umgeben. Von außen nach innen sind dies die (▶ Abb. 10.3):
- Dura mater
- Arachnoidea mater
- Pia mater

Die Dura mater wird auch als Pachymeninx bezeichnet, Arachnoidea und Pia mater werden aufgrund ihres gemeinsamen embryologischen Ursprungs auch als Leptomeninx zusammengefasst (▶ Abb. 10.3).

10.3.1 Dura mater

Die Dura mater ist eine Schicht aus straffem geflechtartigem Bindegewebe. Es ist unmöglich, sie mit der Hand zu zerreißen. Im Schädel ist sie mit dem inneren Periost des Schädelknochens verwachsen. Im Rückenmark hingegen gibt es einen **Epiduralraum** zwischen Dura mater und Periost, der mit Fettgewebe und einem Venengeflecht, dem Plexus venosus vertebralis internus, gefüllt ist. Die Dura mater wird über 3 Arterien versorgt:

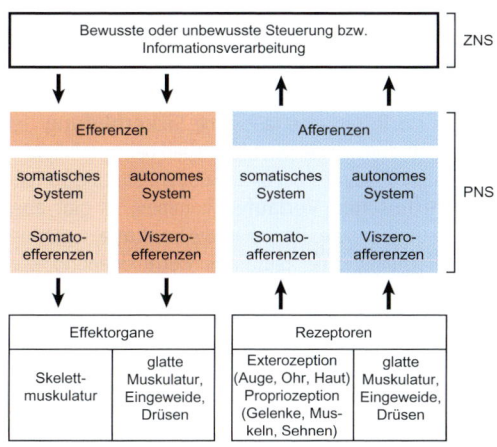

Abb. 10.2 Funktionelle Gliederung des Nervensystems. [L126]

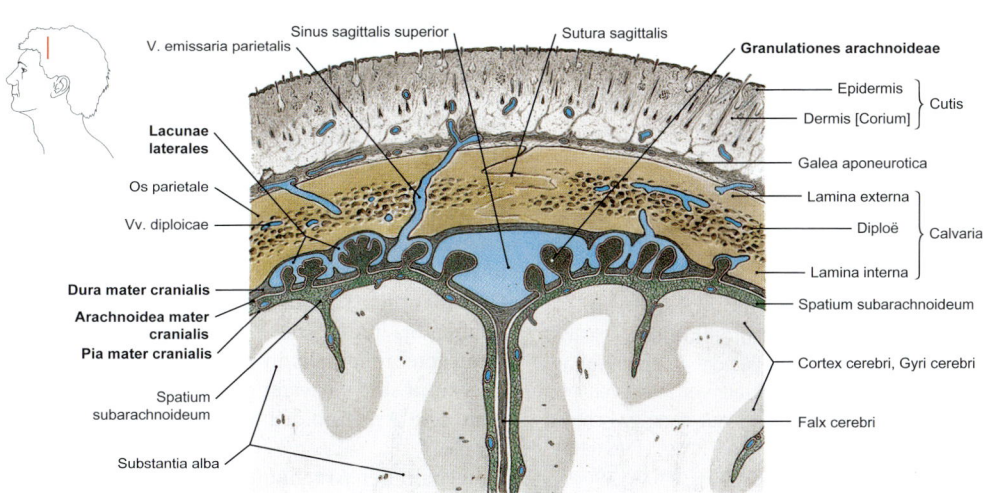

Abb. 10.3 Hirnhautverhältnisse des Menschen. [S007-3-23]

- A. carotis interna → A. ethmoidalis anterior → **R. meningeus anterior** (Schädeldurchtrittsstelle: Lamina cribrosa)
- A. carotis externa → A. maxillaris → **A. meningea media** (Schädeldurchtrittsstelle: Foramen spinosum)
- A. carotis externa → A. pharyngea ascendens → **A. meningea posterior** (Schädeldurchtrittsstelle: Foramen jugulare)

Darüber hinaus gibt es noch eine A. meningea centralis aus der A. carotis interna sowie 2 Rr. meningei aus der A. vertebralis sowie aus der A. occipitalis.

> **Klinik**
>
> Die Dura mater wird sensorisch durch mehrere Rr. meningei innerviert. Diese willkürliche und damit bewusste Innervation ist die neuroanatomische Grundlage der **schmerzhaften Nackensteifigkeit**, die z. B. bei einer Meningitis durch Reizung der Hirnhäute vorliegt.

Teilweise spaltet sich die Dura mater in eine **Lamina interna** und **Lamina externa** auf. Die Lamina externa heftet dabei fest am Schädelknochen, wohingegen sich die Lamina interna ablöst und die folgenden Strukturen bildet:
- Abdeckung der Sinus durae matris
- Cavum trigeminale für das Ganglion trigeminale
- Diaphragma sellae über der Fossa hypophysialis
- Falx cerebelli
- Falx cerebri
- Tentorium cerebelli

> **Merke**
>
> Von den Sinus durae matris zu unterscheiden sind die **Brückenvenen.** Diese verlaufen von der Hirnoberfläche zu den Sinus und durchqueren dabei den Subarachnoidalraum und die Arachnoidea.

> **Klinik**
>
> **Epiduralblutung**
>
> Klinisch wichtig sind in diesem Zusammenhang die **intrakraniellen Blutungen.** Die **Epiduralblutung** entsteht am häufigsten bei einer Blutung aus der **A. meningea media,** die meist durch ein Schädeltrauma in ihrem Verlauf abgerissen wird. Arterielles Blut gelangt dann zwischen Dura mater und Periost im Bereich des Schädels. Dies führt zur Verdrängung intrakranieller Strukturen und bei anhaltender Blutung zur Steigerung des intrakraniellen Drucks.

Dabei kann es zur Mittellinienverlagerung kommen. Die Blutung hat typischerweise in der Schnittbilddiagnostik, z. B. mit Computertomografie (CT), eine **bikonvexe** Form. Ohne Ausräumung des Hämatoms ist dieser Blutungstyp lebensbedrohlich. Charakteristisch ist das sog. **freie Intervall.** Nach anfänglicher Bewusstlosigkeit erlangt der Patient für eine kurze Zeit das Bewusstsein wieder, bevor es zu einer kompletten Eintrübung kommt. Zeichen des erhöhten Hirndrucks ist eine erweiterte Pupille (Mydriasis) durch Druck des N. oculomotorius [III] gegen die knöcherne Kante des Clivus (Klivuskantensyndrom).

Subduralblutung

Von der Epiduralblutung abzugrenzen ist die **Subduralblutung.** Besonders durch die (altersbedingte) Abnahme des Hirnparenchyms werden die Brückenvenen relativ betrachtet länger. Somit steigt die Gefahr, dass sie reißen. Durch den venösen Charakter der Blutung handelt es sich bei dem dann entstehenden Subduralhämatom i. d. R. um eine langsame **Sickerblutung.** Im Gegensatz zum akuten Krankheitsbild bei einem Epiduralhämatom kann es bei einer Subduralblutung zu langen **chronischen Verläufen** kommen, es gibt aber auch akute Verläufe. Typisch ist die **konkave,** sichelförmige Erscheinung der Blutung in der Bildgebung. Das chronische Subduralhämatom zeigt sich klinisch v. a. durch Kopfschmerzen, schleichende neurologische Defizite (u. a. auch Persönlichkeitsveränderungen) und Anfälle (▶ Abb. 10.4).

10.3.2 Arachnoidea

Die Arachnoidea lässt sich als System aus Meningealzellen-Lamellen und zarten Kollagenfasern beschreiben, die Trabekel (Trabeculae) bilden. Diese Trabekel geben der Arachnoidea ihr feines spinngewebsartiges Aussehen und verbinden sie mit der Pia mater. Im Bereich des Gehirns weist die Arachnoidea als Besonderheit zottenartige Fortsätze, die **Granulationes arachnoideae,** auf. Erreichen diese Fortsätze eine gewisse Größe, können sie Abdrücke in der Schädelkalotte hinterlassen (PACCHIONI-Granulationen). Die Granulationes arachnoideae reichen bis in die Sinus durae matris und geben Liquor cerebrospinalis in das venöse Blut der Sinus ab. Damit sind sie wichtige Orte der **Liquorresorption.** Die Arachnoidea besitzt keine eigenen Blutgefäße.

Unterhalb der Arachnoidea liegt der **Subarachnoidalraum** (▶ Abb. 10.5). In diesem Raum befindet sich der **Liquor cerebrospinalis.** Erweiterungen

▶ 10.3 Meningen ▶ 10.3.3 Pia mater

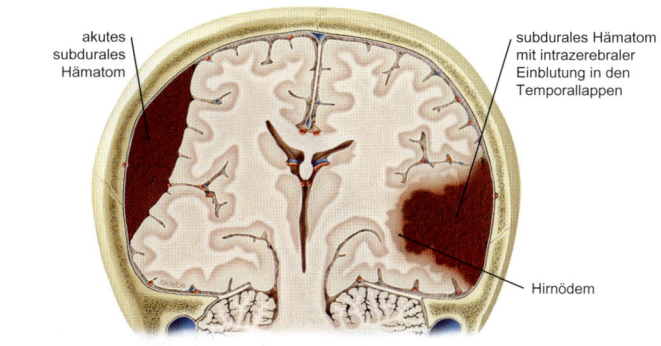

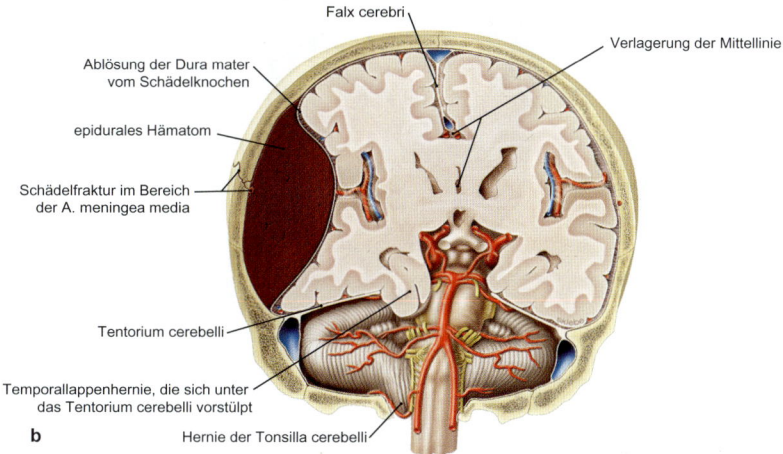

Abb. 10.4 Frontalschnitte durch den Schädel von Personen mit einer a) Subduralblutung oder b) Epiduralblutung. [L238]

des Subarachnoidalraums werden als **Cisternae subarachnoideae** bezeichnet. Folgende Zisternen sind v. a. durch ihre Größe bzw. ihre topografische Lagebeziehung besonders interessant:
- **Cisterna ambiens:** umgibt das Mittelhirn; enthält den N. trochlearis [IV], die A. cerebri posterior und die A. cerebelli superior.
- **Cisterna cerebellomedullaris:** die größte Zisterne; enthält die A. inferior posterior cerebelli; in sie mündet die Apertura mediana des IV. Ventrikels.
- **Cisterna fossae lateralis cerebri:** enthält die A. cerebri media.
- **Cisterna interpeduncularis:** im Bereich der Fossa interpeduncularis des Mesencephalons; enthält den N. oculomotorius [III].
- **Cisterna quadrigeminalis:** dorsal der Vierhügelplatte; enthält den N. trochlearis und die V. magna cerebri.

Die Cisterna interpeduncularis ist ein Abschnitt der **Cisterna basalis,** die sich über die gesamte Hirnbasis erstreckt.

10.3.3 Pia mater

Die Pia mater ist die innerste Schicht der Hirnhäute und folgt der Hirnoberfläche direkt und den großen Blutgefäßen bis in das Gehirn hinein. Die Blutgefäße der Pia mater stehen mit den Blutgefäßen des Gehirns in Verbindung.

Merke

Einen **Epiduralraum** gibt es nur um das Rückenmark, einen **Subarachnoidalraum** dagegen bei **Gehirn und Rückenmark.** Einen **Subduralraum** gibt es **nicht.** Im Schädel kann unter pathologischen Bedingungen eine lokalisierte Trennung der Dura vom Schädel (Epiduralblutung, meist aus der A. meningea media) oder von der Arachnoidea (Subduralblutung aus Brückenvenen) auftreten. Die Lösung der Dura von der dem Gehirn aufliegenden Arachnoidea tritt außerdem postmortal spontan auf.

ZNS und Sinnesorgane

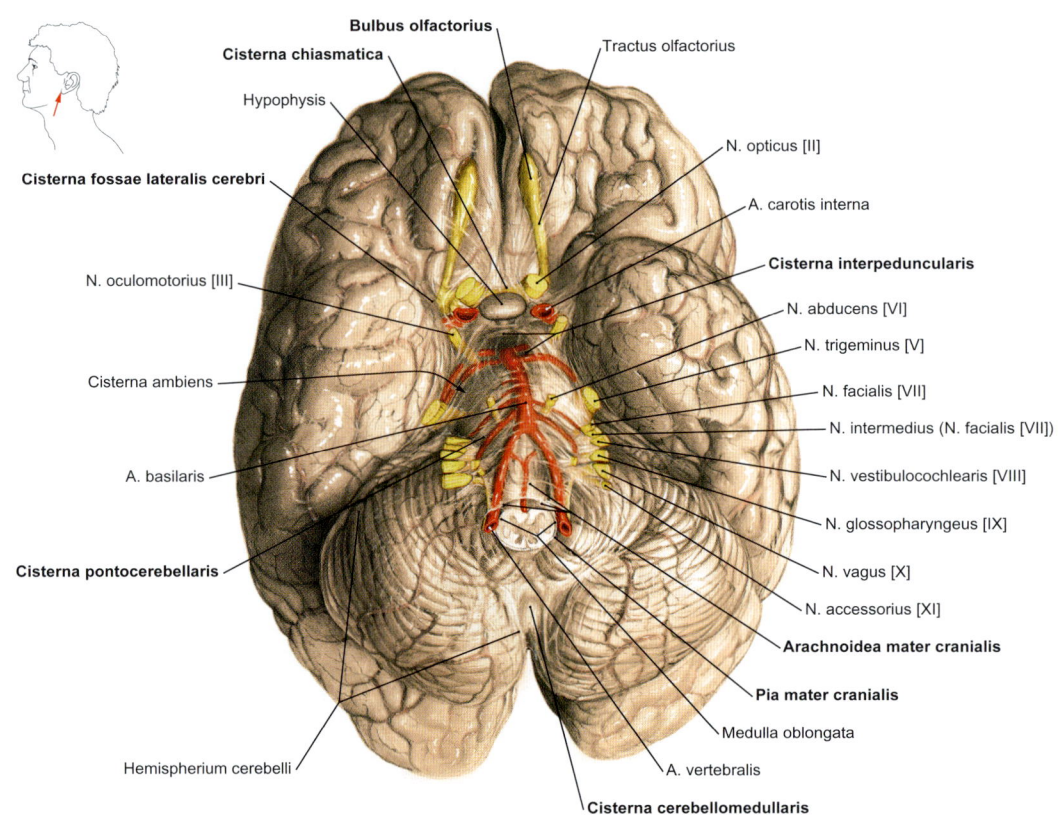

Abb. 10.5 Subarachnoidalraum mit Cisternae arachnoideae. Ansicht von unten. [S007-3-23]

10.4 Ventrikelsystem und Liquor cerebrospinalis

10.4.1 Ventrikelsystem

Es gibt einen **inneren** und einen **äußeren Liquorraum.** Der innere Liquorraum wird durch die **4 Ventrikel** gebildet (I–IV) (▶ Abb. 10.6, ▶ Abb. 10.7, ▶ Abb. 10.8). Diese kommunizieren durch 2 seitliche und eine mediane Öffnung im Bereich des IV. Ventrikels mit dem äußeren Liquorraum, der durch den **Subarachnoidalraum** gebildet wird.
Die 4 Ventrikel lassen sich den folgenden Bereichen des ZNS zuordnen:
- I. und II. Ventrikel (Seitenventrikel): Telencephalon
  – Cornu anterius: Frontallappen
  – Pars centralis: Parietallappen
  – Cornu posterius: Okzipitallappen
  – Cornu inferius: Temporallappen
- III. Ventrikel: Diencephalon
- IV. Ventrikel: Rhombencephalon

Die Verbindungen zwischen den Seitenventrikeln und dem III. Ventrikel sind die **Foramina interventricularia (Foramina MONROI)** an der Grenze zwischen Cornu anterius und Pars centralis. Die Verbindung zwischen dem III. und IV. Ventrikel ist der **Aquaeductus mesencephali,** der sich im Mesencephalon befindet.

> **Merke**
>
> Die **Seitenventrikel** haben eine direkte **Lagebeziehung** zu folgenden Strukturen (▶ Abb. 10.7):
> - Corpus callosum (Dach)
> - Nucleus caudatus (laterale Begrenzung)
> - Septum pellucidum (mediale Begrenzung)
> - Thalamus (Boden)
> - Sehstrahlung um den Sulcus calcarinus (= Calcar avis, Boden)

10.4 Ventrikelsystem/Liquor cerebrospinalis ▶ 10.4.1 Ventrikelsystem

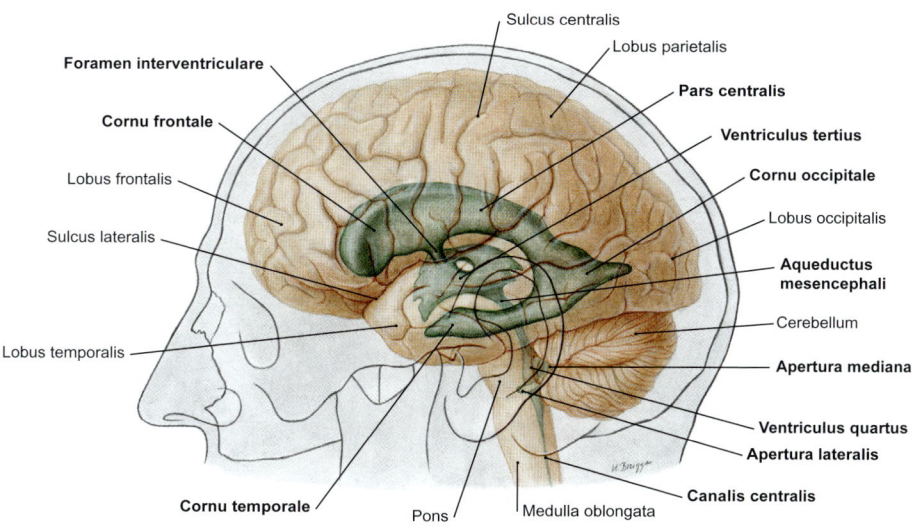

Abb. 10.6 Ventrikel des Gehirns, Ventriculi encephali. Ansicht von links. [S007-3-23]

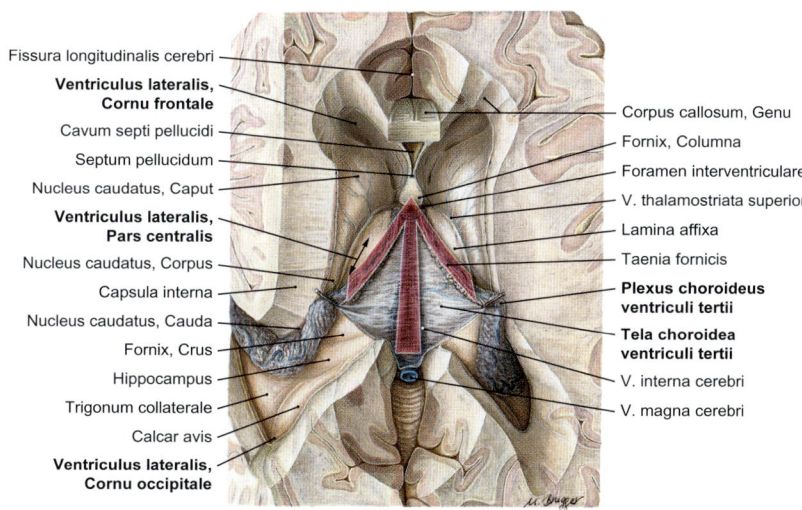

Abb. 10.7 Seitenventrikel. Ansicht von oben. [S007-3-23]

Der **III. Ventrikel** hat eine direkte **Lagebeziehung** zu folgenden Strukturen (▶ Abb. 10.8):
- Fornix (Dach)
- Thalamus (obere Seitenwand)
- Epithalamus (obere Seitenwand)
- Hypothalamus (Boden und untere Seitenwand)
- Lamina terminalis (Vorderwand)

Der **IV. Ventrikel** hat eine direkte **Lagebeziehung** zu folgenden Strukturen (▶ Abb. 10.8):
- Pons (Boden der oberen Rautengrube)
- Medulla oblongata (Boden der unteren Rautengrube)
- Cerebellum mit Velum medullare superius und Velum medullare inferius (Dach)

329

ZNS und Sinnesorgane

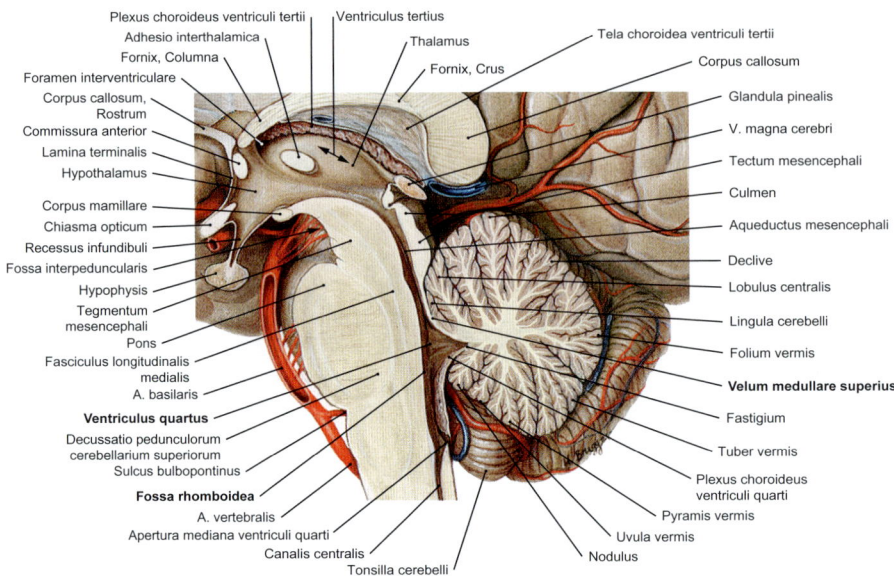

Abb. 10.8 III. und IV. Ventrikel; Medianschnitt. Ansicht von links. [S007-3-23]

10.4.2 Liquor cerebrospinalis

Im Ventrikelsystem befindet sich der Liquor cerebrospinalis. Dieser ist eine wasserklare protein- und zellarme Flüssigkeit. Pro Tag werden ca. **500 ml gebildet,** durch Resorption im Bereich der Granulationes arachnoidales und der Wurzeln der Hirn- und Spinalnerven begrenzt sich das **Volumen** auf ca. **150 ml.** Die Bildung erfolgt durch den **Plexus choroideus,** der sich jeweils im Unterhorn und in der Pars centralis der Seitenventrikel sowie im III. und im IV. Ventrikel befindet.
Der Liquor cerebrospinalis hat folgende **Hauptfunktionen:**
• Schutz für das Gehirn
• Reduktion der Druckbelastung des Gehirns

Klinik

Hydrozephalus
Bei einem Hydrozephalus besteht eine **Liquorzirkulationsstörung** im Bereich der Liquorräume. Grund kann eine Abflussstörung im Bereich der Ventrikel, z. B. bedingt durch einen Tumor, sein. Dies führt zu einer Erweiterung der Ventrikel vor der Abflussstörung. Ebenfalls kann eine gesteigerte Liquorproduktion oder eine verminderte Resorption zu einem Hydrozephalus führen. Das Bild eines Pseudohydrozephalus kann sich bei einer Hirnatrophie ergeben. Hier sehen die Ventrikel durch die Abnahme des Hirngewebes relativ zu groß aus. Bei Feten oder Säuglingen kommt es beim Hydrozephalus aufgrund der noch nicht geschlossenen Schädelnähte zu einer teilweise **grotesken Vergrößerung des Schädels.** Ebenfalls kann es durch Druck auf die für die Augenmotorik verantwortlichen Strukturen zu einem **Sonnenuntergangsphänomen** der Pupillen kommen. Nach Verschluss der Schädelnähte führt ein Hydrozephalus durch Erhöhung des Hirndrucks v. a. zu Kopfschmerzen, Erbrechen und Krampfanfällen. Ebenfalls ist eine lebensbedrohliche **Hirnstammeinklemmung** möglich. Zur therapeutischen Ableitung des Liquors kann ein ventrikuloperitonealer oder -atrialer Shunt gelegt werden.

Liquor
Der Liquor selbst hat große Bedeutung in der neurologischen Diagnostik. Eine Erhöhung der Zellzahl im Liquor kann auf eine entzündliche Erkrankung im ZNS hinweisen. Ebenfalls lassen sich Hinweise für neurodegenerative oder maligne Erkrankungen im Liquor finden. Der Liquor wird i. d. R. durch eine **Lumbalpunktion** gewonnen. In seltenen Fällen kann auch eine **Subokzipitalpunktion** der Cisterna cerebellomedullaris durchgeführt werden.

10.5 Cortex

10.5.1 Gliederung des Cortex

Das Gehirn lässt sich in **6 große Lappen** einteilen. Dies sind die **Lobi frontales, parietales, temporales** und **occipitales** (▶ Abb. 10.9). Darüber hinaus gibt es den **Lobus limbicus,** der sich aus medialen

▶ 10.5 Cortex   ▶ 10.5.2 Arterielle Blutgefäßversorgung des Cortex

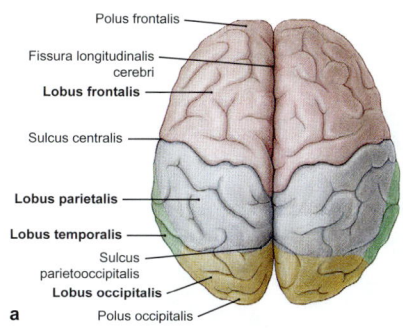
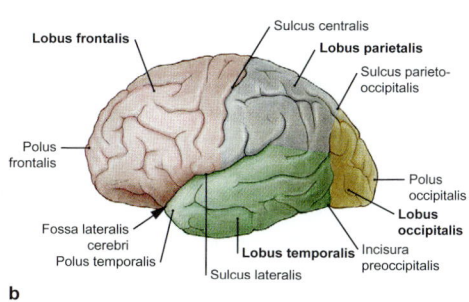
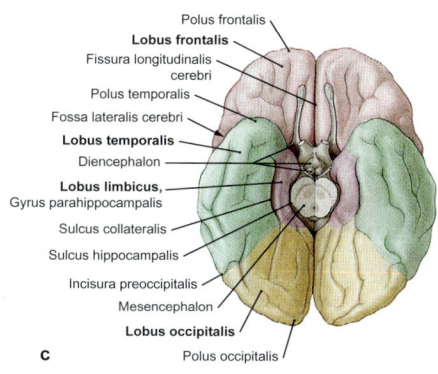
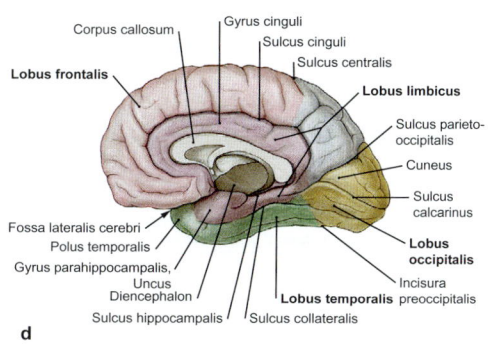

Abb. 10.9 Lappen des Großhirns, Lobi cerebri. [S007-3-23]

Abschnitten von Lobus frontalis, parietalis und temporalis zusammensetzt (▶ Abb. 10.9c, d), und den **Lobus insularis,** der ein eingesenkter Teil des Telencephalons ist. Er wird von den sog. Opercula (Deckelchen) des Frontal-, Parietal- und Temporallappens bedeckt (Operculum frontale, Operculum parietale und Operculum temporale).
Den einzelnen Lappen lassen sich folgende allgemeine Funktionen und Strukturen zuordnen (▶ Abb. 10.10, ▶ Abb. 10.11):

- **Lobus frontalis:** Persönlichkeit, Motorcortex (Area 4 nach BRODMANN = Gyrus precentralis), BROCA-Sprachzentrum (Areae 44, 45)
- **Lobus parietalis:** Integration sensorischer Informationen (Areae 1–3 = Gyrus postcentralis), räumliches Denken, Rechnen/Lesen
  - **Lobus temporalis:** primäre Hörrinde (Area 42 = Gyri temporales transversi), WERNICKE-Sprachzentrum (Areae 22, 39, 40), Gedächtnis, assoziative Areale (z. B. Gesichtserkennung)
- **Lobus occipitalis:** primäre Sehrinde (Area 17 = Area striata im Bereich des Sulcus calcarinus)
- **Lobus insularis:** auditives Denken, Geschmackssinn, Geruchssinn, emotionale Bewertung von Schmerzen, Gleichgewichtssinn, empathische Fähigkeiten, Liebes- vs. Lustempfindungen (bis heute ist die Funktion des Lobus insularis noch nicht ganz verstanden)
- **Lobus limbicus:** Bestandteil des limbischen Systems

10.5.2 Arterielle Blutgefäßversorgung des Cortex

Das Gehirn wird über den **Circulus arteriosus WILLISII** mit arteriellem Blut versorgt, der sich in eine **vordere** und **hintere Strombahn** einteilen lässt (▶ Abb. 10.12, ▶ Abb. 10.13).
Die hintere Strombahn erhält ihre Blutversorgung aus den beiden **Aa. vertebrales.** Diese vereinigen sich auf dem Pons zur **A. basilaris,** die wiederum die paarigen **Aa. cerebri posteriores** abgibt. Ebenfalls gehen die Hauptarterien für die Versor-

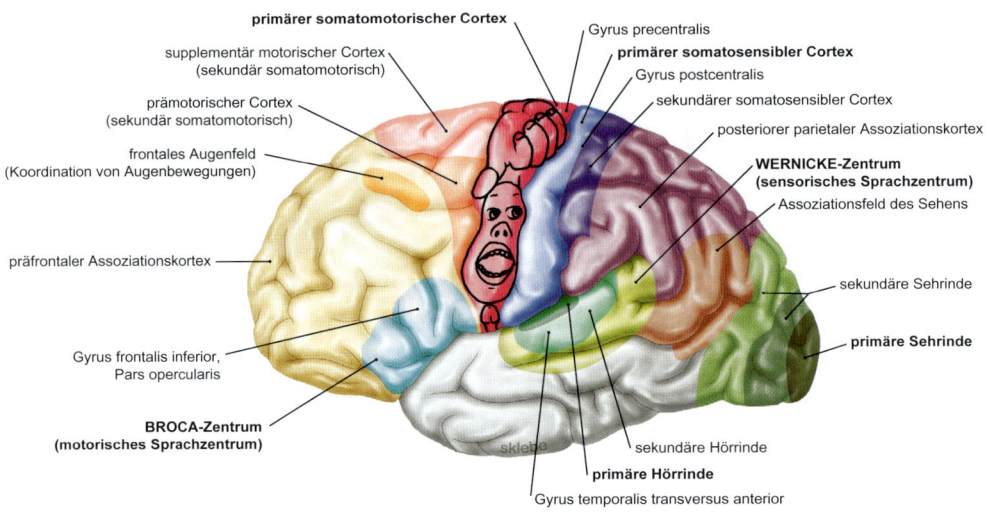

Abb. 10.10 Funktionelle Rindenfelder der Großhirnhemisphären. Ansicht von links. [L238]

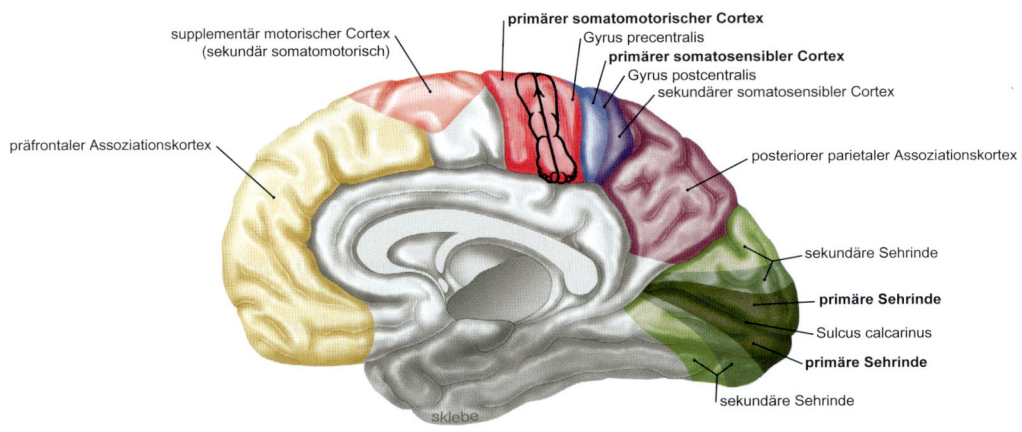

Abb. 10.11 Funktionelle Rindenfelder der Großhirnhemisphären. Ansicht von medial. [L238]

gung des Kleinhirns aus der hinteren Strombahn hervor. Aus der A. vertebralis entspringt die **A. inferior posterior cerebelli**. Die **A. superior cerebelli** und **A. inferior anterior cerebelli** kommen aus der A. basilaris, die darüber hinaus feine senkrecht abgehende Äste zum Pons entsendet (**Rr. ad pontem**).

Die **vordere Strombahn** wird durch die **A. carotis interna** gespeist, aus der die **A. cerebri media** und **A. cerebri anterior** entstammen. Weitere Äste der A. carotis interna sind die **A. ophthalmica** und die **A. choroidea anterior.** Vordere und hintere Strombahn des Circulus arteriosus WILLISII sind über die **A. communicans posterior** verbunden. Zwischen den beiden Aa. cerebri anteriores liegt die **A. communicans anterior.** Der Arterienring des Circulus arteriosus WILLISII ist in 90 % der Fälle vorhanden.

Relevante größere Äste der 3 großen Hirnarterien sind in ▶ Tab. 10.1 dargestellt.

▶ 10.5 Cortex ▶ 10.5.2 Arterielle Blutgefäßversorgung des Cortex

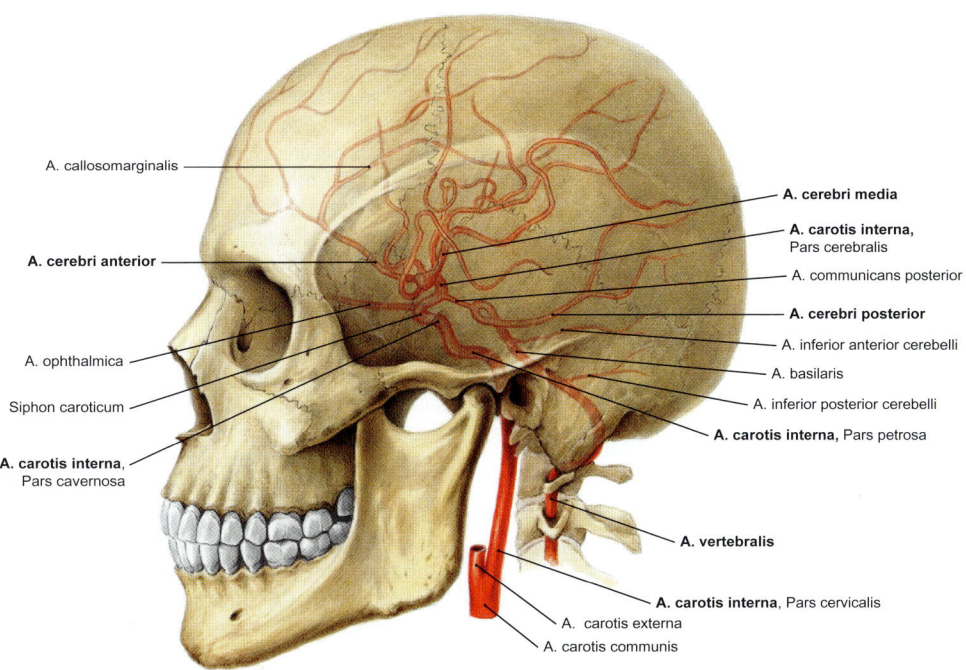

Abb. 10.12 Innere Arterien des Kopfes. [S007-3-23]

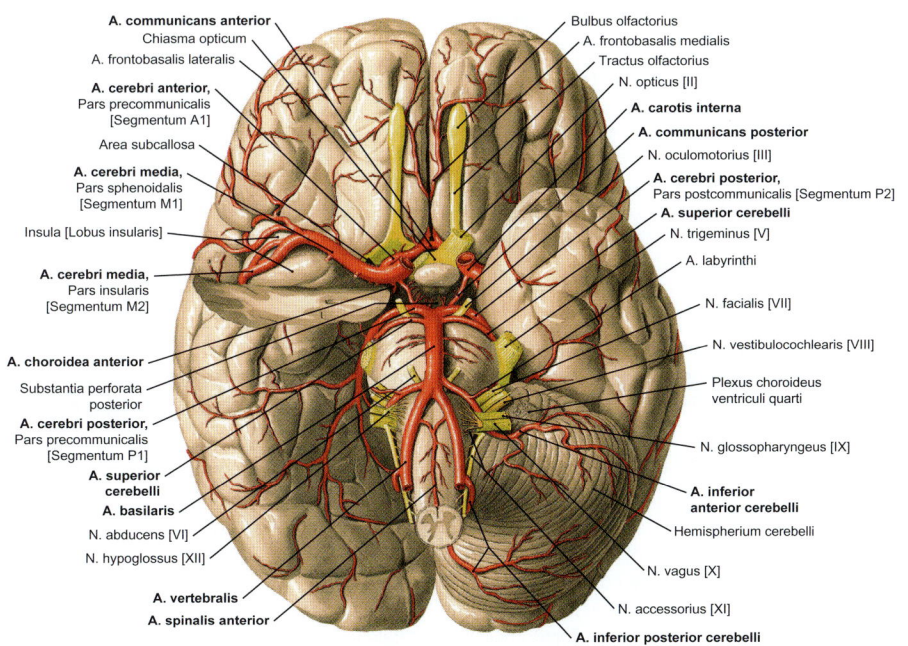

Abb. 10.13 Arterien des Gehirns. Ansicht von unten. [S007-3-23]

ZNS und Sinnesorgane

Klinik

Die vordere und die hintere Strombahn lassen sich in der Neuroradiologie über eine **Angiografie** darstellen. **Aneurysmata** des Circulus arteriosus WILLISII kommen am häufigsten im Bereich der A. communicans anterior vor und sind die Ursache einer **Subarachnoidalblutung**. Eine Subarachnoidalblutung ist ein potenziell lebensbedrohlicher Zustand. Leitsymptome sind dabei der **Vernichtungskopfschmerz** („Kopfschmerzen wie noch nie zuvor") und Nackenschmerzen. Bei der Lumbalpunktion zeigt sich ein blutiger Liquor.

Den einzelnen Hirnarterien lassen sich spezifische Versorgungsgebiete des Cortex zuordnen, von denen einige wichtige in ▶ Tab. 10.2 genannt werden:

Klinik

Die Kenntnis der Versorgungsgebiete ist klinisch hochgradig relevant, da der Verschluss einer Hirnarterie bzw. eine Blutung aus einer Arterie zu typischen funktionellen Ausfällen führt, die sich auf die Schädigung des jeweiligen neuroanatomischen Areals zurückführen lassen.

Bei einer Schädigung im Bereich der **A. cerebri anterior** ist eine **beinbetonte kontralaterale Parese** mit korrespondierenden sensorischen Ausfällen typisch (Mantelkante!). Ebenfalls kann es bei Beteiligung der Capsula interna zu kontralateraler Hemiparese und zentraler fazialer Parese kommen. Wenn der Frontallappen betroffen ist, resultieren Persönlichkeitsveränderungen. Gesichtsfeldausfälle entstehen bei Schädigung des Chiasma opticum (bitemporale/heteronyme Hemianopsie) bzw. des Tractus opticus (homonyme Hemianopsie). Schlaganfälle sind im Stromgebiet der **A. cerebri media** am häufigsten und führen je nach Lokalisation zumeist zu einer **kontralateralen gesichts- und armbetonten Halbseitenlähmung**, Sensibilitätsstörungen, Gesichtsfeldausfällen, Aphasie, Apraxie und Neglect. Das dominierende Symptom bei Ausfall der **A. cerebri posterior** sind **Gesichtsfeldausfälle** (homonyme Hemianopsie). Bei sehr tiefem bilateralem Verschluss (sog. Basilarisspitzensyndrom) ist ein bithalamischer Infarkt mit Bewusstseinsstörung möglich. Bei den **Aphasien** unterscheidet man u.a. eine motorische bei Läsion des **BROCA-Sprachzentrums** im Gyrus frontalis inferior von einer sensorischen bei Läsion des

Tab. 10.1 Äste der Hirnarterien

A. cerebri anterior	A. cerebri media	A. cerebri posterior
• **A. callosomarginalis** • **A. centralis longa/recurrens (HEUBNERI)** • Aa. centrales anteromediales • A. frontopolaris • A. orbitalis • A. parietalis interna • **A. pericallosa** • A. striata medialis distalis	• A. angularis • **Aa. centrales anterolaterales (Aa. lenticulostriatae)** • **A. sulci precentralis** • A. sulci centralis • **A. sulci postcentralis** • A. supramarginalis • A. temporalis	• A. occipitalis lateralis mit Rr. temporalis medii und posteriores • A. occipitalis medialis • Aa. thalami perforantes

Tab. 10.2 Versorgungsgebiete der Hirnarterien

A. cerebri anterior	A. cerebri media	A. cerebri posterior
• Basalganglien • Bulbus olfactorius und Tractus olfactorius • Capsula interna • Chiasma opticum und Tractus opticus • Frontallappen (mediale und basale Fläche) • Mantelkante • Parietallappen (mediale Anteile)	• Basalganglien • Capsula interna • Frontallappen (laterale Anteile), BROCA-Sprachzentrum (v.a. versorgt über die A. sulci precentralis) • Parietallappen (laterale Anteile) • Radiatio optica • Temporallappen (laterale Anteile), WERNICKE-Sprachzentrum • Thalamus	• Basalfläche des Temporallappens • Hippocampus • Hypothalamus • Okzipitallappen (Sehrinde) • Plexus choroideus der Seitenventrikel • Thalamus

▶ 10.6 Venen des ZNS ▶ 10.6.2 Vv. profundae cerebri

WERNICKE-Sprachzentrums, das sich vom Gyrus temporalis superior bis über die Gyri angularis und supramarginalis erstreckt. Zum besseren Verständnis der klinischen Ausfallsymptomatik bei Unterversorgung kortikaler Areale ist die Kenntnis des **Homunkulus** unerlässlich (▶ Abb. 10.10, ▶ Abb. 10.11).

10.6.1 Vv. superficiales cerebri

Diese Venen beginnen im pialen Venennetz, das Rinde, subkortikale Zone und Marksubstanz drainiert. Kurz vor ihrer Einmündung in einen Sinus durchbrechen sie die Dura mater und werden in diesem Bereich als **Brückenvenen** bezeichnet. Zu den Vv. superficiales cerebri gehören:
- **Vv. superiores cerebri:** drainieren in den **Sinus sagittalis superior.**
- **Vv. inferiores cerebri:** drainieren in den **Sinus transversus.**
- **V. media superficialis cerebri:** drainiert in den Sinus sphenoparietalis; es bestehen Verbindungen zum Sinus sagittalis superior und transversus über die TROLARD- und LABBÉ-Vene.

10.6 Venen des ZNS

Die Hirnvenen sind klappenlos und münden in die Sinus durae matris (▶ Abb. 10.14). Sie lassen sich in ein oberflächliches (**Vv. superficiales cerebri**) und ein tiefes System (**Vv. profundae cerebri**) einteilen.

> **Merke**
>
> Alle Hirnvenen drainieren letztlich in die V. jugularis interna.

10.6.2 Vv. profundae cerebri

Zu den tiefen Hirnvenen gehören die **Vv. basales,** die in die **Vv. internae cerebri** münden. Letztere verlaufen auf dem Dach des III. Ventrikels. Die Vv. internae

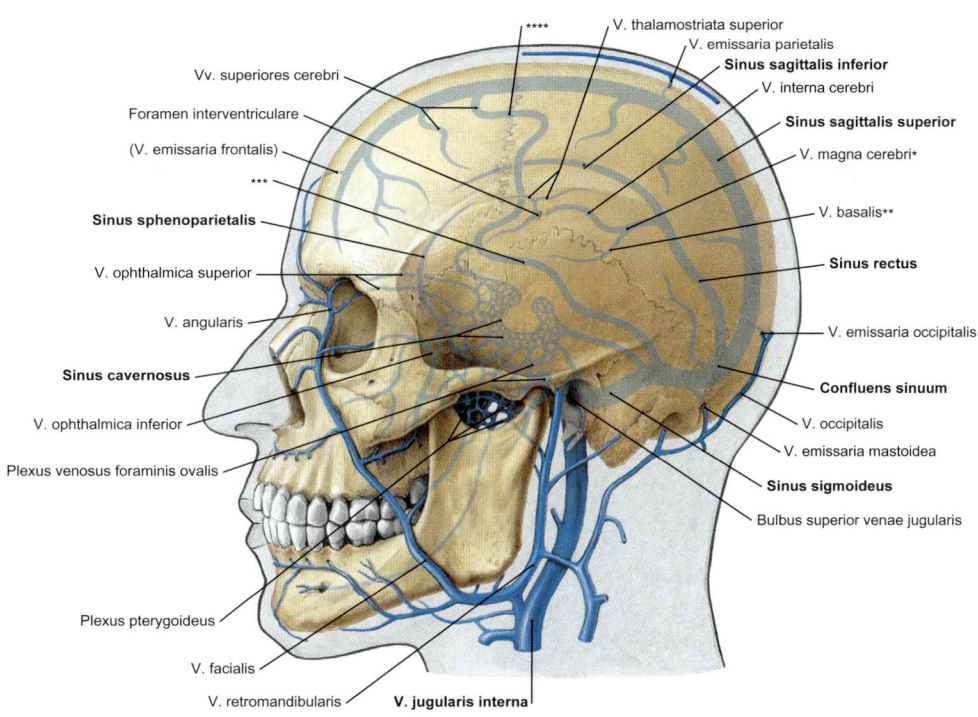

Abb. 10.14 Innere und äußere Venen des Kopfes. *GALEN-Vene, **ROSENTHAL-Vene, ***LABBÉ-Anastomose, ****TROLARD-Anastomose. [S007-3-23]

ZNS und Sinnesorgane

Tab. 10.3 Strukturen des Sinus cavernosus

Laterale Wand	Innerhalb des Sinus cavernosus
• N. maxillaris [V/2] • N. oculomotorius [III] • N. ophthalmicus [V/I] • N. trochlearis [IV]	• A. carotis interna • N. abducens [VI]

cerebri vereinigen sich mit den Vv. basales zur unpaaren **V. magna cerebri** (GALENI).

Diese vereinigt sich dann mit dem Sinus sagittalis inferior zum **Sinus rectus.**

Klinik

Ein besonderer Venentyp sind die **Vv. emissariae.** Diese sind klappenlose Venen, die durch Öffnungen der Schädelknochen die Sinus mit den Diploëvenen und äußeren Kopfvenen verbinden. Zum einen erfüllen sie eine Ausgleichsfunktion bei intrakraniellen Druckschwankungen. Zum anderen stellen sie aber auch einen Zugangsweg für das Übergreifen von Infektionen der Kopfweichteile auf die Hirnhäute dar.

10.6.3 Sinus cavernosus

Eine besondere venöse Struktur im Bereich des Gehirns ist der Sinus cavernosus. Er gehört zu den Sinus durae matris und liegt zu beiden Seiten der **Sella turcica.** Der Sinus cavernosus erhält Zuflüsse aus dem Sinus sphenoparietalis, der V. ophthalmica superior, der V. ophthalmica inferior und teilweise aus der V. media superficialis cerebri. Der Abfluss erfolgt über den Sinus petrosus inferior. Der Sinus cavernosus enthält die in ▶ Tab. 10.3 dargestellten Strukturen.

Klinik

Sinusthrombose

Bei Verschleppung von Keimen in den Sinus cavernosus kann es zur **Sinusthrombose** mit mitunter lebensbedrohlichen Konsequenzen kommen. Besonders gefährlich sind dabei Infektionen im Einzugsgebiet der **V. angularis** im Gesichtsbereich (Oberlippe, lateral der Nase).

Sinus-cavernosus-Syndrom

Bei einem Sinus-cavernosus-Syndrom, z. B. bei einer Thrombose im Sinus cavernosus, kann der **Ausfall des N. abducens [VI]** (keine laterale Blickwendung mehr durch Ausfall des M. rectus lateralis möglich) ein frühes klinisches Zeichen sein. Ebenfalls können der N. oculomotorius [III], N. trochlearis [IV] und N. trigeminus [V] betroffen sein.

10.7 Rückenmark

10.7.1 Aufbau und Lage des Rückenmarks

Das Rückenmark ist 40–45 cm lang und hat einen ungefähren Durchmesser von 9 mm an der dünnsten und 14 mm an der dicksten Stelle (**Intumescentiae cervicalis und lumbalis**). Es besitzt ein Gewicht von ca. 30 g. Das Rückenmark ist eine Fortsetzung der Medulla oblongata und beginnt im Bereich des Foramen magnum.

> Es endet mit dem **Conus medullaris,** der sich beim Neugeborenen auf Höhe des III. Lendenwirbelkörpers befindet und sich beim **Erwachsenen** durch schnelleres Längenwachstum der Wirbelsäule auf die Höhe des **I. Lendenwirbelkörpers** verschiebt.

Das Rückenmark liegt im **Canalis vertebralis** der Wirbelsäule und wird von allen **3 Hirnhäuten** umgeben (▶ Abb. 10.15). Ebenfalls gibt es auf Rückenmarksebene einen Subarachnoidalraum, der mit Liquor cerebrospinalis gefüllt ist. Das Rückenmark ist im Subarachnoidalraum über die Ligg. denticulata fixiert. Anders als im Schädel gibt es einen **Epiduralraum,** der Fettgewebe und einen venösen Plexus enthält. Der Meningealsack, der das Rückenmark umgibt, setzt sich als **Filum terminale** bis in die Cauda equina weiter fort. Während der Durasack am II. Sakralwirbel endet, ist das Filum terminale am II. Kokzygealwirbel befestigt. Das Rückenmark lässt sich in eine **Pars cervicalis** (Rückenmarkssegmente C1–C8), **Pars thoracica** (T1–T12), **Pars lumbalis** (L1–L5), **Pars sacralis** (S1–S5) und **Pars coccygea** (Co1–Co3, variabel) unterteilen. Jedes Rückenmarkssegment steht mit einem Spinalnervenpaar in Verbindung. Als **Cauda equina** (Pferdeschwanz) bezeichnet man das ab Segment L2/L3 steil abwärts verlaufende Faserbündel der Fila radicularia.

Klinik

Lumbalpunktion

Eine Lumbalpunktion zur **Gewinnung von Liquor cerebrospinalis** wird beim erwachsenen Patienten zwischen dem III. und IV. bzw. dem IV. und V. Lenden-

▶ 10.7 Rückenmark ▶ 10.7.1 Aufbau und Lage des Rückenmarks

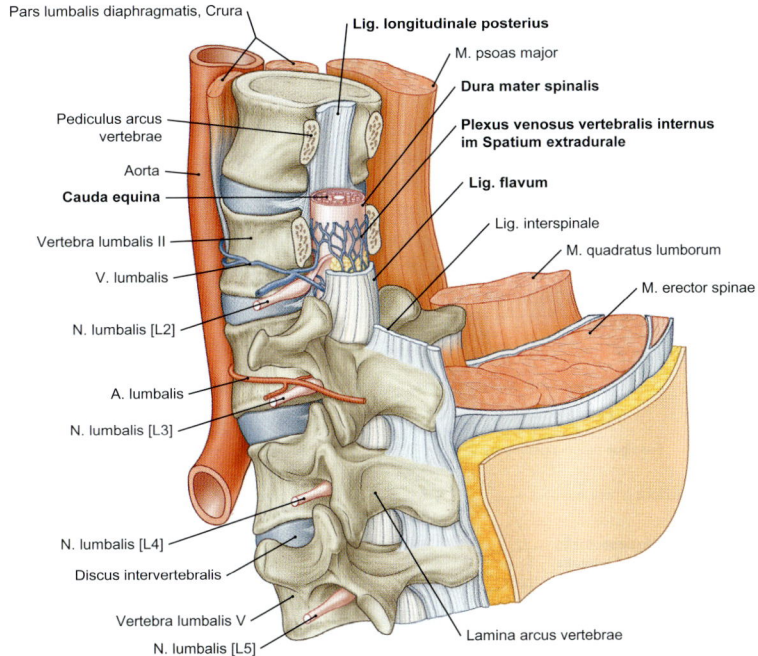

Abb. 10.15 Lage des Rückenmarks im Wirbelkanal. [E402]

wirbelkörper durchgeführt, um eine Verletzung des Rückenmarks zu vermeiden. Folgende Strukturen müssen bei der Lumbalpunktion von der Nadel durchstochen werden:
- Cutis
- Subcutis
- Lig. supraspinale
- Lig. interspinale
- Lig. flavum
- Epiduralraum
- Dura mater
- Subduralraum
- Arachnoidea mater
- Subarachnoidalraum (hier wird die Nadel platziert)

Periduralanästhesie und Spinalanästhesie

Bei der **Periduralanästhesie** (PDA, syn.: Epiduralanästhesie) wird mittels einer Kanüle oder eines Katheters ein Lokalanästhetikum bzw. Schmerzmittel in den **Epiduralraum** im Bereich der Wirbelsäule eingebracht. Eine PDA wird v. a. bei größeren orthopädischen, gynäkologischen oder urologischen Operationen sowie zur Schmerzausschaltung unter der Geburt oder beim Kaiserschnitt verwendet und bewirkt eine transiente Funktionshemmung ausgewählter Nervensegmente. Bei der **Spinalanästhesie** wird das Anästhetikum in den **Subarachnoidalraum** verabreicht.

Am Rückenmarksquerschnitt lassen sich an der außen gelegenen **weißen Substanz** typische Einkerbungen erkennen, die es bereits makroskopisch erlauben, vorne und hinten voneinander zu unterscheiden. Wohingegen sich an der vorderen Fläche des Rückenmarksquerschnitts eine **Fissura mediana anterior** befindet, zeigt sich hinten lediglich ein **Sulcus medianus posterior.** Sowohl hinten wie auch vorne gibt es beidseits einen **Sulcus anterobzw. posterolateralis.** Innerhalb des Rückenmarkquerschnitts lässt sich besonders nach histologischer Übersichtsfärbung die innere graue von der äußeren weißen Substanz abgliedern. Innerhalb des Querschnitts befindet sich mittig der **Canalis centralis,** der mit Liquor cerebrospinalis gefüllt ist. Die **graue Substanz** hat die Form eines Schmetterlings, der höhenabhängige Unterschiede in seiner Morphologie zeigt, und liegt im Inneren des Rückenmarks. Während die Form der grauen Substanz im Bereich der zervikalen Segmente in ihrem Ausmaß filigran erscheint, ist das Aussehen im lumbalen Bereich plump. Des Weiteren lässt sich die graue Substanz in ein **Vorder- und Hinterhorn** unterteilen. Das Vorderhorn ist Sitz der Motoneurone. Im Hinterhorn werden Bahnen der Sensorik zum Teil verschaltet. Eine Besonderheit ergibt sich

ZNS und Sinnesorgane

Tab. 10.4 Nervenfaserbahnen des Rückenmarks

Vorderseitenstrang	Hinterstrang
• Tractus corticospinalis anterior/lateralis = Pyramidenbahn (Motorik) • Tractus spinothalamicus lateralis (Protopathik = Schmerz und Temperatur) • Tractus spinothalamicus anterior (Protopathik = grobe Mechanosensorik) • Tractus spinocerebellaris anterior und Tractus spinocerebellaris posterior (Propriozeption/Exterozeption; untere Extremität) • Tractus spinocerebellaris superior (Propriozeption/Exterozeption; obere Extremität) • Fibrae cuneocerebellares (Propriozeption/Exterozeption; obere Extremität) • Bahnen der Extrapyramidalmotorik	• Funiculus cuneatus (Epikritik der oberen Extremität) • Funiculus gracilis (Epikritik der unteren Extremität)

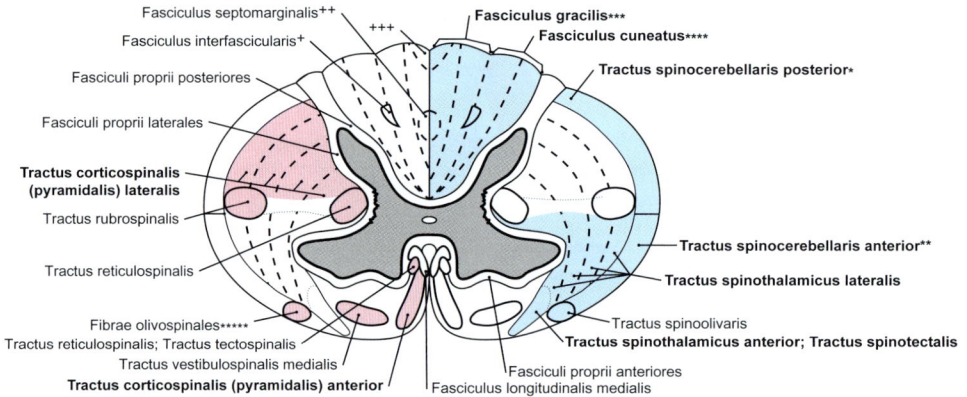

Abb. 10.16 Rückenmark, Medulla spinalis. Schematisierte Gliederung der weißen Substanz am Beispiel eines unteren Halssegments. *klin.: FLECHSIG-Bündel, **klin.: GOWERS-Bündel, ***klin.: GOLL-Strang, ****klin.: BURDACH-Strang, *****tatsächliches Vorhandensein dieser Fasern noch nicht endgültig geklärt.
+ SCHULTZE-Komma (Pars cervicalis), ++ ovales FLECHSIG-Feld (Pars thoracica), +++ PHILIPPE-GOMBAULT-Triangel (Pars lumbalis, Pars sacralis). [S007-3-23]

im Bereich der thorakalen und lumbalen Segmente, wo ein **Seitenhorn** als Korrelat des sympathischen Nervensystems abgrenzbar ist (C8–L3).

10.7.2 Wichtige Nervenfaserbahnen des Rückenmarks

In der äußeren weißen Substanz befinden sich die Nervenfaserbahnen. Die weiße Substanz lässt sich in einen **Vorderseitenstrang (Funiculus anterolateralis)** und einen **Hinterstrang (Funiculus posterior)** unterteilen. In diesen beiden Anteilen befinden sich die in ▶ Tab. 10.4 gezeigten wichtigen Bahnen (▶ Abb. 10.16).

10.7.3 Pyramidenbahn

Die Pyramidenbahn ist ein **efferentes Bahnsystem** und setzt sich aus dem **Tractus corticonuclearis** für die motorischen Hirnnervenkerne im Hirnstamm und dem **Tractus corticospinalis** für die Innervation der Motoneurone des Rückenmarks zusammen (▶ Abb. 10.16, ▶ Abb. 10.17). Der Großteil der Bahn nimmt seinen Ursprung im primär motorischen Cortex (**Area 4** nach BRODMANN) im **Gyrus precentralis** sowie in sekundären motorischen Rindenfeldern (**Area 6**) des Lobus frontalis. Dort befindet sich das 1. Motoneuron. Der Tractus corticospinalis zieht dann im Bereich des Marklagers des Telencephalons durch das Crus posterius der **Capsula interna.** Im Mesencephalon ist die Bahn in den **Crura cerebri** zu finden. Im Pons ist die Pyramidenbahn in Faserbündel aufgeteilt. Sie sammelt sich wieder in der **Pyramis** auf der ventralen Oberfläche der Medulla oblongata. Die Fasern des Tractus corticonuclearis verlassen im Hirnstamm die Bahn und enden an den moto-

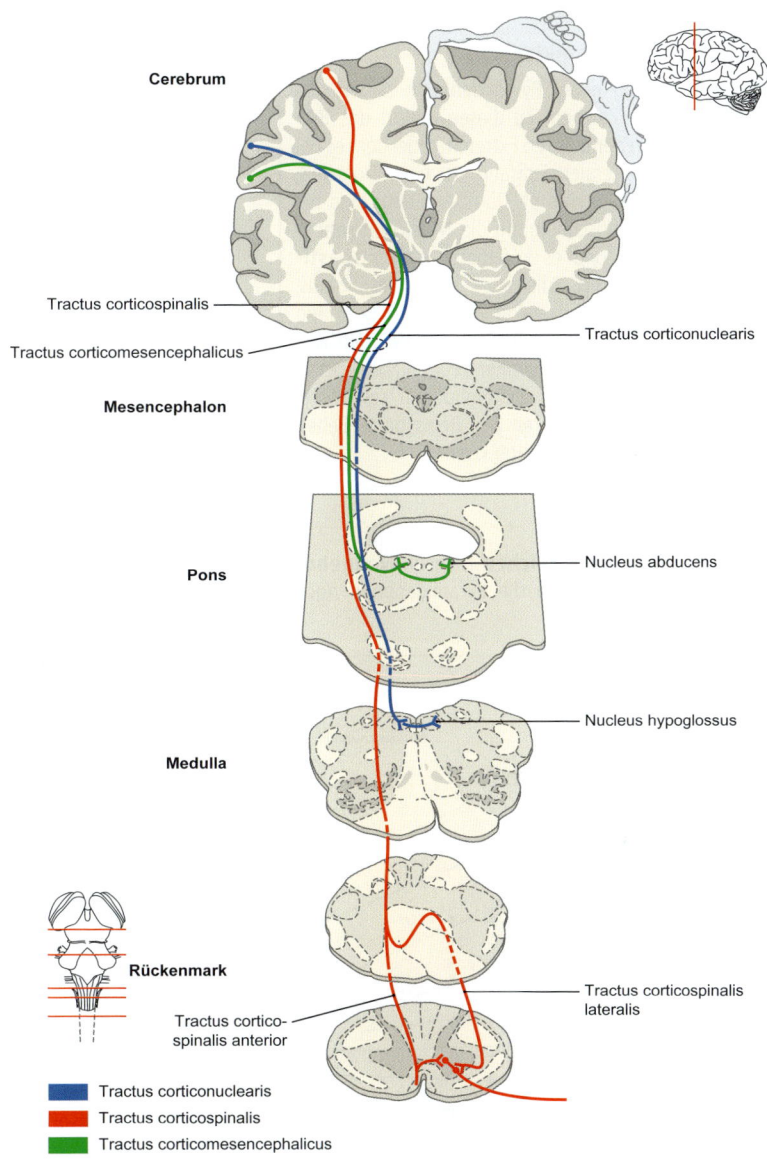

Abb. 10.17 Diagramm über Ursprung, Verlauf und Terminationen der Pyramidenbahn. [L127]

rischen Hirnnervenkernen. In der Medulla oblongata erfolgt die Kreuzung des Hauptanteils (75 bis 90 %) der Fasern in der **Decussatio pyramidum**, bevor der **Tractus corticospinalis lateralis** im Vorderseitenstrang des Rückenmarks weiter absteigt und in den verschiedenen Rückenmarkssegmenten auf das 2. Motoneuron im Vorderhorn umgeschaltet wird. Der bis dahin ungekreuzte Faseranteil wird als **Tractus corticospinalis anterior** bezeichnet. Diese Fasern kreuzen erst im Zielsegment. Die Bahn besitzt in ihrem gesamten Verlauf eine somatotope Gliederung.

> **Merke**
>
> In der **Capsula interna** verlaufen fast alle kortikalen Projektionsbahnen auf engem Raum (▶ Abb. 10.18).

ZNS und Sinnesorgane

> **Klinik**
>
> **Schädigung der Pyramidenbahn**
>
> Bei einer Schädigung der Pyramidenbahn zeigen sich typische klinische Zeichen. Zu diesen gehört das **BABINSKI-Zeichen** der unteren Extremität, bei dem es bei Bestreichen des lateralen Fußrands zu einer Dorsalextension der Großzehe kommt. Darüber hinaus sind bei einer Pyramidenbahnschädigung die **Muskeleigenreflexe gesteigert** und es kommt zu einem **spastischen Lähmungstyp**. Allerdings setzt dies voraus, dass auch Anteile der Extrapyramidalmotorik betroffen sind. Ein weiteres typisches Bild ist der **WERNICKE-MANN-Gang**, bei dem es zu einer Beugung der oberen und Streckung der unteren Extremität mit seitlichem, halbkreisförmigem Ausscheren des Beins beim Gehen kontralateral zur Seite der Läsion kommt.

> **Merke**
>
> Ein positives **BABINSKI-Zeichen** ist beim **Neugeborenen physiologisch**, da die Pyramidenbahn noch „ausreifen" muss.

10.7.4 Spinothalamische Bahnen

Die spinothalamischen Bahnen lassen sich in einen lateralen und anterioren Anteil unterteilen (▶ Abb. 10.16, ▶ Abb. 10.19).

Während im lateralen Anteil die Weiterleitung von **Schmerz und Temperatur** stattfindet, leitet der vordere Anteil **grobe Mechanosensorik**. Das 1. Neuron der Tractus spinothalamici lateralis und anterior befindet sich im **Spinalganglion**. Die Fasern des **Tractus spinothalamicus lateralis** werden in der **Substantia gelatinosa** im **Hinterhorn** des Rückenmarks auf das 2. Neuron umgeschaltet und kreuzen dann in der **Commissura alba anterior** bereits auf Segmentebene oder 1–2 Segmente ober- oder unterhalb auf die Gegenseite.

Der Trakt zieht als **Lemniscus spinalis** in enger Nachbarschaft zum Lemniscus medialis der Epikritik durch den Hirnstamm. Die Umschaltung auf das 3. Neuron erfolgt im **Thalamus im Nucleus ventralis posterolateralis**. Die Fasern ziehen dann durch das Crus posterius der **Capsula interna** und enden im **Gyrus postcentralis** (**Areae 1–3** nach BRODMANN) des Lobus parietalis. Ebenfalls zie-

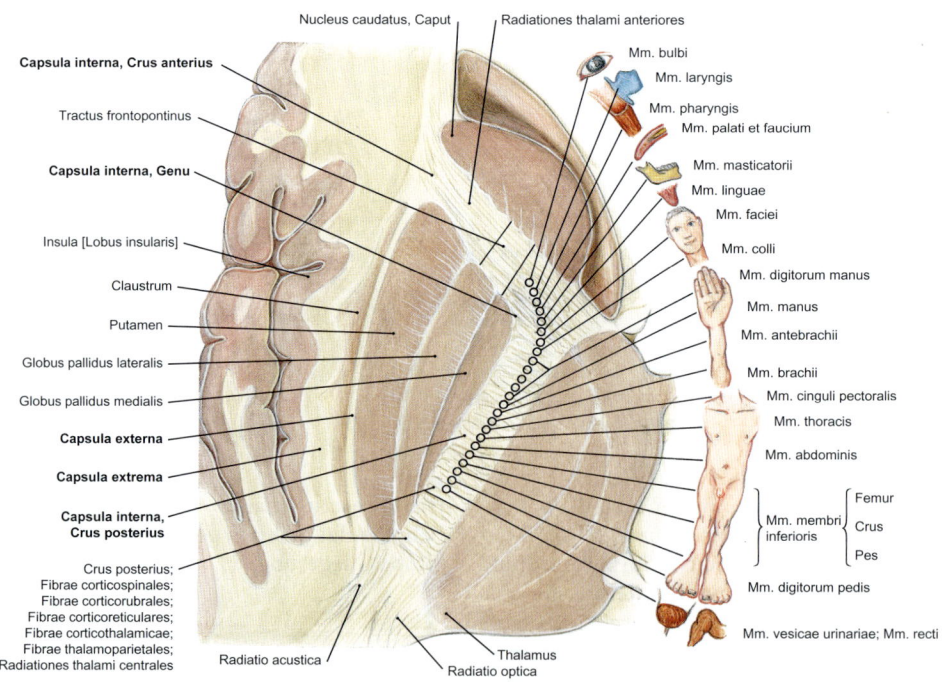

Abb. 10.18 Innere Kapsel, Capsula interna. Funktionelle Gliederung. [S007-3-23]

hen Afferenzen zum limbischen System und zur Formatio reticularis.

Der **Tractus spinothalamicus anterior** zieht im Gegensatz zum lateralen Trakt bei Eintritt in das Rückenmark zunächst 2–15 Segmente im Hinterstrang aufwärts. Allerdings ziehen auch Kollateralen 1–2 Segmente abwärts, um dann im **Hinterhorn** synaptisch zu enden. Von dort kreuzen die Fasern in der **Commissura alba anterior** zur Gegenseite.

Der weitere Verlauf entspricht dann dem Tractus spinothalamicus lateralis. Der Tractus spinothalamicus anterior endet ebenfalls im Gyrus postcentralis. Die Tractus spinothalamici sind in ihrem gesamten Verlauf somatotop gegliedert.

10.7.5 Hinterstrangbahn

Diese Bahn repräsentiert die Epikritik, d. h. die **fein diskriminierende Mechanosensorik der Haut** (▶ Abb. 10.16, ▶ Abb. 10.19). Auch das 1. Neuron der Hinterstrangbahn liegt im **Spinalganglion**. Von dort ziehen die Fasern des **Tractus gracilis** der **unteren Extremität** (GOLL-Strang) und des **Tractus cuneatus** der **oberen Extremität** (BURDACH-Strang) zunächst **ipsilateral bis zur Medulla oblongata**, wo die Umschaltung auf das 2. Neuron im **Nucleus gracilis** und **Nucleus cuneatus** stattfindet.

Die Bahn **kreuzt** dann auf die Gegenseite und verläuft als **Lemniscus medialis** zum **Thalamus**. Dort erfolgt die Umschaltung auf das 3. Neuron im **Nucleus ventralis posterolateralis**. Die Bahn verläuft durch die **Capsula interna** im Crus posterius und endet im **Gyrus postcentralis** (**Areae 1–3** nach BRODMANN).

Klinik

Das **BROWN-SÉQUARD-Syndrom** tritt bei einer halbseitigen Schädigung des Rückenmarks auf. Durch Schädigung des Hinterstrangs kommt es zum **ipsilateralen** Ausfall der **Epikritik** unterhalb der Läsion. Durch die Kreuzung des Tractus spinothalamicus auf Segmentebene ist die **Protopathik kontralateral** betroffen (sog. **dissoziierte Empfindungsstörung**). Die Schädigung der Pyramidenbahn führt zu einer **ipsilateralen spastischen Parese**.

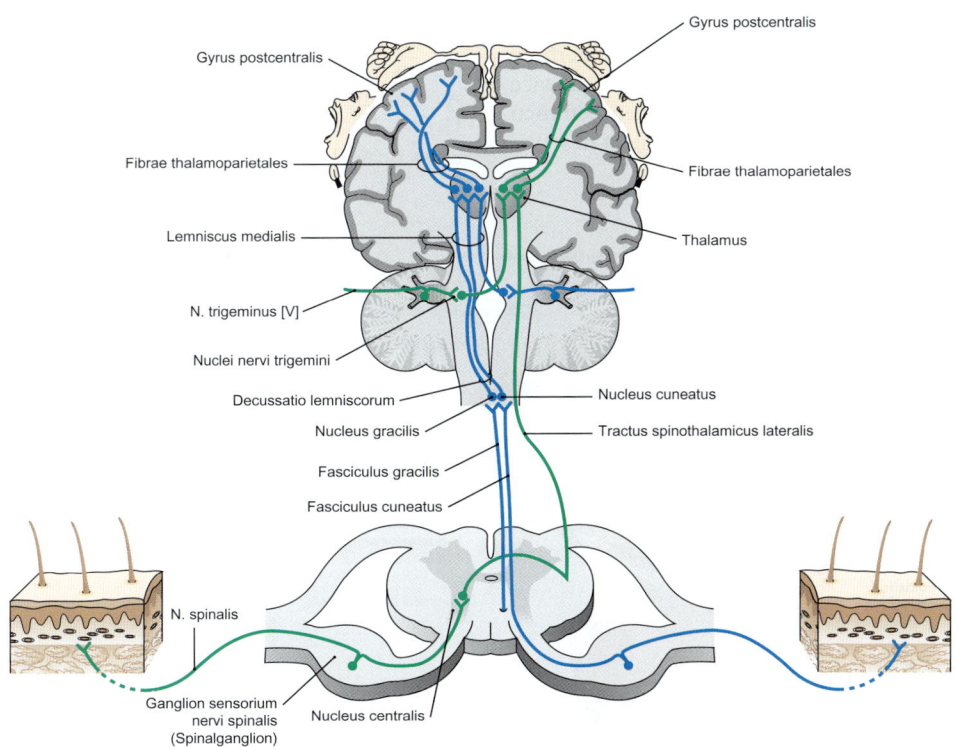

Abb. 10.19 Leitung der epikritischen (blau) und der protopathischen (grün) Sensorik (afferente Leitungsbahnen). [S007-3-23]

ZNS und Sinnesorgane

> Da jedoch auf dem Segment der Schädigung das Vorderhorn mit Sitz des zweiten Motoneurons betroffen ist, ist die Parese auf der Höhe der Schädigung schlaff.

10.7.6 Spinozerebelläre Bahnen

Die **Tractus spinocerebellaris anterior, posterior** (untere Extremität) und **superior** (obere Extremität) sind gemeinsam mit den **Fibrae cuneocerebellares** (obere Extremität) die Bahnen der **Propriozeption**, d.h. der Wahrnehmung von Körperbewegung und -lage im Raum bzw. der Lage und Stellung einzelner Körperteile zueinander. Ebenfalls leiten sie die Exterozeption der Haut. Das besondere dieser Bahnen ist, dass sie **ipsilateral im Kleinhirn** enden. Auch bei diesen Bahnen liegt das 1. Neuron jeweils im **Spinalganglion**. Beim **Tractus spinocerebellaris posterior** (FLECHSIG-Bündel) verlaufen die Primärafferenzen zunächst im **ipsilateralen Fasciculus gracilis** zum Hinterhorn. Nach Verschaltung läuft der Tractus ipsilateral durch den **Pedunculus cerebellaris inferior** zum Kleinhirn. Im Unterschied zum Tractus spinocerebellaris posterior kreuzen die Fasern des **Tractus spinocerebellaris anterior** (GOWER-Bündel) nach Verschaltung im Hinterhorn. Allerdings kreuzen die Fasern dann im Mesencephalon zurück und verlaufen durch den **Pedunculus cerebellaris superior**. Das Äquivalent des Tractus spinocerebellaris posterior für die obere Extremität sind die **Fibrae cuneocerebellares**. Dem Tractus spinocerebellaris anterior entspricht der **Tractus spinocerebellaris superior**. Beide Bahnen verlaufen ipsilateral und durch die Kleinhirnstiele wie für die Bahnen der unteren Extremität beschrieben.

10.7.7 Blutgefäßversorgung des Rückenmarks

Die Arterien des Rückenmarks sind funktionelle Endarterien. Das Rückenmark besitzt ein segmentales und ein longitudinales Gefäßsystem.

Beim **segmentalen Gefäßsystem** entspringen Rr. spinales aus der A. subclavia, Aorta thoracica, Aorta abdominalis und A. iliaca interna. Aa. radiculares anteriores und posteriores versorgen dabei das Spinalganglion und die Wurzeln (▶ Abb. 10.20). Aa. medullares segmentales anteriores und posteriores sind die Versorgungsarterien des Rückenmarks und bestehen nicht in jedem Segment. Die größte dieser Arterien ist die A. radicularis magna (ADAMKIEWICZ-Arterie) zwischen den Segmenten T10 und L1.

Das **longitudinale Gefäßsystem** besteht aus der A. spinalis anterior aus den beidseitigen Ästen der A. vertebralis und den paarigen Aa. spinales posteriores aus den Aa. inferiores posteriores cerebelli. Die A. spinalis anterior versorgt die vorderen zwei Drittel des Rückenmarksquerschnitts, die Aa. spinales posteriores entsprechend das hintere Drittel.

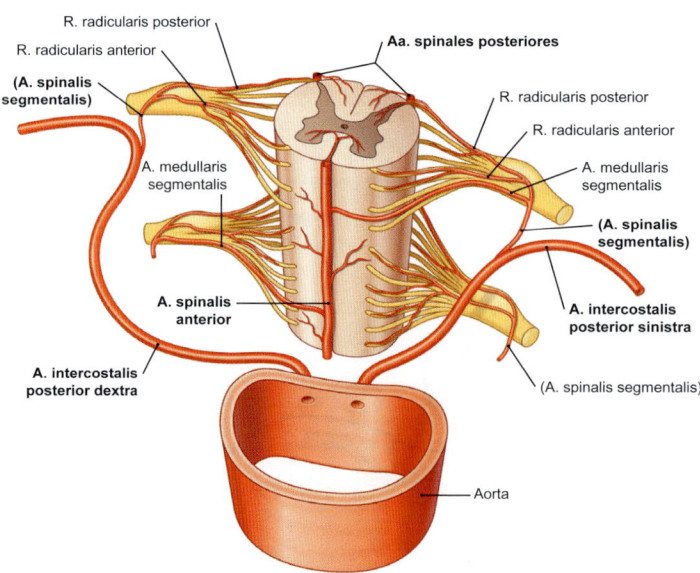

Abb. 10.20 Segmentale arterielle Versorgung des Rückenmarks. [E402]

10.8 Orbita und Sehbahn

10.8.1 Orbitainhalt

Die **Orbita (Augenhöhle)** beinhaltet das Corpus adiposum orbitae. In der Periorbita, dem Periost der Orbita, befindet sich der M. orbitalis, der sympathisch aus dem Ganglion cervicale superius innerviert wird. Dieser Muskel reguliert u. a. den Blutabfluss durch die V. ophthalmica inferior.

Die Orbita wird in **3 Stockwerke (Kompartimente)** gegliedert (▶ Abb. 10.21):
- Oberes Kompartiment: oberhalb der äußeren Augenmuskeln
- Mittleres Kompartiment: retrobulbär, innerhalb des Kegels der äußeren Augenmuskeln
- Unteres Kompartiment: unterhalb der äußeren Augenmuskeln

> **Klinik**
>
> Das **HORNER-Syndrom** besteht aus der Trias **Miosis, Ptosis und Enophthalmus** und tritt bei einer Schädigung des Sympathikus im Ganglion cervicale superius auf. Der Enophthalmus erklärt sich hierbei durch die fehlende Innervation des M. orbitalis und das daraus resultierende Zurücksinken des Bulbus.

An der Mündung des Canalis opticus bildet die Periorbita einen Sehnenring, den **Anulus tendineus communis**. An diesem entspringen 5 der äußeren Augenmuskeln (▶ Kap. 9.7.2). Die Durchtrittsstellen der Orbita werden ausführlich in ▶ Kap. 9.7.1 abgehandelt.

10.8.2 Sehbahn

Die Sehbahn (▶ Abb. 10.22) besteht aus **4 bzw. 5** Neuronen:

- 1. Neuron: Fotorezeptoren der Retina
- 2. Neuron: Bipolarzellen der Retina
- 3./4. Neuron: Ganglienzellen der Retina (bei den Stäbchen sind Amakrinzellen als 3. Neuron zwischengeschaltet); die Axone bündeln sich zum N. opticus [II]
- 4./5. Neuron: Corpus geniculatum laterale.

Der **N. opticus [II]** ist eine Ausstülpung des Diencephalons. Aus diesem Grund wird er auch von allen 3 Hirnhäuten umhüllt und besitzt einen Subarachnoidalraum, der mit den Liquorräumen des Gehirns kommuniziert.

> **Lerntipp**
>
> - **M**ediale Corpora geniculata → **M**usik (Teil der Hörbahn), auch **L**emniscus **l**ateralis = „**la-la**"
> - **L**aterale Corpora geniculata → **L**icht (Teil der Sehbahn)

Im **Chiasma opticum** kreuzen die Fasern der nasalen Retinahälfte (temporales Gesichtsfeld). Im Anschluss zieht der **Tractus opticus** zum **Corpus geniculatum laterale,** einem Kerngebiet des Metathalamus im Diencephalon.

> **Klinik**
>
> Das **Chiasma opticum** besitzt eine enge räumliche Nähe zur **Hypophyse.** Hypophysentumoren können von unten auf das Chiasma opticum drücken. Dabei klemmen sie die kreuzenden nasalen Fasern ab. Da die nasalen Fasern das temporale Gesichtsfeld abbilden, kann es somit bei Hypophysentumoren zur **bitemporalen (heteronymen) Hemianopsie (Scheuklappenblindheit)** kommen. Ein **Aneurysma der A. carotis**

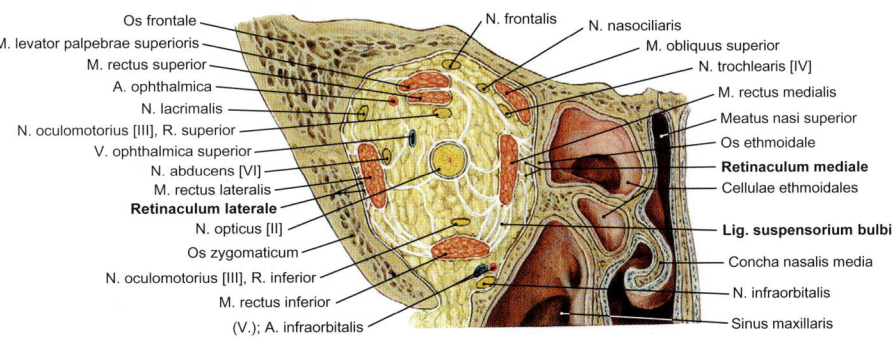

Abb. 10.21 Kompartimente und Strukturen der Orbita. [S007-3-23]

ZNS und Sinnesorgane

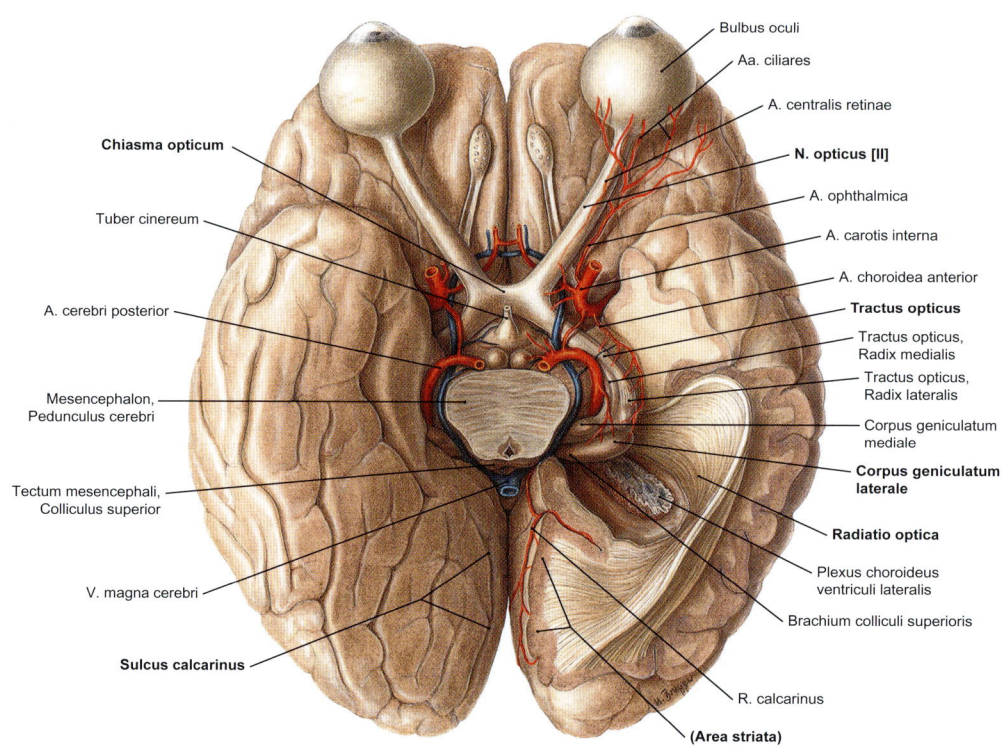

Abb. 10.22 Sehbahn mit Gefäßversorgung. Ansicht von unten. [S007-3-23]

interna drückt dagegen von lateral gegen das Chiasma opticum. In diesem Fall kommt es zum ipsilateralen **Ausfall** der temporalen Fasern der Retina und damit des **nasalen Gesichtsfelds** (▶ Abb. 10.23).

Vom **Corpus geniculatum laterale** projizieren die Fasern über die **Radiatio optica** zur **primären Sehrinde** (**Area striata, Area 17** nach BRODMANN).

Die Radiatio optica verläuft auf ihrem Weg durch das Crus posterius der **Capsula interna**. Die Sehbahn ist **retinotop** gegliedert. Dies bedeutet, dass die Fasern aus dem oberen Quadranten der kontralateralen Gesichtsfeldhälfte ventral des **Sulcus calcarinus** enden, wohingegen die Fasern aus dem unteren Quadranten dorsal enden.

Neben der Sehbahn im klassischen Sinne gibt es Projektionen, die nicht im Corpus geniculatum laterale enden. Diese nennt man **extragenikuläre Bahnen:**

- Vom Chiasma opticum ziehen Fasern zum Nucleus suprachiasmaticus des Hypothalamus: Regulation von biologischen Rhythmen.
- Fasern des Tractus opticus verlaufen im Brachium colliculi superioris zum Colliculus superior der Vierhügelplatte und enden dort oder laufen weiter zur Area pretectalis: Okulomotorik und visuelle Reflexe.

10.8.3 Visuelle Reflexe

Die visuellen Reflexe regeln den Lichteinfall auf die Retina (**Pupillenweite**), die Nah-Fern-Einstellung der Linse (**Akkommodation**) sowie die Einstellung der Blicklinien (**Konvergenz**).

Lichtreflex
- **Afferenter Schenkel:** Axone des N. opticus [II] zur Area pretectalis, dort Umschaltung auf ein weiteres Neuron, das gekreuzt oder ungekreuzt zum Nucleus oculomotorius accessorius (EDINGER-WESTPHAL) projiziert. Die Kreuzung bildet die Grundlage der konsensuellen Lichtreaktion.
- **Efferenter Schenkel:** Neuron des Nucleus oculomotorius accessorius, das über den N. oculomotorius [III] zum Ganglion ciliare läuft, dort Um-

▶ 10.8 Orbita und Sehbahn ▶ 10.8.3 Visuelle Reflexe

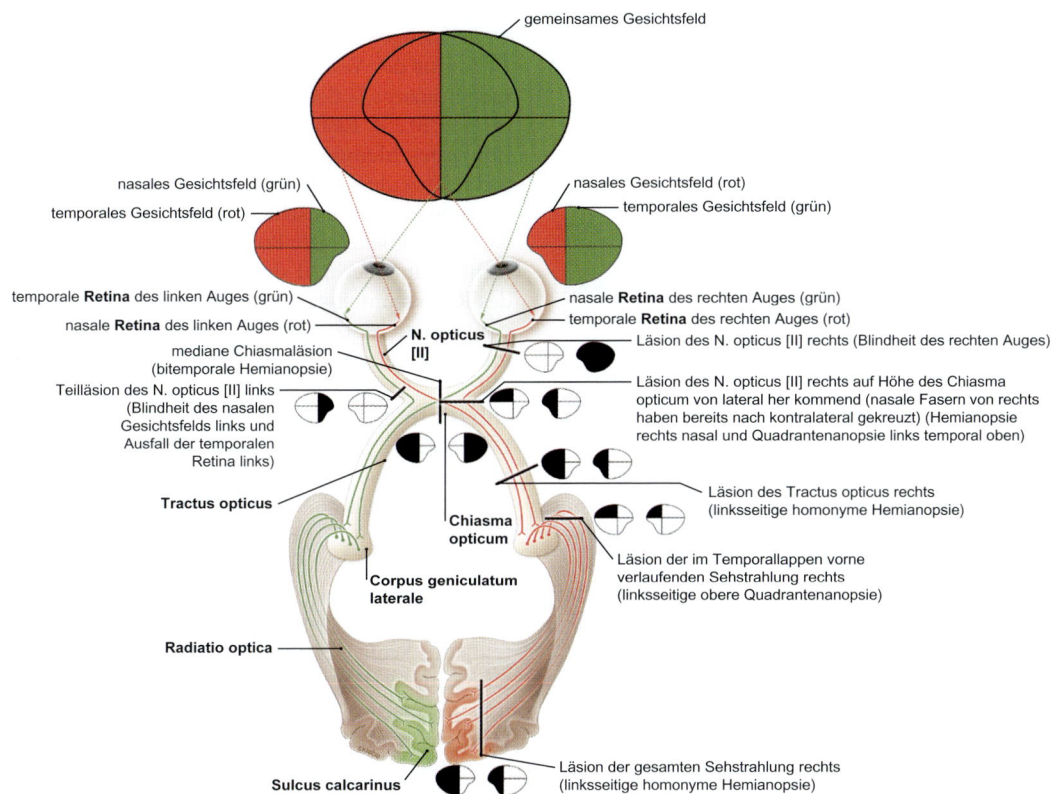

Abb. 10.23 Läsionen der Sehbahn. [L238]

schaltung und Verlauf als Nn. ciliares breves zum M. sphincter pupillae.

Akkommodationsreflex
- **Afferenter Schenkel:** über die gesamte Sehbahn zur primären Sehrinde
- **Efferenter Schenkel:** direkte Verbindung von der Sehrinde zur Area pretectalis, von dort gleicher Verlauf wie beim Lichtreflex und Innervation des M. ciliaris und M. sphincter pupillae; ebenfalls Innervation der Mm. recti mediales und Hemmung der Mm. recti laterales über Verbindungen zwischen der Area pretectalis und dem Okulomotorius- bzw. Abduzenskern.

> **Merke**
> Der Akkommodationsreflex erfordert eine kortikale Beteiligung, der Lichtreflex hingegen nicht.

Insgesamt ist die Steuerung der Augenbewegungen ein komplexer Prozess und erfordert die Abstimmung beider Seiten. Dafür sind die folgenden **supranukleären Zentren** von Bedeutung:
- Area pretectalis
- Colliculi superiores
- Nucleus interstitialis CAJAL mit Commissura posterior
- Nucleus interstitialis rostralis des Fasciculus longitudinalis medialis
- Perihypoglossäre Kerne
- Teile der Formatio reticularis (sog. PPRF = paramediane pontine Formatio reticularis)
- Vestibulariskernkomplex

> **Klinik**
> - Bei Ausfall der Commissura posterior kommt es zur **Blicklähmung** nach oben.
> - Eine Schädigung des Nucleus interstitialis rostralis führt zur Blicklähmung nach unten.

ZNS und Sinnesorgane

- Bei Läsion der PPRF fallen horizontale Blickbewegungen aus.

10.9 Innenohr, Gleichgewichtssinn und Hörbahn

Das Ohr gliedert sich in die Abschnitte:
- **Äußeres Ohr:** Ohrmuschel, äußerer Gehörgang, Trommelfell (▶ Kap. 9.8.1)
- **Mittelohr:** Paukenhöhle, Tuba auditiva (▶ Kap. 9.8.2)
- **Innenohr:** Hör- und Gleichgewichtsorgan, innerer Gehörgang

In diesem Kapitel liegt der Schwerpunkt auf dem Innenohr und seinen zentralnervösen Verbindungen.

10.9.1 Innenohr

Das **Innenohr** beginnt am Porus acusticus internus mit dem inneren Gehörgang (▶ Abb. 10.24). Dieser enthält die **A. labyrinthi,** den **N. facialis [VII]** und den **N. vestibulocochlearis [VIII].** Vom inneren Gehörgang gelangt man in das knöcherne Labyrinth, das aus 3 Abschnitten besteht:
- Mittelabschnitt (Vorhof, Vestibulum)
- Schnecke (Cochlea)
- 3 Bogengänge (Canales semicirculares)

Im knöchernen Labyrinth liegt das häutige Labyrinth, das sich in das **Labyrinthus vestibularis** und das **Labyrinthus cochlearis** unterteilen lässt:

Labyrinthus vestibularis

Der Gleichgewichtssinn wird über den **Sacculus** und **Utriculus** des Vestibulums sowie über die Ampullae membranacae der **3 Bogengänge** vermittelt (▶ Abb. 10.25). Erstere sind für die Empfindung von **Linearbeschleunigung** zuständig (Sacculus: senkrecht; Utriculus: waagerecht), wohingegen in den Bogengängen **Drehbeschleunigung** wahrgenommen wird. Die Ebenen der Bogengänge stehen fast senkrecht zueinander und sind gegen die 3 Hauptebenen des Raums um etwa 30–45° gekippt. Der Saccus endolymphaticus sorgt in diesem System für Resorption und Druckausgleich für die Endoymphe.

Labyrinthus cochlearis

Die **Cochlea** bildet den akustischen Abschnitt des Innenohrs. Sie besteht aus einem Schneckenkanal (Canalis spiralis cochleae), der 2½ Windungen besitzt (▶ Abb. 10.25). Er beginnt im Vestibulum am Foramen rotundum, um sich dann um seine Achse, den **Modiolus,** zu winden. Der Schneckenkanal wird durch eine Knochenleiste in 2 Gänge unterteilt, die **Scala vestibuli** und die **Scala tympani.** Die Scala vestibuli steht mit dem **ovalen Fenster** im Vestibulum in Verbindung, wohingegen die Scala tympani über das **runde Fenster** mit der Paukenhöhle kommuniziert. Zwischen Scala vestibuli und Scala tympani befindet sich der **Ductus cochlearis,** der das Sinnesepithel enthält. In Scala vestibuli und Scala tympani befindet sich die sog. Peri-

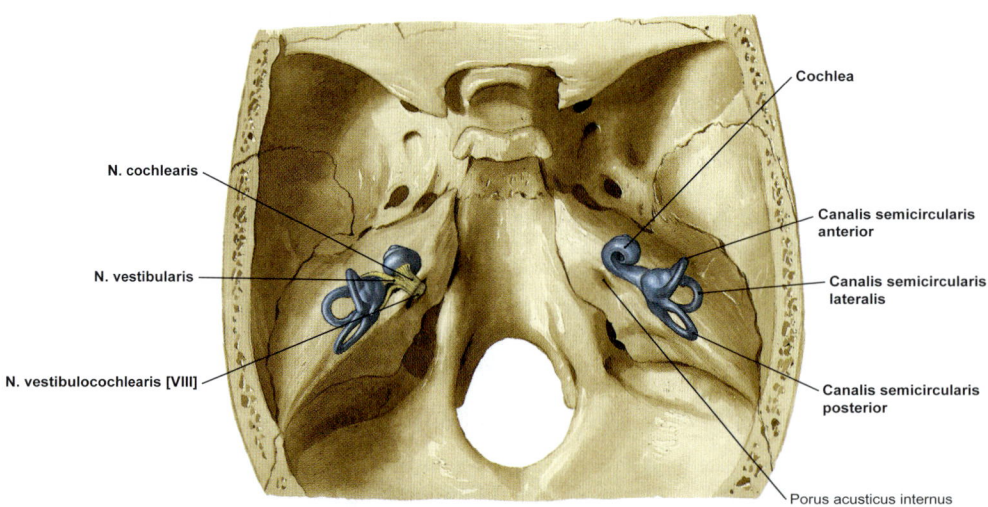

Abb. 10.24 Innenohr, Auris interna, und N. vestibulocochlearis [VIII]. Ansicht von oben. Innenohr in seiner natürlichen Position auf das Felsenbein projiziert. [S007-3-23]

▶ 10.9 Innenohr, Gleichgewichtssinn und Hörbahn

lymphe, wohingegen der Ductus cochlearis mit Endolymphe gefüllt ist.

> **Merke**
>
> Die **Endolymphe** wird von den Epithelzellen der Stria vascularis sezerniert und im Bereich des Saccus endolymphaticus rückresorbiert. Sie ist **kaliumreich**. Die Depolarisation/Erregung der Haarzellen erfolgt durch K^+-Einstrom.

Der **Ductus cochlearis** lässt sich in 3 Abschnitte unterteilen:
- Paries externus: enthält das Lig. spirale mit der **Stria vascularis**.
- Paries vestibularis: beinhaltet die **REISSNER-Membran**.
- Paries tympanicus: besteht aus dem Limbus spiralis und der **Basilarmembran,** auf der das **CORTI-Organ** sitzt.

Das **CORTI-Organ** besteht aus Stütz- und äußeren sowie inneren Haarzellen. Die inneren Haarzellen stellen die eigentlichen Sinneszellen dar. Die Sinneshaare (Stereozilien) der Haarzellen sind von der Tektorialmembran bedeckt. Bei Bewegung der Ge-

hörknöchelchen werden die Schallschwingungen zunächst auf die Perilymphe in der Scala vestibuli übertragen und führen in der Folge zur Schwingung der Basilarmembran mit CORTI-Organ. Dies führt zu Scherbewegungen zwischen Tektorialmembran und Stereozilien, was von den Haarzellen wahrgenommen und in elektrische Impulse umgewandelt wird. Die afferenten Fasern, die an den inneren Haarzellen enden, sind die 1. Neurone der Hörbahn des **Ganglion cochleare**. Die äußeren Haarzellen unterstützen durch Signalverstärkung die Erregung der inneren Haarzellen.

Leitungsbahnen

Arterien/Venen

Das Innenohr wird arteriell über die **A. labyrinthi** versorgt, die in 85 % aus der A. inferior anterior cerebelli und zu 15 % direkt aus der A. basilaris entspringt. Die venöse Drainage erfolgt in die **V. jugularis interna** und zum **Sinus petrosus inferior**.

10.9.2 Gleichgewichtsbahn

Die Gleichgewichtsbahn besteht aus **2 Neuronen:**
- 1. Neuron: **Ganglion vestibulare**

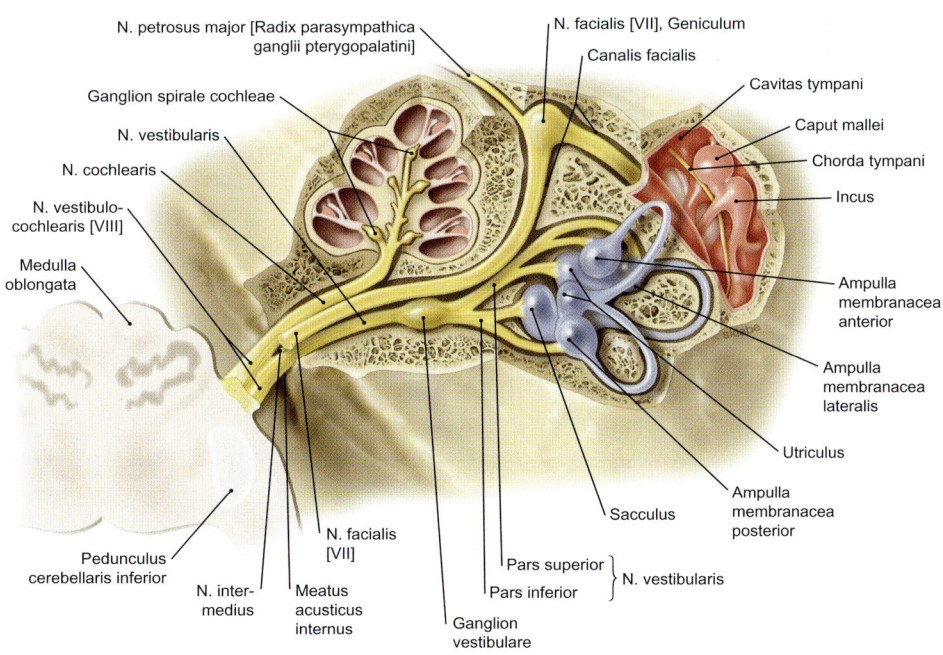

Abb. 10.25 Innenohr mit Hör- und Gleichgewichtsorgan. Ansicht von oben; Pars petrosa eröffnet. [L238]

ZNS und Sinnesorgane

- 2. Neuron: **Vestibulariskerne** (Nuclei vestibulares superior, inferior, medialis und lateralis). Von dort gibt es folgende Efferenzen:
  - Zum Kleinhirn (Tractus vestibulocerebellaris)
  - In das Rückenmark (Tractus vestibulospinalis)
  - Zu den Augenmuskelkernen (über den Fasciculus longitudinalis medialis)
  - Zum Thalamus (Tractus vestibulothalamicus)

Diese Verbindungen gewährleisten die Koordination von Augenbewegungen und Bewegungen von Rumpf, Hals und Extremitäten mit den vestibulären Afferenzen.

10.9.3 Hörbahn

Die Hörbahn besteht aus **5–7 Neuronen** und zeigt folgenden Verlauf (▶ Abb. 10.26).

- 1. Neuron: **Ganglion cochleare (spirale)** im Modiolus, weiterer Verlauf als N. vestibulocochlearis [VIII], Pars cochlearis
- 2. Neuron: **Nuclei cochleares anterior und posterior**

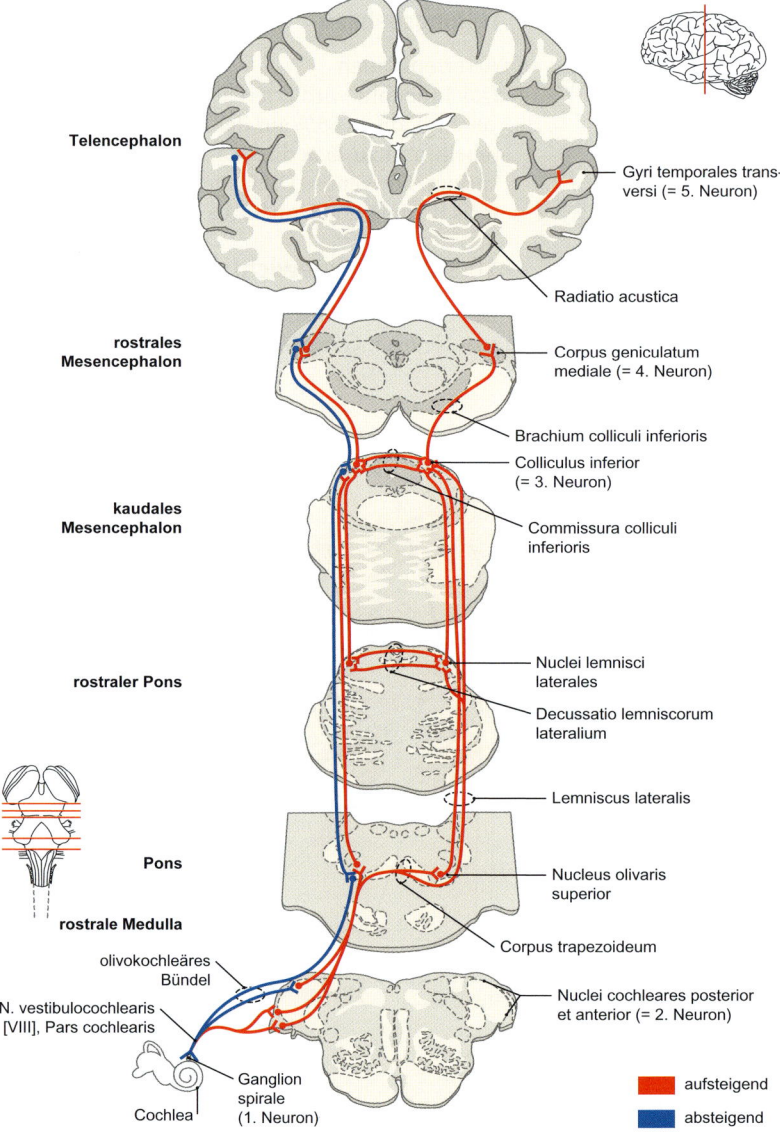

Abb. 10.26 Zentrale Hörbahn. [L127]

Vom Nucleus cochlearis posterior entspringt die direkte Hörbahn, wohingegen die indirekte Hörbahn vom Nucleus cochlearis anterior ausgeht.

Direkte Hörbahn
- **Posteriore Akustikuskreuzung** (Striae acusticae, Hörstreifen) im Boden des IV. Ventrikels
  - Weiterer Verlauf als **Lemniscus lateralis**

> **Merke**
> Der Lemniscus medialis ist Teil der epikritischen Bahn, der Lemniscus lateralis ist Teil der Hörbahn.

- 3. Neuron: **Ncl. centralis colliculi inferioris** in der Vierhügelplatte
- Brachium colliculi inferioris zum Corpus geniculatum mediale

> **Merke**
> Das Corpus geniculatum laterale ist Teil der Sehbahn. Das Corpus geniculatum mediale dagegen ist Teil der Hörbahn.

- 4. Neuron: Perikarya im **Corpus geniculatum mediale**
- Radiatio acustica in der Capsula interna
- 5. Neuron: primäre Hörrinde in den **Gyri temporales transversi** (HESCHL-Querwindungen, Area 41 nach BRODMANN)

Indirekte Hörbahn
- **Trapezförmige Kreuzung** (Corpus trapezoideum)
  - 3. Neuron: **oberer Olivenkomplex** ipsi- und kontralateral, teilweise Verschaltung auf ein 4. Neuron
- 3. Neuron (alternativ): **Nuclei lemnisci laterales** (lateraler Schleifenkomplex), dort teilweise Kreuzung über die **Decussatio lemniscorum lateralium** zum kontralateralen lateralen Schleifenkomplex (4. Neuron)
- Weiterer Verlauf im **Lemniscus lateralis** über den **Colliculus inferior** (4., 5. Neuron) und das **Corpus geniculatum laterale** (5., 6. Neuron) zur **primären Hörrinde** (6., 7. Neuron)

> **Merke**
> Der obere Olivenkomplex ist das erste Kerngebiet der Hörbahn, das von beiden Ohren Afferenzen enthält und sie miteinander vergleichen kann. Somit ist er das wichtigste Kerngebiet für das Richtungshören.

Die Hörbahn besitzt auch absteigende Fasern, die zu den äußeren und inneren Haarzellen führen und dort die Empfindlichkeit der Haarzellen für Schallimpulse steuern.

Register

A
Abduktion 10
Acetabulum 103
ACHILLES-Sehne 107
Achselhöhle 99
Achsellücken 74, 77
Achsen 2
Acromion 59
ADAMKIEWICZ-Arterie 342
Adamsapfel 250
Adduktion 10
Adduktorenkanal 121
Adnexe 227
Adoleszenz 6
Aganglionose 25
Akkommodationsreflex 345
Ala(-ae)
– major 269
– minor 269
– ossis ilii 103
ALCOCK-Kanal 131, 212, 233
Amboss 298
Amphiarthrosen 11, 35, 114, 115
Ampulla
– tubae uterinae 228
– membranacae 346
Analdrüsen 216
Analfisteln 217
Analkanal 189, 216
– Bau 216
– Leitungsbahnen 218
Analvenenthrombose 219
Anastomosen
– Bauchhöhlen-Arterien 175
– kavokavale 40, 142, 212
– Oberarm 94
– portokavale 40, 143, 179, 193
– Schulterblatt 94
Angina pectoris 155
Angulus
– LUDOVICI 32
– sterni 32, 34
Ansa
– cervicalis 240, 241
– cervicalis profunda 258
Antagonisten 15
Anteflexio 228
anterior 4
Antetorsionswinkel 106
Anteversio 228
Anulus
– inguinalis profundus 52, 53
– inguinalis superficialis 52, 53
Aorta 169
– abdominalis 342
– ascendens 142
– descendens 142
– Gliederung 142

– Pars abdominalis aortae 175
– thoracica 38, 342
Aortenenge 164
Aortenisthmusstenose 40
Aortenklappe 19, 152
Apertura
– externa canalis carotici 273
– interna canalis carotici 271
– thoracis inferior 28
– thoracis superior 28
Apex
– pulmonis 158
– cordis 149
apikal 4
Aponeurosen 15
Aponeurosis palatina 286
Apophyse 7
Appendix vermiformis 189
Appendizitis 190, 229
Aquaeductus mesencephali 328
Arachnoidea 326
Arcus
– aortae 142
– costalis 28
– palatoglossus 286
– palatopharyngeus 286
– palmaris profundus 96
– palmaris superficialis 97
– plantaris profundus 133, 135
Area
– pretectalis 344, 345
– striata 344
Armgeflecht 85
Arteria(-ae)
– alveolaris inferior 304
– alveolaris superior posterior 287, 304
– angularis 304, 334
– appendicularis 176
– arcuata 133, 135
– auricularis posterior 304
– auricularis profunda 281, 304
– axillaris 93, 96
– basilaris 331, 347
– brachialis 93, 96, 97
– buccalis 304
– bulbi penis 212, 215, 223
– bulbi vestibuli 230
– caecalis anterior 176
– caecalis posterior 176
– callosomarginalis 334
– caroticotympanicae 299
– carotis communis 259
– carotis communis dextra 142
– carotis communis sinistra 142
– carotis externa 259, 261, 286, 303, 326
– carotis interna 259, 261, 299, 303, 326, 336
– centrales anterolaterales 334

– centrales anteromediales 334
– centralis longa 334
– centralis recurrens 334
– centralis retinae 295
– cerebelli superior 327
– cerebri anterior 334
– cerebri media 327, 334
– cerebri posterior 327, 331, 334
– cervicalis ascendens 95, 260, 261
– choroidea anterior 332
– ciliares posteriores 295
– circumflexa femoris lateralis 135
– circumflexa femoris medialis 135
– circumflexa humeri anterior 94, 96
– circumflexa humeri posterior 94, 96
– circumflexa ilium profunda 38, 134
– circumflexa ilium superficialis 38, 134
– circumflexa lateralis 111
– circumflexa medialis 111
– circumflexa scapulae 94, 96
– colica dextra 176, 191
– colica media 175, 176, 191
– colica sinistra 175, 176, 191
– collateralis media 96, 97
– collateralis radialis 96, 97
– collateralis ulnaris inferior 96, 97
– collateralis ulnaris superior 96, 97
– communicans anterior 332
– communicans posterior 332
– coronaria dextra 142, 155
– coronaria sinistra 155
– cremasterica 55, 222, 224
– cystica 176, 199
– descendens genus 135
– digitales dorsales 96, 133
– digitales palmares 97
– digitales plantares 133
– dorsalis clitoridis 230
– dorsalis nasi 295, 304
– dorsalis pedis 133, 134, 135
– dorsalis penis 212, 223
– dorsalis scapulae 95
– ductus deferentis 53, 55, 211, 222, 224
– epigastrica inferior 38, 52, 134, 222
– epigastrica superficialis 38, 134
– epigastrica superior 38, 134, 169
– ethmoidalis anterior 290, 295, 326
– ethmoidalis posterior 295
– facialis 286, 287, 290, 295, 304
– femoralis 121, 133, 134
– fibularis 133, 134, 135
– frontopolaris 334
– gastrica dextra 176, 186
– gastrica posterior 176, 186
– gastrica sinistra 167, 176, 186, 196
– gastricae breves 176, 186

– gastroduodenalis 176, 199
– gastroduodenalis dextra 176
– gastroomentalis dextra 176, 186
– gastroomentalis sinistra 176, 186
– glutea inferior 211
– glutea superior 111, 211
– hepatica communis 176
– hepatica propria 176, 194, 196, 199
– ileales 176, 191
– ileocolica 191
– iliaca communis 176, 206, 211
– iliaca externa 133, 134, 211
– iliaca interna 111, 134, 206, 211, 215, 218, 342
– iliolumbalis 211
– inferior anterior cerebelli 332, 347
– inferior lateralis genus 135
– inferior medialis genus 135
– inferior posterior cerebelli 327, 332
– inferiores posteriores cerebelli 342
– infraorbitalis 287, 295, 304
– intercostales posteriores 38, 42
– intercostalis 36
– intercostalis suprema 38
– interossea antebrachii anterior 97
– interossea antebrachii posterior 96
– interossea communis 96
– interossea recurrens 97
– jejunales 176, 191
– labialis 304
– labyrinthi 346, 347
– lacrimalis 295
– laryngea inferior 255
– laryngea superior 255, 261
– lenticulostriatae 334
– lingualis 285, 287, 290, 304
– lumbales 38, 176
– malleolaris anterior lateralis 133, 135
– malleolaris anterior medialis 133, 135
– mammaria interna 37
– mammariae laterales 42
– mammariae mediales 42
– maxillaris 286, 290, 303, 326
– media genus 135
– medullares segmentales anteriores 342
– medullares segmentales posteriores 342
– meningea centralis 326
– meningea media 304, 326
– meningea posterior 304, 326
– mesenterica inferior 175, 176, 191
– mesenterica superior 175, 176, 191, 196, 201
– metacarpales dorsales 96
– metacarpales palmares 96
– metatarsales dorsales 133
– metatarsales plantares 133
– musculophrenica 38, 141, 169
– nutricia fibulae 133
– obturatoria 111, 121, 134, 211

– occipitalis 304, 326
– occipitalis lateralis 334
– occipitalis medialis 334
– ophthalmica 290, 295, 332
– orbitalis 334
– ovarica 176, 206, 230
– palatina ascendens 249, 286, 287, 304
– palatina descendens 249, 286, 304
– pancreaticoduodenalis inferior 176, 191, 201
– pancreaticoduodenalis superior 191
– pancreaticoduodenalis superior anterior 176, 201
– pancreaticoduodenalis superior posterior 176, 199, 201
– parietalis interna 334
– perforantes 135
– pericallosa 334
– pericardiacophrenica 141, 169
– perinealis 212
– pharyngea ascendens 249, 261, 286, 287, 304, 326
– phrenica inferior 167, 169, 176
– phrenica superior 141, 169
– plantaris lateralis 133, 135
– plantaris medialis 133, 135
– plantaris profunda 133
– poplitea 123, 133, 134, 135
– princeps pollicis 96
– profunda brachii 96, 97
– profunda clitoridis 230
– profunda femoris 111, 135
– profunda penis 212, 223
– pudenda externa 38, 135, 224, 229
– pudenda interna 212, 215, 223, 224, 229, 233
– pulmonales 161
– radialis 93, 96
– radialis indicis 96
– radiculares anteriores 342
– radiculares posteriores 342
– radicularis magna 342
– rectalis inferior 175, 212, 218
– rectalis media 175, 212, 218, 224
– rectalis superior 175, 178, 218
– recurrens radialis 96, 97
– recurrens tibialis anterior 133
– recurrens tibialis posterior 133
– recurrens ulnaris 96, 97
– renalis 176, 205, 206
– sacrales laterales 211
– sacralis mediana 176
– sigmoideae 178, 191
– sphenopalatina 249, 290, 304
– spinales posteriores 342
– spinalis anterior 342
– splenica 176, 201, 202
– striata medialis distalis 334
– subclavia 37, 93, 94, 259, 260, 342
– subclavia dextra 142

– subclavia sinistra 142
– subcostales 38
– sublingualis 290
– submentalis 290, 304
– subscapularis 96
– sulci centralis 334
– sulci postcentralis 334
– sulci precentralis 334
– superior cerebelli 332
– superior lateralis 135
– superior medialis 135
– supramarginalis 334
– supraorbitalis 295
– suprarenalis inferior 176, 205
– suprarenalis media 176, 205
– suprarenalis superior 176, 205
– suprascapularis 95, 260
– tarsales mediales 133
– tarsalis lateralis 133
– temporalis 334
– temporalis media 304
– temporalis superficialis 281, 289, 304
– testicularis 53, 55, 176, 206, 222, 224
– thalami perforantes 334
– thoracica interna 37, 40, 42, 94, 167, 169, 169
– thoracica lateralis 38, 42, 96
– thoracica superior 96
– thoracoacromialis 96
– thoracodorsalis 38, 42, 96
– thyroidea inferior 95, 167, 249, 257, 260
– thyroidea superior 249, 257, 261, 304
– tibialis anterior 133, 134, 135
– tibialis posterior 133, 134, 135
– transversa cervicis 95, 260
– transversa colli 95
– transversa faciei 281, 289, 295
– tympanica anterior 304
– tympanica inferior 304
– tympanicae 299
– ulnaris 93, 96
– umbilicalis 211, 215, 222
– urethralis 215
– uterina 206, 212, 230
– vaginalis 212, 215, 230
– vertebralis 94, 259, 260, 326, 331, 332, 342
– vesicalis inferior 206, 212, 215, 224
– vesicalis superior 206, 211, 215
Arterien 18
Arteriolen 18
Arthritis 13
Arthrose 13
Articulatio(-nes)
– acromioclavicularis 62, 63
– atlantoaxiales laterales 237
– atlantoaxialis mediana 237
– atlantooccipitalis 237, 269
– capitis costae 35

Register 353

– carpometacarpales 62, 67
– conoidea 11
– costotransversaria 33, 35
– coxae 108, 110
– cricoarytenoidea 251
– cricothyroideae 250
– cubiti 62, 65
– ellipsoidea 11
– femorotibialis 108, 111
– genus 108, 111
– humeri 62, 64
– humeroradialis 62, 65
– humeroulnaris 62, 65
– intercarpales 62, 67
– interchondralis 35
– intermetacarpales 62, 67
– intermetatarsales 108
– interphalangeae 62
– interphalangeae manus 68
– interphalangeae pedis 108, 117
– mediocarpalis 62, 67
– metacarpophalangeae 62, 68
– metatarsophalangeae 108, 117
– plana 11
– radiocarpalis 62, 67
– radioulnaris distalis 62, 65
– radioulnaris proximalis 62, 65
– sacroiliaca 31, 108
– sellaris 11
– spheroidea 11
– sternoclavicularis 34, 62, 63
– sternocostalis 34
– subtalaris 108, 115
– talocalcaneonavicularis 108, 115
– talocruralis 108
– tarsi transversa 108, 115
– tarsometacarpales 108
– tarsometatarsales 115
– temporomandibularis 269, 279
– tibiofibularis 108, 114
– trochoidea 11
– zygapophysiales 30, 236
Atemhilfsmuskeln 163
Atemmuskeln 163
Atlas 30, 237
Atmung 163
Atrioventrikularbündel 153
Atrium
– dextrum 149
– sinistrum 150
AUERBACH-Plexus 25
Auge
– Hilfsapparat 295
– Leitungsbahnen 295
– Nerven 311
– Muskulatur 295
Augenhöhle 293, 343
Augenlider 295
Augenmuskelnerven 311
Auricula 298
– dextra 149
– sinistra 150

Auris interna 346
Ausatmung 163
Außenknöchel 106
Außenmeniskus 113
Außenrotation 10
AV-Knoten 150, 153
Axilla 99
Axis 30, 237
Azygos-Venensystem 40, 142

B
BABINSKI-Zeichen 340
Backenzähne 287
Bänder 15
Bandhaft 12
Bandscheibenvorfall 23, 130, 237
BARRETT-Ösophagus 164
BARTHOLIN-Drüsen 216, 226, 227, 234
basal 4
Basis
– cordis 149
– cranii 267
Bauchhöhle 172
– Arterien 175
– Lymphgefäße 179
– Nerven 181
– Venen 178
Bauchmuskulatur 46
Bauchspeicheldrüse 25, 199
– Gliederung 200
– Leitungsbahnen 201
Bauchspeicheldrüsenentzündung 198
Bauchwand 52
BAUHIN-Klappe 188
Beckenboden 231
Beckenbodeninsuffizienz 234
Beckenbodenmuskulatur 232
Beckengürtel 103
Beckenhöhle 210
– Arterien 211
Beckenmaße 109
Bifurcatio tracheae 157
Bikuspidalklappe 19
Bindehaut 295
Bläschendrüsen 223
Blasendreieck 213
Blasenkatheter 214
Blinddarm 189
Blutgefäße 17
Blutzusammensetzung 17
BOCHDALEK-Dreieck 169
BOCHDALEK-Hernien 169
Body-Mass-Index 2
Bogengänge 346
Bolustod 246
BOYD-Venen 136
Brachium, colliculi superioris 344
Bries 167
BROCA-Formel 2
BROCA-Sprachzentrum 331
BRODMANN-Area 349

Bronchialbaum 160
Bronchiolus(-i)
– respiratorii 161
– terminales 161
Bronchodilatation 162
Bronchokonstriktion 162
Bronchoskopie 161
Bronchus(-i)
– lobares 160, 161
– principales 157, 161
– segmentales 160, 161
BROWN-SÉQUARD-Syndrom 341
Brust 41
– Lymphgefäße 42
– Nerven 42
Brustbein 32
Brusthöhle
– Arterien 142
– Gliederung 140
– Lymphgefäße 143
– Nerven 145
– Venen 142
Brustkorb 28
– Gelenke 34
Brustwand 35
Brustwandmuskeln 38
Brustwarze 42
Brustwirbel 30
Buckel 28
BÜHLER-Anastomose 175, 191, 193
BÜLAU-Drainage 37, 142
Bulbus vestibuli 226
BURDACH-Strang 341
Bursa(-ae)
– musculi semimembranosi 111
– omentalis 174
– subacromialis 64
– subcoracoidea 64
– subdeltoidea 64
– subpoplitea 111
– subtendinea m. subscapularis 65
– subtendinea m. gastrocnemii 111
Bursitis 16, 114

C
Caecum 189
CAJAL-Zellen 25
Calcaneus 107
CALOT-Dreieck 197, 198
Calvaria 267
CAMPER-Faszie 45
Canaliculus(-i), mastoideus 273
Canalis(-es)
– adductorius 121
– analis 189, 216
– caroticus 271, 273
– carpi 61, 82
– centralis 337
– cervicis uteri 228
– condylaris 271, 273
– inguinalis 55
– nasolacrimalis 294

– nervi hypoglossi 271, 273
– obturatorius 104, 121
– opticus 271, 294
– palatinus 302
– sacralis 31
– semicirculares 346
– spiralis cochleae 346
– vertebralis 29, 336
CANNON-BÖHM-Punkt 182, 192, 317
Capsula
– adiposa 203
– fibrosa 203
– interna 338, 340, 341
Caput
– humeri 59
– mandibulare 279
– medusae 40, 197
Cardia 184
Carpus 61
Cartilago(-ines)
– arytenoidea 249
– cricoidea 249
– thyroidea 249, 250, 251
Cauda equina 31, 336
Cava-Gallenblasen-Ebene 195
Cavitas(-tes)
– abdominalis 172
– glenoidalis 59
– infraglottica 253
– nasi 290
– oris 281
– pelvis 210
– peritonealis 172, 210
– pleuralis 140, 141
– serosa scroti 221
– thoracis 28, 140
– uteri 228
Cavum
– cranii 267
– tympani 298
Cellulae, ethmoidales 292
Centrum, tendineum 169
Centrum-Collum-Diaphysen-Winkel 106
Cerebrum 324
Cervix 228
Chiasma
– cruris 126
– opticum 343
– plantare 126
Cholestase 198
Cholezystektomie 199
Cholezystitis 198
Cholezystolithiasis 198
CHOPART-Gelenk 115
CHOPART-Gelenklinie 115
Chorda(-e) tympani 316
– tendineae 150
Circulus, arteriosus cerebri (WILLISI) 303, 332
Cisterna(-ae)
– ambiens 327

– basalis 327
– cerebellomedullaris 327
– fossae lateralis cerebri 327
– interpeduncularis 327
– quadrigeminalis 327
– subarachnoideae 327
Clavicula 34, 59
Clitoris 226
Cochlea 346
COCKETT-Venen 136
COLLES-Band 53
Colliculus(-i) superiores 345
Collum
– anatomicum 59
– chirurgicum 59
Colon 189
– ascendens 189
– descendens 189
– sigmoideum 189
– transversum 189
Columna(-ae)
– anales 216
– vertebralis 28
Commissura(-ae)
– alba anterior 340
– posterior 345
Concha nasalis 290
Condylus
– humeri 60
– lateralis 106
– medialis 106
Conus elasticus 251
COOPER-Bänder 41
Cor 19, 146
Corona mortis 134
Corpus(-ora)
– adiposum orbitae 295
– cavernosa 224
– cavernosa clitoridis 227
– cavernosa penis 221
– cavernosum ani 217
– geniculatum laterale 343
– geniculatum mediale 349
– humeri 60
– perineale 231
– spongiosum penis 221
– sterni 32
– trapezoideum 349
Cortex 330
Corti-Organ 300, 347
Costae 33
COWPER-Drüsen 214, 223
Coxa
– valga 106
– vara 106
Coxarthrose 106
Crista(-ae)
– capitis costae 33
– iliaca 104
– sacralis 31
– supraventricularis 150
– terminalis 149
– tuberculi 59

Crus(-ra)
– dextrum 153, 168
– sinistrum 153, 168
Cupula pleurae 141

D
Damm 232, 234
Dammräume 233
Dammregion 210, 232, 234
Dammriss 234
Darm 187
– Leitungsbahnen 191
Darmbein 103
Darmnervensystem 25
Daumen 62
Decussatio(-nes) lemniscorum lateralium 349
Defäkation 217, 218
DENONVILLIER-Faszie 210, 216
Dens(-tes)
– axis 237
– caninus 287
– deciudi 287
– incisivi 287
– molares 287
– permanentes 287
– praemolares 287
Depression 10
Dermatome 22
– obere Extremität 88
– Rumpfwand 41
– untere Extremität 128
Dermis 25
dexter 4
Diameter
– anatomica 109
– diagonalis 109
– transversa 109
– vera 109
Diaphragma 168
– oris 284
– pelvis 231
Diaphyse 7
Diarthrosen 10
Diastole 19, 152
Dickdarm 189
Diencephalon 324
Digiti manus 62
Diploëvenen 336
Discus
– articularis 279
– intervertebralis 28, 29, 236
distal 4
DODD-Venen 136
dorsal 4
Dorsalaponeurose 83
DOUGLAS-Raum 175, 210, 229
Dreiecksbein 61
Drosselgrube 32
Ductus
– alveolares 161
– choledochus 188, 197

- cochlearis 346
- cysticus 197
- deferens 55, 222
- ejaculatorius 222
- hepaticus communis 194
- lactiferi 41
- lymphaticus dexter 22, 196
- nasolacrimalis 294, 295
- pancreaticus 188, 200
- pancreaticus accessorius 188, 200
- parotideus 289
- SANTORINI 188, 200
- sublingualis 289
- submandibularis 289
- thoracicus 21, 143, 161, 170, 180, 196
- thyroglossus 256
- WIRSUNGIANUS 188, 200
Dünndarm 188
Duodenum 188
Dura mater 325
Durchtrittsstellen
- Achsellücken 77
- Becken 104, 121
- Orbita 294
- Schädelbasis 271, 273
- Trizepsschlitz 77
Dysphagie 247

E
Ebenen 2
Eckzahn 287
EDINGER-WESTPHAL 344
Eichel 221, 227
Eierstock 227
Eigelenk 11
Eileiter 227
- Leitungsbahnen 230
Einatmung 163
Eingeweidefaszie 216
Elevation 10
Elle 61
Ellenbogengelenk 65
Embryonalperiode 5
Endhirn 324
Endokard 151
Endometrium 228
Endost 7
Enthesis 15
Enthesitiden 15
Epicondylus
- lateralis 80, 106
- medialis 80, 105
Epidermis 25
Epididymis 221
Epiduralblutung 326
Epiduralraum 325, 327
Epiglottis 249, 251
Epikard 151
Epiorchium 221
Epipharynx 245
epiphrenische Divertikel 165
Epiphyse 7, 25

Epiphysenfuge 7
Eponychium 26
Erbsenbein 61
Erregungsbildungssystem 153
Erregungsleitungssystem 153
Eversion 10
Excavatio
- rectouterina 175, 210, 229
- rectovesicalis 175, 210
- vesicouterina 175
Extension 10
extern 4
Externusaponeurose 50
extraperitoneal 173
Extraperitonealraum 172
extrasynovial 15
Extrauteringravidität 229

F
Facettengelenke 30
Facies
- articularis inferior 237
- articularis superior 237
- costalis 158
- diaphragmatica 149, 158
- glutea 103
- mediastinalis 158
- pulmonalis 149
- sternocostalis 149
Fallhand 81, 91, 93
Fascia
- abdominis superficialis 44
- axillaris 45
- cervicalis 243
- cremasterica 222
- diaphragmatica inferior 44
- pectoralis 41, 45
- pelvis parietalis 210
- pelvis visceralis 210, 216
- presacralis 210
- rectoprostatica 210
- rectovaginalis 210
- renalis 203
- spermatica externa 222
- spermatica interna 222
- thoracolumbalis 45
- transversalis 44
Fasciculus(-i)
- gracilis 342
- longitudinalis inferior 238
- longitudinalis medialis 345, 348
- longitudinalis superior 237
- posterior 89
Faserknorpel 9
Faszie 44
Fazialisknie 316
Fazialisparese 316
Felderhaut 26
Femoropatellargelenk 108
Femorotibialgelenk 108
Femur 104
Femurkopfnekrose 111
Fersenbein 107

Fetalperiode 5
Fibra(-ae) cuneocerebellares 338, 342
fibrokartilaginär 15
Fibula 106
fibular 4
Fiederung 14
Fiederungswinkel 15
Filum(-a) olfactoria 310
Finger 62
Fingerendgelenk 68
Fingergelenk 68
Fingergrundgelenk 68
Fingernägel 26
Fissura(-ae)
- horizontalis 160
- obliqua 160
- orbitalis 269, 271, 273, 294, 302
- pterygomaxillaris 302
- sphenopetrosa 271, 273
Flaschenzeichen 92
FLECHSIG-Bündel 342
Flexion 10
Flexura(-ae)
- perinealis 216
- sacralis 216
Flügelbänder 238
Flügelgaumengrube 302
Fontanellen 267
Foramen(-ina)
- cribrosa 271
- ethmoidale 295
- incisivum 273
- infraorbitale 295
- infrapiriforme 121
- interventricularia 328
- intervertebrale 22, 29
- ischiadicum majus 121
- ischiadicum minus 121
- jugulare 271, 273, 304
- lacerum 271, 273
- magnum 271, 273
- MONROI 328
- nutritia 8
- obturatum 104
- ovale 271, 273
- palatinum minor 273
- palatinum majus 273
- rotundum 271, 273
- sacralia posteriora 31
- spinosum 271, 273
- stylomastoideum 273
- supraorbitale 294
- suprapiriforme 121
- transversarium 30
- venae cavae 170
- vertebrale 29
- zygomaticum 294
FOREL-Achse 324
Formatio reticularis 345
Fornix vaginae 229
Fortpflanzungsorgane 220

Fossa
- cranii 267
- glandulae lacrimalis 295
- hypophysialis 269
- iliaca 103
- infratemporalis 269, 302, 304
- inguinalis lateralis 53
- ischioanalis 232, 234
- mandibularis 269
- ovalis 149
- ovarica 227
- poplitea 122
- pterygopalatina 294, 302
- retromandibularis 300
- subscapularis 59
- temporalis 269, 300
Fovea
- costalis 30
- dentis 237
FRANKENHÄUSER-Plexus 230
FROHSE-FRÄNKEL-Arkade 91
FROMENT-Zeichen 92
frontal 4
Frontalebene 2
Funiculus(-i)
- anterolateralis 338
- cuneatus 338
- gracilis 338
- posterior 338
- spermaticus 55, 222
Fuß
- Knochen 107
- Muskulatur 126
Fußgewölbe 117
Fußwurzel 107

G
GALENI-Vene 335
Gallenblase 197
- Leitungsbahnen 199
Gallensteinileus 198
Gallenwege 197
- Leitungsbahnen 199
Ganglion(-ia)
- aorticorenale 205
- aorticorenalia 182
- cervicale inferius 162, 259
- cervicale medium 259
- cervicale superius 259, 289, 290, 296
- cervicothoracicum 145, 259
- ciliare 321
- cochleare 310, 348
- coeliaca 182, 197
- geniculi 316
- inferius 318
- mesentericum inferius 182
- mesentericum superius 182
- oticum 289, 314, 317, 321
- pterygopalatinum 313, 316, 321
- stellatum 145
- submandibulare 316, 321

- superius 318
- trigeminale (GASSERI) 313
- vestibulare 310, 347
Gaster 184
Gaumen 285
- Leitungsbahnen 286
- Muskulatur 286
Gaumenbein 270
Gaumenmandeln 246, 286
Gebärmutter 228
Geflechtsknochen 6
Gehirn 324, 330
- Blutgefäße 331
Gehörknöchelchen 298
Gelbsucht 188
Gelenkbänder 11
Gelenke 9
- Bewegungsausmaß 10
- echte 11
- Typen 10
Gelenkkapsel 11
Gelenkknorpel 11
Gelenkspalt 11
Genu
- valgum 102
- varum 102
GERDY-Linie 46
GEROTA-Faszie 203
Geschlechtsorgane
- männliche 220, 223, 224
- weibliche 226, 229, 230
Gesichtsmuskulatur 272
Gesichtsnerven 313
Gingiva 281
Ginglymus 11
Glandula(-ae)
- anales 216
- areolares 42
- bulbourethrales 214, 223
- lacrimalis 295
- mammaria 41
- parathyroideae inferiores 255
- parathyroideae superiores 255
- parotidea 288
- salivariae 288
- sublingualis 288
- submandibularis 288, 289
- thyroidea 255
- vesiculosae 223
- vestibulares majores 226, 234
Glans
- clitoridis 227
- penis 221
Gleichgewichtsorgan 300
Gleichgewichtssinn 346
Gleitsehne 16
Glomus caroticum 261
Glottis 253
GOLL-Strang 341
Gonarthrose 103, 106
GOWER-Bündel 342
Granulatio(-nes) arachnoideae 326
Grenzstrang 259

Grenzstrangganglien 23
Grimmdarm 189
Großzehe 107
GRYNFELT-Hernie 55
Gürtelrose 315
GUYON-Loge 82, 92, 96
Gyrus(-i)
- postcentralis 340, 341
- temporales transversi 349

H
Haare 26
Hackenfuß 133
Hackenfußstellung 125
Hakenbein 61
Hallux 107
Hals
- Arterien 259
- Faszien 243
- Gelenke 236
- Gliederung 236
- Knochen 236
- Lymphknoten 261, 262
- Muskulatur 238
- Nerven 257
- Venen 261
Halslordose 236
Halsspinalnerven 257
Halsvenen 261
Halswirbel 30, 236
Hammer 298
Hammerfinger 83
Hämorrhoiden 219
Hand
- Knochen 61
- Muskulatur 81
Handgelenke 67
Handwurzel 61
Harnblase
- Bau 213
- Leitungsbahnen 215
- Verschlussmechanismen 214
Harnleiter 206
- Gliederung 206
- Leitungsbahnen 206
Harnröhre
- Bau 214
- Leitungsbahnen 215
- Verschlussmechanismen 214
Haustren 191
Haut 25
Hautanhangsgebilde 25
HAVERS-Kanäle 8
HEAD-Zone 187, 192
Hebelgesetze 15
HEIMLICH-Manöver 246
Hepar 193
Hernien 55
- epigastrische 55
- supravesikale 55
Herpes zoster 23
Herz 19, 146
- Auskultation 152

– Form 149
– Gliederung 149
– Innervation 156
– Lage 146
– Leitungsbahnen 155
– Lymphgefäße 155
– Projektion 146
– Venen 155
Herzbeutel 146, 148
Herzbeuteltamponade 148
Herzdämpfung 148
Herzhinterwand 149
Herzhypertrophie 151
Herzinfarkt 152, 155
Herzklappen 152
– Auskultation 152
Herzkranzgefäße 142, 155
Herzmuskulatur 13
Herzohr 149, 150
Herzskelett 151
Herzton 152
Herzwand 151
HESCHL-Querwindungen 349
HESSELBACH-Band 52, 53
HESSELBACH-Dreieck 55
Hiatus
– adductorius 121
– analis 231
– aorticus 170
– oesophageus 170
– urogenitalis 231
Hiatus oesophageus 319
Hiatushernie 164
Hilatosis 247
Hilum pulmonis 158
Hinterstrang 338
Hinterstrangbahn 341
Hinterwandinfarkt 155
Hirnhäute 325
Hirnnerven 258, 306
Hirnnervenkerne 309
HIS-Bündel 153
HIS-Winkel 184, 185
Hoden 221
– Leitungsbahnen 224
Hodensack 221
Hodentorsion 221
HOFFA-Fettkörper 111
Hohlfuß 125
Hörbahn 348
– direkte 349
– indirekte 349
Horizontalebene 4
Hormone 25
HORNER-Syndrom 86, 146, 343
Hubkraft 15
Hüftdysplasie 111
Hüftgelenk 108, 110
– Bänder 110
– Blutversorgung 111
– Mechanik 110
– Muskulatur 118
Humeroradialgelenk 65

Humeroulnargelenk 65
Humerus 59
Hydatidentorsionen 221
Hydrozephalus 330
Hymen 229
Hyperparathyreoidismus 257
Hyperthyreose 256
Hypomochlion 16
Hypoparathyreoidismus 257
Hypopharynx 245
Hypophyse 25
Hypophysenhinterlappen 25
Hypophysenvorderlappen 25
Hypothalamus 25
Hypothenar 82
Hypothenarmuskeln 83
Hypothyreose 255
Hysterektomie 231

I
Ileozäkalklappe 188
Ileum 188
Impotentia 226
Incisura(-ae)
– claviculares 32
– costales 32
– ischiadica 104
– jugularis 32
– vertebralis inferior 29
– vertebralis superior 29
Incus 298
inferior 4
Infundibulum tubae uterinae 228
Inkontinenz 215
Innenknöchel 106
Innenmeniskus 113
Innenohr 300, 346
Innenrotation 10
Interkostalnerven 22, 40, 145
Interkostalraum 36, 37, 146
intermediär 4
intern 4
Internusaponeurose 50
Intestinum
– crassum 189
– tenue 188
intraperitoneal 172, 173, 189, 210
intrasynovial 15
Inversion 10
Isthmus 228
– faucium 286
– glandulae thyroideae 255
– tubae uterinae 228

J
JACOBSON-Anastomose 317
Jejunum 188
Jochbein 270
Jochbogen 270
Jugularissystem 261
Juncturae synoviales 11

Jungfernhäutchen 229

K
Kahnbein 61, 107
Kallus 8
Kammerschenkel 153
Kapillaren 18
Karotisknie 303
Karotissiphon 303
Karpaltunnel 61, 82
Karpaltunnelsyndrom 93
kaudal 4
Kaumuskulatur 280
Kehldeckel 251
Kehlkopf
– Bandapparat 251
– Funktion 249
– Leitungsbahnen 255
– Muskulatur 253
Kehlkopfdeckel 249
Kehlkopfskelett 249
Keilbein 107, 269
Keilbeinflügel 269
Keilbeinhöhle 292
Keilbeinkörper 269
Kennmuskel 125, 130
KERCKRING-Falten 190
Kiefergelenk 279
– Bewegungen 280
– Leitungsbahnen 281
Kieferhöhle 292
KILLIAN-Dreieck 165, 246
Kitzler 226
Klappeninsuffizienzen 153
Klappenstenosen 153
Kleinhirn 324
Klivuskantensyndrom 326
Klumpfuß 117
KLUMPKE-Lähmung 86
Kniegelenk 108, 111
– Arterien 135
– Bänder 113
– Gelenkkapsel 111
– Mechanik 113
– Menisken 113
– Muskulatur 122
Kniegelenkerguss 114
Kniekehle 122
Kniescheibe 106
Knochenbälkchen 6
Knochensubstanz 6
Knochentypen 6
Knopflochdeformität 83
Knorpel 8
– elastischer 9
– Faser- 9
– hyaliner 9
Knorpelhaft 12
KOCH-Dreieck 150, 153
KOHLRAUSCH-Falte 216
Kokzygealwirbel 31
Kollateralarterien 97
Kollateralbänder 113

Kollateralkreisläufe 135
Kompartment-Syndrom 125
Koniotomie 252
Kontinenzorgan 217
Kopf
– Arterien 302
– Lymphgefäße 305
– Venen 304
Kopfbein 61
Kopfganglien, parasympathische 321
Kopfgelenke 237
Kopfschwarte 272
Koronararterien 155
koronare Herzerkrankung 155
Koronarebene 4
Körperfettanteil 2
Körpergewicht 2
Körpergröße 2
Körperoberfläche 2
Körperzusammensetzung 2
Krallenfuß 132
Krallenhand 92, 93
kranial 4
Kraniosynostose 11
Kranznaht 267
Kreuzbänder 113
Kreuzbein 28, 103
Krummdarm 188
Kubitaltunnel-Syndrom 92
Kugelgelenk 11
Kulissenphänomen 320
Kurvaturen 184

L
LABBÉ-Vene 335
Labium(-a)
– majora pudendi 226
– minora pudendi 226
Labyrinthus
– cochlearis 300, 346
– membranaceus 300
– osseus 300
– vestibularis 300, 346
Lacuna(-ae)
– musculorum 104, 119
– vasorum 104, 119
Lambdanaht 267
Lamellenknochen 6
Lamina(-ae)
– externa 326
– interna 326
– pretrachealis 243
– prevertebralis 243
– superficialis 243
LANGERHANS-Inseln 25
LANGER-Spaltlinien 44
LANZ-Punkt 44, 190
Lappenbronchien 160
LARREY-Spalte 38
Laryngopharynx 245, 246
Larynx 249
lateral 4

Lebensjahr 5
Leber 193
– Gliederung, äußere 194
– Gliederung, innere 194
– Leitungsbahnen 196
– Projektion 194
Leberlappen 194
Leberpforte 194
Lebersegmente 195
Lebertrias 194
Lebervenen 196
Leberzirrhose 197
Lederhaut 25
Leerdarm 188
LEFORT-Frakturen 270
Leistenband 104, 119
Leistenhaut 26
Leistenhernie 56, 222
Leistenkanal 55, 104
Leistenring 52, 53
Leitungsbahnenfaszie 244
Lemniscus
– lateralis 349
– medialis 341, 349
– spinalis 340
Lendenwirbel 30
Lendenwirbelsäule 28
Levatortor 231
Lichtreflex 344
Lidschlussreflex 272
ligamentär 15
Ligamentum(-a)
– acromioclaviculare 59, 63
– alaria 238
– anulare radii 66
– anularia 157
– apicis dentis 238
– bifurcatum 115
– calcaneofibulare 115
– calcaneonaviculare plantare 115
– capitis costae intraarticulare 33
– capitis costae radiatum 33
– capitis femoris 103, 104, 110
– capitis femoris anterius 114
– capitis femoris posterius 114
– cardinale 229
– carpi radiatum 68
– carpometacarpalia dorsalia 68
– carpometacarpalia palmaria 68
– collaterale carpi radiale 68
– collaterale carpi ulnare 68
– collaterale fibulare 113
– collaterale laterale 115
– collaterale mediale 115
– collaterale radiale 60, 66
– collaterale tibiale 113
– collaterale ulnare 60, 66, 68
– collateralia 68
– conicum 251
– conoideum 63
– coracoacromiale 63
– coracoclaviculare 59, 63
– coracohumerale 59, 64

– coronarium 194
– costoclaviculare 63
– costotransversarium laterale 33
– costotransversarium superius 34
– cricothyroideum medianum 251
– cricotracheale 252
– cruciatum anterius 113
– cruciatum posterius 113
– cruciforme atlantis 237
– deltoideum 106, 115
– falciforme 194
– flavum 34
– fundiforme penis 221
– gastrocolicum 173, 185
– gastrophrenicum 173, 185
– gastrosplenicum 173, 185, 202
– glenohumeralia 64
– hepatoduodenale 174, 194
– hepatogastricum 174, 185, 194
– iliofemorale 104, 105, 110
– iliolumbale 108
– infundibulopelvicum 228
– inguinale 49, 53, 104, 119
– intercarpalia dorsalia 68
– intercarpalia interossea 68
– intercarpalia palmaria 68
– interclaviculare 63
– interfoveolare 52, 53
– interossea 103
– interspinale 34
– intertransversaria 34
– ischiofemorale 104, 105, 110
– lacunare 119
– latum uteri 229
– longitudinale anterius 34
– longitudinale posterius 34
– lumbocostale 34
– metacarpale transversum profundum 68
– ovarii proprium 228
– palmaria 68
– patellae 106, 113
– phrenicocolicum 202
– phrenicooesophageale 164
– phrenicosplenicum 202
– popliteum arcuatum 113
– popliteum obliquum 113
– posteriora 103
– pubicum inferius 107
– pubicum superius 107
– pubocervicale 229
– pubofemorale 104, 105, 110
– puboprostaticum 214
– pubovesicale 214
– radiocarpale dorsale 68
– radiocarpale palmare 68
– rectouterinum 229
– reflexum 53
– sacroiliaca 103
– sacroiliaca anteriora 108
– sacroiliaca interossea 108
– sacroiliaca posteriora 108
– sacrospinale 104, 108

– sacrotuberale   104, 108
– sacrouterinum   229
– splenorenale   202
– sternoclavicularia   63
– sternocostalia intraarticularia   34
– sternocostalia radiata   34
– stylohyoideum   238
– supraspinale   34
– suspensoria mammaria   41
– suspensorium ovarii   228
– suspensorium penis   221
– talocalcaneum interosseum   115
– talofibulare anterius   115
– talofibulare posterius   115
– teres hepatis   194
– teres uteri   55, 229, 230
– thyrohyoideum laterale   238
– thyrohyoideum medianum   238
– tibiofibulare anterius   115
– tibiofibulare posterius   115
– transversum acetabuli   103, 110
– transversum atlantis   237
– transversum cervicis   229
– transversum scapulae   59
– trapezoideum   63
– triangulare   194
– ulnocarpale palmare   68
– umbilicale medianum   214
– venosum   194
– vestibulare   251
– vocale   251
Linea(-ae)
– anocutanea   216
– anorectalis   216
– arcuata   50
– aspera   105
– axillaris anterior   44
– axillaris media   44
– axillaris posterior   44
– dentata   216
– mediana anterior   44
– mediana posterior   44
– medioclavicularis   44
– nuchalis superior   239
– parasternalis   44
– paravertebralis   44
– pectinata   216, 219
– scapularis   44
– semilunaris   49
– serrata   46
– terminalis   108
Lingua   284
Linksversorgungstyp   155
Liquor   330
– cerebrospinalis   326, 330
LISFRANC-Gelenklinie   115
Lobulus(-i) pulmonales   160
Lobus(-i)
– cerebri   330
– frontalis   331
– hepatis dexter   194
– hepatis sinister   194
– inferior   157

– insularis   331
– limbicus   331
– occipitalis   331
– parietalis   331
– superior   157
– temporalis   331
Locus KIESSELBACHI   292
Luftröhre   157
– Bau   157
– Lage   157
Lumbalhernie   55
Lumbalpunktion   336
Lungen
– Bau   160
– Gefäße   161
– Grenzen   160
– Innervation   161
– Lage   157
– Lymphgefäße   161
– Projektion   157
Lungenembolie   162
Lungenlappen   157
Lungenpforte   158
Lungensegment   160
Lungenspiegelung   161
Lungenspitze   158
lymphatischer Rachenring   246
Lymphgefäßsystem   20

M
Magen   184
– Bau   184
– Lage   184
– Leitungsbahnen   186
Magengeschwür   185
Mahlzähne   287
Malleolengabel   115
Malleolenkanal   126
Malleolus
– lateralis   106
– medialis   106
Malleus   298
Mamma   41
Mandibula   269
Manubrium sterni   32
Manus   61
Margo
– anterior   158
– inferior   158
Markhöhle   7
Markpyramiden   203
Mastdarm   189, 216
Maxilla   269
MCBURNEY-Punkt   44, 190
Meatus
– acusticus externus   298
– acusticus internus   271
– nasi   290
MECKEL-Knorpel   269
medial   4
median   4
Medianebene   2

Mediastinum   140
– anterius   140
– inferius   140
– medium   140
– posterius   140
– superius   140
Medioklavikularlinie   44, 146
Medulla
– oblongata   324, 341
– spinalis   324, 336
Medusenhaupt   40
MEISSNER-Plexus   25
Membrana
– atlantooccipitalis anterior   237
– atlantooccipitalis posterior   237
– fibrosa   11, 111
– intercostalis externa   37
– intercostalis interna   37
– interossea antebrachii   66
– interossea cruris   114
– perinei   233
– pharyngobasilaris   244
– quadrangularis   251
– synovialis   11, 111
– tectoria   237
– thyrohyoidea   238, 251
– tympanica   298
Meningen   325
Meniskus   113
Meniskusverletzungen   114
Mesencephalon   324
Mesometrium   229
Mesopharynx   245
Mesorectum   216
Mesosalpinx   228
Metacarpus   62
Metaphyse   7
Metatarsus   107
MEYNERT-Achse   324
Miktion   214
MIKULICZ-Linie   102
Milchbrustgang   143
Milchzähne   287
Milz   202
– Funktionen   202
– Gliederung   202
– Leitungsbahnen   202
Milzruptur   202
Mimik   272
Mitralklappe   19, 150, 152
Mittelfuß   107
Mittelhandmuskeln   83
Mittelhirn   324
Mittelohr   298
Mittelohrentzündung   299
Modiolus   346
MOHRENHEIM-Grube   74, 97, 99
MONALDI-Drainage   142
Mondbein   61
Morbus ADDISON   204
Morbus BECHTEREW   109
Morbus DUPUYTREN   83
Morbus HIRSCHSPRUNG   25

Morbus PERTHES 111, 212
MORGAGNI-Hernien 169
Mumps 221, 289
Mundboden, Muskulatur 284
Mundhöhle 281
Musculus(-i)
– abductor digiti minimi 126
– abductor hallucis brevis 126
– abductor pollicis longus 80
– adductor brevis 120
– adductor hallucis 126
– adductor longus 120
– adductor magnus 121
– anconeus 75
– arytenoideus obliquus 254, 255
– arytenoideus transversus 254, 255
– auricularis 277
– biceps brachii 77
– biceps femoris 123
– brachialis 77
– brachioradialis 79
– buccinator 278
– bulbospongiosus 233
– canalis ani 217
– ciliaris 345
– constrictor pharyngis inferior 246, 248
– constrictor pharyngis medius 246, 248
– constrictor pharyngis superior 246, 248
– coracobrachialis 77
– corrugator ani 217
– corrugator supercilii 277
– cremaster 55, 222
– cricoarytenoideus lateralis 254, 255
– cricoarytenoideus posterior 254, 255
– cricothyroideus 253, 254
– deltoideus 72
– depressor anguli oris 278
– depressor labii inferioris 278
– depressor supercilii 277
– detrusor vesicae 213, 215
– digastricus 283
– digitorum brevis 126
– extensor carpi radialis brevis 79
– extensor carpi radialis longus 79
– extensor carpi ulnaris 80
– extensor digiti minimi 79
– extensor digitorum 79
– extensor digitorum longus 124
– extensor hallucis brevis 126
– extensor hallucis longus 124
– extensor indicis 80
– extensor pollicis brevis 80, 84
– extensor pollicis longus 80
– flexor carpi radialis 78
– flexor carpi ulnaris 78
– flexor digiti minimi brevis 126
– flexor digitorum brevis 126
– flexor digitorum profundus 79

– flexor digitorum superficialis 78
– flexor pollicis longus 79
– gastrocnemius 123, 124
– gemellus inferior 120
– gemellus superior 121
– genioglossus 285
– geniohyoideus 283
– gluteus maximus 121, 121
– gluteus medius 120
– gluteus minimus 120
– gracilis 120
– hyoglossus 285
– iliacus 120
– iliococcygeus 232
– iliocostalis 163
– iliopsoas 120, 121
– infraspinatus 72
– intercostales externi 38, 163
– intercostales interni 36, 38, 163
– intercostales intimi 36, 38, 163
– interossei dorsales 126
– interossei palmares 84, 126
– interspinales 47
– intertransversarii 47
– ischiocavernosus 224, 233
– ischiococcygeus 231, 232
– latissimus dorsi 46, 72, 163
– levator anguli oris 278
– levator ani 217, 231, 232
– levator labii superioris 278
– levator labii superioris alaeque nasi 278
– levator levi palatini 299
– levator palpebrae superioris 297
– levator scapulae 71
– levator veli palatini 286
– levatores costarum 47
– longissimus 47
– longus capitis 242
– longus colli 242
– lumbricales 84, 126
– masseter 281
– mentalis 278
– multifidi 47
– mylohyoideus 283
– nasalis 277
– obliquus capitis inferior 46
– obliquus capitis superior 46
– obliquus externus abdominis 48, 51, 163
– obliquus inferior 297
– obliquus internus 53
– obliquus internus abdominis 48, 51, 163
– obliquus superior 297
– obturatorius externus 121
– obturatorius internus 121
– occipitofrontalis 277
– omohyoideus 240, 241
– opponens digiti minimi 126
– orbicularis oculi 277
– orbicularis oris 278
– orbitalis 295

– palatoglossus 286
– palatopharyngeus 248, 286
– palmaris longus 78
– pectineus 120
– pectoralis major 73, 163
– pectoralis minor 42, 163
– piriformis 121
– plantaris 124
– plantaris lateralis 126
– procerus 277
– pronator quadratus 79
– pronator teres 78
– psoas major 120
– pterygoideus 281
– pubococcygeus 232
– puborectalis 217, 218, 231
– quadratus femoris 121
– quadratus lumborum 48
– quadratus plantae 126
– quadriceps femoris 123, 126
– recti mediales 345
– rectus abdominis 48, 49, 50, 52
– rectus capitis anterior 242
– rectus capitis lateralis 242
– rectus capitis posterior major 46
– rectus capitis posterior minor 46
– rectus femoris 123
– rectus inferior 297
– rectus lateralis 297
– rectus medialis 297
– rectus superior 297
– rhomboideus major 71
– rhomboideus minor 71
– risorius 278
– rotatores 47
– salpingopharyngeus 248, 299
– sartorius 123
– scaleni 163
– scalenus anterior 241, 243
– scalenus medius 241, 243
– scalenus minimus 241
– scalenus posterior 241, 243
– semimembranosus 123
– semispinalis 47
– semitendinosus 123
– serratus anterior 46, 163
– serratus posterior 163
– soleus 124
– sphincter ampullae 197
– sphincter ani externus 217, 218
– sphincter ani internus 217, 218
– sphincter ODDI 197
– sphincter pupillae 345
– sphincter urethrae externus 215, 233
– spinalis 47
– splenius 47
– stapedius 298
– sternocleidomastoideus 163, 238, 239
– sternohyoideus 241
– sternothyroideus 241
– styloglossus 285

– stylohyoideus 283
– stylopharyngeus 248
– subcostales 38, 163
– suboccipitales 48
– subscapularis 73, 74
– supinator 80
– supraspinatus 72
– temporalis 281
– tensor fasciae latae 120
– tensor levi palatini 299
– tensor tympani 298
– tensor veli palatini 286
– teres major 72
– teres minor 73
– thyroarytenoideus 254, 255
– thyrohyoideus 241
– tibialis anterior 124
– transversus abdominis 48, 51, 52, 53, 163
– transversus perinei profundus 233
– transversus perinei superficialis 233
– transversus thoracis 38, 49, 163
– trapezius 71
– triceps brachii 78
– triceps surae 124
– uvulae 286
– vastus intermedius 123
– vastus lateralis 123
– vastus medialis 123
– vocalis 254
– zygomaticus 278
Musikantenknochen 61, 92
Muskelansatz 14
Muskelarbeit 15
Muskelfaszie 243
Muskelkopf 14
Muskulatur 13
– Aufbau 14
– Auge 295
– Gaumen 286
– glatte 13
– quergestreifte 19
– suprahyale 284
– Typen 14
– Zunge 285
Myelencephalon 324
Myokard 19, 151
Myom 231
Myometrium 228

N
Nabelhernie 55
Nackenmuskeln 46
Nagelplatte 26
Nageltasche 26
Narbenhernie 56
Nase 290
– Bau 290
– Leitungsbahnen 290
Nasenbein 272
Nasenhöhle 290
Nasenmuschel 270, 290

Nasennebenhöhlen 269, 292
Nasenscheidewand 290
Nasopharynx 245
Nebenhoden 221
– Leitungsbahnen 224
Nebenniere 25, 203
– Bau 204
– Leitungsbahnen 205
Nebennierenhormone 203
Nebennierenmark 24
Nebenschilddrüsen 25, 255
– Bau 255
– Funktion 255
– Leitungsbahnen 257
Nephrektomie 205
Nephroptose 204
Nervensystem 22
– enterales 25
– parasympathisches 23
– peripheres 22, 324
– somatisches 22
– sympathisches 23
– vegetatives 23, 145
– zentrales 22, 324
Nervus(-i)
– abducens [VI] 296, 297, 308, 311, 336
– accessorius [XI] 71, 239, 259, 308, 320
– alveolaris inferior 288, 314
– auricularis 318
– auricularis magnus 258
– axillaris 72, 72, 90
– buccalis 314
– cavernosi clitoridis 233
– cavernosi penis 224, 233
– ciliares breves 345
– clunium inferiores 41
– clunium medii 41, 127
– clunium superiores 41, 127
– craniales 306
– cutaneus antebrachii medialis 90
– cutaneus antebrachii posterior 90
– cutaneus brachii medialis 42, 90
– cutaneus femoris lateralis 41, 127, 130
– cutaneus femoris posterior 41, 127, 131
– cutaneus surae lateralis 131
– cutaneus surae medialis 132
– dorsalis 72
– dorsalis clitoridis 230
– dorsalis penis 224
– dorsalis scapulae 87
– ethmoidalis anterior 291
– facialis [VII] 238, 272, 283, 285, 286, 290, 291, 308, 316, 321, 346
– femoralis 120, 121, 123, 127, 130
– femoris lateralis 121
– fibularis communis 123, 131, 133
– fibularis profundus 124, 126, 131, 133
– fibularis superficialis 125, 131, 133

– frontalis 296, 313
– genitofemoralis 48, 53, 55, 121, 127, 130, 222
– glossopharyngeus [IX] 246, 249, 259, 285, 286, 289, 308, 317, 321
– gluteus inferior 120, 127, 131
– gluteus superior 120, 127, 131
– hypogastricus inferior 182
– hypoglossus [XII] 259, 283, 285, 308, 320
– iliohypogastricus 41, 48, 127, 130
– ilioinguinalis 41, 48, 55, 127, 130, 222, 230
– infraorbitalis 287, 296, 314
– intercostales 36, 38, 41, 48
– intercostobrachiales 42
– interosseus antebrachii anterior 91
– ischiadicus 123, 127, 131
– lacrimalis 296, 313
– laryngeus inferior 253, 254, 255
– laryngeus recurrens 162, 167, 253, 257, 318
– laryngeus superior 253, 254, 255, 257, 318
– lingualis 285, 314, 316
– mandibularis [V/3] 281, 285, 313, 314
– massetericus 281
– maxillaris [V/2] 287, 291, 296, 313, 336
– medianus 78, 79, 84, 90, 91, 132
– musculocutaneus 77, 90
– mylohyoideus 283
– nasales posteriores 291
– nasociliaris 296, 313
– obturatorius 120, 121, 127, 130
– occipitalis major 41, 258
– occipitalis minor 41, 258
– occipitalis tertius 41, 258
– oculomotorius [III] 296, 297, 308, 311, 321, 327, 336, 344
– olfactorius [I] 292, 308, 310
– ophthalmicus [V/1] 291, 296, 313, 336
– opticus [II] 308, 310, 343, 344
– palatini 286
– pectorales 73
– pectoralis lateralis 90
– pectoralis medialis 90
– petrosus major 316
– petrosus minor 317
– phrenicus 40, 145, 156, 169, 169, 197, 199, 258
– plantaris lateralis 132
– plantaris medialis 126, 132
– pterygoideus 281
– pudendus 127, 131, 215, 224, 225, 230, 231, 233
– radialis 78, 79, 80, 90
– rectalis inferior 131
– saphenus 130
– splanchnici 145, 170

– splanchnici lumbales 182
– splanchnici pelvici 23, 127, 131, 192, 212
– splanchnici sacrales 212
– splanchnicus major 182
– splanchnicus minor 182
– stapedius 316
– subclavius 89
– subcostalis 41, 48
– suboccipitalis 258
– subscapulares 73, 89
– supraclaviculares 41
– supraclaviculares intermedii 258
– supraclaviculares laterales 258
– supraclaviculares mediales 258
– suprascapularis 72, 89
– suralis 132
– temporales profundi 281
– thoracicus longus 74, 87
– thoracodorsalis 72, 89
– tibialis 120, 123, 124, 131, 132, 133
– transversus colli 258
– trigeminus [V] 308, 313
– trochlearis [IV] 296, 297, 308, 311, 327, 336
– tympanicus 300
– ulnaris 78, 79, 84, 90, 92, 132
– vagus [X] 145, 156, 162, 166, 167, 182, 192, 246, 249, 253, 257, 259, 308, 317
– vestibulocochlearis [VIII] 308, 310, 346, 348
– zygomaticus 313
Neugeborenenperiode 5
NEUNER-Regel 2
Neurocranium 267
Neutral-Null-Methode 10
Neutral-Null-Stellung 10
Niederdrucksystem 20
Niere 203
– Gliederung 203
– Leitungsbahnen 205
Nierenbecken 203
Nierenkelche 203
Nierenlappen 203
Nierensteine 206
Nodus(-i)
– atrioventricularis 153
– inguinales superficiales 224
– lymphoidei anorectales 219
– lymphoidei axillares 43, 98
– lymphoidei axillares apicales 42, 99
– lymphoidei axillares centrales 42, 99
– lymphoidei axillares laterales 42, 99
– lymphoidei axillares pectorales 42, 99
– lymphoidei axillares subscapulares 42, 99
– lymphoidei bronchopulmonales 162

– lymphoidei buccinatorii 305
– lymphoidei cervicales anteriores 263
– lymphoidei cervicales laterales 263
– lymphoidei cervicales profundi 43, 167, 249, 255, 257, 285, 286, 287, 291
– lymphoidei coeliaci 180, 186, 191, 196, 199, 203
– lymphoidei cubitales 98
– lymphoidei cystici 199
– lymphoidei gastrici 167, 186
– lymphoidei gastroomentales 186
– lymphoidei hepatici 191, 196
– lymphoidei iliaci externi 138, 206, 212, 215, 230
– lymphoidei iliaci interni 206, 212, 215, 219, 225, 230
– lymphoidei iliaci sacrales 225
– lymphoidei inguinales 215
– lymphoidei inguinales profundi 138, 230
– lymphoidei inguinales superficiales 43, 137, 138, 219, 230
– lymphoidei intercostales 43
– lymphoidei interpectorales 42, 99
– lymphoidei intrapulmonales 162
– lymphoidei juxtaoesophageales 166
– lymphoidei lumbales 179, 205, 206, 212, 215, 219, 225, 230
– lymphoidei mandibulares 305
– lymphoidei mastoidei 305
– lymphoidei mediastinales posteriores 167
– lymphoidei mesenterici inferiores 180, 191, 219
– lymphoidei mesenterici superiores 180, 191
– lymphoidei occipitales 305
– lymphoidei pancreatici inferiores 201
– lymphoidei pancreatici superiores 201
– lymphoidei pancreaticoduodenales 191, 201
– lymphoidei paramammarii 42, 99
– lymphoidei pararectales 219
– lymphoidei parasternales 43
– lymphoidei paratracheales 162, 167
– lymphoidei parotidei 299, 305
– lymphoidei phrenici 196
– lymphoidei phrenici inferiores 167, 169
– lymphoidei phrenici superiores 169
– lymphoidei poplitei profundi 138
– lymphoidei poplitei superficiales 138
– lymphoidei pylorici 186
– lymphoidei rectales superiores 219
– lymphoidei retropharyngeales 291, 299

– lymphoidei sacrales 212, 230
– lymphoidei splenici 186, 201, 203
– lymphoidei submandibulares 285, 286, 287, 288, 290, 305
– lymphoidei submentales 305
– lymphoidei tracheobronchiales 156, 162, 167
– sinuatrialis 153
Nucleus(-i)
– accessorius nervi oculomotorii 308
– ambiguus 245, 308, 317, 320
– centralis colliculi inferioris 349
– cochlearis 308, 310
– cochlearis anterior 349
– cochlearis posterior 349
– cuneatus 341
– dorsalis nervi vagi 308, 317
– EDINGER-WESTPHAL 311
– gracilis 341
– interstitialis CAJAL 345
– interstitialis rostralis 345
– lemnisci laterales 349
– mesencephalicus nervi trigemini 308, 313
– motorius nervi trigemini 308, 313
– nervi abducentis 308, 311
– nervi accessorii 308, 320
– nervi facialis 308, 316
– nervi hypoglossi 308, 320
– nervi oculomotorii 308, 311
– nervi trochlearis 308, 311
– oculomotorius accessorius 311, 344
– principalis nervi trigemini 308, 313
– salivatorius inferior 308, 317
– salivatorius superior 308, 316
– spinalis nervi trigemini 308, 313, 316, 317, 318
– suprachiasmaticus 344
– tractus solitarii 308, 316, 317
– ventralis posterolateralis 340, 341
– vestibulares inferior 348
– vestibulares lateralis 348
– vestibulares medialis 348
– vestibulares superior 348
– vestibularis 308, 310

O
O-Bein 102
Oberarm
– Knochen 59
– Muskulatur 74
Oberarmanastomosen 94
Oberbauch 173
obere Extremität
– Arterien 93
– Gelenke 62
– Knochen 59
– Lymphgefäße 98
– Muskulatur 69
– Nerven 84
– Venen 97

Oberkiefer 269
Oberschenkel 104
Obturatorkanal 121
Obturatumhernie 104
Oesophagus 163
– Lage 163
– Leitungsbahnen 165
– Verschlussmechanismen 164
Ohr 297
– äußeres 298
– Innen- 300
– Leitungsbahnen 299
– Mittel- 298
Ohrmuschel 298
Ohrspeicheldrüse 288
Olecranon 61
Olivenkomplex 349
Omentum
– majus 173
– minus 173
Omphalozele 55
Opposition 10
Orbita 293, 343
– Durchtrittsstellen 294
Organfaszien 244
Orientierungslinien 2
– Rumpfwand 44
Oropharynx 245, 246
Os(-sa)
– accessoria 6
– brevia 6
– capitatum 61
– coccygis 28
– costale 33
– coxae 103
– cranii 266, 268
– cuboideum 107
– cuneiforme 107
– cuneiforme intermedium 117
– ethmoidale 267, 269, 290
– frontale 267
– hamatum 61
– hyoideum 238
– ilium 103
– irregularia 6
– ischii 104
– lacrimale 295
– longa 6
– lunatum 61
– metacarpalia 62
– metatarsi 107
– nasale 272
– naviculare 107
– occipitale 267
– palatinum 270
– pisiforme 61
– plana 6
– pneumatica 6
– pubis 104
– sacrum 28, 103
– scaphoideum 61
– sesamoidea 6
– sphenoidale 267, 269
– tarsi 107

– temporale 267
– trapezium 61
– trapezoideum 61
– triqetrum 61
– zygomaticum 270
Ösophagogastroduodenoskopie 164
Ösophagusdivertikel 165
Ösophaguskarzinom 164
Ösophagussphinkter 164
Ösophagusvarizen 166, 179
Osteochondrosis dissecans 9
Osteogenese 6
Ostium(-a) pharyngeum tubae auditivae 246
Otitis media 246
Ovar, Leitungsbahnen 230
Ovarium 227

P
PACCHIONI-Granulationen 326
Palatum 285
palmar 4
Palmaraponeurose 83
Pancreas 199
Pankreatitis 200
Papilla(-ae)
– duodeni major 197
– filiformis 285
– foliatae 285
– fungiformes 285
– vallatae 285
– VATERI 188, 197
Papillarmuskeln 150
Papillotomie 199
Paracystium 211
Parakolpium 211
Parametrium 211, 229
Paraproctium 211
Parasympathikus 23, 182, 187, 192, 201, 207, 215, 219, 230
Parodont 287
Parotisloge 300
Pars
– abdominalis 164, 167
– cervicalis 163, 167
– costalis 141, 168
– diaphragmatica 141
– lumbalis 168
– mediastinalis 141
– membranacea 146
– muscularis 146
– sternalis 168
– thoracica 163, 167
PASSAVANT-Wulst 248
Patella 106
Paukenhöhle 298, 299
Pedunculus(-i)
– cerebellaris inferior 342
– cerebellaris superior 342
Penis 221
– Erektion 224
– Leitungsbahnen 223
Perforansgefäße 18

Perianalvenenthrombose 219
Pericardium 148
– fibrosum 148
– serosum 148
Periduralanästhesie 337
Perikarderguss 148
Perikarya 349
Perimetrium 228
Perineum 232, 234
Periorbita 295
Periorchium 221
Periost 7
peripher 4
Peritonealhöhle 172, 210
Peritonitis 174
Pes 107
PETIT-Hernie 55
Pfeilnaht 267
Pflugscharbein 270
Pfortader 178, 179, 191, 196
Pfortaderkreislauf 20
Pharynx 244
Phimose 221
Pia mater 327
planes Gelenk 11
plantar 4
Planum
– frontale 4
– transversale 4
Platysma 238
Pleura
– parietalis 35, 141
– visceralis 141
Pleuraerguss 141
Pleurahöhle 140, 141
Pleurakuppel 141
Plexus
– aorticus abdominalis 182, 192
– brachialis 22, 85, 87, 89
– cardiacus 156
– cervicalis 22, 71, 169, 239, 240, 242, 243
– choroideus 330
– coeliacus 182, 191, 193, 319
– dentalis 287
– gastrici 187
– hepaticus 196, 199
– hypogastricus inferior 192, 212, 215, 219, 224, 225, 230
– hypogastricus superior 212
– iliacus 212
– intraparotideus 316
– lumbalis 22, 41, 127, 130
– lumborum 48
– lumbosacralis 127, 181
– mesentericus inferior 182, 192
– mesentericus superior 182, 191, 319
– myentericus 25
– oesophageus 145
– ovaricus 182
– pampiniformis 55, 222, 225
– pharyngeus 246, 249, 286, 287, 299, 317, 318

– pterygoideus 286, 290, 296, 304
– pulmonalis 161
– rectalis 219
– renalis 182, 205
– sacralis 22, 41, 121, 127, 131, 231
– splenicus 203
– submucosus 25
– suprarenalis 206
– testicularis 182, 222
– tympanicus 299
– uterovaginalis 230
– venosi 212
– venosus prostaticus 212, 225
– venosus rectalis 212, 218
– venosus uterinus 212, 230
– venosus vaginalis 212, 230
– venosus vesicalis 212, 215, 225
Plexuslähmung 86
Plica(-ae)
– circulares 190
– pelvis visceralis 216
– salpingopalatina 246
– salpingopharyngea 246
– semilunares 190
– spiralis HEISTER 197
– umbilicales laterales 52
– umbilicales mediales 52
– umbilicalis mediana 50
– vestibularis 252
– vocalis 252
Pneumothorax 141
Pollex 62
Polypen 246
Pons 324
posterior 4
Postikus 255
Processus
– accessorii 30
– alveolaris 270
– articulares 29, 31
– articularis inferior 236
– articularis superior 236
– condylaris 269, 279
– coracoideus 59
– coronoideus 61, 269
– costales 30
– frontalis 270
– mamillaris 30
– mastoideus 239
– muscularis 251
– palatinus 270
– spinosus 29, 31, 236
– styloideus radii 61
– styloideus ulnae 61
– transversi 29, 236, 237
– vocalis 251
– xiphoideus 28, 32
– zygomaticus 270
Prominentia laryngea 250
Pronation 10
Pronationsstellung 125, 133
Prostata
– Lappen 223
– Zonen 223

Prostataadenome 223
Prostatakarzinome 223
proximal 4
Psoaszeichen 190
Pulmo
– dexter 157
– sinister 157
Pulmonalklappe 19, 152
Punctum nervosum 258
Pyelonephritis 204
Pyramidenbahn 338

R
Rachen
– Gliederung 244
– Leitungsbahnen 249
– Muskulatur 246
Rachenmandel 246
Radgelenk 11
radial 4
Radialabduktion 10
Radialistunnel 90
Radiatio optica 344
Radioulnargelenk 61, 65
Radius 61
Radix(-ces)
– inferior 258
– superior 258
Ramus(-i)
– acetabularis 111, 211
– acromialis 94
– anteriores 22, 37, 38, 40, 41, 241
– atriales 154
– atrioventriculares 154
– auriculares anteriores 304
– bronchiales 161
– calcanei 133
– circumflexus 155
– colicus 176
– collateralis 38
– colli 238
– communicans 133
– communicans albus 22
– communicans griseus 22
– coni arteriosi 154
– cutanei laterales 40, 41
– cutanei mediales 40, 41
– dexter 196
– dorsalis 92
– externus 253, 254, 255
– frontalis 304
– genitalis 53, 55, 222
– hepatici 197
– ilealis 176
– inferior 104
– intercostalis anterior 37
– internus 255
– interventriculares septales 154
– interventricularis anterior 155
– interventricularis posterior 154
– labiales anteriores 230
– labiales posteriores 230
– laterales 41, 42, 154

– malleolares laterales 133, 135
– malleolares mediales 133, 135
– mandibulae 269
– marginalis 154
– mediales 41
– meningeus anterior 326
– musculares 48
– nodi atrioventricularis 154
– nodi sinuatrialis 154
– ossis ischii 104
– pancreatici 176
– parietalis 304
– parotidei 304
– perforantes 37, 133
– pharyngeales 304
– phrenicoabdominalis 197, 199
– posterior ventriculi sinistri 154
– posteriores 38, 40, 41
– profundus 79, 80, 84, 91, 92, 133
– pubicus 134, 211
– scrotales anteriores 224
– scrotales posteriores 224
– sinister 196
– spinales 342
– splenici 176
– superficialis 91, 92, 133
– superior 104
– temporalis medii 334
– temporalis posteriores 334
Raphe pharyngis 244
Recessus 174
– costodiaphragmaticus 141
– costomediastinalis 141
– duodenalis inferior 175
– duodenalis superior 175
– hepatorenalis 174
– ileocaecalis inferior 175
– ileocaecalis superior 175
– inferior 174
– intersigmoideus 175
– phrenicomediastinalis 141
– piriformis 246
– pleurales 141
– retrocaecalis 175
– splenicus 174
– subhepaticus 174
– subphrenicus 174
– superior 174
– suprapatellaris 111
– vertebromediastinalis 141
Rechtsherzinsuffizienz 262
Rechtsversorgungstyp 155
Rectum 189, 216
– Leitungsbahnen 218
Refluxösophagitis 164, 185
Regio(-nes)
– abdominalis lateralis 44
– analis 232
– axillaris 44
– cervicalis anterior 236
– cervicalis lateralis 236
– cervicalis posterior 236
– epigastrica 44

Register

– glutealis 44, 121
– hypochondriaca 44
– infrascapularis 44
– inguinalis 44
– lumbalis 44
– pectoralis 44
– perinealis 210, 232, 234
– presternalis 44
– pubica 44
– sacralis 44
– scapularis 44
– sternocleidomastoidea 236
– suprascapularis 44
– umbilicalis 44
– urogenitalis 232, 233
– vertebralis 44
Regurgitationen 247
Rektumprolaps 217
Rektusscheide 46, 50
Rekurrensarterien 97
Ren 203
Reposition 10
Rete articulare cubiti 96
Retinaculum(-a) 16
– musculorum extensorum 81, 126
– musculorum fibularium 126
– musculorum flexorum 82, 126
– patellae 113
retroperitoneal 172, 189
Retroperitoneum 172
RETZIUS-Raum 210
Rhizarthrose 68
Rhombencephalon 324
Ringband 66
Ringknorpel 249, 251
Ringknorpelenge 164
RIOLAN-Anastomose 175, 176, 178, 191, 193
Rippen 33, 34
– Bänder 33
Rippenatmung 163
Rippenfell 35
Röhrenknochen 7
Rollhügel 105
ROMBERG-Kniephänomen 104, 131
rostral 4
Rotatorenmanschette 61, 64, 72
ROTTER-Knoten 43
Rückenmark 336
– Aufbau 336
– Blutgefäße 342
Rückenmuskulatur 45
– autochthone 46
Rumpf 28
– Blutversorgung 37
– Nerven 40

S

Sacculus(-i) 346
– alveolares 161
Sagittalebene 2
Sakralmark 23
Sakralwirbel 31

Sakralwirbelsäule 28
Sakroiliakalgelenk 108
Salpingitis 229
Samenleiter 55, 222
– Leitungsbahnen 224
Samenstrang 222
– Inhalt 222
– Leitungsbahnen 224
– Schichten 222
Sattelgelenk 11
Scala
– tympani 346
– vestibuli 346
Scapula 59
– alata 74, 89
SCARPA-Faszie 45
Schädel 266
Schädelbasis 267
– Durchtrittsstellen 271, 273
Schädeldach 267
Schädelhöhle 267
Schädelknochen 266, 268
Schädelnähte 267
Schambein 103, 104
Schambeinfuge 107, 108
Schamberg 226
Schamlippen 226
Scharniergelenk 11
Scheide 229
Scheidengewölbe 229
Scheidenvorhof 226, 229
Scheidenvorhofdrüsen 226
Schenkeldreieck 121
Schenkelhalswinkel 106
Schenkelhernie 55, 121
Scheuklappenblindheit 343
Schiefhals 239
Schilddrüse 25, 255
– Bau 255
– Funktion 255
– Leitungsbahnen 257
Schilddrüsenresektion 256
Schildknorpel 249, 250
Schläfengrube 300
Schleimbeutel 16
Schluckakt 248
Schluckauf 169
Schlund 286
Schlundenge 286
Schlundheber 247
Schlundschnürer 246
Schlüsselbein 59
Schlüsselbeingelenk 62
Schnecke 346
Schneidezähne 287
Schuckreflex 248
Schulter, Muskulatur 74
Schulterblatt 59
Schulterblattanastomosen 94, 95
Schultergelenk 64
Schultergürtel
– Gelenke 62
– Knochen 59
– Muskulatur 70

Schwellkörper 227
Schwurhand 92, 93
Scrotum 221
– Leitungsbahnen 224
Segelklappen 19, 152
Segmentbronchien 160
Sehbahn 343
Sehnen 15
Sehnenfächer 16, 81
Sehnenfäden 15, 150
Sehnenscheiden 15, 16, 81
Sehrinde 344
Seitenventrikel 328
Sella turcica 269
Sentinel-Lymphknoten 43
Septum
– interatriale 146
– interventriculare 146, 150
– orbitale 295
– rectoprostaticum 210
– rectovaginale 210
Sesambeine 6
Sexualorgane 220
SHARPEY-Fasern 15
Siebbein 269
Siebbeinzellen 292
sinister 4
Sinnesnerven 310
Sinus
– caroticus 261, 317
– cavernosus 290, 296, 336
– coronarius 149
– durae matris 304
– frontalis 292
– maxillaris 269, 292
– obliquus pericardii 148
– paranasales 270, 292
– petrosus 299
– petrosus inferior 336, 347
– rectus 336
– sagittalis superior 335
– sigmoideus 299, 304
– sphenoidales 292
– transversus 335
– transversus pericardii 148
Sinus-cavernosus-Syndrom 336
Sinus-cavernosus-Thrombose 304
Sinusitis 292
Sinusknoten 150, 153
Sinusoiden 8
Sinus-Punkt 150, 153
Sinusthrombose 336
Sitzbein 103, 104
Skalenuslücke 94, 241
Skelettmuskulatur 13
Skoliose 28, 239
Skrotalhaut 222
Solarplexus 193
SÖLDER-Linien 316
SORGIUS-Gruppe 42
Spatien 244
Spatium
– extraperitoneale pelvis 172
– intercostale 36

– lateropharyngeum 244
– peripharyngeum 244
– periviscerale 244
– retropharyngeum 244
– retropubicum 210
– suprasternale 244
Speiche 61
Speicheldrüsen 288
– Leitungsbahnen 289, 290
SPIEGHEL-Hernie 55
SPIEGHEL-Linie 49
Spina
– iliaca anterior inferior 104
– iliaca anterior superior 104
– iliaca posterior inferior 104
– iliaca posterior superior 104
– ischiadica 104
– scapulae 59
Spinalanästhesie 337
Spinalganglion 340, 341, 342
Spinalnerven 22, 40
Spinalstenose 30
spinothalamische Bahnen 340
spinozerebelläre Bahnen 342
Spitzfußstellung 125, 132
Splenektomie 202
Sprungbein 107
Sprunggelenk 108, 115
– oberes 115
– unteres 115
Stapes 298
Steigbügel 298
Steißbein 28
Steißbeinfraktur 28
Stellknorpel 249, 251
Steppergang 132
Sternoklavikulargelenk 32
Sternum 28, 32, 34
Stirnhöhle 292
Stratum
– fibrosum 16
– synoviale 16
Struma 157, 255
Stuhlgang 217, 218
Subarachnoidalraum 326, 327, 328
Subclavian-Steal-Syndrom 259
Subcutis 25
Subduralblutung 326
Subglottis 253
subperitoneal 189, 229
Subperitonealraum 172, 210
Substantia
– corticalis 6
– spongiosa 6
Subtalargelenk 108
Sulcus(-i)
– arteriae vertebralis 237
– calcarinus 344
– costae 33
– intertubercularis 59
– interventricularis 149
– nervi radialis 60
– nervi spinalis 30

– nervi ulnaris 61, 92
– tali 107
– terminalis 149, 285
superfizial 4
superior 4
Supination 10
Supinationsstellung 125, 132
Supinationstrauma 117
Supinatorkanal 91
Supraglottis 252
Sutura(-ae)
– coronalis 267
– lambdoidea 267
– sagittalis 267
Suturen 267
Sympathikus 23, 182, 187, 192, 201, 207, 215, 219, 225, 230
Symphyse 10
Symphysis
– manubriosternalis 34
– pubica 107, 108
– xiphosternalis 34
Synarthrosen 10, 107
Synchondrose 10, 34
Syndesmose 10
Syndesmosis tibiofibularis 115
Synergisten 15
Synostose 11
Synovia 11
Synovialfibroblasten 11
Synovialflüssigkeit 11, 16
Synovialmakrophagen 11
Systole 19, 152

T
TABATIÈRE 96
Talokalkaneonavikulargelenk 108
Talus 107, 117
Talusrolle 107
Tänien 191
Tarsaltunnel 126
Tarsaltunnel-Syndrom 132
Tarsus 107
Taschenklappen 19, 152
Tastpunkte 44
Telencephalon 324
Tendo calcaneus 107
Tenosynovitis 16
Testis 221
Thalamus 341
Thenar 82
Thenarmuskeln 83
Thoraxdrainage 141
Thrombose 136
Thymus, Leitungsbahnen 167
Tibia 106
tibial 4
Tibialis-anterior-Syndrom 132
Tibiaplateau 106
Tibiofibulargelenk 108
Tibiofibularsyndesmose 108
Tidemark 9
TODARO-Sehne 149

Tonsilla(-e)
– lingualis 246
– palatina 246, 287
– pharyngea 245, 246
– tubaria 246
Tonsillektomie 287
Torticollis muscularis congenitus 239
Trabecula septomarginalis 150
Trachea 157
Trachealbifurkation 166
Tractus
– corticonuclearis 338
– corticospinalis anterior 338, 339
– corticospinalis lateralis 339
– cuneatus 341
– gracilis 341
– opticus 343
– spinocerebellaris anterior 338, 342
– spinocerebellaris posterior 338, 342
– spinocerebellaris superior 338, 342
– spinothalamicus anterior 338, 341
– spinothalamicus lateralis 338, 340
– vestibulocerebellaris 348
– vestibulospinalis 348
– vestibulothalamicus 348
Traktionsdivertikel 165
Tränenapparat 295
Tränenbein 270
Transversalebene 2
Transversusaponeurose 50
TREITZ-Band 188
TREITZ-Hernien 175
TREITZ-Muskel 189
TRENDELENBURG-Zeichen 119, 132
Trigeminusganglion 313
Trigeminusneuralgie 315
Trigonum
– clavipectorale 74, 97, 99
– femoris 121
– lumbocostale 169
– pericardiacum 141
– sternocostale 169
– thymicum 141
Trigonum(-a)
– caroticum 236
– cervicales 236
– submandibulare 236
– submentale 236
Trikuspidalklappe 19, 149, 152
Trizepsschlitz 74, 77, 96
Trochanter
– major 104
– minor 104
Trochlea tali 107
TROISIER-Zeichen 263
TROLARD-Vene 335
Trommelfell 298
Truncus(-i)
– bronchomediastinales 156, 161, 166, 196

– bronchomediastinalis sinister   21, 144
– coeliacus   176, 186, 191
– costocervicalis   38, 95, 260
– inferior   85
– intestinales   143, 166, 180, 191, 196, 203
– jugularis   166, 262
– jugularis sinister   21, 144
– lumbales   143, 180, 191, 205, 206, 219
– lumbalis dexter   21
– lumbalis sinister   21
– lumbosacralis   127
– medius   85
– pulmonalis   156
– subclavius sinister   21, 144
– superior   85
– sympathicus   22, 145, 167, 170, 249, 259
– thyrocervicalis   95, 260
– vagales   145, 170
– vagalis anterior   182
– vagalis posterior   182
Tuba
– auditiva   299
– uterina   227
Tubenmandeln   246
Tubentrichter   228
Tuber ischiadicum   104
Tuberculum(-a)
– anterius   237
– majus   59
– minus   59
– posterius   237
Tuberositas
– deltoidea   60
– glutea   105
– radii   61
– tibiae   106
– ulnae   61
Tunica
– conjunctiva   295
– dartos   222
– vaginalis testis   221
Typ-A-Synoviozyten   11
Typ-B-Synoviozyten   11

U

Ulna   61
ulnar   4
Ulnarabduktion   10
Unfruchtbarkeit   226
Unkovertebralgelenke   236
Unterarm
– Knochen   61
– Muskulatur   77
Unterbauch   173
untere Extremität
– Arterien   133
– Gelenke   107
– Knochen   103
– Muskulatur   118, 137

– Nerven   127
– Venen   136
Unterhaut   25
Unterkiefer   269
Unterkieferspeicheldrüse   288, 289
Unterschenkel   106
Unterschläfengrube   302
Unterzungenspeicheldrüse   288
Ureter   206
Urethra   214
Uterus   228
Utriculus   346

V

Vagina(-ae)   229
– carotica   244
– Leitungsbahnen   230
– tendinis   16
– tendinum   81
Valva(-ae)
– aortae   152
– atrioventriculares   152
– atrioventricularis dextra   149, 152
– atrioventricularis sinistra   150, 152
– mitralis   152
– semilunares   152
– tricuspidalis   152
– trunci pulmonalis   152
Valvula (-ae)
– anales   216
– foraminis ovalis   150
Varikose   136
Vas(-a)
– afferentia   20
– efferentia   20
– nutritia   8
– privata   20, 161
– publica   20, 161
Vasektomie   222
Vena(-ae)
– alveolaris superior posterior   287
– angularis   304
– auricularis posterior   304
– auricularis profunda   281
– axillaris   97
– azygos   40, 142, 167, 169, 169
– basales   335
– basilica antebrachii   97
– brachiales   97
– brachiocephalica   142, 167, 261
– bronchiales   161
– bulbi vestibuli   230
– cardiaca magna   155
– cardiaca media   155
– cardiaca parva   155
– cardiacae minimae   155
– cava inferior   149, 169, 169, 178, 179, 196, 205, 212, 219, 225
– cava superior   40, 142, 149, 179, 261
– cephalica antebrachii   97
– circumflexa ilium superficialis   136

– colica dextra   179
– colica media   179
– colica sinistra   179
– cremasterica   222, 225
– cystica   179, 199
– diploicae   304
– dorsalis bulbi penis   224
– dorsalis profunda clitoridis   230
– dorsalis profunda penis   224
– dorsalis superficialis clitoridis   230
– dorsalis superficialis penis   224
– emissariae   304, 336
– epigastrica inferior   52, 142, 179, 222
– epigastrica superficialis   40, 136, 142, 179
– epigastrica superior   142, 169, 179
– ethmoidales   290
– facialis   290, 296, 304
– femoralis   121, 136
– gastrica dextra   167, 179, 186
– gastrica posterior   179
– gastrica sinistra   167, 179, 186
– gastroomentalis dextra   179
– gastroomentalis sinistra   179
– gastricae breves   179
– hemiazygos   40, 142, 167, 169
– hemiazygos accessoria   40
– hepatica dextra   178
– hepatica intermedia   178
– hepatica sinistra   178
– hepaticae   196
– ilealis   179
– ileocolica   179
– iliaca externa   212
– iliaca interna   142, 179, 212, 215
– iliacae communes   178, 212
– infraorbitalis   287
– intercostales posteriores   40, 142
– intercostalis   36
– internae cerebri   335
– jejunalis   179
– jugularis   299
– jugularis anterior   261, 304
– jugularis externa   261, 304
– jugularis interna   240, 261, 290, 304, 335, 347
– laryngea superior   255
– lingualis   285
– lumbales   40, 142, 178
– lumbalis ascendens   40, 142
– magna cerebri   336
– media superficialis cerebri   336
– mediana cubiti   97
– meningea media   299
– mesenterica inferior   179, 191, 196
– mesenterica superior   179, 191, 196
– obturatoria   121
– occipitalis   304
– oesophageales   165
– ophthalmica   290, 295
– ophthalmica inferior   336
– ophthalmica superior   336

- ovarica 179, 230
- ovarica dextra 178
- ovarica sinistra 178, 205
- pancreaticae 179
- pancreaticoduodenales 179
- pancreaticoduodenalis superior posterior 179
- paraumbilicales 40, 179
- perforantes 136
- phrenica inferior 169
- phrenica inferior dextra 178
- phrenica inferior sinistra 178, 205
- phrenicae superiores 142, 169
- poplitea 123, 136
- portae 20, 167
- portae hepatis 20, 40, 179, 191, 194, 196, 219
- profundae cerebri 335
- pudenda interna 233
- pudendae externae 136
- pulmonales 161
- rectalis inferior 218
- rectalis media 218
- rectalis superior 179, 218
- renalis 169, 205, 225
- renalis dextra 178
- renalis sinistra 178
- retromandibularis 289, 304
- sacralis mediana 178
- saphena accessoria 136
- saphena magna 136
- saphena parva 136
- sigmoideae 179
- splenica 179, 191, 196, 203
- subclavia 97, 240, 261
- sublingualis 290
- superficiales cerebri 335
- suprarenalis 169
- suprarenalis dextra 178
- suprarenalis sinistra 178, 205
- temporalis media 304
- temporalis superficialis 281, 304
- testicularis 179, 225
- testicularis dextra 178
- testicularis sinistra 178, 205
- thoracica interna 169
- thoracoepigastrica 40, 142, 179
- thymicae 167
- thyroidea inferior 167
- thyroidea media 257
- thyroidea superior 257
- transversa faciei 281

- uterinae 230
- ventriculi dextri anteriores 155
- vesicales 215, 225
Venen 18
Venenplexus, ösophagealer 164
Venenstern 136
Venenwinkel 21, 142
- linker 144
- rechter 144
ventral 4
Ventriculus
- dexter 150
- sinister 150
Ventrikel
- linker 150
- rechter 150
Ventrikelsystem 328
Venulen 18
Verdauungssystem 184
Vertebra(-ae) 28
- cervicales 30
- coccygeae 31
- lumbales 30
- prominens 30
- sacrales 31
- thoracis 30
Vesica
- biliaris 197
- urinaria 213
Vestibularapparat 300
Vestibulariskerne 348
Vestibulum 174, 346
- laryngis 252
- vaginae 229
Vieleckbein 61
VIRCHOW-Drüse 22, 145, 181, 263
Viscerocranium 267, 269
volar 4
VOLKMANN-Kanäle 8
Vomer 270
Vorderseitenstrang 338
Vorhaut 227
Vorhof
- linker 150
- rechter 149
Vorsteherdrüse 223
Vulva 226
- Leitungsbahnen 229

W
Wächter-Lymphknoten 43
WALDEYER-Faszie 210

WALDEYER-Rachenring 244, 246
WALDEYER-Rachenring 287
WERNICKE-MANN-Gang 340
WERNICKE-Sprachzentrum 331
Wirbel 30
Wirbelsäule 28
- Bänder 34
Würfelbein 107
Wurmfortsatz 189

X
X-Bein 102

Z
Zahnbogen 288
Zähne, Leitungsbahnen 287
Zahnhals 287
Zahnhalteapparat 287
Zahnkrone 287
Zahnpulpa 287
Zahnwechsel 287
Zahnwurzel 287
Zapfengelenk 11
Zehen 107
Zehenendgelenke 108, 117
Zehengrundgelenke 108, 117
Zehenmittelgelenke 108, 117
ZENKER-Divertikel 165
zentral 4
zentrales Nervensystem 324
Zervixkanal 228
Z-Linie 164
Zuggurtungsmechanismus 8
Zunge 284
- Muskulatur 285
Zungenbein 238
Zungenmandel 246
Zwerchfell 168
- Muskulatur 169
- Öffnungen 168
Zwerchfellatmung 163
Zwerchfellenge 164
Zwerchfellhernien 169
Zwerchfellinsuffizienz 163
Zwerchfelllähmung 169
Zwischenhirn 324
Zwischenrippenräume 36
Zwischenwirbelscheiben 28
Zwölffingerdarm 188
Zystitis 214